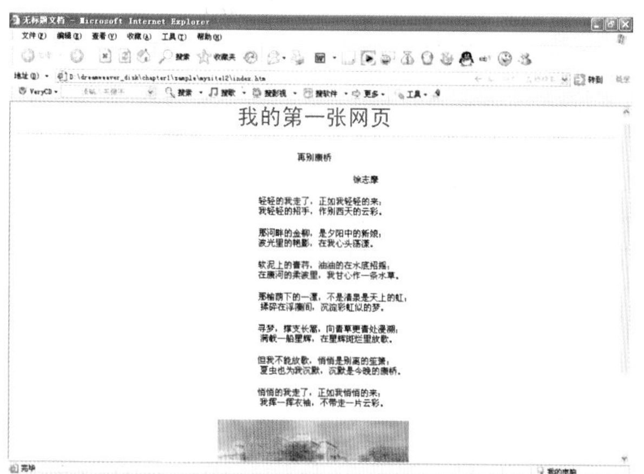
我的第一张网页
再别康桥
徐志摩
轻轻的我走了，正如我轻轻的来；
我轻轻的招手，作别西天的云彩。
那河畔的金柳，是夕阳中的新娘；
波光里的艳影，在我心头荡漾。
软泥上的青荇，油油的在水底招摇；
在康河的柔波里，我甘心作一条水草。
那榆荫下的一潭，不是清泉是天上的虹；
揉碎在浮藻间，沉淀彩虹似的梦。
寻梦，撑支长篙，向青草更青处漫溯；
满载一船星辉，在星辉斑斓里放歌。
但我不能放歌，悄悄是别离的笙箫；
夏虫也为我沉默，沉默是今晚的康桥。
悄悄的我走了，正如我悄悄的来；
我挥一挥衣袖，不带走一片云彩。

1-1

U0237910

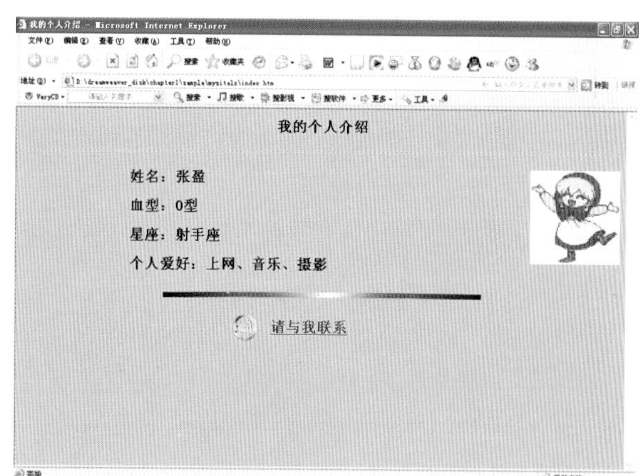
我的个人介绍
姓名：张盈
血型：0型
星座：射手座
个人爱好：上网、音乐、摄影
请与我联系

1-2

白的私人空间
原创FLASH
制作人：小白
PLAY
我的个人资料

2-1

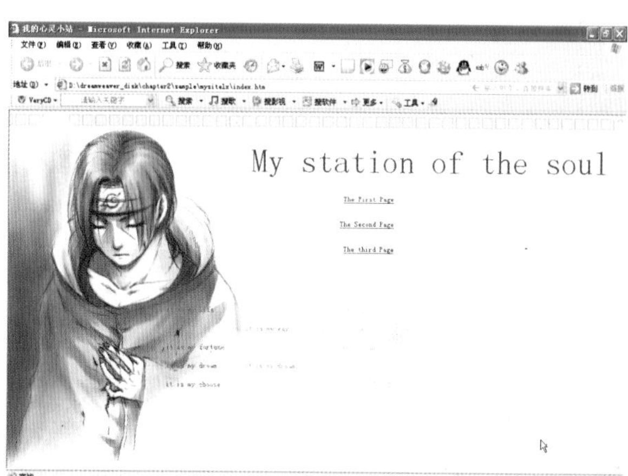
My station of the soul
The First Page
The Second Page
The third Page

2-2

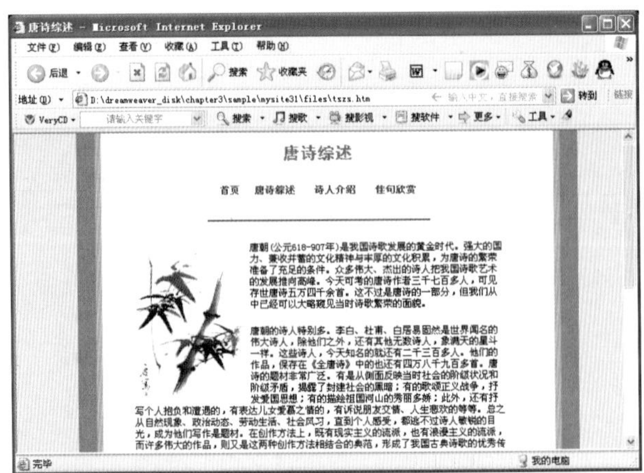
唐诗综述 - Microsoft Internet Explorer
唐诗综述
首页 唐诗综述 诗人介绍 佳句欣赏

3-1

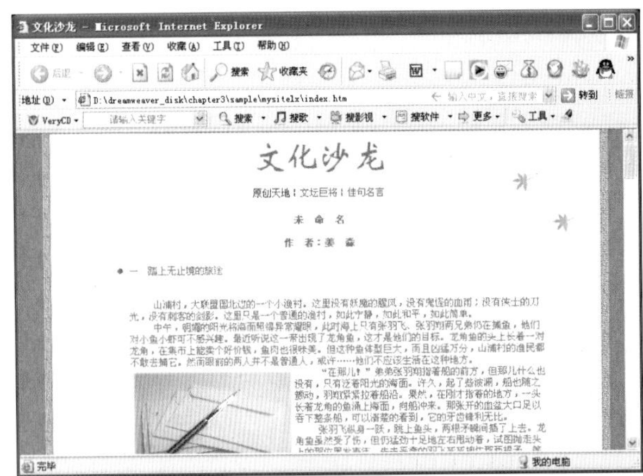
文化沙龙 - Microsoft Internet Explorer
文化沙龙
原创天地 | 文坛巨将 | 佳句名言

3-2

4-1

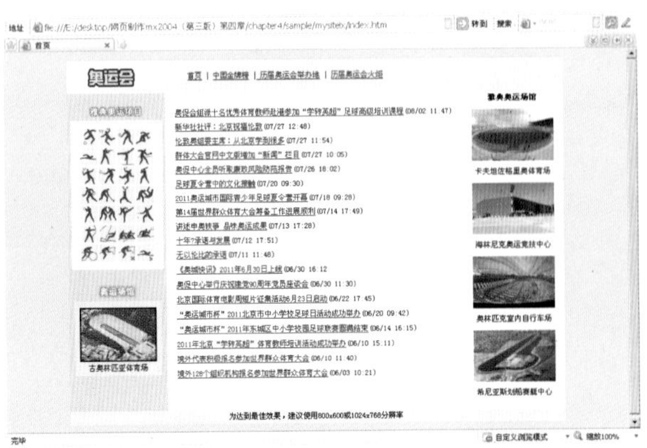
奥运会

4-2

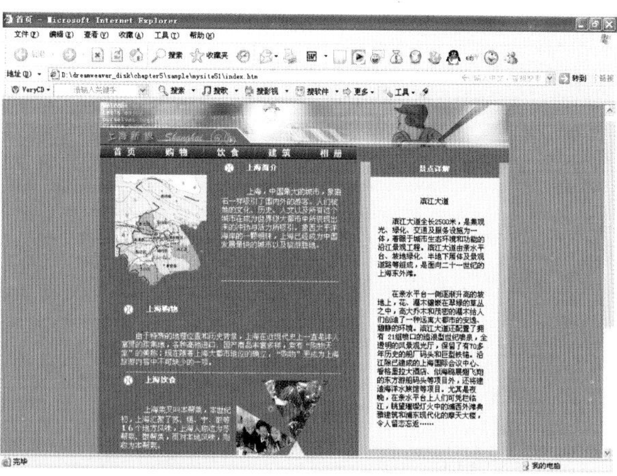

5-1

5-2

6-1

6-2

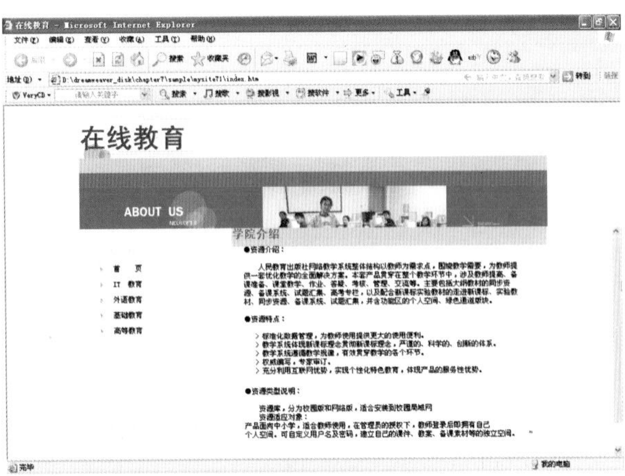

7-1

7-2

8-1

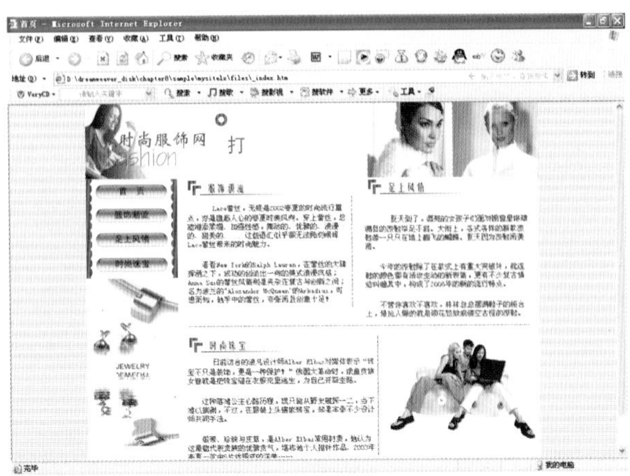

8-2

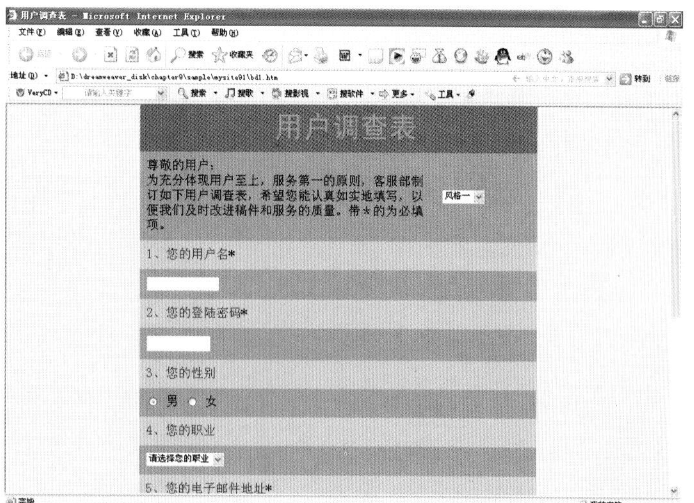
用户调查表 - Microsoft Internet Explorer
用户调查表
尊敬的用户：
为充分体现用户至上，服务第一的原则，客服部制订如下用户调查表，希望您能认真如实地填写，以便我们及时改进稿件和服务的质量。带＊的为必填项。
风格一
1、您的用户名*
2、您的登陆密码*
3、您的性别
男 女
4、您的职业
请选择您的职业
5、您的电子邮件地址*

9-1

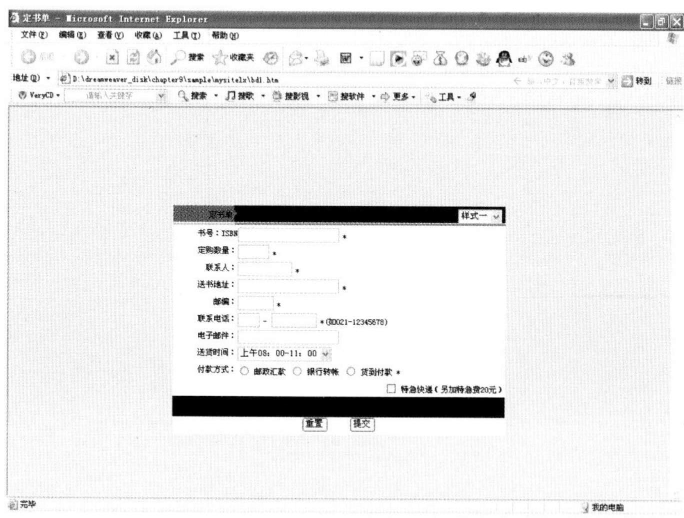
定书单 - Microsoft Internet Explorer
样式一
书号：ISBN
定购数量：
联系人：
送书地址：
邮编：
联系电话：
*(如021-12345678)
电子邮件：
送货时间：
上午08：00-11：00
付款方式：
邮政汇款 银行转帐 货到付款 *
特急快递（另加特急费20元）
重置
提交

9-2

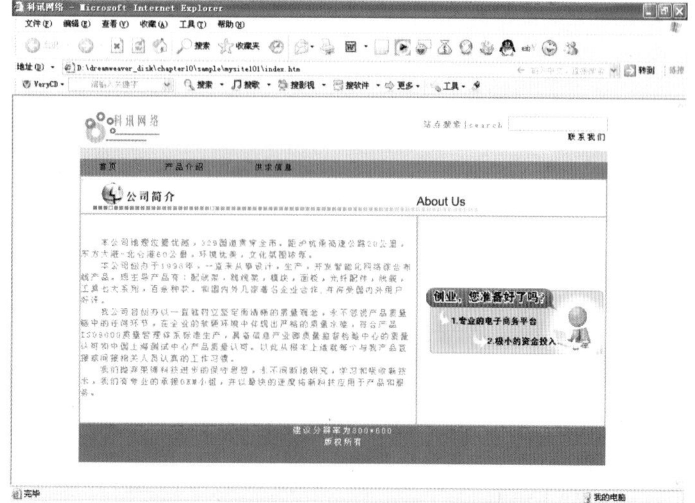
科讯网络 - Microsoft Internet Explorer
公司简介
About Us
创业，您准备好了吗？
1.专业的电子商务平台
2.极小的资金投入
建议分辨率为800*600
版权所有

10-1

首页 - Microsoft Internet Explorer
今日新闻
法制专题
教育专题
健康专题
生活专题

10-2

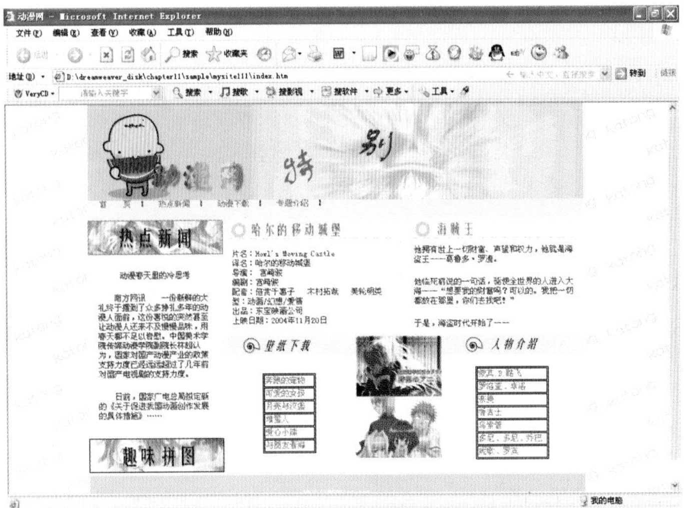
动漫网 - Microsoft Internet Explorer
热点新闻
哈尔的移动城堡
海贼王
壁纸下载
人物介绍
趣味拼图

11-1

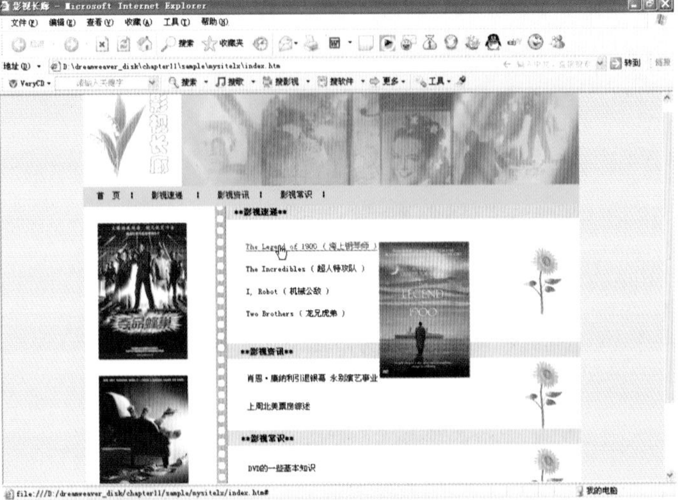
影视长廊 - Microsoft Internet Explorer
The Legend of 1900（海上钢琴师）
The Incredibles（超人特攻队）
I, Robot（机械公敌）
Two Brothers（龙兄虎弟）

11-2

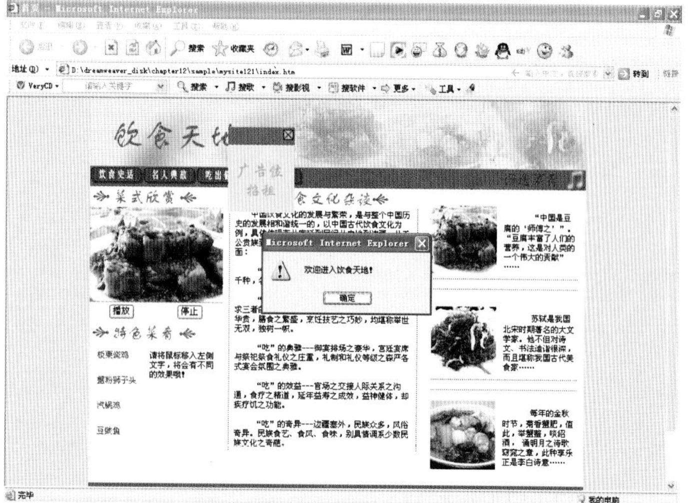
饮食天地
Microsoft Internet Explorer
欢迎进入饮食天地!
确定
播放
停止

12-1

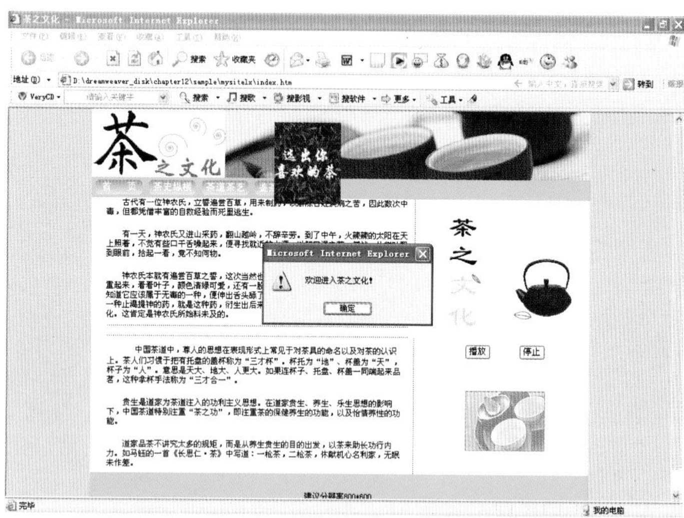
茶之文化
Microsoft Internet Explorer
欢迎进入茶之文化!
确定
播放
停止

12-2

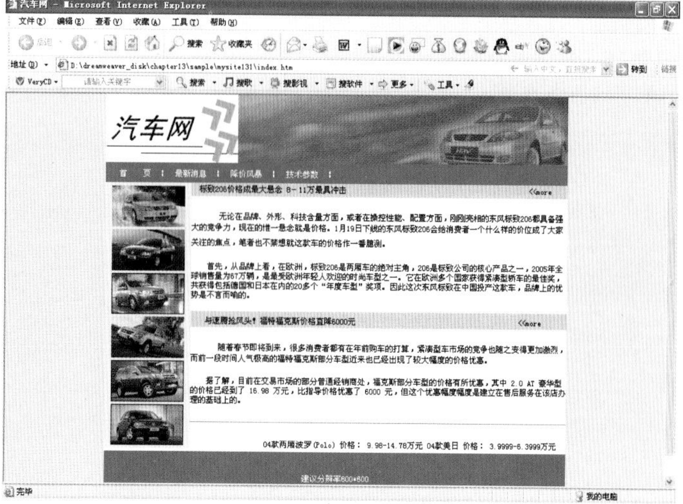
汽车网

13-1

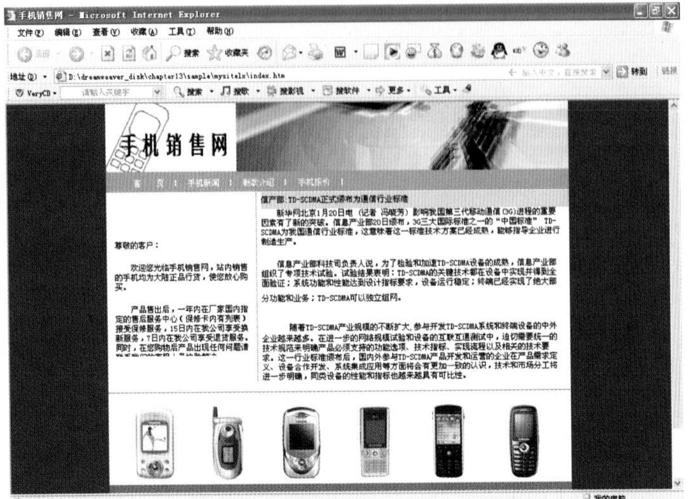
手机销售网 - Microsoft Internet Explorer
手机销售网
尊敬的客户：
信产部:TD-SCDMA正式颁布为通信行业标准

13-2

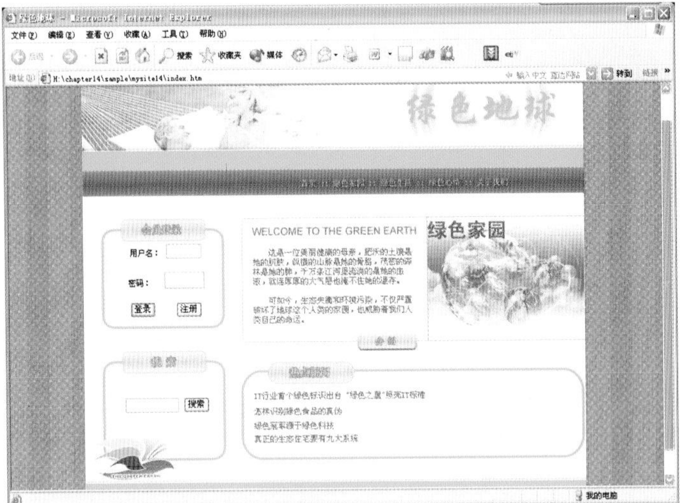
绿色地球
WELCOME TO THE GREEN EARTH
绿色家园
用户名：
密码：
登录
注册
搜索
IT行业首个绿色标识出台 "绿色之星"照亮IT标准
怎样识别绿色食品的真伪
绿色冠军源于绿色科技
真正的生态住宅要有九大系统

14

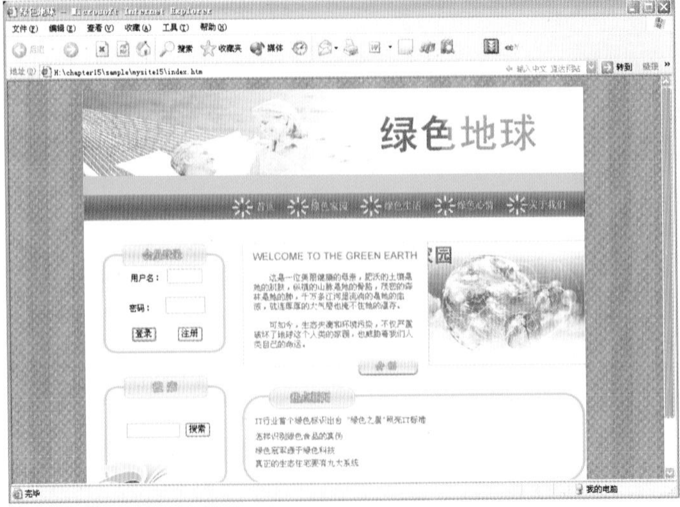
绿色地球
WELCOME TO THE GREEN EARTH
用户名：
密码：
登录
注册
搜索
IT行业首个绿色标识出台 "绿色之星"照亮IT标准
怎样识别绿色食品的真伪
绿色冠军源于绿色科技
真正的生态住宅要有九大系统

15

WANGYEZHIZUO

网页制作

Dreamweaver CS3

职业教育计算机应用与软件技术专业教学用书

主编 陆莹

华东师范大学出版社
·上海·

图书在版编目(CIP)数据

网页制作 Dreamweaver CS3/陆莹主编. —上海:华东师范大学出版社,2009.12
中等职业学校教材
ISBN 978-7-5617-7460-1

Ⅰ.①网… Ⅱ.①陆… Ⅲ.①主页制作—图形软件,Dreamweaver CS3—专业学校—教材 Ⅳ.①TP393.092

中国版本图书馆 CIP 数据核字(2010)第 003071 号

网页制作 Dreamweaver CS3

职业教育计算机应用与软件技术专业教学用书

主　　编　陆　莹
责任编辑　李　琴
审读编辑　李云凤
装帧设计　冯　笑

出版发行　华东师范大学出版社
社　　址　上海市中山北路 3663 号　邮编 200062
网　　址　www.ecnupress.com.cn
电　　话　021-60821666　行政传真 021-62572105
客服电话　021-62865537　门市(邮购)电话 021-62869887
地　　址　上海市中山北路 3663 号华东师范大学校内先锋路口
网　　店　http://hdsdcbs.tmall.com

印 刷 者　上海市崇明县裕安印刷厂
开　　本　787毫米×1092毫米　1/16
印　　张　26.5
插　　页　4
字　　数　490千字
版　　次　2010年4月第1版
印　　次　2024年2月第20次
书　　号　ISBN 978-7-5617-7460-1
定　　价　36.50元

出 版 人　王　焰

(如发现本版图书有印订质量问题,请寄回本社客服中心调换或电话 021-62865537 联系)

出版说明

CHUBANSHUOMING

本书以 Dreamweaver CS3 作为软件平台，通过站点的具体制作，将知识点融入实际操作，使学生通过学习，掌握站点建立及网页制作方法与技巧。书中案例的选取贴近学生的生活，以达到寓教于乐的目的。

具体栏目设置如下：

准备知识： 介绍活动中涉及的知识点。

活动引导： 对整个活动的操作步骤进行分步讲解。

活动小结： 对当前活动的归纳和总结。

小贴士： 给予学生一些技术性和关键性知识的提示。

本章实验： 让学生根据素材自己动手设计创意网站。

本书的相关素材和资料，请登录 have. ecnupress. com. cn 搜索"CS3"下载，或请致电我社客服部：13671695658。

华东师范大学出版社

2010 年 3 月

编者的话

BIANZHEDEDEHUA

党的二十大报告指出,“职业教育应优化类型定位,突出职业教育特点,促进提质培优”“坚持教育质量的生命线”“教育要注重以人为本、因材施教,注重学用相长、知行合一”的精神。本书主要以目前很常用的网页制作软件 Dreamweaver CS3 作为介绍对象,使学生通过学习,掌握站点建立及网页制作的方法与技巧。本书分“基础篇”、“提高篇”、“精通篇”及“综合篇”四大部分,共十六章。其中“基础篇”、“提高篇”和“精通篇”是以 Dreamweaver CS3 作为介绍对象,教授网页制作的具体操作;“综合篇”作为补充内容,针对那些同时掌握了 Flash 及 Fireworks 的学生,将这三种软件结合起来,制作更加美观、更富动感的网页。

在章节和内容的安排上,本书以“任务驱动”为主旨,将知识点融入到网页制作的操作过程中。本书最大的特点是每一章都是通过具体的制作,让学生在完成站点网页制作的同时,掌握相应章节的知识点。本书不同于只讲操作、不明道理、知识点安排非循序渐进的“百例”模式,而是由浅入深地讲解各知识点,且结合知识点将一些目前常用的网页制作技巧融入到具体的实例中去,这对于学生是非常实用的。

每章根据其内容的不同分为多个活动,当学生逐一完成该章中的所有活动后,即完成了一个站点的整个网页的制作,例如:当学生完成了第六章中的四个活动后,即完成了“四川旅游网”的制作。在每章节的最后都配有“本章实验”,以第六章为例,本章实验要求是制作“庐山风景”网站,书中还列出了实验的要求及制作步骤,供学生参考。在具体的教学中也可以让学生根据提供的素材自行创意,制作不同风格的网站。

此外,在提供的练习素材中,对于部分布局较为复杂的网站,我们增加了已布局完成的网站,可让学生在现有布局网站中直接进行相关知识点的操作,而无需重新布局设计整个网站页面,以合理安排教学时间。

本书彩色插页中的各图均为各章实例的样张,供参考。

本书根据中等职业学校学生的特点,让学生多动手、多参与,充分调动他们的学习兴趣,培养他们的自主创新能力。每章所涉及的站点实例贴近实际,为学生今后就业积累了实战经验,使学生从以往机械的软件操作转变为具有一定的网页设计能力。

本书由陆莹主编,参加本书编写的有:陆莹(第一~十四章)、刘佳(第十五、十六章)。

由于时间仓促,作者学识所限,本书中难免还存在不妥之处,恳请广大读者批评、指正。

编　者

2024 年 2 月

目　　录

MULU

基础篇

目 录

MULU

目 录

MULU

目　录

MULU

基础篇

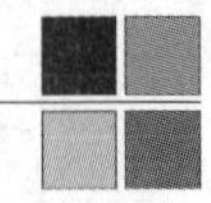

第一章 网页制作基础知识和 Dreamweaver 软件基础

本章概要

Adobe Dreamweaver CS3 提供了强大的网页制作功能,其可视化的操作界面更易为广大的网页制作人员所接受。“所见即所得”的界面使操作变得简单,只要具备了文档编辑能力的人就能够完成一张网页的制作。

本章主要通过三个活动的开展,让学生了解 Dreamweaver CS3 网页浏览的基本原理和网页制作技术的发展,知道目前网页制作常用的几种工具。了解 HTML 语法的基本构成及几种常用的标签。通过具体的网页实例制作,掌握起始页的设置以及基本的界面操作。

活动一　初识网页

学习目标: 了解网页浏览的基本原理和当前站点网页制作情况。了解网页制作技术的发展及目前网页制作常用的几种工具。

知识要点: 客户机/服务器体系、静态网页和动态网页、浏览器的种类、网页制作技术、常用的网页制作工具。

准备知识

1. 网页浏览的基本原理

什么是客户机/服务器模式呢? 打个形象的比方,人们在商店里买东西,买东西的人就是客户,售货员为客户提供服务,客户需要什么,售货员就给客户提供什么商品,这就是商业领域的一种客户/服务的关系。对应在信息技术领域,客户机/服务器即为计算机网络的一种工作模式。

从网络概念看,客户机(Client)和服务器(Server)指的不是计算机而是程序。具体讲也就是客户端软件和服务器端软件。从使用者的角度看,运行客户端软件的一般为网络用户的计算机,也就是客户机;服务器则运行服务器端软件,是网络上能够提供特定服务的主机。客户机总是处于主动的地位,发出各种请求;服务器处于被动的地位,根据客户的请求做出相应的回答,提供相应的服务。如图 1.1 所示,可以更清楚地理解这种网络工作模式。

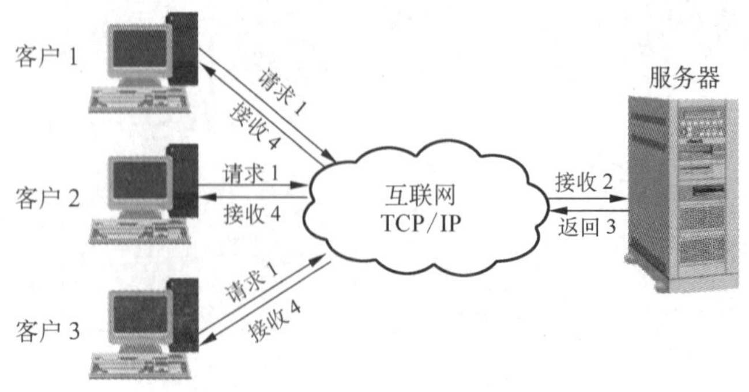

图 1.1　客户机/服务器模式

为什么在网络中实行这种工作模式呢？原因在于接入互联网的计算机其硬件配置不尽相同，有高性能的网络服务器，也有低配置的 PC 终端，使用客户机/服务器模式可以实现计算机资源和信息资源的共享。低配置或能力欠缺的计算机作为客户，把一些查询大量资料、处理大批数据的任务交由服务器处理，服务器只返回给客户必要的信息，以减少网络流量，提高网络的运行效率。对于信息服务器而言，由于数据都存放在相对有限的站点内，便于数据管理，可以方便地更新和维护数据库的内容，保证用户获得数据的一致性。同时，也能发挥其功能强大的处理能力，保证处理数据的高效性。

如今的互联网应用，很大一部分是基于浏览器的，这种浏览器/服务器的模式，就是客户机/服务器模式一种很好的现实应用。用户浏览互联网，可以把自己的计算机看作是客户机，而把提供浏览信息的计算机看作是服务器（Web 服务器）。用户提交要求浏览的请求，服务器收到请求后，再将网页内容通过互联网发到用户的计算机上。具体的实现工具是用户使用客户端软件，如：微软公司的 Internet Explorer、网景公司的 Netscape 等，向服务器端软件（如：IIS）发出请求信息，服务器端软件将要浏览的内容作为结果返回给客户计算机。这种信息技术的应用已经极大地改变了我们的生活，信息的传递不再是单纯、闭塞的。信息可以通过客户机/服务器模式而快速传递，而信息的具体载体则以网页的形式出现。

2. 静态网页和动态网页

网页分两种模式，一种是静态网页，另一种则是动态网页。制作静态网页适合那些刚接触网页制作的初学者来学习，而制作动态网页则适合一些对网站要求比较高，不仅仅在外观上要更漂亮、更完美，同时在后台维护以及网页更新上也有更多要求的高级用户来学习。

所谓静态网页，是指一旦制作处理及上传以后，就不能随意进行变化、修改的网页，如果要对该网页进行修改，则需要有掌握相当的网页制作技术的专业人员才能进行网页的修改工作。这种网页制作成本高，制作时间长，对于非专业人员具有一定的难度，只适合某些不用经常变化的网页。这类信息不用经常变化，只是简单的介绍，如图 1.2 所示。当然，随着多媒体技术与网络技术的发展，两者之间的结合也越来越多。网页呈现给用户的不仅仅是文字和照片，版面新颖、极具个性化的网页越来越多。图形图像制作软件的功能日益强大，Flash 等效果的加入，一些视频的即时播放，使原来单一的网页变得富有生气。但是，如果一个站点永远保持原状或者内容更新缓慢，那么再漂亮、再有创意的网页也只会是昙花一现。那么，作为网站的开发者该如何通过技术手段制作高质量的网页以增加用户对自己网站的点击率呢？显然，信息量大、内容更新快、功能更强大是吸引用户的关键。站点中的静态网页已经远远不能满足用户的要求了，动态网页的出现使得许多问题迎刃而解。

所谓动态网页，并不是指那些包含动画、视频等带有动态效果的网页，而是指由程序实时生成，可以根据不同条件生成不同内容的网页。许多门户性网站，其特点就是信息量大、内容更新快，例如：搜狐、新浪等门户网站。如果他们的站点网页都是用静态网页制作的话，那么其修改网页内容的工作量就可想而知了。事实上，他们的网页是和后台数据库相连接的，网页内容的修改只需要在后台操作就可以了，而无需改动页面。这就使原来需要专业人员完成的工作变成了简单的操作。同时，动态网页的出现，使网络的功能得到了进一步的延伸。动态网页除了能体现静态网页的功能外，还提供了交互的功能。它能对用户提交的信息做出实时的处理，并将处理的信息及时反馈给用户。现在为大家所熟悉的功能有搜索引擎、论坛、聊天室、表单的提交、电子商务等。随着网页制作技术的发展，近年来出现了一个新的产物——动态 HTML，即 DHTML。运用 DHTML 就能实现当网页从 Web 服务器下载后无需再经过服务器的处理，而在浏览器中直接动态地更新网页的内容、排版样式、动画。例如：当鼠标移至文章段落中，段落能够变成蓝色，或者当你点击一个超链接后会自动生成一个下拉式的子目录菜单，如图 1.3 所示。

图 1.2 静态网页

图 1.3 动态网页

当然，这也并不是说动态网页就能取代静态网页，对于网页的制作者来说，要根据实际的需求来决定网页制作的方法。

3. 认识不同的浏览器

常见的浏览器有 IE、Netscape、Maxthon、TheWorld、GreenBrowser、Firefox、腾讯 TT 等。这些浏览器的功能都大同小异，其中 IE 可谓是使用最广泛的。IE 浏览器是绑定在 Windows 操作系统中的，如图 1.4 所示。

腾讯公司推出了新一代的网络浏览器，使腾讯浏览器正式从 QQ 里剥离出来，成为一个独立的工具，腾讯浏览器跟 QQ 一样拥有一个亲切而且琅琅上口的名字——腾讯 TT，如图 1.5 所示。

图 1.4 IE 浏览器

图 1.5 腾讯浏览器

4. 网页制作技术的发展

网页制作技术是最简单和最接近广大网民的一个技术群体。正是因为这个技术群体的高速发展,才有了这个多姿多彩、声色并茂的网络世界。随着网络技术的发展,人们对网络的追求也不再是简单的页面、单一的文字和普通的图像,于是以 DHTML、Flash 等为代表的一批功能强大而又简单易学的网页制作技术纷纷发展起来,互联网上的交互性和动态性得到空前的提高。网络多媒体的广泛应用促使宽带网络技术得到充分的发展。同时,宽带网络技术的发展也使多媒体网页技术有了前所未有的进步。

网络技术发展到如今,已经渗透到社会生活的每一个角落,包括商务、医药、学术和教育等各个领域,而这一切都要归功于 HTML 语言。HTML 语言有着简单精练的语法、极易掌握的通用性与易学性,使 Web 网页可以贴近每一个普通人。可以说,没有 HTML 语言的出现,互联网的发展也不可能会有今天。但随着网络速度的提高,HTML 的种种弊端也体现出来。人们上网的目的已经不是单纯的浏览文字和图片信息,而是需要更多地满足他们在互联网上冲浪时的视觉和听觉感受。于是,网页上出现的各种多媒体技术也随着网络时代的发展百花齐放。如今,Flash 的大行其道也充分证明了这一点。

除了对网页的视觉和听觉上有了较高的要求外,人们对网页的功能也提出了新的要求。脚本编程语言(Javascript、VBScript 等)、层叠样式表(CSS)、动态图层(Layers)等技术的出现为动态网页的制作创造了条件。

5. 网页制作工具介绍

HTML 语言是一种早期的用于 Web 页制作的编程语言,用来描述超文本文件的部分内容,以编写程序代码为主,生成一些简单的文本以及图像链接点。该代码可以直接在记事本中编写。然而,随着网页制作工具的发展,出现了一些可视化的网页制作工具。用户制作网页可以完全不需要理会代码的编写语法和格式,制作一张网页就如同制作一个 Word 文档那样简单。

从 Office 2007 推出以后,微软又推出了三款全新网页编辑/软件开发工具——企业级 IT 开发者 Microsoft Office SharePoint Designer、专业网络设计师 Microsoft Expression Web Designer、开发者 Microsoft Visual Studio,从而取代原有的 Frontpage。

Dreamweaver 是由 Macromedia 公司推出的一款在网页制作方面大众化的软件,它具有可视化编辑界面,用户不必编写复杂的 HTML 源代码就可以生成跨平台、跨浏览器的网页,不仅适合于专业网页编辑人员的需要,同时也容易被业余人士所掌握。另外,Macromedia 公司在推出了 Dreamweaver 的同时又推出了动画制作软件 Flash 和图形图像处理软件 Fireworks,它们一起被称为"网页三剑客"。由于这是一个系列的软件,这就使它们在具体制作时的相互转换变得轻而易举。即使是初学者也能制作出具有相当水准的网页,所以 Dreamweaver 是网页设计者的首选工具。

Dreamweaver 支持动态网页技术,在网页设计过程中,DHTML 技术能够让用户轻松设计复杂的交互式网页,产生动态效果。Dreamweaver 在网页的排版、站点的管理、站点上传等技术上是非常强大的。因此,Dreamweaver 是一种可以满足多层次需求、功能强大的可视化专业级网页设计及制作工具。

自从 2005 年 Macromedia 公司被 Adobe 公司收购以后,"网页三剑客"就成为了 Adobe 软件家族的主要成员。2007 年，Adobe 公司推出了 Creative Suite 3 创意设计套件，Dreamweaver 也随之升级到了 CS3 的版本，成为网页创意组件中最重要的一员。

活动引导

1. 注册一个 E-mail，体会动态网页的交互功能

(1) 打开浏览器，注册一个雅虎邮箱，如图 1.6 所示。

(2) 填写注册信息，当光标停留在不同文本框中，网页会出现提示文字，可见当前的网页对用户的操作立刻作出了反应，如图 1.7 所示。

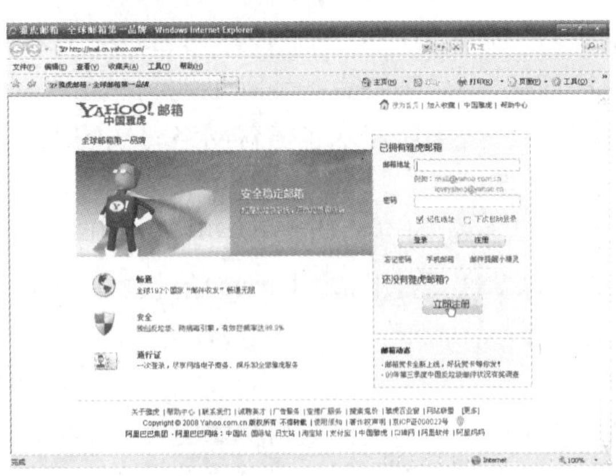

图 1.6　申请注册雅虎邮箱

图 1.7　输入用户名

(3) 根据提示填写完所有信息，并进行确认，如图 1.8 所示。

(4) 确认后，系统将自动转入邮箱页面，如图 1.9 所示。

图 1.8　填写详细信息注册

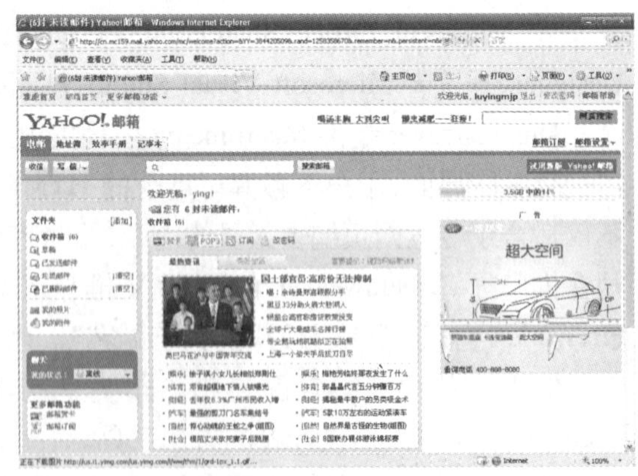

图 1.9　注册成功

2. 上网浏览网页，保存网页，观察网页元素的类型

(1) 打开网页，单击鼠标右键，观察不同网页元素的类型，如图 1.10、1.11 所示。

(2) 单击“文件/另存为”，将网页保存在本地机上，查看保存的文件，如图 1.12

所示。

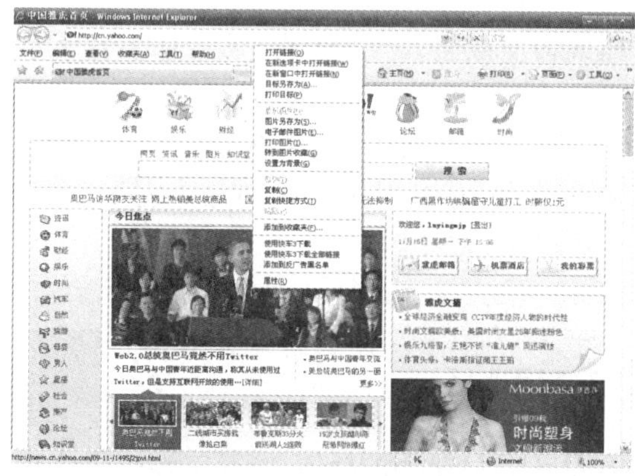

图 1.10　图片文件

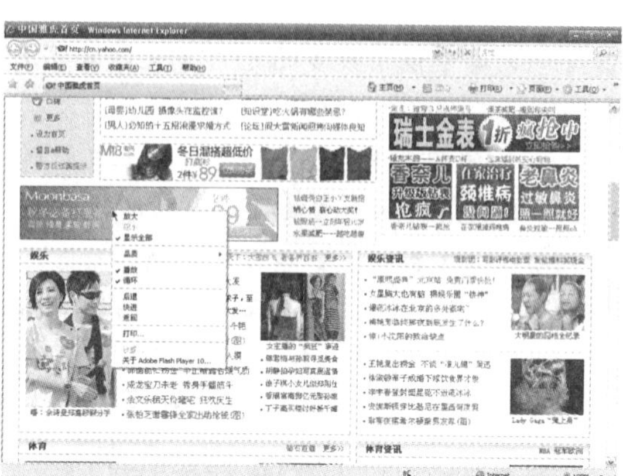

图 1.11　Flash 文件

图 1.12　查看文件

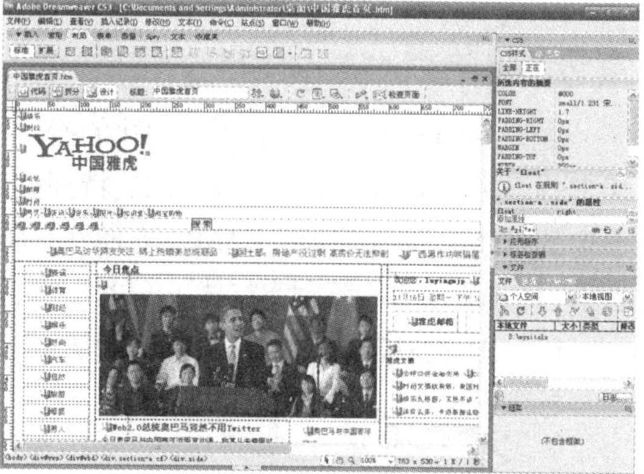

图 1.13　使用 Dreamweaver 打开网页文件

3. 观察网页

使用 Dreamweaver 打开保存的网页，观察网页在网页编辑软件中显示的样式，如图 1.13 所示。

> **小贴士**
>
> 通过 Dreamweaver 打开的网页内容看起来比较杂乱，这是由于这张网页采用了 CSS + DIV 进行布局。采用 CSS + DIV 进行网页重构，相对于传统的 TABLE 网页布局而言具有很大优势，有关 CSS + DIV 布局页面将会在本书的后面章节中详细介绍。

活动小结

网页中使用最多的元素是文字和图片。图片的一般格式为 jpg 或 gif。Flash 的使用能使网页增加动感。

动态网页能对用户提交的信息及时作出反馈，使网页的操作更具人性化。

Dreamweaver 有着可视化的操作界面，特别是与 Flash 和 Fireworks 的相互配合，它已成为网页创意组件中最重要的一员。

活动二　认识 HTML

学习目标：了解 HTML 语法的基本构成，并能认识几种常用的标签，能简单地应用这些标签。

知识要点：<html>、<head>、<title>、<body>、<p>、<font>、<img>、<a>等标签。

准备知识

尽管 Dreamweaver 提供了可视化的操作界面，但它在网页优化方面还有些欠缺，因此掌握它的语法规则还是有其必要性的。特别是目前网页流行采用 CSS + DIV 布局，就更需要有一定的 HTML 编程基础。HTML 是 Hyper Text Markup Language 的简称，常常称为超文本标识语言，它是一个按照固定格式书写的文本，是一种描述性语言。

1. <html>标签

标识 HTML 文件的开始和结束。

2. <head>标签

标题信息，包含了许多网页的属性信息。其中包括网页题目、关键词、网页内码等。

3. <title>标签

标识当前网页的标题。

4. <body>标签

主体标签，<body>标签和</body>标签之间包括文档中所有文本、图像等网页元素的内容。

5. <p>标签

段落标签，<p>标签和</p>标签之间是一个段落的内容。在其间可以添加相关的段落属性。

6. <font>标签

字体标签，用来设置文字的格式。

7. <img>标签

图像标签，设置网页中图像的来源、尺寸、对齐方式等属性。

8. <a>标签

超级连接标签，设置超级连接目标和名字等。

活动引导

1. 网页属性的修改

(1) 打开素材盘中"chapter1\sc"中的"mysite11"文件夹,双击网页文件"index.htm"观看效果,如图 1.14 所示。

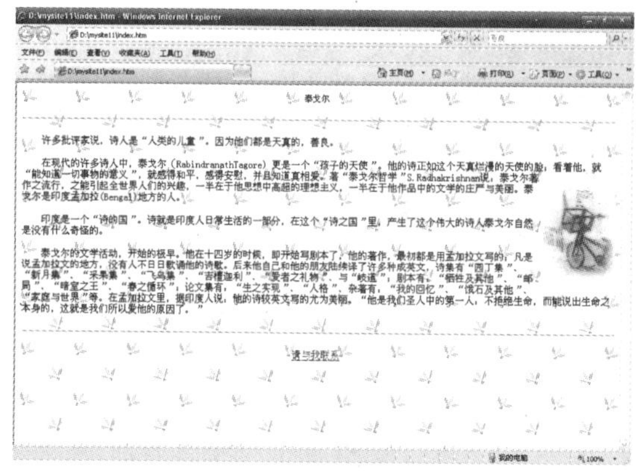

图 1.14 原网页效果

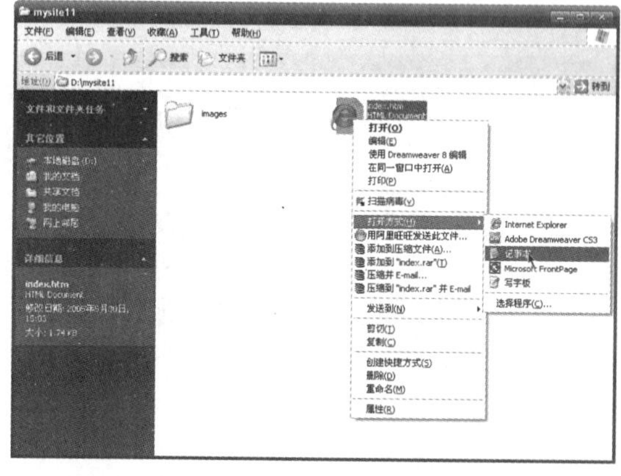

图 1.15 用记事本打开网页

(2) 右击"index.htm"图标,在打开方式中选择"记事本",如图 1.15 所示。

(3) 在打开的记事本中将代码"<title>无标题文档</title>"修改为"<title>泰戈尔介绍</title>"。

(4) 将代码"background-image: url(images/bg5.gif);"修改为"background-image: url(images/bg7.gif);"。

(5) 保存记事本,打开网页文件观看效果,如图 1.16 所示。

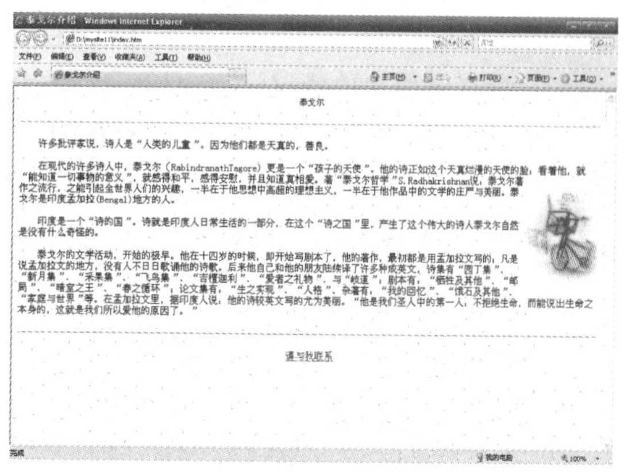

图 1.16 修改后的网页效果 1

小贴士

<title>标签中修改的是网页中的标题名字。

background-image 中对应的是网页背景图片的路径,步骤(4)中将背景图片由 bg5.gif 改为了 bg7.gif。

2. 网页中文字的修改

(1) 在打开的记事本中将代码".style1 {color: #000000; font-size: 14px;}"修改为".style1 {color: blue; font-size: 24px; font-weight: bold;}"。

(2) 保存记事本,打开网页文件观看效果,如图 1.17 所示。

> **小贴士**
>
> Color 中的属性可以用十六进制表示,也可以直接用表示颜色的单词来替代。例如 blue、red、yellow 等。
>
> 步骤(1)中除了修改了文字的颜色外,还设置了文字的字体和粗细。

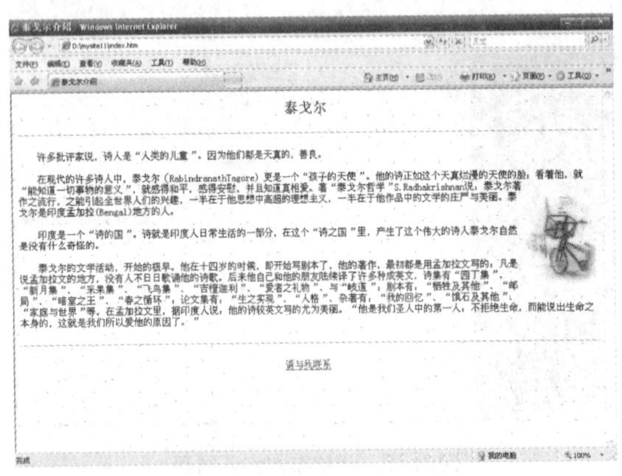

图 1.17 修改后的网页效果 2

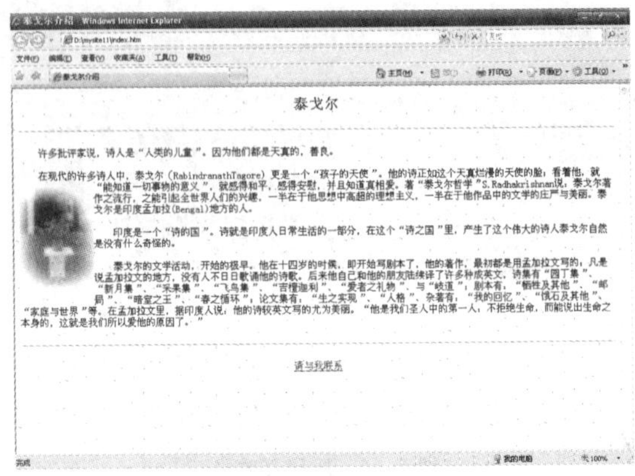

图 1.18 修改后的网页效果 3

3. 网页中图片的修改

(1) 将代码“ <img src = "images/2. jpg" width = "123" height = "183" align = "right"> ”修改为“ <img src = "images/3. jpg" width = "123" height = "183" align = "left" > ”。

(2) 保存记事本,打开网页文件观看效果,如图 1. 18 所示。

4. 网页中链接的修改

(1) 将代码“ <a href = "http:%5C%5C"> ”修改为“ <a href = " mailto:lydr@ yahoo. com. cn"> ”。

(2) 保存记事本,打开网页文件观看效果,如图 1. 19 所示。

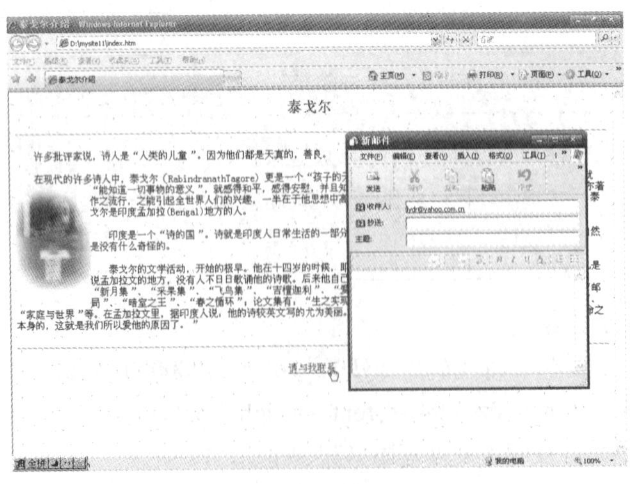

图 1.19 修改后的网页效果 4

小贴士

Align 表示的是对齐方式，上述操作中将图片右对齐改为了左对齐。

本网页中文字链接的是 E-mail 地址，因此前面要加上"mailto"，单击该文字后就能直接打开 Outlook 了。如果要链接网页，则输入网页的 URL 地址即可。

如：<a href =" http://www. 163. com">

活动小结

通过直接修改网页中的代码可以很快地改变网页中各个网页元素的属性，但要记住如此众多的标签和相关属性的代码，却不是一件容易的事情。那么让我们通过对 Dreamweaver 的学习，利用它"所见即所得"的优势，轻轻松松地做出自己的个性网页吧！

活动三　制作"我的第一张网页"

学习目标：熟悉基本的界面操作，并对网页制作有一个初步的认识。

知识要点：界面基本组成、基本操作。

准备知识

Dreamweaver CS3 的界面与之前的版本相比，总体的格局比较相似。此工作界面仍然沿用之前的版本风格，采用 MDI（多文档）形式，将所有的文档窗口及面板集合到主窗口中。Dreamweaver CS3 在插入栏中特别加入了 Spry 框架，Spry 框架是一个 Javascript 库，Web 人员使用它可以构建能够向站点访问者提供更丰富体验的 Web 页。有了 Spry，就可以使用 HTML、CSS 和极少量的 Javascript 将 XML 数据合并到 HTML 文档中，创建构件（如：折叠构件和菜单栏），向各种页面元素中添加不同种类的效果。在设计上，Spry 框架的标记非常简单且便于那些了解 HTML、CSS 和 Javascript 基础知识的用户使用。Spry 的具体使用将会在后面的章节中具体介绍。

主程序界面大致分为以下几个区域：菜单栏、插入栏、文档工具栏、编辑区、状态栏、属性面板和右侧的面板组，如图 1.20 所示。

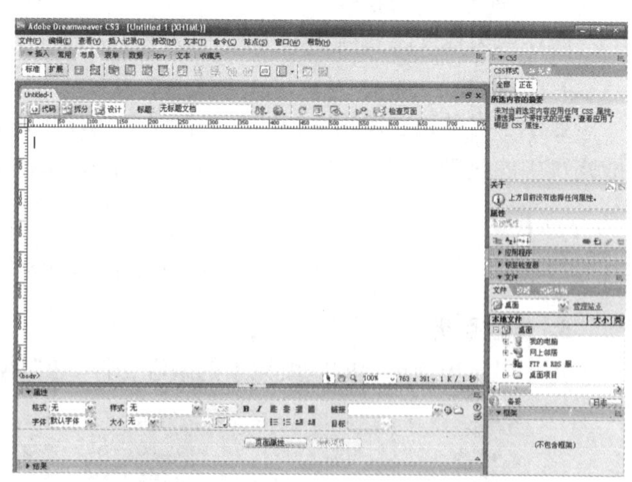

图 1.20　Dreamweaver CS3 主程序界面

1. 菜单栏

Dreamweaver CS3 中共有 10 个菜单,如图 1.21 所示,分别为"文件"、"编辑"、"查看"、"插入记录"、"修改"、"文本"、"命令"、"站点"、"窗口"和"帮助"。主要用于文件的管理、站点管理、插入对象、窗口的设置等一系列的操作。该菜单中的部分命令能在相关面板或者工具栏等处也能找到,但菜单栏则提供了较为完整的功能。

文件(F) 编辑(E) 查看(V) 插入记录(I) 修改(M) 文本(T) 命令(C) 站点(S) 窗口(W) 帮助(H)

图 1.21 菜单栏

2. 插入栏

插入栏是用户常用的一个栏目,如图 1.22 所示,它的类型标签为下拉式菜单,节省了使用的空间。此外,在下拉式菜单中的"收藏夹",用户可以根据各自的使用习惯,将经常使用的对象图标放在上面,提高工作效率。

图 1.22 插入栏

3. 文档工具栏

文档工具栏中包含了代码视图与设计视图的切换、查看文档及站点间传送文档的相关命令与选项,如图 1.23 所示。其中最常用的是视图间的切换和文档的查看。

图 1.23 文档工具栏

4. 编辑区

制作人员在此区域编辑网页内容,并以"所见即所得"的方式显示被编辑的网页内容。

5. 状态栏

显示了当前正在编辑文档的相关信息。用户可以根据左侧的标签选择器非常容易地选取网页中的元素,如图 1.24 所示。例如:单击 <body> 后,就可选取整个网页。

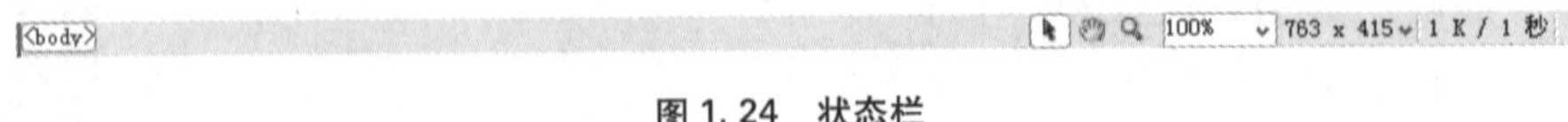

图 1.24 状态栏

6. 属性面板

用于显示当前选定的网页元素的属性,并可在"属性"面板上进行修改,如图 1.25 所示。

图 1.25 属性面板

当选择不同的网页元素时,“属性”面板的显示内容也会有所不同,像图片和表格所显示的属性就是不一样的。此外,单击“属性”面板右下方的下拉按钮,可以根据使用的需要,折叠或展开“属性”面板。这里建议用户在一般情况下都设置为展开模式。

7. 面板组

Dreamweaver 中的面板是被组织到面板组中的,具有浮动的特性。同时,每个面板都可以展开或折叠,并且可以和其他面板靠在一起或独立于面板组之外,如图 1.26 所示。用户可以根据自己的喜好,将不同的浮动面板重新组合,可以说这样的界面设计非常人性化。

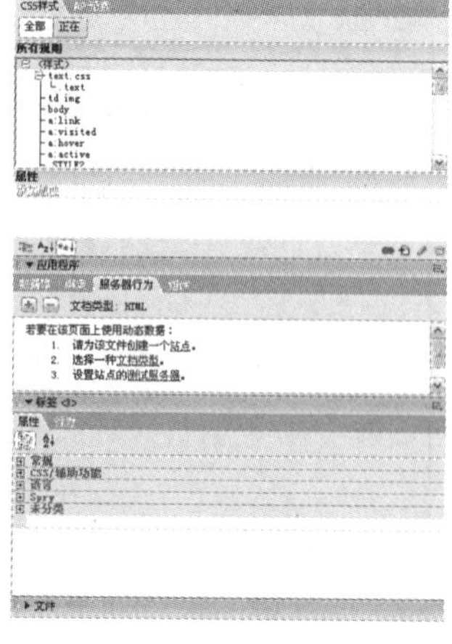

图 1.26 面板组

活动引导

1. 建立站点目录

在 D 盘的根目录下新建一个 mysite12 文件夹,作为站点文件存放的目录。再在 mysite12 文件夹下建立一个下级文件夹 images,作为网页图片存放的目录,如图 1.27 所示。

图 1.27 站点目录

2. 建立站点

(1) 单击起始页中“新建”下的“Dreamweaver 站点”选项,如图 1.28 所示。

(2) 在弹出的定义站点名称对话框中输入站点名称“mySite”,如图 1.29 所示。

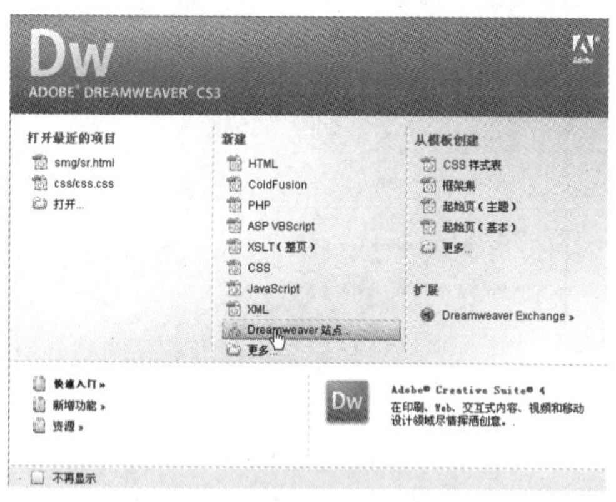

图 1.28 起始页的创建新项目

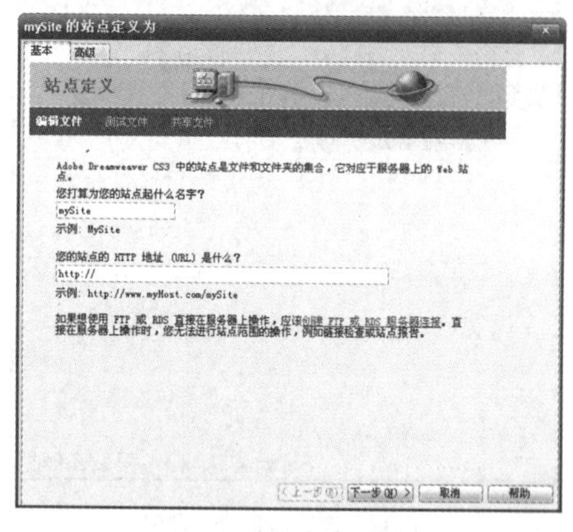

图 1.29 定义站点名

(3) 单击“下一步”,在站点定义第 2 部分的对话框中选择“否,我不想使用服务器技术。”由于是初学者,在实例中将不出现数据库之类的服务器技术,如图 1.30 所示。

(4) 单击“下一步”,在站点定义第 3 部分的对话框中输入刚才建立的站点目录,即“D:\mysite12”,如图 1.31 所示。

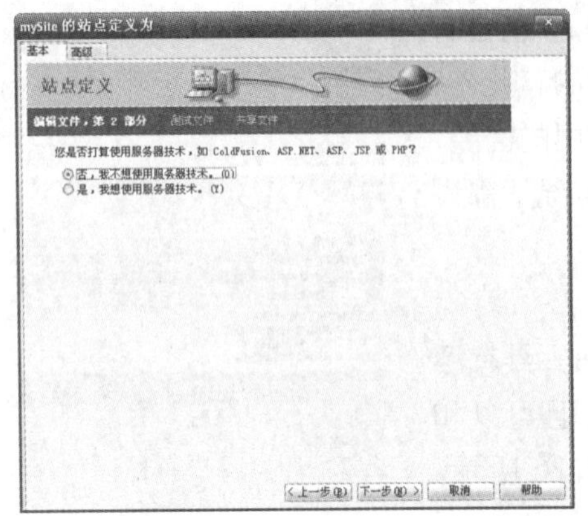

图 1.30　定义服务器设置

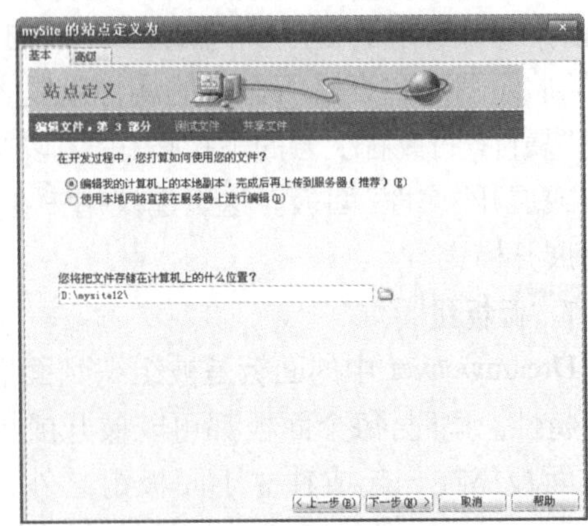

图 1.31　定义站点目录

小贴士

在定义站点目录时，不能使用中文，使用中文文件夹名称可能会导致超链接失败等多方面的错误。

(5) 单击“下一步”，在选择如何连接到远程服务器的对话框中选择“无”，如图 1.32 所示。

(6) 单击“下一步”，在弹出的站点信息对话框中就可以看到所定义的站点信息了，如图 1.33 所示。至此，站点就创建完毕了。

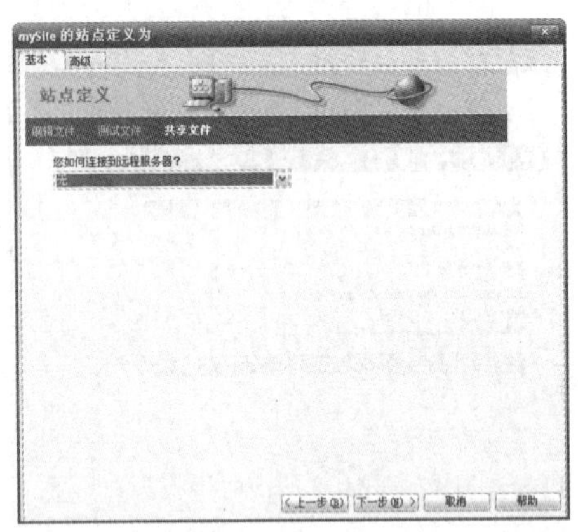

图 1.32　定义远程服务器设置

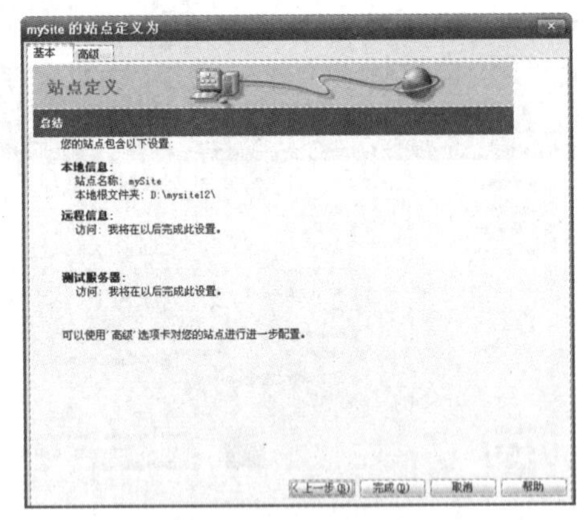

图 1.33　站点信息

3. 制作网页中的文字

(1) 单击起始页中“新建”下的“HTML”选项，新建一张网页，如图 1.34 所示。

(2) 单击页面，出现文字输入提示符后，直接输入文字“朝雾里的小花”，如图 1.35 所示。

(3) 选中文字，单击属性面板的“居中对齐”按钮，将文字居中对齐，如图 1.36 所示。

(4) 保持文字选中状态，在属性面板中将文字设置为红色#FF0000、36 像素、黑体，如图 1.37 所示。

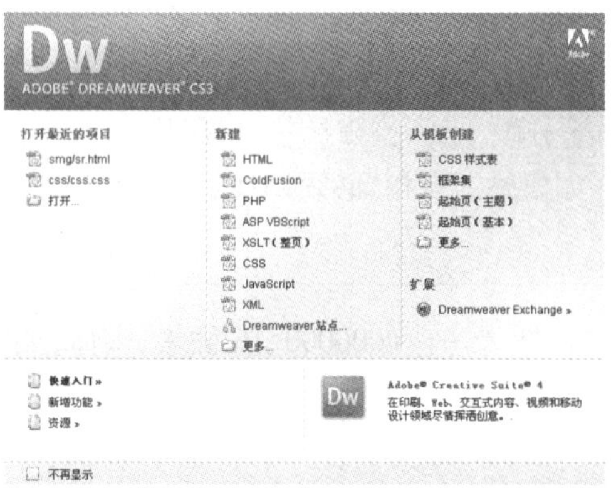

图 1.34　起始页

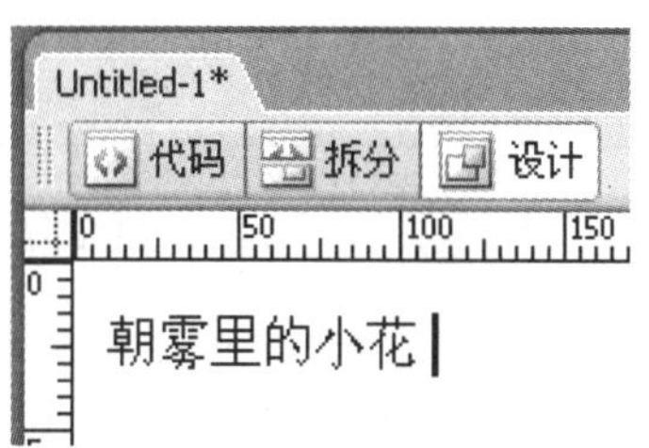

图 1.35　输入文字

图 1.36　设置文字对齐方式

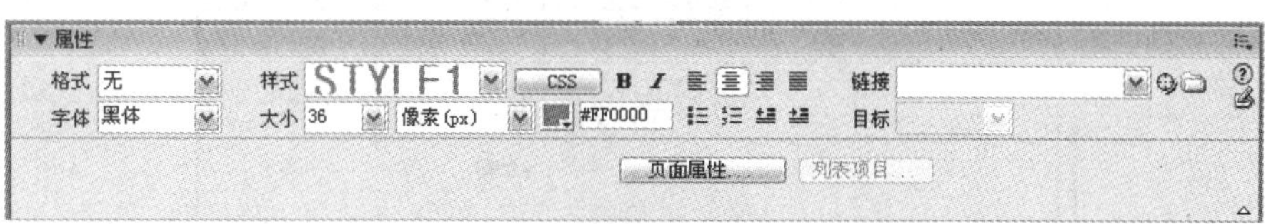

图 1.37　设置文字格式

小贴士

可根据实际情况设置相关字体格式。第一次使用 Dreamweaver 时，其默认字体非常有限，中文字体只有宋体，可添加其他字体格式，这在以后的章节中会具体说明。

(5) 按回车键换行，执行“插入记录/HTML/水平线”命令，为网页添加横向分隔线，如图 1.38 所示。

(6) 将光标定位在水平线下面，出现文字输入提示符后，直接输入以下文字。

徐志摩

这岂是偶然，小玲珑的野花！
你轻含着闪亮的珍珠，
象是慕光明的花蛾，
在黑暗里想念着焰彩，晴霞；

我此时在这蔓草丛中过路，
无端的内感，惆怅与惊讶，
在这迷雾里，在这岩石下，
思忖着泪怦怦的，人生的鲜露？

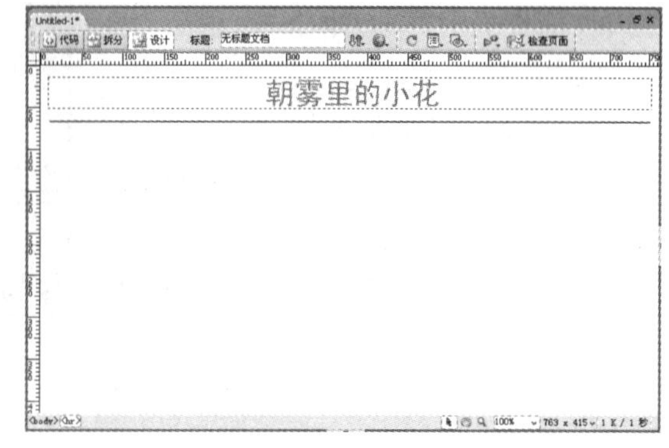

图 1.38　插入水平线

小贴士

Dreamweaver 中的回车键操作相当于分段，行间空隙比较大；Shift + 回车键的组合键操作相当于换行，行间空隙比较小。如要输入空格，必须切换至全角后，按空格键才有效。

(7) 选中上述文字，在属性面板中将文字设置为黑色#000000、16 像素、宋体，如图 1.39 所示。

图 1.39 设置文字格式

(8) 切换到全角状态后，按空格键将正文调整到适当的位置，如图 1.40 所示。

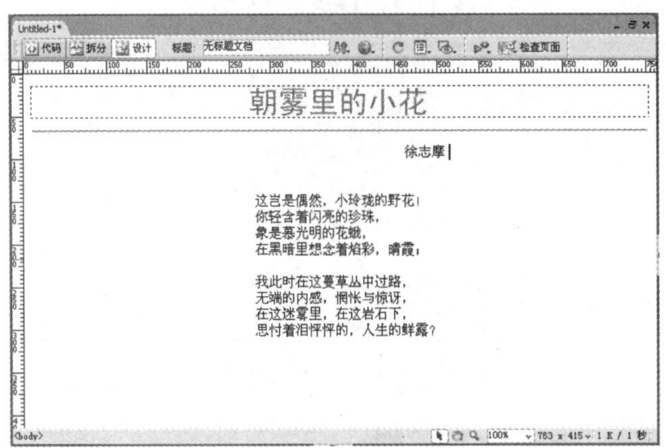

图 1.40 页面效果

4. 制作网页中的图片

(1) 将光标定位于文字最后，执行"插入记录/图像"命令，在选择图像源文件对话框中选择素材 pic 文件夹中的 1.jpg 图片，单击"确定"按钮，如图 1.41 所示。

(2) 由于当前网页没有保存，且插入的图片文件不在站点内，因此依次单击弹出对话框的"确定"和"是"按钮，将图片文件复制到站点目录下的 images 文件夹内，单击"保存"按钮，如图 1.42、1.43、1.44 所示。

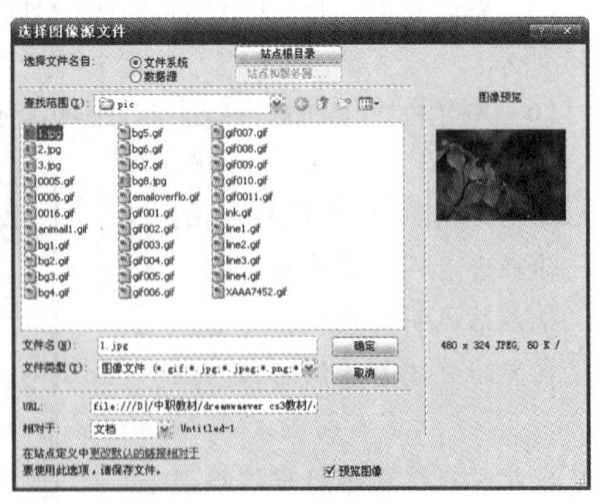

图 1.41 选择图像源文件对话框

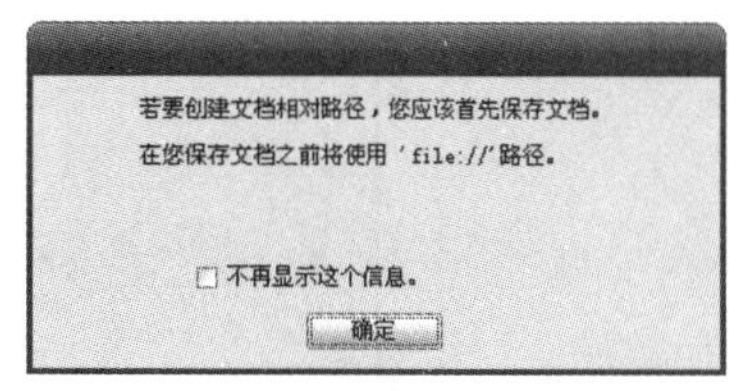

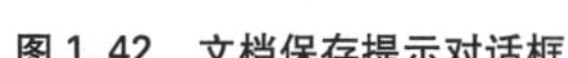
图 1.42　文档保存提示对话框

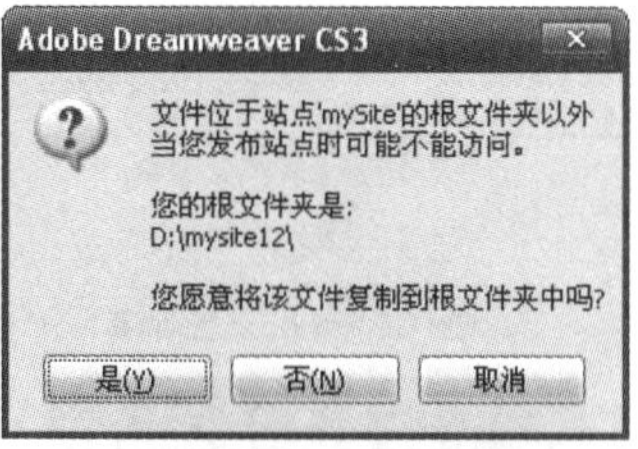

图 1.43　图像保存提示对话框

图 1.44　复制文件对话框

小贴士

图片并不是存储在网页文件里，网页文件中显示的图片是调用站点里的图片文件，因此，图片在网页里如果要正常显示的话，该图片文件必须在站点目录里。另外，图片文件名必须是英文名，否则，图片将无法正常显示。

(3) 保存为图片后，会出现图像标签辅助功能属性对话框，在替换文本中输入“小花”，屏幕阅读器会朗读在此处输入的信息，如图 1.45 所示。

(4) 选中图片，用鼠标拖曳以调节图片的大小，并设置居中对齐，如图 1.46 所示。

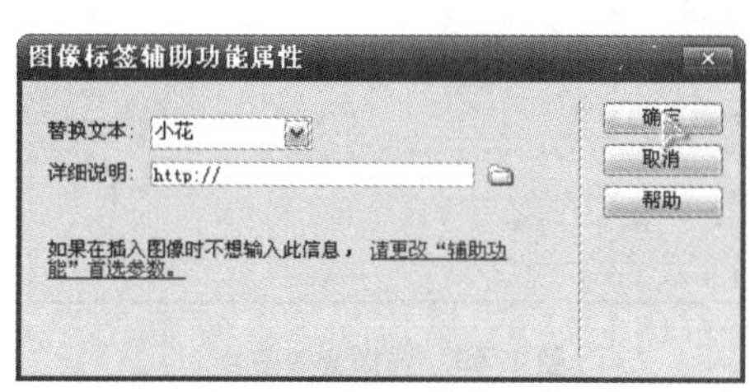

图 1.45　图像标签辅助功能对话框

我此时在这蔓草丛中过路，
无端的内感，惘怅与惊讶，
在这迷雾里，在这岩石下，
思忖着泪怦怦的，人生的鲜露？

图 1.46　调整图像尺寸

5. 制作网页中的链接

(1) 重复前面步骤，插入水平线。

(2) 将光标定位于水平线下面，输入文字“友情链接”，用上述方法设置文字格式。

(3) 选中上述文字，在“属性”面板的链接项中输入地址“http://www.sina.com.cn”，如图 1.47 所示。

6. 制作网页的背景

(1) 执行“修改/页面属性”命令，打开的“页面属性”对话框，如图 1.48 所示。

(2) 单击“浏览”按钮，选择 images 文件夹下的背景图片 bg1.gif，并单击“确定”按钮，如图 1.49 所示。

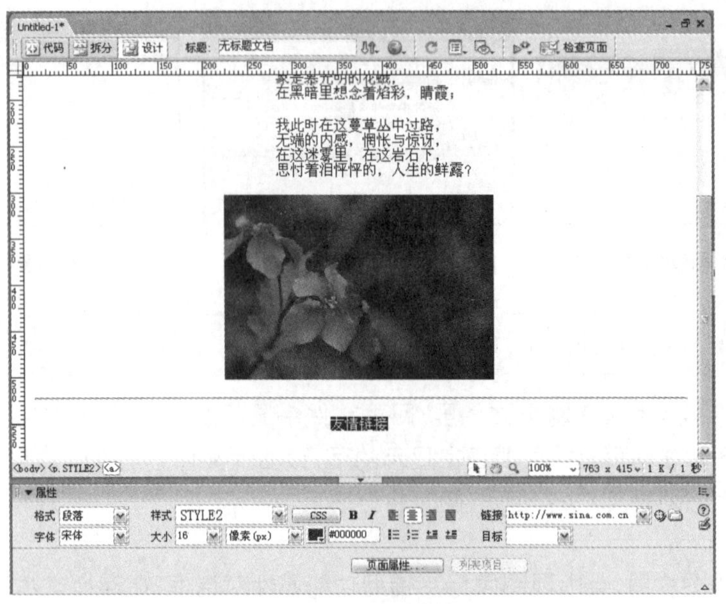

图 1.47　设置文字链接

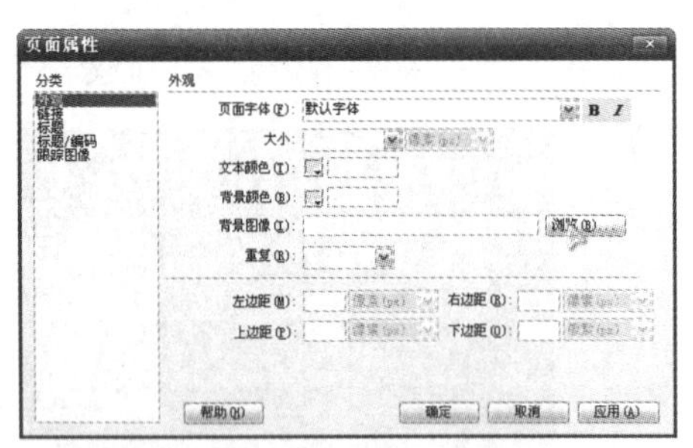

图 1.48　“页面属性”对话框

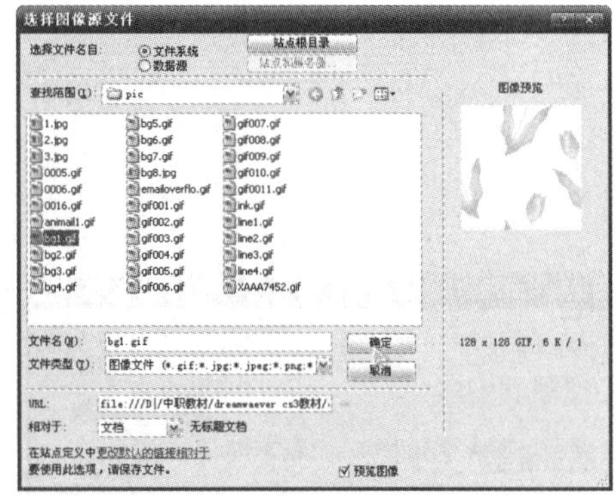

图 1.49　选择背景图片

(3) 由于插入的图片文件不在站点内，单击弹出对话框的“确定”和“是”按钮，将图片文件复制到站点目录下的 images 文件夹内，单击“保存”按钮，如图 1.50、1.51、1.52 所示。

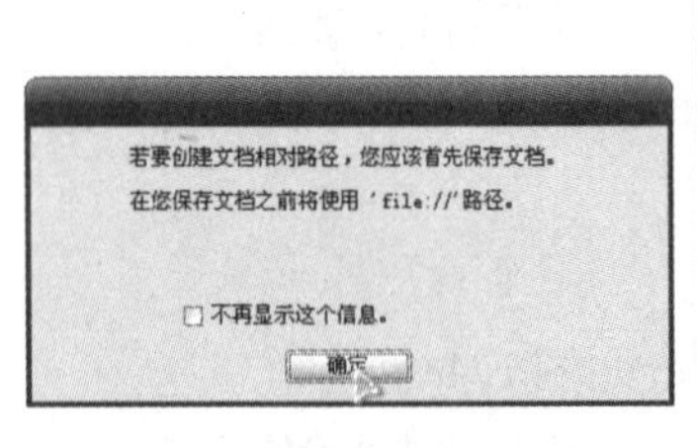

图 1.50　图像保存提示对话框

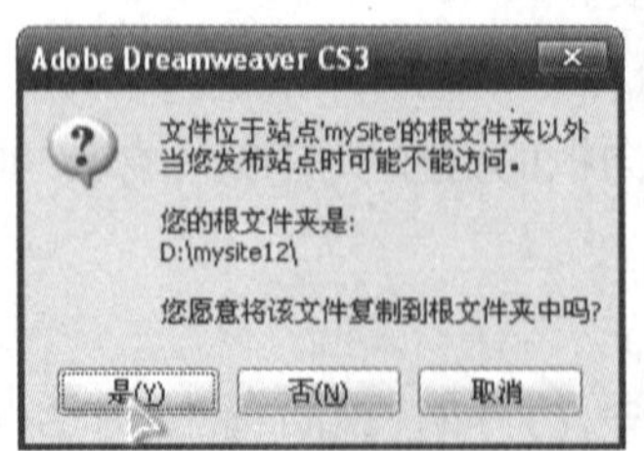

图 1.51　选择背景图片 1

图 1.52　选择背景图片 2

(4) 最后单击“确认”按钮，完成对背景图片的插入。

小贴士

在 Dreamweaver 中设置的背景图片是以平铺的方式显示的。

7. 网页的保存与预览

(1) 执行"文件/保存"命令,将该网页保存在 mysite12 文件夹下,命名为 index,如图 1.53 所示。

(2) 至此,整张网页制作完毕。单击"文档"工具栏的"预览在 IExplore",就可观看效果了,如图 1.54、1.55 所示。

图 1.53 保存网页

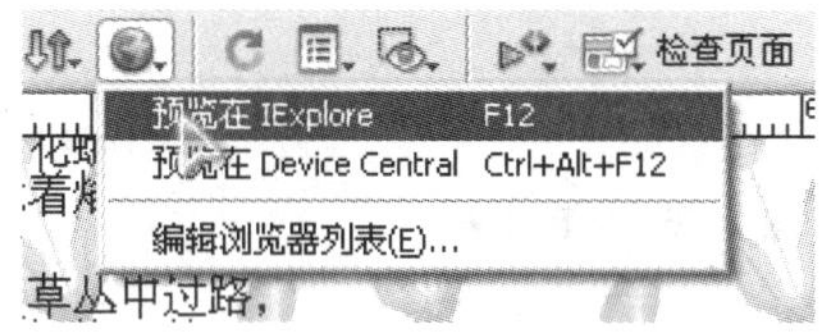

图 1.54 预览网页

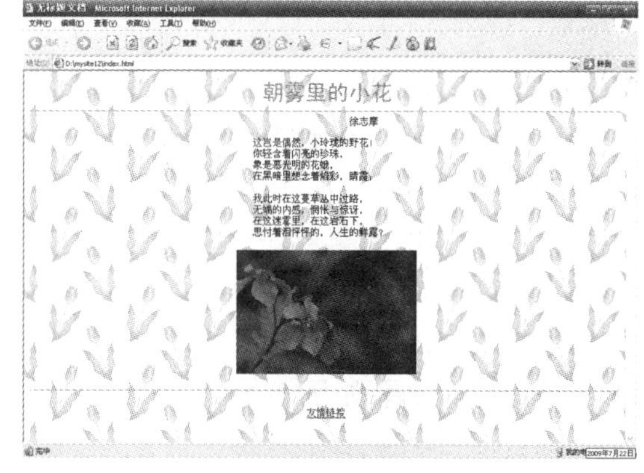

图 1.55 效果图

活动小结

制作网页的基本流程为:建立站点→创建网页→插入网页元素→编辑网页元素→保存网页→预览效果。

本章实验 制作"我的个人介绍"网站

实验要求

(1) 建立站点目录 mysitelx,并将站点指定至站点目录。

(2) 制作网页"我的个人介绍",在网页中加入背景图片、文字、水平线、图片和超级链接。

(3) 通过记事本打开网页,修改现有的 HTML 代码,比较前后效果。

注意:本实验提供的样例仅供参考,发挥你的才智,也许你能设计出别具一格的网页哦!

操作提示

（1）在D盘的根目录下新建一个 mysitelx 文件夹，作为站点文件存放的目录。并且在 mysitelx 文件夹下建立一个下级文件夹 images，作为网页图片存放的目录。

（2）打开 Dreamweaver CS3 软件，在起始页中建立站点 mysitelx，并指定站点文件的目录。

（3）新建网页，输入标题文字，并将文字设置为 24 像素、粗体、居中对齐。

（4）插入水平线。

（5）插入图片并设置为左对齐。

（6）输入文字，文字内容可以自己设计，样例中的内容仅供参考，将文字设置为 24 像素、粗体。

（7）插入线条图片，按空格键对齐。

（8）插入 E-mail 提示图片，对齐方式为绝对居中，并输入文字“请与我联系”。

（9）设置背景图片。

（10）将当前网页保存在 mysitelx 文件夹内，文件名为 index. html，预览效果如图 1. 56 所示。

图 1. 56　网页效果

（11）在网页中单击鼠标右键，选取“查看源文件”，在打开的记事本中修改以下代码（粗斜体文字为修改的内容），并观察修改前后网页的变化。括号内为中文注释，无需输入。

```
<html xmlns = " http://www. w3. org/1999/xhtml">
<head>
<meta http – equiv = " Content – Type"  content = " text/html; charset = utf – 8" />
<title>我的个人网站 </title> (加入网页标题)
<style type = " text/css">
<!  – –
. STYLE1 {
    font – family: " 黑体" ;
    font – size: 36px;
}
. STYLE2 {font – size: 24px}
. STYLE3 {font – size: 16px}
```

```
body {
    background - image: url(images/bg4. gif);
    background - color: #FFCCCC;      (将原有背景以图片显示修改为背景为粉色)
}
- ->
</style>
</head>
<body>
<div align = "center"  class = "STYLE1"> 我的个人介绍 </div>
<hr/>
<p> <img src = " images/0016. gif"  width = " 150"  height = " 300"  align = " right" />
(将图片设置为右对齐)
<p class = " STYLE2">                    姓名:张盈 </p>
<p class = " STYLE2">                    血型:O 型 </p>
<p class = " STYLE2">                    星座:射手座 </p>
<p class = " STYLE2">                    爱好:音乐、上网、摄影 </p>
<p class = " STYLE2">        <img src = " images/line4. gif"  width = "518"  height =
"13"/> </p>
<p class = " STYLE2">                       <img  src = " images/XAAA7452. gif"  width = "
48"  height = "42"  align = " absmiddle"/>
<span class = " STYLE3">  <a href = "mailto: luyingmjp@ hotmail. com"> 请与我联系
</a> (为文字"请与我联系"设置链接) </span> </p>
</body>
</html>
```

(12) 修改后的效果如图 1. 57 所示。

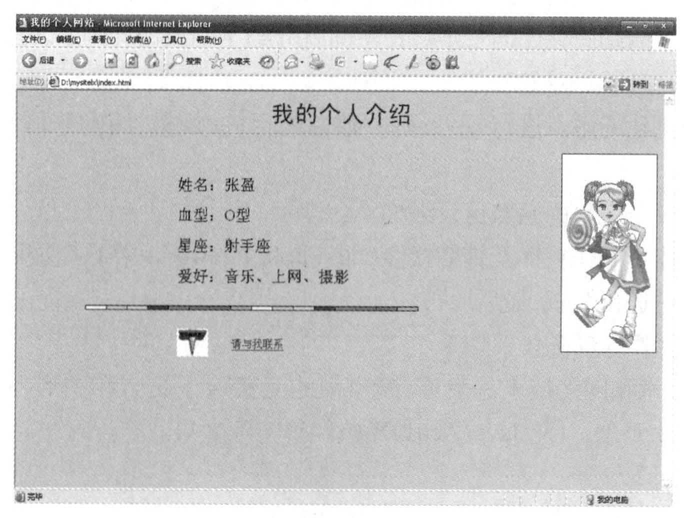

图 1. 57　修改后的效果

第二章　站点的建立与管理

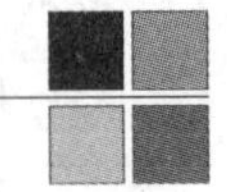

本章概要

建立站点是制作网页的第一步，然而要建立一个较好的站点并不是一件容易的事，需要前期的素材准备和站点结构的规划。要学会制作网页，掌握站点建立和编辑的方法尤为重要，所有的网页都是基于站点建立的。这些知识的掌握，对今后的网页制作将极为关键。

本章主要包含四个活动，通过为“我的个人网站”收集相关资料，掌握站点素材及其制作工具的有关知识；为“我的个人网站”规划站点目录，并比较大型站点的站点结构与小型站点的站点结构区别，从而了解站点的设计流程；学会使用“高级”标签为“我的个人网站”建立站点，并设置相关参数；通过网站地图，实现对“我的个人网站”中的网站文件进行管理、检查链接等。

活动一　为个人网站做准备

学习目标：了解一般站点的设计流程，为“我的个人网站”收集相关资料，并掌握站点素材及其制作工具的有关知识。

知识要点：站点的设计流程、素材文件类型、素材制作工具。

准备知识

1. 站点设计流程

要设计一个好的网站并不是一件轻而易举的事，这需要事先做好比较充分的准备工作。如果前期的准备工作做得够充分，那么在具体创建站点、制作网页时往往会达到事半功倍的效果。反之，则往往会多做很多无用功，造成时间和精力甚至是金钱的浪费。

那么，建立一个网站应该如何着手呢？下面就介绍了站点设计的基本流程。

创建站点大致包括以下四步：

第一步：对要创建的站点进行规划，确立建站的目的、规模、面向的群体、服务器端的配置等各项情况。

第二步：建立一个完整的站点目录结构。

第三步：使用网页制作软件及辅助软件（如：Flash、Fireworks 等），完成网站的制作。

第四步：对网站进行测试，最后发布。

2. 站点素材文件类型简介

随着多媒体技术和网络技术的发展，网页中的元素除了文字和图形外，又添加了动画、声音、视频等多媒体元素，以及 Java、ActiveX 控件等特殊效果。

（1）文字资料

文字在网页里始终占据着一定的比例。虽然在 Dreamweaver 里可以直接输入文字，但在实际应用时，网页制作人员更多的还是采用将现有的文字通过复制和粘贴或导入方式插入网页。例如：可以在文档中选取相关的文字，利用复制、粘贴的命令直接将文字复制到 Dreamweaver 中去，但要注意的是 Dreamweaver 不保留在其他应用程序中应用的文本格式，但它保留换行符。如果该文字资料是从 Word 或 Excel 直接复制、粘贴到 Dreamweaver 中的话，那么网页会同时保存该文档的字体、颜色和 CSS 样式。除了上述方法外，Dreamweaver 对 Word 或 Excel 还提供了直接导入的方法，使这类文档内容的插入变得更加方便。目前能够合并到网页文本内容的常见文档类型有 ASCII 文本文件、RTF 文件和 Office 文档。

(2) 图片资料

图片是网页元素中的主力军。图片在网页中所起到的作用不仅是对文字内容的补充，更多的还是对网页的美化和点缀。很多优秀的网页之所以被认为好，在很大程度上取决于版面的设计，而这些版面往往多数是由图片组成。目前网页中用到比较多的图片类型有两种，主要是 JPEG 和 GIF，这两种类型的图片各有其特点，具体介绍可参看本书第五章内容。在 Dreamweaver 中插入图片与在 Word 中插入操作的方法非常相似。除了能插入基本的图片外，Dreamweaver 还提供了其他的一些效果，例如：鼠标经过图像、导航条等。

(3) 动画资料

动画是当今网页中必不可少的元素，它能给不起眼的网页增添亮色。除了常见的动态 GIF 外，目前使用较多的是用 Flash 制作的 SWF 格式的动画。由于 Flash 软件同样是由 Macromedia 推出的。因此，在使用 Dreamweaver 制作的网页中加入 Flash 就变得轻而易举了。此外，网页中用得比较多的另一种动画形式是 Shockwave，它也是由 Macromedia 公司推出的产品 Director 所生成的，由于它的交互能力较强，也同样很受欢迎。

(4) 音频资料

网页中使用的声音资料一般是作为网页的嵌入音频文件或供用户下载收听的各类音频文件，当然还包括一些已经整合在动画或视频文件中的声音。尽管 Dreamweaver 支持多种音频文件类型，但由于受网络传输带宽的限制，真正能在网络上流行的音频格式并不多。目前常见的有 MIDI 或 MID(乐器数字接口)格式，由于其文件小，声音质量好，所以被广泛使用。但它由于访问者的声卡的不同，声音效果也会有所不同。另一种使用非常广泛的音频文件类型是 MP3，它是压缩的音频文件，可令音频文件明显缩小，同时还保持比较好的声音品质。MP3 技术对文件进行“流式处理”，使用户不必等待整个文件下载完成即可收听该文件。RA、RAM、RPM 等 RealAudio 格式的文件也具有非常高的压缩程度，文件大小要小于 MP3，它同样可以进行“流式处理”，因此也很受青睐。

(5) 视频资料

由于视频文件一般都比较大，所以在网页上直接播放的情况很少。但这并不意味着网页上就没有视频文件。网页上视频表现的形式一般分为两种，一种是用户下载链接中的视频文件，然后在本地计算机上观看。另一种是可以在浏览器中播放的视频文件，称为内嵌视频。内嵌视频格式主要有 MPEG、QuickTime、RealVideo、ActiveMovie 等。其中的 QuickTime 视频格式由于已成为跨平台多媒体文件的主要格式，因此倍受推崇。RealVideo 是在 RealAudio 的基础上支持音频和视频的流播放。由于视频是以数据流方式传输的，所以浏览器可以边下载边播放该文件。

(6) 其他资料

除了上述讲到的五种网页元素外，在 Dreamweaver 中还能插入 ActiveX 控件和 Java applet。ActiveX 控件(以前称作 OLE 控件)是可以充当浏览器插件的可重复使用的组件，有些像微型的应用程序。而 Java applet 可以使网页的多媒体动态效果进一步增强。

以上内容是对站点素材文件类型的简单介绍，正是这些网页元素的综合应用使我们看到了如今多姿多彩的网页形式。

3. 网页素材制作工具

为了使制作的网页更为美观，用户在利用网页制作工具制作网页时，还需利用网页制作的辅助工具对网页进行美化。

(1) Photoshop

Photoshop 是由 Adobe 公司开发的图形图像处理软件，软件界面如图 2.1 所示。它是目前公认最好的通用平面美术设计软件，它功能完善、性能稳定、使用方便，所以几乎在所有广告、出版、软件公司，Photoshop 都是首选的平面制作工具。

在网页设计当中，自然是以设计为主，利用 Photoshop 就可以把一切简单、枯燥的网页设计得栩栩如生。在 6.0 以后的版本中加入了图片的切割功能以及附带软件 Imageready 后，使其更向网页制作的方向靠拢。

图 2.1 Photoshop 操作界面

图 2.2 Fireworks 操作界面

(2) Fireworks

Fireworks 是由 Macromedia 公司开发的图形图像处理工具，软件界面如图 2.2 所示。它的出现使 Web 制图发生了革命性的变化。因为 Fireworks 是第一套专门为制作网页图形而设计的软件，同时也是专业的网页图形设计及制作的解决方案。

作为一款为网页设计而开发的图形图像处理软件，Fireworks 还能够自动切割图像、生成光标动态感应的 JavaScript 程序等。而且，Fireworks 具有强大的动画功能和一个相当完美的网络图像生成器。

(3) Flash

Flash 是 Macromedia 公司开发的矢量图形编辑和动画创作的专业软件，是一种交互式动画设计工具，软件界面如图 2.3 所示。用它可以将音乐、声效、动画以及富有新意的界面融合在一起，从而制作出高品质的网页动态效果。它主要应用于网页设计和多媒体创作等领域，功能十分强大和独特，已成为交互式矢量动画的标准，在网上非常流行。Flash 广泛应用于网页动画制作、教学动画演示、网上购物、在线游戏等的制作中。

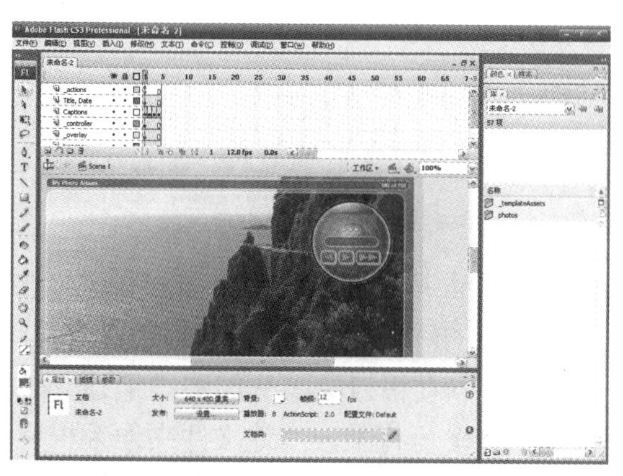

图 2.3　Flash 操作界面

图 2.4　CorelDRAW 操作界面

（4）CorelDRAW

CorelDRAW 将矢量插图、版面设计、点阵图编辑、图像编辑及绘图工具等多种功能合为一体，软件界面如图 2.4 所示。它具有人性化的界面，专业输出能力支持多种语言文本，简化了设计过程。用 CorelDRAW 制作出来的矢量图运用到网页里面，可以降低图片的打开速度。对于专业网页设计师来说，这个软件是必不可少的。

在使用 Dreamweaver 制作网页时，Photoshop、Fireworks、Flash、CorelDRAW 等软件则是必不可少的辅助工具。

活动引导

（1）我们决定个人网站的具体内容后，通过网络或者其他途径找到自己网站中所需要的文字内容，如果愿意公开，也可以是自己平时写的一些心情日记等内容。将收集到的文字资料保存在记事本中。

（2）使用搜索引擎搜索到需要的图片素材后，使用第一章中下载图片的方法，通过网络下载自己网站内所需的图片素材。如果已经学过了图像编辑软件，那么还可以对下载图片编辑处理后再使用。

（3）用自己喜欢的音乐作为自己站点的背景音乐。建议使用 MID 格式的音乐文件。

活动小结

这个活动是为后面制作个人站点做准备，素材的内容可以自己决定。如果我们已经学过了 Flash，那么我们还可以为网页中添加自己制作的 Flash 动画。

在以上的活动中我们主要收集了文字与图片，甚至是音乐文件，这些素材将构成我们个人网站的内容。

活动二　规划自己的网站

学习目标：比较大型站点的站点结构与小型站点的站点结构的区别，为“个人博客”规划站点目录。

知识要点：站点结构规划、大型站点的站点结构、小型站点的站点结构。

准备知识

1. 规划站点结构

站点制作前必须很好地规划站点结构，为以后的制作、维护和更新提供便利。要建立一个层次结构分明的站点，通常是在本地磁盘上创建一个文件夹。该文件夹称为“根目录”。在该文件夹中存放站点中的所有资料。例如：可以在根目录下分门别类地建立子文件夹，管理图像、动画、网页等文件。由于 Dreamweaver 可将某一本地文件夹作为根目录，定义为新站点。因此，在以后的操作中可以通过 Dreamweaver 对站点中的文件进行管理。

在组织站点结构时，需要注意以下三点：

① 将站点内容分门别类，将相关页面放置在同一文件夹内。

② 将所有图像、声音或其他多媒体文件放在独立的文件夹内。

③ 在创建并测试完站点后，将所有文件都上传到远程站点，使本地结构完整地复制到远程站点上。

2. 常见的站点结构

以下以常见的学校网站为例，已经收集到的资料包括：学校新闻、学校介绍、各专业介绍、科研成果等文字资料；学校的徽标、教学楼、实训楼、多媒体教室、各部门骨干人员照片等图片资料。站点结构如图 2.5 所示。

根目录下的 images 文件夹专门存放站点公用图片，在 introduce 文件夹中放置一些相对固定的内容，例如：学校发展历史、学校简介、联系方式。在 news 文件夹中放置学校最新新闻资料的文字与图片内容。在 part 文件夹下放置的是各部门的情况介绍。各部门有专门的子文件夹，因此有多少个部门就有多少个相对应的文件夹。在每个部门文件夹下面均包含 html 和 images 子文件夹，其中 html 文件夹用于存放文本资料，而 images 文件夹则用于存放图片资料。但要注意的是，目录层次不能过深，一般来说不要超过三层目录，以便于管理。

以上站点规划比较适用于较大的网站，例如：企业等一些专业性的网站。如果要建立规模较小的站点，例如：个人网站等，建立的站点结构就不必那么复杂了。常用的站点结构如图 2.6 所示。

在图 2.6 所示的站点结构中：站点根目录下有 index. html，即为站点的首页，这样方便制作者很容易找到直接进入的方法。在根目录下还包括 files、images、other 三个文件夹，其中 file 主要存放其他的网页文件，images 主要存放站点中的图片文件，而 other 文件夹用来存放其他的一些文件，例如：Flash、视频、声音等文件。

图 2.5　站点结构示意图 1

图 2.6　站点结构示意图 2

活动引导

(1) 资源管理器,在 D 盘建立站点目录 mysite21,目录结构如图 2.7 所示。

(2) 将收集的素材复制到相关文件夹中,图片文件放置到 images 内,文字、音乐、Flash 文件放置到 other 文件夹内。

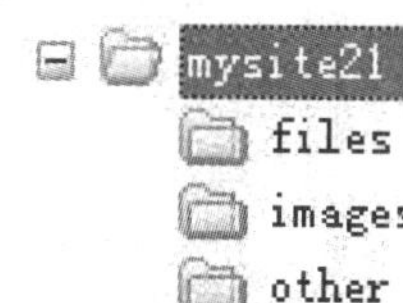

图 2.7　站点目录结构

活动小结

通过本活动,我们重点要学会如何规划自己的站点结构,这是网站制作很关键的一步。如果站点目录规划不合理的话,那么在以后具体的制作以及维护时,就会遇到很大的问题。

此外,特别要注意的是目录中的所有文件夹不能有中文名字,不然会有意想不到的后果!

活动三　打造自己的个性化站点

学习目标: 掌握站点的建立及站点参数的设置方法。

知识要点: "高级"标签、建立站点。

准备知识

1. 站点管理的概念

站点结构目录建立完毕后,通过执行"新建站点"命令在 Dreamweaver 创建本地站点。在该软件中实现对站点的管理。其中包括站点的创建、复制、编辑、导入和导出等。在新建站点中的对话框中,可以对站点的各项属性进行设置。其中有本地信息、远程信息、测试服务器等的设置,而且远程服务器关联本地站点也是通过在“新建站点”对话框中选择其他选项来进行的。

2. 设置站点参数

要控制 Dreamweaver 站点管理窗口,可通过“编辑/首选参数”命令或按下 Ctrl + U 键打开“首选参数”对话框,如图 2.8 所示。

在弹出的“首选参数”对话框中的“分类”选项面版中选取“站点”,如图 2.9 所示。

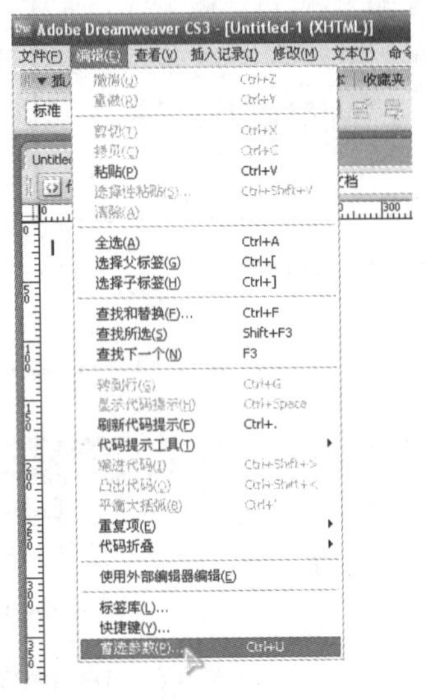

图 2.8 “编辑/首选参数”命令

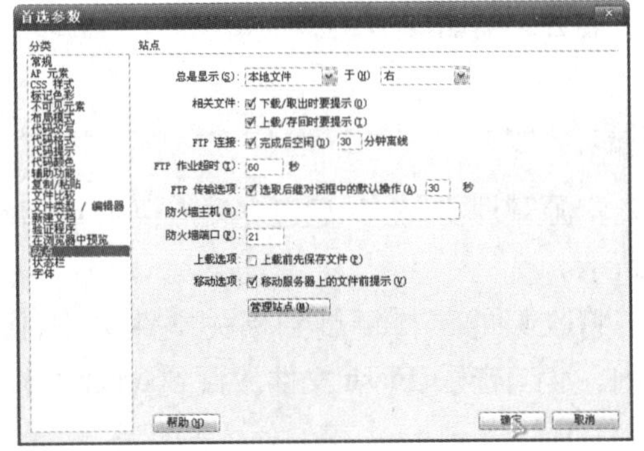

图 2.9 “首选参数”对话框

其参数设置含义如下:

总是显示:指定无论是本地还是远程文件都一直显示在站点窗口的左边或右边窗格中。

相关文件:显示传输相关文件的提示。相关文件是指在载入 HTML 文件的过程中,由浏览器加载的图像或其他文件(如:外部样式表)。

FTP 连接:在超过指定时间仍无活动时,决定是否中断和远程站点的连接。

FTP 作业超时:为 Dreamweaver 尝试连接远程服务器指定秒数。

防火墙主机:如果有防火墙保护则指定连接的代理服务器的地址。

防火墙端口:指定连接到 FTP 服务器所通过的端口。

上载选项:选中后可在上传时自动保存文件。

移动选项:选中后移动服务器中的文件,系统将出现提示。

管理站点:打开此对话框,编辑已有站点或新建站点。

活动引导

1. 定义站点

(1) 执行“站点/管理站点”命令,打开“管理站点”对话框,如图 2.10 所示。

(2) 单击“管理站点”对话框中的“新建”按钮,在弹出的下拉菜单中单击“站点”,如图 2.11 所示。

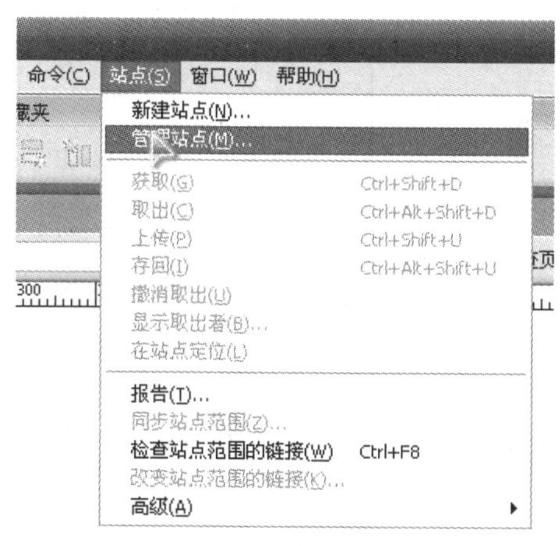

图 2.10 “管理站点”菜单

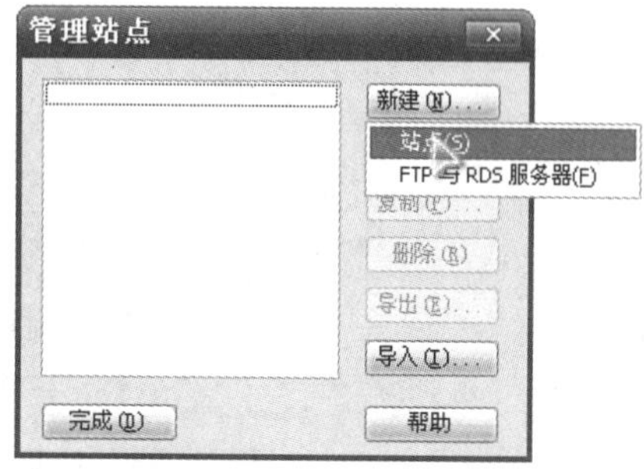

图 2.11 “管理站点”对话框

(3) 在站点定义对话框的“高级”选项卡中设置站点名称为“个人博客”。

(4) 设置本地根文件夹目录,可以直接输入活动二中建立的站点目录,在本例中可以直接输入“D:\mysite21\”;或者单击右侧的 🗀 图标,打开“选择站点本地根文件夹”对话框,直接在该对话框中选择活动二中建立的站点目录根文件夹,即 mysite21。

(5) 设置默认图像文件夹,方法同上。也可直接输入目录“D:\mysite21\images”或单击右侧的 🗀 图标,直接选择该目录。

小贴士

设置了该选项后,在以后的网页制作中,凡是插入到网页中的图片将会自动保存到该文件夹中,避免在每次插入图片时,都出现询问保存路径的提示。

(6) 在“HTTP:地址”栏中输入要上传到的远程站点的地址。本实例中的站点只是建立在本地计算机上,所以该栏目中不用输入内容。

(7) 勾选“启用缓存”设置。

小贴士

“启用缓存”用来设置是否建立高速缓存文件,它的作用是为每个实际存在的文件创建一条记录,当移动、删除和改名文件时,迅速更新链接,建议选取该项。

(8) 至此,“高级”选项卡中的所有参数设置完毕,如图 2.12 所示。单击“确定”按钮,进行设置的确认。

(9) 在“管理站点”对话框中出现了“个人博客”,效果如图 2.13 所示。单击“完成”按钮。这时在右侧的“文件”面板中就可看见刚才建立的站点了,如图 2.14 所示。

图 2.13 “管理站点”对话框

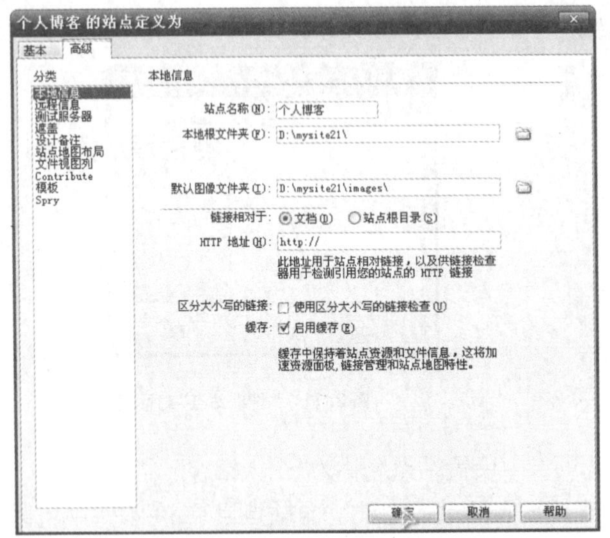
图 2.12 “站点定义”对话框图

图 2.14 站点目录

小贴士

如果“文件”面板没有显示，可通过“窗口/文件”命令或直接按 F8 键，即可快速打开“文件”面板。

2. 制作首页

小贴士

接下去的步骤仅供参考。在具体的制作中用户可以根据自己网站不同的风格、使用不同的素材，采用不同的参数设置。在本站点的网页中插入的网页元素有文字、图片、音乐以及 Flash。可以根据需要，参照相关步骤将自己收集的素材放入到自己个性化的网页中去。

(1) 执行“文件/新建”命令，在“新建文档”对话框中选择页面类型为“HTML”，布局为“1 列固定，居中，标题和脚注”，单击“创建”按钮，新建 HTML，如图 2.15、2.16 所示。

(2) 执行“文件/保存”命令，在“另存为”对话框中，设置文件名为“index. html”，将当前文档保存在站点根目录下，单击“保存”按钮，如图 2.17 所示。

(3) 执行“修改/页面属性”命令，打开“页面属性”对话框。在“外观”分类中设置页面字体为宋体，字体大小为 9 点，文本颜色为黑色#000000，单击“浏览”按钮，选择 images 文件夹下的背景图片“bg1. gif”，设置左、右、上、下边距为“0 像素”，单击“确定”按钮确认，如图 2.18 所示。

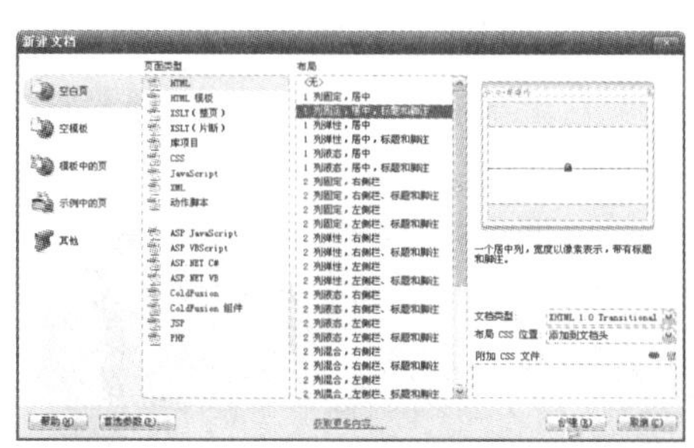

图 2.15 “新建文档”对话框

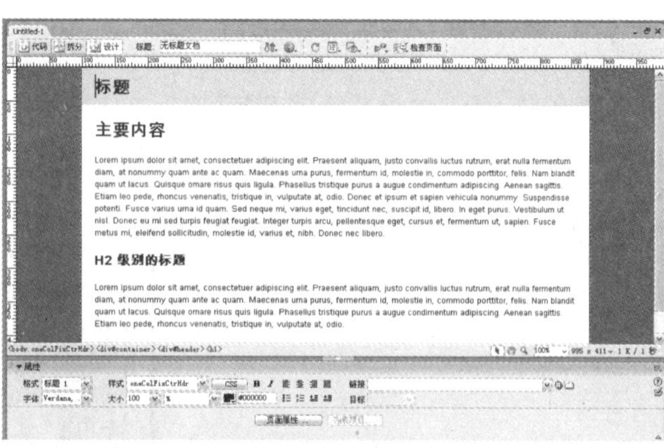

图 2.16 页面效果

图 2.17 页面效果

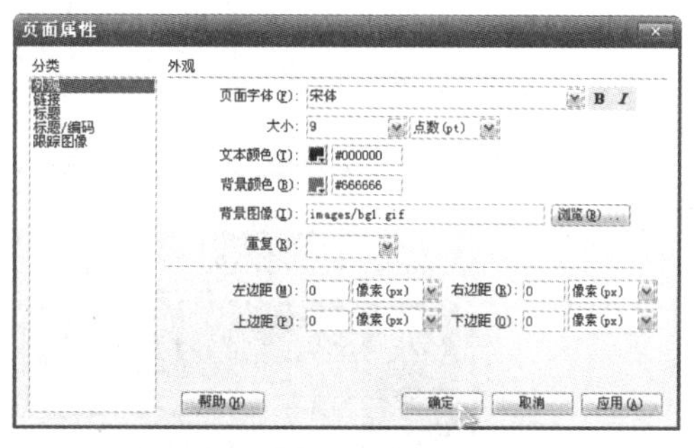

图 2.18 “页面属性”对话框

(4) 在上述对话框中,切换至“链接”分类,设置字体大小为 9 点,链接颜色和已访问链接为黑色 #000000,变换图像链接为深灰色 #666666,下划线样式为“始终无下划线”,如图 2.19 所示。

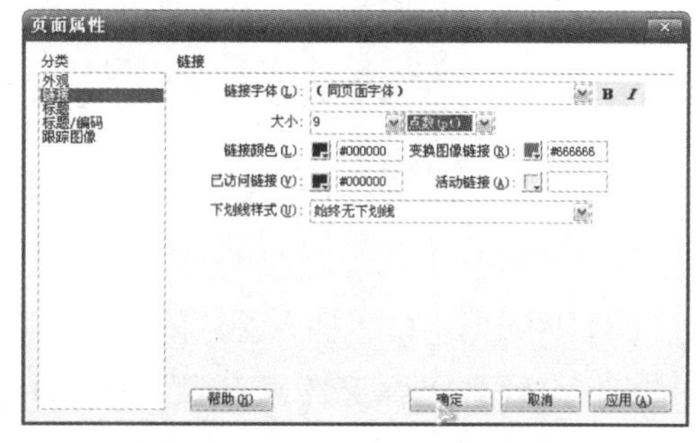

图 2.19 选择背景图片

(5) 删除网页标题,执行“插入记录/图像”命令,在“选择图像源文件”对话框中选择“header.jpg”,如图 2.20、2.21 所示。

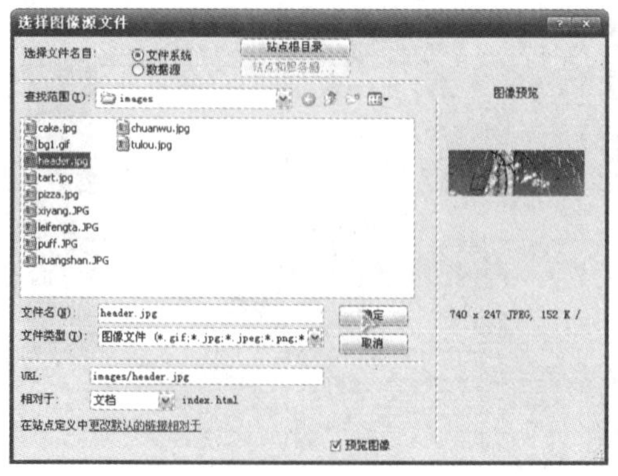

图 2.20 “选择图像源文件”对话框

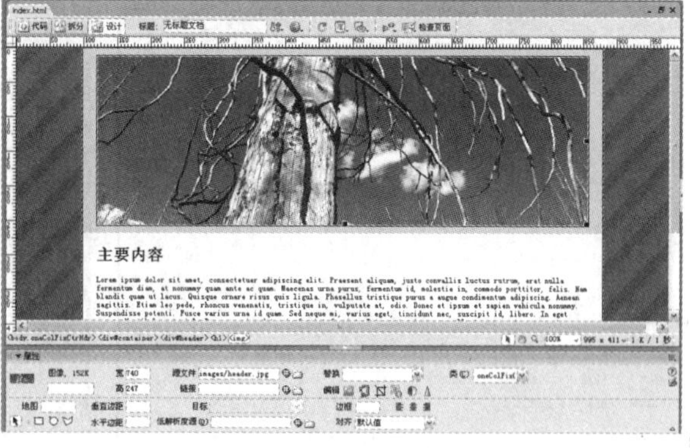

图 2.21 网页效果

（6）删除页面中的主要内容文字，执行"插入/媒体/Flash"命令，在打开的"选择文件"对话框中，选取 other 文件夹下的 SWF 格式文件并确认，如图 2.22 所示。按 Shift 键，调整插入的 Flash 大小，并在"属性"面板中设置"对齐"为"左对齐"，效果如图 2.23 所示。

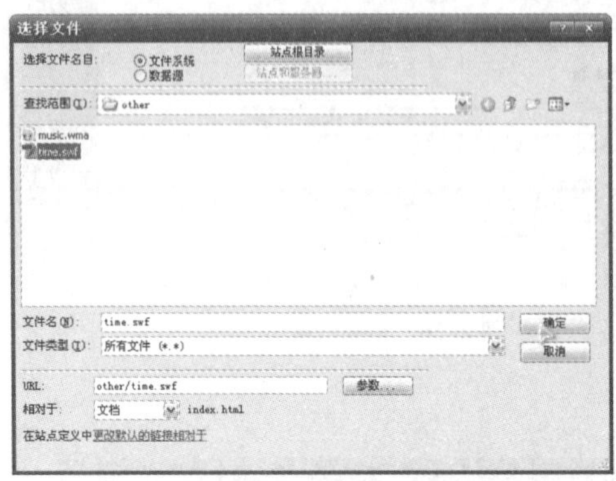

图 2.22　插入 Flash

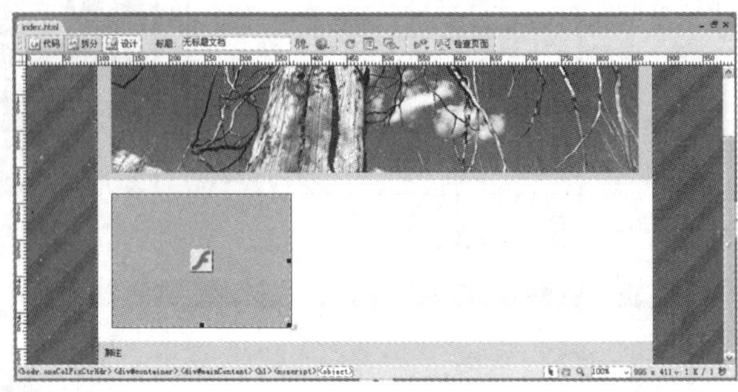

图 2.23　调整 Flash 大小

（7）输入相应文字，包括导航栏、内容区及版权信息，按回车键换行，如图 2.24 所示。

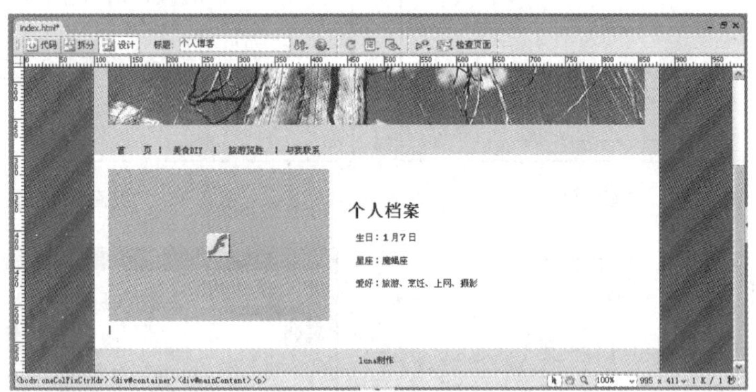

图 2.24　输入文字

（8）将光标定位于插入图片的位置，执行"插入记录/图像"命令，在"选择图像源文件"对话框中选择 images 文件夹中的"XiaoDai. gif"，单击"确定"按钮，如图 2.25 所示。然后选取图像，在"属性"面板中设置居中对齐，效果如图 2.26 所示。

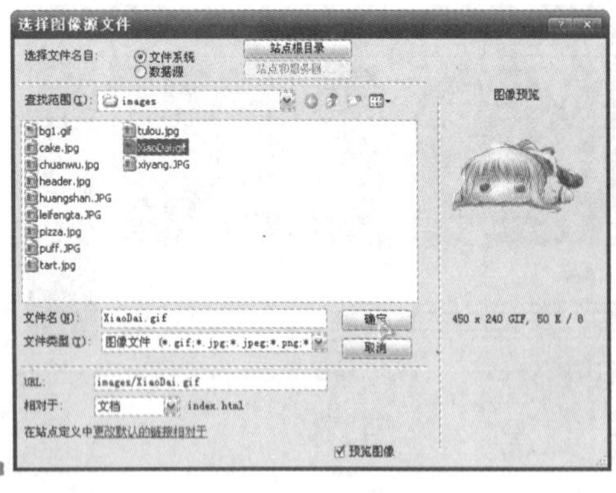

图 2.25　插入图像

图 2.26　设置居中对齐

(9) 修改文档标题为“个人博客”,并执行“文件/保存”命令,最后效果如图 2.27 所示。

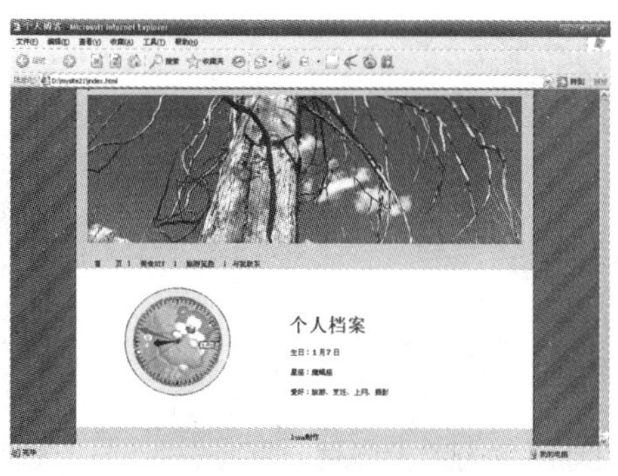

图 2.27 网页效果

图 2.28 网页效果

3. 制作分页

小贴士

由于分页的背景以及链接的区域与首页相同,因此在这里建议将首页下面区域删除,然后加入分页的内容。最后,将完成的分页另存在 files 文件夹中即可。

(1) 将首页下面区域删除,使用上述步骤中的方法,执行“插入记录/图像”命令,将素材图插入网页中,并适当调整其大小及位置。重复该步骤,将所有的素材图片放入网页中,如图 2.28 所示。

(2) 单击文档栏中显示代码视图的按钮 代码 ,切换至代码窗口,在 Body 标签后面输入 <bgsound src = "../other/music. wma"> ,设置网页的背景音乐,如图 2.29 所示。

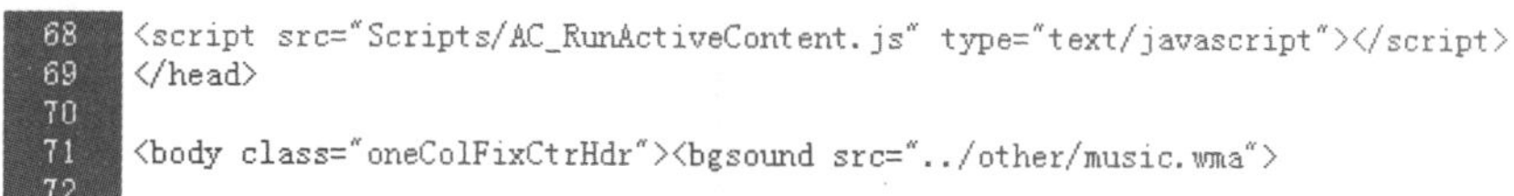

```
<script src="Scripts/AC_RunActiveContent.js" type="text/javascript"></script>
</head>

<body class="oneColFixCtrHdr"><bgsound src="../other/music.wma">
```

图 2.29 输入代码

(3) 执行“文件/另存为”命令,将该网页保存在 mysite21 目录下的 files 文件夹,取名为 ms. html,如图 2.30 所示,最后效果如图 2.31 所示。

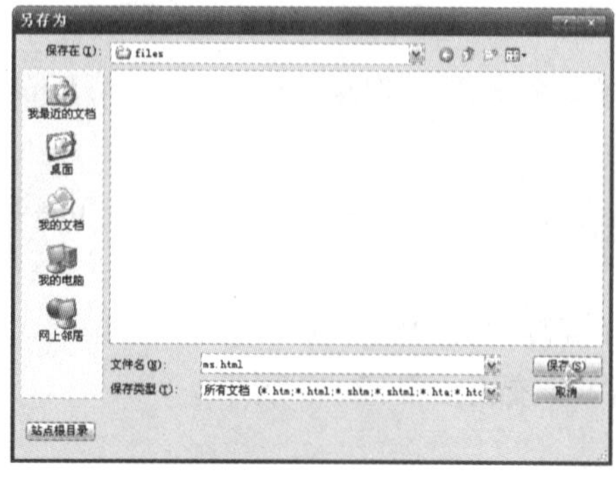

图 2.30 保存网页

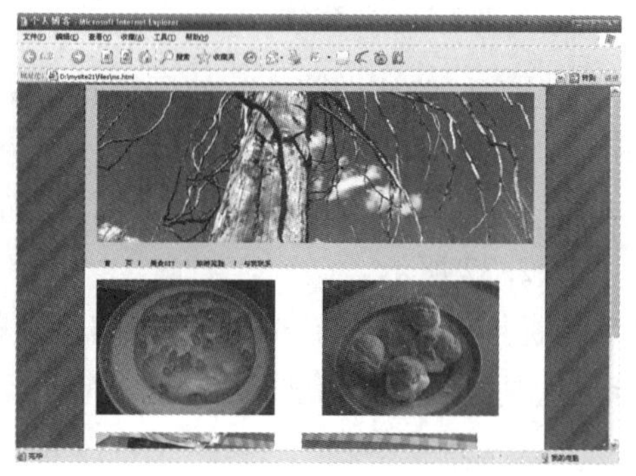

图 2.31 分页效果

网页制作

（4）按同样步骤，完成“旅游览胜”分页的制作，如图 2. 32 所示。

图 2. 32　分页效果

图 2. 33　插入图片

（5）执行“文件/另存为”命令，将该网页保存在 mysite21 目录下的 files 文件夹，取名为 fj. html，效果如图 2. 33 所示。

4. 制作链接

（1）选取分页中的文字“首页”，单击“属性”面板中链接选项右侧的“浏览文件”按钮 ，在打开的“选择文件”对话框中，选择站点目录下的 index. html 并确认。即将该文字链接到首页，如图 2. 34 所示。

（2）选取文字“美食 DIY”，使用上述方法，将文字链接到 files 文件夹下的 ms. html，如图 2. 35 所示。

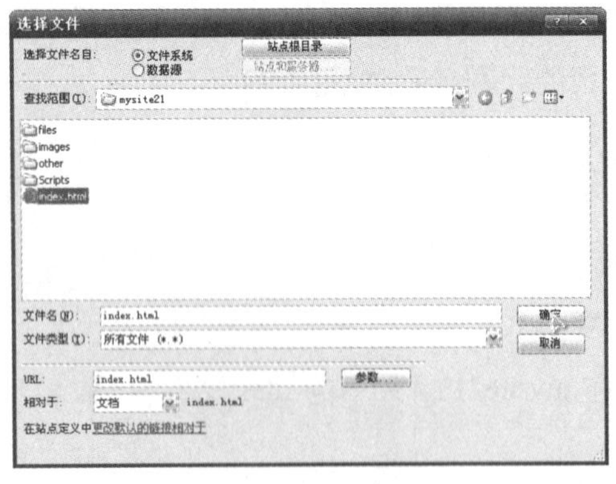

图 2. 34　首页链接

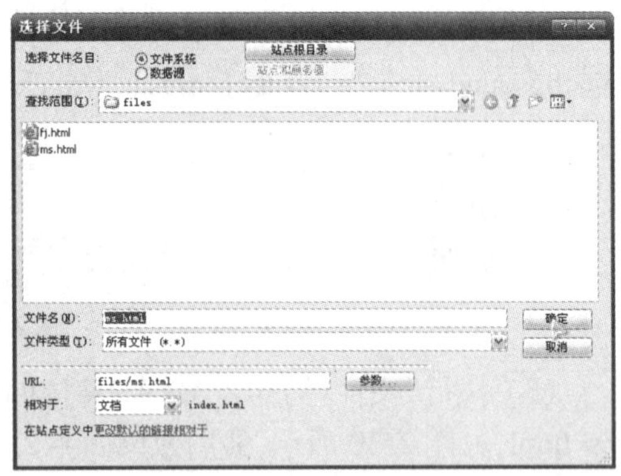

图 2. 35　美食 DIY 分页链接

（3）选取文字“旅游览胜”，使用相同方法，将文字链接到 files 文件夹下的 fj. html，如图 2. 36 所示。

（4）选取文字“与我联系”，在“属性”面板中的链接选项中输入“mailto：luna@ 163. com”，如图 2. 37 所示。

（5）执行“文件/保存”命令，将当前已设置好链接的页面保存。

（6）重复上述步骤，完成其他分页的链接并保存，效果如图 2. 38 所示。

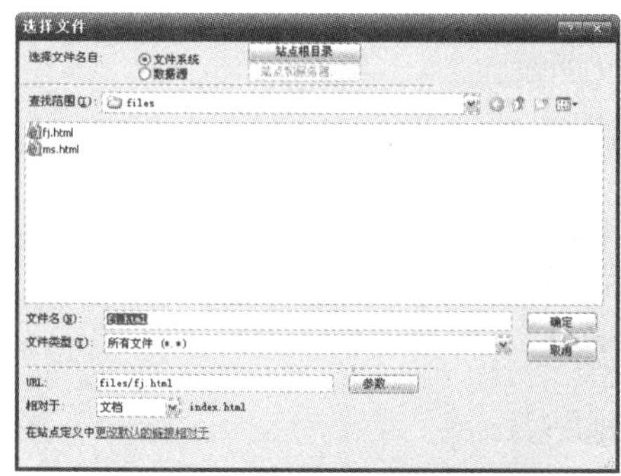

图 2.36　旅游览胜分页链接

图 2.37　联系地址链接

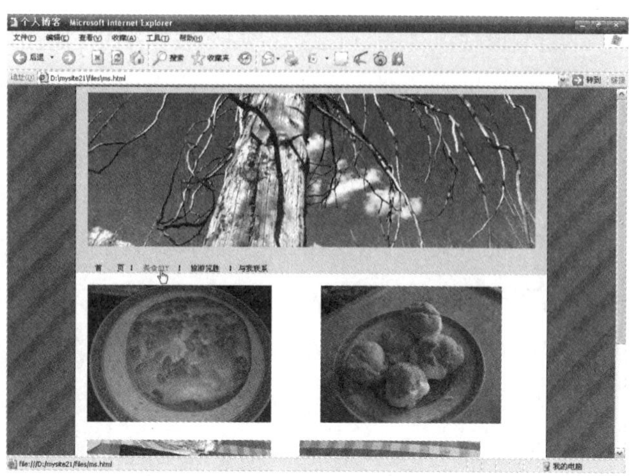

图 2.38　网页效果

活动小结

在这次活动中我们完整地制作出了一个个人的网站，在本次制作中使用了“高级”选项卡来建立网站，这比使用向导建立更快捷。

在制作中，网页间的链接是很重要的，作为一个设计者应注意的是，你的设计要让使用者能方便地在你的站点中的任何网页之中进行跳转。

活动四　编辑我的站点

学习目标：掌握编辑站点的方法。

知识要点：网站地图、管理网站文件、链接检查、添加和删除站点。

准备知识

1. 站点管理功能

Dreamweaver 包含许多站点管理功能，例如：建立站点、查看网站地图、管理远程网站文件、检查链接等。这些操作将对今后的网站中文档的建立及编辑提供便利。

在 Dreamweaver 中可以对远程服务器上的文件进行登记和验证，防止他人在同一时间内使用相同文件。但要注意的是 Dreamweaver 不会执行版本控制，不会删除在本地根目录上已不存在的远程文件或文件夹。

2. 站点视觉地图

一个站点存储了网站内所有文件，除了网页文档外，还包括网页文档中所用到的其他元素，例如：图片文件、Flash、视频文件、音频文件等。当网站做到一定规模时，文件的数量将会很多，其间的链接更是数不清。如果使用常规方法对其中的文件进行改名，或者更改目录名，由于这些文件可能是某些超级链接所链接的对象，那么有可能由于工作的疏忽而造成某些链接找不到相应的链接对象。然而，利用站点视觉地图，站点中的文件便可一目了然，方便进行站点的管理工作。

要编辑站点视图，可以选择如下按钮编辑，如图 2. 39 所示。

图 2. 39　视图工具栏

连接到远端主机按钮：单击将出现定义站点对话框。

刷新按钮：刷新文件。

获取文件按钮：从远程服务器上获取文件下载到站点内。

上传文件按钮：从站点内上传文件到远程服务器内。

取出文件按钮：从站点服务器内取出文件到本地站点。

存回文件按钮：从本地站点内将文件存回站点服务器上。

同步按钮：在本地和远程站点上创建文件后，可以在这两种站点之间进行文件同步。

扩展/折叠按钮：扩展站点视觉地图，使之展开成单独界面，方便操作。

3. 添加和删除站点

Dreamweaver 所定义的站点是以本地文件夹为根目录的，当该文件夹被删除、移动或重命名后，Dreamweaver 的站点管理将无法进行。因此需要对已有站点进行编辑或删除操作。通过“站点/管理站点”命令，可以在该“管理站点”对话框中实现站点的添加和删除，如图 2. 40 所示。

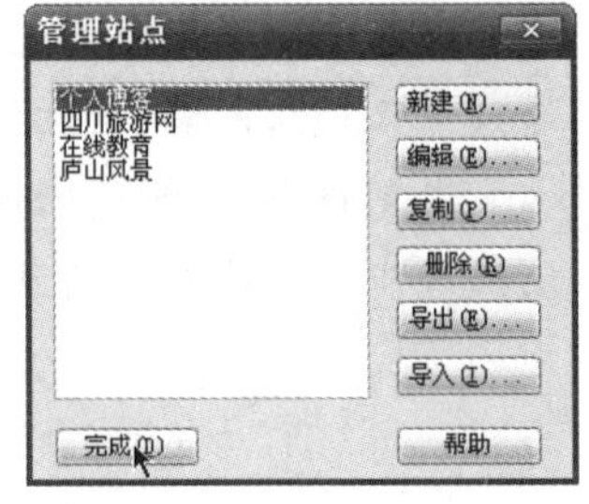

图 2. 40　管理站点

新建：新建站点。

编辑：编辑当前选定的站点。

复制：复制当前选定的站点。

删除：删除当前选定的站点，但并不影响站点里面的文件。

导出：导出当前所有的站点，用于备份。

导入：导出当前所有的站点，即将备份文件导入到站点内。

活动引导

1. 导入站点

（1）执行“站点/管理站点”命令，打开“管理站点”对话框，单击“管理站点”对话框中的“新建”按钮，在弹出的下拉菜单中单击“站点”，如图 2. 41 所示。

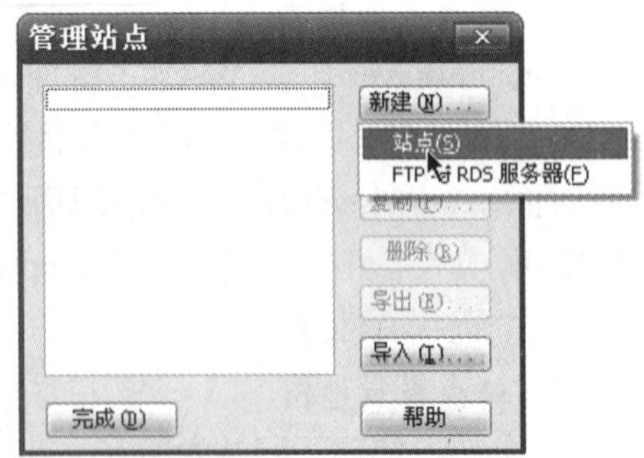

图 2. 41　“管理站点”对话框

（2）在站点定义对话框的“高级”选项卡中设置站点名称为“个人博客”。设置本地根文件夹目录，可以直接输入站点目录“D:\mysite21\”，或者单击右侧的 图标，打开“选择站点本地根文件夹”对话框，直接在该对话框中选择站点目录的根文件夹 mysite21。设置默认图像文件夹为该目录中的“images”，完成后效果如图 2. 42 所示。

（3）此时，在右侧“文件”面板中显示了该网站中的文件目录结构，如图 2. 43 所示。

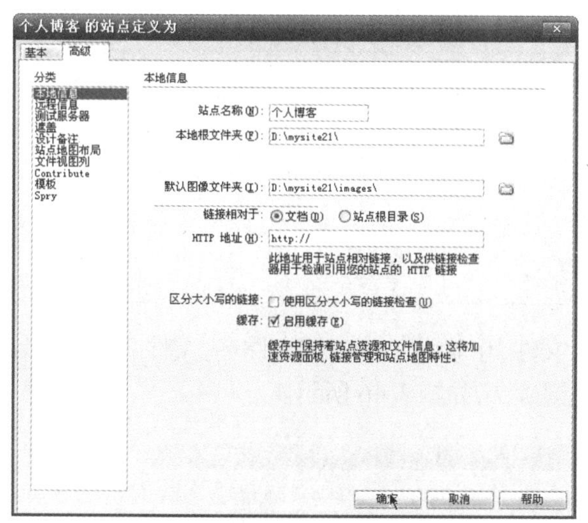

图 2.42　定义站点效果图

图 2.43　站点文件目录

2. 使用站点视觉地图管理站点文件

小贴士

在站点管理面板中，可以进行对文件重命名、删除等操作。

（1）为了方便站点的管理，单击"文件"面板右上方的小三角，单击"查看/展开文件面板"命令，展开站点管理面板，如图 2.44 所示。

（2）在展开的文件面板中，选择右侧的文件列表中的一个要删除的文件，按下 Del 键，如图 2.45 所示。

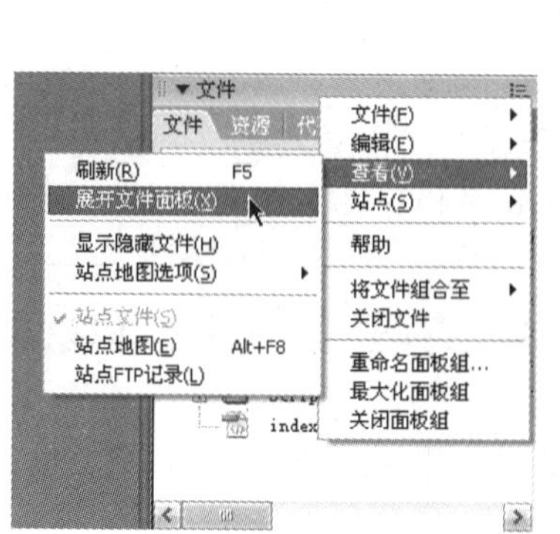

图 2.44　展开文件面板

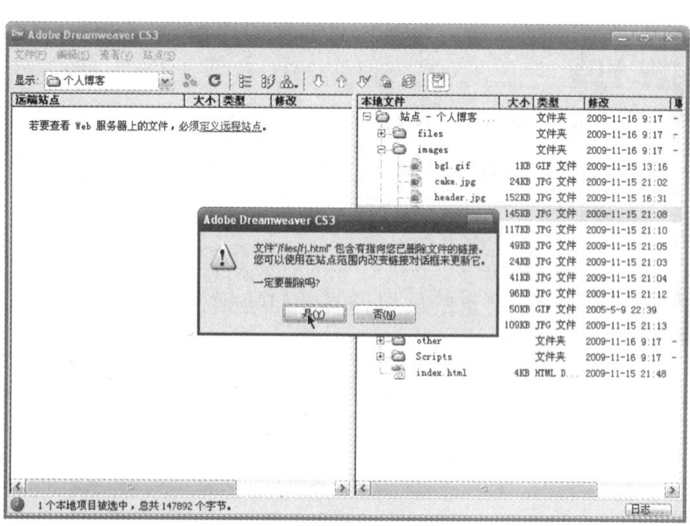

图 2.45　删除文件

网页制作

小贴士

如果网站规模比较大，这一操作可能需要几分钟时间。检查完毕，会弹出一个警告框，显示有多少个文件与要删除的文件有关联，询问是否继续删除，这时单击“是”，该文件就被删除了。

在站点管理器中删除文件有一个比较实际的用途，就是可以检查目录中哪些文件或图形是没有用的，并将其删除，以减少站点中的垃圾文件。

(3) 在右侧的文件列表中选择网页文件“fj. html”，单击该文件名，文件名变为可编辑状态，将文件名修改为“lyls. html”，按回车键确认，如图 2. 46 所示。

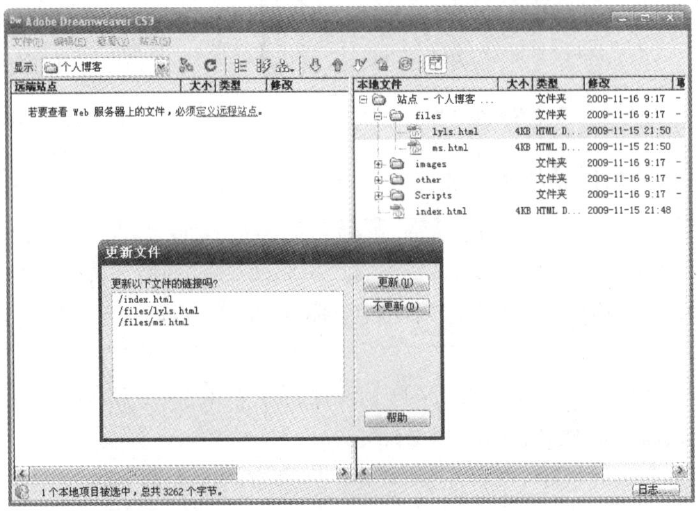

图 2. 46　修改文件名

小贴士

由于该文件已经有了链接，会弹出“更新文件”窗口，左侧列表框中显示与重命名文件有链接的文件，单击“更新”按钮，系统便会自动更改与该文件相关的所有链接。

特别要注意的是，不能在资源管理器中改变文件名、删除文件或是移动文件位置，否则会造成严重的后果，如：超链接错误、文件的图片不能正确显示等。

(4) 选择需要设置为首页的文件 index. html，单击鼠标右键，在弹出的菜单中选择“设成首页”，如图 2. 47 所示。

(5) 单击“站点地图”按钮，选择“地图和文件”，在打开站点地图的同时显示站点文件，如图 2. 48 所示。

(6) 执行“查看/显示网页标题”命令，将网页以文件标题的形式显示，单击网页标题，在标题变为可编辑状态时，分别输入新的标题，如图 2. 49、2. 50 所示。

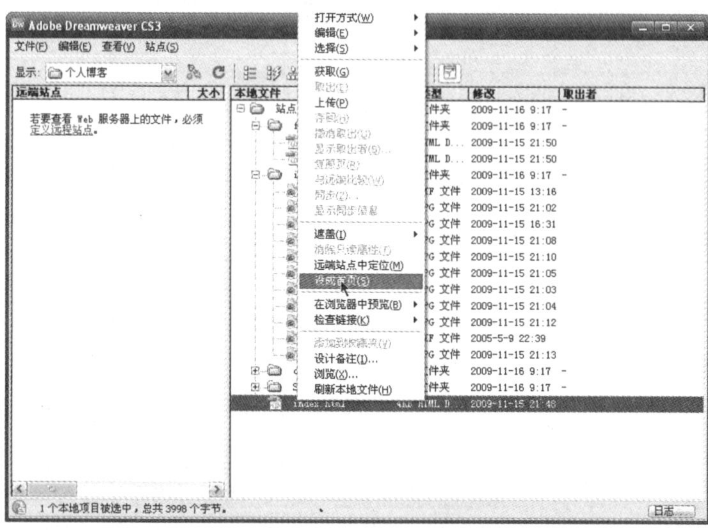

图 2.47　设置首页

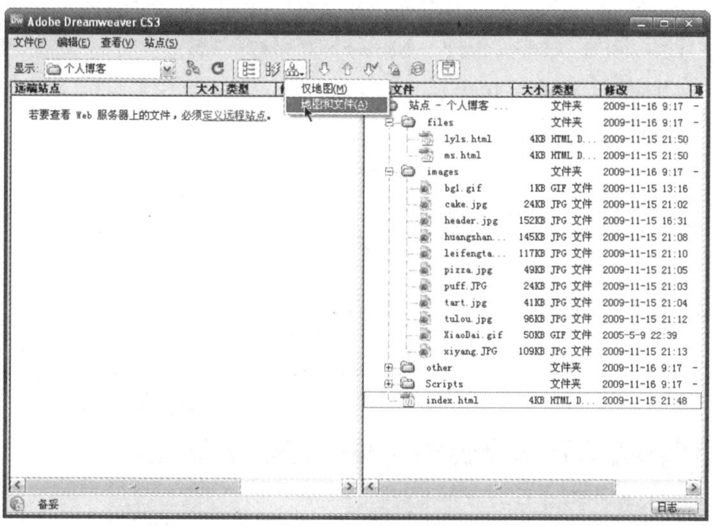

图 2.48　显示站点地图

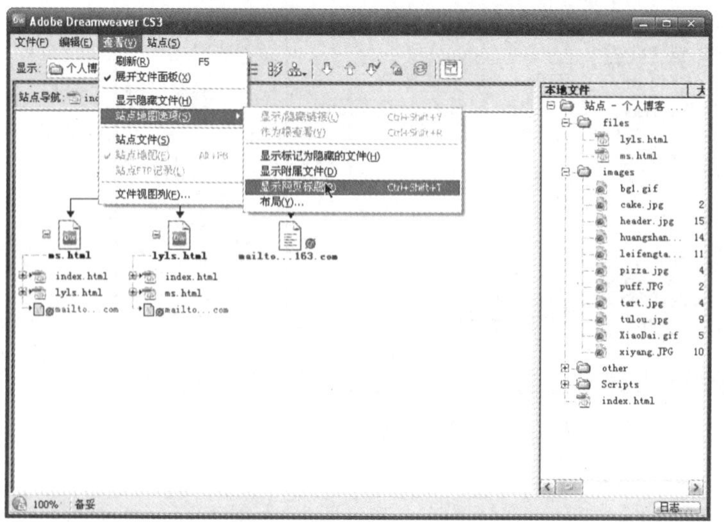

图 2.49　修改文件标题

网页制作

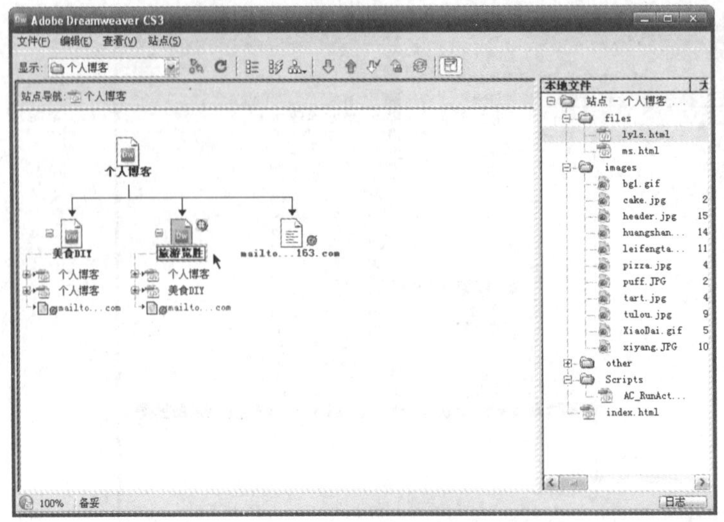

图 2.50　修改后的效果

（7）执行“文件/保存站点地图”命令，在弹出的对话框中输入保存的地图文件名“map.bmp”，将地图文件保存在站点目录的 other 文件夹中，如图 2.51 所示。

图 2.51　保存站点地图

（8）选取首页，单击鼠标右键，在弹出的菜单中选择“检查链接/整个网站”，Dreamwaver 会自动检查网页链接，如图 2.52、2.53 所示。

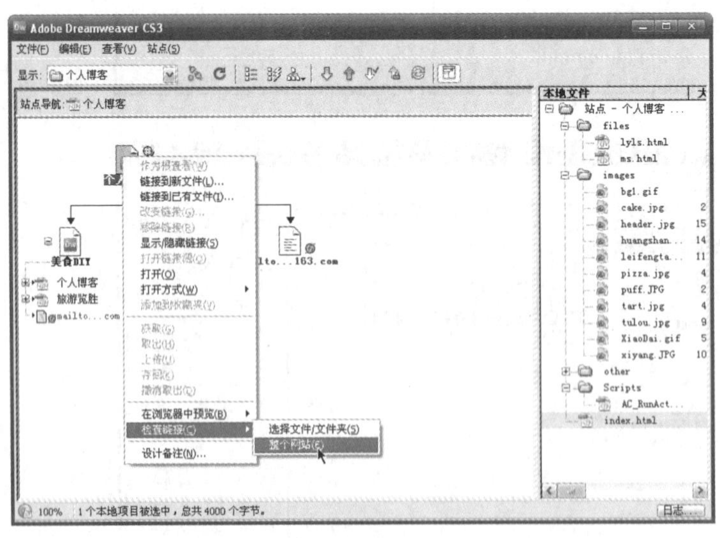

图 2.52　检查站点链接

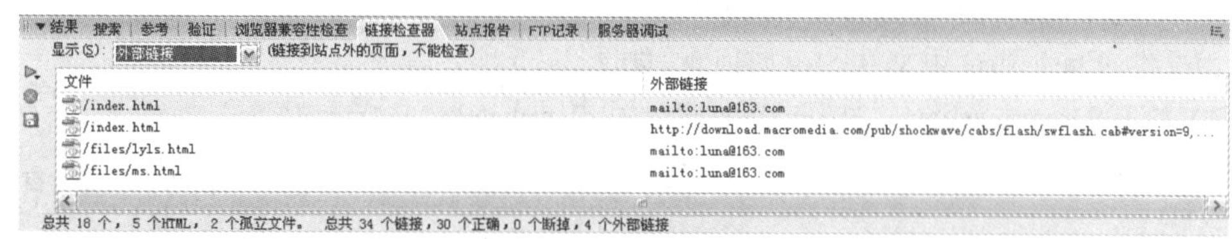

图 2.53　检查结果

小贴士

在开发建设网站的过程中，页面越多，链接出错的可能性越大，单凭人力去检查这些链接会非常麻烦，而且对于有些隐蔽的链接也不会一一点击查看。应用链接检查器帮助检查，不但速度快而且准确。如果有链接错误，只需记下出错页面，然后打开页面修改错误即可。

3. 删除站点

(1) 执行“站点/管理站点”命令，打开对话框。

(2) 单击“删除”按钮，在弹出的提示对话框中单击“是”，即可完成对站点的删除操作，如图 2.54 所示。

图 2.54　删除站点

活动小结

在本活动中我们使用了站点视觉地图来管理活动三中所建立的站点，通过站点视觉地图完成对站点文件的删除、重命名、修改网页标题、检查链接等管理站点的常用操作。这些操作对我们以后管理建立的站点是非常有用的。

本章实验　制作“个人空间”网站

实验要求

(1) 建立站点目录 mysitelx，并将站点指定至站点目录。

(2) 制作“个人空间”中的网页，在网页中加入文字、图片、音乐以及 Flash 等网页元素。

(3) 通过站点视觉地图完成对站点文件的删除、重命名、修改网页标题、检查链接等。

注意：本实验提供的样例仅供参考，发挥你的才智，也许你能设计出别具一格的网页哦！

操作提示

(1) 在 D 盘的根目录下新建一个 mysitelx 文件夹，作为站点文件存放的目录。并且在

mysitelx 文件夹中建立下级文件夹 images、files 和 other，作为网页图片、网页文件、Flash 和音乐文件的存放目录，如图 2.55 所示。

图 2.55　建立目录

（2）打开 Dreamweaver，在起始页中建立站点 mysitelx，并指定站点名称为“个人空间”以及文件的目录，如图 2.56 所示。

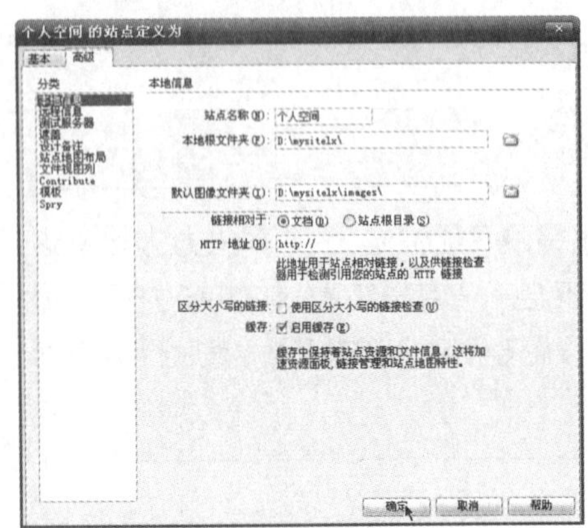

图 2.56　指定站点目录

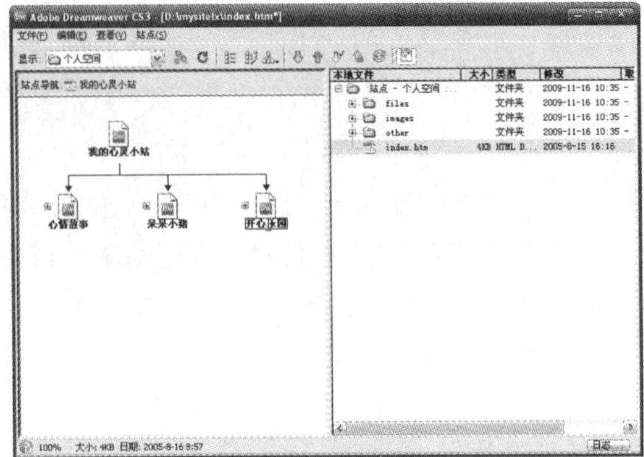

图 2.57　修改标题

（3）新建网页，输入文字，并设置文字大小和对齐方式。

（4）插入背景图片及插图。

（5）打开代码视图，在 body 标签处添加 <bgsound src = " other/133. mid"> 。

（6）重复步骤（3）～（5）制作分页，在分页的 body 标签处添加 <bgsound src = " . . /other/133. mid"> 。

（7）在分页中插入 Flash。

（8）制作网页间的文字链接。

（9）打开站点视觉地图，修改站点中网页文件的名字（可自定），修改网页标题，如图 2.57 所示。

（10）保存站点地图，将站点地图文件保存在 other 文件夹中。

（11）检查站点中的链接。

第三章　新建文档与对象

本章概要

一个网站是由许多网页组成的，网页中的各项元素决定了网页的多样性。在众多网页元素中，文字、列表等元素是组成网页的基础。

本章主要通过四个活动的开展，让我们学会网页制作中有关文档的一些基本操作，其中包括：通过三种方法创建网页、打开现有网页文档及保存网页；文本和特殊字符的输入及编辑方法，学会创建列表；掌握在网页中插入日期、水平线等常见网页元素的方法，并分析其共同之处；掌握设置网页属性的方法，并了解站点设计的一些基本理念。

活动一　初识网页

学习目标：熟练掌握网页文件的新建和保存方法。

知识要点：网页基本操作（新建、打开、保存）、标签选择器、调整页面大小。

准备知识

1. 新建网页

方法一：执行"文件/新建"命令，在打开的"新建文档"对话框选项中选择"空白页"，在"页面类型"项中选择"HTML"，在"布局"项中选择"无"，单击"创建"按钮，如图 3.1 所示。

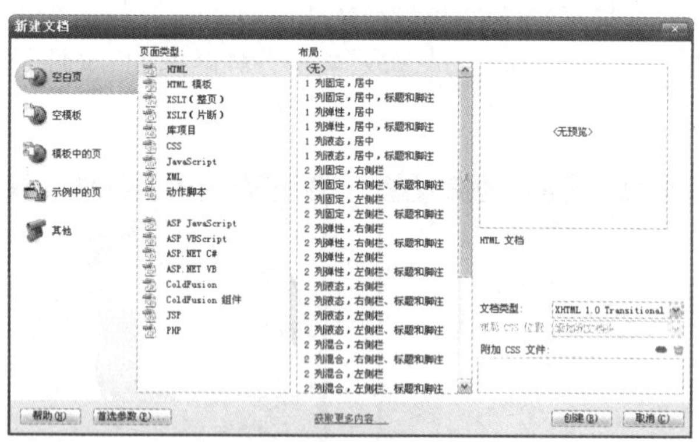

图 3.1　"新建文档"对话框

通过这一方法，还可以创建包含预设计 CSS 布局的页面。预设计的 CSS 布局提供了下列类型的列。

固定：以像素指定列宽，列的大小不会根据浏览器窗口的大小或站点访问者的文本设置而变化。

弹性：以相对于文本大小的度量单位指定列宽。如果站点访问者更改了文本设置，该设计将会进行调整，但不会基于浏览器窗口的大小来更改列宽度。

液态：以站点访问者的浏览器宽度的百分比形式指定的。如果站点访问者将浏览器窗口变宽或变窄，该设计将会进行调整，但不会基于站点访问者的文本设置而更改列宽度。

混合：用上述三个选项的任意组合来指定列类型。例如：两列混合，右侧栏布局具有可缩放至浏览器窗口大小的液态主列，而右侧的弹性列可缩放至站点访问者的文本设置的大小。

方法二：在起始页中的“新建”中单击“HTML”，如图 3.2 所示。

方法三：在“文件”面板中右击网页存放的目录，在弹出的下拉菜单中单击“新建文件”选项，其新建文件名称默认为“untitled. html”，如图 3.3 所示。

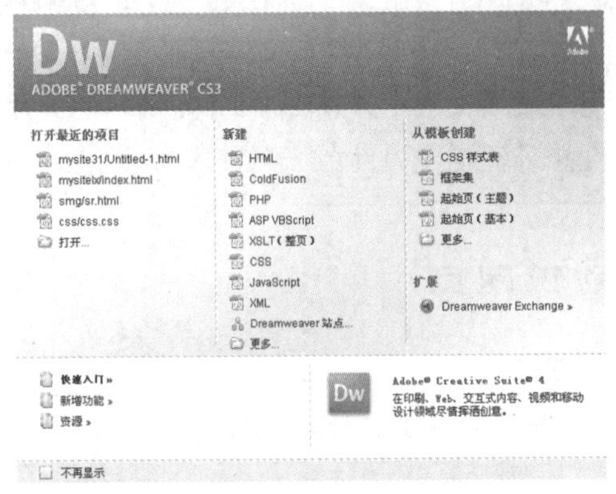

图 3.2　起始页中的“创建新项目”

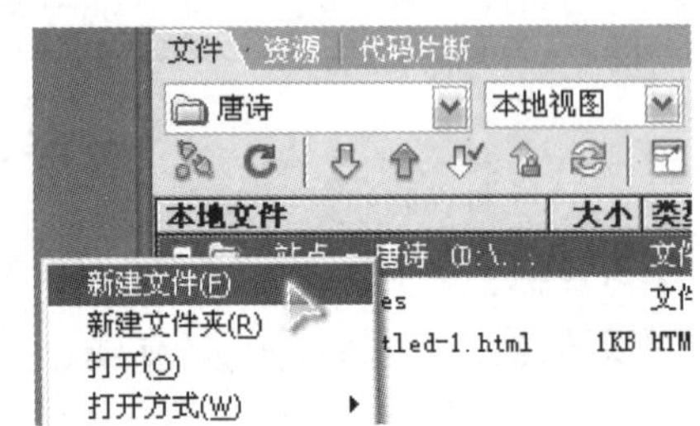

图 3.3　在“文件”面板中创建页

2. 打开网页

执行“文件/打开”命令，在弹出的“打开”对话框中选取需打开的网页文档，如图 3.4 所示。

除了默认的 HTML 文档之外，Dreamweaver 还可以打开其他类型的文档。例如：样式表文件、JavaScript、XML 文件等。可以通过选取“打开”对话框的“文件类型”下拉菜单中相关类型，打开这些文件。

图 3.4　“打开”对话框

图 3.5　“另存为”对话框

3. **保存网页**

执行"文件/保存"命令,即可将当前网页以其他名称或格式保存。在 Dreamweaver 中默认的扩展名为 html,如图 3.5 所示。

在保存要发布到远端服务器的新文件时,不可使用高级 ASCII 字符(如:é、ç、¥等)作为文件名。因为许多服务器会将这些字符编码,从而导致链接中断。

4. **标签选择器**

标签选择器位于文档窗口的左下角。单击标签选择器中的标签,可以使制作人员快速地选取该标签所对应的网页元素。例如:单击 <body> 标签,则可选取网页中的所有元素。而单击 <p> 标签,则可以快速选取相对应的段落,如图 3.6 所示。

标签选择器除了具有选取网页元素的功能外,右击标签还可快速进入标签的编辑状态。其中包括删除标签、编辑标签、设置类和设置 ID 等,效果如图 3.7 所示。

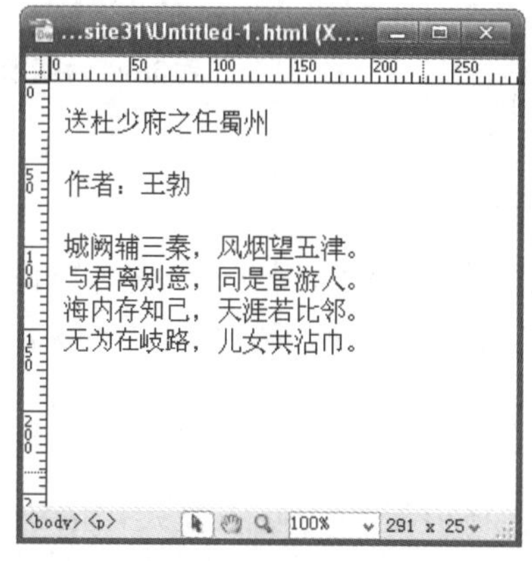

图 3.6　使用标签选择器选取网页元素

图 3.7　利用标签选择器编辑标签

5. **调整页面大小**

调整页面大小是为了观察当前网页在特定分辨率下的显示效果。考虑到显示器分辨率和页面缩放等综合因素,目前网页一般所使用的分辨率为 1024 × 768。具体调整方法如下:单击网页"文档"窗口右下角的分辨率显示处,在弹出的下拉菜单中选取页面的大小。例如:1024 × 768 的最佳尺寸默认为 955 × 600,但要注意的是当"文档"窗口处于最大化状态时,将无法调整它的大小。如图 3.8 所示。

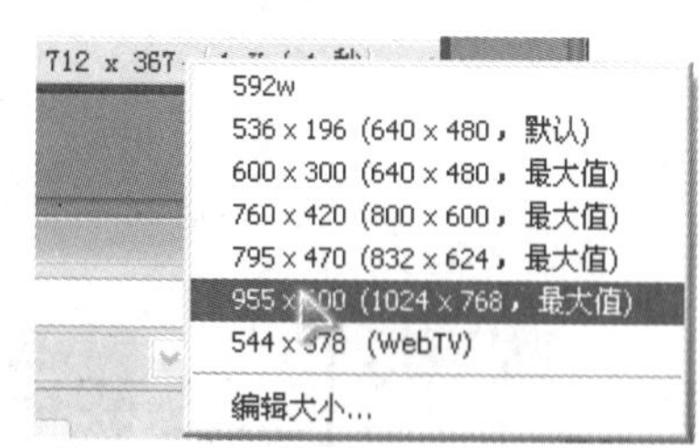

图 3.8　页面大小的调整

活动引导

1. **新建站点及相关网页**

(1) 在 D 盘建立站点目录 mysite31,并使用高级标签定义站点,站点名为"唐诗"。

(2) 使用创建网页中的方法一,在对话框选项中选择"空白页",在页面类型项中选择"HTML",在布局项中选择"1 列固定,居中",如图 3.9 所示。

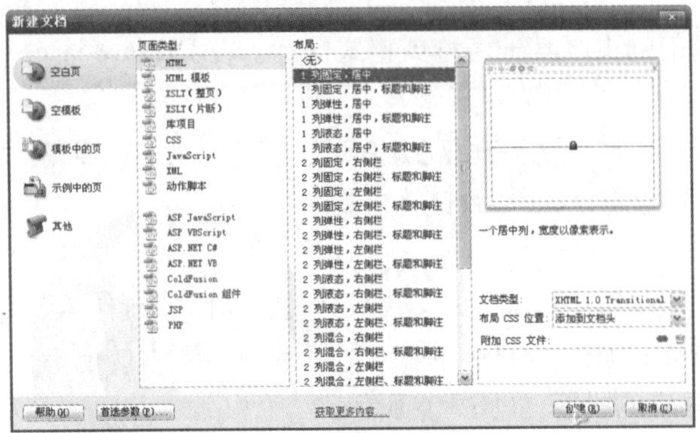

图 3.9　新建文档

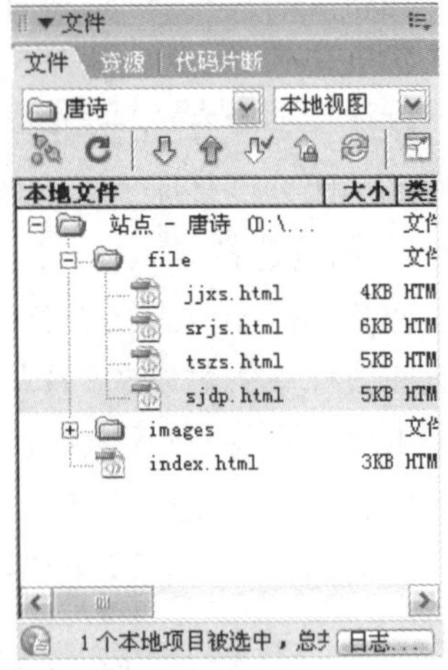

图 3.10　站点目录

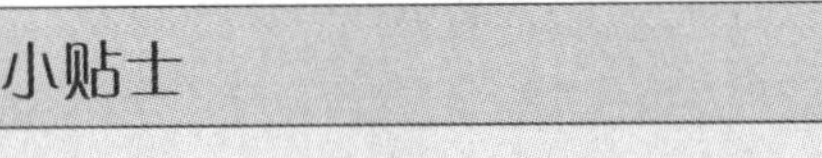

小贴士

由于还没有学习如何布局页面,我们暂时采用预设 CSS 来进行页面布局。

(3) 执行“文件/保存”命令,将网页保存在站点根目录下,保存文件名为“index. html”。

(4) 使用上述方法创建四张网页,并分别保存在站点目录下的 files 文件夹内,文件名为 jjxs. html、srjs. html、tszs. html、sjdp. html,如图 3. 10 所示。

2. **设置网页最佳尺寸**

(1) 单击文档窗口右上角的向下还原按钮,将该按钮切换为最大化按钮,如图 3. 11 所示。

(2) 单击网页“文档”窗口右下角处的分辨率显示处,在弹出的下拉菜单中选取页面的大小为 955 ×600,如图 3. 12 所示。

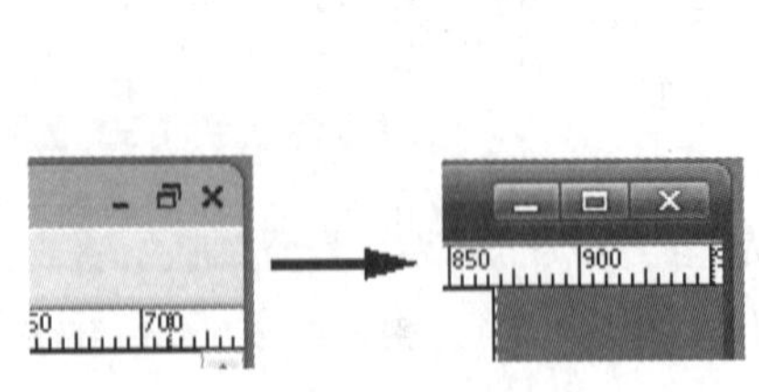

图 3. 11　切换至最大化

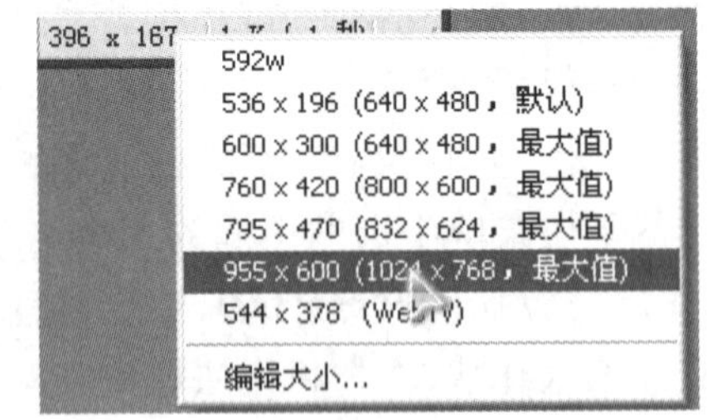

图 3. 12　设置最佳尺寸

小贴士

如果该命令按钮是灰色显示,则要检查当前“文档”窗口是否被最大化。只有取消最大化窗口之后,该命令才有效。

> **活动小结**
>
> 本活动主要练习了网页的新建、保存以及页面的设置等基本操作。这是网站建立的最基本操作,任何网页的制作都离不开这些基本的操作。

活动二 给网页加入文字和特殊字符

学习目标: 掌握文本和特殊字符的输入及编辑方法,学会相关的属性设置。

知识要点: 文本、特殊字符输入与编辑及属性设置。

准备知识

1. 文本的输入

在 Dreamweaver 中输入文字的方法很简单,和在 Word 等文字编辑软件中的输入方法很相似。在"文档"窗口中单击,出现输入提示光标后,选择输入法,即可直接输入相关文字。

在输入文字时,按 Enter 键,文字则另起一段。此时在 HTML 源文件中会插入段落标志符号 <p> 。

在输入文字时,按 Shift + Enter 键,文字则另起一行。此时在 HTML 源文件中会插入行标志符号
 。效果如图 3. 13 所示。

在编辑窗口中直接输入的文字,按 Shift + Enter 键,可以手动换行。如果要添加空格,则必须将输入法切换至中文输入状态下的全角形式,然后按空格键,才会奏效。换行和添加空格的操作也可在"插入"栏中的"文本"选项卡的"字符"下拉按钮中实现该操作,如图 3. 14 所示。

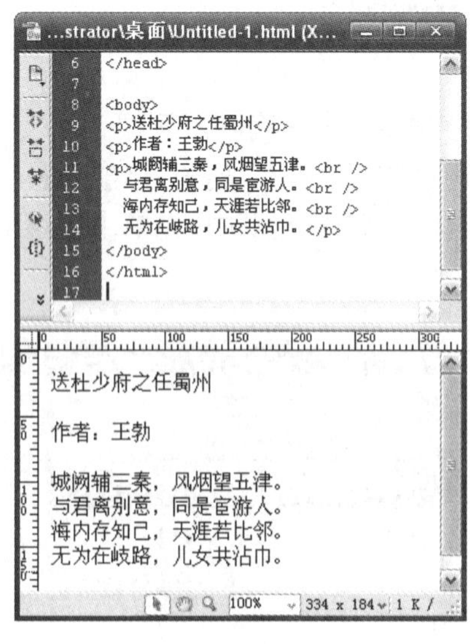

图 3. 13 文本的输入

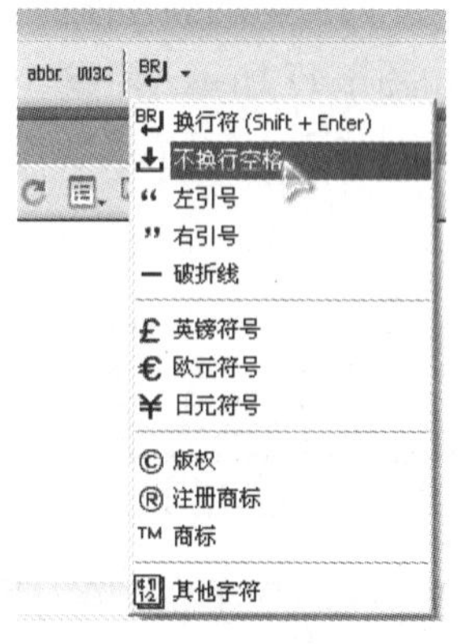

图 3. 14 "字符"下拉菜单图

2. 特殊字符的输入

将光标定位在要输入特殊字符的位置，单击“插入”栏中“文本”选项卡的“字符”下拉按钮，在弹出的下拉菜单中，单击要输入的字符按钮即可，如图 3.14 所示。

如果在“字符”下拉菜单中没有找到所需要的字符，则可单击“其他字符”按钮，在弹出的“插入其他字符”对话框中寻找，如图 3.15 所示。

如果该特殊字符只在 Word 文档中有，也可利用“复制”、“粘贴”命令，将该字符粘贴至 Dreamweaver 中。

图 3.15 “插入其他字符”对话框

3. 文字的编辑

在 Dreamweaver 中对文字的编辑和 Word 相同，必须先选中该文字，然后再对该文字作相应的编辑处理。但它选取文字的方法除了利用鼠标拖曳和点击文字外，还可直接单击段落标签或行标签进行段落与行的选取。使用这种方法，可以快速选取所需的文字内容。有关文字的删除、复制、粘贴方法与 Word 相同，在这里不再重复。

4. 文字的格式设置

选取文字后，可以在 Dreamweaver 的“属性”面板中对文字的格式进行设置，其中包括文字的大小、字体格式、对齐方式、字体颜色等。“属性”面板如图 3.16 所示。

图 3.16 “属性”面板

(1) 字体格式的设置

在“属性”面板的“字体”设置中，其默认的字体格式非常有限。例如：中文字体只有宋体一种。如果想在网页中添加其他的字体，可以通过展开“字体”列表，单击列表项中的“编辑字体列表”，如图 3.17 所示。在弹出的“编辑字体列表”对话框中，先单击要添加的字体，再单击“«”按钮，将该字体加入，如图 3.18 所示。

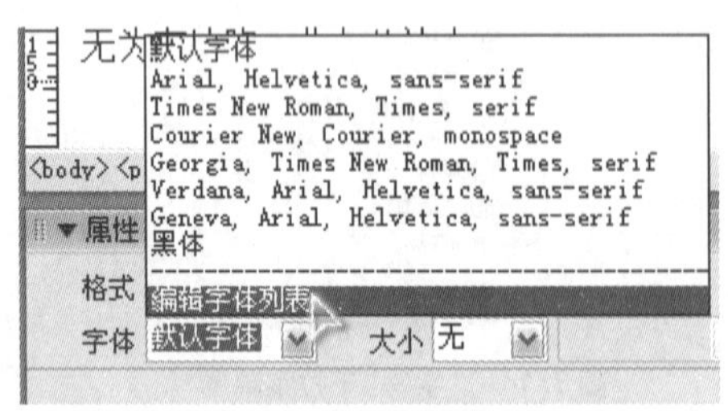

图 3.17 “编辑字体列表”

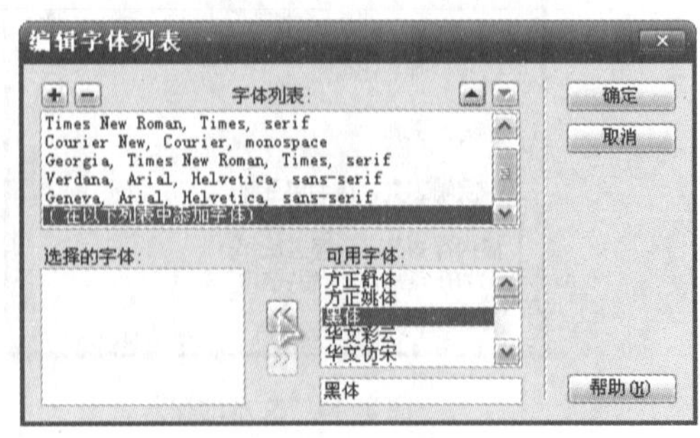

图 3.18 “编辑字体列表”对话框

在将“可用字体”项中的字体格式添加到“字体列表”中时，在“字体列表”项中当前选定项必须为“在以下列表中添加字体”。如果没有该项，则需要单击 + 按钮进行添加。

在实际的操作中，网页中的字体由于受到客户端机器的限制，可选用的字体非常有限。例如：我们在网页中使用了“方正舒体”的字体格式，而当用户下载该网页观看时，由于用户的计算机内不支持该字体格式，用户此时看到的网页效果就会大打折扣。为了避免这种情况的发生，网页中所使用的字体格式一般都是系统自带的格式。如果在网页中一定要用某种特殊的字体，那么最好将该文字效果以图片的形式表现。

（2）文字颜色的设置

选取文字后，在属性面板中可以设置文字的颜色，共有三种方法。

方法一：单击“颜色”框，在弹出的颜色表中选取。

方法二：直接在“颜色”框后的文本框内输入颜色的十六进制数值 #009999 。

方法三：直接在“颜色”框后的文本框内输入表示颜色的单词 red 。

（3）文字样式的设置

当设置文本格式时，Dreamweaver 会自动跟踪创建的样式，例如：字体格式、大小、颜色等。当设置完成时，在“属性”面板的“样式”项中就会自动产生新创建的样式，其默认名为 style1。在以后的制作中，每创建一个新的样式，“样式”项中就会自动产生新样式，名称以 style1、style2、style3……依此类推。同时这些 style 套用其所对应的样式，让用户一目了然，效果如图 3.19 所示。

图 3.19　样式效果

在“样式”项中还可以对当前样式的名称进行重新定义，以及快速进入 CSS 样式表的操作中。有关 CSS 样式表的内容在以后的章节中会具体介绍。

（4）其他设置

在“属性”面板中还可对文字进行对齐方式、加粗、斜体等的设置。设置方法非常简单，只需选取当前文字，然后单击相关属性按钮，就可观看设置后的效果了。

5. 文字的其他操作

（1）拼写检查

拼写检查功能可以使我们方便快速地校对网页中的文字。其操作方法很便捷，执行“文本/检查拼写”命令，当 Dreamweaver 发现错误后，会自动弹出“拼写检查”对话框，在该对话框中会提示更改，如图 3.20 所示。

图 3.20　“检查拼写”对话框

我们可以在“建议”项中选择修正确的文字，单击“更改”按钮，从而完成对文字的修改工作。如果该文字是特定的名称，为了以后不再提示为错误的文字，我们还可以在“拼写检查”对话框中单击“添加到私人”，这样在以后的检查过程中就不会认为该字是错误的了。

(2) 查找和替换

Dreamweaver 提供的查找和替换功能比 Word 中的功能更为丰富。它查找和替换的对象除了文字外，还可以是源代码、标签等。此外，查找范围也不仅仅局限于当前的网页文档，也可以是对某个文件夹，甚至是对当前站点的所有文件进行查找和替换。

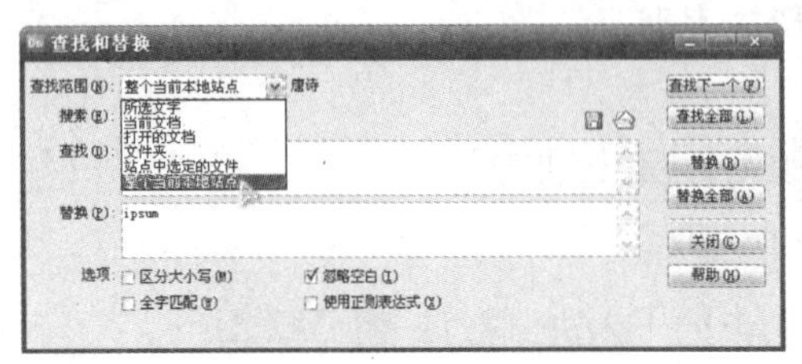

图 3.21 “查找和替换”对话框

执行“编辑/查找和替换”命令，打开“查找和替换”对话框。在“查找”项中输入要查找的对象，并设置好查找的范围及搜索类型，如图 3.21 所示。单击“全部替换”按钮，即可完成查找和替换工作。替换完毕后会弹出“结果”面板，我们可通过该面板查看替换的结果，如图 3.22 所示。

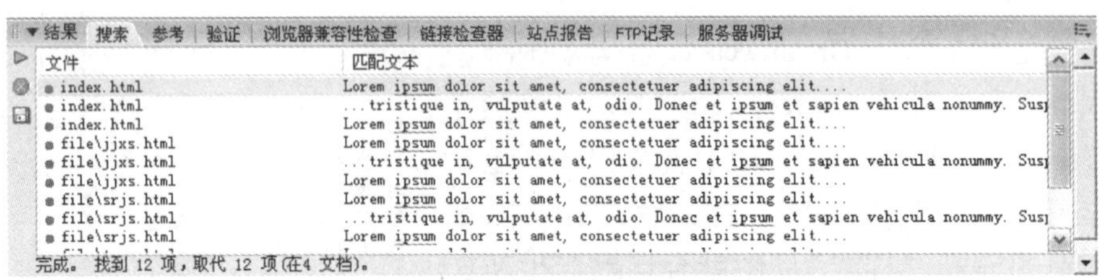

图 3.22 “结果”面板

(3) 撤消和重复操作

“编辑/撤消”和“编辑/重做”是在网页制作中经常用到的命令，利用这两个命令可以很方便地撤消上一步的操作和重复上一步的命令。

Dreamweaver 的默认撤消步骤为 50 步。但该设置可以通过“首选参数”对话框的“常规”分类中进行修改，如图 3.23 所示。

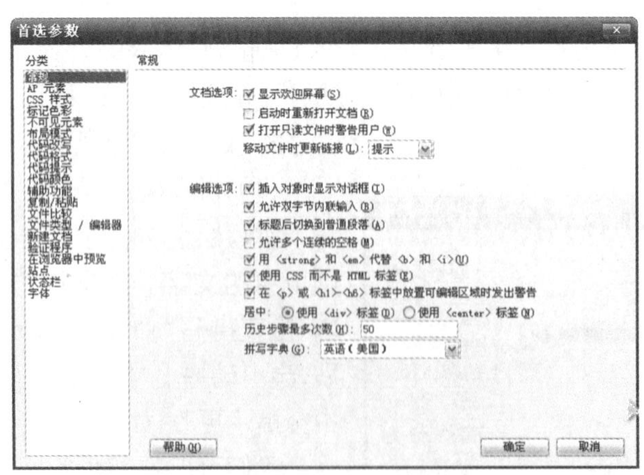

图 3.23 “首选参数”对话框的“常规”分类项

网页制作

活动引导

1. 输入文本及特殊符号

（1）双击“文件”面板中在上一活动中建立的文档 jjxs. html，将网页文档打开。

（2）先将原有网页中的文字删除，使用“复制”、“粘贴”命令，将素材文件夹中的记事本文件“佳句欣赏（唐诗）. txt”中的文字粘贴至文档 jjxs. html 中，如图 3. 24 所示。

（3）使用上述方法分别将记事本文件“诗人介绍（唐诗）. txt”、“唐诗综述（唐诗）. txt”和“诗句点评（唐诗）. txt”中的文字粘贴至文档 srjs. html、tszs. html、sjdp. html，如图 3. 25、3. 26、3. 27 所示。

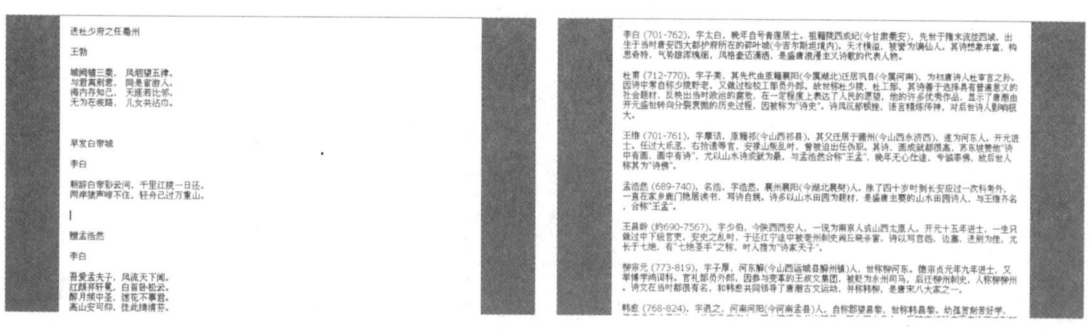

图 3. 24　粘贴入文字 1

图 3. 25　粘贴入文字 2

图 3. 26　粘贴入文字 3

图 3. 27　粘贴入文字 4

（4）在上述网页的最底部输入文字“唐诗网© 版权所有”，中间的版权符号可单击“插入”栏中“文本”选项卡的“字符”下拉按钮，在弹出的下拉菜单中找到。单击“版权”字符按钮，如图 3. 28、3. 29 所示。

dreamweever制作 建议分辨率1024*768

唐诗网　©　版权所有

图 3. 29　输入效果

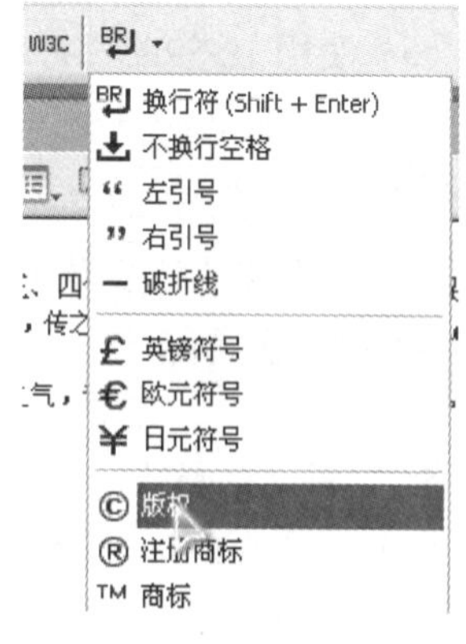

图 3. 28　选择版权字符按钮

网页制作

2. 拼写检查，替换错误输入的文字

（1）打开网页 srjs. html，执行“文本/检查拼写”命令，检查网页中是否有拼写错误。

（2）在弹出的对话框中单击“更改”按钮，将拼写错误的“dreamweever”修改为“Dreamweaver”，如图 3. 30 所示。

图 3.30　拼写检查

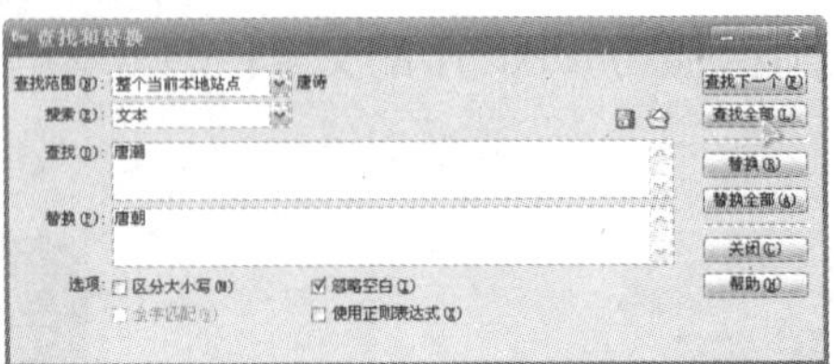

图 3.31　替换文本

（3）执行“编辑/查找和替换”命令，打开“查找和替换”对话框。在“查找”项中输入要查找的对象为“唐潮”，在“替换”项中输入要替换的对象为“唐朝”，并设置查找的范围为“整个当前本地站点”，搜索类型为“文本”，单击“全部替换”按钮，完成查找和替换工作，如图 3. 31 所示。

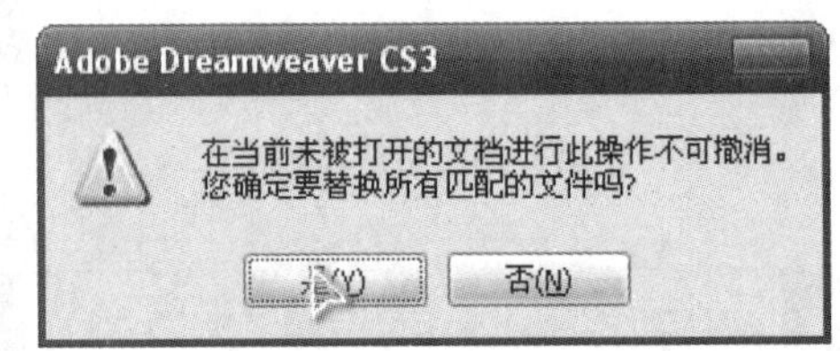

图 3.32　替换确认框

（4）替换文字前，会弹出未打开文档替换操作不可撤消的确认框，如图 3. 32 所示。确认完毕后会弹出“结果”面板，我们可通过该面板查看替换的结果，如图 3. 33 所示。

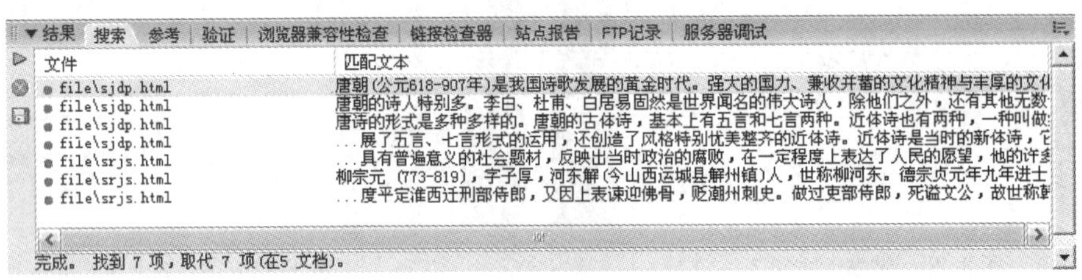

图 3.33　替换结果

（5）使用上述方法，将站点内的所有页面的“dreamweever”替换成“Dreamweaver”。

> **小贴士**
>
> 由于这项替换操作是对整个站点的，因此会出现提示框确认是否替换所有匹配的文件，包括站点内未打开的文件。

3. 设置文字格式

（1）保持当前打开的网页为 srjs. html，在页面最上面输入标题文字“诗人介绍”。

（2）选取标题文字后，在“属性”面板中将文字设置为居中对齐、颜色为红色#CC0000、大小为 24 点。

(3) 展开"字体"列表，单击列表项中的"编辑字体列表"。在弹出的"编辑字体列表"对话框中，先单击"华文隶书"，再单击"<<"按钮，将该字体加入，如图 3.34、3.35 所示。

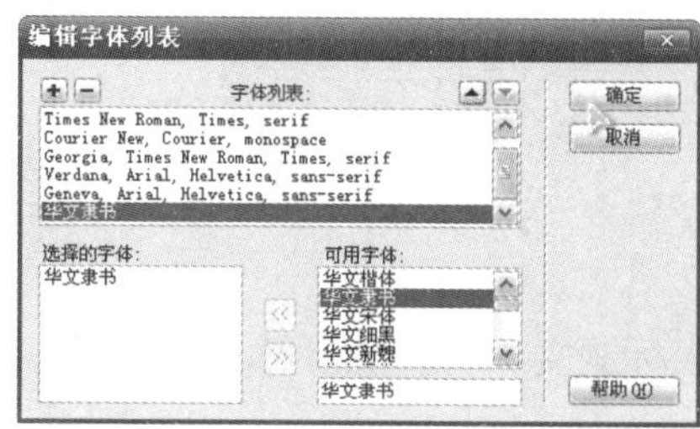

图 3.34 添加新字体

图 3.35 设置文字格式

小贴士

当设置完成时，在"属性"面板的"样式"项中自动产生新创建的样式，我们将在下面的分页中使用相同的样式作为标题文字的格式。

(4) 选取网页中诗人介绍的内容文字，将文字大小设置为 9 点，字体为默认，如图 3.36 所示。

图 3.36 设置文字格式

(5) 诗人介绍网页效果如图 3.37 所示。

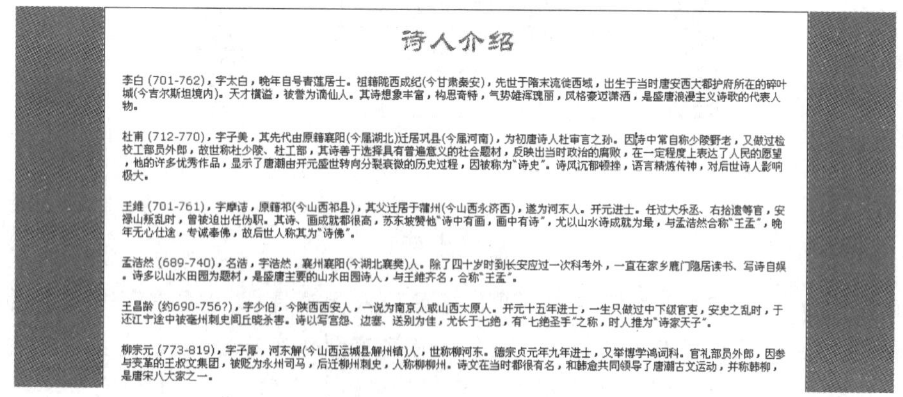

图 3.37 调整文字位置

(6) 选取底部文字，将文字设置为黑色，文字大小为 9 点，加粗，居中对齐，如图 3.38 所示。

Dreamweaver制作 建议分辨率1024*768

唐诗网 © 版权所有

<container> <div#mainContent> <p.STYLE3>

样式 STYLE3　CSS　B　I　链接

大小 9　点数(pt)　#000000　目标

图 3.38　设置文字格式

（7）分别打开网页 sjdp. html、jjxs. html 和 tszs. html，输入标题文字“诗句点评”、“佳句欣赏”和“唐诗综述”。

（8）重复上述步骤，设置网页 sjdp. html、jjxs. html 和 tszs. html 的文字格式，效果如图 3. 39、3. 40、3. 41 所示。

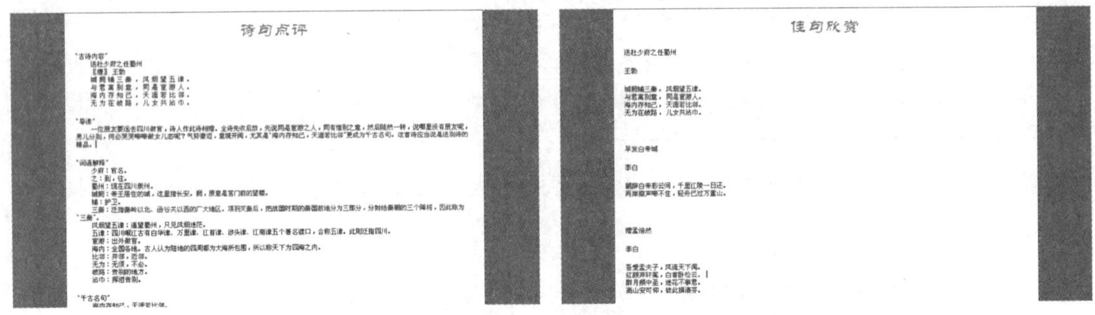

图 3. 39　文字效果 1

图 3. 40　文字效果 2

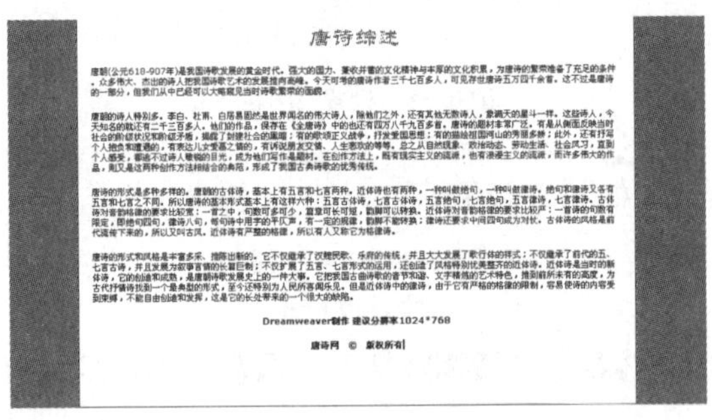

图 3. 41　文字效果 3

活动小结

在本活动中，我们主要练习了网页中文字的输入和编辑，其中包括了对文字的格式设置、拼写检查以及文字查找与替换。我们还练习了特殊字符的插入，有些特殊字符在网页制作中是必不可少的。这些操作对今后网页中的文字编辑将会有很大用处。

活动三　插入列表与其他网页元素

学习目标：掌握在网页中创建列表的方法，以及在网页中插入日期、水平线等常见网页元素的方法,并分析其共同之处。

知识要点: 列表、日期、水平线。

准备知识

1. 创建列表

列表的使用可以使网页中的信息一目了然地表现出来,浏览者通过列表可以快速而清楚地了解当前网页所要表达的内容。列表分为无序列表和有序列表两种。所谓有序列表,是指该列表项的内容有一定的先后顺序,是不能改变其顺序的;而无序列表中的项目是并列的,不存在先后顺序,它们的位置可以交换。

(1) 设置列表项

在需要插入列表处单击,定位光标后,单击“属性”面板中的“编号列表”按钮 ,或插入栏“文本”选项中的“编号列表”按钮 。在出现“编号列表”的项目符号后,输入第一项列表内容。按回车键,Dreamweaver 会自动在下一行加上第二项列表序号,从而进入下一条列表项内容的输入。

创建列表还可先输入各项内容,但各项之间必须是以段落来划分的。在选取各项内容后,单击“编号列表”按钮。

创建无序列表的方法和创建有序列表方法相同,只是将“属性”面板中的“编号列表”按钮和插入栏“文本”选项中的“编号列表”按钮改为“项目列表”按钮 。

(2) 修改列表属性

利用“属性”面板中的“列表项目”按钮 列表项目... ,可以轻松修改列表的类型和样式。将光标定位于列表项中,单击“属性”面板的“列表项目”按钮。在弹出的“列表属性”对话框中,可以对列表类型及样式进行修改,如图 3.42 所示。

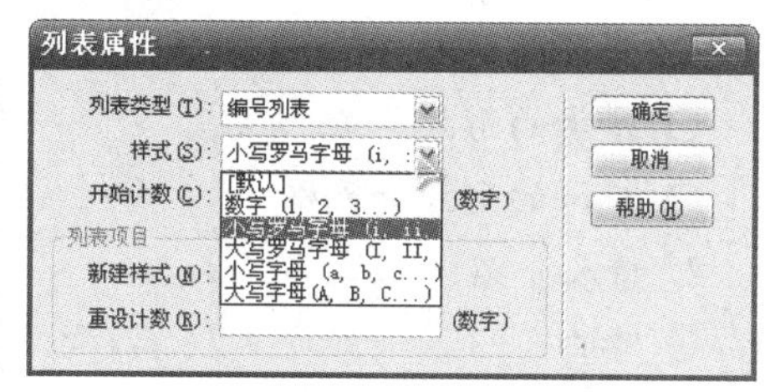

图 3.42 “列表属性”对话框

(3) 设置子列表项

有时需要表现不同级别的列表项,这就需要创建子列表项。将光标定位在要创建的子列表项内容中,单击“属性”面板中的“文本缩进”按钮 ,即可创建。

如要回到上级列表项中,则单击“属性”面板中的“文本凸出”按钮 。

2. 插入日期

使用日期功能,可以直接将日期插入到网页中。执行“插入/常用/日期”命令。在弹出的“插入日期”对话框中选择日期格式,即可完成。

3. 插入水平线

水平线可以很好地分隔网页中的内容,执行“插入/HTML/水平线”命令,即可完成水平线的插入。

活动引导

1. 创建列表

(1) 双击“文件”面板中在活动一中建立的文档 index. html，打开网页文档。

(2) 单击“文档”窗口内的编辑区域，删除原有页面中的文字，并输入文字“唐诗”。

(3) 按回车键，单击“属性”面板中的“编号列表”按钮。在出现“编号列表”的符号“1.”后面输入文字“唐诗综述”，按回车键确认。

(4) 在另起段落上会自动出现“编号列表”的符号“2.”，单击“属性”面板的“文本缩进”按钮 ，建立子列表。

(5) 单击“属性”面板的“项目列表”按钮，将子列表项的列表符号改为项目列表。

(6) 在该项目符号后面输入如下文字内容，按回车键可进入下一行的输入。

唐朝的诗人

唐诗的形式

唐诗的形式和风格

(7) 当要回到上级列表项中，单击“属性”面板的“文本凸出”按钮，返回上级目录。

(8) 单击“属性”面板的“编号列表”按钮，将列表项的列表符号改为编号列表，输入文字“诗人介绍”，并按回车键，进入下一行的输入。

(9) 重复上述步骤(4)~(8)，输入如下文字，最终效果如图 3.43 所示。

1. 唐诗综述
   - 唐朝的诗人
   - 唐诗的形式
   - 唐诗的形式和风格
2. 诗人介绍
   - 李白
   - 杜甫
   - 王维
   - 孟浩然
   - 王昌龄
   - 柳宗元
   - 韩愈
   - 白居易
   - 李商隐
   - 王勃
   - 骆宾王
3. 佳句欣赏
   - 送杜少府之任蜀州
   - 早发白帝城

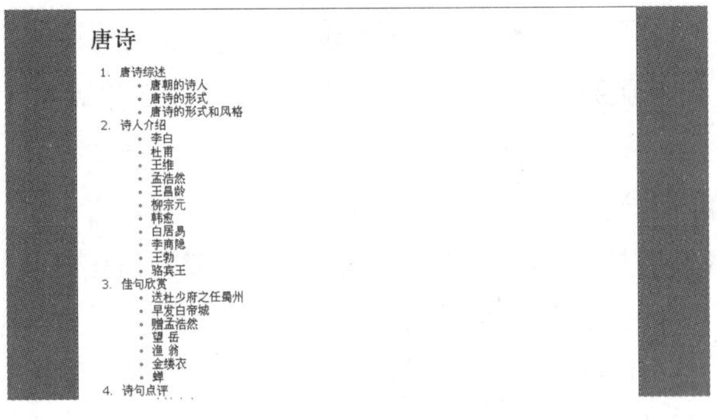

图 3.43 列表效果图 1

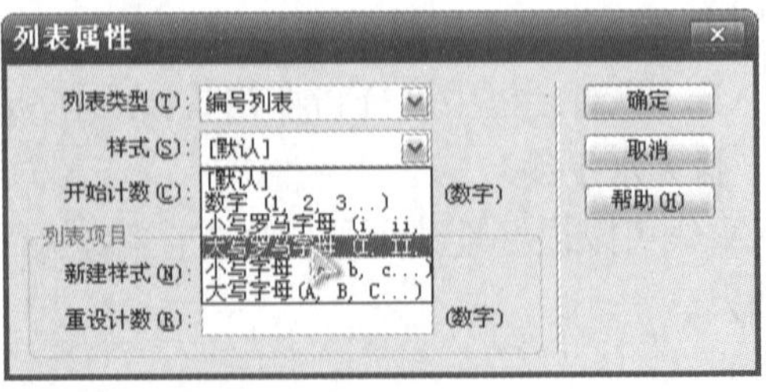

图 3.44 “列表属性”对话框

网页制作

○ 赠孟浩然

○ 望岳

○ 渔翁

○ 金缕衣

○ 蝉

4. 诗句点评

○ 古诗内容

○ 导读

○ 词语解释

○ 千古名句

○ 评析

○ 翻译

图 3.45　列表效果图 2

（10）将光标定位于“编号列表”项所在的行中，单击“属性”面板中的“列表项目”按钮。在弹出的“列表属性”对话框中，将编号列表的样式改为“大写罗马字母”，如图 3.44 所示。观察编号列表发生变化。原来编号列表的符号“1.”和“2.”变为大写罗马字母“I.”和“II.”，效果如图 3.45 所示。

2. 插入水平线

（1）将光标定位在“唐诗”标题文字之后，执行“插入记录/HTML/水平线”命令，插入水平线。

（2）保持水平线选中状态，在“属性”面板中设置水平线宽度为 90%，取消阴影选项，并设置对齐方式为“居中对齐”，如图 3.46 所示。

图 3.46　设置水平线

（3）保持水平线选中状态，单击鼠标右键，在弹出的下拉列表中选择“编辑标签”，如图 3.47 所示。

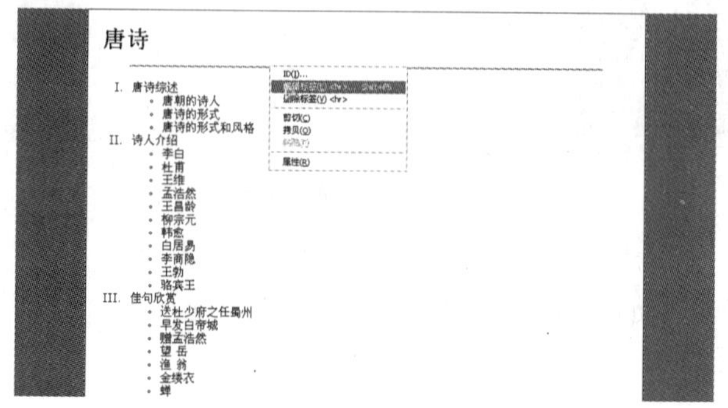

图 3.47　编辑水平线

图 3.48　设置水平线颜色

网页制作

(4) 在打开的“标签编辑器”对话框中，选取左侧的“浏览器特定的”，在右侧将水平线的颜色设置为深红色#993300，如图 3.48 所示。

(5) 保存网页，预览网页效果如图 3.49 所示。

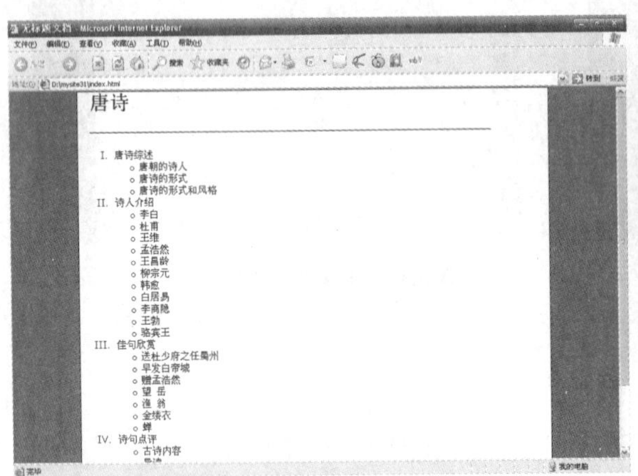

图 3.49　插入水平线的效果

> **小贴士**
>
> 水平线的颜色设置不可以在“属性”面板中直接设置，可以通过上述方法设置颜色，或者直接在代码窗口输入代码 <HR color =" #993300">。
>
> 特别要注意的是，水平线的颜色必须在预览状态下才能显示。

(6) 选取水平线并复制，将水平线粘贴至其他分页的页首及页尾中，效果分别如图 3.50、3.51、3.52、3.53 所示。

> **小贴士**
>
> 在预览页面时，系统会弹出要求保存页面的对话框，可执行“文件/保存全部”命令，将当前所有打开的网页文件一起保存。网页只有保存后才可预览。

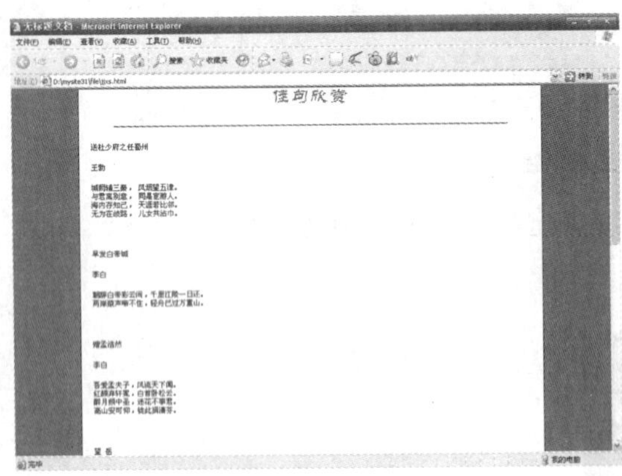

图 3.50　网页效果 1

图 3.51　网页效果 2

3. **插入时间**

(1) 将光标定位在“唐诗”标题文字之后，执行“插入记录/日期”命令，或单击“插入”栏“常用”项中的“日期”按钮，插入日期。

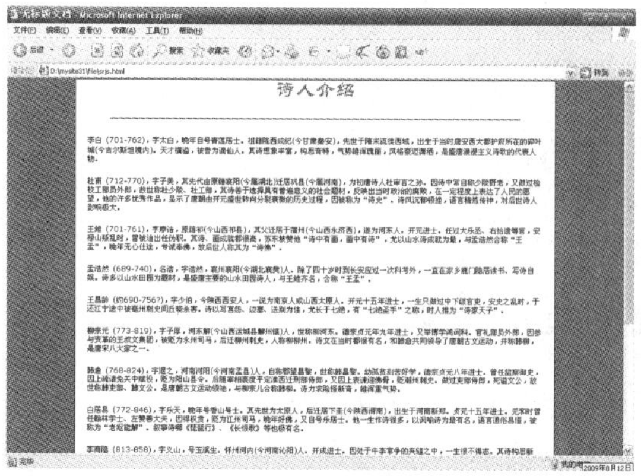

图 3.52　网页效果 3

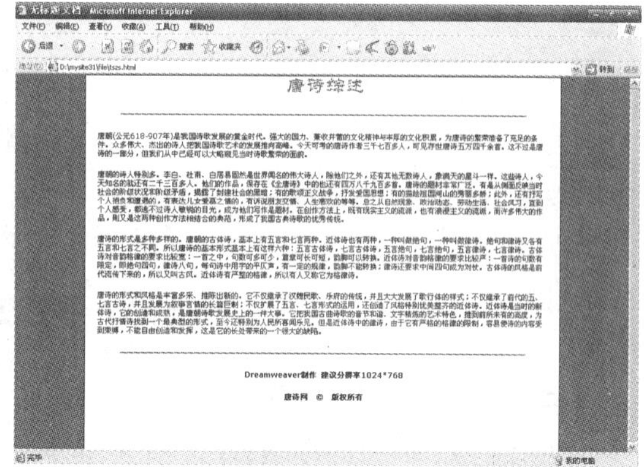

图 3.53　网页效果 4

(2) 在弹出的对话框中选择日期的格式，如图 3.54 所示，网页效果如图 3.55 所示。

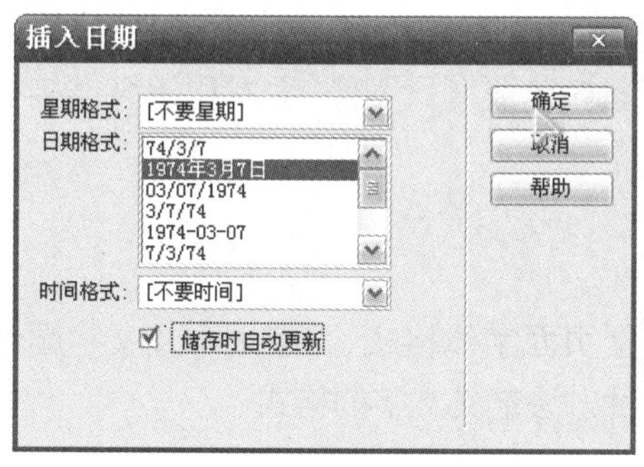

图 3.54　设置日期格式

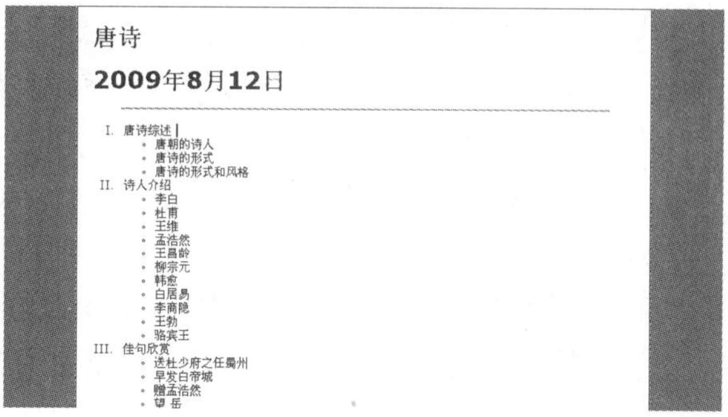

图 3.55　插入日期的效果

(3) 选取除标题外的所有文字，设置文字为 9 点，字体为默认。

4. 插入图像

(1) 将光标定位在"唐诗综述"文字之后，执行"插入/图像"命令，或单击"插入"栏"常用"项中的"图像"按钮，插入素材图片"pic1.jpg"，如图 3.56 所示。

(2) 选取图片，在"属性"面板中的对齐选项设置为"右对齐"，效果如图 3.57 所示。

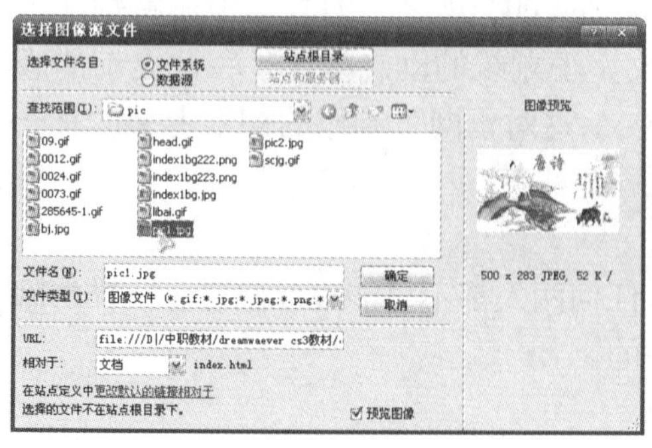

图 3.56　插入图像

图 3.57　插入图片的效果

网页制作

活动小结

在本活动中我们主要练习了列表的创建及修改,还进行了在网页内插入水平线、日期及图像的操作。特别是我们通过标签编辑器修改了水平线的颜色,并知道了颜色效果要在预览状态下才能看到。

活动四　设置网页的属性

学习目标: 掌握设置网页属性的方法,并了解站点设计的一些基本理念。

知识要点: 网页的标题、背景颜色、背景图像、链接文本、网页边界、配色方案。

准备知识

在 Dreamweaver 中,按 Ctrl + J 组合键即可设置网页属性或通过菜单中的"修改/页面属性"命令进行设置。除了上述操作外,单击"属性"面板中的"页面属性"按钮也可以打开"页面属性"对话框。重要的网页属性项目包括:标题、背景颜色或背景图像、文本和超级链接等的颜色设置、网页边界设置、网页文档编码。

1. 网页外观和链接的设置

(1) 页面文字的设置

"页面属性"的"外观"设置项中对文本的设置包括页面字体格式、文字大小及文字颜色等。如果想快速定义整张页面的字体,就可以使用这种方法定义文字的格式。

(2) 网页背景的设置

使用"页面属性"对话框可定义页面背景的图像或颜色。如果同时使用图像和颜色,则颜色将在图像下载过程中出现。如果背景图像有透明像素,则背景颜色将一直显示。

(3) 网页边距的设置

通过"页面属性"对话框可以直接设置页面边距。其中包括"左边距"、"右边距"、"下边距"和"上边距"。根据该选项可以轻松设置网页内容与网页边缘之间的距离。

(4) 链接文字的设置

在"页面属性"对话框的"链接"项中可以对含有链接的文字进行字体格式的设置,同时还可以对文字的不同链接状态设置不同的颜色。在 2004 及之后的版本中还特别加入了"下划线样式"项,可以用简单的方式设计链接文字下划线的动态效果。在此之前的版本中,如果要做这样的效果就必须用 CSS 样式表定义,这对于网页制作的初学者来说有一定的难度。

2. 站点风格和色彩搭配

网站的整体风格及其创意设计是最难学习的。任何两人都不可能设计出完全一样的网站。因为网页是没有一个固定模式可以参照和模仿的。

(1) 站点风格

站点风格是给人的一种整体形象,它受站点的 CI(包括徽标、色彩、字体、标语等)、版面布局、浏览方式、交互方式、文字风格、内容价值、存在意义、站点荣誉等诸多因素的影响,往往会形成不同的风格。

在设计站点风格时,可以考虑以下因素:

① 将站点的 Logo(徽标)尽可能地放在每个页面上最突出的位置,根据人们浏览的习惯,一般都放在网页的左上角。

② 站点中的网页要有一个主色调。

③ 相同类型的图像采用相同效果。例如:站点标题字采用了浮雕效果,那么在网站中出现的所有标题字都应该设置浮雕效果。

(2) 色彩搭配

无论是平面设计,还是网页设计,色彩是最重要的一环,它决定了网页的直观效果。根据网页内容的不同,往往要采用不同的主色调。例如:在制作政治性题材时,可以使用红色为主色调;在制作环保题材时,可以采用绿色为主色调。当然这也不是绝对的,要视具体情况而定。

关于色彩的原理有许多,以下是一些网页配色时的小技巧:

① 如果在网页中使用一种主色调,其他颜色应由该主色调派生出来。例如:先选定蓝色,然后调整蓝色的透明度或者饱和度,产生淡蓝色或深蓝色等,让页面看起来色彩统一又有层次感。

② 如果要使用两种色彩,这两种颜色最好是互为对比色。

③ 如果用多种颜色,则颜色宜为同一个色系。

在网页配色中,还需要注意以下事项:

第一,不要将所有颜色都用到,尽量将颜色控制在一定范围内。主要配色不宜超过三种。

第二,背景和前文的对比尽量要大,不要使用繁复的图像作背景,以便突出主要文字的内容。建议使用淡色和单色作为背景,对于初学者来说使用白底黑字是最快捷好用的配色方案。

3. 网页标题和编码的设置

对 HTML 页面来说,标题非常重要。因为它可以帮助用户在浏览时了解正在访问的内容,以及在历史记录和书签列表中标识页面。如果页面没有标题,则将作为“无标题文档”在浏览器窗口、历史记录和书签列表中出现。直接在 Dreamweaver 工具栏的“标题”框中即可输入新标题,或者在“页面属性”对话框的“标题/编码”项中设置。标题将出现在文档窗口的标题栏上。其旁边是文件名和保存文件的文件夹名。

要设置网页编码,可按 Ctrl + J 组合键,然后从弹出的“页面属性”对话框的“标题/编码”项中选择“简体中文(GB2312)”。在简体中文系统平台上使用 Dreamweaver CS3 新建文档时,一般默认使用的文档编码是 UTF - 8。按上述方法可以指定不同的文档编码。

活动引导

1. 制作站点内各网页间的链接文字

(1) 双击“文件”面板中在活动一建立的文档 index. html,将网页文档打开。

(2) 选取文字“唐诗综述”,单击“属性”面板右侧链接选项的浏览文件按钮,在打开的对话框中选择网页文件“tszs. html”,如图 3. 58 所示。

(3) 重复步骤(2),将该页中标题文字“诗人介绍”、“佳句欣赏”和“诗句点评”分别链接到相对应的网页中,如图 3. 59 所示。

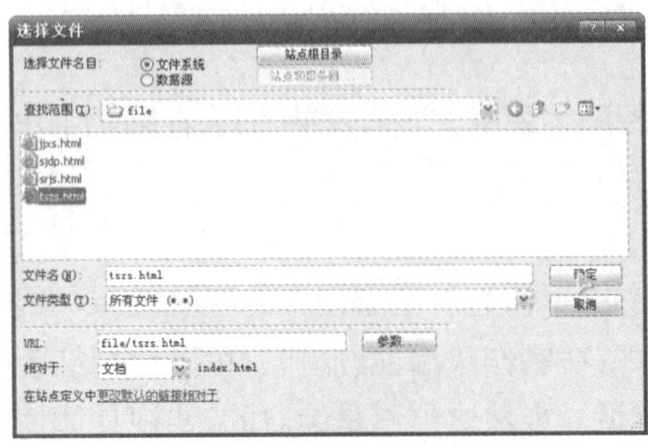

图 3. 58　选择链接网页

图 3. 59　链接网页

(4) 双击“文件”面板中的文档“tszs. html”,在标题水平线处输入文字“首页　唐诗综述　诗人介绍　佳句欣赏　诗句点评”,并使用步骤(2)中的方法,链接至各网页,如图 3. 60 所示。

(5) 重复步骤(4),将分页 srjs. html、jjxs. html 和 sjdp. html 设置文字链接,如图 3. 61 所示。

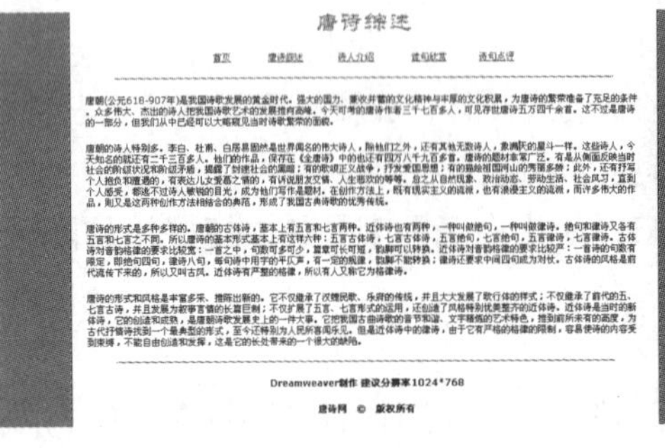

图 3. 60　网页效果 1

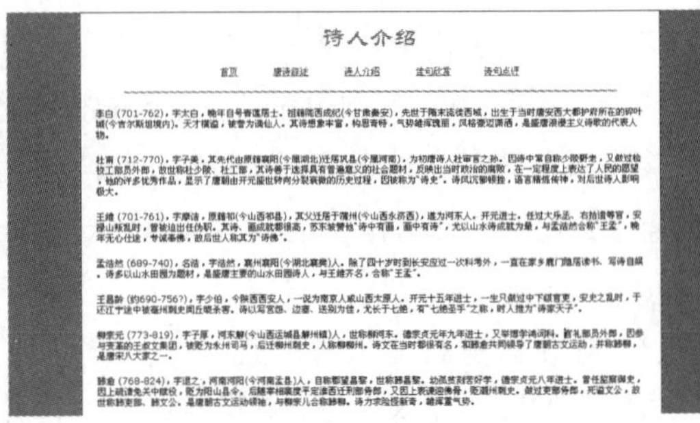

图 3. 61　网页效果 2

小贴士

由于各分页的导航栏是相同的,我们可以将步骤(4)中的文字复制到其他分页,链接属性也将同时一起被复制。

2. 设置首页的网页属性

(1) 打开文档 index. html,执行“修改/页面属性”命令,在“外观”类中设置背景图片为“bj1. gif”,如图 3. 62 所示。

(2) 选择左侧“分类”选项中的“链接”,将链接字体设置为粗体,链接颜色和已访问链接颜色设置为深红色#993300,变换图像链接颜色设置为红色#FF0000,下划线样式设置为“仅在变换图像时显示下划线”,如图 3. 63 所示。

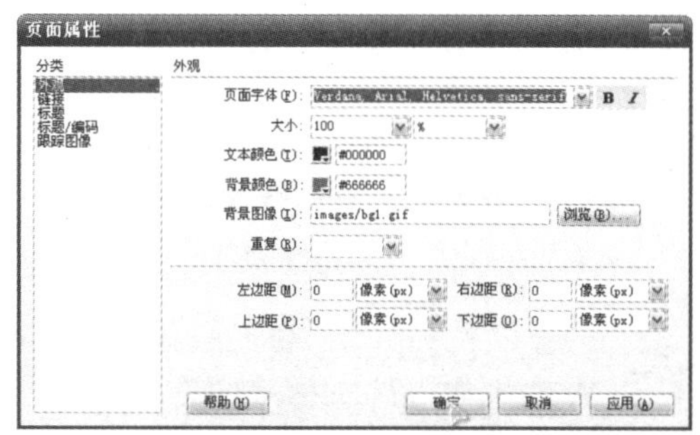

图 3.62　设置外观

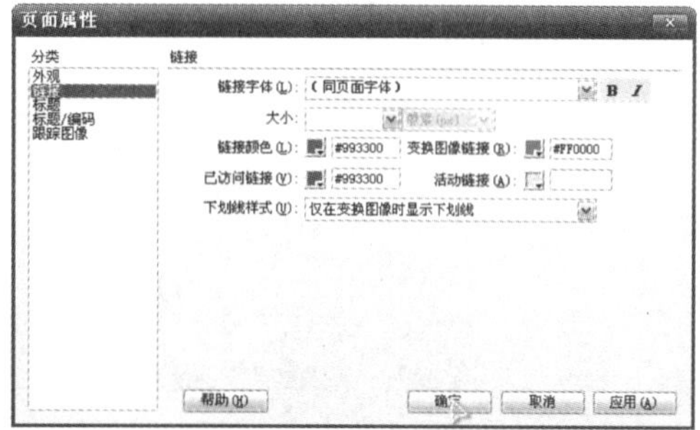

图 3.63　设置链接

（3）选择左侧"分类"选项中的"标题/编码"，在"标题"选项中输入"唐诗"，如图 3.64 所示。

（4）保存并预览网页，效果如图 3.65 所示。

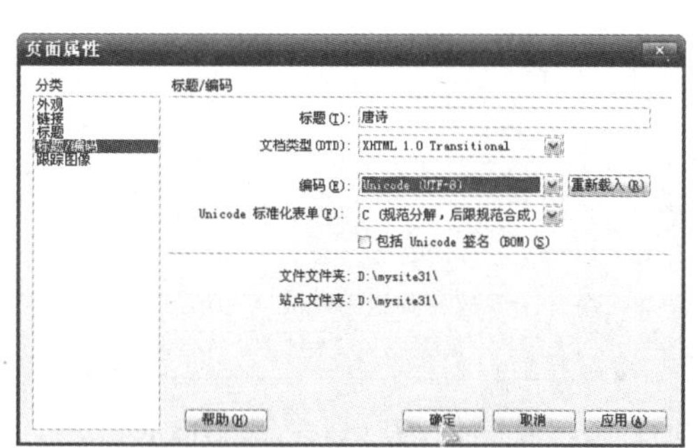

图 3.64　设置标题

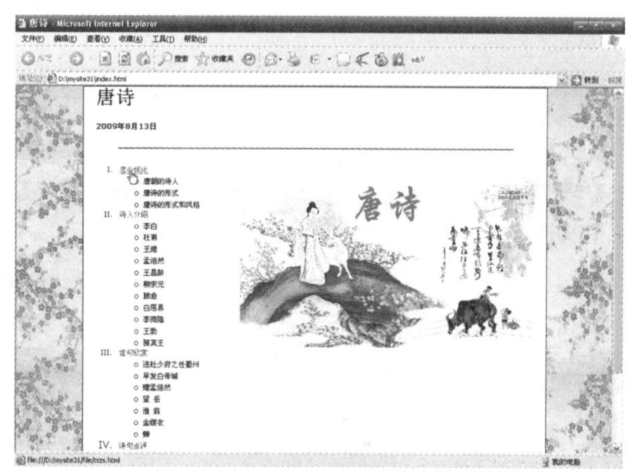

图 3.65　网页效果

（5）将标题"唐诗"设置居中对齐，并设置字体为"华文隶书"，大小为 36 点，日期设置右对齐。

（6）切换至代码视图，通过删除代码"border：1px solid #000000"，去除页面中的黑色框线，如图 3.66 所示。网页最后效果如图 3.67 所示。

```
.oneColFixCtr #container {
    width: 780px;  /* 使用比最大宽度 (800px) 小 20px 的宽度可显示浏览器界面元素，并避免出现水平滚动条 */
    background: #FFFFFF;
    margin: 0 auto; /* 自动边距（与宽度一起）会将页面居中 */
    border: 1px solid #000000;
    text-align: left; /* 这将覆盖 body 元素上的"text-align: center"。 */
}
```

图 3.66　删除代码

3. 设置分页的网页属性

（1）打开文档 tszs.html，执行"修改/页面属性"命令，使用步骤 2 的方法，分别设置网页背景、链接文字及网页标题等属性，并去除黑色边框，最后网页效果如图 3.68 所示。

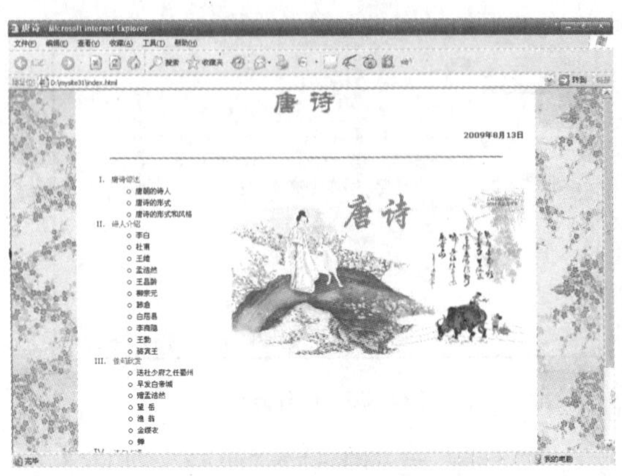

图 3.67 网页效果

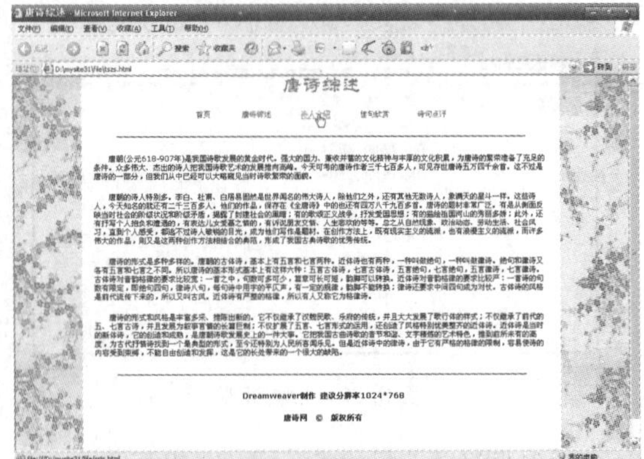

图 3.68 网页效果

（2）打开文档 jjxs. html，切换至代码视图，在“. oneColFixCtr #container”中加入代码“background－image：url(../images/bg2. jpg)；”，如图 3.69 所示。

```
.oneColFixCtr #container {
    width: 780px;  /* 使用比最大宽度 (800px) 小 20px 的宽度可显示浏览器界面元素，并避免出现水平滚动条 */
    background: #FFFFFF;
    margin: 0 auto; /* 自动边距（与宽度一起）会将页面居中 */
    text-align: left; /* 这将覆盖 body 元素上的"text-align: center"。 */
    background-image: url(../images/bg2.jpg);
}
```

图 3.69 添加代码

小贴士

在进行上述操作前，先确定已将素材图片 bg2. jpg 复制到站点目录的 images 文件夹中。上述代码的作用是将图片 bg2. jpg 作为页面中间的背景。

（3）重复步骤(1)，设置其余分页的网页属性。

（4）在分页中插入修饰的图像，完成最后的效果，如图 3.70、3.71、3.72、3.73 所示。

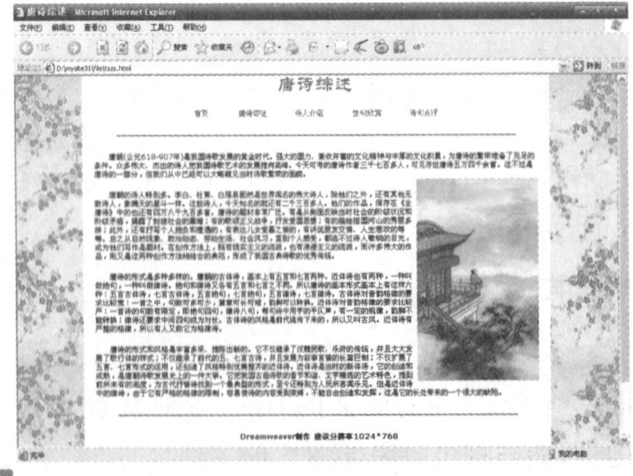

图 3.70 分页效果 1

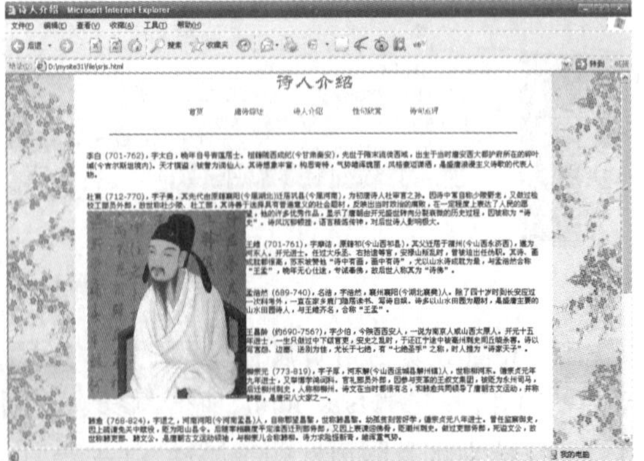

图 3.71 分页效果 2

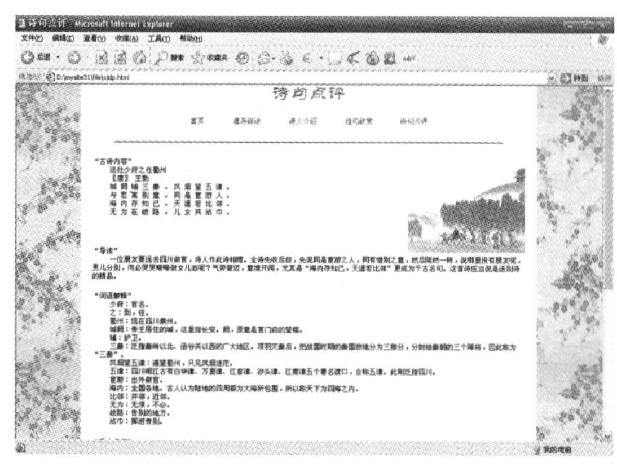

图 3.72　分页效果 3

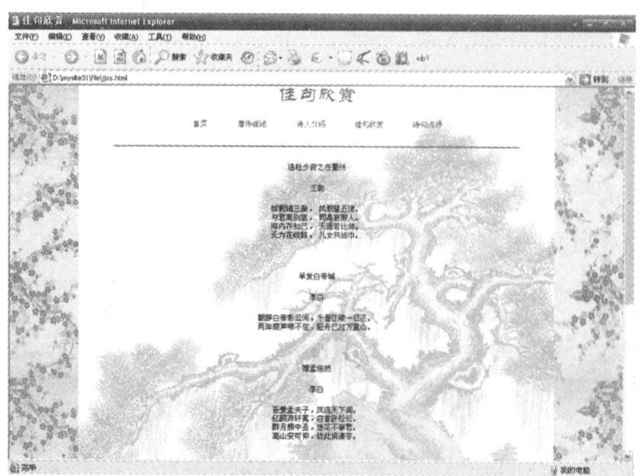

图 3.73　分页效果 4

活动小结

在本活动中，我们通过设置网页属性完成了网页背景、链接文字、页边距以及网页标题的设置。

在 Dreamweaver 中，通过网页属性对话框即可轻松地对页面的各项属性进行设置。

本章实验　制作“中国民俗文化”网站

实验要求

(1) 建立站点目录 mysitelx，并将站点指定至站点目录。

(2) 制作网页“中国民俗文化”，在网页中加入相应文字，并设置字体。

(3) 制作网页间的文字链接。

(4) 利用网页属性对话框，设置网页背景、链接文字、页边距、网页标题等属性。

注意：本实验提供的样例仅供参考，发挥你的才智，也许你能设计出别具一格的网页哦！

操作提示

(1) 在 D 盘的根目录下新建一个 mysitelx 文件夹，作为站点文件存放的目录。并且在 mysitelx 文件夹下建立一个下级文件夹 images，作为网页图片存放的目录。

(2) 打开 Dreamweaver，在起始页中建立站点 mysitelx，并指定站点文件的目录，新建网页，如图 3.74 所示。

图 3.74　指定站点目录

(3) 将记事本中的文字素材粘贴至相应的网页中，将文字大小设置为 9 点。

(4) 将标题“中国民俗文化”字体设置为华文隶书，大小为 36 点。可使用本章活动二中的方法添加新字体来实现。

(5) 在网页中插入日期以及版权的特殊字符。

网页制作

(6) 插入水平线,并设置其颜色。

(7) 在网页中插入图片并设置对齐样式,样例中的内容仅供参考。

(8) 制作各网页中的链接文字,实现网页间的跳转。

(9) 打开“页面属性”对话框,在该对话框中设置网页的背景、网页标题和链接文字,具体数值可以根据实际情况自行决定。

(10) 保存网页后,预览效果如图 3.75、3.76、3.77、3.78、3.79 所示。

图 3.75　网页效果 1

图 3.76　网页效果 2

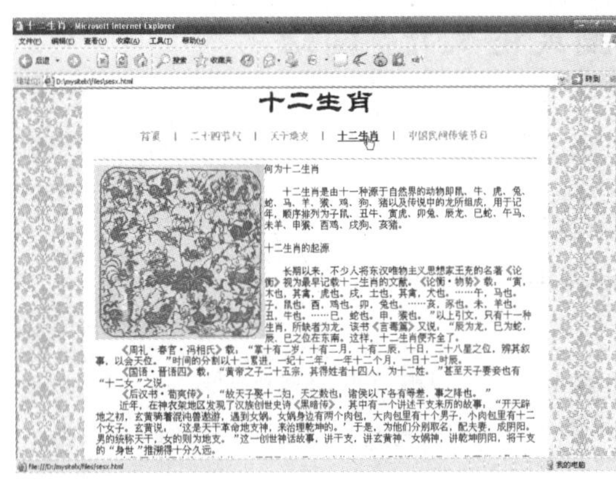

图 3.77　网页效果 3

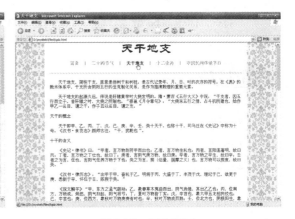

图 3.78　网页效果 4

图 3.79　网页效果 5

第四章　表格处理与网页布局

本章概要

表格是网页制作中一个非常重要的对象，传统的网页布局以及各元素的组织都是依靠表格来进行的，它直接决定了网页是否美观，内容组织是否清楚。但随着基于 XHTML 的 DIV + CSS 网页制作布局技术的发展，采用 DIV + CSS 布局成为了一种发展趋势。采用该布局方式可以使网站改版相对简单，对于搜索引擎比表格布局的页面更具友好性。但学习 DIV + CSS 需要以 HTML 为基础，对于初学网页设计的人而言有一定难度，不提倡在 Dreamweaver 中直接进行编写。该内容将在以后章节中做适当介绍，但不作为本书重点内容，本书以后的案例仍以表格布局为主。表格在网页中除了起到布局页面的作用外，同时也可以作为数据表格使用。

本章主要介绍了如何利用表格来布局页面，以及表格及其单元格的编辑与属性设置。此外，还单独介绍了利用 Dreamweaver 的特殊功能对数据表格进行的一些有效处理方法。

活动一　利用表格布局页面

学习目标：熟练掌握利用表格设计完成页面的布局。

知识要点：表格的插入及属性设置。

准备知识

1. 关于标准模式、扩展表格模式

(1) 标准模式

在标准模式中，表格是以普通形式显示的。在标准模式中，“表格”、“插入 Div 标签”和“描绘 AP Div”按钮显示为可用。

(2) 扩展表格模式

在 CS3 中删除了原有的“布局”视图切换按钮，保留了“标准”和“扩展”按钮，使用“扩展表格”模式可以便于在表格内部和表格周围选择。“扩展表格”模式临时向文档中的所有表格添加单元格边距和间距，并且增加表格的边框以使编辑操作更加容易。利用这种模式，可以选择表格中的项目或者精确地放置插入点。

(3) 插入表格

单击“插入”工具栏“常用”项中的“表格”按钮或执行“插入记录/表格”命令，打开“表格”对话框，创建表格。此外，按 Ctrl + Alt + T 快捷键也可以出现插入“表格”的对话框，如图 4.1 所示。

其中“表格”对话框中的参数含义如下：

- “表格大小”项

行数和列数：插入表格的行数、列数。

表格宽度：设置以像素或浏览器窗口百分比为单位的表格宽度。

边框粗细：指定表格边框的粗细程度。

单元格边距：指定单元格边框和单元格内容之间的间距，以像素为单位。

单元格间距：指定相邻单元格之间的距离，以像素为单位。

- “页眉”项

无：表示对表格不启用列或行标题。

左：表示将表格的第一列作为标题列。

顶部：表示将表格的第一行作为标题行。

两者：表示能够在表中输入列标题和行标题。

- “辅助功能”项

标题：可以创建一个显示在表格外的表格标题。

对齐标题：设置表格标题相对于表格的对齐方式。

摘要：设置表格的说明。

图 4.1 “表格”对话框

> **小贴士**
>
> 以像素指定表格宽度要更好一些，因为这样可以精确布置文本和图像。当表格的列部分比其实际宽度更为重要时，以浏览器窗口百分比为单位则是一个非常好的选择。如果要在无需先指定这些选项的情况下插入表格，则可以按下 Ctrl + U 组合键，打开“首选参数”对话框。然后选择“常规”分类，清除“编辑选项”中的“插入对象时显示对话框”复选框即可。

2. 设置表格属性

当表格被选定时，“属性”面板所显示的是表格属性，如图 4.2 所示。

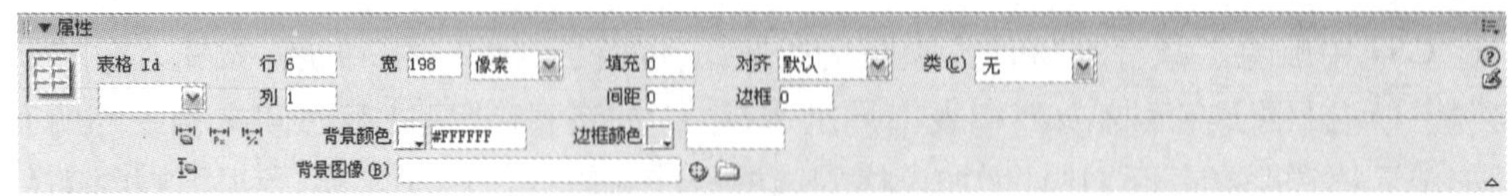

图 4.2 “属性”面板

各参数含义如下：

表格 Id：定义表格名称。

宽：表格的宽度。

高：表格的高度。

填充：表格内的单元格内容和单元格边框之间的距离。

间距：表格内的单元格之间的间距。

对齐：表格相对于网页的对齐方式。

边框：设置围绕表格的边框宽度(单位为像素)。

背景颜色：表格的背景颜色。

边框颜色：表格的边框颜色。

背景图像：表格的背景图像。

3. 添加表格行或列

在 Dreamweaver 中，执行"修改/表格"菜单上的命令或快捷菜单上的命令都可以添加或删除表格中的行和列。

(1) 添加行和列

执行"修改/表格/插入行或列"命令，或者单击鼠标右键，从快捷菜单中选择"表格/插入行或列"，在弹出的对话框中设置相关参数即可，如图 4.3 所示。

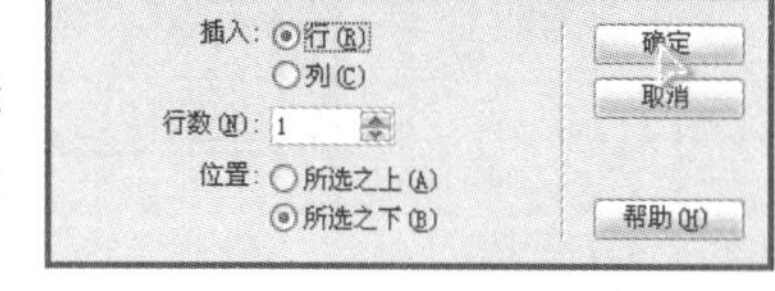

图 4.3 "插入行或列"对话框

(2) 删除行或列

将光标定位在要删除的行或列的单元格中，执行"修改/表格/删除行"或"删除列"命令，或者单击鼠标右键从快捷菜单中选择"表格/删除行"或"删除列"，即可删除当前行或列。

(3) 在"属性"面板中添加、删除行或列

选中整个表格，在"属性"面板中增加"行"或"列"值以添加行，减少"行"或"列"值以删除行，如图 4.4 所示。

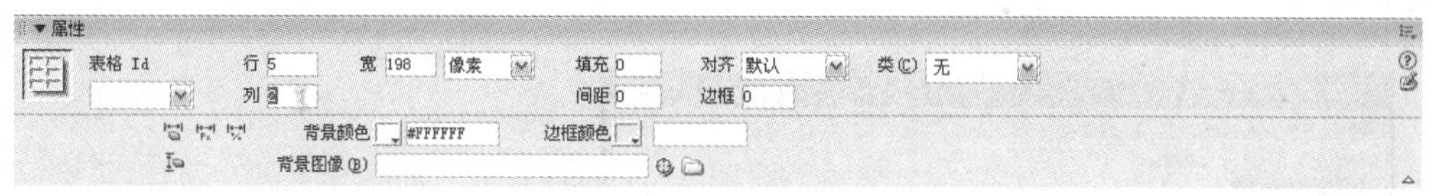

图 4.4 表格"属性"面板

该操作将从表格底端添加或删除行，从表格右侧添加或删除列。即使要删除的行和列中包含数据，Dreamweaver 也不会提出警告。此外，在输入数据时，如果已经到达表格最后一行的最后一个单元格，则按 Tab 键可以添加一行。

4. 插入嵌套表格

将光标定为在要插入表格的单元格内，单击"表格"按钮或执行"插入/表格"命令，即可完成嵌套表格的制作，如图 4.5 所示。

小贴士

嵌套表格对于布局页面有着非常重要的作用。利用它的特点，我们可以制作出一些特殊的边框效果。

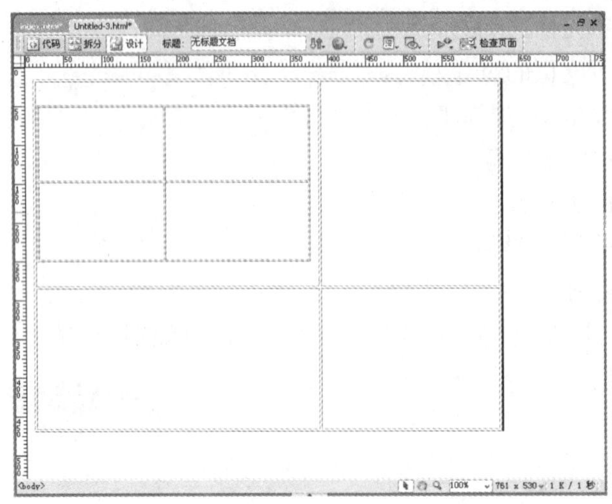

图 4.5　嵌套表格

活动引导

1. 建立站点并新建网页

(1) 在 D 盘建立站点目录 mysite41,并使用高级标签定义站点,站点名为“全运会”,如图 4.6 所示。

(2) 在起始页中的“新建”中单击“HTML”,创建新网页。

(3) 执行“文件/保存”命令,将网页保存在站点根目录下,保存文件名为 index. html。如图 4.7 所示。

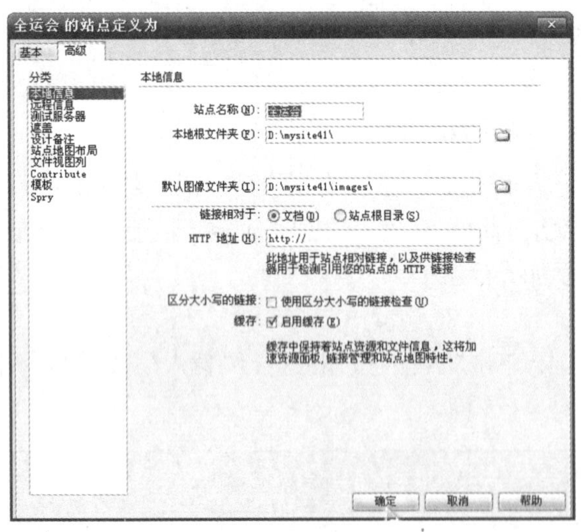

图 4.6　建立站点

图 4.7　创建首页

小贴士

以后活动中的实例如无特别说明,则站点目录结构及文件名都以此方式建立。

2. **完成页面设置**

（1）执行“修改/页面属性”命令，在弹出的对话框中将页面文字字体设置为宋体，大小为9点，颜色为深灰色#666666，背景图像设置为bg1.gif，上边距及下边距都设置为0像素，如图4.8所示。

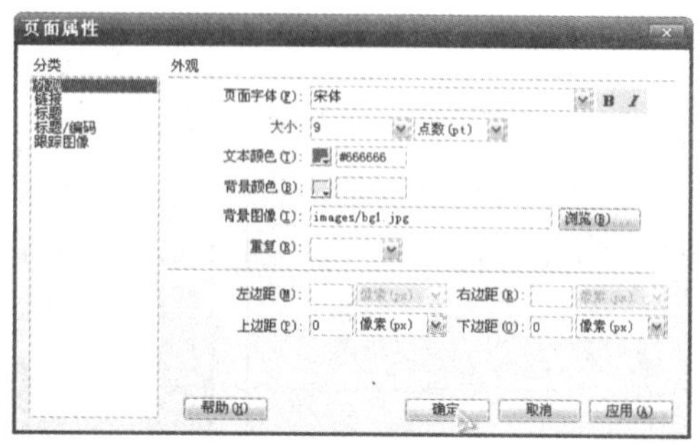

图4.8 设置背景图片及文字格式

（2）切换分类项至“链接”，设置链接文字字体是宋体，大小为9点，颜色为深灰色#666666，变换图像链接为黑色#333333，已访问链接为深灰色#6666666，下划线样式为“仅在变换图像时显示下划线”，如图4.9所示。

（3）切换分类项至“标题/编码”，将网页标题设置为“全运会”，编码为“简体中文GB2312”，设置以上几项后，单击“确定”按钮完成设置，如图4.10所示。

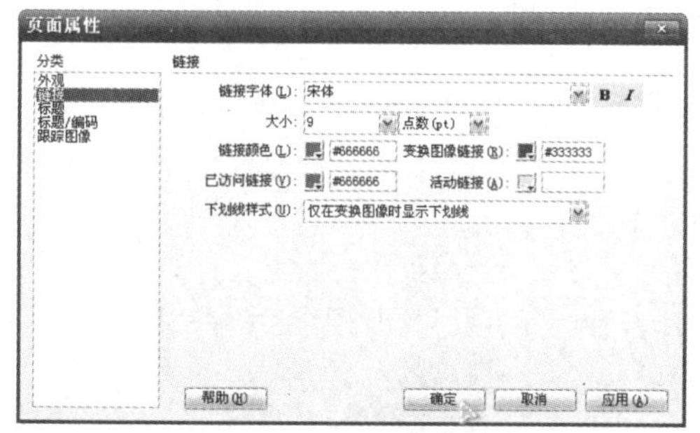

图4.9 设置链接文字

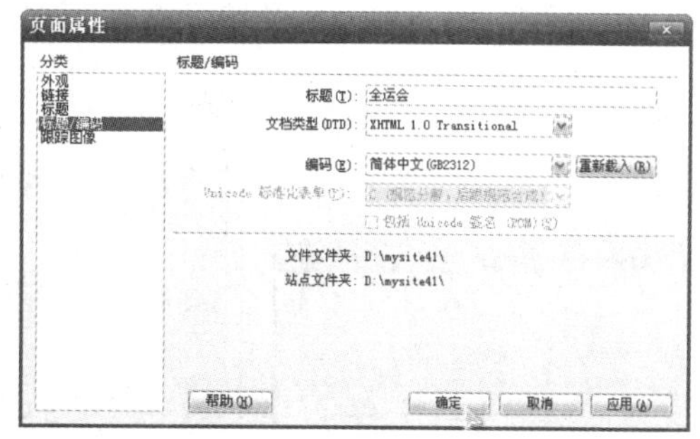

图4.10 设置网页标题

3. **完成网页的基本布局**

> **小贴士**
>
> 制作同一张网页，不同的人可能会采用不同的布局方式。在对一张网页进行布局前，需要有个整体规划。必须要考虑以下两个因素：
>
> ① 如何提高布局的效率。不要插入不必要的嵌套表格，要对嵌套表格合理应用。
>
> ② 如何避免表格及单元格间的相互干扰。
>
> 下面将采用两种方法来布局我们的页面，体会一下有什么不同。

（1）插入表格。

方法一：单击“插入”工具栏“常用”项中的“表格”按钮，打开“表格”对话框，设置表格大小为3行1列，表格宽度为900像素，边框粗细、单元格边距及单元格间距都设置为0，并确认，如图4.11、4.12所示。

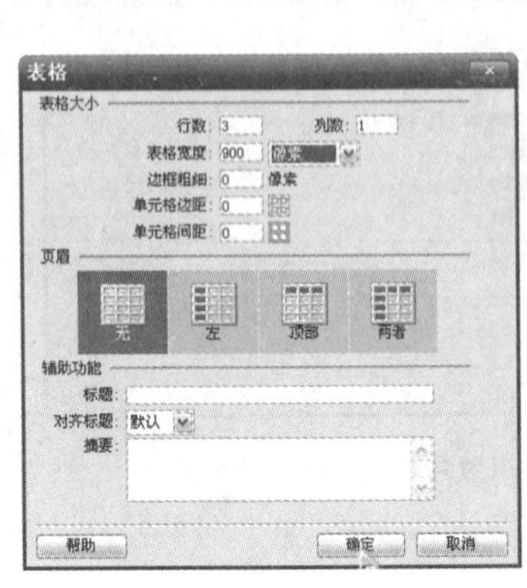

图 4.11　插入表格

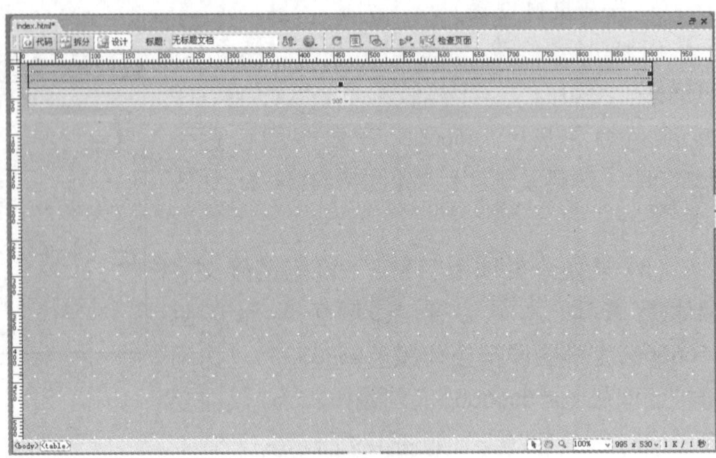

图 4.12　页面效果

方法二：执行三次插入表格的命令，分别插入三个表格大小为 1 行 1 列，表格宽度为 900 像素，边框粗细、单元格边距及单元格间距都设置为 0，如图 4.13、4.14 所示。

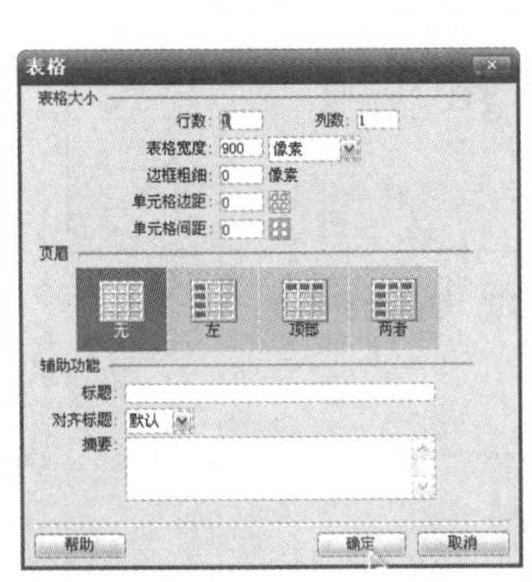

图 4.13　插入表格

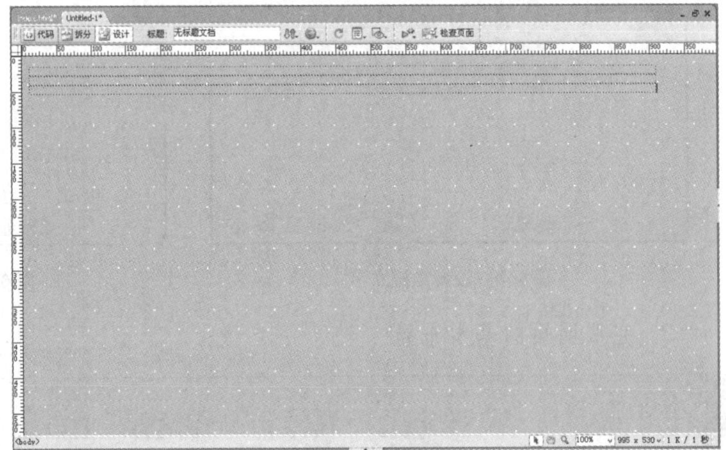

图 4.14　页面效果

小贴士

使用方法二进行布局的优势是当某一表格在制作时发生错误，例如：表格由于内容过多被撑坏，也不会影响到其他已完成的表格。

表格将页面分为三份，其中第一行将作为网页的标题行，中间行为主要内容，第三行为版权信息。

表格的高度无需设置，它会根据内容的大小而作相应的变化。

（2）将素材 pic1 文件夹中的图片素材复制到站点目录的 images 文件夹内。

（3）将光标定位在第一行的单元格内，执行“插入记录/图像”命令，在弹出的对话框中选择 images 文件夹下的图片文件 top.jpg，将图片插入网页，如图 4.15 所示。

(4) 使用同样方法在表格第三行的单元格中插入图片文件 bottom. jpg，如图 4. 16 所示。

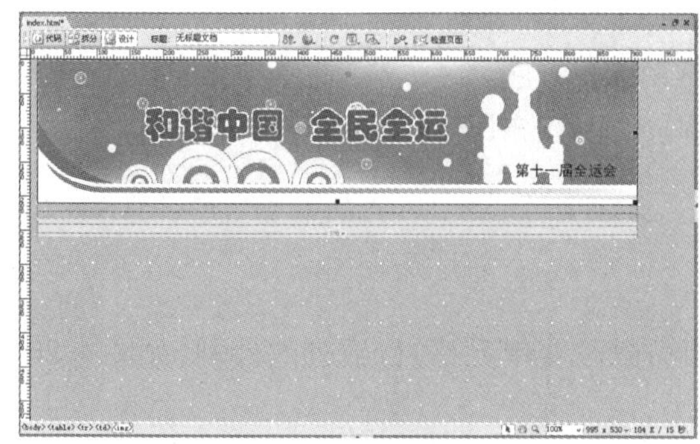

图 4. 15　插入图片 top

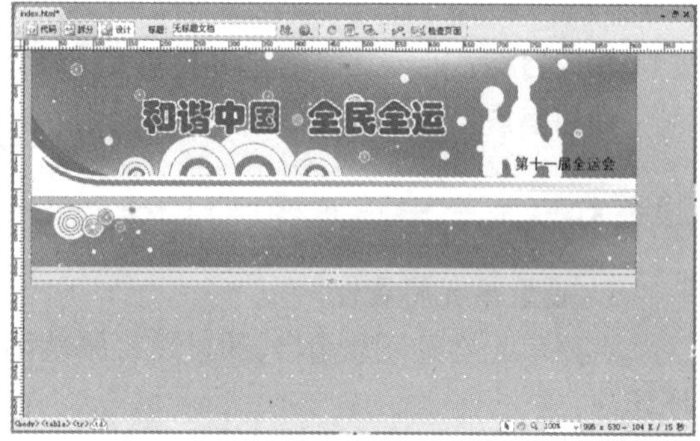

图 4. 16　插入图片 bottom

(5) 将光标定位在表格内，单击编辑窗口底部标签 table，选取整个表格，在属性面板中设置对齐为“居中对齐”，如图 4. 17 所示。

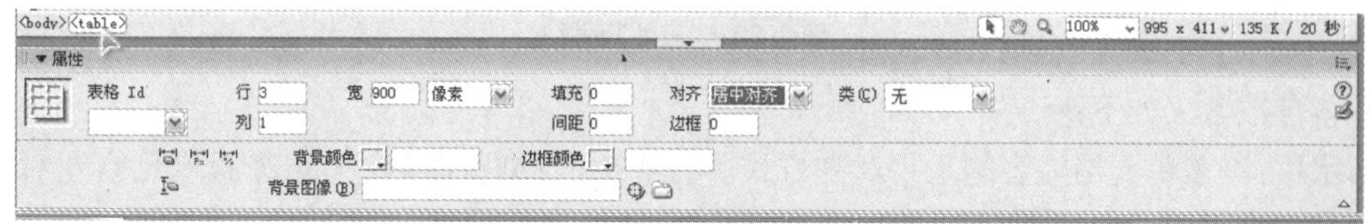

图 4. 17　设置表格对齐方式

(6) 将光标定位在第二行的单元内，单击“插入”工具栏“常用”项中的“表格”按钮，打开“表格”对话框，设置表格大小为 1 行 2 列，表格宽度为 100 百分比，边框粗细、单元格边距及单元格间距都设置为 0，确认后完成嵌套表格的制作，如图 4. 18、4. 19 所示。

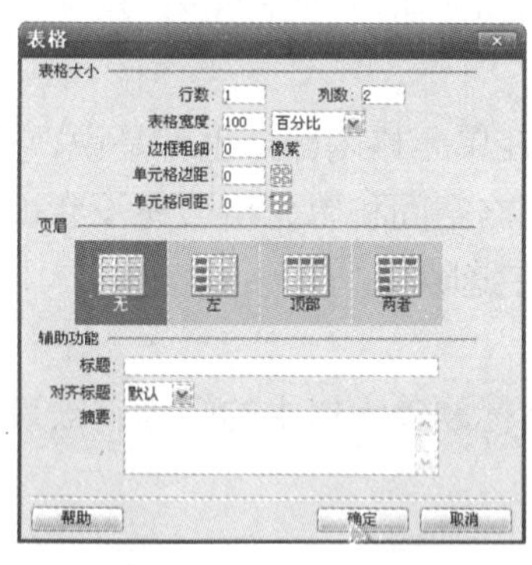

图 4. 18　插入嵌套表格

图 4. 19　页面效果

(7) 执行“文件/保存”命令，保存网页，预览效果。

活动小结

在本活动中我们练习了利用表格来布局页面，不同页面的布局方式会有所不同。本活动所采用的布局方式是最常用的一种布局，即上、中、下布局方式。

活动二　编辑单元格

学习目标：熟练掌握单元格的属性设置及常用编辑方法。

知识要点：单元格的行和列、移动布局表格与单元格、布局。

准备知识

1. 设置单元格属性

选择单元格的任意组合，通过设置属性面板可以改变单元格、行或列的外观，如图4.20所示。

图4.20　"属性"面板

各参数含义如下：

水平：设置单元格内容的水平对齐方式。有四个值：浏览器默认（即普通单元格左对齐、标题单元格居中对齐）、左对齐、右对齐和居中对齐。

垂直：设置单元格内容的垂直对齐方式。有五个值：浏览器默认（通常为中间对齐）、上端对齐、中间对齐、底端对齐和基准线对齐。

宽和高：以像素为单位设置选定单元格的宽度和高度。要使用百分比，请在数值后添加百分比符号（%）。

背景：设置单元格的背景图像。单击"单元格背景URL"按钮可进行设置。单元格背景可以覆盖表格的背景。

背景颜色：设置单元格的背景颜色。背景颜色只出现在单元格内部。也就是说，它不会在单元格空间或表格边框的上面移动。这意味着如果单元格空间和单元格填充没有被设置为0，那么即使边框被设置为0，在着色区域之间也还会存在缝隙。

边框：设置单元格的边框颜色。

标题：将单元格设置为表格标题。在默认情况下，表格标题单元格中的内容将被设置为粗体并居中对齐。

2. 复制和粘贴单元格

在表格的编辑中复制、粘贴单元格是经常会使用的一种手段，我们可以一次复制和粘贴多个表格单元格并保留单元格格式。当然，也可以只复制和粘贴单元格内容。单元格可以在插入位置被粘贴，也可以替换表格中选定的内容。如果要粘贴多个表格单元格，那么剪贴板中的内容必须和表格结构保持一致。

3. 合并和分割单元格

（1）合并单元格

选取需合并的单元格，执行"修改/表格/合并单元格"命令，或单击"属性"面板中的"合并单元格”按钮▭，即可完成单元格的合并。

（2）分割单元格

选定需分割的单元格，执行“修改/表格/拆分单元格”命令，或单击“属性”面板中的“拆分单元格”按钮。在弹出的“拆分单元格”对话框中设置拆分的参数即可，如图4.21所示。

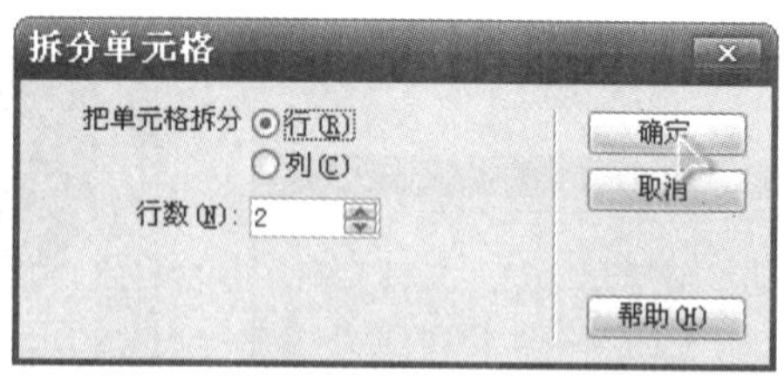

图4.21 “拆分单元格”对话框

活动引导

1. 制作渐变颜色的表格边框

（1）打开上述活动中制作的网页index.html，将光标定位在嵌套表格的单元格内，选取table标签，设置表格的背景颜色为白色，如图4.22所示。

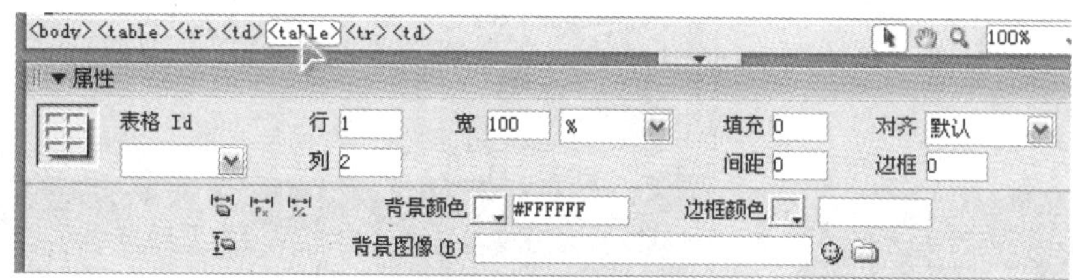

图4.22 设置表格颜色

（2）将光标定位在嵌套表格左侧单元格内，在“属性”面板中设置单元格的宽度为240像素，水平为“居中对齐”，垂直为“顶端”，如图4.23所示。

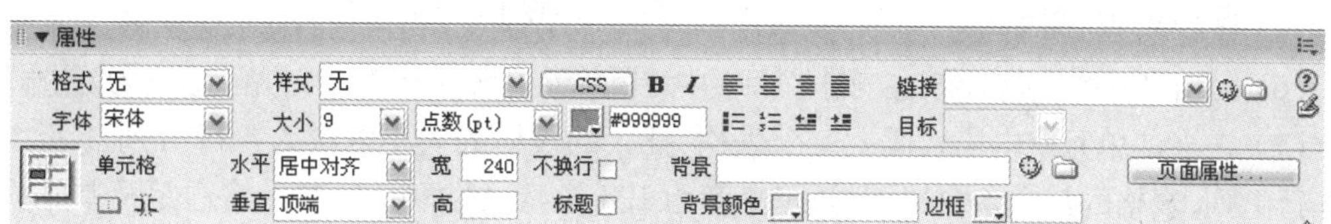

图4.23 设置单元格宽

小贴士

上述步骤中的对齐设置是针对即将在此单元格中插入的表格而设置的。使插入的表格在此单元格内水平居中且垂直顶端对齐。

（3）将光标定位在当前单元格内，打开“表格”对话框，设置插入的表格大小为2行1列，表格宽度为200像素，边框粗细、单元格边距及单元格间距都设置为0，确认后完成嵌套表格的制作，如图4.24、4.25所示。

（4）将光标定位在嵌套表格的第一行单元格内，执行“插入记录/图像”命令，在弹出的对话框中选择images文件夹下的图片文件title.jpg，将图片插入网页，效果如图4.26所示。

（5）将光标定位在嵌套表格的第二行单元格内，在“属性”面板中单击背景项旁的“单元格背景URL”按钮，插入单元格背景图line.jpg，如图4.27所示。

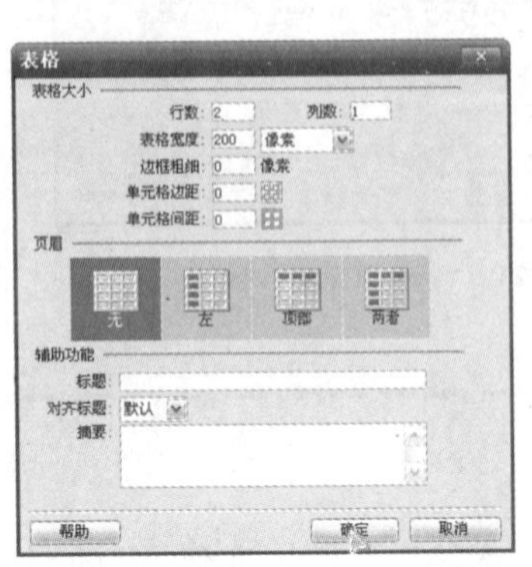

图 4.24　插入嵌套表格

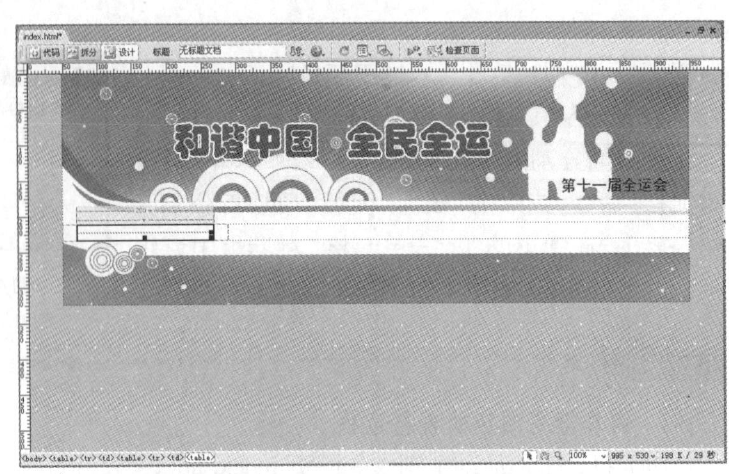

图 4.25　页面效果

图 4.26　插入图片

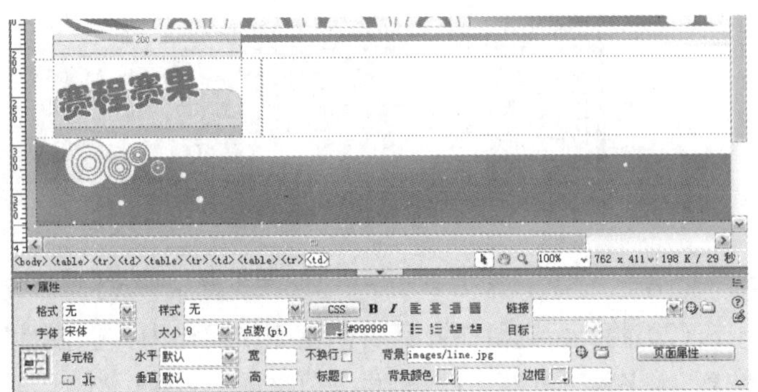

图 4.27　插入背景图片

(6) 保持光标的位置不变,在"属性"面板中设置单元格水平为"居中对齐",垂直为"顶端"。

(7) 在当前单元格内连续插入三个表格,插入的表格的大小依次为 4 行 1 列、1 行 1 列及 6 行 1 列,表格的其余参数都相同,即宽度为 198 像素,边框粗细、单元格边距及单元格间距都设置为 0,效果如图 4.28 所示。

(8) 通过编辑窗口的底部标签分别选取上述三个表格,分别设置其表格颜色为白色 #FFFFFF,填充、间距及边框设置为 0,如图 4.29 所示。

图 4.28　插入嵌套表格

图 4.29　网页效果

小贴士

要制作渐变边框，可以采取上述方法。外侧单元格的背景颜色为渐变图片，尽管我们的素材图片的宽度只有 1 像素，但由于背景图片是以平铺的方式显示，因此，我们的单元格将显示渐变效果。在单元格内插入比单元格宽度少 2 像素的表格，插入的表格颜色设置为白色。

如果希望制作表格边框宽度为 1 像素单色，则可以通过将外侧的布局表格颜色设置为深色后，将其间距设置为 1 像素，并将内侧布局表格中的单元格的颜色设置为白色后实现。

2. 利用表格制作导航栏及友情链接

（1）选取顶部 4 行 1 列的表格，切换至代码视图，在当前表格中加入代码 height = "120"，设置当前表格的高度为 120 像素，如图 4.30 所示。我们也可以通过鼠标拖曳来调整表格的高度，但没有通过具体数值的设置这样精确。

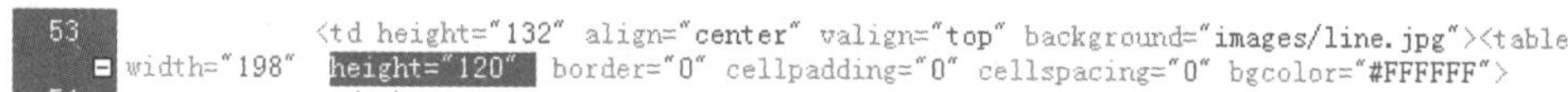

图 4.30 输入代码

（2）在上述表格中，输入文字“代表团成绩”、“竞赛成绩”、“奖牌/总分”和“竞赛日程”，并居中对齐，如图 4.31 所示。

（3）将光标定位在表格第二行的单元格内，在“属性”面板中设置单元格背景颜色为灰色#EFEFEF，以相同步骤设置第四行的单元格颜色，如图 4.32 所示。

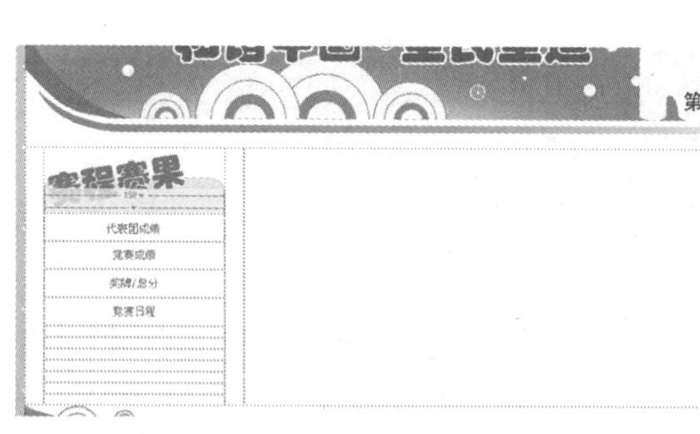

图 4.31 输入文字

图 4.32 设置单元格背景颜色

（4）选取中间 1 行 1 列的表格，切换至代码视图，在当前表格中加入代码 height = "10"，设置当前表格的高度为 10 像素，并删除表格中的 ，如图 4.33 所示。

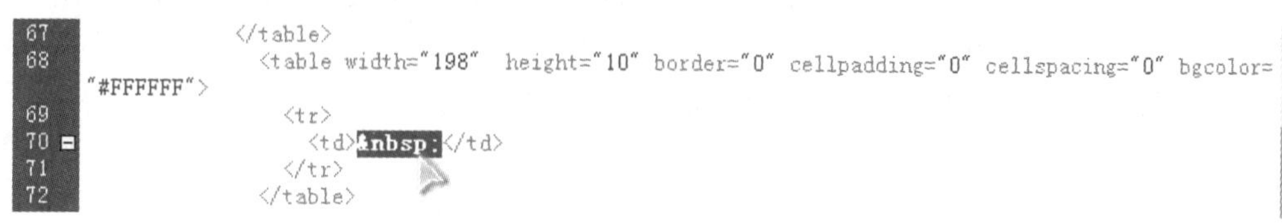

图 4.33 输入代码

小贴士

如果需要设置高度值较小的表格或单元格，除了设置高度值外，还必须删除该表格或单元格中的空格符 ，所设置的高度值才能实现。

（5）选取底部 6 行 1 列的表格，在“属性”面板中将表格由 1 列修改为 2 列，如图 4.34 所示。

（6）选取当前表格的第一行，单击“属性”面板中的合并单元格按钮，将第一行的单元格合并，如图 4.35 所示。

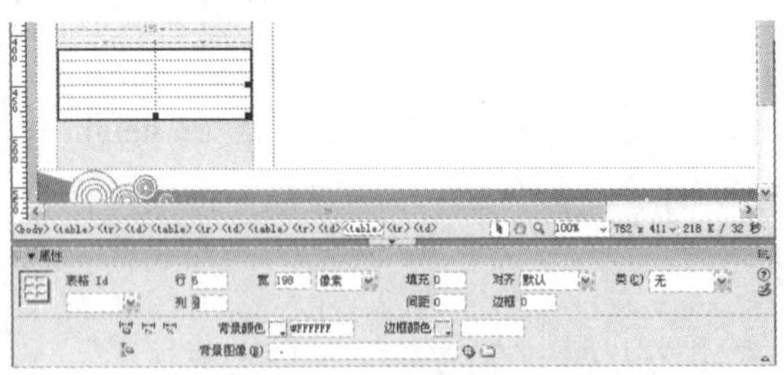

图 4.34　设置单元格属性

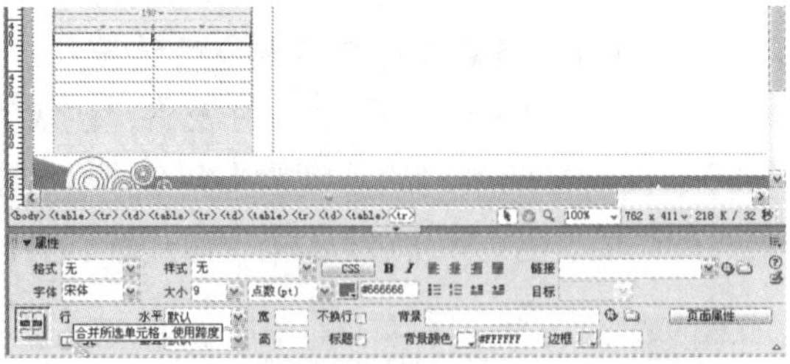

图 4.35　合并单元格

（7）在“属性”面板中设置该单元格高度为 30 像素，背景颜色为浅灰色#E3E3E3，如图 4.36 所示。

（8）在当前单元格中输入文字“友情链接”，并设置居中对齐，如图 4.37 所示。

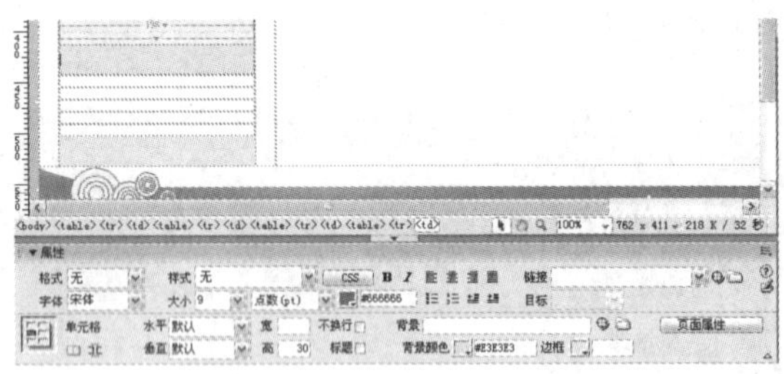

图 4.36　设置单元格属性

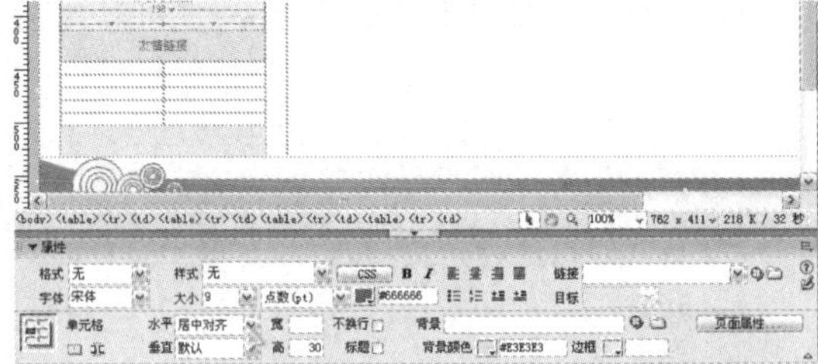

图 4.37　输入文字

小贴士

在单元格中设置文字居中对齐，可以通过设置文字居中对齐或单元格居中对齐两种方式实现。

（9）在剩余的单元格中插入友情链接的图片，并选取这些单元格，设置单元格的水平方向为“居中对齐”，高为 46 像素，如图 4.38 所示。

（10）保存网页，预览效果，如图 4.39 所示。

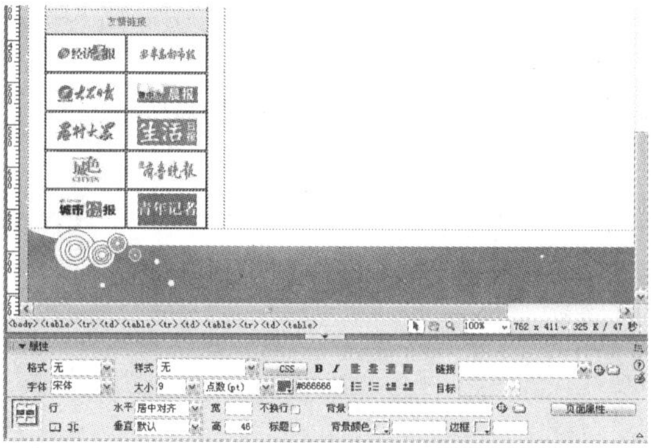

图 4.38　插入图片并设置单元格属性

图 4.39　网页效果

3. 完成主页主体内容的制作

（1）将光标定位在右侧单元格内，在“属性”面板中设置单元格的水平为“居中对齐”，垂直为“顶端”。并输入文字“山东省本团奥运带入金牌 10 枚、银牌 4 枚、铜牌 3 枚、总计带入奖牌 17 枚”，效果如图 4.40 所示。

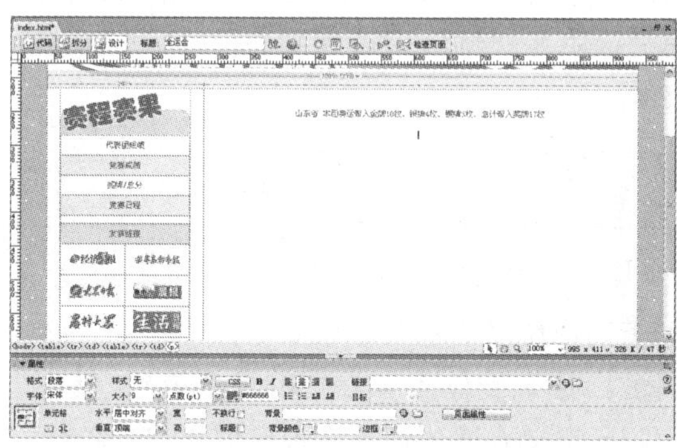

图 4.40　网页效果

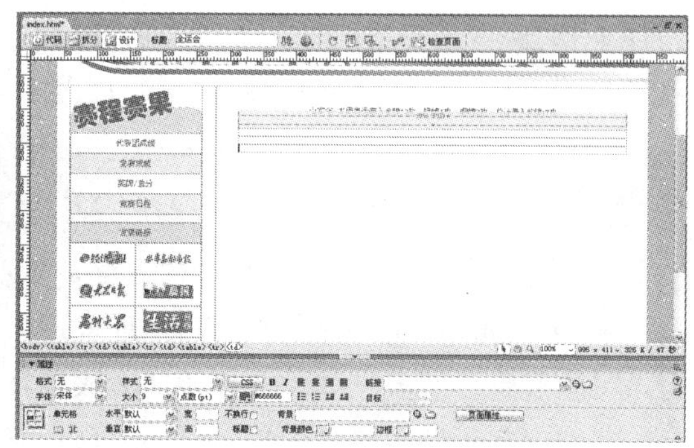

图 4.41　网页效果

（2）插入大小为 3 行 1 列的表格，表格宽度为 90 百分比，边框粗细、单元格边距及单元格间距设置为 0，确认后完成嵌套表格的制作，如图 4.41 所示。

（3）将光标定位在上述表格的第一行，插入大小为 4 行 6 列的表格，表格宽度为 100 百分比，边框粗细、单元格边距设置为 0，单元格间距设置为 1，确认后完成嵌套表格的制作，如图 4.42 所示。

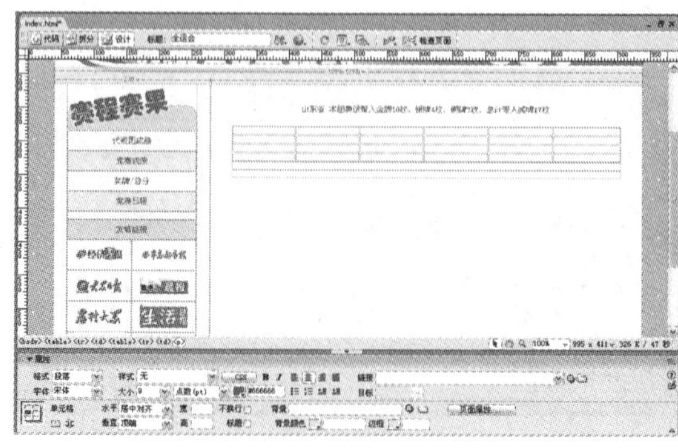

图 4.42　网页效果

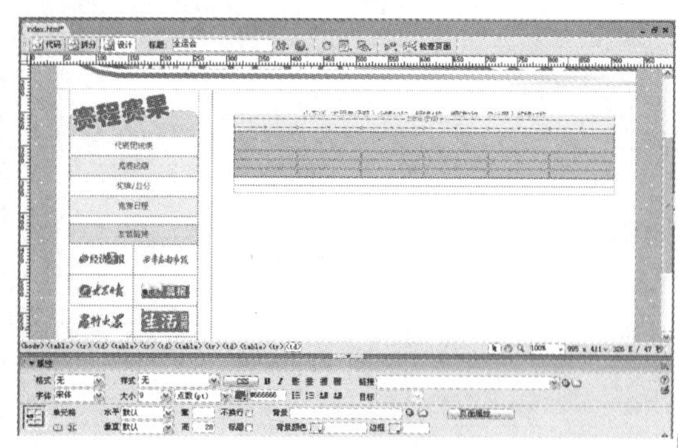

图 4.43　编辑表格

(4) 选取表格,设置表格背景颜色为灰色#999999。合并表格第一行的所有单元格,并设置合并单元格的高度为28,如图4.43所示。

(5) 合并当前表格最后一行的单元格,鼠标拖曳选取第二、三、四行,在"属性"面板中设置单元格的高度为25,如图4.44所示。

图4.44 编辑表格

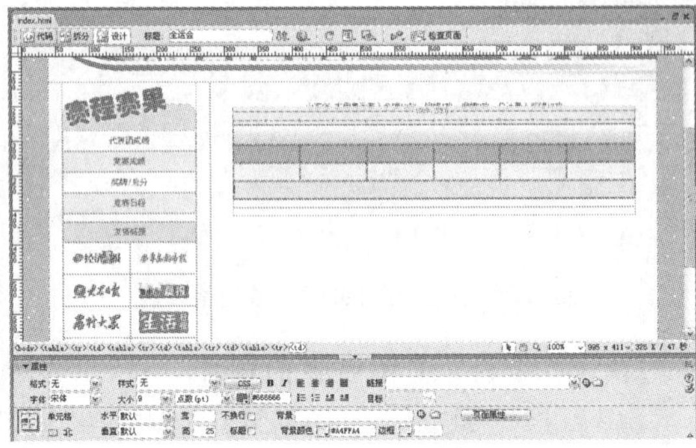

图4.45 设置单元格属性

(6) 将光标定位在第一行单元格,设置单元格背景图片为hui.jpg。鼠标拖曳选取第二行单元格,设置单元格颜色为浅蓝色#97B9FF,第三行单元格颜色设置为草绿色#D7FFD7,第四行单元格颜色设置为青色#A4FFA4,如图4.45所示。

小贴士

在上述操作中,我们设置的表格背景颜色即为边框颜色,通过定义单元格间距设置,并设置单元格为其他颜色,从而实现了制作指定宽度的表格边框效果。

我们已经分别体验了利用嵌套表格及属性面板来制作1像素宽的表格边框。除了以上常用的两种方法外,我们还可以通过CSS定义表格边框来实现该效果,这将在以后章节中详细介绍。这三种方法有各自的特点,在今后的制作中可灵活运用。

(7) 在表格第一行插入图片jin.jpg,并在表格中输入文字,设置水平居中对齐,并利用鼠标拖曳适当调整单元格宽度,如图4.46所示。

(8) 选取上述表格,按Ctrl+C复制表格,并执行两次Ctrl+V的复制命令,将表格复制到下面两个单元格内,如图4.47所示。

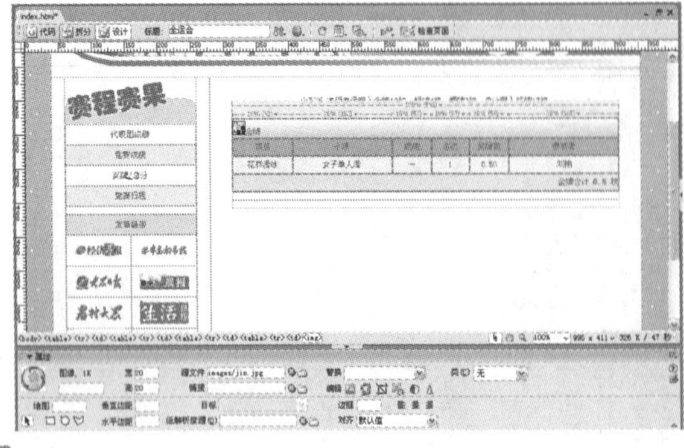

图4.46 输入文字

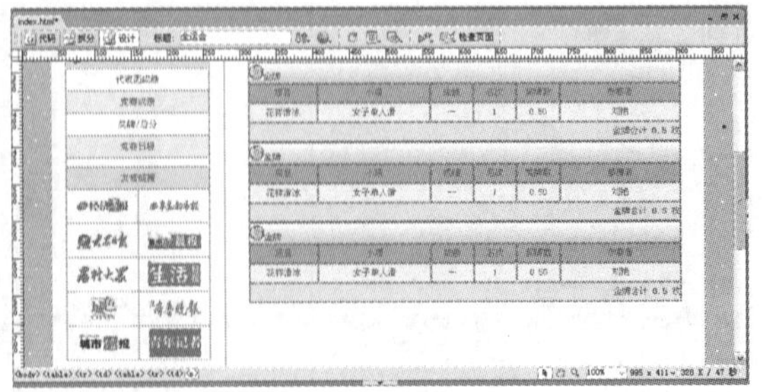

图4.47 复制表格

（9）将复制表格中的图片替换为 yin.jpg 和 tong.jpg，并更改文字，将最后一个表格的第二行单元格高设置为 80，如图 4.48 所示。

（10）选取这三个表格的外侧表格，切换至代码视图，添加代码 height = "450"，为当前表格设置高为 450 像素，如图 4.49 所示。保存网页并预览效果，如图 4.50 所示。

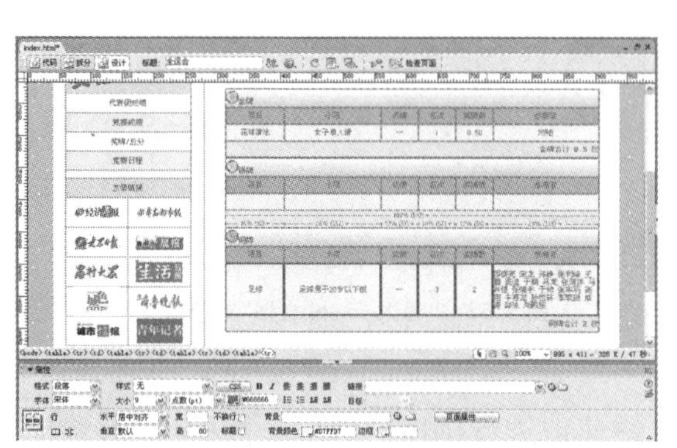

图 4.48　替换文字及图片

图 4.50　网页效果

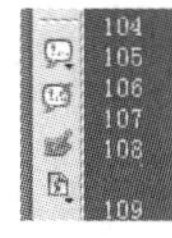

```
<table width="90%" height="450" border="0" cellpadding="0" cellspacing="0">
  <tr>
    <td><table width="100%" border="0" cellpadding="0" cellspacing="1" bgcolor="#999999">
      <tr>
        <td height="28" colspan="6" align="left" background="images/hui.jpg"><img src="images/jin.jpg" width="20" height
="20" />金牌</td>
        </tr>
```

图 4.49　添加代码

> **活动小结**
>
> 在本活动中我们练习了用表格布局页面，特别练习了如何利用嵌套表格以及属性面板打造边框为 1 像素的表格的两种制作方法。这是今后制作网页常用的技巧。

活动三　数据表格的制作

学习目标：熟练掌握创建表格的方法，导入表格式数据。

教学要点：表格、表格式数据。

准备知识

1. 导入表格式数据

在 Dreamweaver 中可以导入在其他应用程序中生成的数据内容。但该数据必须是按分隔格式（例如：按制表符、逗号、分号、冒号等分隔）保存的，才可正常导入。执行“文件/导入/表格式数据”命令，打开“导入表格式数据”对话框，如图 4.51 所示，选择相应的数据文件即可完成表格式数据的导入。

此外，对于导入 Excel 文档可以通过执行“文件/导入/Excel 文档”命令，打开“导入 Excel 文档”对话框，如图 4.52 所示，选择相应的 Excel 文档即可完成表格式数据的导入。

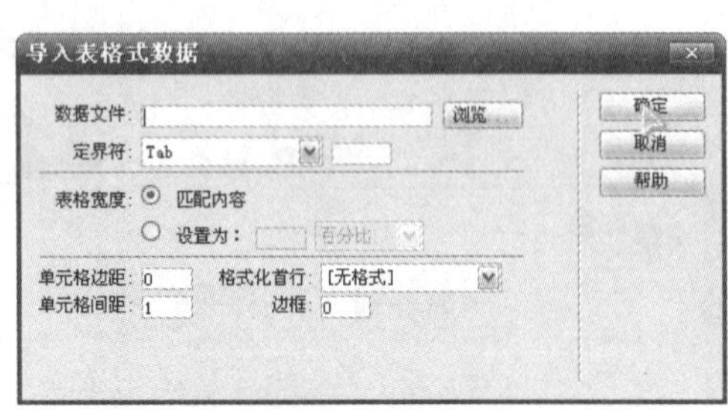

图 4.51 “导入表格式数据”对话框

图 4.52 “导入 Excel 文档”对话框

2. 对表格数据排序

使用数据排序功能,能够将表格中的数据快速地进行排序。这项功能的出现,增加了 Dreamweaver 对表格中的数据进行处理的能力。

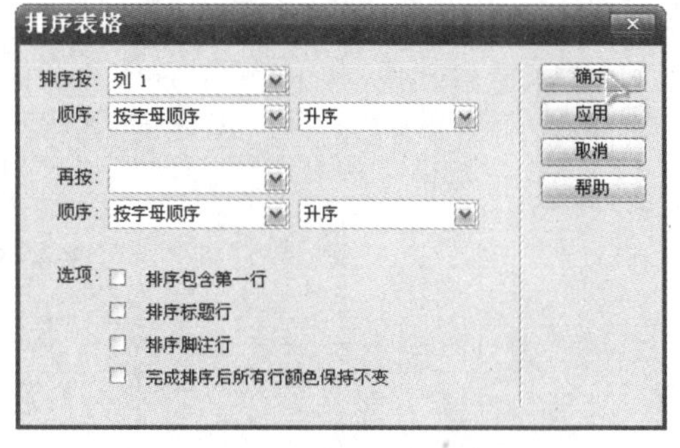

图 4.53 “排序表格”对话框

将光标定位在表格的任意单元格内,单击“命令/排序表格”命令,打开“排序表格”对话框,在“排序表格”的对话框中设定相应参数即可,如图 4.53 所示。

各参数含义如下:

排序按:指定根据第几列的值进行排序。

顺序:指定依据何种方式排序(如:数字或字母),并指定是按升序或降序排列。

排序包含第一行:指定表格第一行是否包括在排序中。如果第一行是标题,可以将标题不列入排序中,即不勾选此项。

排序标题行:指定使用与主体行相同的条件对表格的 thead(<thead> 标签定义表格的表头)部分中的所有行进行排序。即使在排序后,thead 行也将保留在 thead 部分并仍显示在表格的顶部。

排序脚注行:指定按照与主体行相同的条件对表格的 tfoot(<tfoot> 标签定义表格的页脚(脚注或表注))部分中的所有行进行排序。即使在排序后,tfoot 行也将保留在 tfoot 部分并仍显示在表格的底部。

完成排序后所有行颜色保持不变:指定排序之后表格行属性(如:颜色)应该与同一内容保持关联。如果表格行使用两种交替的颜色,则不要选择此选项以确保排序后的表格仍具有颜色交替的行。如果行属性特定于每行的内容,则选择此选项以确保这些属性保持与排序后表格中正确的行关联在一起。

活动引导

1. 制作首页数据表格

(1) 打开上述活动中制作的 index. html 网页,删除右侧单元格内的主体内容。

小贴士

由于分页的整体框架形式与首页相同,只是其中的内容不同而已。因此,我们可以将当前首页中的内容部分删除后,将修改好的网页另存为其他网页名即可。

(2) 将光标定位在右侧单元格内,执行"文件/导入/Excel 文档"命令,在"导入 Excel 文档"对话框中选择导入的文件"竞赛日程. xls",效果如图 4. 54 所示。

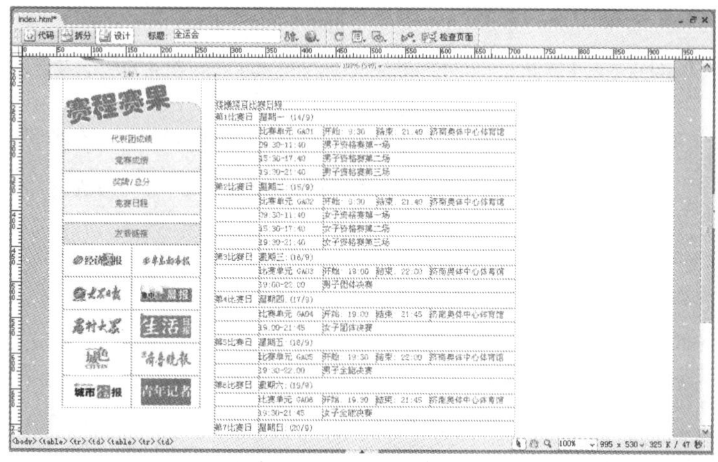

图 4. 54 导入 Excel 表格

(3) 选取导入的表格,在"属性"面板中设置表格宽度为 560 像素,背景颜色为浅灰色 #CCCCCC,填充及边框为 0,间距为 1,对齐为"居中对齐",如图 4. 55 所示。

(4) 利用鼠标拖曳选取当前表格的所有单元格,在"属性"面板中设置单元格的背景颜色为白色#FFFFFF,如图 4. 56 所示。

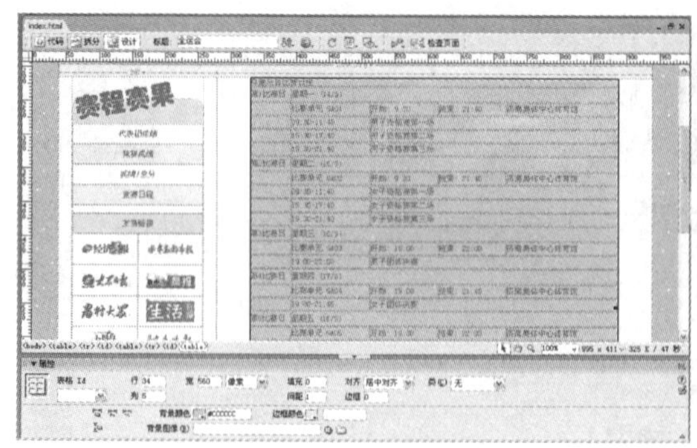

图 4. 55 设置表格属性

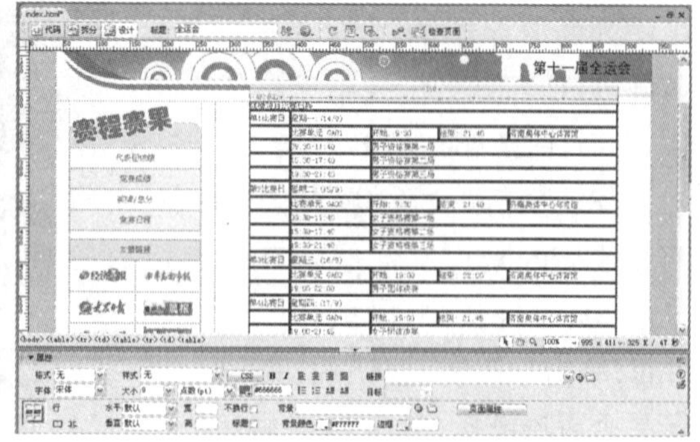

图 4. 56 设置单元格属性

网页制作

(5) 选取表格中“第1比赛日”及其下面的空白单元格,单击“属性”面板中的“合并单元格”按钮,合并单元格,如图4.57、4.58所示。

(6) 重复步骤(5)完成其他比赛日单元格的合并,如图4.59所示。

图4.57 设置单元格属性

图4.58 合并后效果

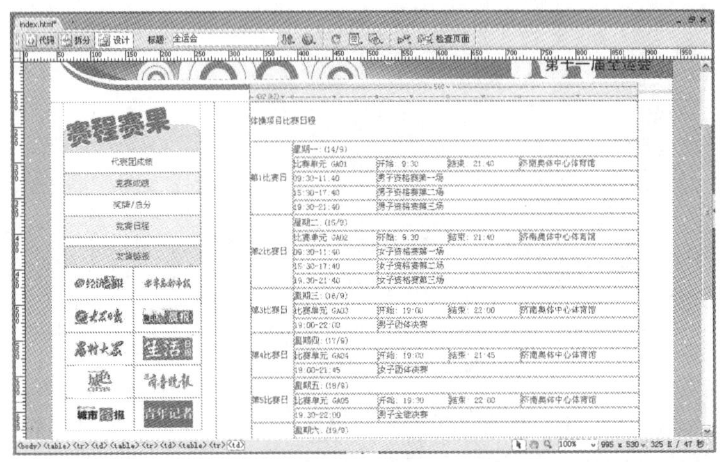

图4.59 合并单元格

(7) 分别选取表格第一列及第一行,设置单元格内文字居中对齐。将第一列的单元格的颜色设置为浅黄色#FFFFCC,第一行的单元格的颜色设置为水蓝色#66CCFF。

(8) 执行“文件/另存为”命令,将修改后的网页文件保存在站点目录的file文件夹中,网页名称为jsrc.html,单击“保存”按钮后,系统会提示是否更新链接,单击“是”后完成保存,如图4.60所示。

图4.60 网页效果

2. 导入 Word 文档,制作分页数据

(1) 删除当前网页右侧导入的数据表格,执行"文件/另存为"命令,将修改后的网页文件保存在站点目录中的 file 文件夹中,网页名称为 jscj. html。

(2) 将光标定位右侧单元格内,执行"文件/导入/Word 文档"命令,在"导入 Word 文档"对话框中选择导入的文件"竞赛成绩. doc",如图 4. 61 所示。

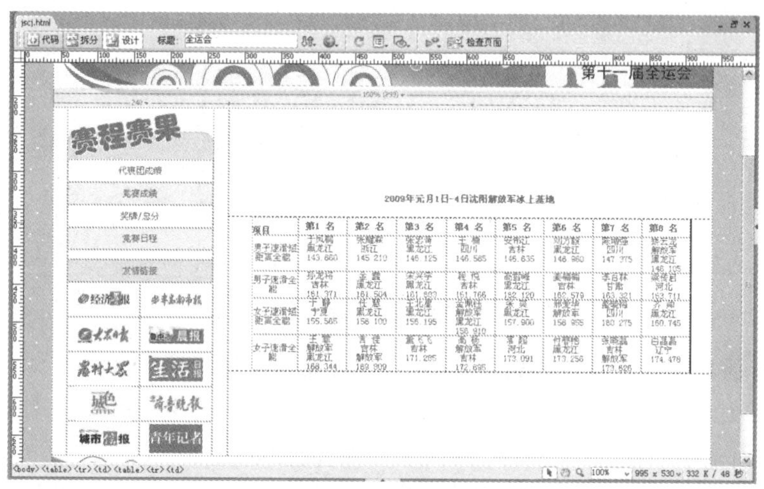

图 4. 61　导入 Word 文档

(3) 选取导入的表格,在"属性"面板中设置表格宽度为 650 像素,使用步骤 1 中的方法制作 1 像素表格边框。

(4) 选取表格中的所有单元格,在"属性"面板中设置单元格内文字水平"居中对齐"、垂直"居中",如图 4. 62 所示。

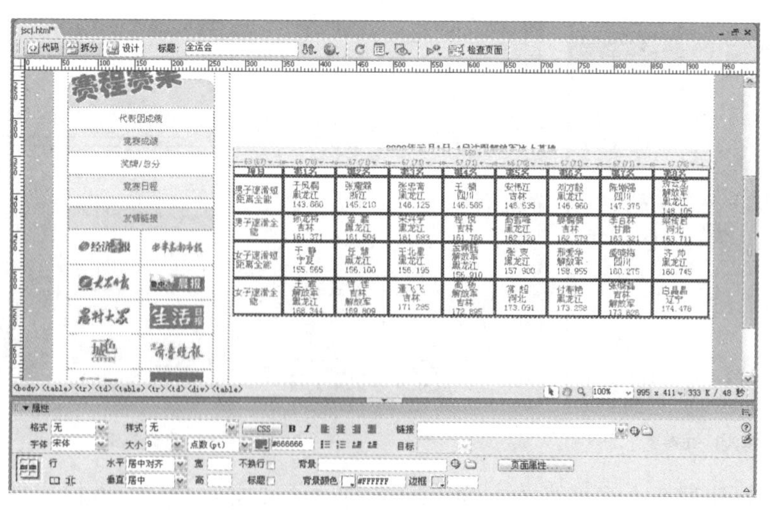

图 4. 62　设置表格属性

(5) 保存网页并预览效果,如图 4. 63 所示。

网页制作

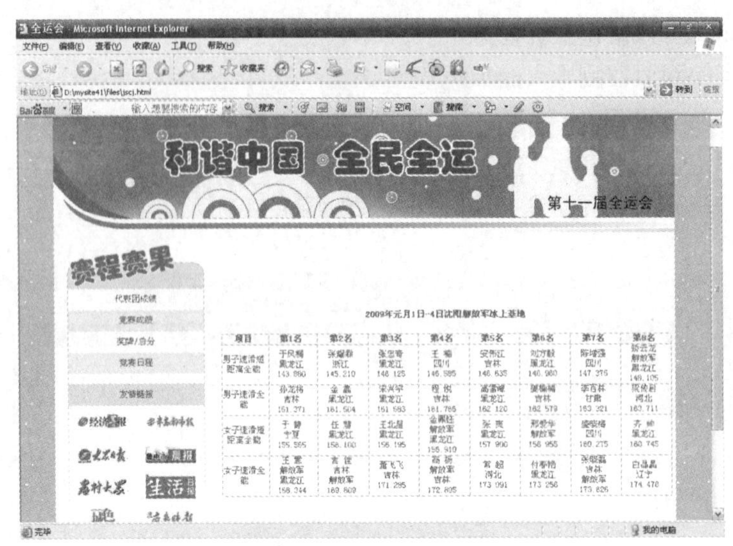

图 4.63　另存为网页文件

3. 将现有的数据以表格的形式导入，并完成表格的数据排序

（1）删除当前网页右侧导入的数据表格，执行“文件/另存为”命令，将修改后的网页文件保存在站点目录中的 file 文件夹中，网页名称为 jpzf. html。

（2）将光标定位右侧单元格内，插入 1 行 2 列的嵌套表格，表格宽度设置为 100 百分比，边框粗细、单元格边距和单元格间距都设置为 0，如图 4. 64、4. 65 所示。

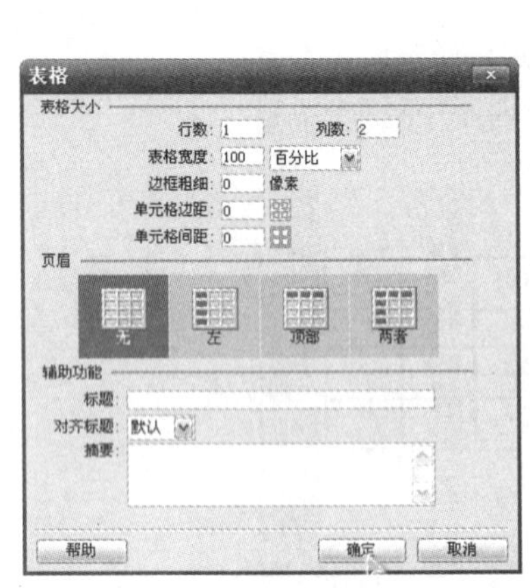

图 4.64　插入嵌套表格

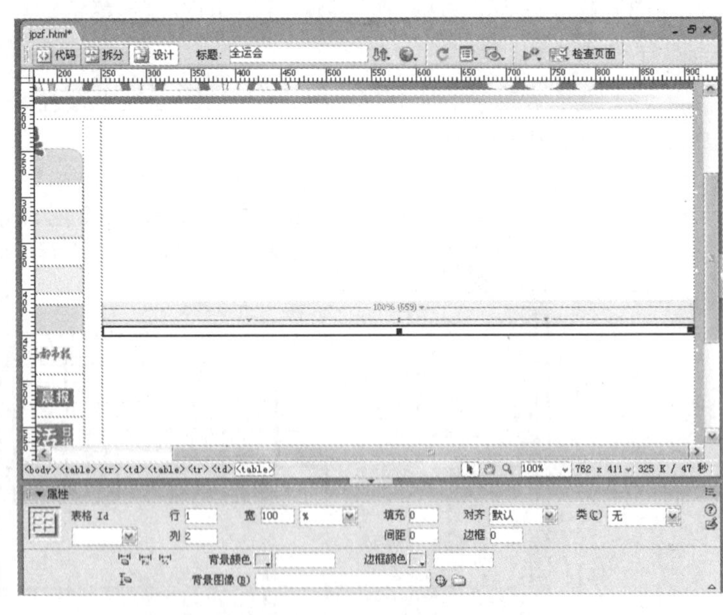

图 4.65　网页效果

（3）将光标定位在上述表格的左侧单元格内，执行“文件/导入/表格式数据”命令。在该对话框中，导入“综合金牌榜. txt”作为数据文件，将定界符设置为“逗号”，表格宽度为“匹配内容”，单元格间距设置为 1，单元格边距及边框设置为 0，并点击“确定”按钮，如图 4. 66、4. 67 所示。

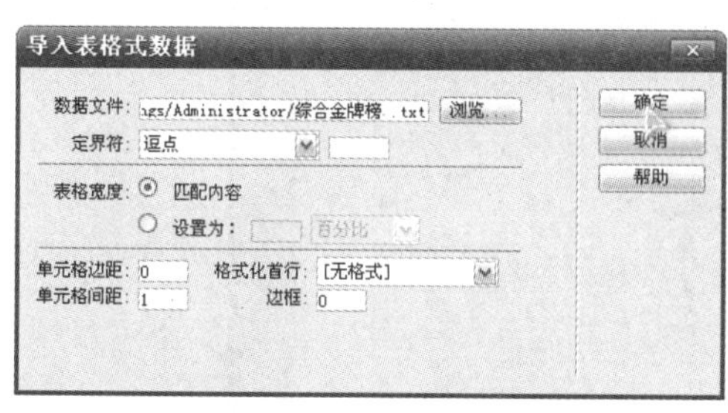

图 4.66　导入表格式数据

图 4.67　网页效果

（4）使用上述方法在表格的右侧单元格内导入数据文件“综合总分榜. txt”，将光标定位在表格的任意单元格内，执行“命令/排序表格”命令，打开“排序表格”对话框，在“排序表格”的对话框中设置排序按“列 3”，顺序为“按数字顺序”、“降序”，选择项勾选“排序包含第一行”，效果如图 4. 68 所示。

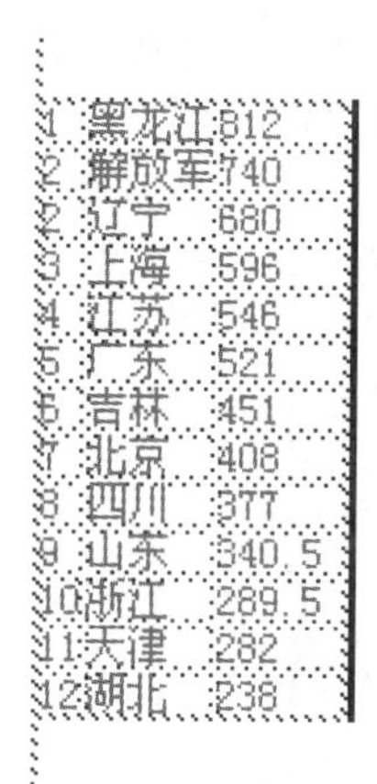

1	黑龙江	812
2	解放军	740
2	辽宁	680
3	上海	596
4	江苏	546
5	广东	521
6	吉林	451
7	北京	408
8	四川	377
9	山东	340.5
10	浙江	289.5
11	天津	282
12	湖北	238

图 4.68　表格效果

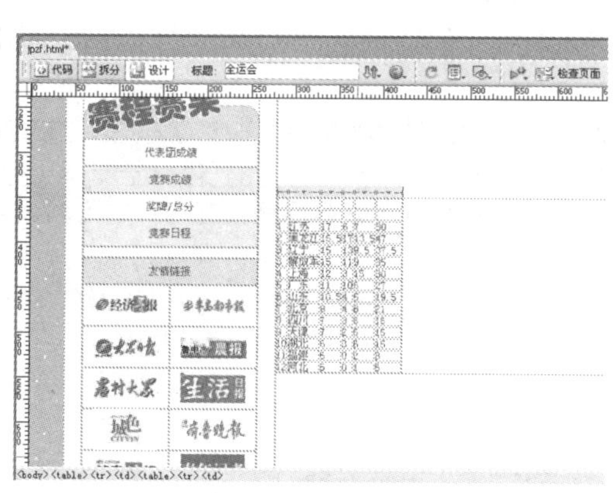

图 4.69　网页效果

图 4.70　表格效果 1

（5）当光标定位在导入数据表格的第一行任意单元格内，执行“修改/表格/插入行或列”命令，选择插入行，行数为 2，位置为“所选之上”，效果如图 4. 69 所示。

（6）在插入的单元格内输入文字，并插入图片 jin. jpg、yin. jpg 和 tong. jpg。合并表格第一行所有单元格，设置第二行单元格背景图片为 hui. jpg，并设置第一、二行单元格高度为 28，如图 4. 70 所示。

（7）按相同的步骤完成综合总分榜的表格制作，如图 4. 71 所示。

（8）分别选取上述两个表格中包含数据信息的单元格，设置单元格的颜色为浅黄色#FFFFCC，高度为 25。分别选取第一行单

综合总分榜

排名	代表团	总分
1	黑龙江	812
2	解放军	740
2	辽宁	680
3	上海	596
4	江苏	546
5	广东	521
6	吉林	451
7	北京	408
8	四川	377
9	山东	340.5
10	浙江	289.5
11	天津	282
12	湖北	238

图 4.71　表格效果 2

元格，设置单元格颜色为浅蓝色#C4D7FF。分别设置“综合金牌榜”表格宽度为 300，“综合总分榜”表格宽度为 180，如图 4.72 所示。

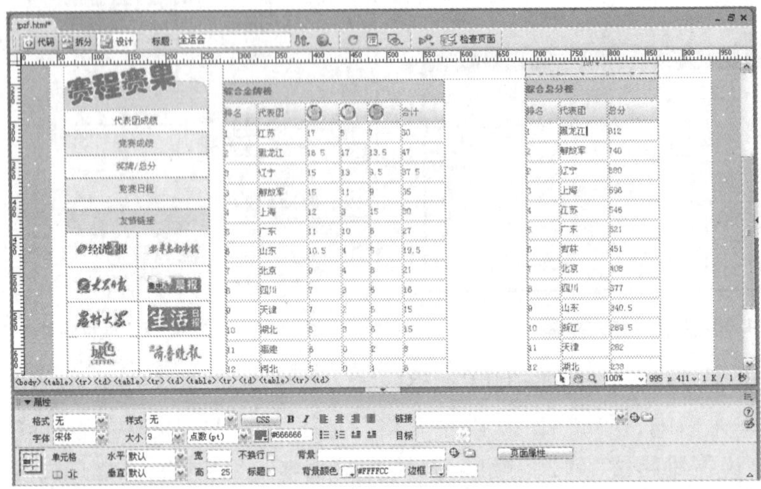

图 4.72　表格效果 1

(9) 选取两个表格中的单元格，设置单元格内文字水平“居中对齐”。以同样方式，将光标定位在表格所在的单元格内，设置单元格内表格水平“居中对齐”，如图 4.73 所示。

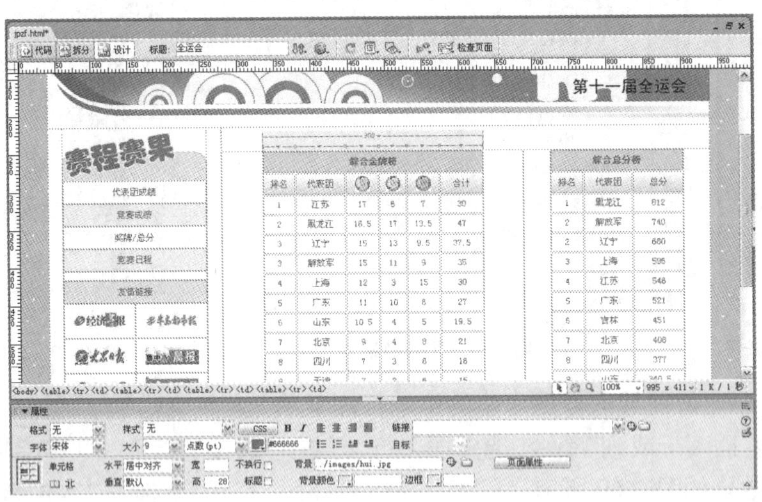

图 4.73　表格效果 2

(10) 保存网页并预览效果，如图 4.74 所示。

4. 完成站点间网页的链接

(1) 打开 index. html，选取文字“竞赛成绩”，单击“属性”面板中链接项旁的浏览按钮 ，在打开的选择文件对话框中选择 files 文件夹中的 jscj. html，点击“确定”按钮。

(2) 重复上一步骤完成当前页面所有的链接，并保存网页。

(3) 打开其他分页，使用上述方法，完成所有页面的链接。

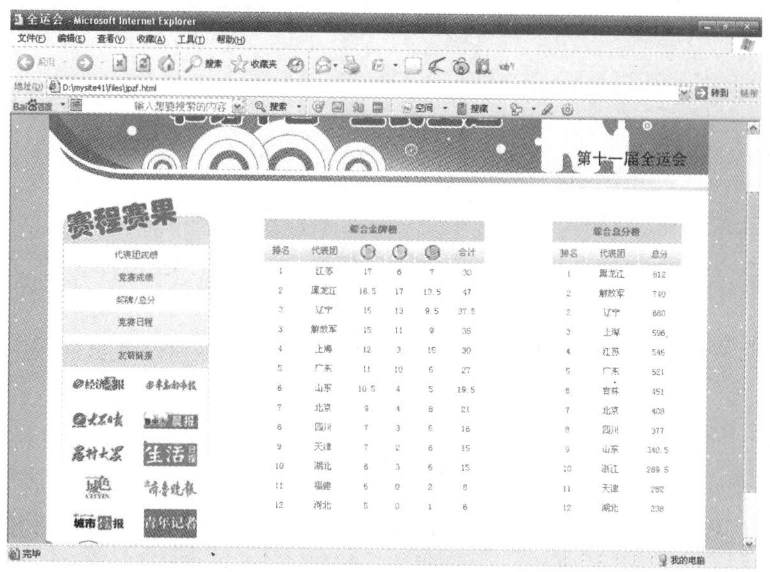

图 4.74　网页效果

（4）保存网页并预览效果，如图 4.75 所示。

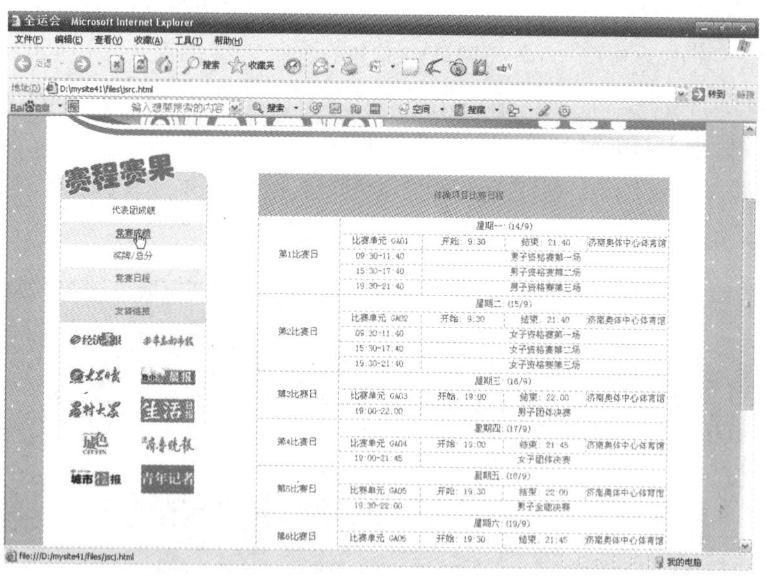

图 4.75　网页效果

活动小结

在 Dreamweaver 中制作数据表格一般有两种方法：第一种是通过插入命令直接将表格插入网页；第二种是利用现有的表格数据和导入表格式数据命令，将数据以表格的方式显示。

本章实验　制作“世锦赛”网站

实验要求

（1）建立站点目录 mysitelx，并将站点指定至站点目录。

（2）绘制布局表格，并插入相关图片及文字元素，完成网站的框架结构。

（3）制作各个网页中的数据表格，并利用“属性”面板和“格式化表格”命令美化数据表格。

注意：本实验提供的样例仅供参考，发挥你的才智，也许你能设计出别具一格的网页哦！

操作提示

（1）在 D 盘的根目录下新建一个 mysitelx 文件夹，作为站点文件存放的目录。再在 mysitelx 文件夹下建立一个下级文件夹 images，作为网页图片存放的目录，将图片素材复制到站点目录的 images 文件夹内。

（2）打开 Dreamweaver，使用活动一中的方法定义站点，站点名称为“世锦赛”。

（3）新建 HTML 网页，在页面属性中设置文字字体为宋体，大小为 9 点，颜色为黑色 #333333，背景图像设置为 bg. gif，左边距、右边距、上边距、下边距都设置为 0 像素，设置链接文字字体为宋体，大小为 9 点，颜色为黑色#333333，变换图像链接为灰色#999999，已访问链接为黑色#333333，下划线样式为“始终无下划线”。设置网页标题为“2009 柏林田径世锦赛”，编码为“简体中文 GB2312”。

（4）分别插入四个 1 行 1 列、白色、宽度为 900 像素的表格，并设置居中对齐。在顶部表格插入图片 top. jpg，效果如图 4. 76 所示。

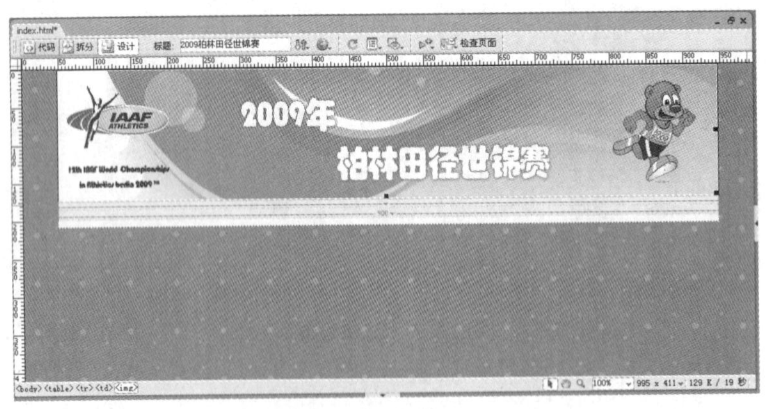

图 4. 76　网页效果

（5）将光标定位在第二个表格内，在“属性”面板中设置单元格高度为 10 像素。如果输入高度值后，网页显示不出该效果，则需切换到代码视图，删除表格中包含的空字符“ ”。

（6）将光标定位在底部表格内，设置单元格高度为 100，并设置单元格背景为 bottom.

jpg,效果如图 4.77 所示。

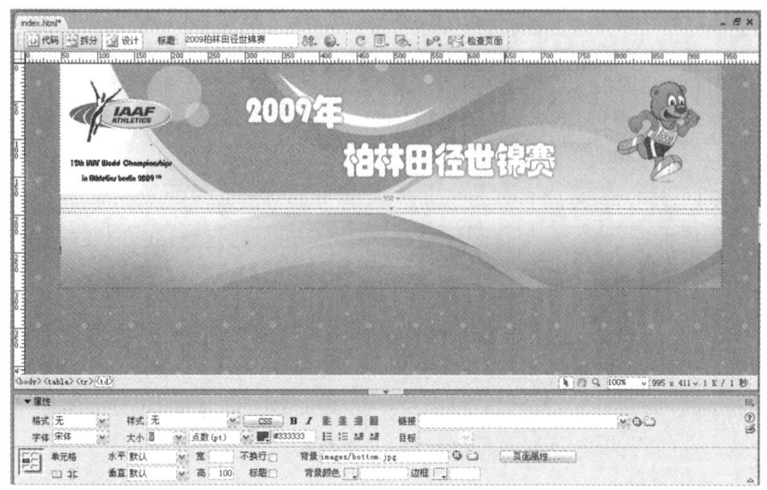

图 4.77　网页效果

（7）将光标定位在第三个表格内,利用“属性”面板拆分表格为两列,并设置左侧单元格宽度为 250 像素,水平居中对齐,垂直顶端对齐。

（8）在左侧单元格中插入大小为 4 行 1 列,宽度为 200 像素,填充与边框值为 0,间距为 1,背景颜色为灰色#999999 的表格。设置表格的第一行及第三行单元格的高度为 35,背景颜色为浅灰色#CCCCCC,设置表格第二行及第四行单元格的背景颜色为白色#FFFFFF,效果如图 4.78 所示。

图 4.78　网页效果

（9）在当前表格的第二行单元格中插入 4 行 1 列,宽度为 100 百分比,高度为 100 像素的表格,在第四行单元格中插入 4 行 2 列,宽度为 90 百分比,高度为 280 像素的表格,分别输入文字及插入图片。

（10）将光标定位在右侧单元格,导入 Excel 表格“2009 柏林田径世锦赛-完全奖牌榜”,并做适当美化,效果如图 4.79 所示。

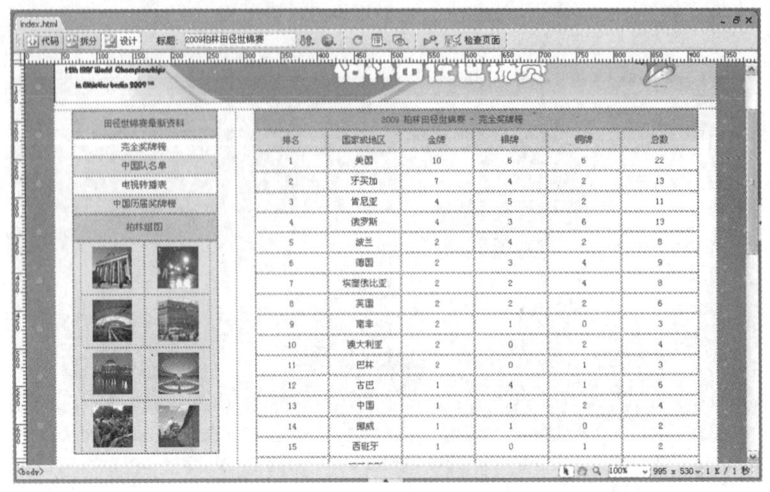

图 4.79　网页效果

(11) 在底部表格中输入两行文字,第一行:"Copyright © 2009 - 2010 All Rights Reserved";第二行:"版权所有　luna 制作"。保存当前网页,文件名为 index. html,效果如图 4.80 所示。

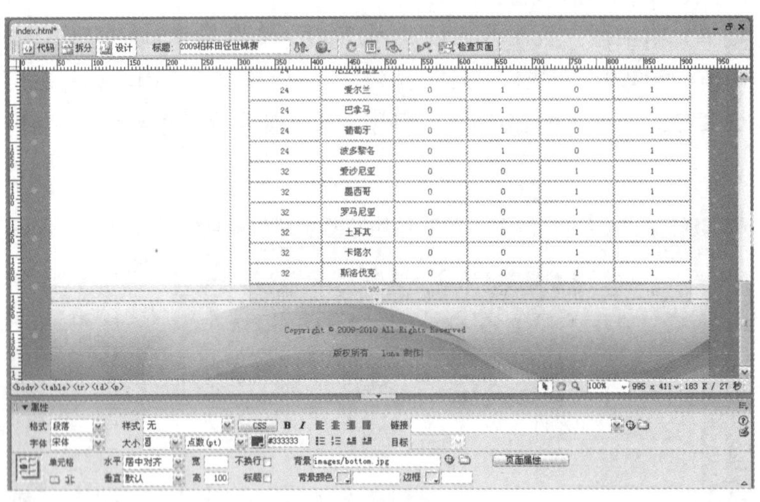

图 4.80　网页效果

(12) 将当前网页另存为 zgdmd. html,删除导入的 Excel 表格。打开 Word 文档"2009 年柏林田径世锦赛中国队名单. doc",通过复制、粘贴命令,将表格直接粘贴入右侧单元格内,并做适当美化。将当前网页保存在 file 文件夹中,预览效果如图 4. 81 所示。

(13) 将当前网页另存为 dszlb. html,删除右侧单元格内的表格。导入表格式数据"本届比赛电视转播表. txt",并做适当美化。将当前网页保存在 file 文件夹中,预览效果如图 4. 82 所示。

(14) 将当前网页另存为 zgljjpb. html,删除右侧单元格内的表格。导入 Excel 表格"中国历届奖牌榜. xls",并做适当美化。将当前网页保存在 file 文件夹中,预览效果如图 4. 83 所示。

(15) 制作网页中的各个链接,完成最后的设置。

图 4.81　网页效果

图 4.82　网页效果

2009柏林田径世锦赛 - Microsoft Internet Explorer

2009年

柏林田径世锦赛

田径世锦赛最新资料

完全奖牌榜

中国队名单

电视转播表

中国历届奖牌榜

柏林组图

中国队历届奖牌榜						
世锦赛	地点	金	银	铜	总数	奖牌榜排名
1983年第1届	芬兰赫尔辛基	0	0	1	1	21
1987年第2届	意大利罗马	0	0	1	1	25
1991年第3届	日本东京	2	1	1	4	6
1993年第4届	德国斯图加特	4	2	2	8	2
1995年第5届	瑞典哥德堡	0	1	0	1	29
1997年第6届	希腊雅典	0	0	0	0	-
1999年第7届	西班牙塞维利亚	1	1	0	2	17
2001年第8届	加拿大埃德蒙顿	0	0	0	0	-
2003年第9届	法国巴黎	0	0	2	2	39
2005年第10届	芬兰赫尔辛基	0	1	0	1	26
2007年第11届	日本大阪	1	1	1	3	11

图 4.83　网页效果

网页制作

第五章　图像的插入与编辑

本章概要

图像是网页中不可缺少的元素，它可以美化网页、对事物作图形化的说明，以及作为动态网页效果的载体。网页中目前所涉及的图像格式主要有三种，分别为 JPG、GIF 和 PNG 格式，这三种图像格式有着不同的特点。

本章主要通过介绍网页中图像的分类及其特点，引入图像的基本概念，添加图像的基本方法及其属性的设置。此外，还介绍了创建图像的变换效果以及使用其他工具编辑图像的方法。

活动一　为网页添加图像

学习目标：了解网页中图像的分类及其特点，熟练掌握在网页中添加图像的方法。

知识要点：JPG、GIF、PNG 图像。

准备知识

1. 图像分类及其特点

图形图像是构成网页的基本元素。一般来说，它的主要作用包括以下几点：

首先，网页的标题、版面的设计往往离不开图形图像。图形图像的加入可以起到美化网页的作用。

其次，有时使用图形图像要比用文字更容易表现某一事物，起到对事物作图形化说明的作用。

最后，通过对图像添加提示文字或创建热点区域等操作，可以使图像作为动态网页效果的载体。

由于图形图像文件一般都比较大，过多地插入图形图像，就会严重影响网页的下载速度。因此，网页中的图片不是越多越好。目前网页中常用的图像格式有 JPG 和 GIF，这两种有损压缩图形文件格式是目前标准的网页图像格式。

(1) JPG 图像格式

JPG 图像是一种有损压缩的图像格式。在压缩过程中，图像的像素信息会有所减少，压缩之后图像会产生失真。JPG 图像格式的显著特点是可以根据压缩质量调节文件大小。质量越高，文件越大；反之，质量越低，则文件越小。JPG 图像支持真彩色，因此在网页中常用来作为风景摄影、新闻照片等。如图 5.1 所示。

图 5.1　JPG 格式图像

(2) GIF 图像格式

图 5.2　GIF 格式图像

JPG 图像格式支持真彩色，但 GIF 最多只能表现 256 色。因此，其表现的颜色层次要比 JPG 少得多。但是 GIF 图形支持透明属性，而这是 JPG 格式做不到的。此外，GIF 图形还支持动画。因此，如果要在网页中插入具有透明颜色的图形或动画，则必须使用 GIF 格式，常用于网页中的图形、符号、标题等，如图 5.2 所示。

(3) PNG 图像格式

Fireworks 默认的 PNG 格式同时可以支持真彩色和透明属性。通过保存的 PNG 格式源文件还可以导出 GIF 动画。但 PNG 图像只有在 4.0 及以上版本的浏览器才可被正确识别。并且，PNG 图像的文件容量较之 JPG 和 GIF 格式要大。因此，在网页制作中要根据实际情况选择合适的格式。

2. 在网页中添加图像

用户可以利用"插入"菜单，在 Dreamweaver 文档中插入 GIF、JPG 和 PNG 格式的图像。插入位置可以是普通段落、表格、表单、层，以及设置背景图像等。在网页中插入图像的方法有很多种，以下介绍四种方法。

(1) 使用菜单命令

将光标定位在要插入图像的位置上，执行"插入记录/图像"命令。在弹出的"选择图像源文件"对话框中，选择图像文件或直接输入图像路径，如图 5.3 所示。

值得注意的是，最好能选择站点内的图像，如果要使用站点之外的图像，则需要将其复制到站点内，这样可以防止出现图像的丢失。此外，选取的图像文件名尽量使用英文，以避免图像无法正常显示。

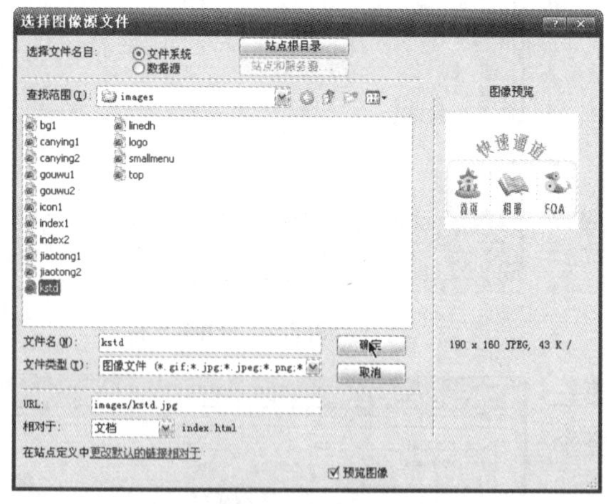

图 5.3　插入图像

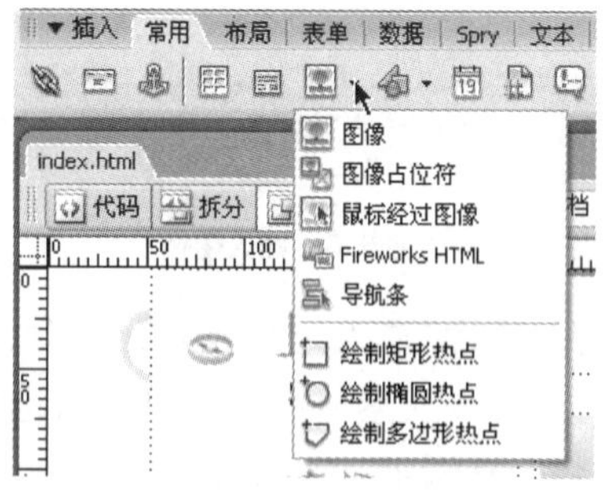

图 5.4　工具栏插入图像命令

(2) 使用面板插入图像

将光标定位在要插入图像的位置上，选择"插入"工具栏上的"常用"项，单击"图像"按钮，如图 5.4 所示。在弹出的"选择图像源文件"对话框中，直接选取该站点目录下 images 文件夹内的图像文件或直接输入图像路径即可。

(3) 使用资源面板

执行单击“窗口/资源”命令打开站点资源管理面板，如图5.5所示。从“图像”类别中选择所需图像文件拖动到文档窗口内即可。

(4) 使用快捷方式

按Ctrl + Alt + I快捷键，在弹出的“选择图像源文件”对话框中，直接选取图像文件。

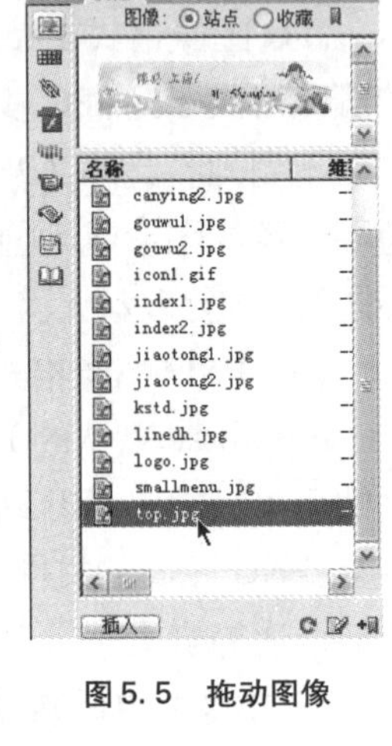

图5.5　拖动图像

活动引导

1. 建立站点并新建网页

(1) 在D盘建立站点目录mysite51及其子目录images和files，并使用高级标签定义站点，站点名为“上海风采”。

(2) 在起始页中的“新建”中单击“HTML”，创建新网页。

(3) 执行“文件/保存”命令，将网页保存在站点根目录下，保存文件名为index.html。

2. 设计制作网页标题栏

(1) 执行“插入记录/表格”命令，插入2行3列的表格，表格大小为930像素，填充、间距及边框设置为0。

(2) 执行“插入记录/图像”命令，分别在第一列的第一行及第二行插入素材图像logo.jpg和kstd.jpg，效果如图5.6所示。

(3) 合并第二列的单元格，并在“属性”面板中设置该单元格宽度为25，如图5.7所示。

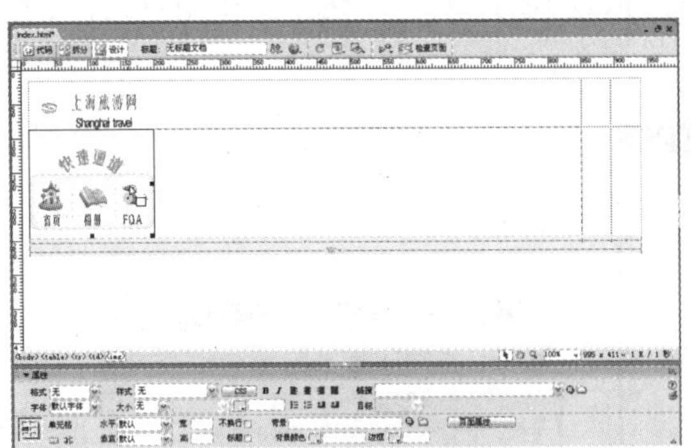
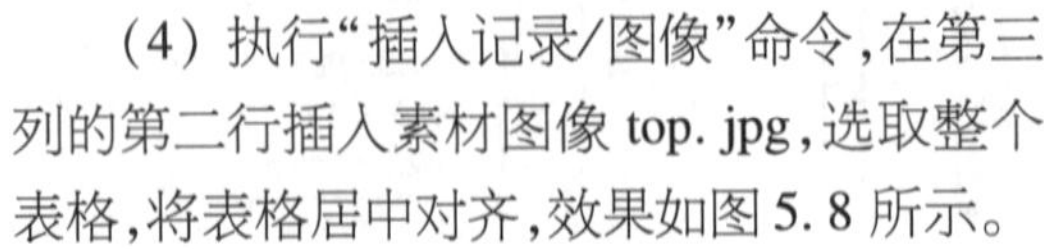

图5.6　插入图像

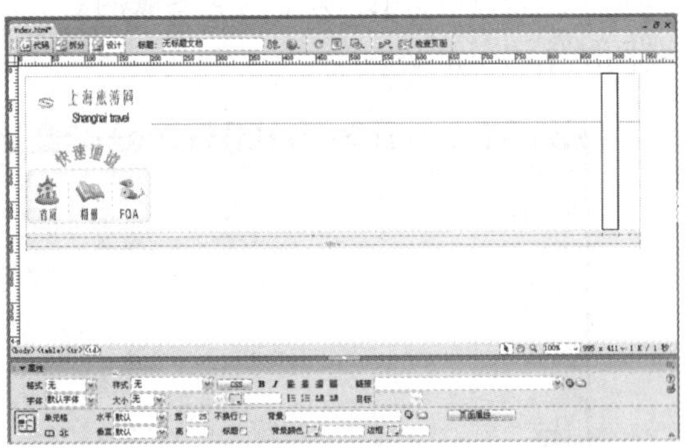

图5.7　合并单元格

(4) 执行“插入记录/图像”命令，在第三列的第二行插入素材图像top.jpg，选取整个表格，将表格居中对齐，效果如图5.8所示。

图5.8　插入图像

3. 制作页面左侧主要内容

(1) 执行“插入记录/表格”命令，插入1行1列的表格，表格宽度为930像素，填充、间距及边框设置为0，并设置为居中对齐，作为标题栏与内容栏的间隔，效果如图5.9所示。

（2）插入1行2列的表格，表格宽度为930像素，填充、间距及边框设置为0，并设置为居中对齐。将第一列的单元格宽度设置为190像素，效果如图5.10所示。

图5.9　制作标题栏与内容栏的间隔

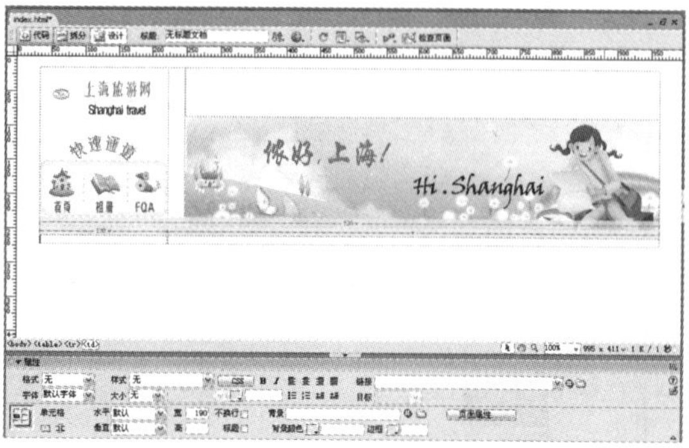

图5.10　插入表格

（3）插入7行1列的表格，表格大小为190像素，填充、间距及边框设置为0。

（4）在表格的第一、三、四、六和七行分别插入图像 kuangtop1. jpg、kuangbottom1. jpg、kuangtop2. jpg、kuangbottom2. jpg 和 icon2. jpg。将光标分别定位在表格的第二、五行，在“属性”面板中设置单元格背景图像为 kuangmiddle. jpg，效果如图5.11所示。

图5.11　插入图像

（5）在当前表格的第二行单元格中插入大小为1行2列的表格，宽度为90百分比，填充、间距及边框设置为0，表格居中对齐。在表格的第一列插入图像 icon1. gif，在第二列中输入文字“上海面积为5800平方千米，2009年人口预计将突破1900万。上海的平均气温为15—16度。”效果如图5.12所示。

（6）在上述表格的第五行单元格中插入大小为8行1列的表格，宽度为160像素，填充、间距及边框设置为0，设置表格水平“居中对齐”。在双数行的单元格中分别插入图像 shibo. jpg、fengjin. jpg、huanglegu. jpg 和 meishi. jpg，设置第一行单元格的高度为5像素，其余单元

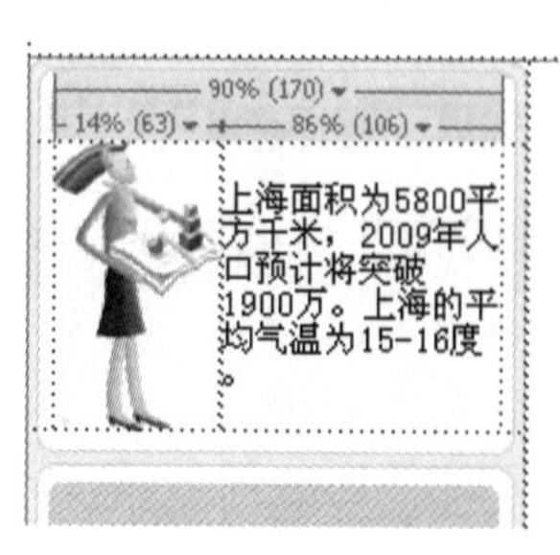

图5.12　网页效果

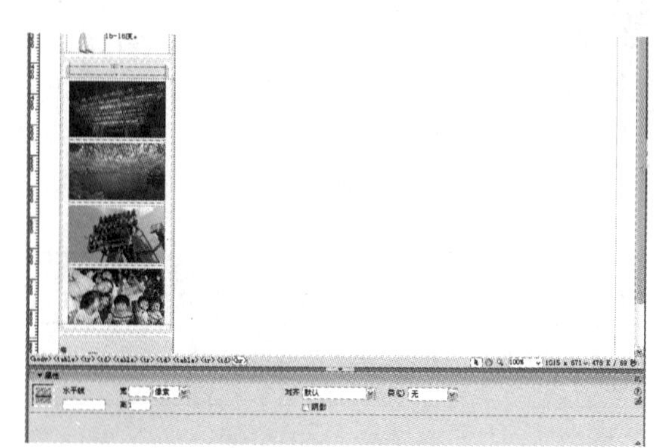

图5.13　插入图像

格的高度为10像素,并插入水平线。水平线的高度设置为1像素,取消阴影,颜色设置为浅灰色#E7E3D8,效果如图5.13所示。

4. 制作页面右侧内容

(1) 在右侧内容区域中插入大小为1行3列的表格,宽度为722像素,填充、间距及边框设置为0,表格水平"右对齐",垂直"顶端对齐"。设置第二列单元格的宽度为10像素,效果如图5.14所示。

图5.14 插入表格并设置表格属性

> **小贴士**
>
> 要设置单元格内嵌套表格的对齐方式,必须将光标定位在当前单元格内,通过设置"属性"面板中的水平及垂直对齐方式来实现。

(2) 在当前表格的第一列单元格内插入大小为4行1列的表格,宽度为356像素,填充、间距及边框设置为0。将第一行拆分为两列,在第一列中插入图像dot.jpg,在第二列中输入文字"上海概况"。在第二行及第四行单元格内分别插入图像nrkuangtop.jpg和nrkuangbottom.jpg,在第三行单元格内插入背景图像nrkuangmiddle.jpg,效果如图5.15所示。

(3) 在上述表格的第三行单元格内插入大小为1行1列的表格,宽度为90百分比,填充、间距及边框设置为0,并设置表格水平"居中对齐"。在当前表格中插入"上海概况"的文字介绍及图像pic1.gif,图像设置为左对齐,垂直及水平边距设置为10像素,效果如图5.16所示。

图5.15 网页效果

图5.16 插入文字及图像

> **小贴士**
>
> 垂直边距和水平边距的设置,可以使图像与文字间有一定的间隙。

(4) 按上述步骤完成"上海气候"的文字介绍,效果如图5.17所示。

> **小贴士**
>
> 由于“上海概况”与“上海气候”的排版基本一致，我们可以通过编辑窗口底部标签，选取“上海概况”所在表格，通过复制和粘贴命令，将表格复制到右侧，修改表格中的文字及图像即可。

图 5.17　复制表格

（5）将光标定位在右侧内容单元格内，插入大小为 1 行 1 列的表格，宽度为 722 像素，填充、间距及边框设置为 0，单元格高度设置为 20 像素。该表格作为内容间的分隔。

（6）通过编辑窗口底部标签，选取图 5.17 中的表格。将表格进行复制，并粘贴于步骤（5）中的表格下面。修改表格中的文字及图像，完成“上海经济”和“上海交通”内容的编辑，效果如图 5.18 所示。

（7）同理完成“上海餐饮”和“上海购物”内容的制作，效果如图 5.19 所示。

图 5.18　复制表格

图 5.19　复制表格

（8）将光标定位在各内容单元格内，设置单元格内的文字为“左对齐”，单元格高度为 180 像素，效果如图 5.20 所示。

图 5.20　设置单元格格式

图 5.21　设置版权信息

5. **制作底部版权信息**

（1）插入2行1列的表格，表格大小为930像素，填充、间距及边框设置为0，并设置为“居中对齐”。

（2）将第一行的单元格高度设置为20像素，颜色为肉色#EDE6DA。将第二行的单元格高度设置为50像素，颜色为灰色#F0EBE1，并输入文字“Copyright © 2009－2010 All Rights Reserved　版权所有　luna制作”，如图5.21所示。

6. **设置页面属性**

（1）执行“修改/页面属性”命令，在弹出的对话框中设置页面外观，其中文字字体为宋体，大小为9点，颜色为黑色#333333，背景图像为bg1. gif。左、右、上、下边距设置为0，如图5.22所示。

（2）在上述对话框中，切换至“标题/编码”分类，设置标题为“上海风采”，如图5.23所示。

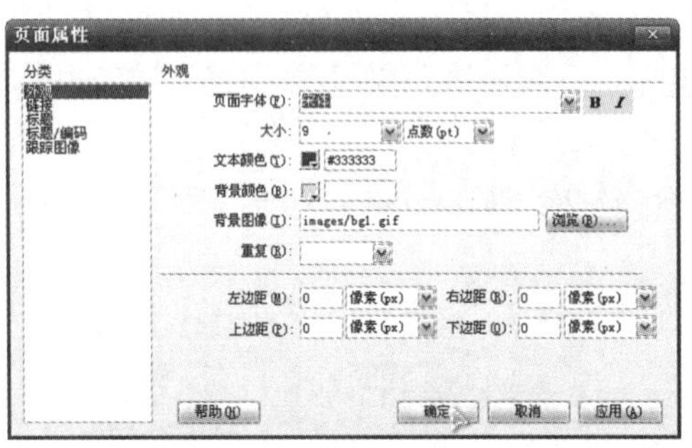

图5.22　设置页面外观

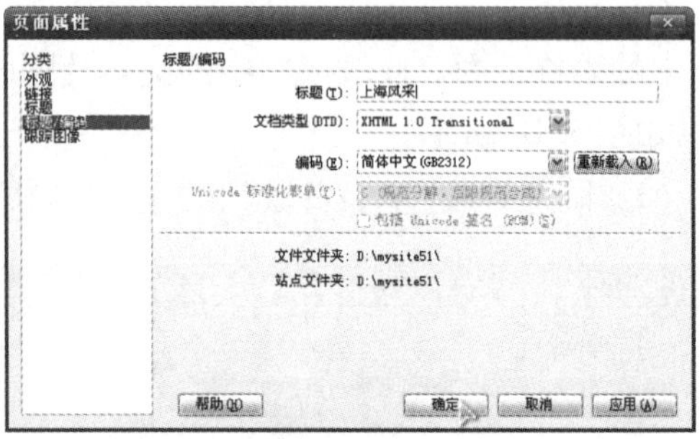

图5.23　输入网页标题

（3）分别选取最外侧表格，设置表格背景色为白色，最外侧表格分别为标题处表格和内容处表格。

（4）保存并预览网页，效果如图5.24所示。

图5.24　网页效果

活动小结

在上述活动中,我们在网页中插入的图像与单元格的大小是相匹配的。但在实际的操作中,图像素材如果不符合要求,就需要通过"属性"面板来设置它的大小。

在上述网页所插入的图像中,一部分是对文字的补充说明,还有一部分是对网页起到了美化的作用。

活动二　设置图像的属性

学习目标: 熟练掌握图像属性的设置方法,其中还包括给图像添加文字提示和创建图像热点区域。

知识要点: 图像属性、文字提示、创建图像热点区域。

准备知识

1. 设置图像属性

Dreamweaver 中的图像一般是通过"属性"面板中的各个参数对它进行相关的设置。2004 及以后的版本中加入了内置的 Fireworks 更增添了对图像的编辑功能。选取要修改的图像,即可在其"属性"面板中设置相关的参数,如图 5. 25 所示。

图 5. 25 "属性"面板

图像:对当前图像命名。

宽和高:设置图像的显示大小,默认值单位为像素。单击数值文本右侧的恢复标志 C ,即可恢复图像的原始尺寸。改变图像的宽度和高度并不会缩短下载时间,这是因为浏览器会在按比例缩放图像之前下载所有的图像数据。

源文件:设置图像的存放路径。

链接:设置图像的超级链接对象。

对齐:设置图像的对齐方式。

替代:设置出现在图像位置上的文字。该文字将出现在只显示文本的浏览器或手动设置关闭了图像下载功能的浏览器中,或者在鼠标指针移过图像时出现(在某些浏览器中)。

垂直边距和水平边距:图像四周的其他元素与其之间的距离。

目标:设置载入链接页面时显示的框架或窗口。

低解析度源:设置在主图像载入前的图像。

边框:设置图像边框的宽度,单位为像素。

地图:创建客户端图像映射。

编辑:载入指定的图像编辑器并在该图像编辑器中打开选定的图像。默认的图像编辑器是 Fireworks。

2. 给图像添加提示文字

由于浏览器的设置和版本等诸多因素,网页中的图像可能会无法正常显示。因此,给图像添加文字提示是非常重要的。

给图像添加文字的方法很简单,选取要添加文字提示的图像,在"替代"列表中,输入图像的提示文字即可。

3. 创建图像热点区域

一般来说,一幅图像只能有一个超级链接目标。但是,有时可能需要在一张图像上有多个响应。例如,在一张标示旅游景点的地图上,不同的景点链接着其对应景点介绍的网页。这个问题可以通过"属性"面板中的图像热点区域来解决。Dreamweaver 提供了方便的创建方法,只需要在图像中使用"热点工具"绘制热点区域,然后设置链接目标即可。其中,链接的区域可以是矩形、椭圆或多边形,如图 5.26 所示。

图 5.26 "热点工具"选项

活动引导

1. 设置首页图像格式

(1) 打开本章活动一中的 index. html。

(2) 选取具体内容中的所有图像,在"属性"面板中设置图像的边框为 1,如图 5.27 所示。

(3) 分别选取左侧主要内容中的四张图像,在"属性"面板中设置替代文本,替代文本分别为"上海世博会中国馆"、"上海最大的人工湖银锄湖"、"上海欢乐谷 8 月 8 日开园"和"上海人最怀念的消夏冷饮",如图 5.28 所示。

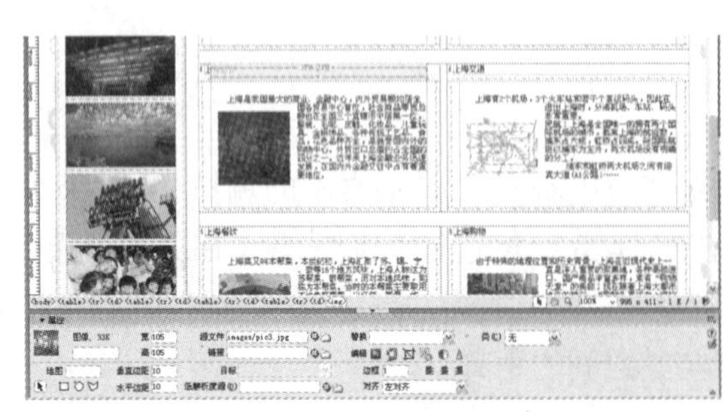

图 5.27 设置图像边框

图 5.28 设置替代文本

小贴士

边框值的设置可以为图像添加黑色边框。

设置替代的作用在于预览网页时,将鼠标移入图像中,将显示提示文字。

(4) 执行"文件/保存"命令,保存当前网页。

2. 制作"上海交通"分页

(1) 删除主页右侧主要内容中的表格,执行"文件/另存为"命令,将当前页面另存在files文件夹内,文件名为"jiaotong. html"。单击"保存"按钮后,会弹出更新链接的确认对话框,确认即可。

(2) 将光标定位在右侧空白单元格内,在"属性"面板中设置当前单元格水平为"居中对齐",垂直为"顶端",如图5.29所示。

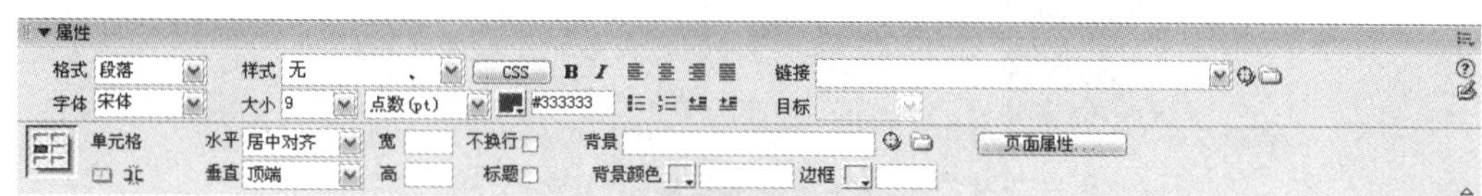

图5.29 设置单元格对齐属性

(3) 在当前单元格中插入大小为1行1列的表格,表格宽度为95百分比。将素材中的文字粘贴至单元格内,如图5.30所示。

图5.30 加入文字的效果

(4) 执行"修改/页面属性"命令,在弹出的对话框中,设置网页标题为"上海交通"。

(5) 保存当前网页,预览效果如图5.31所示。

网页制作

图 5.31 网页效果

3. 制作“上海饮食”分页与“上海购物”分页

（1）删除上述页面中的主要内容文字，将素材中的文字粘贴至单元格内。

（2）将光标定位在文字内容中的任意位置，插入素材图像 bblj. jpg、lbz. jpg 和 jhxd. jpg，并在“属性”面板中设置图像的大小、边框、对齐方式及替换，效果如图 5. 34 所示。具体参数如下：bblj. jpg 大小为 240 × 190 像素，右对齐，边框为 1，垂直边距与水平边距为 10，替代为“八宝辣酱”；lbz. jpg 大小为 240 × 160 像素，左对齐，边框为 1，垂直边距与水平边距为 10，替代为“老半斋”；jhxd. jpg 大小为 240 × 180 像素，右对齐，边框为 1，垂直边距与水平边距为 10，替代为“菊花蟹斗”，如图 5. 32 所示。

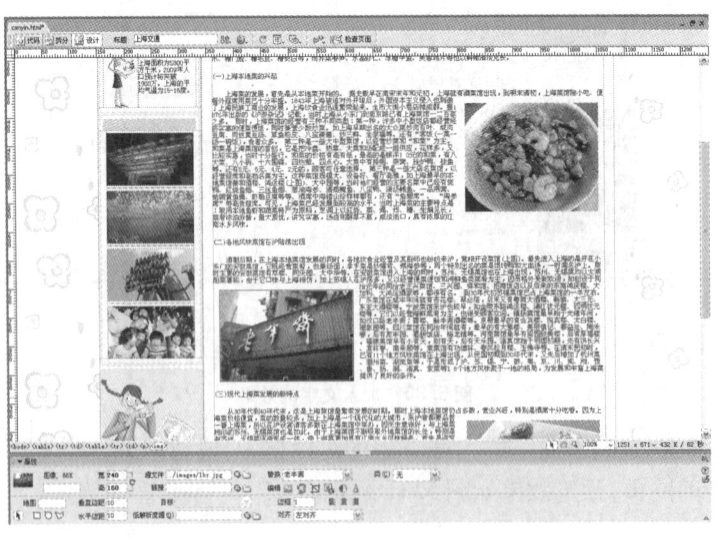

图 5.32 输入文字

(3) 执行"修改/页面属性"命令,在弹出的对话框中,设置网页标题为"上海餐饮"。

(4) 将网页保存在 files 文件夹内,文件名为 canyin. html,效果如图 5. 33 所示。

图 5. 33 网页效果

(5) 按上述步骤完成"上海购物"分页的制作,插入素材图像 njl. jpg 和 yy. jpg,并在"属性"面板中设置图像的大小、边框、对齐方式及替换。具体参数如下:njl. jpg 大小为 240 × 180 像素,右对齐,边框为 1,垂直边距与水平边距为 10,替代为"南京路";yy. jpg 大小为 240 × 170 像素,左对齐,边框为 1,垂直边距与水平边距为 10,替代为"豫园",如图 5. 34 所示。

图 5. 34 插入文字及图像

网页制作

(6) 执行“修改/页面属性”命令,在弹出的对话框中,设置网页标题为“上海购物”,将网页另存在 files 文件夹内,保存名为 gouwu. html,效果如图 5. 35 所示。

图 5. 35　网页效果

活动小结

在本活动中我们制作了站点的分页,为插入分页中的图像设置大小、边框和文字提示。

以上活动的各项操作都是在“属性”面板中实现的。可见,在 Dreamweaver 中对图像的设置是非常简单的。

活动三　在网页中插入图像对象

学习目标: 熟练掌握在网页中添加图像占位符、Fireworks HTML 文件、图像的变换效果以及添加导航条的方法。

教学要点: 图像占位符、Fireworks HTML、图像的变换效果、导航条。

准备知识

1. 图像占位符

所谓图像占位符,是指图像在尚未编辑完成前,在网页中保留该图像的位置。为以后的更新提供便利。例如:我们在制作一个网站时,还没有设计好站点的 logo。这时,我们可以用图像占位符,将 logo 所需的位置空出来,以便今后添加。

2. Fireworks HTML 文件

Dreamweaver 和 Fireworks 是 Macromedia 公司同时推出的网页制作软件。这两个软件之间有着很好的关联性。Dreamweaver 允许将 Fireworks 生成的 HTML 代码随关联的图像、切片和 JavaScript 一起插入到文档中。这一插入功能可以方便地在 Fireworks 中创建设计元素,然后将这些元素插入到现有的 Dreamweaver 文档中。

3. 图像的变换效果

图像的变换效果是指当浏览者将鼠标移至图像时,图像发生变化。鼠标移出图像时,图像又可以还原。所谓的"图像变换"实际上使用了两幅图像,即页面首次载入时显示的图像(也叫原始图像)和鼠标移动到初始图像上时显示的图像(也叫鼠标经过图像)。

执行"插入记录/图像对象/鼠标经过图像"命令,在弹出的对话框中设置鼠标经过图像效果。在对话框中还可设置"替换文本"(鼠标移入时显示的文字)和"按下时,前往的 URL"(鼠标点击后跳转的页面)。

4. 导航条

导航条由图像或图像组组成,这些图像的显示内容随用户操作而变化。导航条通常为在站点上的页面和文件之间转移提供一条简捷的途径。

活动引导

1. 添加图像变换效果

(1) 打开本章活动一中制作的网页 index. html。

(2) 删除插入的图像 pic1. gif,执行"插入/图像对象/鼠标经过图像"命令,在弹出的对话框中分别选取素材图像 pic01. jpg 和 pic1. gif 作为原始图像和鼠标经过图像,效果如图 5. 36 所示。

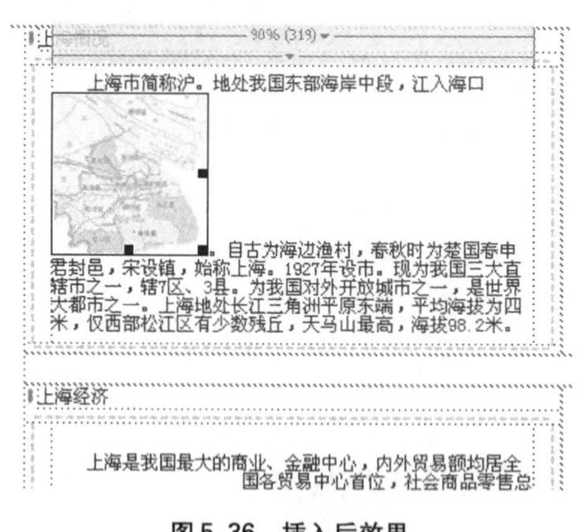

图 5. 36　插入后效果

图 5. 37　设置图像格式

(3) 选取插入的图像,在"属性"面板中设置图像的水平边距和垂直边距为 10,边框为 1,对齐为左对齐,效果如图 5. 37 所示。

(4) 同理完成其他鼠标经过图像效果,其中"上海交通"、"上海餐饮"以及"上海购物"中的鼠标经过图像效果需链接到相对应的分页,并设置替换文本为"点击进入"。

> **小贴士**
>
> 执行“鼠标经过图像”命令，可以设置图像的两种显示方式：“原始图像”及“鼠标经过图像”。上述操作使图像以半透明方式显示，当鼠标移入图像后，图像以正常方式显示。“替换文本”的设置，提示用户该图像具有链接功能，可跳转到相应的分页。“按下时，前往的 URL”设置了跳转的网页路径。

2. 制作导航条

(1) 将光标定位在“侬好，上海！”标题图上的单元格中。

(2) 执行“插入记录/图像对象/导航条”命令，打开“插入导航条”对话框，在对话框中的项目名称中输入项目名“index”，状态图像设置为“index1. jpg”，鼠标经过图像设置为“index2. jpg”，按下时，前往的 URL 设置为“index. html”，如图 5. 38 所示。

(3) 单击对话框中的“添加项”按钮，增加新项目，在新项目的“项目名称”中输入项目名“jiaotong”，“状态图像”设置为“jiaotong1. jpg”，“鼠标经过图像”设置为“jiaotong2. jpg”，“按下时，前往的 URL”设置为“files/jiaotong. html”，如图 5. 39 所示。

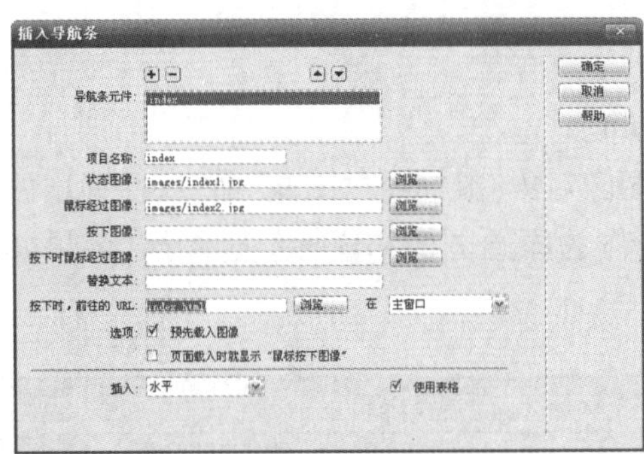

图 5. 38 设置插入导航条 1

图 5. 39 设置插入导航条 2

(4) 重复上述步骤，完成“餐饮”、“购物”项目的制作并确认，效果如图 5. 40 所示。

图 5. 40 插入导航条后效果

（5）选取导航条所在的表格，在“属性”面板中将4列修改为8列，如图5.41所示。

图5.41　插入导航条后效果

（6）使用鼠标拖动上述步骤中插入的导航条按钮，将其分别调整到一、三、五、七列中，在二、四、六列插入素材图像linedh.jpg，在第八列中插入素材图像smallmenu.jpg，如图5.42所示。

图5.42　插入图像后效果

小贴士

在“插入导航条”对话框中，“状态图像”、“鼠标经过图像”和“按下时，前往的URL”参数、“鼠标经过图像”对话框中的参数相同。但使用“导航条”命令，最多可以设置四组状态图像，即“状态图像”、“鼠标经过图像”、“按下图像”和“按下时鼠标经过图像”。该命令比“鼠标经过图像”命令多出两种状态。此外，还可以选择“初始时显示‘按下图像’”选项，可在显示页面时，以“按下”状态显示，而不是以默认的状态显示。例如：当载入主页时，导航条上的“主页”按钮处于“按下”状态。

（7）同理完成分页导航栏的制作。

3. 插入图像占位符

(1) 打开网页 index. html，选取上海旅游网 logo. jpg，删除当前图像，如图 5.43 所示。

图 5.43 删除图像

(2) 执行"插入/图像对象/图像占位符"命令，在弹出的对话框中设置名称为"logo"，宽度为 190，高度为 72，颜色为橙色 #FE9305。

(3) 双击网页中的图像占位图，在打开的"选择图像源文件"对话框中，选取素材图像 logo. gif。

(4) 保存当前网页并进行预览，效果如图 5.44 所示。

图 5.44 网页效果

> **活动小结**
>
> 在本活动中我们学习了在网页中插入图像变换效果和图像占位符。图像变换效果和导航条效果有些接近，在具体的操作中可视情况而定。

活动四 使用编辑器编辑网页中的图像

学习目标： 通过设置图像的编辑器，使用内置的 Fireworks 工具编辑图像。

知识要点： 图像编辑器、内置 Fireworks 工具。

准备知识

Dreamweaver 是网页的合成工具,而 Fireworks 则是网页图形图像的编辑工具。由于它们是 Macromedia 公司同时推出的 Studio 产品,其内部文件之间的交换也相对容易。

在 Dreamweaver 文档窗口中,通过启动 Fireworks,进行修改 Fireworks 的图像,完成后返回 Dreamweaver 文档窗口时,该内容会将自动更新。

1. 设置图像编辑器

如果计算机已经安装了 Dreamweaver 和 Fireworks,则 Dreamweaver 会自动将 Fireworks 设置为首选图像编辑程序。如果首选图像编辑程序不是 Fireworks,可以按照以下方法进行指定:

执行“编辑/首选参数”命令,打开“首选参数”对话框,从左边的“分类”项中选取“文件类型/编辑器”,如图 5.45 所示。分别选择 GIF、JPG、JPE、JPEG 和 PNG 文件格式,将它们的编辑程序设置为 Fireworks,单击“设为主要”按钮,可以将 Fireworks 设置为首选编辑程序。

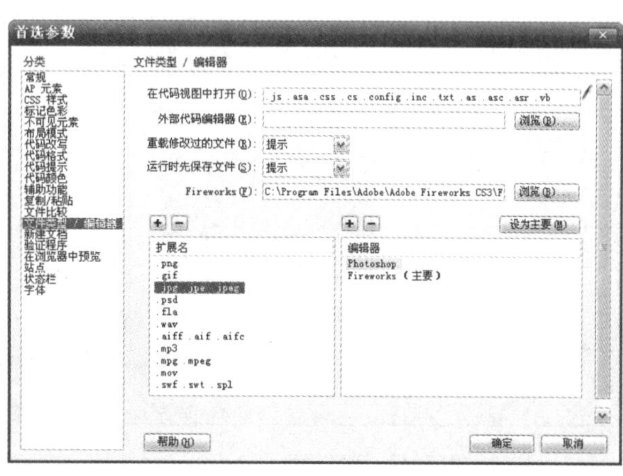

图 5.45 图像编辑程序参数设置

2. 使用内置 Fireworks 工具编辑图像

在 Dreamweaver 中具有对图像的编辑功能,即使用户没有安装 Fireworks,也可以使用内置的 Fireworks 工具来简单地编辑图像。其中包括对图像的裁剪处理、亮度与对比度的调整、锐化的调整以及使用 Fireworks 优化图像等操作。以上的这些设置都可以在“属性”面板中找到。

3. 启动 Fireworks 编辑 PNG 格式的图像源

PNG 作为 Fireworks 默认的文件格式,在从其他应用程序(例如:Macromedia Director 或 Dreamweaver)中启动 Fireworks 时,可以指定将 PNG 文件作为处理的对象。

活动引导

1. 设置图像编辑器

执行“编辑/首选参数”命令,打开“首选参数”对话框,将 Fireworks 设置为首选图像编辑程序,如图 5.46 所示。

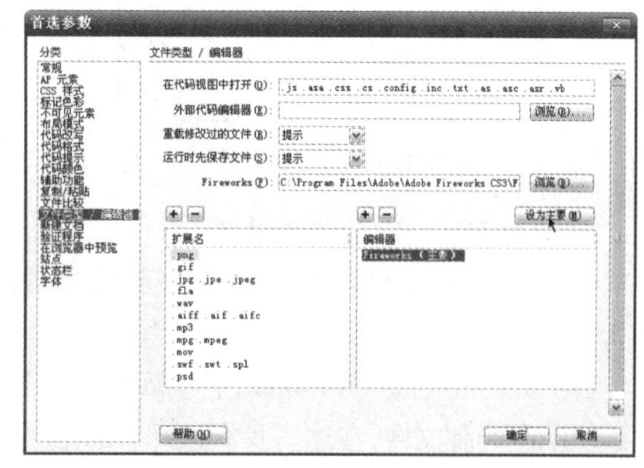

图 5.46 设置首选图像编辑程序

2. 使用内置 Fireworks 工具编辑图像

(1) 打开上述活动中的 jiaotong. html,将光标定位在右侧文字介绍处,插入素材图像 gaojia. jpg。

(2) 选取上述图像,单击“属性”面板中的“优化……”按钮 。

网页制作

（3）在弹出的“图像预览”对话框中，将品质设置为100，平滑设置为4，单击“导出区域”按钮，利用鼠标拖动调节框，设置裁剪区域，去除右下角文字，并单击“确定”按钮确认，如图5.47所示。

（4）保持图像选中状态，在“属性”面板中设置垂直边距、水平边距都为10，对齐方式为“右对齐”，如图5.48所示。

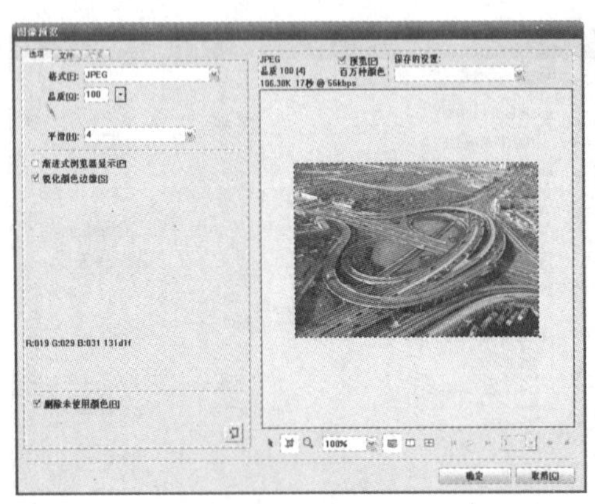

图5.47　裁剪图像

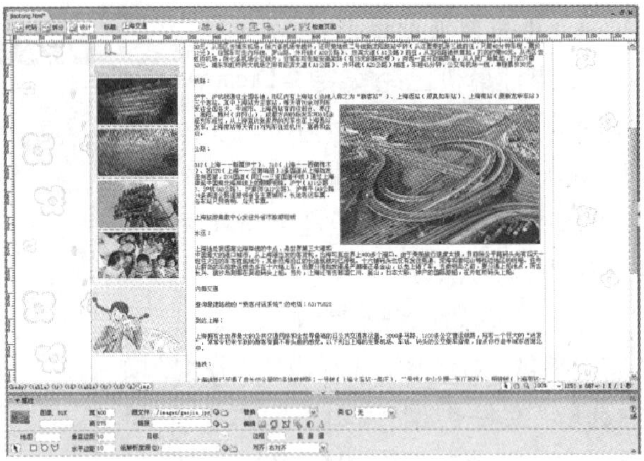

图5.48　设置图像格式

小贴士

除了使用上述方法可以剪切图像外，我们还可以直接单击“属性”面板上的“裁剪”按钮来实现。

（5）保持图像选中状态，单击“亮度和对比度”按钮，弹出提示对话框，如图5.49所示。点击“确定”后，在弹出的“亮度/对比度”对话框中，将图像的亮度设置为“20”，将对比度设置为“10”，保存当前网页，如图5.50所示。

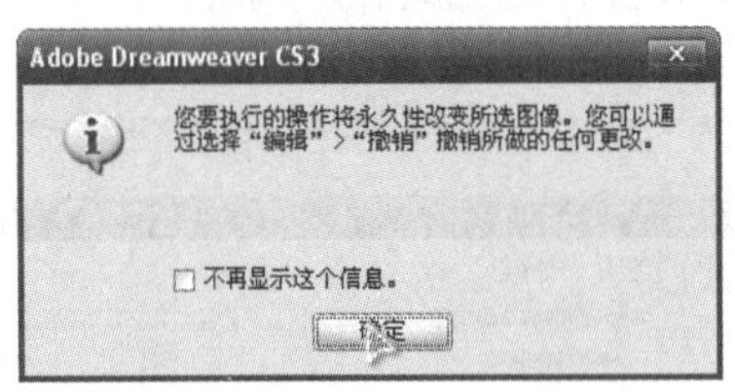

图5.49　提示对话框

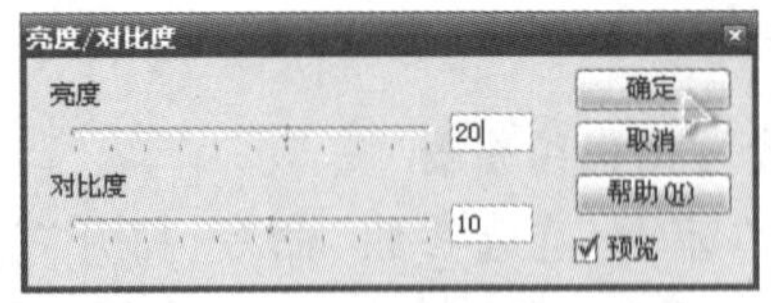

图5.50　“亮度/对比度”对话框

3. **启动Fireworks编辑图像源**

（1）打开首页index.html，选取左侧图像kuangtop1.jpg，单击“编辑”按钮中的“FW”，如图5.51所示。

（2）此时将启动Fireworks，并出现“查找源”对话框，询问是否将已有的PNG文件作为要编辑图像的源文件，在这里我们选择“使用此文件”。

（3）利用Fireworks中的“文本”工具，输入文字“重要信息”，文字大小为20，字体为“华

图 5.51　选取左侧图像

文琥珀”，文字颜色为浅棕色#AD8652，如图 5.52 所示。

（4）有关 Fireworks 的图像操作，请参阅 Fireworks 本身附带的帮助信息或相关书籍。

（5）单击“完成”按钮，在弹出的“您是否希望在关闭此文件前保存 Fireworks PNG?”对话框中单击“否”。返回 Dreamweaver，图像将立即获得更新。

（6）按同样的步骤完成文字“精彩图片”的制作，效果如图 5.53 所示。

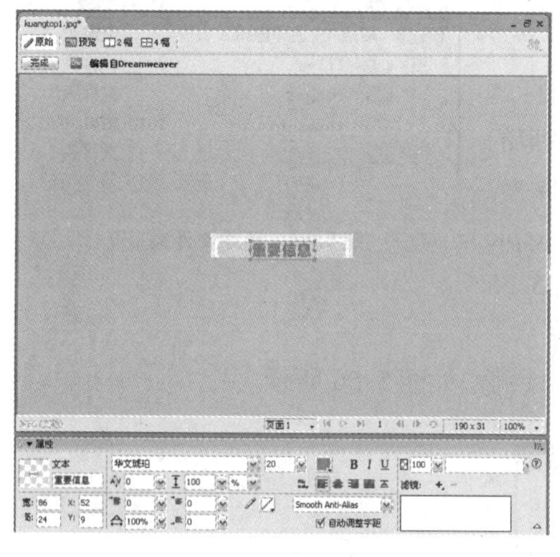

图 5.52　编辑图像

图 5.53　修改后图像效果

（7）保存当前网页。

活动小结

在本活动中我们分别利用了“属性”面板中内置的 Fireworks 工具和通过 Dreamweaver 直接启动 Fireworks 来编辑图像。在以后的使用中，我们可以根据实际情况采用不同的方法。

活动五　为站点打造网站相册

学习目标：掌握创建网站相册的方法。

知识要点：网站相册。

准备知识

执行"命令/创建网站相册"，我们可以轻松地为站点建立相册。在使用这个功能时，我们要先建立一个文件夹，作为相册图像及系统自动生成链接时各张图像缩略图的网页存放地点。当用户在单击该网页中的缩略图时，系统将自动跳转到原始尺寸的图像上。网页中缩略图是通过系统自动启动 Fireworks 来实现的。换句话说，使用这个命令的前提是当前机器里安装有 Fireworks。

活动引导

1. 建立相册目录

在上述活动的站点根目录中建立文件夹，文件夹名为"xcpic"，如图 5.54 所示。

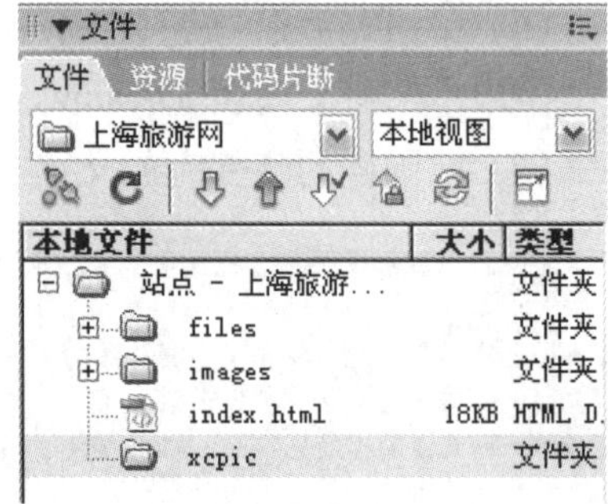

图 5.54　新建文件夹

2. 建立网站相册

（1）新建网页，执行"命令/创建网站相册"，打开"创建网站相册"对话框。

（2）在弹出的话框中，设置相应的参数，在相册标题处输入"上海风景"。单击"源图像文件夹"文本框旁的"浏览"按钮，选择素材 pic2 文件夹作为源图像的文件夹。单击"目标文件夹"文本框旁的"浏览"按钮，选择 xcpic 文件夹作为目标的文件夹，最后单击"确定"，如图 5.55 所示。

（3）Fireworks 将自动启动，创建缩略图和大尺寸图像，如图 5.56 所示。

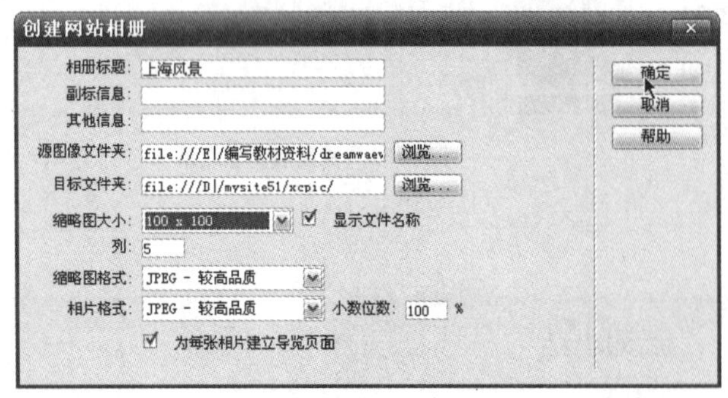

图 5.55　"创建网站相册"对话框

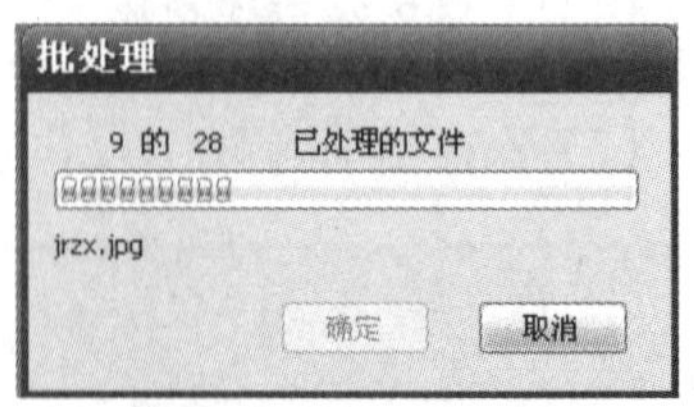

图 5.56　"批处理"对话框

小贴士

"源图像文件夹"所选的文件夹不必位于站点中。此外,该文件夹中的图像文件格式为 GIF、JPG、JPEG、PNG、PSD、TIF 或 TIFF。如果是无法识别的文件格式,该文件将不会包含在相册中。

(4) 当系统完成工作后,对完成的提示框进行确认。

(5) 将光标定位在页面最后,输入文字"返回主页",文字大小为 9 点、居中对齐,并将其链接到主页 index. html,保存当前网页,效果如图 5. 57 所示。

图 5. 57　网页效果

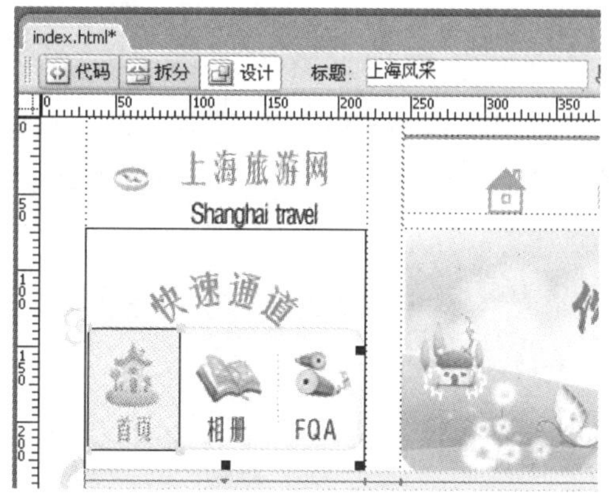

图 5. 58　框选图像

3. 完成首页的热区链接

(1) 打开首页 index. html。

(2) 选取网页中的图像 kstd. jpg,单击"属性"面板中的"矩形热点工具",框选图像中的首页部分,效果如图 5. 58 所示。

(3) 单击"属性"面板中链接项后的浏览按钮,将该热点区域与首页 index. html 相链接,如图 5. 59 所示。

图 5. 59　设置链接

(4) 重复上述步骤,完成"相册"的热点区域链接,如图 5. 60 所示。

(5) 保存网页并进行预览,效果如图 5. 61 所示。

图 5.60　设置相册链接

图 5.61　网页效果

活动小结

在本活动中我们利用了“创建网站相册”命令来为我们的网站建立相册，方法简单。在设置“源图像文件夹”选项时要注意选定文件夹中的文件格式。

本章实验　制作“七彩云南”旅游网站

实验要求

（1）建立站点目录 mysitelx，并将站点指定至站点目录。

（2）制作网页“七彩云南”，在网页中绘制布局表格和单元格。

（3）在单元格内加入文字、水平线、图像和超级链接。

注意：本实验提供的样例仅供参考，发挥你的才智，也许你能设计出别具一格的网页哦！

操作提示

（1）在 D 盘的根目录下新建一个 mysitelx 文件夹，作为站点文件存放的目录。再在 mysitelx 文件夹下建立一个下级文件夹 images 和 files，作为网页图像存放的目录。

（2）打开 Dreamweaver，在起始页中建立站点 mysitelx，并指定站点文件的目录，站点名为“七彩云南”。

（3）新建首页 index. html，在“属性”面板中设置字体大小为 9 点，颜色为黑色 #333333，背景图像为 bg. jpg，上边距及下边距为 0，网页标题为“七彩云南”，如图 5. 62 和 5. 63 所示。

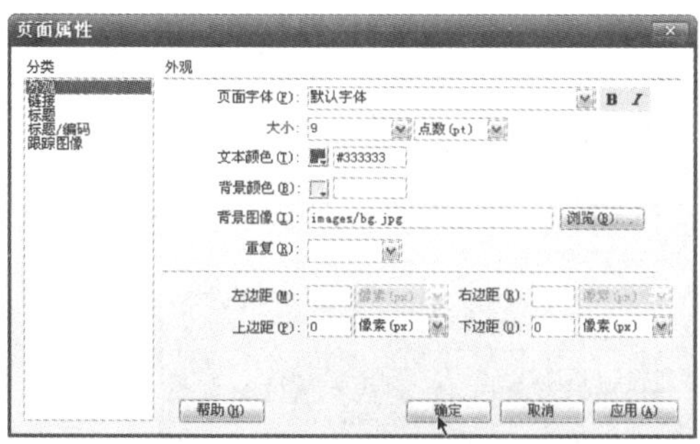

图 5.62　外观设置

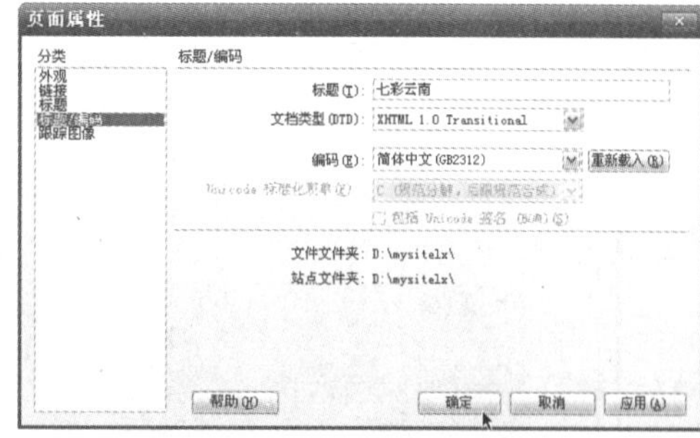

图 5.63　标题/编码设置

（4）在当前网页中插入 1 行 3 列的表格，表格宽度为 900 像素，对齐方式为居中对齐。在“属性”面板中设置第一、三列单元格的宽度为 10 像素。在第一列单元格中插入图像 left－1. jpg，并设置该单元格的背景图为 left－2. jpg，单元格内对象的垂直对齐方式为顶端对齐。第二列单元格内插入图像 bt1. jpg。设置第三列单元格内的背景图为 0－right. jpg。最后效果如图 5.64 所示。

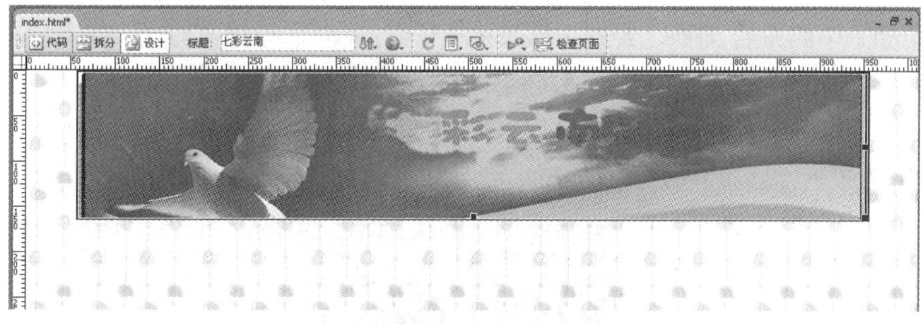

图 5.64　制作标题栏

（5）再次插入 1 行 3 列的表格，同理完成网页内容边框的制作，效果如图 5.65 所示。

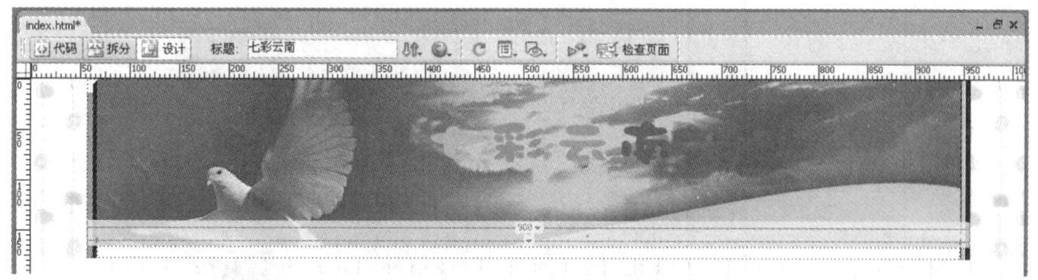

图 5.65　制作内容栏

（6）在上述表格的第二行插入图像 bt2. gif，如图 5.66 所示。

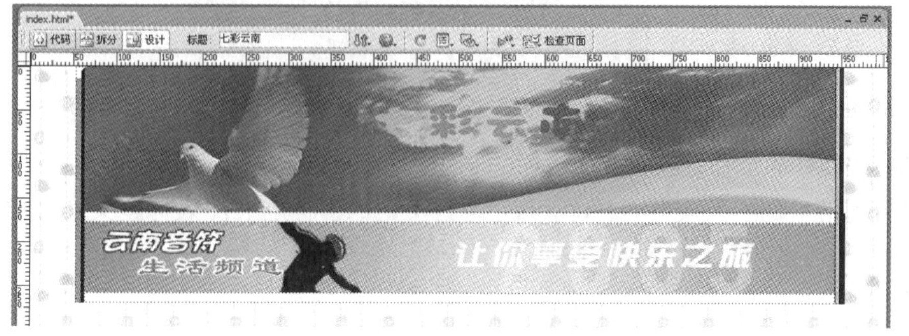

图 5.66　制作广告栏

（7）在上述表格的第三行插入 1 行 3 列的嵌套表格，表格宽度为 100 百分比，第一、三列设置单元格宽度为 210，第二列设置单元格宽度为 460，如图 5.67 所示。

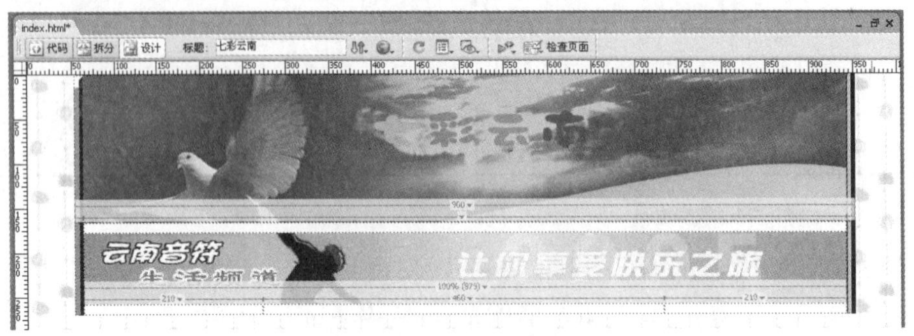

图 5.67　制作文字栏

（8）在第一列单元格中插入一个 3 行 1 列的表格，表格宽度为 184 像素，水平“居中对齐”，垂直“顶端对齐”，第二行单元格高度设置为 20。在第一行单元格内，利用嵌套表格特点，使用活动一中的方法，制作“大理古城”内容介绍，该嵌套表格高度为 250 像素。按同样的步骤完成“黑龙潭”内容介绍，如图 5.68 所示。

（9）按同样的步骤完成中间及右侧的文字介绍，其中中间表格宽度为 400 像素，右侧表格宽度为 177 像素，最后效果如图 5.69 所示。

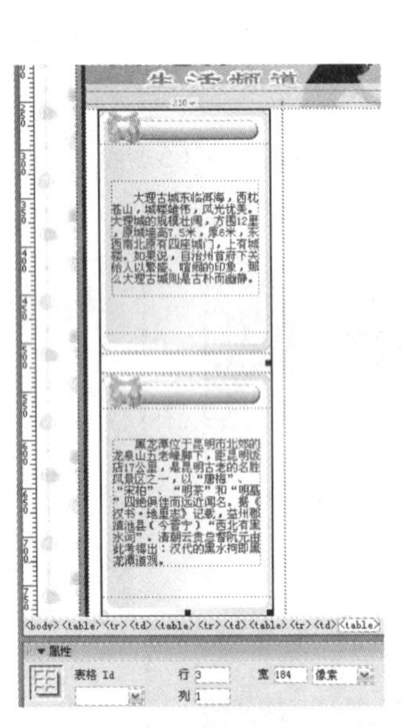

图 5.68　左侧内容介绍

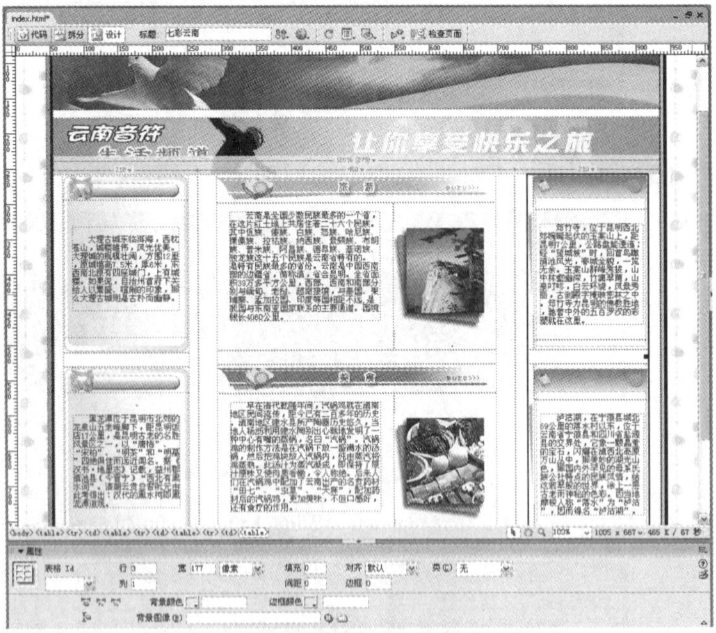

图 5.69　网页效果

（10）按同样的步骤完成底部版权栏的制作，效果如图 5.70 所示。

（11）利用“属性”面板启动 Fireworks，为首页中的各标题栏加入标题文字，修改后效果如图 5.71 所示。

（12）保存当前网页。

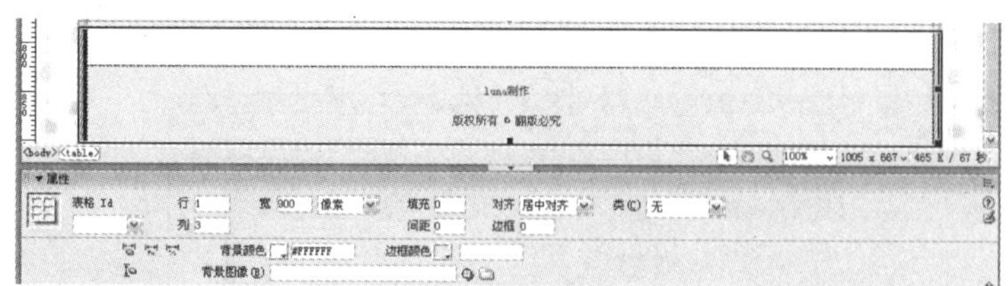

图 5.70　网页效果

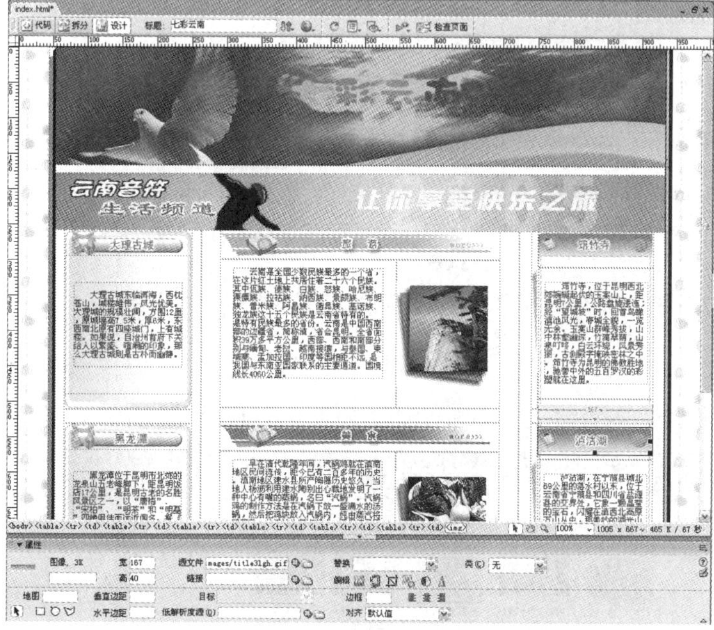

图 5.71　标题栏效果

（13）将当前网页另存为 jd. html，删除中间内容，制作景点文字内容介绍，如图 5.72 所示。

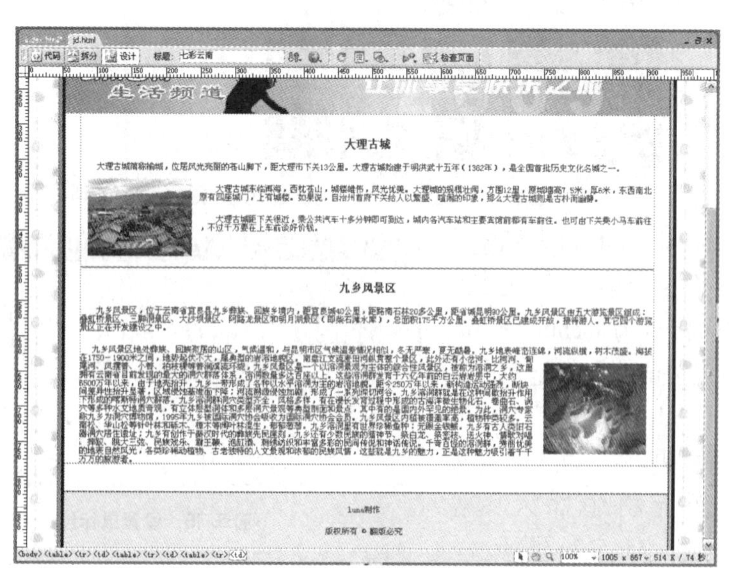

图 5.72　网页效果 1

（14）按同样的步骤完成 ms. html 美食文字内容的介绍，如图 5.73 所示。

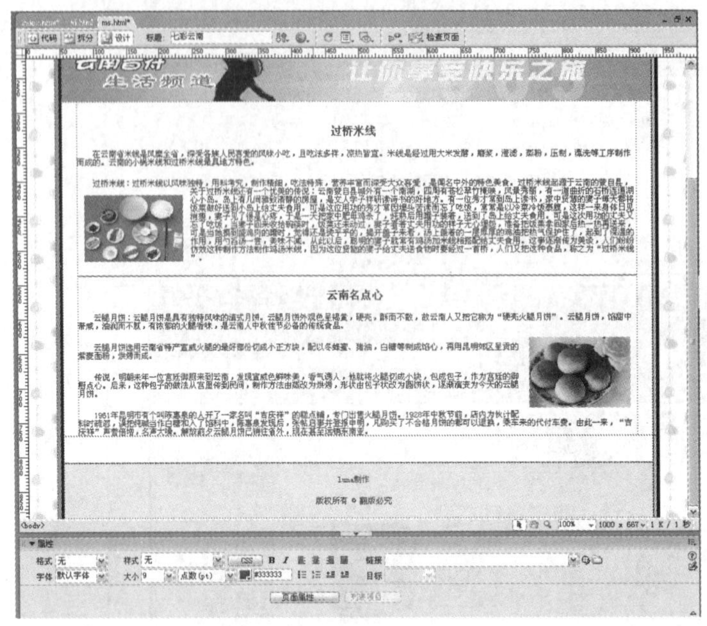

图 5.73　网页效果 2

（15）使用活动五中的方法完成网站相册的制作，如图 5.74 所示。

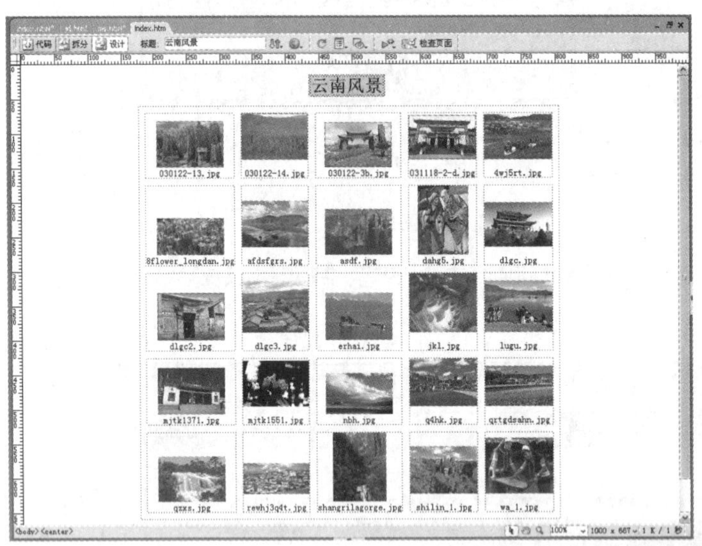

图 5.74　网站相册

（16）打开 index. html，将光标定位在广告栏上的空白单元格内，插入 1 行 7 列的表格，表格背景为 menuline. gif，表格宽度为 100 百分比。在表格第一列单元格内插入图像 c1. gif。在第二、三、四列中以鼠标经过图像的方法制作导航栏。在第七列单元格中插入图像 menurignt. gif，如图 5.75、5.76 所示。

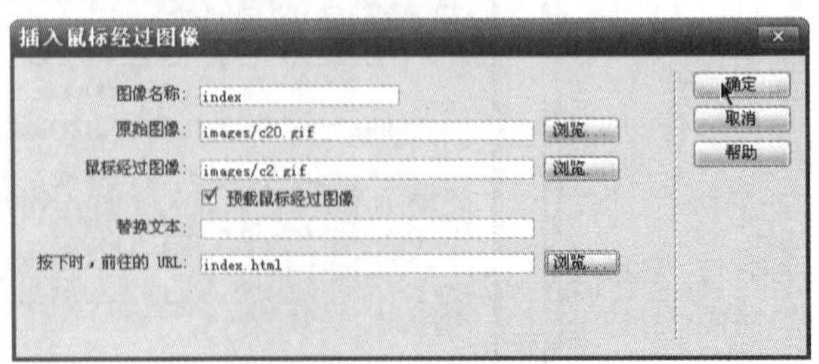

图 5.75　设置鼠标经过图像

(17) 按同样的步骤完成分页的导航栏制作。

图 5.76 导航栏

(18) 为网页中插入热点链接,分别链接到分页,如图 5.77 所示。

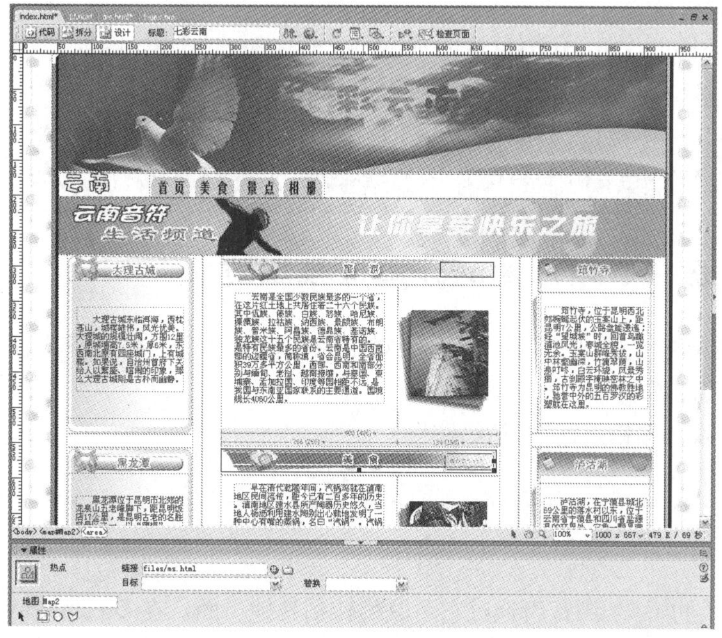

图 5.77 热点链接效果

(19) 保存当前网页,完成最后制作,效果如图 5.78 所示。

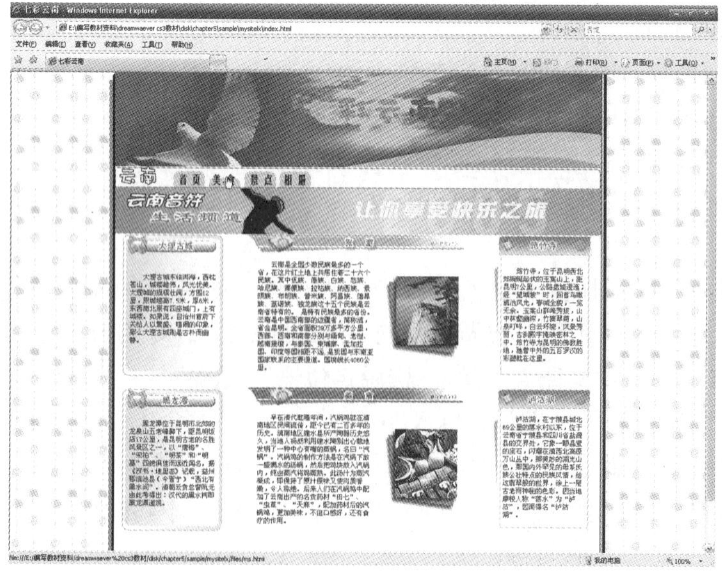

图 5.78 网页效果

第六章　创建超级链接

本章概要

超级链接将许许多多不同的网页通过文字、图片、Flash 等元素联系起来。用户只需轻点鼠标便可访问链接的网页。

本章主要通过四个活动的展开，介绍链接的基本概念，其中包括 URL 地址、绝对路径和相对路径的概念及其区别。详细阐述了几种常见的超级链接的形式，通过活动掌握多种超级链接的创建方法（文本链接、图像链接），并且设置超级链接的目标窗口及文本提示。还介绍了如何设置邮件链接和书签链接，以及站点链接资源的管理方法。

活动一　用不同的方式链接网页

学习目标： 理解站点和链接的概念，包括 URL、绝对路径和相对路径。熟练掌握在网页中设置文字和图片超级链接的方法。

知识要点： URL、绝对路径和相对路径、超级链接。

准备知识

1. 链接简介

超级链接是网页间联系的桥梁，浏览者通过它可以跳转到其他页面。在 Dreamweaver 中提供了非常简便的超级链接的创建方法。用户可以轻松地将文字、图片、Flash 等网页元素设置为链接的对象，实现网页间的跳转功能。一般来说，超级链接包含以下类型：

文档链接：链接到其他文档，最为常见。

书签链接：链接到相同文档或其他文档的书签位置。

电子邮件链接：创建允许用户给网页制作人员发送邮件的链接。

空链接：不会跳转到任何位置，用于附加 Dreamweaver 行为。

脚本链接：执行 JavaScript 代码或调用 JavaScript 函数。

2. URL 地址解析

在浏览器中查找某个网页，就如同在茫茫人海中找一个人一样。如果能有网址，查找起来就方便多了。查看网页也是同样的道理，在浏览器中网页的地址是以 URL 的形式显示的。

URL（Uniform Resoure Locator，中文译名为“统一资源定位器”）是 Web 页的地址，它的格式排列为：<协议>://<计算机名>:<端口>/<文件目录>/<文件名>。例如：http://www.sohu.com/domain/index.htm 就是一个典型的 URL 地址。其各部分的含义如下：

<协议>：指文件访问类型，即使用何种协议访问。如：http 表示超文本转换协议，ftp 表示文件传输协议。

<计算机名>：指出 Web 页所在的服务器域名。

<端口>:对某些资源的访问来说,需给出相应的服务器端口号。

<文件目录>/<文件名>:指明服务器上该文件的路径及文件名。

在上述 URL 地址中,协议、计算机名称、端口、路径名和文件名都是可选的。这些域名只是为了方便访问者而定义的。我们在命名网页和文件夹时,要注意以下两点:

(1) Unix 系统中的文件或文件夹名长度不能超过 32 个字符。

(2) 在站点上的路径和文件名中只使用字母、数字、连字符和下划线。

3. 理解和编写绝对路径和相对路径

文档路径分为三种类型:绝对路径、和根目录相对的路径、和文档相对的路径。路径一般在“属性”面板的“链接”框中输入或单击“浏览文件”按钮选取即可。

绝对路径是包含服务器协议的完全路径。其包含的是精确地址,创建对当前站点以外文件的链接时必须使用绝对路径。如:http://www.dreamweaver.com/index.htm。

和根目录相对的路径是从当前站点的根目录开始,使用“/”作为其开始。例如:/dreamweaver/index.htm 将链接到站点根目录下 dreamweaver 文件夹中的 index.htm 文件。在使用和根目录相对的路径时,即使包含链接的文档在站点内产生移动,链接也不会中断。

和文档相对的路径是指和当前文档所在的文件夹相对的路径。如:index.htm 指定的就是当前文件夹内的文档;../index.htm 指定的则是当前文件夹上级目录中的文档;files/sb.htm 则指定了当前文件夹下 files 文件夹中的文档。当站点目录的位置发生改变时,不会影响站点内链接的网页。

值得注意的是,当我们在创建和文档相对的路径之前一定要保存新文件,因为在没有定义起始点的情况下,和文档相对的路径是无效的。在文档未被保存之前,Dreamweaver 会自动使用以 file://开头的绝对路径。

4. 快速在站点内创建超级链接

在 Dreamweaver 中可以快速在站点内创建超级链接,以下是三种创建和修改链接的方法:

(1) 使用“属性”面板创建链接,键入文件路径或单击浏览按钮选取需链接的文件。

(2) 使用“指向文件”图标直接指向要链接的文件。

(3) 使用“资源”面板创建或修改超级链接。

5. 超级链接的目标窗口

当用户在互联网上浏览网页时,一般都是通过单击网页上的超级链接,跳转到不同的页面。当新页面出现时,可能会出现三种情况:原有的页面被覆盖;原有网页并不被覆盖,而是弹出一个新窗口;原有网页内部分内容被替换。

这三种情况的出现是由于网页在制作时对超级链接的目标窗口进行了设置。在 Dreamweaver 中通过“属性”面板中的选项可以轻松地完成这项工作,如图 6.1 所示。

图 6.1 超级链接目标

在“目标”下拉菜单中可以设置 4

网页制作

个超级链接目标，其意义分别为：

_blank：将文件载入新的无标题浏览器窗口中。

_parent：将文件载入到上级框架集或包含该链接的框架窗口中。

_self：将文件载入到相同框架或窗口中。

_top：将文件载入到整个浏览器窗口中，取消所有框架。

6. 超级链接的文本提示

超级链接的“文本提示”效果是当用户将鼠标移动到某个超级链接上时，会弹出一个文本提示框。添加这种提示文本的方法非常简单，只要给超级链接标签添加 title 属性即可。

活动引导

1. 新建站点及相关网页

（1）在 D 盘建立站点目录 mysite61，并使用高级标签定义站点，站点名为“四川旅游网”，如图 6.2 所示。

（2）在起始页中的“新建”中单击“HTML”，创建新网页。

（3）执行“文件/保存”命令，将网页保存在站点根目录下，保存文件名为 index. html，如图 6.3 所示。

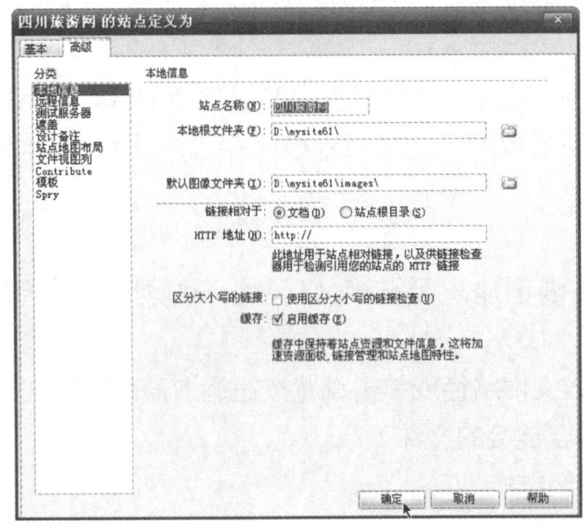

图 6.2　建立站点

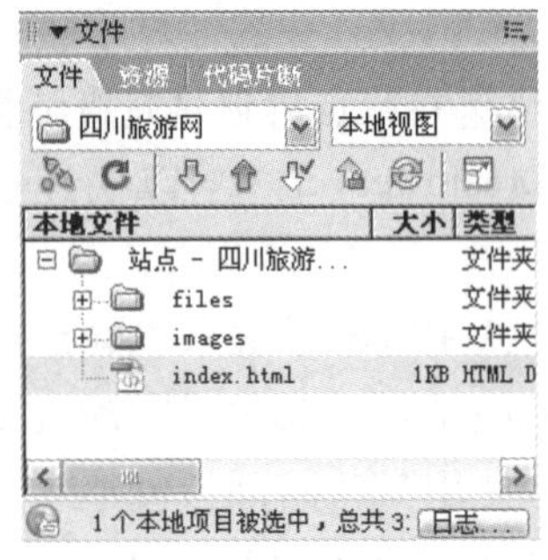

图 6.3　创建首页

2. 设置网页属性

（1）执行“修改/页面属性”命令，将网页文字字体设置为宋体，大小为 9 点，文本颜色为黑色#333333，背景图像为素材图像 bg. gif，网页的上边距和下边距都设置为 0 像素，如图 6.4 所示。

（2）将该对话框切换至“链接”选项，将“链接颜色”和“已访问链接”设置为橙色#FF4E00，“变换图像链接”设置为褐色#993300，并将“下划线样式”设置为“仅在变换图像时显示下划线”，如图 6.5 所示。

（3）设置文档标题为“四川旅游网”。

（4）保存当前网页，预览效果，如图 6.6 所示。

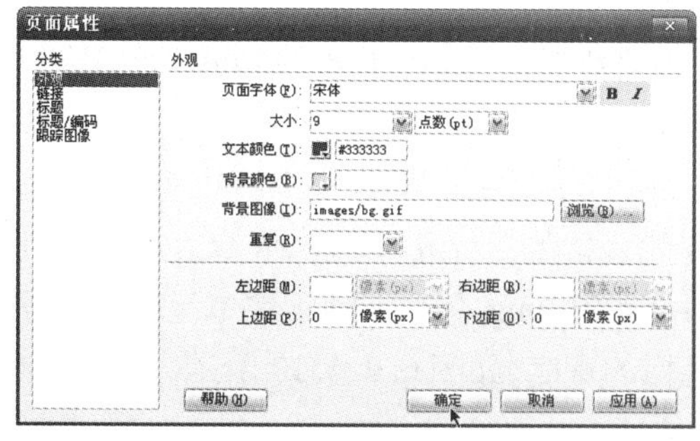

图 6.4　设置网页外观

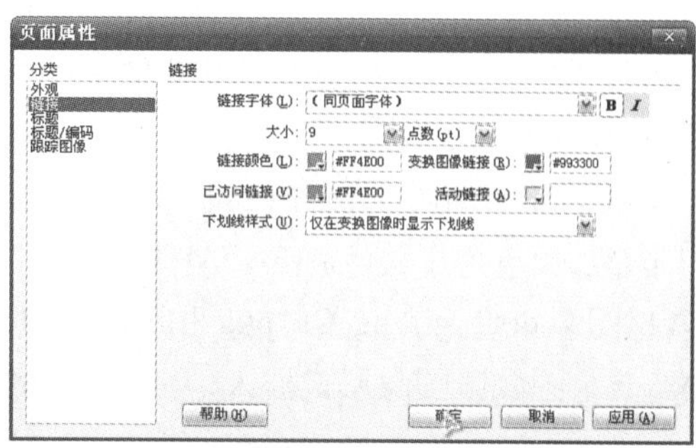

图 6.5　设置链接文字属性

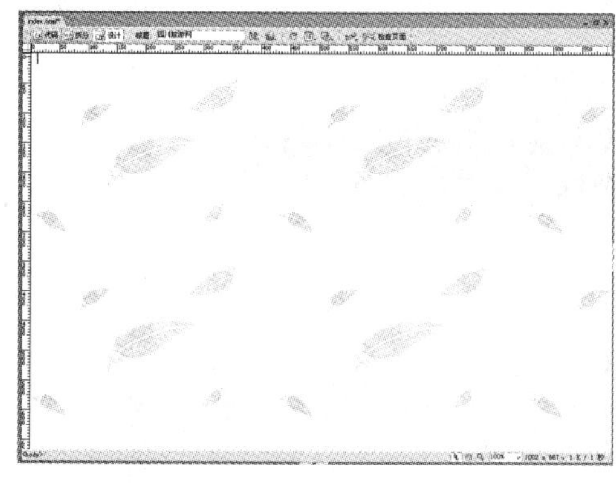

图 6.6　网页效果

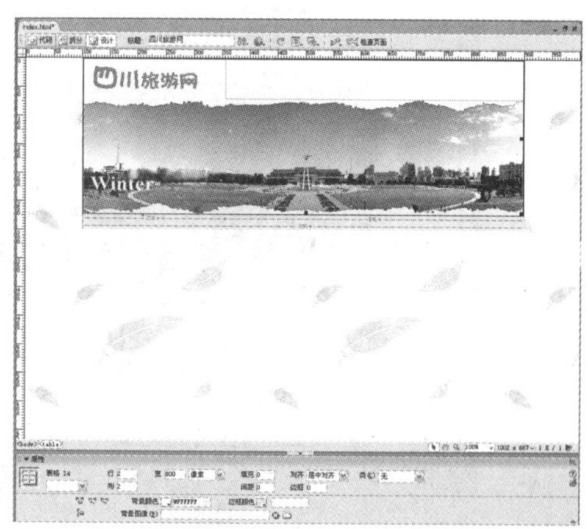

图 6.7　网页效果

3. 完成页面

（1）插入 2 行 1 列，宽度为 800 像素的表格，表格背景颜色为白色。将第一行拆分为 2 列，分别在该表格中插入素材图像 logo. gif、pictop. png，如图 6. 7 所示。

（2）插入 1 行 5 列，宽度为 800 像素的表格，表格背景颜色为灰色#F3F3F3。设置一至四列的单元格宽度为 120 像素，输入导航栏文字“首页　景点介绍　四川文化　四川交通　四川气候”，并在最后一列单元格内插入素材图像 welcometo. gif，效果如图 6. 8 所示。

图 6. 8　制作菜单栏

(3) 插入1行2列,宽度为800像素的表格,表格背景颜色为白色#FFFFFF。设置左侧单元格的宽度为250像素。

(4) 在此单元格内制作栏目内容。使用第五章中的方法,制作一个3行1列,表格边框为1像素,颜色为浅灰色#AFAFAF的表格。并在此表格的单元格中制作嵌套表格。分别插入素材图像dot2. gif、bg_01. png和more. gif,其中bg_01. png在小标题所在单元格处为背景图像,其余图像以图像形式插入,并适当调整单元格的宽度,如图6. 9、6. 10所示。

图6.9 制作内容栏

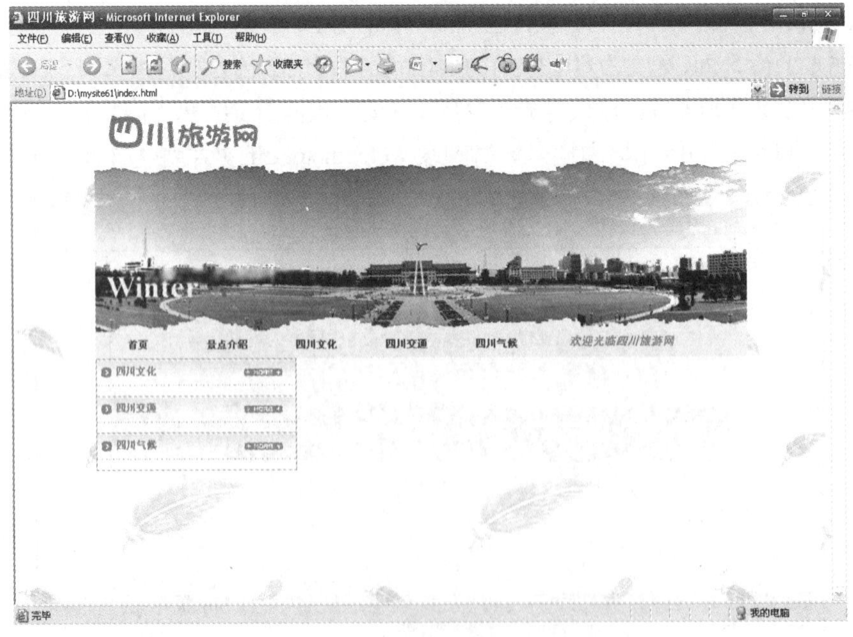

图6.10 网页效果

（5）在左侧三个文字内容区域中分别插入 1 行 1 列，宽度为 90 百分比的表格，并设置为水平“居中对齐”，在该表格内插入文字介绍。在标题单元格内输入标题文字“四川文化　四川交通　四川气候”，并设置标题文字颜色为橙色，字体加粗，如图 6. 11 所示。

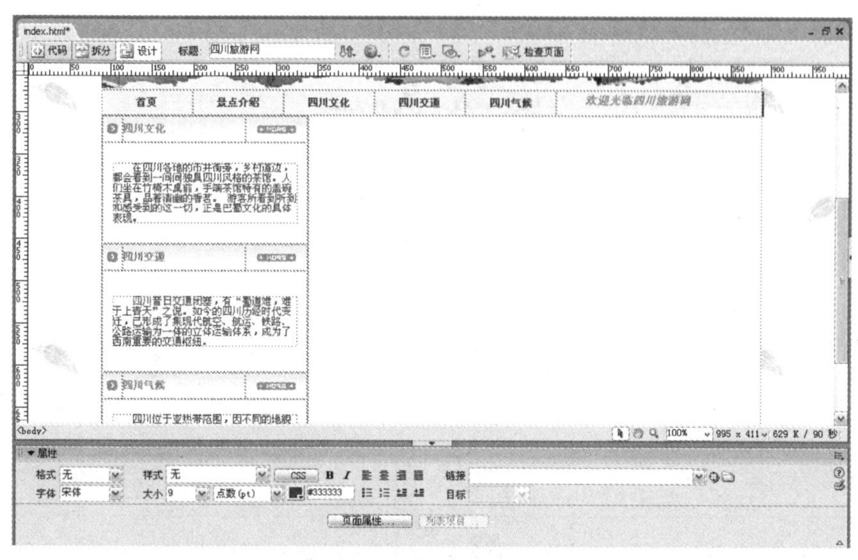

图 6. 11　插入文本

（6）在右侧单元格内插入 2 行 1 列，宽度为 500 像素、高度为 457 像素的嵌套表格。设置第一行单元格的高度为 30 像素，并插入素材图像 news_t1. gif，设置第二行单元的颜色为浅灰色#AFAFAF。在第二行单元格内插入 1 行 1 列，宽度为 498 像素、高度为 426 像素的嵌套表格，且设置为水平“居中对齐”，垂直“顶端对齐”，表格颜色设置为白色，并插入素材图 map. gif，如图 6. 12、6. 13 所示。

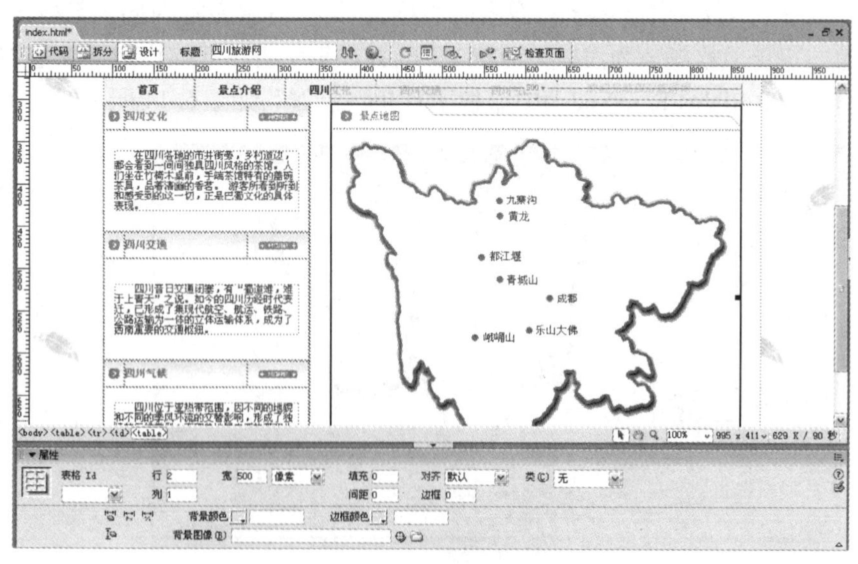

图 6. 12　制作地图区域

网页制作

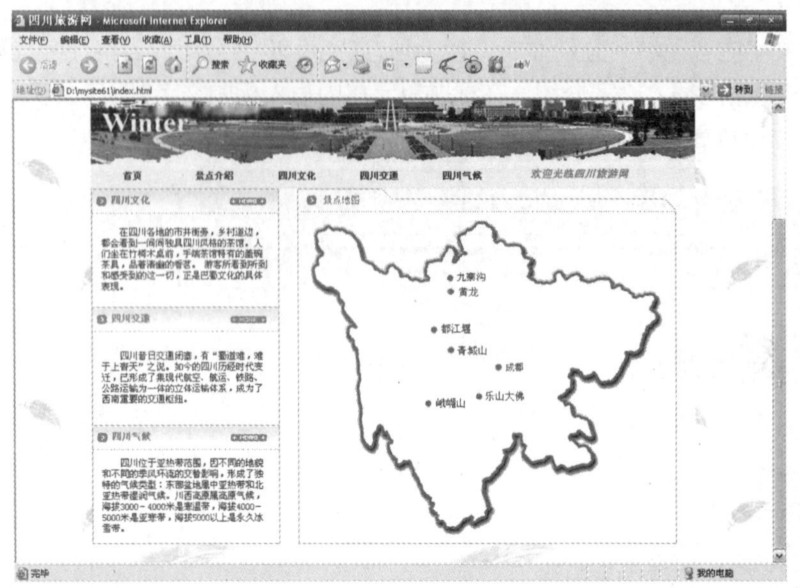

图 6.13　网页效果

小贴士

网页中的表格边框是通过将外侧的布局表格颜色设置为灰色后，将其间距设置为1像素，而将内侧布局表格中的单元格的颜色设置为白色后实现的，如图6.12所示。

小标题处的灰色渐变效果的实现是由于插入的图像是以背景图像的形式插入到网页中的，尽管图像只有3×31像素，但该图是以平铺的方式显示的。

以上所采用的两种制作方法最大优势是可以在尽量减少网页文件容量的情况下，不影响网页的整体美观。

（7）插入2行1列，宽度为800像素的表格，在第一行单元格内插入素材图像down.png，设置第二行单元格颜色为浅灰色#DFDFDF，并在第二行单元格内输入文字"Copyright © 2009－2010 All Rights Reserved"和"版权所有 luna 制作"，如图6.14所示。

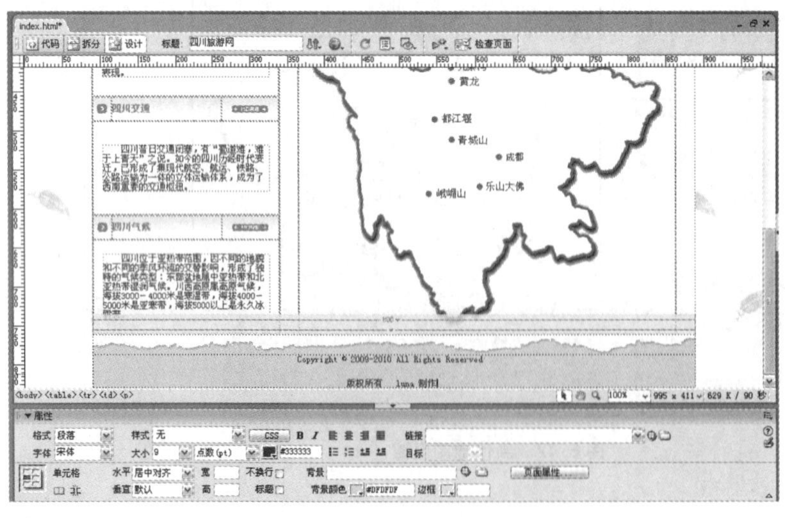

图 6.14　制作版权栏

(8) 保存当前网页，将当前网页中的主要内容删除，插入嵌套表格，制作分页“景点介绍”，完成文字及图像的插入，将当前页面保存在 files 文件夹内，文件名为 jdjs. html，如图 6. 15 所示。

(9) 重复上述步骤，制作分页“四川文化”、“四川交通”和“四川气候”，效果如图 6. 16、6. 17、6. 18 所示。

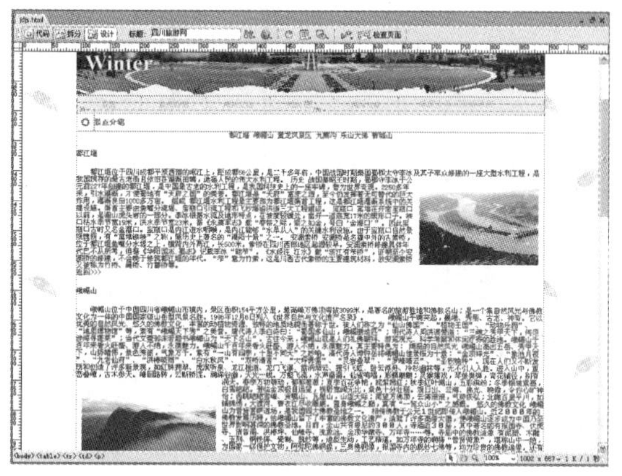

图 6. 15　“景点介绍”分页

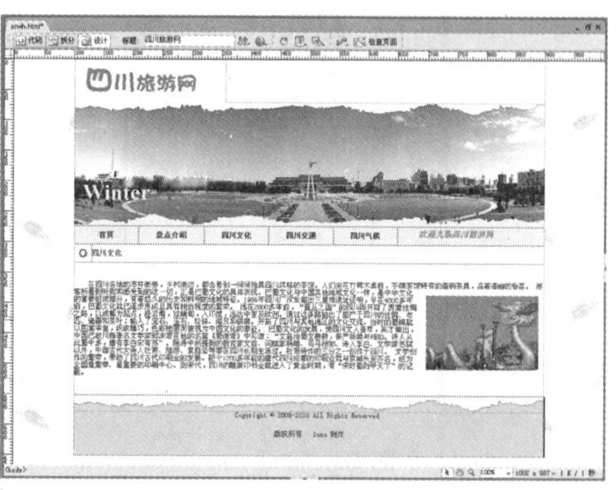

图 6. 16　“四川文化”分页

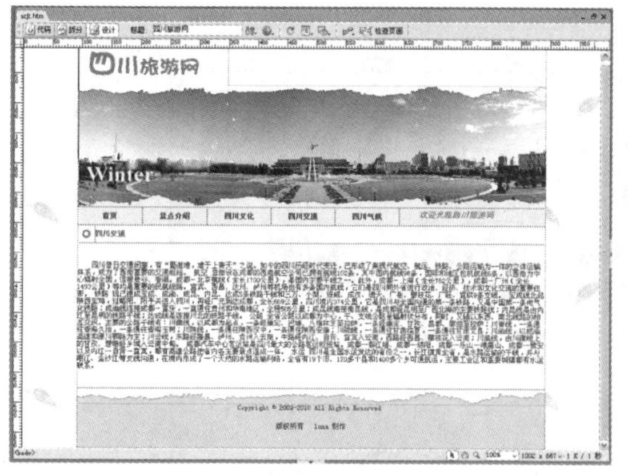

图 6. 17　“四川交通”分页

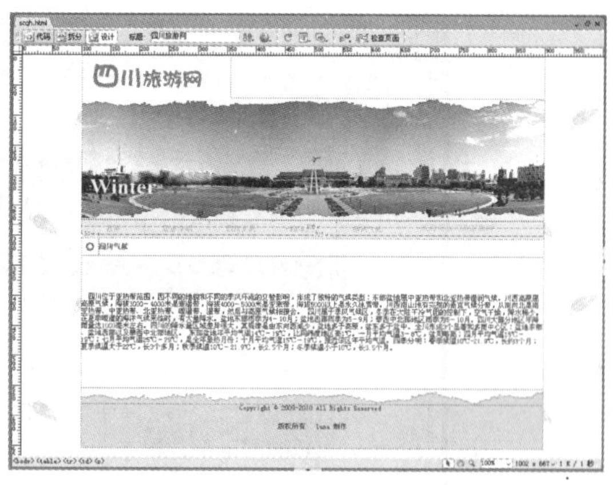

图 6. 18　“四川气候”分页

4. 使用多种方法设置超级链接

(1) 打开 index. html 网页，选取文字“首页”，单击“属性”面板中的“浏览文件”按钮 ，选取链接的网页 index. html，如图 6. 19 所示。

(2) 重复上述步骤，分别设置当前网页对其他分页的链接，效果如图 6. 20 所示。

(3) 选取网页中的“more. gif”，将图像链接到相应的网页中，保存当前网页，效果如图 6. 21 所示。

(4) 打开网页“景点介绍”，选取文字“首页”，按住 Shift 键，拖动到站点管理窗口的目标文件“index. html”，直观创建超级链接，如图 6. 22 所示。

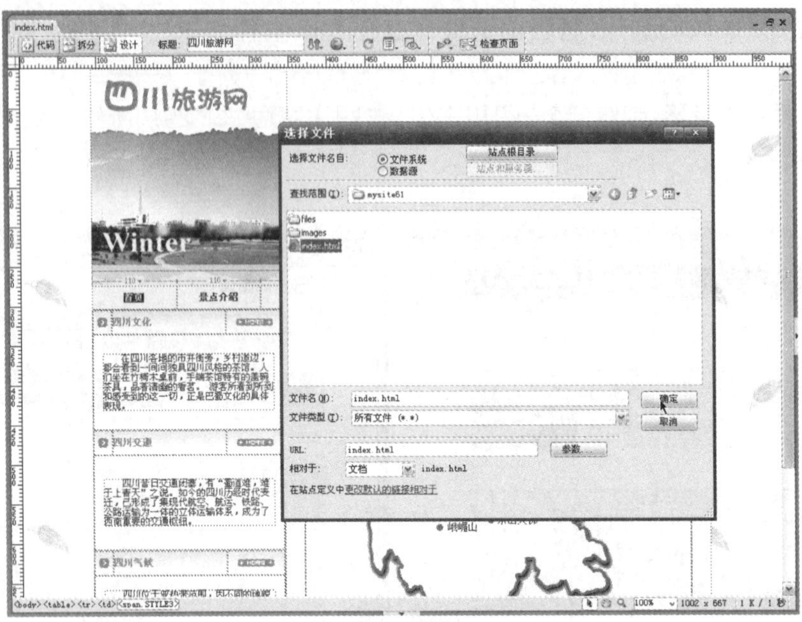

图 6.19　设置链接网页

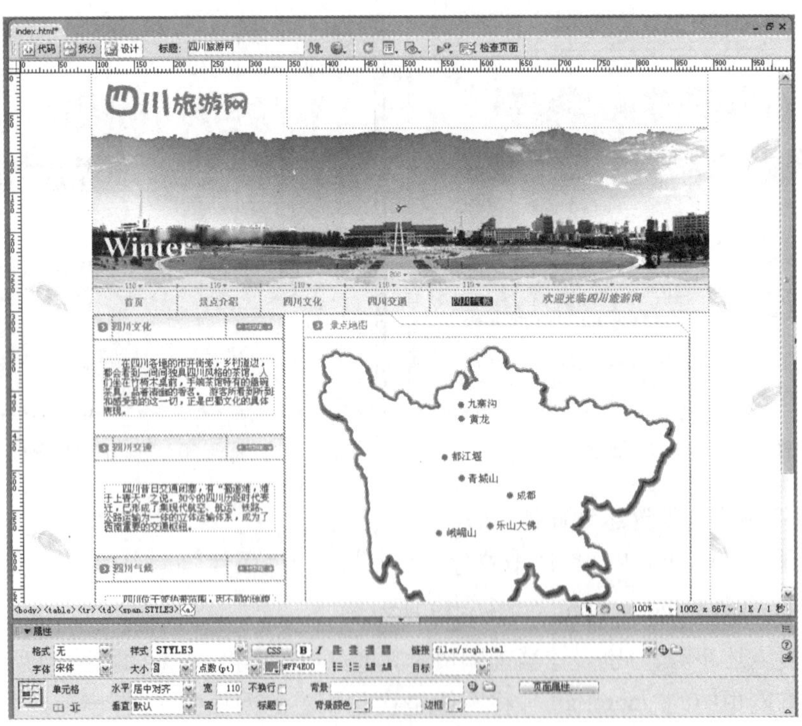

图 6.20　设置链接分页

网页制作

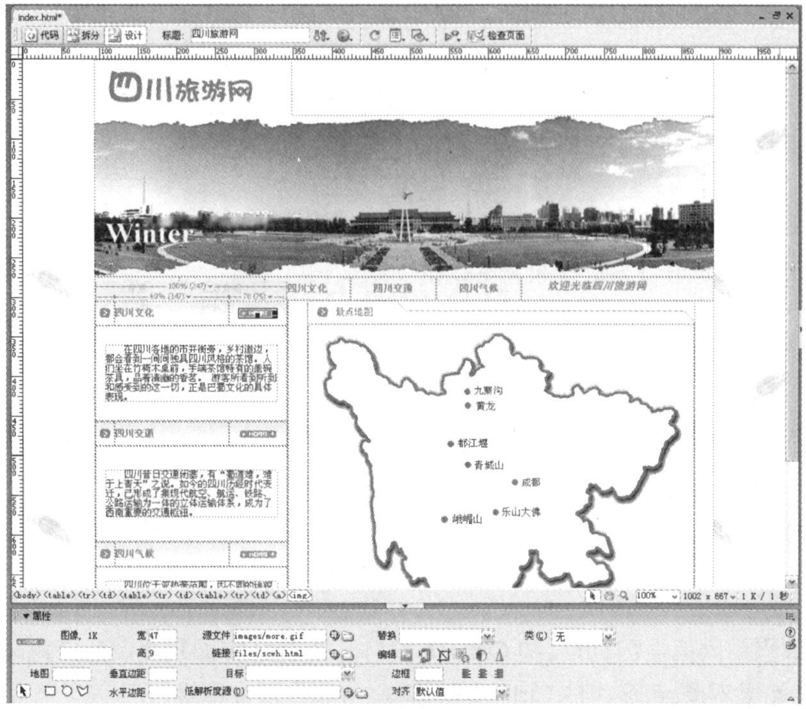

图 6.21　设置链接分页

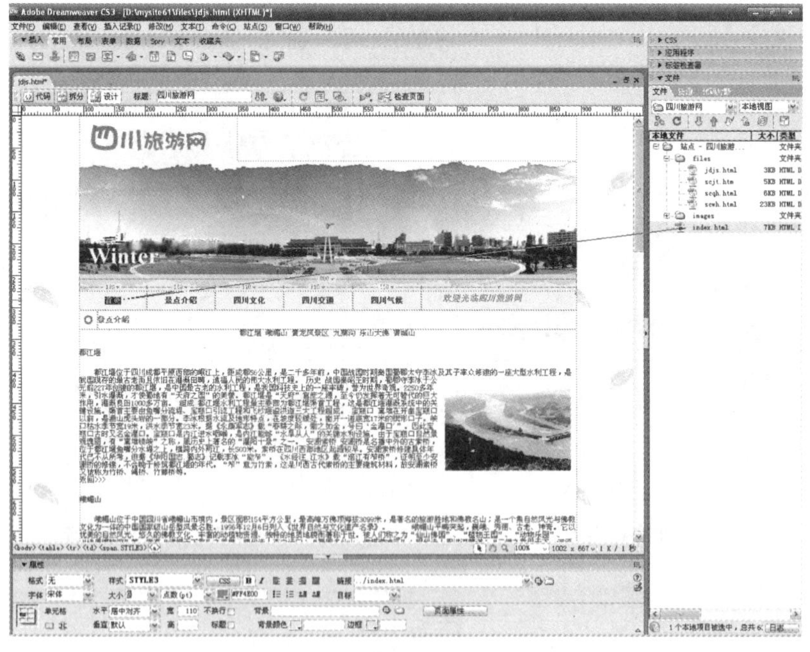

图 6.22　使用指向链接文件的方法

网页制作

小贴士

这种方法适用于批量为文本创建超级链接。但是,对于图片来说,该方法无效。如果要直观地为图片创建链接,则可以选中图片,然后单击“属性”面板上的“浏览文件”旁的“指向文件”图标 ,拖动到站点管理窗口的目标文件。

(5) 重复上述步骤,完成网站中所有分页的链接设置。

5. 设置超级链接的目标窗口和文本提示

(1) 打开网页 index. html,选取网页中“首页”文字,在“属性”面板中将“目标”项设置为“_blank”,如图 6. 23 所示。

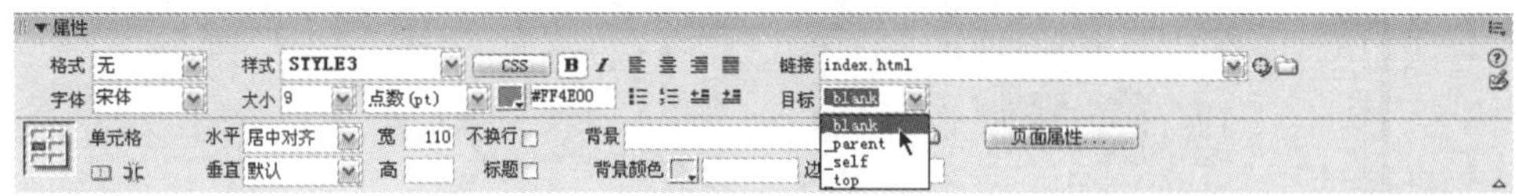

图 6. 23 设置“目标”项

(2) 选取当前网页中“首页”,按 Ctrl + T 键打开快速标签编辑器。注意出现的是“编辑标签”模式。如果不是,可多次按 Ctrl + T 键切换,直到出现该模式。

(3) 在标签 a 后面添加 title 属性,输入“title = 将在新窗口中打开”,如图 6. 24、6. 25 所示。

图 6. 24 打开快速标签编辑器

图 6. 25 设置文字提示

活动小结

本活动主要让我们学习了超级链接的基本操作,其中包括超级链接的创建、目标窗口的设置、提示文字的制作以及链接文字的属性设置。

这些基本操作在以后的网站制作中将经常应用。

活动二　给网页添加邮件链接和书签链接

学习目标：熟练掌握在网页中设置邮件链接和设置书签链接的方法。

知识要点：邮件链接、书签链接。

准备知识

1. 邮件链接

电子邮件在日常生活中变得越来越重要，已经成为人们相互沟通的重要手段。因此，在网页中设置电子邮件链接已经变得非常普遍。电子邮件链接可以添加在按钮图片上，也可以添加在文本上。当页面浏览者单击具有电子邮件链接的文本或按钮时，可以直接打开安装在系统中的电子邮件应用程序，例如：Outlook。在“收件人”位置已经自动填写好电子邮件的地址，浏览者只需在填写完内容后，直接发送即可。

2. 书签链接

当用户浏览网页时，如果网页内容较多时，网页制作者通常会在网页上端位置设置一个内容列表，列表下面分别是针对各列表项的详细说明。当用户单击内容列表中感兴趣的某一项后，网页将自动跳转到该列表项的详细说明位置。当用户阅读完该项说明的全部内容之后，单击“返回”文本或按钮，又可回到该页的列表位置。这样的网页效果可以让用户根据自己的需求只浏览其感兴趣的内容，而不必浏览网页中的所有内容，使网页更具人性化。此种效果的制作被称为“书签链接”。“书签”一词是意译而来的，它的英语原词是 anchor，即“锚”。在 Dreamweaver 中文版中，书签链接就被翻译成“锚记”。

活动引导

1. 设置邮件链接

(1) 打开活动一的首页 index. html，在顶部右侧单元格中输入文字“联系我们”，并调整到适当位置，如图 6. 26 所示。

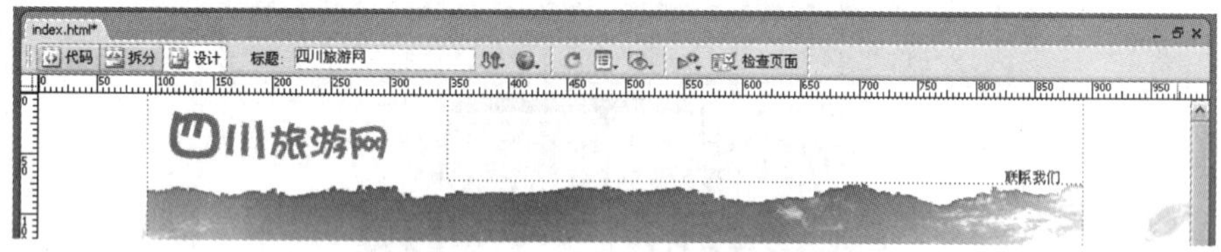

图 6. 26　输入“联系我们”文字

(2) 选取当前文字执行“插入记录/电子邮件链接”命令，在 E-mail(电子邮件)框中输入电子邮件地址“luna@ hotmail. com”，单击“确定”按钮，如图 6. 27 所示。

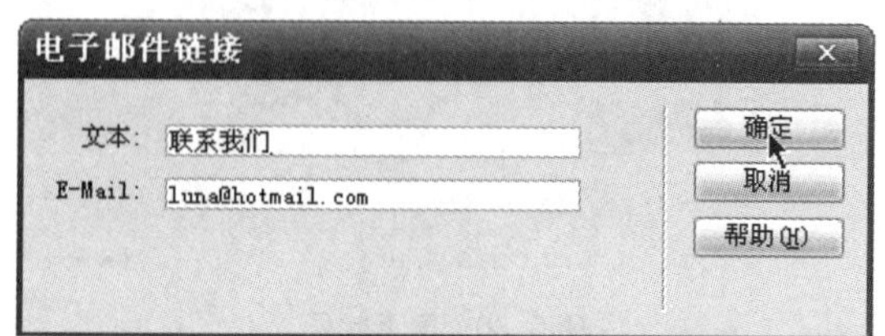

图 6. 27　输入“电子邮件地址”属性框

小贴士

若要在图片或文字上直接附加电子邮件链接，也可选中该对象，然后在“属性”面板的“链接”栏中输入“mailto：电子邮件地址”。在“mailto：”后面不要添加空格。例如：“mailto：luna@ hotmail. com”。按回车键确定，如图 6.28 所示。

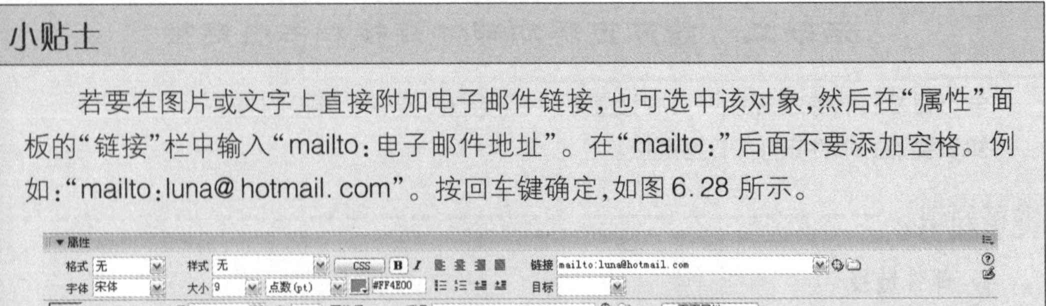

图 6.28 “属性”面板设置

（3）在上述“属性”面板的“链接”栏中输入“mailto：luna@ hotmail. com？ subject = 建议 &cc = zhangsan@ hotmail. com”，如图 6.29 所示。

图 6.29 输入抄送名单和邮件主题

小贴士

以上添加了抄送名单和邮件主题，相应的代码含义如下：

subject = 所需主题；

cc = 要抄送电子邮件地址；

其中，“？”表示分隔，“&”表示连接。

（4）保存网页，预览效果，如图 6.30 所示。

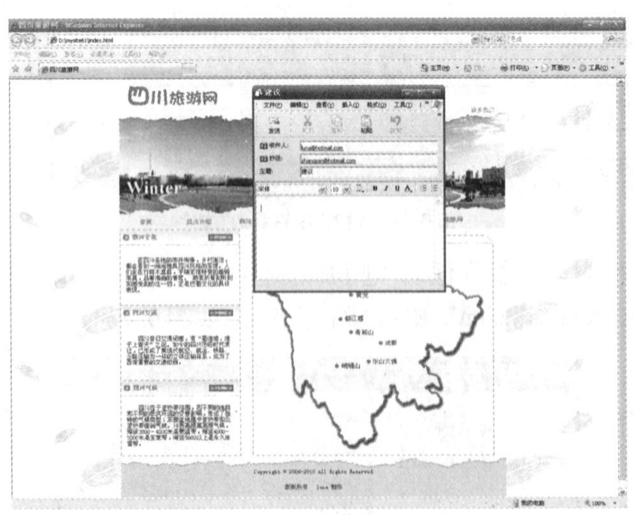

图 6.30 网页效果

2. 制作书签链接

（1）打开网页 scjd. html，将光标定位到都江堰内容介绍的标题处。

（2）单击“插入记录/命名锚记”或按 Ctrl + Alt + A 快捷键，在出现的对话框中输入书签名“djy”，然后单击“确定”按钮，如图 6. 31、6. 32 所示。

图 6. 31 命名锚记

图 6. 32 插入锚点

> **小贴士**
>
> 数字和字母都可以作为书签名，但是最好不要使用中文。除了使用菜单命令外还可以通过“插入栏”中的“常用”项插入“命名锚记”进行操作。

（3）选取文章标题处的“都江堰”文字，在“属性”面板的“链接”域中，输入符号“#”和书签名“djy”。即输入“#djy”，如图 6. 33 所示。

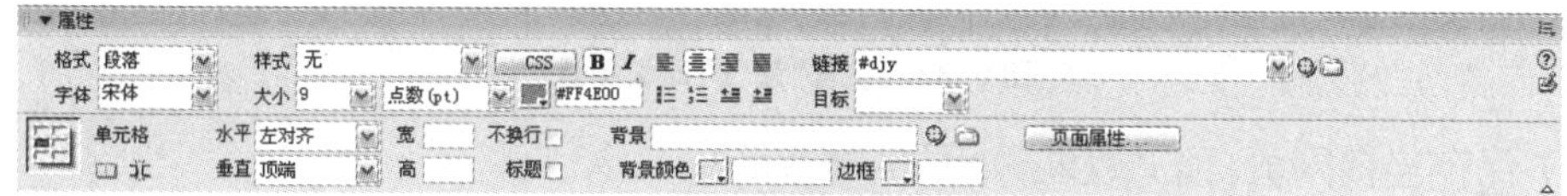

图 6. 33 设置锚点链接

（4）重复上述步骤，完成其他景点的锚点链接，如图 6. 34 所示。

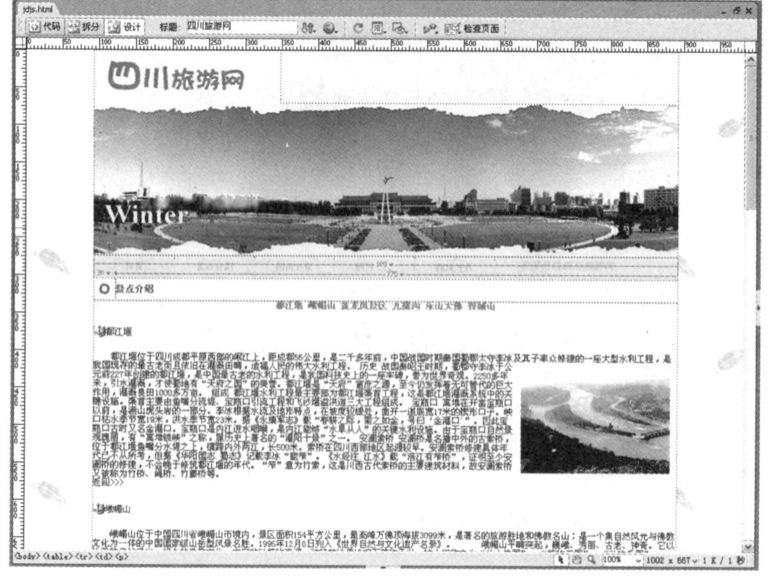

图 6. 34 设置锚点链接

(5) 打开首页 index. html,选取网页中的“景点地图”,使用“属性”面板中的“矩形热点工具”,在都江堰处绘制矩形热点。

(6) 在“属性”面板中的链接项中输入“files/jdjs. html#djy”,目标设置为“_blank”,替代项中输入“链接至都江堰的内容介绍”,如图 6. 35 所示。

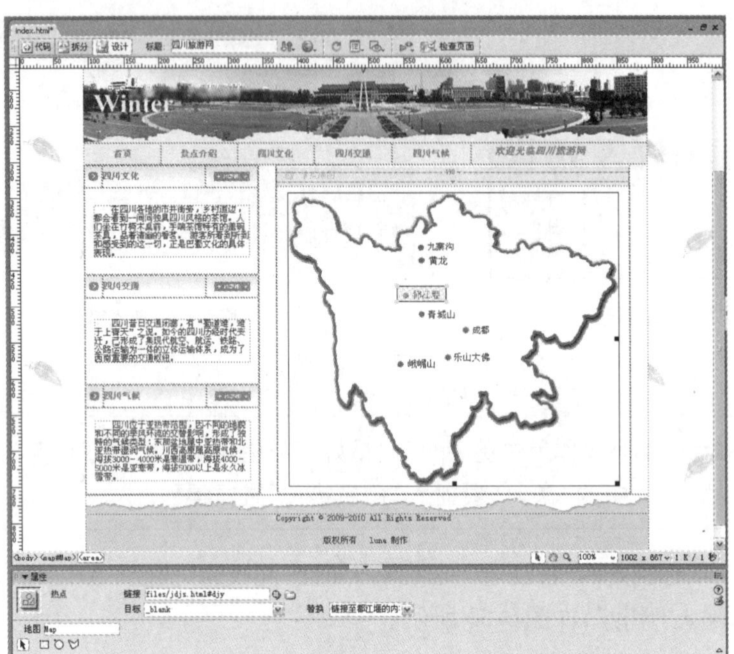

图 6. 35　设置“属性”面板参数

(7) 保存当前网页,预览效果,如图 6. 36 所示。

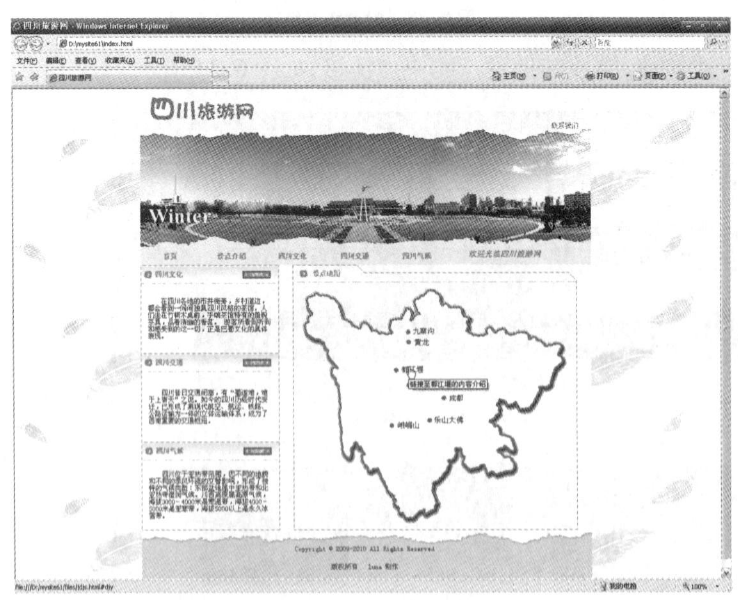

图 6. 36　链接效果

小贴士

当前“属性”面板中的参数设置是将链接的网页在新窗口中打开,并出现文字提示。

当前网页与需要链接的网页不在同一路径下,则输入的格式为“路径 + 文件名 + # + 书签名”。为了避免输入错误,可以先利用“链接”域旁的“浏览文件”按钮,选取链接的网页文件,然后在“链接”域中的链接文件名后加上“#书签名”即可。

(8) 重复上述步骤,完成“景点地图”中其余景点的锚点链接,并保存当前网页,如图6.37、6.38 所示。

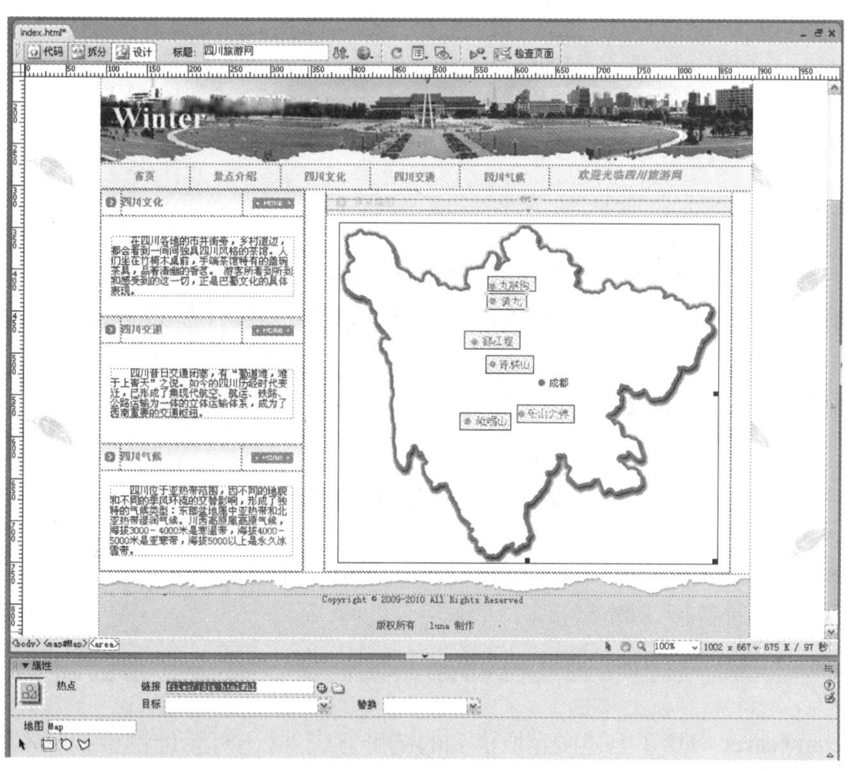

图 6.37　设置“属性”面板参数

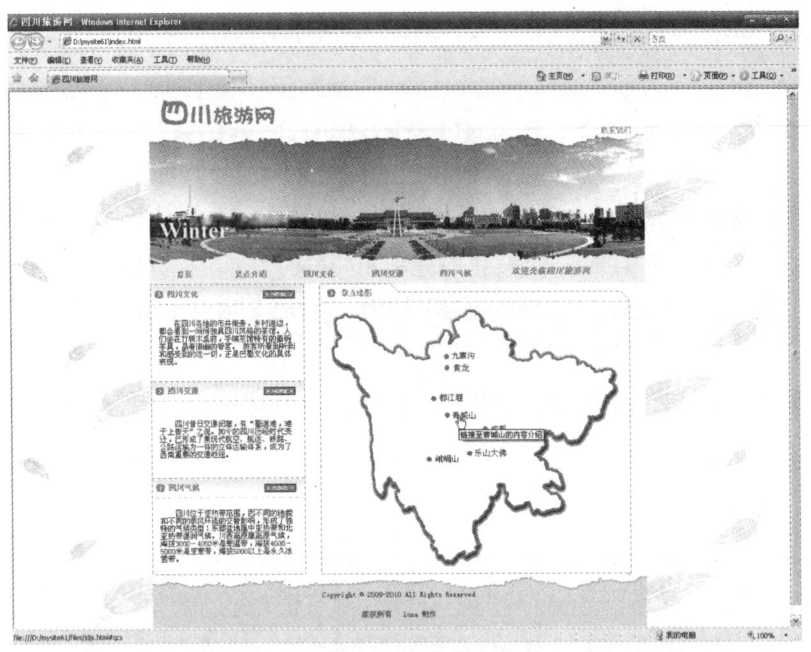

图 6.38　链接效果

活动小结

在本活动中,我们主要学习了网页中邮件链接和锚点链接的制作。

在制作邮件链接时,链接的书写格式为“mailto:邮件地址? subject = 邮件主题 &cc = 抄送地址”。

在制作锚点链接时,链接的书写格式为“路径 + 文件名 + # + 书签名”。

活动三　巧用无址链接和脚本链接

学习目标: 了解无址链接和脚本链接的含义,掌握制作的方法。

知识要点: 无址链接、脚本链接。

准备知识

在 Dreamweaver 中除了上述内容所讲到的链接方式外,还有无址链接和脚本链接,这两种链接方式不再是实现简单意义上网页间的跳转,而是赋予了链接更多的含义。

1. 无址链接

无址链接就如同它的名字一样,它不会跳转到任何地方。但是,这种链接对于读取某些 JavaScript 事件是非常有用的。例如:在大多数浏览器中,图像不能识别 onMouseOver 事件,可以通过使用无址链接实现图像变换。此外,在制作具有较多内容的网页时,通常都要在网页最底端添加“返回页首”的链接,以方便浏览者在浏览完所有网页内容后直接返回页面顶端。要添加“返回页首”的链接,可以使用书签链接,也可以通过无址链接快速创建。

2. 脚本链接

通过 JavaScript 脚本链接,可以执行 JavaScript 代码或调用 JavaScript 函数,也可以用来在用户单击时执行计算、表单验证和其他处理任务。

活动引导

1. 创建无址链接

（1）打开上述活动中的 jdjs. html，选取内容介绍中的文字“返回”。

（2）在“属性”面板的“链接”域中键入“#”号，在“目标”下拉菜单中选取“_top”，如图 6. 39 所示。

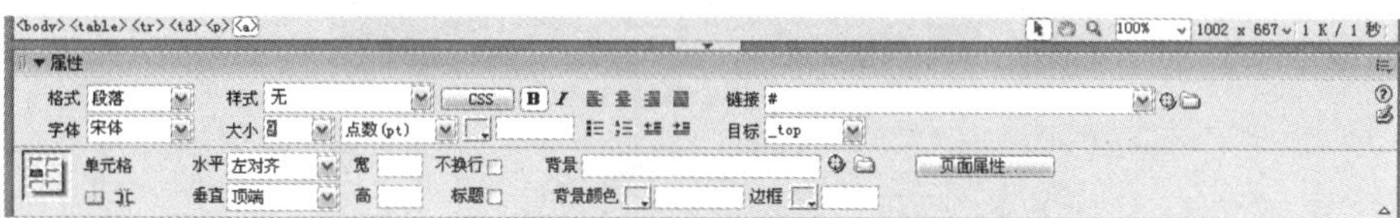

图 6. 39 设置无址链接

（3）重复上述步骤，将各景点内容介绍都制作返回链接。

（4）保存网页，预览效果。

2. 创建脚本链接

（1）打开上述活动中的 index. html，选取网页 logo“四川旅游网”。

（2）在“属性”面板的“链接”框中输入“javascript:”后接 JavaScript 代码或函数调用。即在“链接”域中键入“javascript:alert('欢迎光临四川旅游网')”，如图 6. 40 所示。

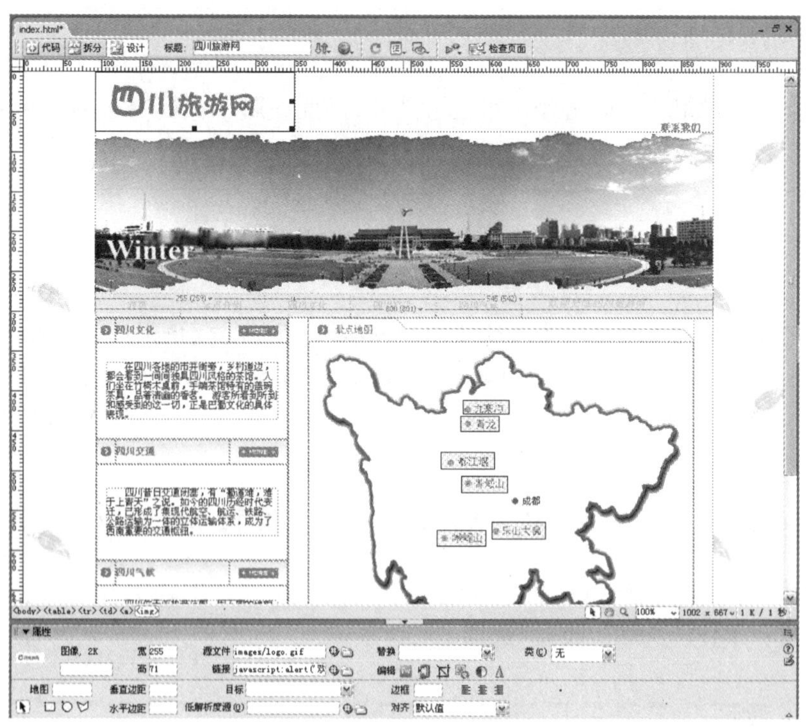

图 6. 40 JavaScript 代码或函数调用

网页制作

(3) 保存网页,预览效果。单击网页 logo“四川旅游网”,将弹出一个 JavaScript 警告框提示“欢迎光临四川旅游网”,如图 6.41 所示。

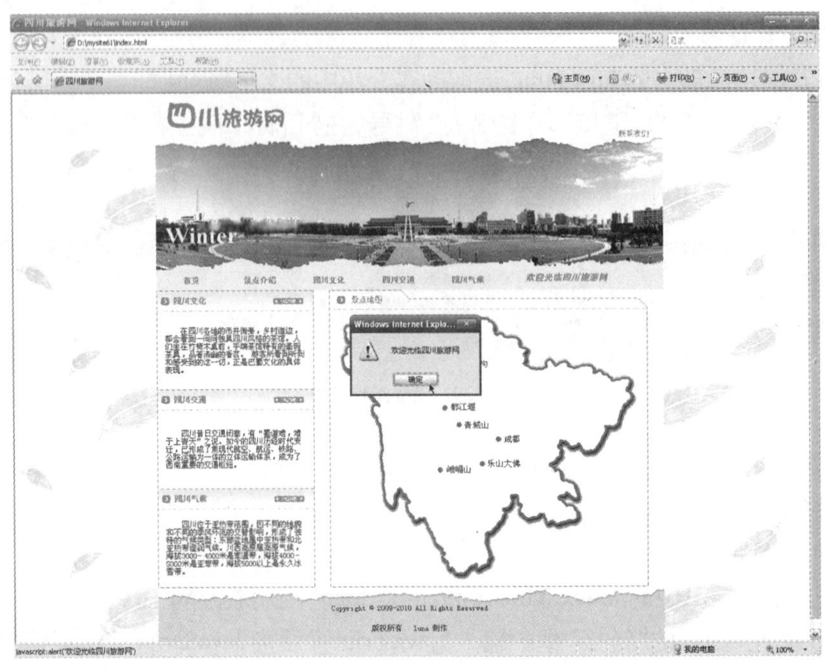

图 6.41　网页效果

小贴士

因为 JavaScript 代码出现在双引号之间,因此在脚本代码中必须使用单引号或在双引号之前加斜杠。例如:\" 欢迎光临\" 。

活动小结

在本活动中我们主要学习了无址链接和脚本链接的创建,值得注意的是,在实际制作中这两种特殊的链接往往以不同的形式出现。在本活动中只是列举了其中的一种形式。

活动四　管理站点链接资源

学习目标: 掌握站点链接资源的管理方法。

知识要点: “站点”选项、“收藏”选项。

准备知识

在 Dreamweaver 中可以通过“窗口/资源”命令打开“资源”面板。在“资源”面板中可以对当前站点的链接资源进行管理。具体操作方法为：单击"URLs"按钮后，进入链接资源的"查看"面板，可以根据面板上部的"站点"和"收藏"选项查看不同情况下的链接资源。

1. "站点"选项

单击"资源"面板中的"URLs"按钮，进入链接资源的"查看"面板，面板上部的默认选项为"站点"，如图6.42所示。

面板分为两个显示区域，在面板上部的显示区域中显示的是当前选定的URL，而面板下部的显示区域中显示的是当前网页中所有的URL。

值得注意的是，如果当前窗口没有显示新创建的URL地址，可以先切换到"文件"面板后，再返回"资源"面板，然后单击面板底部的"刷新站点列表"按钮，如图6.43所示。

图6.42 "资源"面板

图6.43 刷新站点列表

面板底部各按钮的作用如下：

应用/插入 应用 ：当前文档窗口中有选取的文字或图片时，该按钮为"应用"。单击该按钮，即可快速地将当前"资源"面板中所选取的URL地址应用到选取的文字或图片上，创建链接。如果当前文档窗口没有选取对象，则该按钮为"插入"，单击该按钮，在文档中插入文字为URL地址的超级链接。

添加到收藏夹 ：将当前选取的URL地址添加到收藏夹。

2. "收藏"选项

单击"资源"面板上部的"收藏"选项，如图6.44所示。

面板分为两个显示区域，在面板上部的显示区域中显示的是当前选定的URL，而面板下部的显示区域中显示的是当前网页中所有的URL。

面板底部按钮各按钮的作用如下：

应用/插入 应用 ：作用与上述"站点"项中的按钮相似。该按钮是将收藏夹中的URL地址应用或插入到文档内。

图6.44 "收藏"选项

新建收藏夹 ：添加新收藏夹，当收藏夹中的URL地址过多时，可用该按钮创建新收藏夹，将链接资源归类。

新建URL ：创建一个新的URL地址，并允许用户给新建的URL地址命名。

编辑：对当前选取的 URL 地址进行编辑，包括 URL 地址的改写和昵称的更改。

从收藏中删除：删除当前选取的 URL 地址。

除了上述操作外，还可通过单击鼠标右键，在弹出的快捷菜单中设置更多的属性。其中包括将收藏夹中的 URL 地址直接添加到站点资源中等操作。

活动引导

1. "站点"选项的设置

(1) 打开网页 jdjs. html，在顶部右侧单元格中输入文字"联系我们"，并调整到与首页相同的位置。

(2) 单击"资源"面板中的"URLs"按钮，进入链接资源的"查看"面板，面板上部的默认选项为"站点"。此时，该面板中显示的是当前站点中所有的 URL。如图 6. 45 所示。

(3) 分别选取文档窗口中的文字"联系我们"及"资源"面板中的"mailto：luna@ hotmail. com? subject = 建议 &cc = zhangsan@ hotmail. com"。

(4) 单击"资源"面板底部的"应用"按钮，此时"联系我们"的链接地址设置完成，如图 6. 46 所示。

图 6. 45 "资源"面板

图 6. 46 设置链接

> **小贴士**
>
> 在上述步骤中，我们应用的链接地址是一个邮件地址，除了邮件地址外，还可以应用其他类型的地址，例如：http://www. sohu. com。

(5) 重复上述步骤，完成其他分页中的邮件地址链接，如图 6. 47 所示。

(6) 选取"资源"面板中的"mailto：luna@ hotmail. com? subject = 建议 &cc = zhangsan@ hotmail. com"，单击"资源"面板底部的"添加到收藏夹"按钮，并加以确认，将当前 URL 添加到收藏夹，如图 6. 48 所示。

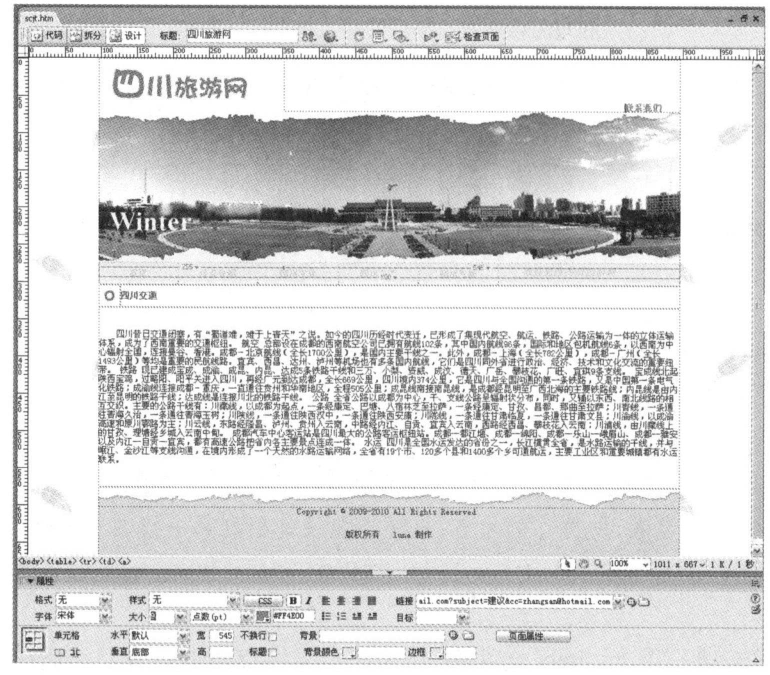

图 6.47　分页效果

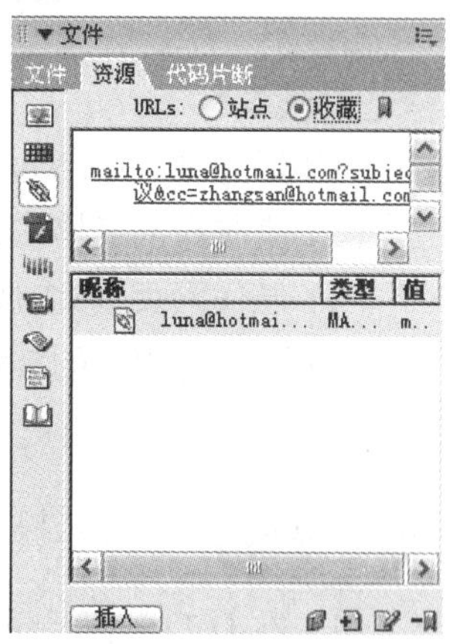

图 6.48　“收藏夹”选项

2. “收藏”选项的设置

(1) 单击“资源”面板上部的“收藏”选项，将面板切换到收藏夹。

(2) 单击“资源”面板底部的“新建 URL”按钮，在弹出的“添加 URL”对话框的“URL：”项中输入“http://www.sina.com”，“昵称”项中输入“新浪”，并单击“确定”按钮，如图 6.49 所示。

图 6.49　“收藏夹”选项

图 6.50　插入新链接

图 6.51　“收藏夹”选项

(3) 打开首页 index.html，将光标定位在网页右上角，选取“资源”面板中的“新浪”选项，单击底部的“插入”按钮，观察文档窗口中的变化，如图 6.50 所示。

(4) 选取“http://www.sina.com”项，单击“资源”面板底部的“编辑”按钮，在弹出的“编辑 URL”对话框的“昵称”项中输入“友情链接”，并单击“确定”按钮，如图 6.51 所示。

(5) 保存当前网页。

活动小结

在本活动中,我们通过“资源”面板对站点中的链接进行了编辑、管理。通过本活动主要让我们熟悉“资源”面板中的一些常用按钮。

本章实验　制作“庐山风景”网站

实验要求

(1) 建立站点目录 mysitelx,并将站点指定至站点目录。

(2) 绘制布局表格和布局单元格。

(3) 制作网页“庐山风景”,在网页中加入相应文字及图像。

(4) 制作网页中的各种链接,其中包括文字链接、图像链接、锚点链接、邮件链接等。

注意:本实验提供的样例仅供参考,发挥你的才智,也许你能设计出别具一格的网页哦!

操作提示

(1) 在 D 盘的根目录下新建一个 mysitelx 文件夹,作为站点文件存放的目录。然后在 mysitelx 文件夹下建立下级文件夹 images 和 files,作为网页图片和站点分页存放的目录。

(2) 打开 Dreamweaver,在起始页中建立站点 mysitelx,站点名称为“庐山风景”,并指定站点文件的目录。

(3) 新建首页 index. html,在“属性”面板中设置字体大小为 9 点,颜色为黑色#333333,背景图像为 bg. jpg,上边距及下边距为 0;链接文字大小为 9 点、粗体,链接颜色及已访问链接的颜色设置为白色#FFFFFF,变换图像链接为黑色#000000,始终无下划线;网页标题为“庐山风景”。

(4) 在当前网页中插入 1 行 2 列的表格,表格宽度为 900 像素,对齐方式为“居中对齐”。使用单元格拆分的方式,完成首页顶部标题栏的制作,如图 6. 52 所示。

图 6. 52　顶部标题栏的制作

（5）再次插入 1 行 9 列的表格，表格宽度为 900 像素，高度为 35 像素，对齐方式为“居中对齐”，背景图像为 menu1. jpg。在单数序列的单元格内设置宽度为 177 像素，并输入相应文字，在双数序列的单元格内插入素材图像 menu2. jpg 作为分隔线，如图 6. 53 所示。

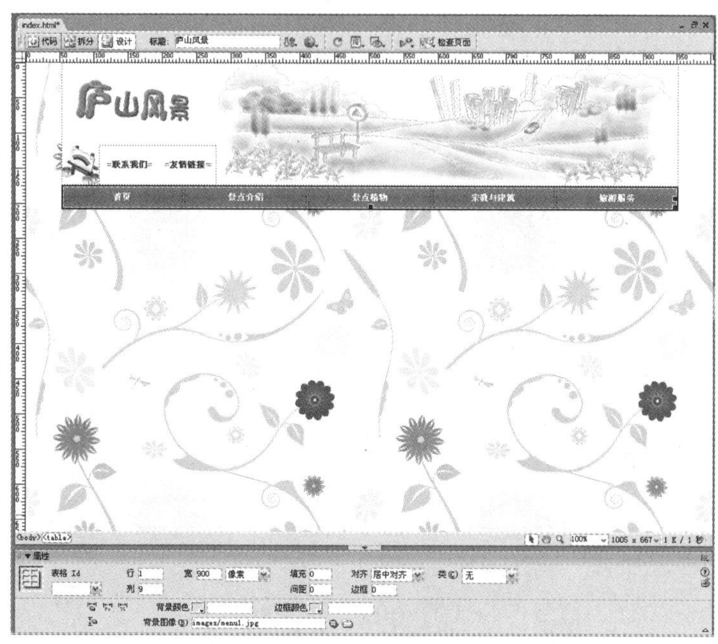

图 6. 53　制作导航栏

（6）插入 1 行 1 列的表格，表格宽度为 900 像素，利用间距值制作 1 像素宽、颜色为浅灰色#ECEAE1 的边框，如图 6. 54 所示。

图 6. 54　制作 1 像素边框表格

(7) 在上述表格中插入1行2列的嵌套表格，设置左侧单元格宽度为250像素，并插入2行1列的嵌套表格完成“庐山介绍”，在右侧单元格内插入素材图像 map. jpg，并设置对齐方式，如图6.55所示。

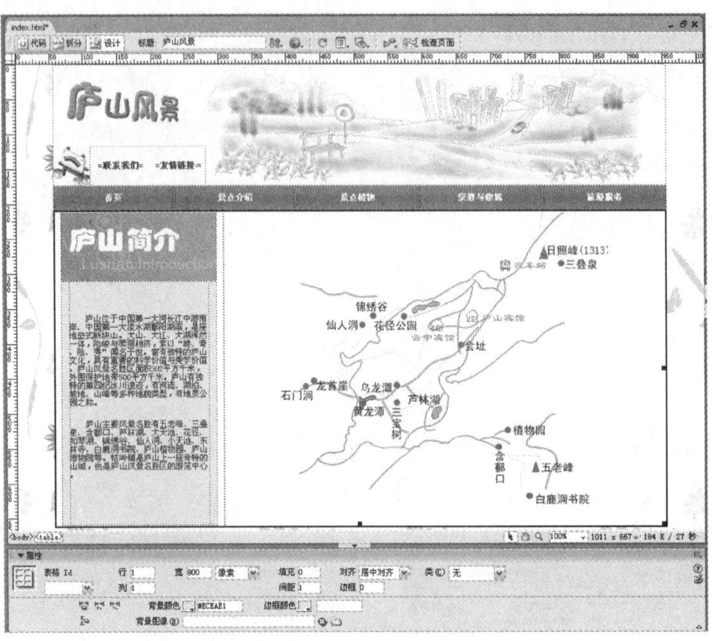

图6.55　制作庐山介绍及地图

(8) 利用嵌套表格，完成栏目及版权信息部分的制作，如图6.56、6.57所示。

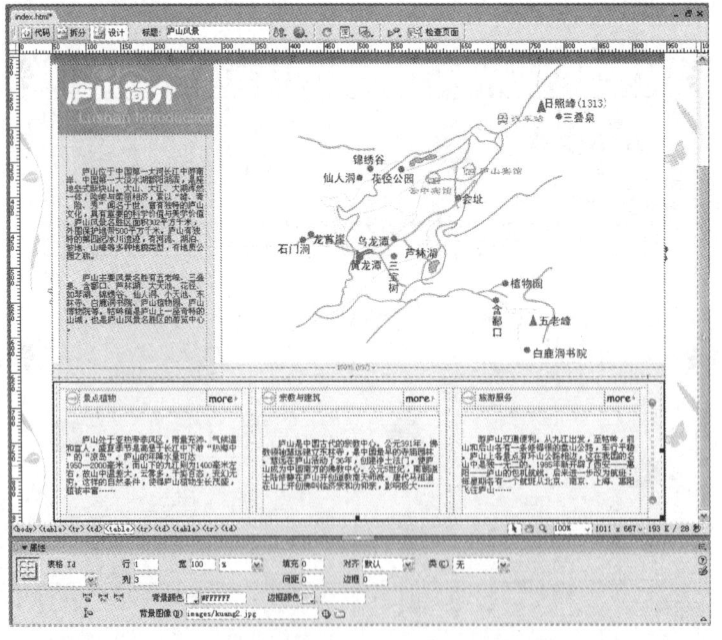

图6.56　栏目部分的制作

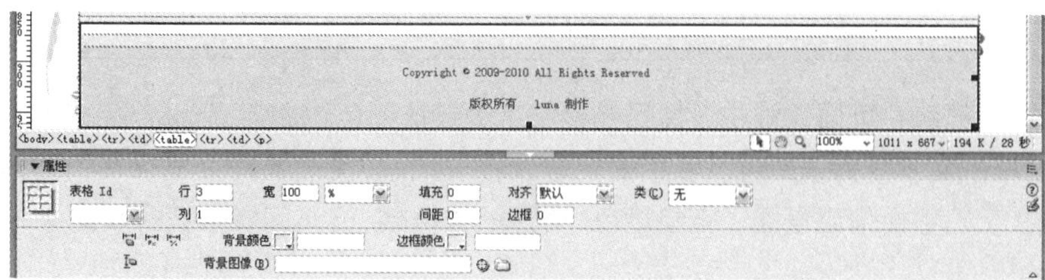

图 6.57　版权信息部分的制作

(9) 保存当前网页，将当前主要内容部分删除，分别制作分页“景点介绍”、“景点植物”、“宗教与建筑”、“旅游服务”并保存，如图 6.58、6.59、6.60、6.61 所示。

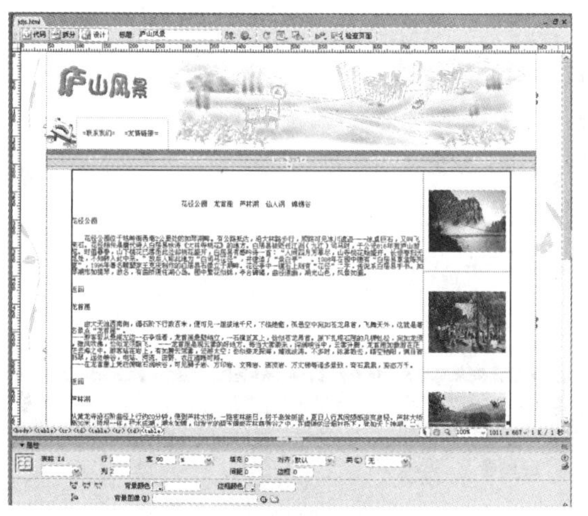

图 6.58　景点介绍

图 6.59　景点植物

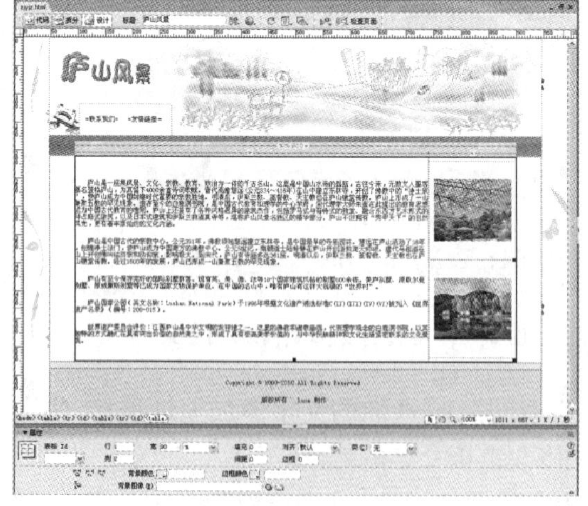

图 6.60　宗教与建筑

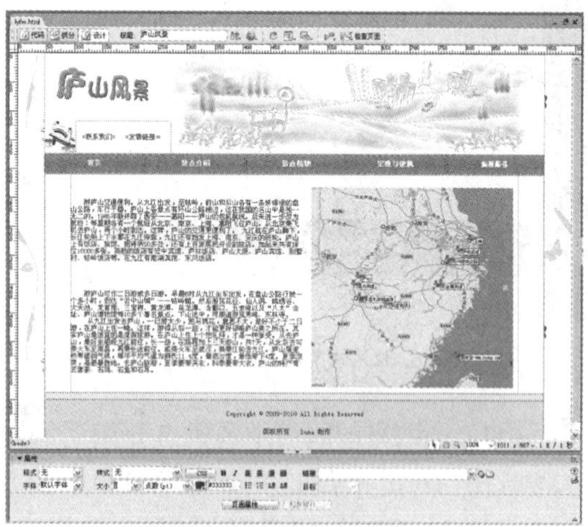

图 6.61　旅游服务

(10) 打开“景点介绍”网页，完成各景点的书签链接及返回设置。

小贴士

由于已经在页面属性中设置了链接文字的链接颜色为白色，因此当完成书签链接后，链接的文字变为了白色。我们需要通过修改代码，使一张网页里存在不同颜色的链接文字。下面代码设置了链接颜色、变换图像链接、已访问链接三种状态下的文字颜色。

（11）将当前页面切换至代码视图，在代码起始处中添加如下代码：

```
a. wz:link {color: #333333;}
a. wz:visited {color: #333333;}
a. wz:hover{color: #F6813E;}
```

（12）在需要设置上述链接颜色的文字中做如下代码的修改。
修改前：<a href = "#hjgy"> 花径公园 </a>
修改后：<a class = 'wz' href = "#hjgy"> 花径公园 </a>
按同样的步骤完成其余景点链接文字的颜色设置，如图 6. 63 所示。

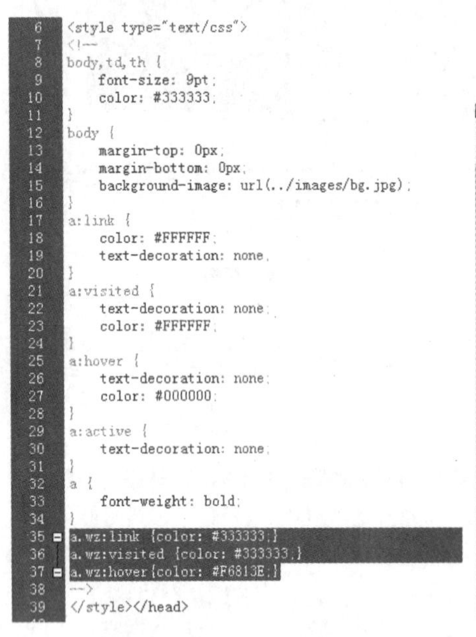

```
<style type="text/css">
<!--
body,td,th {
    font-size: 9pt;
    color: #333333;
}
body {
    margin-top: 0px;
    margin-bottom: 0px;
    background-image: url(../images/bg.jpg);
}
a:link {
    color: #FFFFFF;
    text-decoration: none;
}
a:visited {
    text-decoration: none;
    color: #FFFFFF;
}
a:hover {
    text-decoration: none;
    color: #000000;
}
a:active {
    text-decoration: none;
}
a {
    font-weight: bold;
}
a.wz:link {color: #333333;}
a.wz:visited {color: #333333;}
a.wz:hover{color: #F6813E;}
-->
</style></head>
```

图 6. 62　修改代码

图 6. 63　书签链接（网页内跳转）效果

（13）选取当前网页中各景点介绍后的文字“返回”，将选取的文字添加无址链接，使该链接跳转到网页开头部分，并使用（12）中的方法修改链接文字的颜色。

（14）打开首页，将网页中的景点地图制作相应的书签链接，链接至相关内容介绍处，并设置文字提示，当单击链接的热点区域后，链接网页在新窗口中打开，如图 6. 64 所示。

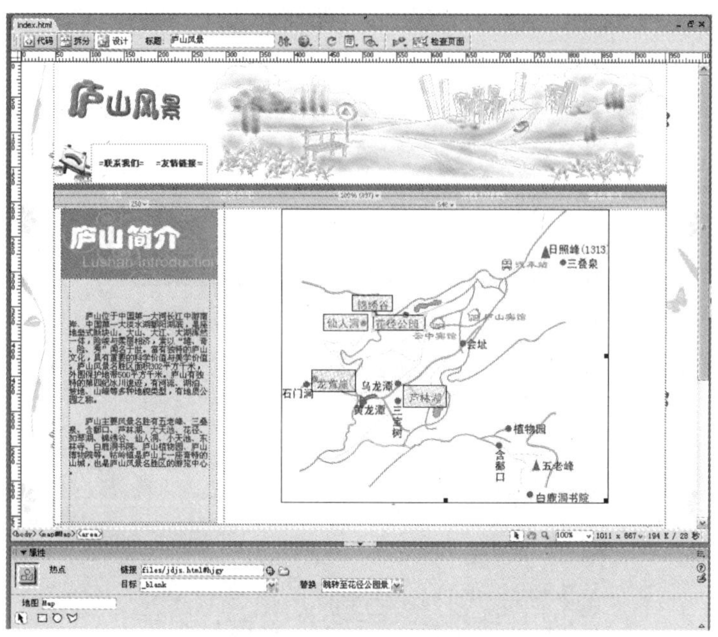

图 6.64　书签链接(网页间跳转)

(15) 制作首页中的“ = 邮件联系 = ”及“ = 友情链接 = ”,邮件地址为“mailto:luna@hotmail. com”,友情链接地址为“http://www. sina. com”,并使用(11)和(12)中的方法修改链接文字的颜色,按同样的步骤完成其他分页的相关链接,如图 6.65 所示。

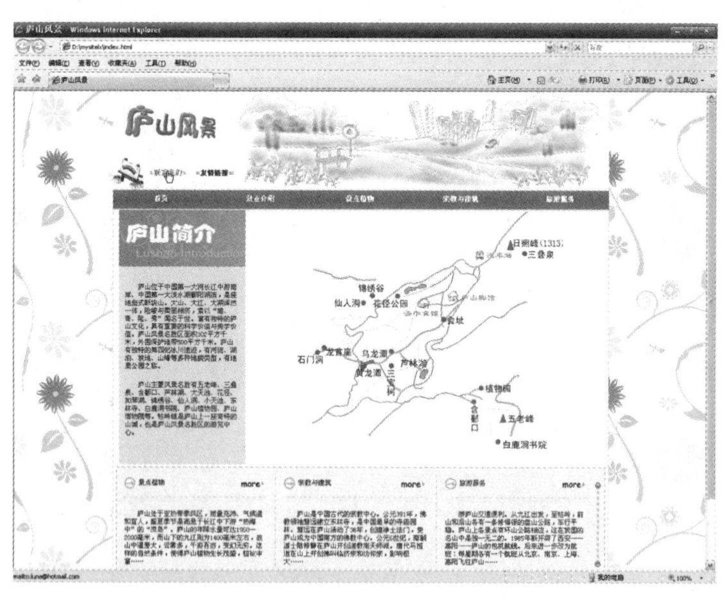

图 6.65　邮件链接

(16) 完成各网页间的链接,其中包括导航栏处的文字链接及具体内容介绍处“more”的图片链接。

(17) 选取站点 logo,在“属性”面板的“链接”框中输入“javascript:”后接 JavaScript 代码或函数调用。即在“链接”域中输入“javascript:alert('欢迎光临庐山风景网')”,如图 6.66 所示。

图 6.66　脚本链接

(18) 保存当前网页。

提高篇

第七章　建立框架网页

本章概要

同一个站点中往往有不少网页具有相同的导航栏、标题栏等。如果在制作每一张网页时都要重复制作相同的导航栏、标题栏等，显然加大了工作量。框架就能很好地解决该问题。本章主要介绍框架网页的创建、调整、删除等基本集操作以及利用“属性”面板设置框架属性和相关的链接属性。同时，阐述了有关框架网页的基本原理。

本章主要通过四个活动的展开，让我们了解框架的基本概念，掌握框架网页的创建、调整、删除等基本集操作；能区分框架和框架集中的文件，并能区别保存；能够利用“属性”面板设置框架属性及相关的链接属性；掌握创建无框架内容及内嵌式框架的基本方法。

活动一　初识框架网页

学习目标：理解框架网页的基本原理，掌握新建框架网页的两种方法，并能将框架和框架集区别保存。

知识要点：框架网页、框架集、框架集中的网页。

准备知识

1. 框架简介

所谓框架，就是将浏览器窗口划分为若干个区域，每个区域中都显示具有独立内容的网页。框架集作为一种特殊网页，定义了整体的框架布局，但其本身并不提供实际的网页内容。框架集记录了框架网页中所包含的框架数量以及拆分方式等信息，但网页中的具体内容是由单独的网页决定的。

图 7.1　网页 1

图 7.2　网页 2

在上述框架网页内共有三个框架，因此需要三个相对应的网页，框架网页加上三个独立的网页，共有四个网页。

框架常用于站点导航系统。网页 1 和网页 2 上方的导航按钮以及左侧的站点 logo、用户注册等内容是相同的。导航按钮以及左侧部分分别对应在两个独立的网页中。右下方的内容也分别对应于独立的网页，利用框架的链接属性，当访问者单击菜单项浏览其他内容时，导航菜单和标题则几乎不发生任何变化。由此可见，框架网页不但是页面布局的解决方案，也是避免重复劳动的一种方法。

2. 创建框架网页

在 Dreamweaver 中可以通过两种方式插入框架集：一种是在现有网页中直接拆分，另外一种是插入预先定义的框架集。

利用“插入”工具栏“布局”选项中的“框架”选项，可以随意选择自己需要的框架集类型。

3. 保存与打开框架和框架集中的文件

使用框架的页面包括若干文件。用户在保存网页时不仅需要保存框架中的网页，还要保存框架集文件。在具体的操作中可以分别保存或者一次保存所有文件。

打开和关闭框架中的文件与打开和关闭网页文件相类似。但要注意的是，利用“文件/打开”命令，如果选取的是框架集文件，则可同时打开该框架集和其中的框架页面。如果选取的是单个框架页面，则只能打开该页面。

4. 修改框架页

(1) 增加框架

增加框架有如下两种方法。

方法一：将鼠标移至框架的边框线处，当光标出现方向箭头时，按住 Alt 键在文档窗口中拖动框架边框，将框架进行划分，如图 7.3 所示。

方法二：将光标定位在需拆分的框架页面，执行“修改/框架集”命令，选取拆分的类型，如图 7.4 所示。

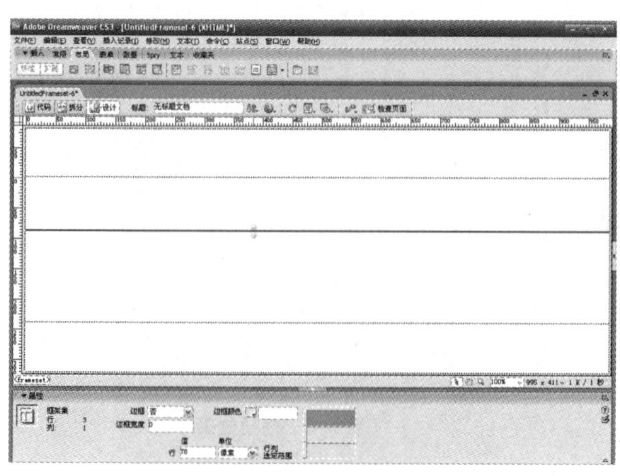

图 7.3　增加框架

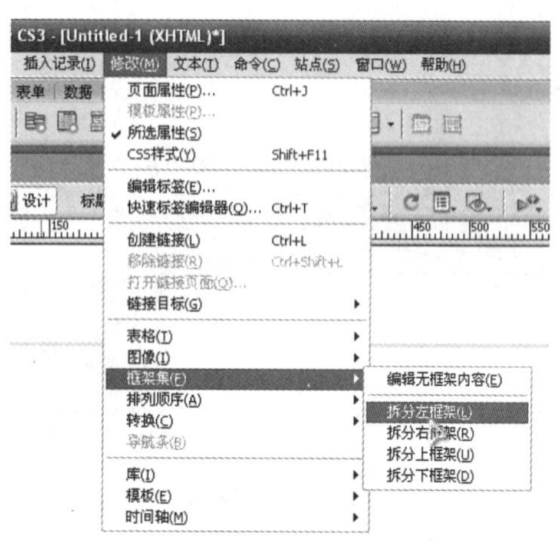

图 7.4　拆分框架

(2) 删除框架

将鼠标移至框架边框线处，当光标出现方向箭头时，将框架的边框线向边缘处拖动，直至离开页面，如图 7.5 所示。

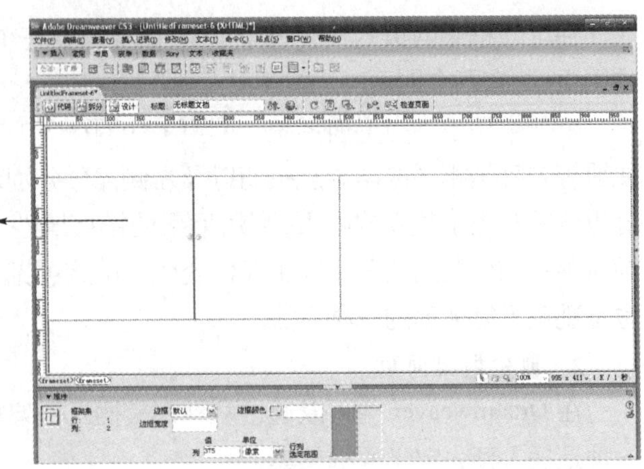

图 7.5　删除框架

(3) 调整框架

将鼠标移至框架的边框线处，当光标出现方向箭头时，将框架边框线进行拖动，即可调整框架的大小。

活动引导

1. 建立站点及网页

(1) 在 D 盘建立站点目录 mysite71 及其子目录 images 和 files，并使用高级标签定义站点，站点名为“在线教育”，如图 7.6 所示。

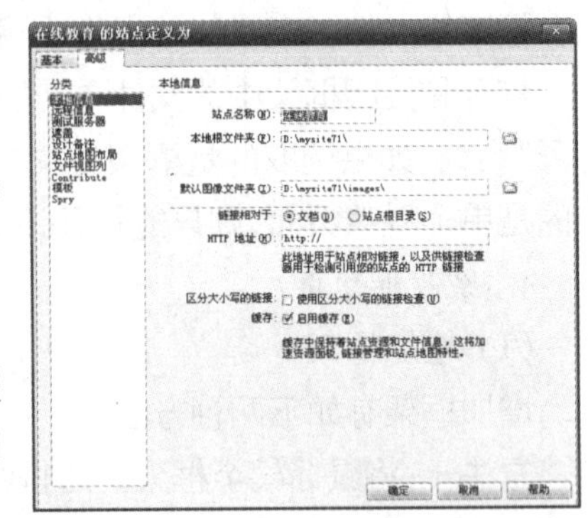

图 7.6　定义站点

(2) 在起始页中的“新建”中单击“HTML”，创建新网页。

2. 插入预先定义的框架集

(1) 单击“插入”工具栏中的“布局”选项卡，在“框架”展开菜单的按钮中单击“上方和下方框架”，如图 7.7、7.8 所示。

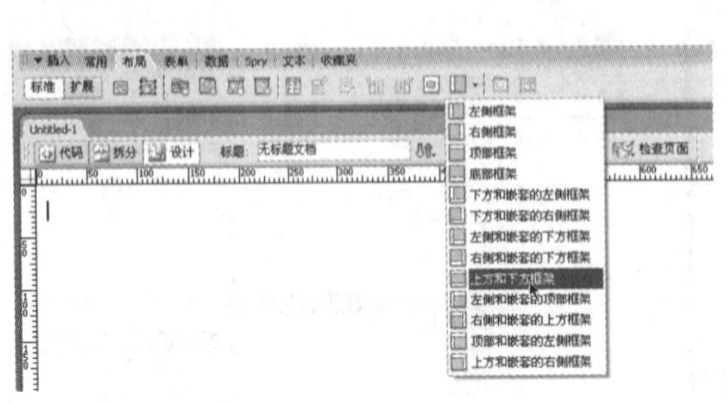

图 7.7　“框架”展开按钮

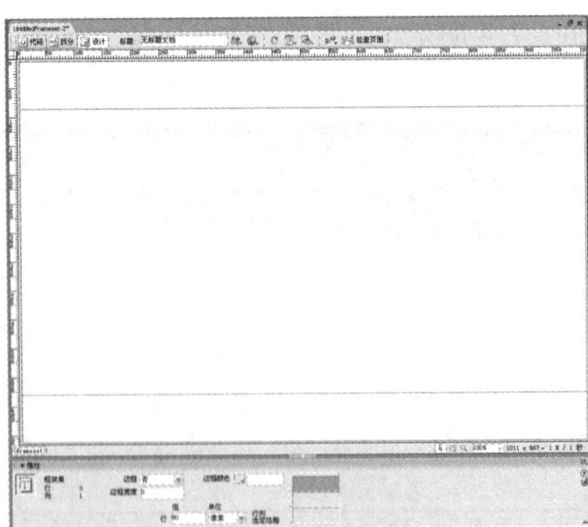

图 7.8　框架效果

(2) 将光标定位在中间页面，执行“修改/框架集/拆分左框架”命令，将中间页面拆分为左右两页，效果如图 7. 9、7. 10 所示。

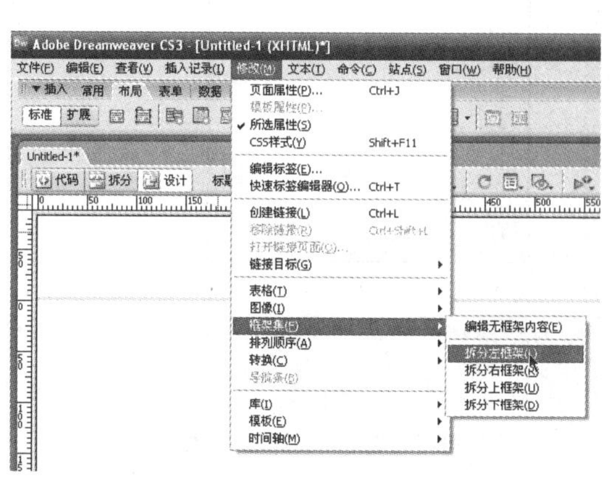

图 7. 9 拆分左框架

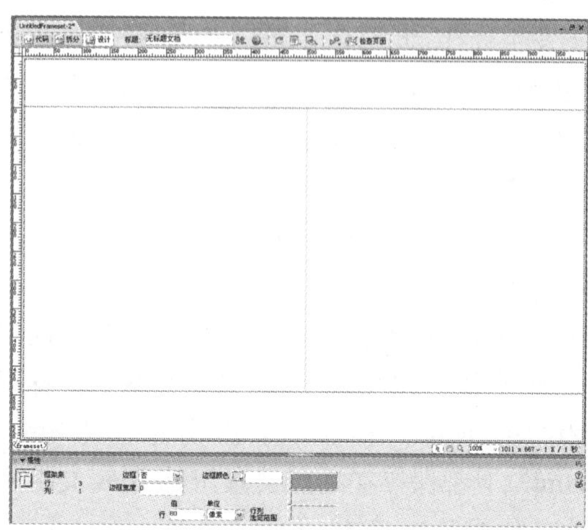

图 7. 10 效果图

3. 保存框架和框架集

（1）执行“文件/保存全部”命令，在选取“保存全部”命令之后，Dreamweaver 将依次提示要保存的内容。首先要保存的是主框架集，Dreamweaver 会以斜线框包围整个框架。在弹出的“另存为”对话框中，输入框架集名称“index”，将该框架集保存在站点根目录下，如图 7. 11 所示。

（2）在保存主框架集文件之后，接下来仍将出现“另存为”对话框，提示保存其他框架。斜线框的包围范围也发生变化，此时包围的是底部的框架。在该“另存为”的对话框中，输入框架页面的名称“bottom”，将该框架页面保存在站点目录下的 files 文件夹中，如图 7. 12 所示。

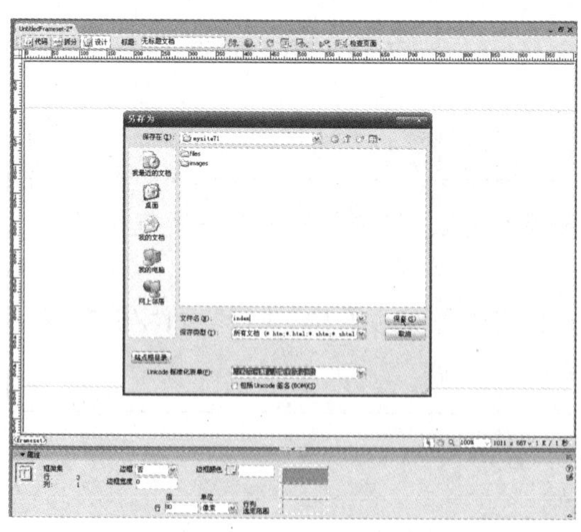

图 7. 11 保存主框架集

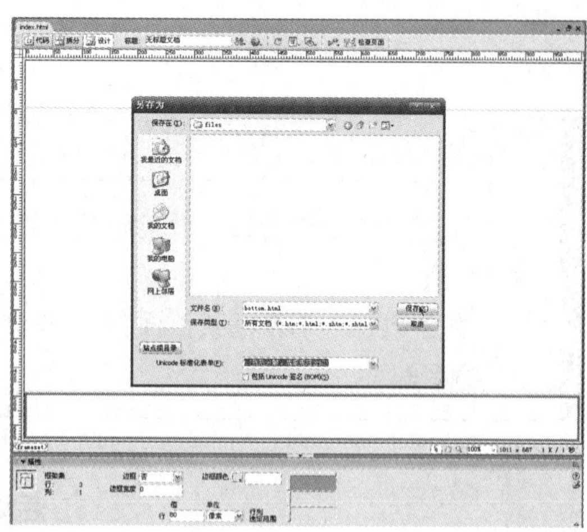

图 7. 12 保存底部页面

（3）在保存框架页面“bottom”后，接下来仍将出现“另存为”对话框，斜线框的包围范围发生变化，此时包围的是右侧框架。在该“另存为”对话框中，输入框架页面的名称“main1”，将该框架页面保存在站点目录下的files 文件夹中，如图 7.13 所示。

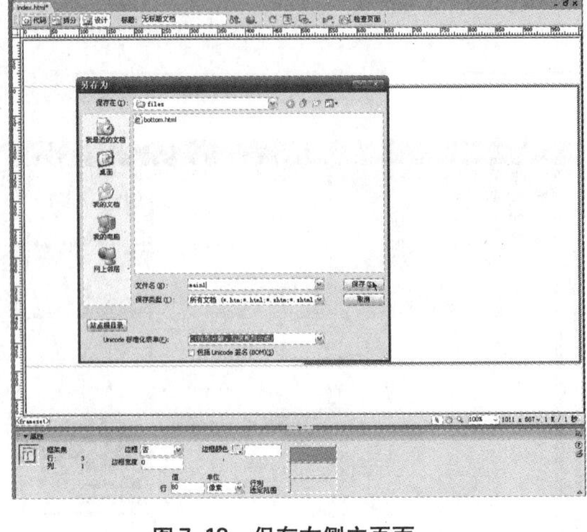

图 7.13　保存右侧主页面

（4）在保存框架页面“main1”后，接下来仍将出现“另存为”对话框，直至将所有的框架页面保存完毕。按同样的步骤完成左侧框架及顶部框架的保存，其中左侧框架页面保存为“left. html”，顶部框架页面保存为“top. html”，且都保存在站点目录下的 files 文件夹中。如图 7.14、7.15 所示。

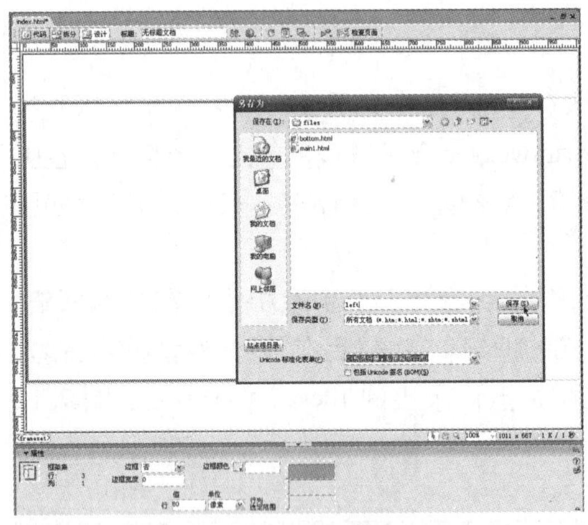

7.14　保存左侧页面

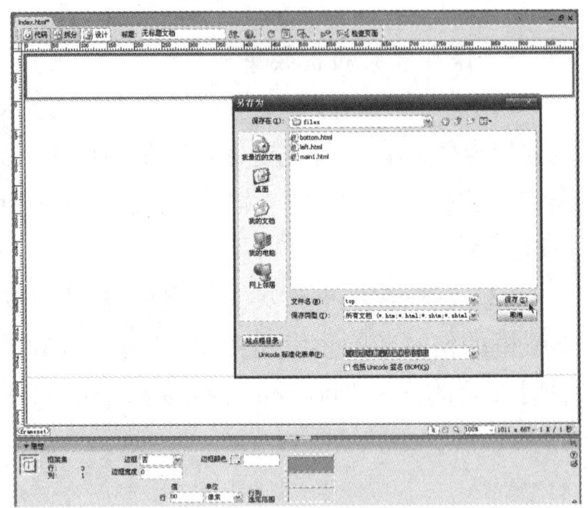

7.15　保存顶部页面

小贴士

上述实例中包含四个框架网页，因此需要保存五次，其中包括一个框架集和四个框架页面。

如果要保存单个框架页面，只需将光标定位在该框架页面中，执行“文件/保存框架”命令即可。

活动小结

本活动主要让我们学习了框架网页的创建、修改及保存，在具体操作中要特别注意区分框架集文件和框架网页，这对于后面的操作将极为重要。

活动二　设置框架属性

学习目标：掌握“框架”面板的基本使用方法，掌握利用“属性”面板修改框架及框架集属性的基本方法。

知识要点：“框架”面板、框架属性、框架集属性。

准备知识

1. 框架面板

框架和框架集都是独立的 HTML 文档。要修改框架或框架集，必须先选取要修改的框架或框架集。选择的方法包括在文档窗口中直接选择或使用框架面板进行选择。

要在文档窗口中直接选择框架，可以按住 Alt 键在框架内单击。要在文档窗口中直接选择框架集，可以在框架的边框上单击。被选取的框架或框架集将出现选择线（由若干小点组成的虚线圈）。

在“框架”面板中，框架集有明显的三维边框，而且框架有灰色线条并显示框架名。因此使用“框架”面板选取相关的框架集和框架是非常方便的，可通过执行“窗口/框架”命令打开“框架”面板，如图 7.16 所示。

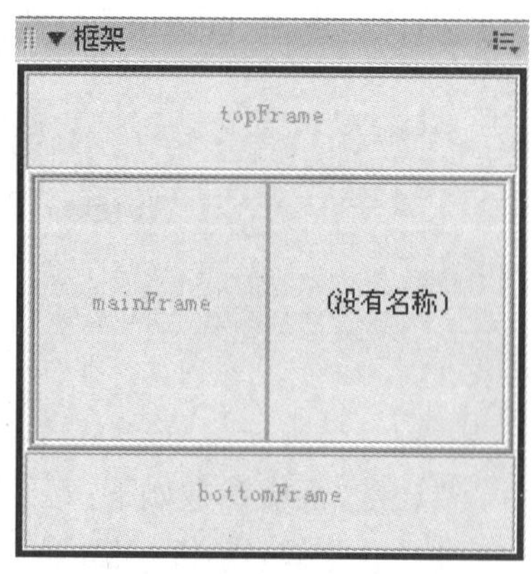

图 7.16　“框架”面板

2. 框架属性

设置框架的属性主要是通过设置“属性”面板中的相应参数实现的，如图 7.17 所示。

图 7.17　框架“属性”面板

“属性”面板参数如下：

框架名称：决定用来作为超级链接目标和脚本引用的当前框架名。

源文件：设置框架的源文档。

滚动：设置在没有足够空间显示当前框架中的内容时是否使用滚动条。

不能调整大小：使浏览者不能调整框架的大小。

边框：控制当前框架的边框。

边框颜色：设置所有和当前框架相邻的边框的颜色。

边界宽度：设置框架边框和内容之间的的宽度（单位为像素）。左右边距是指框架边框和内容之间的空间。

边界高度:设置上下边距的高度(单位为像素)。上下边距是指框架边框和内容之间的空间。

值得注意的是,在默认情况下,Dreamweaver 设置的框架边距宽度和高度的默认值会使网页内容和边框之间存在距离。要消除该间距,可以将“边界宽度”和“边界高度”两个值均设置为 0。

3. 设置框架集的属性

要查看框架集属性,可单击框架边框或选取文档窗口左下角标签选择器中的 <frameset> 标签后,在“属性”面板中查看相应的框架集属性,如图 7.18 所示。

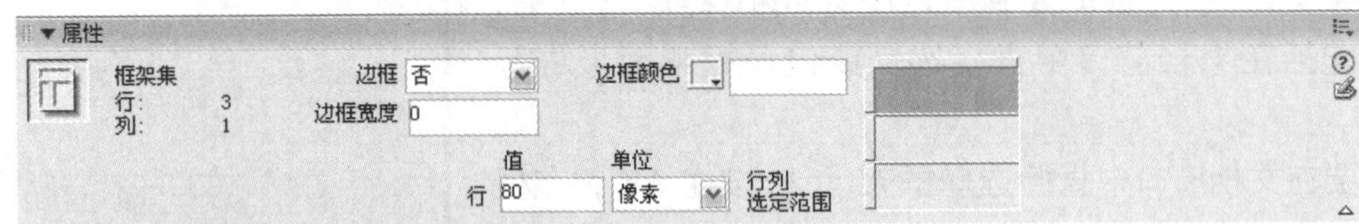

图 7.18　框架集“属性”面板

“属性”面板参数如下:

边框:控制当前框架集内框架的边框。

① 选择“是”可以显示三维且灰度的边框;

② 选择“否”可以显示扁平且灰度的边框;

③ 选择“默认”可以由浏览器确定如何显示边框。

边框宽度:设置当前框架集中边框的宽度。

边框颜色:设置当前框架集中所有边框的颜色。

值:指定所选择的行或列的大小。

单位:指定所选择的行或列大小的单位。

行列选定范围:选取框架集的行或列。

4. 链接框架网页

在 Dreamweaver 中可以通过在某个框架中使用链接改变其他框架中的内容。设置方法非常简单,在设置完链接的页面后,在“目标”选项处选取要替换的框架内容即可。

活动引导

1. 设置框架属性

(1) 打开上述活动中制作的框架集 index. html。

(2) 执行“窗口/框架”命令打开“框架”面板,选取“框架”面板中最外侧边框,如图 7.19 所示。

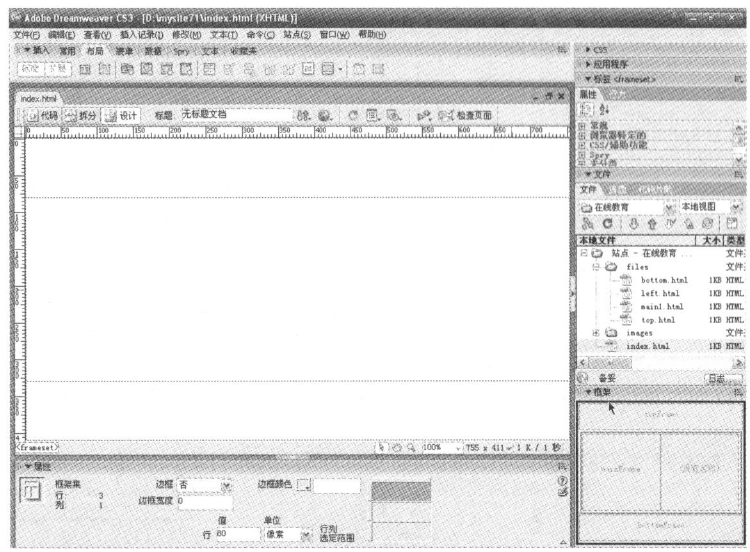

图 7.19　选取框架集

(3) 设置编辑窗口中的网页标题为“在线教育”。

(4) 设置框架集属性,在“属性”面板中设置边框为“否”,边框宽度为“0”。在行列选定范围中选取框架集的第一行,设置行为 275 像素,按同样的步骤设置第二行为 265 像素,第三行为 80 像素,如图 7.20 所示。

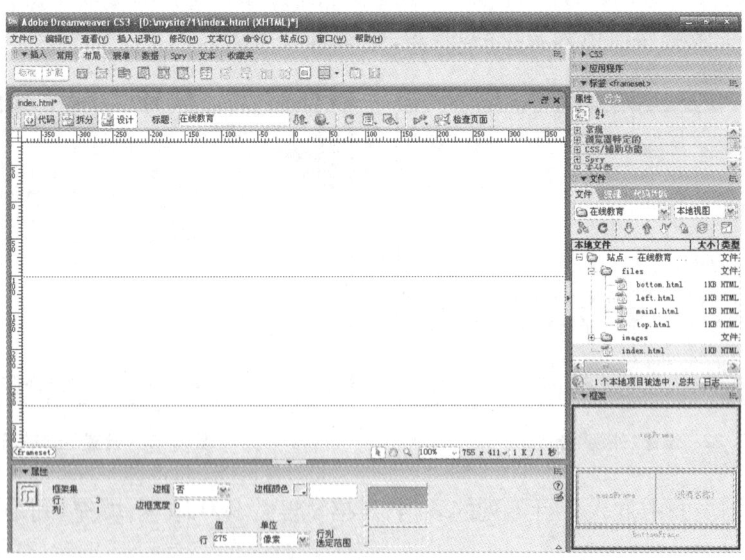

图 7.20　设置框架集属性

(5) 在框架面板中选取中间部分的框架集,在“属性”面板中设置边框为“否”,边框宽度为“0”。在行列选定范围中选取框架集的第一列,设置列为 260 像素,如图 7.21 所示。

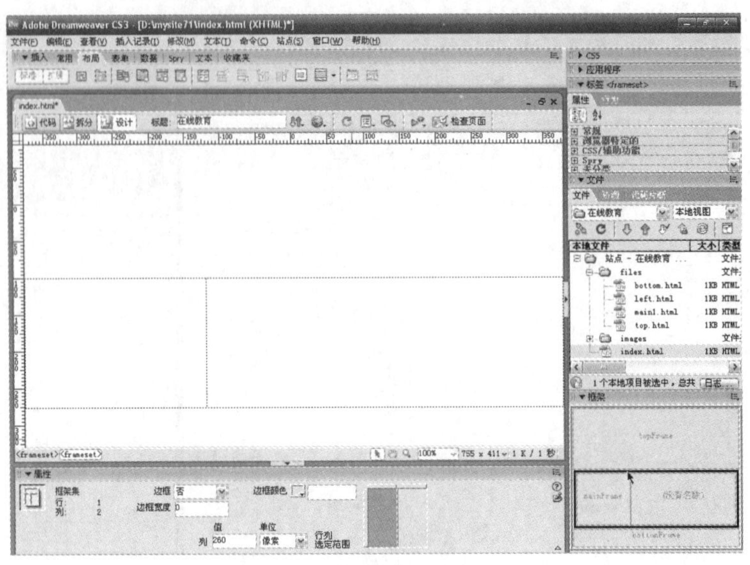

图 7.21　设置框架集属性

2. 制作顶部框架页面

（1）打开 top. html，执行“修改/页面属性”命令，在该对话框中的“外观”分类中设置字体大小为 9 点，文本颜色为黑色#333333，同时将左边距、上边距、右边距及下边距都设置为 0，如图 7.22 所示。

（2）在“链接”分类中设置字体大小为 9 点，链接颜色和已访问链接颜色为白色 #FFFFFF，变换图像链接颜色为灰色#999999，如图 7.23 所示。

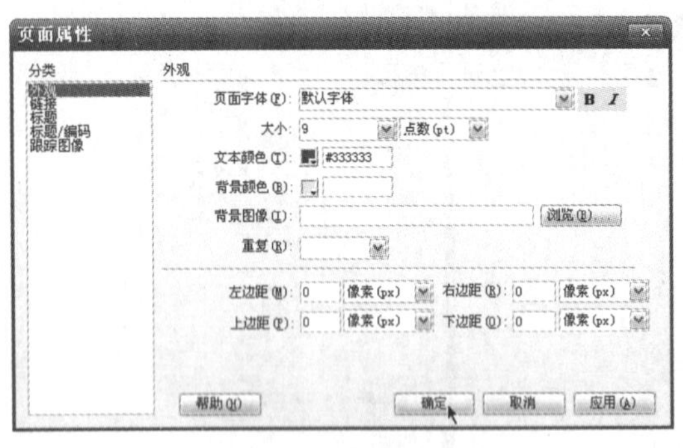

图 7.22　设置“外观”分类

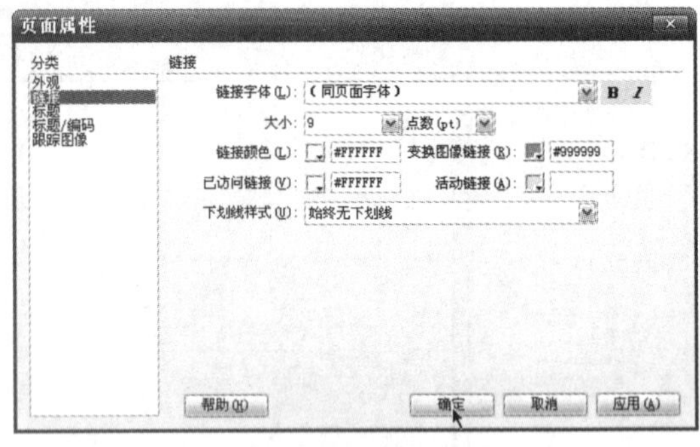

图 7.23　设置“链接”分类

（3）在当前页面中插入 2 行 1 列的表格，表格宽度为 900 像素，填充、间距及边框设置为 0，且表格居中对齐。

（4）将第一行单元格拆分为两列，分别在第一行第一列单元格及第二行单元格中插入素材图像 logo. jpg 及 top. jpg，在第一行第二列单元格内插入背景图像 logobg. jpg，效果如图 7.24 所示。

图 7.24　插入图像

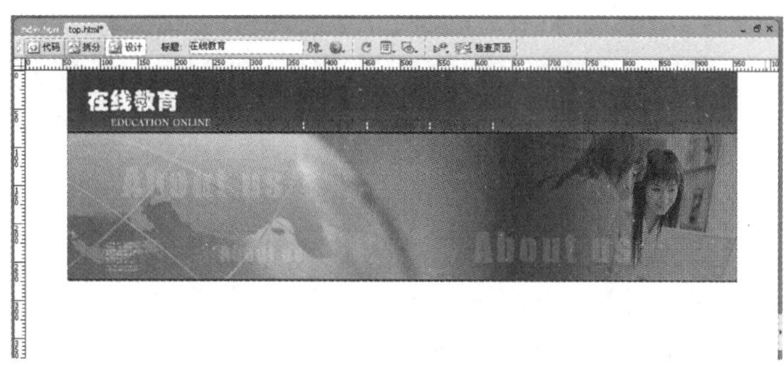

图 7.25　输入文字

(5) 在第一行第二列单元格内插入 1 行 2 列的嵌套表格，并输入文字“首页|IT 教育|外语教育|基础教育|高等教育”以及“联系我们”，嵌套表格垂直底部对齐，效果如图 7.25 所示。

(6) 执行“文件/保存”命令，保存当前网页。

小贴士

上述操作我们是在 top.html 中完成该页面。我们也可以在 index.html 框架集中直接编辑 top.html 页面。

3. 制作左侧框架页面

(1) 打开 left.html，执行“修改/页面属性”命令，在该对话框的“外观”分类中设置与 top.html 页面中相同的参数。

(2) 在当前页面中插入 3 行 1 列的表格，表格宽度为 200 像素，填充、间距及边框设置为 0，且表格设置为右对齐。

(3) 设置第二行单元格高度为 5，背景颜色为黑色#333333。在第三行单元格中插入素材图像 gg1.jpg，效果如图 7.26 所示。

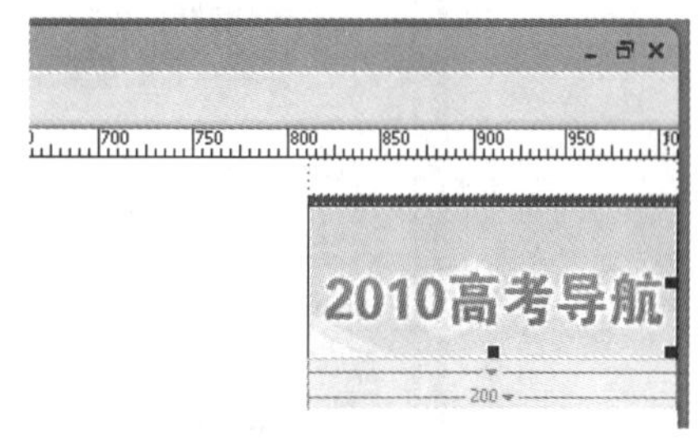

图 7.26　左侧网页效果

(4) 执行“文件/保存”命令，保存当前网页。

4. 制作底部框架页面

(1) 打开 bottom.html，执行“修改/页面属性”命令，在该对话框的“外观”分类中设置与 top.html 页面中相同的参数。

(2) 在当前页面中插入 2 行 1 列的表格，表格宽度为 900 像素，填充、间距及边框设置为 0，且表格设置为居中对齐。

(3) 设置第一行单元格高度为 10，背景颜色为深灰色#CCCCCC，设置第二行单元格高度为 70，背景颜色为灰色#999999，并输入版权信息“Copyright © 2009 - 2010 All Rights Reserved　版权所有　luna 制作”，效果如图 7.27 所示。

图 7.27　版权网页效果

(4) 执行“文件/保存”命令，保存当前网页。

5. 制作右侧主要框架页

(1) 打开 mainl. html，执行“修改/页面属性”命令，在该对话框的“外观”分类中设置与 top. html 页面中相同的参数。

(2) 在当前页面中插入 2 行 1 列的表格，表格宽度为 700 像素，填充、间距及边框设置为 0，且表格设置为居中对齐。

(3) 在第一行单元格内插入素材图像 xyjs. gif，在第二行单元格内插入 1 行 1 列的嵌套表格，表格宽度为 650 像素，水平“居中对齐”，并插入相应文字，效果如图 7.28 所示。

(4) 执行“文件/保存”命令，保存当前网页。

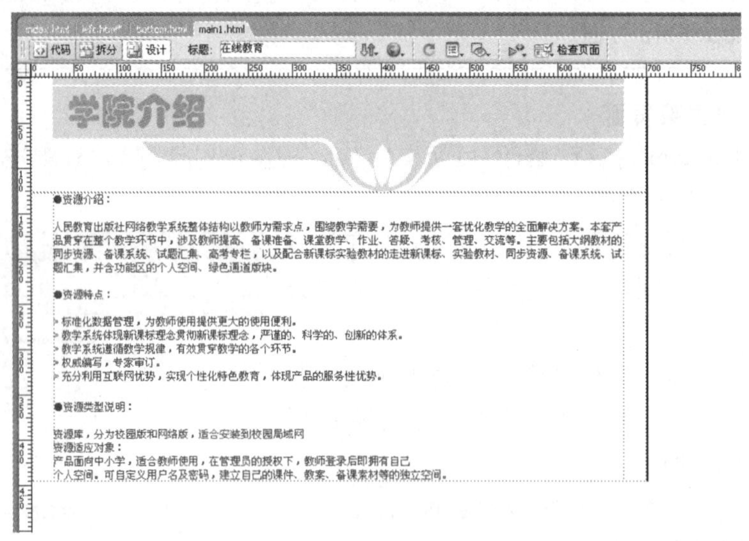

图 7.28　内容页 1 效果

(5) 将 main1. html 中的标题图像删除，插入素材图像 itjy. gif。将第二行单元格中的原有嵌套表格删除，并插入 5 行 1 列的嵌套表格，表格宽度为 650 像素。利用插入的嵌套表格完成新页面的制作，效果如图 7.29 所示。

(6) 执行“文件/另保存”命令，将当前网页保存在 files 文件夹内，文件名为 main2. html。

(7) 重复上述步骤，分别制作 main3. html、main4. html、main5. html，如图 7.30、7.31、7.32 所示。

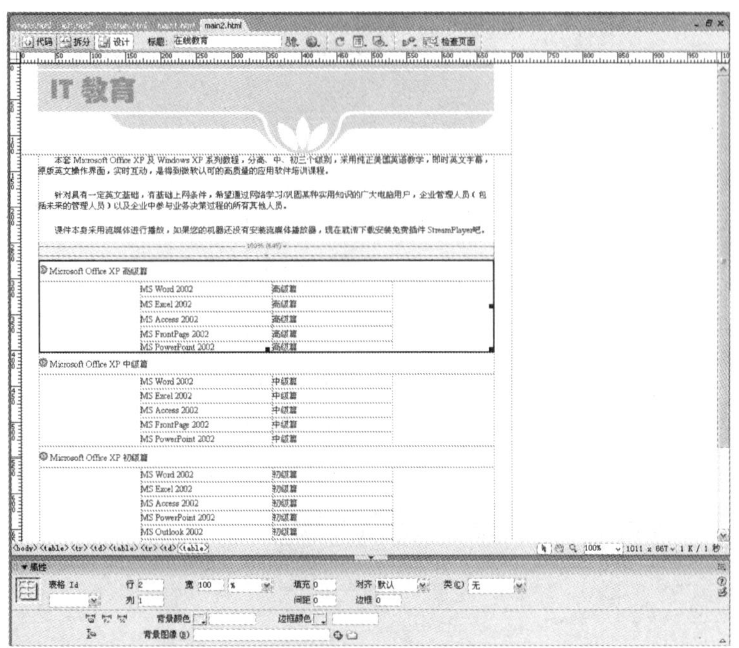

图 7.29　内容页 2 效果

图 7.30　内容页 3 效果

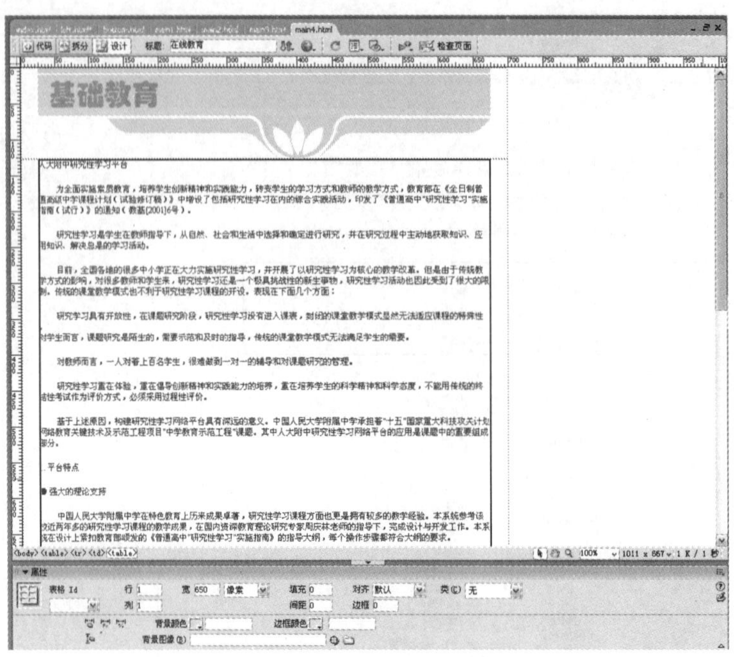

图 7.31　内容页 4 效果

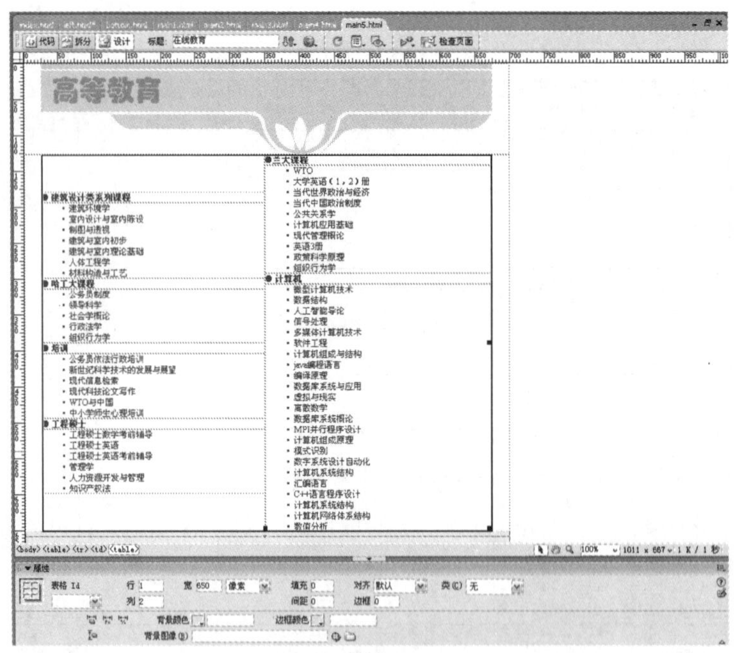

图 7.32　内容页 5 效果

6. 完成框架链接

(1) 打开上述活动中的 index. html，选取“框架”面板中左侧“mainFrame”框架，在“属性”面板中将框架名称改为“leftFrame”，滚动设置为“否”，且设置“不能调整大小”，边框设置为“否”，如图 7.33 所示。

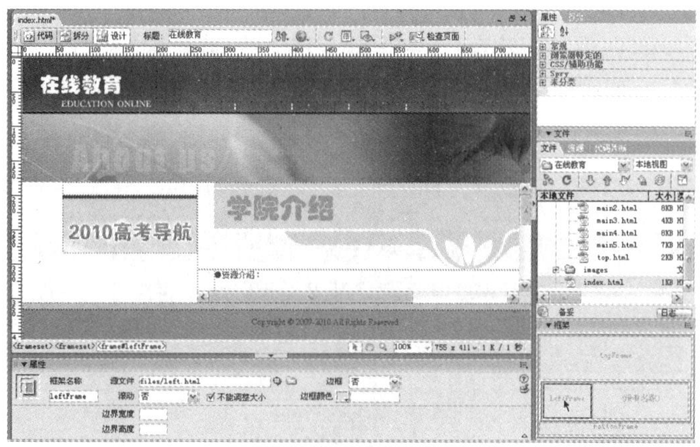

图 7.33　设置左侧框架属性

（2）选取"框架"面板中右侧框架，在"属性"面板中将框架名称设置为"mainFrame"，滚动设置为"是"，且设置"不能调整大小"，边框设置为"否"，如图 7.34 所示。

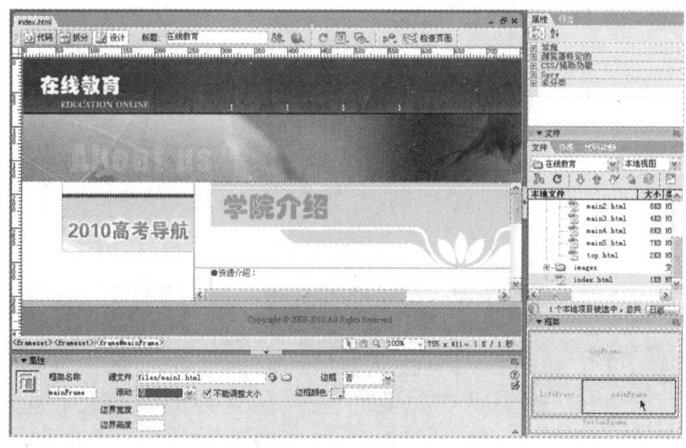

图 7.34　设置右侧框架属性

（3）选取 top. html 中的文字"首页"，在"属性"面板中设置链接属性，将其链接至 index. html，目标设置为"mainFrame"，如图 7.35 所示。

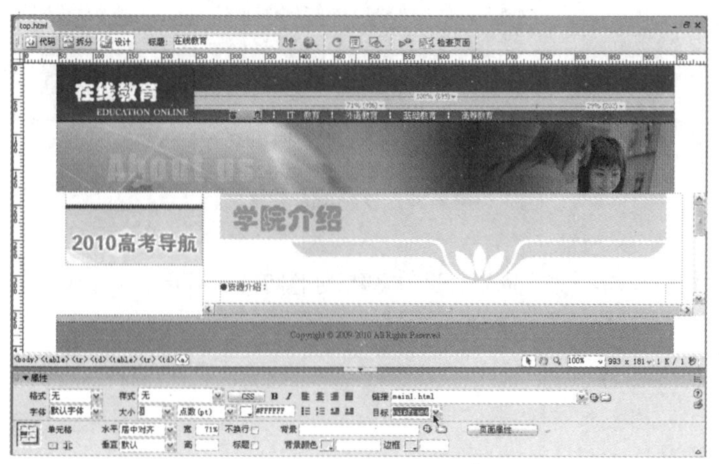

图 7.35　设置首页链接

（4）按相同的步骤完成“IT 教育”、“外语教育”、“基础教育”和“高等教育”的链接，目标设置为“mainFrame”，如图 7.36 所示。

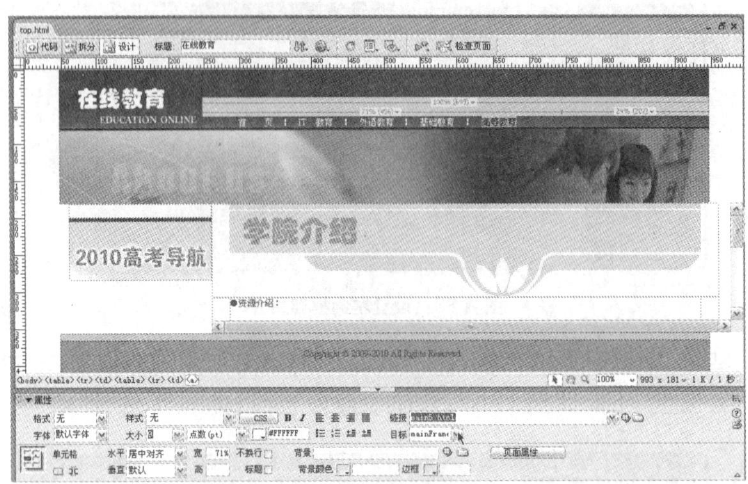

图 7.36 设置分页链接

（5）选取文字“联系我们”，设置邮件链接，邮件地址为 luna@ yahoo. com. cn，如图 7.37 所示。

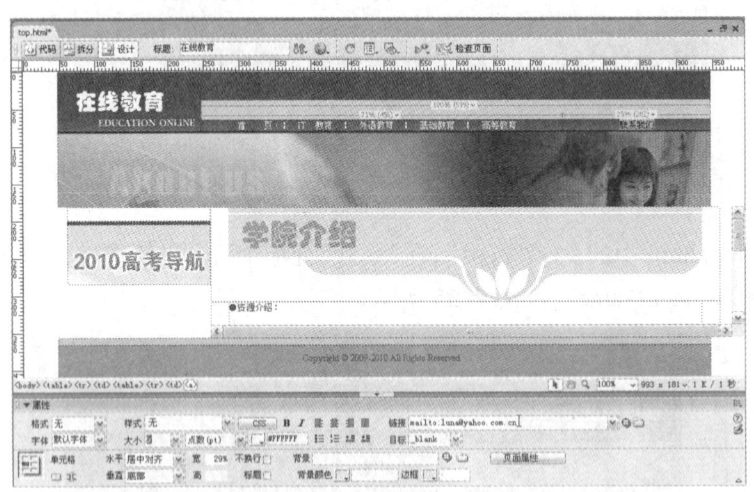

图 7.37 设置 mail 链接

（6）执行“文件/保存全部”命令，预览效果，如图 7.38 所示。

图 7.38　网页效果

活动小结

在本活动中我们主要学习了利用"框架"面板选取网页框架，使用"属性"面板设置"框架"和"框架集"的属性，并完成了框架网页的制作。

活动三　创建内嵌框架和无框架内容

学习目标：掌握创建内嵌框架及无框架内容的基本方法。

知识要点：内嵌框架、无框架内容。

准备知识

1. 内嵌框架

IFRAME 元素也就是文档中的文档，或者好像浮动的框架（FRAME）。IFRAME 标记又叫浮动帧标记，使用 IFRAME 可以将一个文档嵌入在另一个文档中显示，可以随处引用不拘泥网页的布局限制。IFRAME 可以将嵌入的文档与整个页面的内容相互融合，形成了一个整体。与框架相比，内嵌框架 IFRAME 更容易对网站的导航进行控制，最大的优点在于其灵活性。内嵌框架的代码标记为 <Iframe> </Iframe>。frames 集合提供了对 IFRAME 内容的访问。

Border：指定浮动帧的边框厚度（像素）。

BorderColor：指定浮动帧的边框颜色（可以是颜色名或 16 进制代码）。

FrameBorder：指定浮动帧是否显示边框，0 为不显示，1 为显示。

FrameSpacing：指定相同浮动帧之间的间距（像素）。

Hspace：指定浮动帧内左右边界的大小(像素)。

ID：指定 <IFRAME> 标志实例的唯一 ID 选择符，可以此 ID 为它指定样式。

MarginHeight：指定浮动帧上下边界的大小(像素)。

MarginWidth：指定浮动帧左右边界的大小(像素)。

Name：指定帧的唯一名称，可以在其他帧中向这个帧名装入新文档或操作其属性。

NoreSize：指定浮动帧不可调整其尺寸，此属性只在 IE 中有用。

Scrolling：指定浮动帧是否有滚动条。

Src：指定装入浮动帧的文档文件的相对或绝对路径。

Style：指定浮动帧中内容所采用的样式单命令。

Width：指定浮动帧的水平尺寸(像素)。

Height：指定浮动帧竖直方向的尺寸(像素)。

Vspale：指定浮动帧中上下边界的尺寸(像素)。

2. 无框架内容

一些早期版本的浏览器不支持框架网页，在 Dreamweaver 中利用 <noframes> 标签允许指定在早期不支持框架的浏览器中显示的内容。当不支持框架的浏览器载入了框架组文件时，它将只显示 NOFRAMES 内容。

活动引导

1. 内嵌框架的制作

(1) 将网页素材 login. html 复制到站点 files 文件夹中，将素材 loginbt. gif 及 loginbg. jpg 复制到站点 images 文件夹中。

(2) 打开上述活动中的 left. html，将光标定位在表格的第一行单元格中。

(3) 单击"插入"栏中"布局"选项卡的"IFRAME"按钮，插入内嵌框架，如图 7. 39 所示。

图 7. 39 插入内嵌框架

(4) 在代码视图中修改 <iframe> 标签，将代码修改为 <iframe src = " login. html" scrolling = " no" frameborder = " 0" width = " 200" height = " 180"> </iframe>，如图 7. 40 所示。

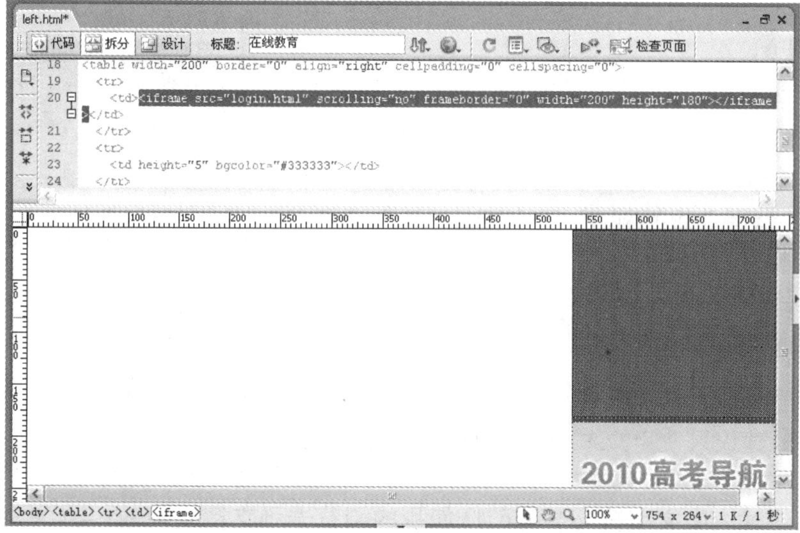

图 7.40 修改内嵌框架代码

小贴士

我们可以在代码窗口中直接输入要添加的代码，也可以利用软件自带的代码提示功能完成代码的修改。

在上述代码中我们设置了如下属性：

src =" login. html" 设置了嵌入的网页路径及名称；

scrolling =" no" 设置不显示滚动条；

frameborder =" 0" 设置不显示框架边框；

width =" 200" 设置嵌入框架宽度为 200 像素；

height =" 180" 设置嵌入框架高度为 180 像素。

（5）保存当前网页，预览效果，如图 7.41 所示。

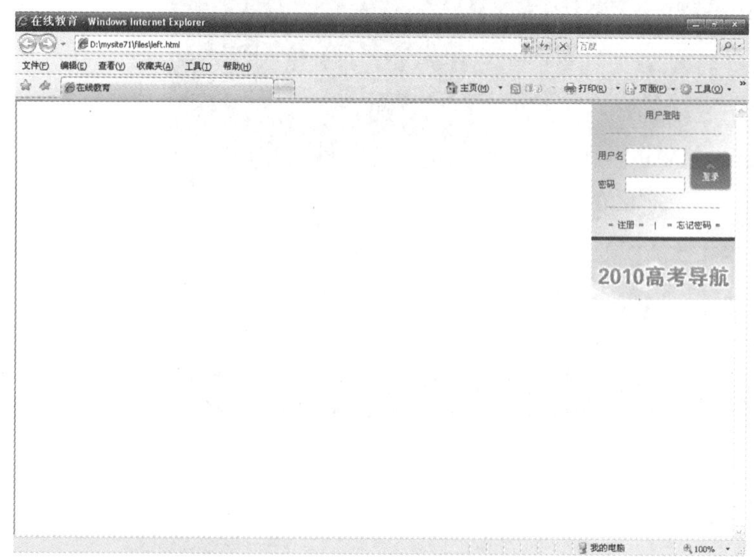

图 7.41 内嵌框架效果

2. 创建无框架内容

(1) 打开 index. html，执行“修改/框架集/编辑无框架内容”命令。

(2) Dreamweaver 将清除文档窗口，正文区域上方出现“无框架内容”标志，而状态栏上也将显示 <noframes> 标签，如图 7. 42 所示。

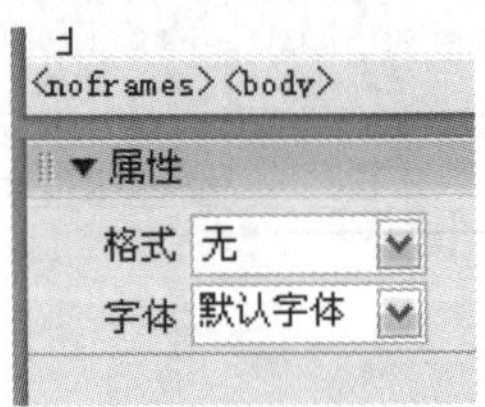

图 7. 42　<noframes>标签

小贴士

在文档窗口中创建无框架内容，由于低版本浏览器能正常显示的元素不多，所以创建无框架内容时建议只使用文本、基本表格和图像。

(3) 在文档窗口中输入中文字符“对不起，您使用的浏览器不支持框架，所以无法正确显示。”如图 7. 43 所示。

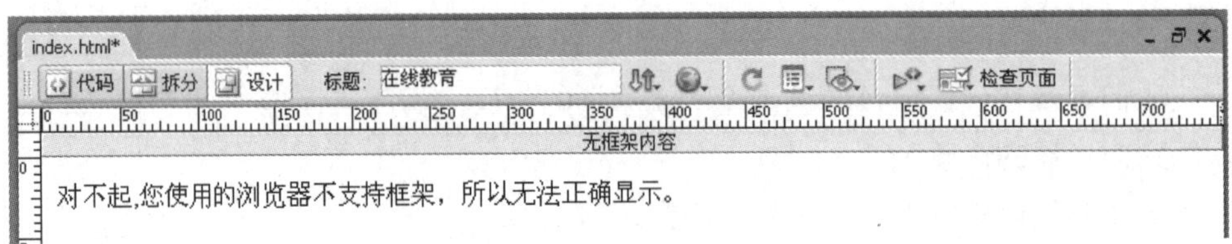

图 7. 43　编辑无框架内容

(4) 再次执行“修改/框架页/编辑无框架内容”命令，返回框架组文档的普通视图。

(5) 执行“文件/保存全部”命令，保存所有框架页面。预览效果，如图 7. 44 所示。

图 7. 44　网页效果

活动小结

在本活动中我们为当前站点建立了内嵌框架及无框架内容。内嵌框架可以方便地在页面里嵌套其他页面,而创建无框架内容可以对不支持框架的浏览器进行提示。

本章实验　制作"中职教育网"网站

实验要求

(1) 建立站点目录 mysitelx,并将站点指定至站点目录。

(2) 制作框架网页"中职教育网",并完成相关页面的制作。

(3) 设置框架及框架集属性。

(4) 完成框架中的分页链接。

注意:本实验提供的样例仅供参考,发挥你的才智,也许你能设计出别具一格的网页哦!

操作提示

(1) 在 D 盘的根目录下新建一个 mysitelx 文件夹,作为站点文件存放的目录,然后在 mysitelx 文件夹下建立下级文件夹 images 和 files,作为网页图像和站点分页存放的目录。

(2) 将素材文件夹 files 和 images 中的文件复制到相应的站点文件夹中。

(3) 打开 Dreamweaver,在起始页中建立站点 mysitelx,站点名称为"中职教育网",并指定站点文件的目录。

(4) 新建网页 index. html,创建"上方和下方框架",并将中间框架页拆分为"左侧框架",如图 7. 45 所示。

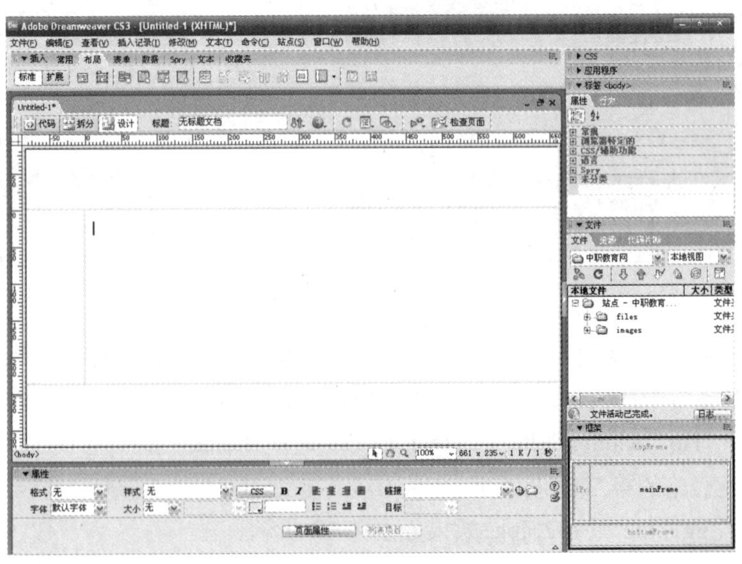

图 7. 45　制作框架网页

网页制作

(5) 保存当前框架网页及框架集，将框架集保存在站点根目录下，文件名为 index. html；将左侧框架网页保存在 files 文件夹内，文件名为 left. html；将右侧框架保存在 file 文件夹内，文件名为 main1. html；将顶部框架网页保存在 file 文件夹内，文件名为 top. html。

(6) 打开 top. html 网页文件。设置页面属性。在“外观”分类中设置字体大小为 9 点，文本颜色为黑色#333333，同时将左边距、上边距、右边距及下边距都设置为 0，如图 7. 46 所示。在“链接”分类中设置字体大小为 9 点，链接颜色和已访问链接颜色为白色#FFFFFF，变换图像链接颜色为灰色#999999，如图 7. 47 所示。

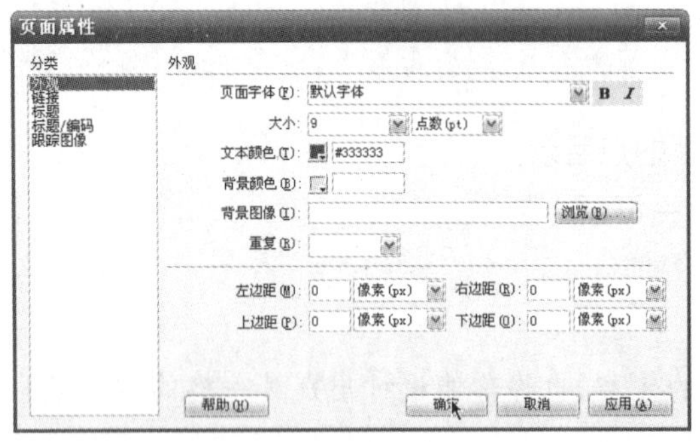

图 7. 46 设置“外观”分类

图 7. 47 设置“链接”分类

(7) 插入 2 行 1 列的表格，宽度设置为 900 像素，居中对齐。在第一行单元格中插入素材图像 top. jpg，在第二行单元格中插入嵌套表格，完成导航栏的制作，如图 7. 48 所示。

图 7. 48 制作 top. html 网页

(8) 打开 left. html 网页文件，插入 5 行 1 列的表格，表格宽度为 200 像素，并设置为右对齐。在第一行单元格中插入内嵌框架。代码如下：<iframe src = " login. html" frameborder = " no" scrolling = " No" width = " 200" height = " 120"> </iframe> 。

(9) 在上述表格的第二、第四行设置单元格高度为 10 像素，在第三、第五行单元格里分别插入素材图像 gg1. jpg 和 gg2. jpg，效果如图 7. 49 所示。

(10) 打开 bottom. html 网页文件，设置页面属性，在“外观”分类中设置字体大小为 9

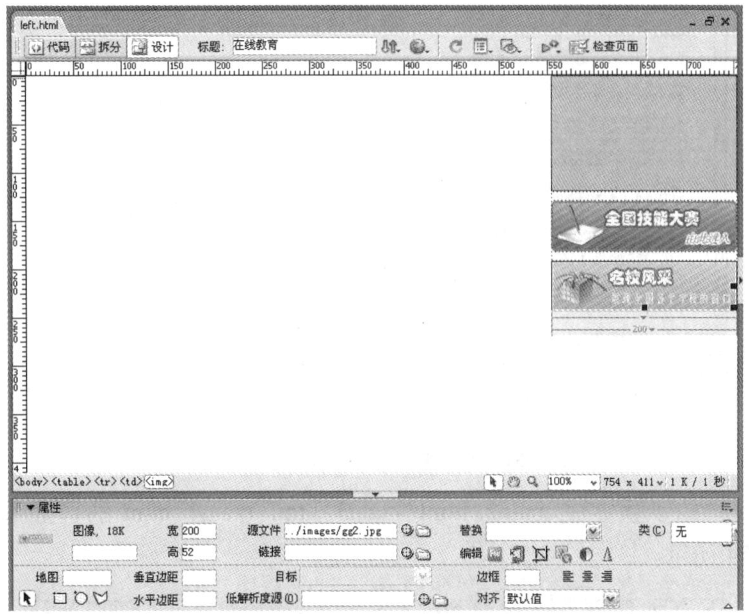

图 7.49　制作 left.html 网页

点，文本颜色为黑色#333333，同时将左边距、上边距、右边距及下边距都设置为 0。

（11）插入 1 行 1 列的表格，表格宽度为 900 像素，并设置为居中对齐。单元格颜色设置为蓝色#3C68AF，高设置为 70 像素，并输入版权信息文字，如图 7.50 所示。

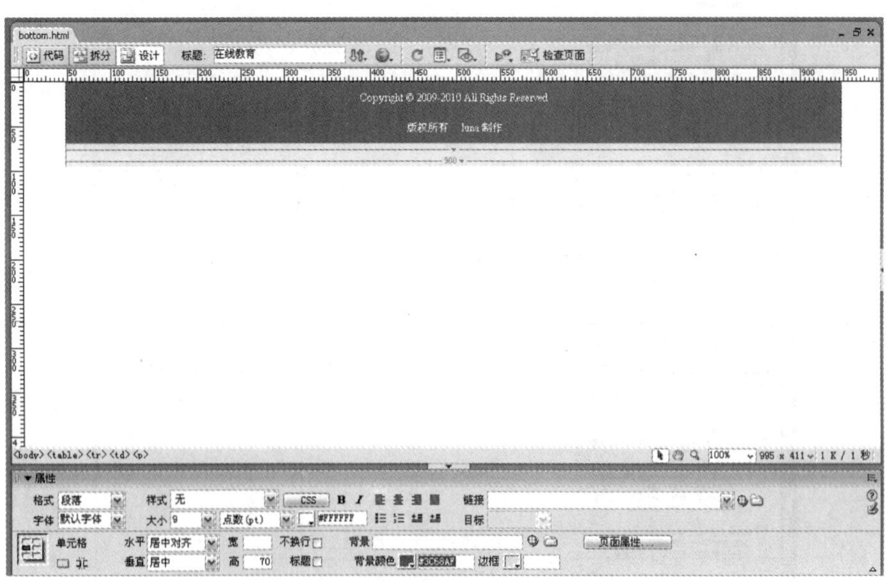

图 7.50　制作 bottom.html 网页

（12）打开 main1.html 网页文件，设置页面属性。在“外观”分类中设置字体大小为 9 点，文本颜色为黑色#333333，同时将左边距、上边距、右边距及下边距都设置为 0。插入 2 行 1 列的表格，表格宽度为 700 像素，并设置为左对齐。在该表格中插入相应文字及图片，效果如图 7.51 所示。

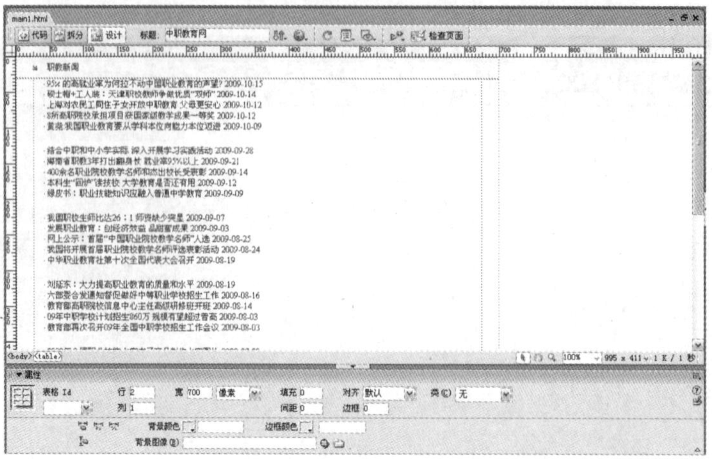

图 7.51　制作 main1. html 网页

（13）按同样的步骤完成 main2. html、main3. html、main4. html 的页面制作，效果如图 7.52、7.53、7.54 所示。

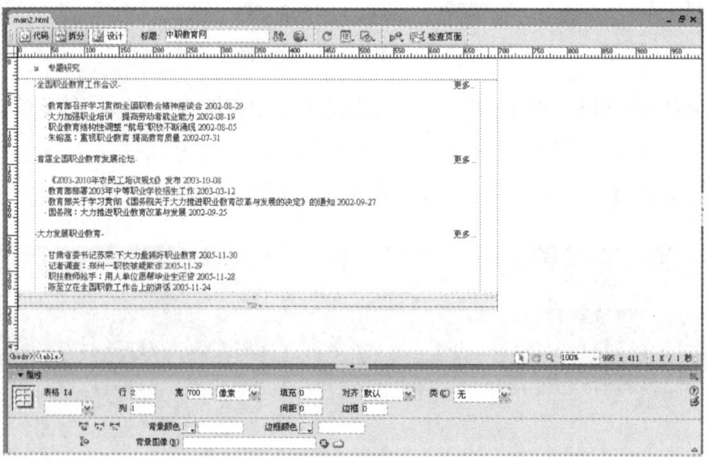

图 7.52　制作 main2. html 网页

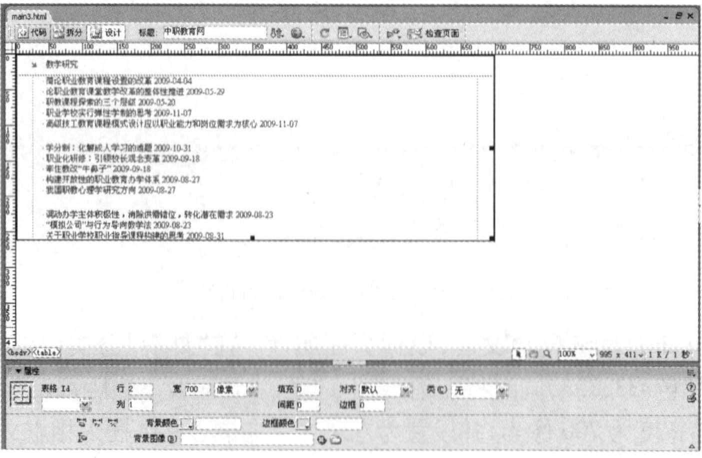

图 7.53　制作 main3. html 网页

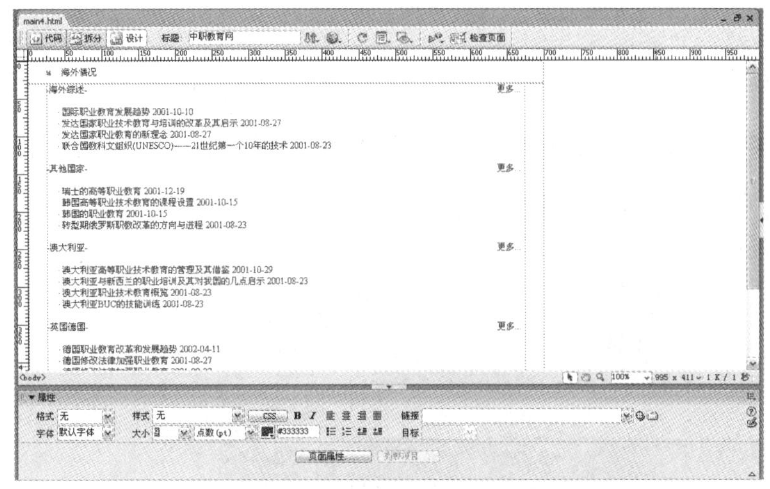

图 7.54　制作 main4.html 网页

(14) 打开 index.html,利用"框架"面板选取最外侧框架集,输入网页标题"中职教育网",并设置框架集的相关属性。在"属性"面板中设置边框为"否",边框宽度为"0"。在"行列选定范围"中选取框架集的第一行,设置行为 260 像素,第三行为 80 像素。选取中间部分的框架集,在"属性"面板中设置边框为"否",边框宽度为"0"。在"行列选定范围"中选取框架集的第一列,设置列为 260 像素,效果如图 7.55 所示。

图 7.55　设置框架集属性

(15) 选取"框架"面板中左侧"mainFrame"框架,在"属性"面板中将框架名称改为"leftFrame",滚动设置为"否",且设置"不能调整大小",边框设置为"否",如图 7.56 所示。

图 7.56　设置左侧框架属性

（16）选取“框架”面板中的右侧框架，在“属性”面板中将框架名称设置为“mainFrame”，滚动设置为“是”，且设置“不能调整大小”，边框设置为“否”，如图 7.57 所示。

图 7.57 设置右侧框架属性

（17）完成框架页面的网页链接，并将目标设置为“mainFrame”，如图 7.58 所示。

图 7.58 链接框架网页

（18）保存当前框架集及框架网页，预览效果，如图 7.59 所示。

图 7.59 网页效果

第八章　插入多媒体元素

本章概要

随着网络技术的发展,网速的不断提高,人们已经不满足于只浏览文字和图片。多媒体技术的发展为网页提供了新的元素。Flash 是目前网页上常见的动画元素。此外,还可在网页中插入 ActiveX 控件、Plugin 插件以及 Java Applet 等元素。

本章主要通过三个活动的展开,介绍了在网页中插入 Flash 元素的方法,其中包括常见的 Flash 形式:Flash 动画、Flash 按钮、Flash 文本等。介绍了在网页中添加视频和音效的方法,以及其他多媒体元素的插入,其中包括 ActiveX 控件、Plugin 插件、Java Applet 等。

活动一　在网页中插入 Flash 元素

学习目标: 掌握在网页中插入 Flash 元素的基本方法,其中包括 Flash 动画、Flash 按钮、Flash 文本、Flash Paper、Flash 视频、图像查看器及相关属性的设置。

知识要点: Flash 动画、Flash 按钮、Flash 文本、Flash Paper、Flash 视频、图像查看器。

准备知识

1. Flash 概述

Flash 是基于矢量的图形和动画的软件。Flash 的播放器程序 Flash Player 已经作为 Netscape Navigator 浏览器的插件之一,同时它还是 Microsoft Internet Explorer 浏览器的 ActiveX 控件。在掌握使用 Flash 动画之前,我们先来了解一下 Flash 动画的几种常见格式。

(1) Flash 源文件格式

Flash 源文件格式的扩展名为 fla,它是在 Flash 中的默认格式。这种类型的文件只能在 Flash 应用程序中被打开,在 Dreamweaver 或浏览器中都无法打开。

(2) Flash 电影文件格式

Flash 电影文件格式的扩展名为 swf,它是目前浏览器中使用的格式,也可以在 Dreamweaver 中预览。但是它无法在 Flash 中进行编辑。

(3) Flash Generator 模板文件格式

Flash Generator 模板文件格式的扩展名为 swt,它允许用户修改和替换 Flash 电影文件中的信息。这些文件可以用于 Dreamweaver 的 Flash Button 对象中。

2. Flash 动画

目前网页中存在着大量的 Flash 动画,由于 Flash 和 Dreamweaver 是 Macromedia 公司共同推出的网页制作软件。因此,在 Dreamweaver 中插入 Flash 动画是一件非常容易的事。

3. Flash 按钮

Dreamweaver 的“Flash 按钮”选项可以让用户将 Dreamweaver 中自带的按钮插入到网页中。这项功能对于不熟悉 Flash 应用程序的人来说提供了便利。

注意:在插入 Flash 按钮之前需要先保存 Dreamweaver 文档。

4. Flash 文本

Dreamweaver 的“Flash 文本”选项可以让用户插入只包含文本的 Flash 动画。使用该选项使用户可以自己输入文本并使用设计字体创建较小的矢量图形动画。

5. FlashPaper

Dreamweaver 的“FlashPaper”选项可以在网页中插入 Adobe ® FlashPaper™文档。在浏览器中打开包含 FlashPaper 文档的页面时,用户将能够浏览 FlashPaper 文档中的所有页面,而无需加载新的网页。

6. Flash 视频

Dreamweaver 的“Flash 视频”选项可以在 Web 页面中轻松插入 Flash 视频内容,而无需使用 Flash 创作工具。在开始之前,必须有一个经过编码的 Flash 视频(FLV)文件。

7. 图像查看器

利用图像查看器功能可以方便地制作图片切换效果,并且用户可以方便地使用按钮对图片进行切换预览。

活动引导

1. 新建站点及相关网页

(1) 在 D 盘建立站点目录 mysite81 以及子文件夹 files、images 和 other,并使用高级标签定义站点,站点名为“家庭装饰网”,如图 8.1 所示。

(2) 在起始页中的“创建新项目”中单击“HTML”,创建新网页。

(3) 执行“文件/保存”命令,将网页保存在站点根目录下,保存文件名为 index. html,如图 8.2 所示。

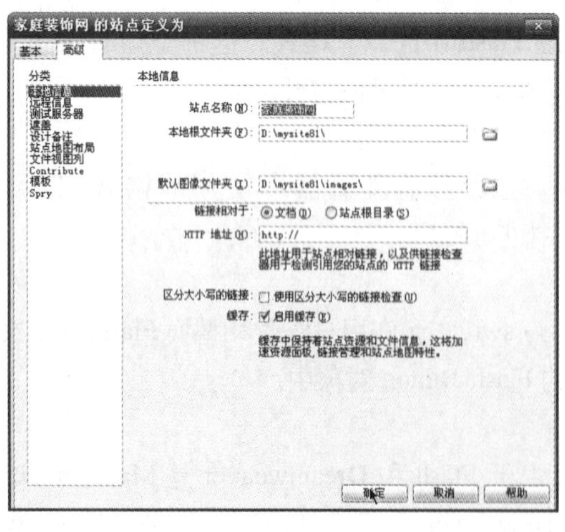

图 8.1 建立站点

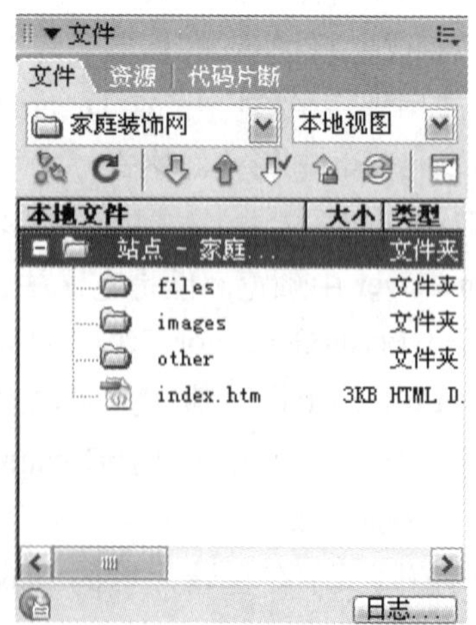

图 8.2 创建首页

网页制作

2. 制作开始页面

（1）执行“修改/页面属性”命令，在“外观”分类选项处设置背景图像为 bg. gif，上、下、左、右边距设置为 0，在“标题/编码”分类中设置网页标题为“家庭装饰网”，效果如图 8.3、8.4 所示。

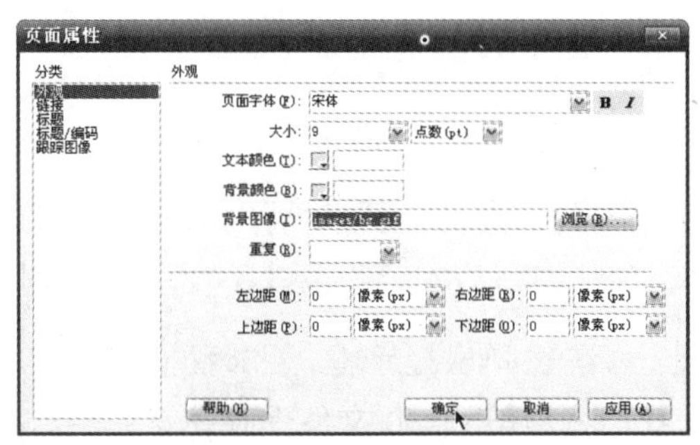

图 8.3　设置背景图片

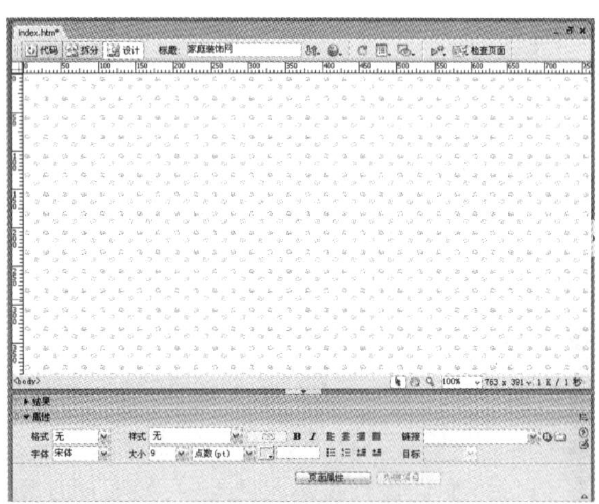

图 8.4　网页效果

（2）插入 5 行 1 列的表格，表格宽度为 700 像素，表格居中对齐。设置第一、五行单元格高度为 65 像素，颜色为水蓝色 #0099CC，第二、四行单元格高度为 30 像素，颜色为黄色 #FFCC00，效果如图 8.5 所示。

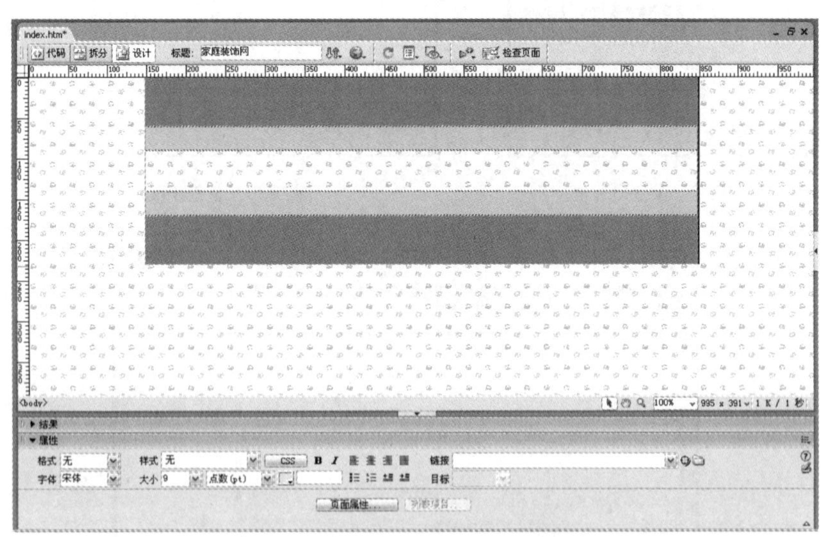

图 8.5　网页效果

（3）将光标定位在第三行单元格内，执行“插入记录/媒体/Flash”命令，在弹出的“选择文件”对话框中选取素材 start. swf，如图 8.6、8.7 所示。

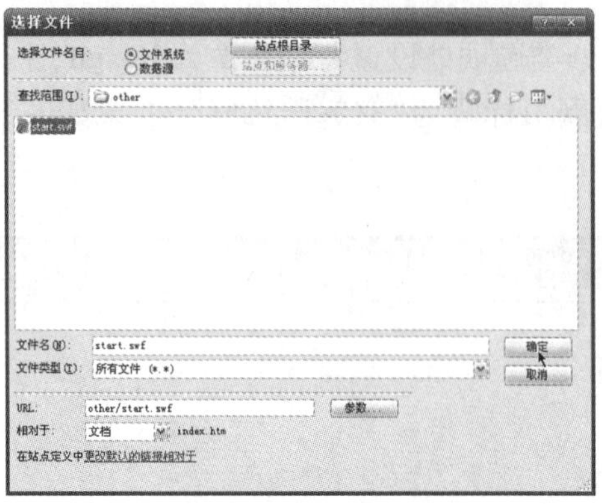

图 8.6　插入 Flash

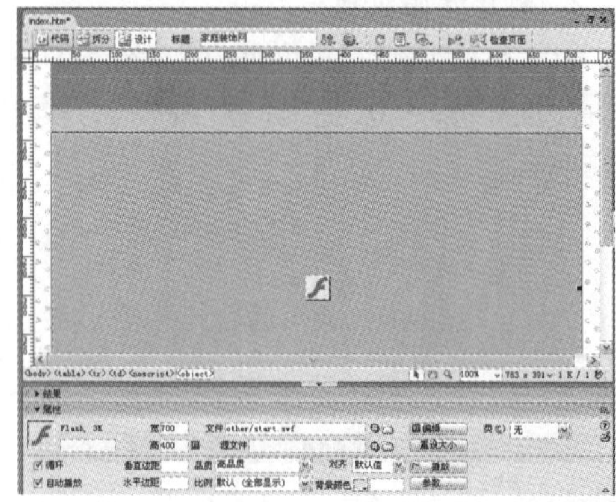

图 8.7　网页效果

小贴士

由于插入的 Flash 不在站点目录中。因此,系统将弹出提示框,要求我们将该 Flash 文件保存在站点目录中,如图 8.8 所示。我们将当前 Flash 文件保存在站点目录的 other 文件夹内,如图 8.9 所示。保存 Flash 文件后,系统弹出“复制相关文件”对话框,单击“确定”按钮,进行确认,如图 8.10 所示。

图 8.8　保存提示框

图 8.9　保存 Flash

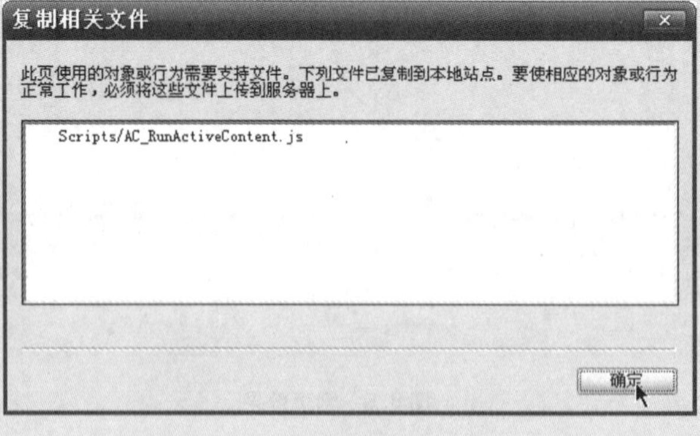

图 8.10　“复制相关文件”对话框

(4) 新建网页,将该网页保存在 files 文件夹内,文件名为“_index.html”。

(5) 将光标定位在 index.html 底部单元格处,执行“插入记录/媒体/Flash 文本”命令,在打开的“插入 Flash 文本”对话框中设置相应参数,如图 8. 11 所示。

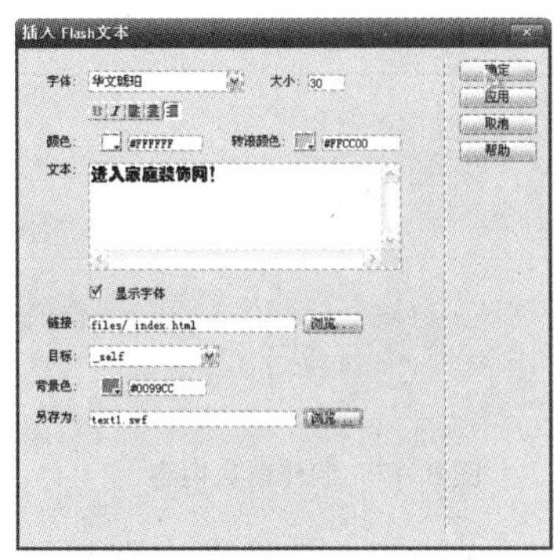

图 8. 11　插入 Flash 文本

图 8. 12　Flash 文本居中对齐

(6) 单击底部单元格,在“属性”面板中将 Flash 文本设置为居中对齐,如图 8. 12 所示。

(7) 将网页标题设置为“家庭装饰网”,保存当前网页,效果如图 8. 13 所示。

图 8. 13　网页效果

3. 制作首页

(1) 打开_index. html 网页,执行“修改/页面属性”命令,在“外观”分类中设置字体为宋体,文字大小为 9 点,文本颜色为黑色#333333,背景图像为 bg. gif,上、下、左、右边距设置为 0,效果如图 8. 14 所示。

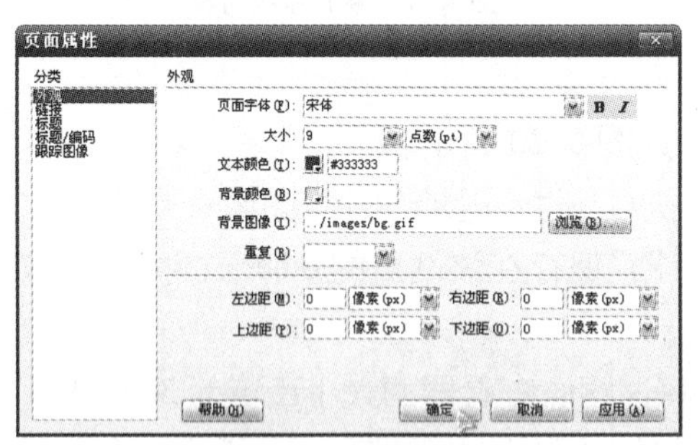

图 8. 14　页面属性

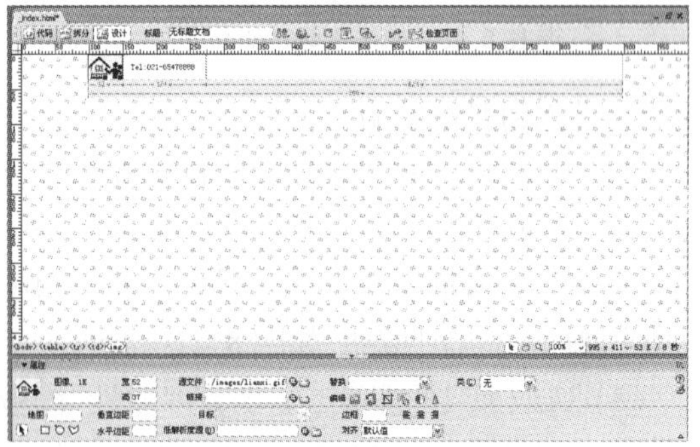

图 8. 15　制作导航栏表格

(2) 在当前网页中插入 1 行 3 列的表格,表格宽度为 800 像素,设置居中对齐。在第一、二列单元格中插入素材图像 lianxi. gif,并输入相应文字,效果如图 8. 15 所示。

(3) 插入 1 行 2 列的表格,表格宽度为 800 像素,设置居中对齐。在第一列单元格中插入素材图像 logo. gif,执行“插入记录/媒体/Flash”命令,在第二列单元格中插入 Flash 素材 gg. swf,效果如图 8. 16 所示。

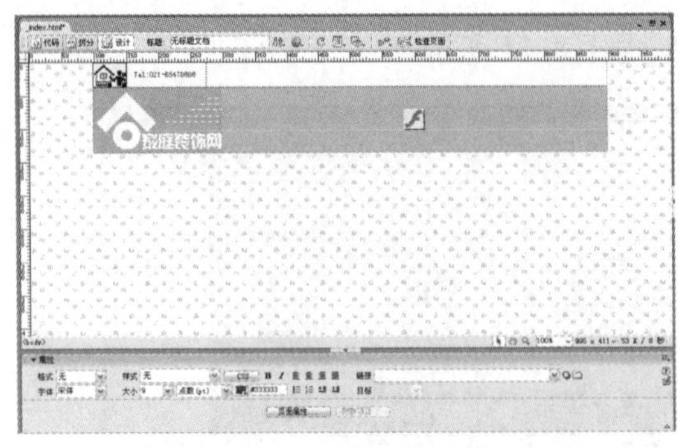

图 8.16　插入图片及 Flash

图 8.17　制作前言内容

（4）插入 3 行 1 列的表格，表格宽度为 800 像素，居中对齐，设置表格背景图像为 kuang1middle. gif。在第一行单元格中插入素材图像 kuang1top. gif，在第三行单元格中插入素材图像 kuang1bottom. gif。在第二行单元格中插入 1 行 4 列的嵌套表格，表格宽度为 95%，分别在一至三列单元格内插入素材图像 qianyan. jpg、文字及单元格背景图像 line. gif，效果如图 8. 17 所示。

（5）利用嵌套表格，同理完成首页内容及版权部分的制作，效果如图 8. 18、8. 19 所示。

图 8. 18　制作分类内容

图 8. 19　制作版权内容

4. 插入图像查看器

（1）将素材 pic2 文件夹复制到站点根目录中，如图 8. 20 所示。

（2）将光标定位在前言内容右侧的单元格内，执行“插入记录/媒体/图像查看器”命令，在弹出的“保存 Flash 元素”对话框中，将“图像查看器”保存在该站点的 other 文件夹下，取名为“tx”，单击“保存”按钮，如图 8. 21 所示。

（3）选取插入的图像查看器，在“属性”面板中将该图像查看器的大小设置为 300 × 190 像素，单击“属性”面板的“参数”按钮，在弹出的“参数”对话框中将参数“Flashvars”的值改为：

flashlet = {imageLinkTarget:'_blank',captionFont:'Verdana',titleFont:'Verdana',showControls:true,frameShow:false,slideDelay:2,captionSize:10,captionColor:#333333,titleSize:10,transitionsType:'Random',titleColor:#333333,slideAutoPlay:false,imageURLs:['../pic2/1.jpg','../pic2/2.jpg','../pic2/3.jpg','../pic2/4.jpg','../pic2/5.jpg'],slideLoop:true,frameThickness:2,imageLinks:['http://macromedia.com/','http://macromedia.com/','http://macromedia.com/'],frameColor:#333333,bgColor:#FFFFFF,imageCaptions:[]}

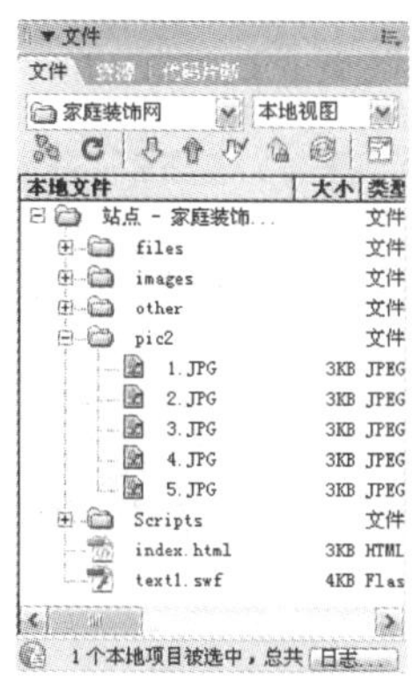

图 8.20　复制图片目录

图 8.21　“保存 Flash 元素”对话框

小贴士

该设置中几个重要参数含义如下：

slideDelay：设置图片切换时间。

TransitionsType：设置图片切换的样式。

imageURLs：：设置切换图片的路径。

SlideLoop：设置切换图片效果是否循环播放。

（4）设置当前页面的标题为“家庭装饰网”，保存当前网页，预览效果，如图 8.22 所示。

图 8.22　网页效果

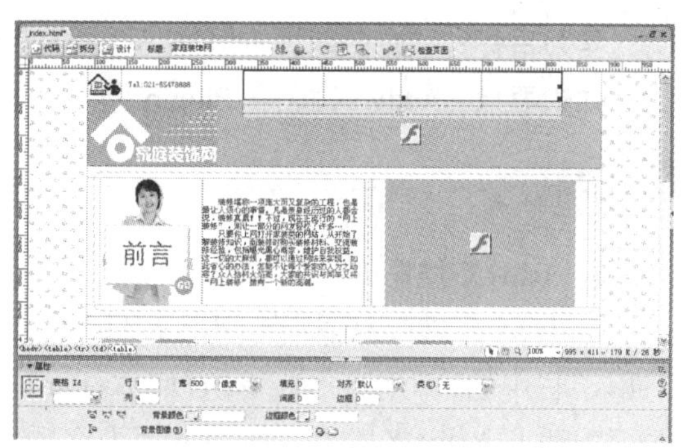

图 8.23　网页效果

5. 添加 Flash 按钮

（1）将光标定位在顶部表格的右侧单元格内，插入 1 行 4 列的表格，表格宽度设置为 500 像素，居中对齐，如图 8.23 所示。

（2）将光标定位在第一列单元格内，执行“插入记录/媒体/Flash 按钮”命令，在“插入 Flash 按钮”对话框中设置相关参数，如图 8.24 所示。

（3）重复上述步骤继续插入按钮，分别命名为“装饰顾问”、“设计常识”和“监理验收”，保存当前网页，预览效果，如图 8.25 所示。

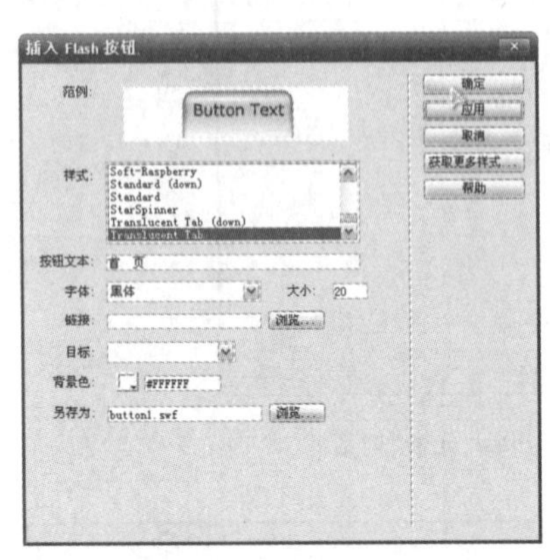

图 8.24　Flash 按钮设置

图 8.25　网页效果

活动小结

在本活动中,我们在网页中分别添加了不同的 Flash 元素,其中包括 Flash 文本、Flash 播放文件、Flash 按钮和图像查看器。其中值得注意的是 Flash 文本和 Flash 按钮必须与相应的网页在同一路径下。

活动二　给网页添加其他多媒体元素

学习目标: 掌握在网页中添加 ActiveX 控件、Plugin 插件和 Java Applet 的基本方法。

知识要点: ActiveX 控件、Plugin 插件、Java Applet。

准备知识

1. ActiveX 控件

ActiveX 控件(以前称作 OLE 控件)是可以充当浏览器插件的可重复使用的组件。在"插入"栏中的"常用"项内,单击"媒体:Flash"的展开按钮,选取"ActiveX"项,可以方便地在网页中插入 ActiveX 控件。选取网页中已插入的 ActiveX 控件,在"属性"面板中设置相关的参数,即可完成 ActiveX 控件的插入。

2. Plugin 插件

Plugin 插件是一种电脑程序,通过和应用程序(如:网页浏览器、电子邮件服务器)的互动,来替应用程序增加一些所需要的特定的功能。最常见的有游戏、网页浏览器的插件和媒体播放器的插件。在"插入"栏中的"常用"项内,单击"媒体:Flash"的展开按钮,选取"插件"项,插入相应的文件即可。

3. Java Applet

Java Applet 就是用 Java 语言编写的一些小应用程序,它们可以直接嵌入到网页中,并能够产生特殊的效果。在“插入”栏中的“常用”项内，单击“媒体：Flash”项的展开按钮，在弹出的下拉菜单里选取“APPLET”项，插入 Java Applet 小程序，并在“属性”面板中设置相应参数即可。

上述三种对象都可通过执行“插入记录/媒体”命令直接在网页中插入。

活动引导

1. 建立分页

（1）打开首页“_index. html”，将网页另存在 files 文件夹内，文件名为 zsgw. html。

（2）删除原有内容部分的表格，插入 1 行 2 列表格，表格宽度为 800 像素，居中对齐，效果如图 8. 26 所示。

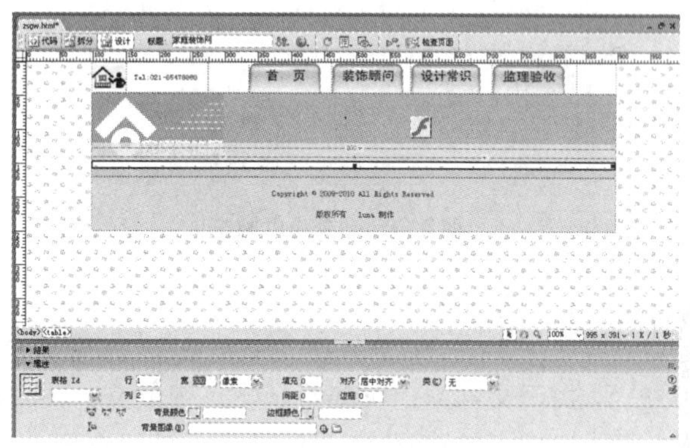

图 8. 26　插入内容表格

（3）在上述表格的第一列插入 3 行 1 列的嵌套表格，表格宽度为 520 像素，利用单元格拆分及嵌套表格，在单元格中插入素材图像 icon1. gif、水平线及文字，完成左侧主要内容的制作，效果如图 8. 27 所示。

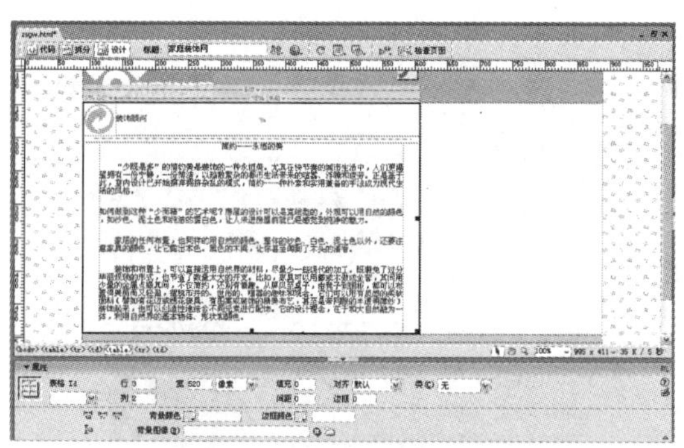

图 8. 27　左侧页面内容

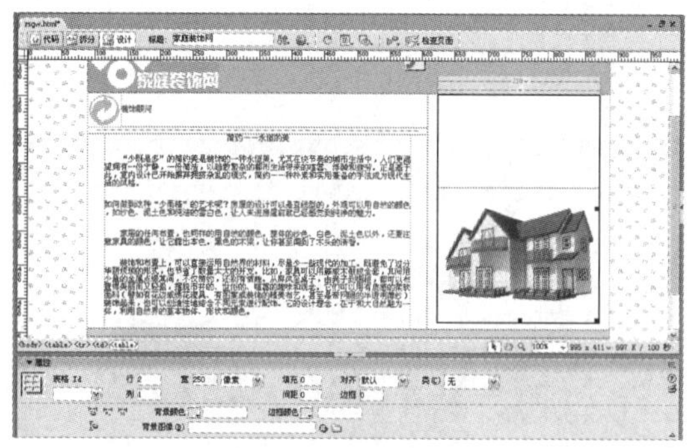

图 8. 28　右侧页面内容

（4）在上述表格的第二列插入 2 行 1 列的嵌套表格，表格宽度为 250 像素，水平“居中对齐”，垂直“顶端对齐”。设置第二行单元格的高度为 200 像素，插入素材图像 house. gif，效果如图 8. 28 所示。

2. 插入 Plugin 插件

（1）在上述嵌套表格第一行单元格中再次插入 3 行 1 列的嵌套表格，表格宽度为 250 像素，用首页中的方法完成外侧虚线框的制作。利用嵌套表格，在单元格中插入素材图像 title. gif、水平线及文字，效果如图 8. 29 所示。

（2）将光标定位在右侧空白单元格中，执行“插入记录/媒体/插件”命令，打开“选择文件”对话框，在该对话框中选取素材 yx. mp3，单击“确定”按钮，如图 8. 30 所示。

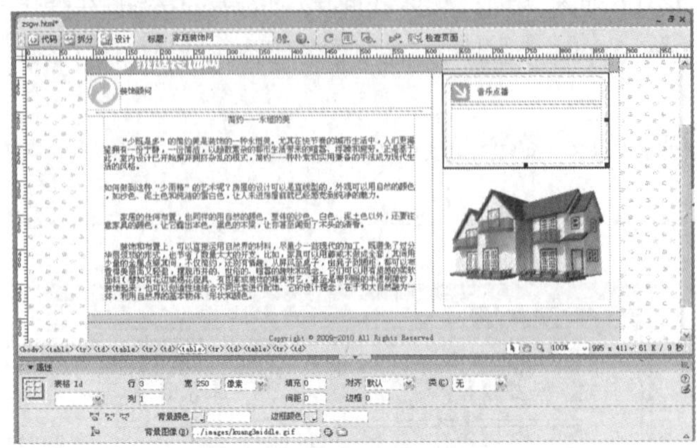

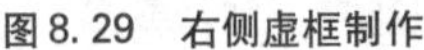
图 8.29 右侧虚框制作

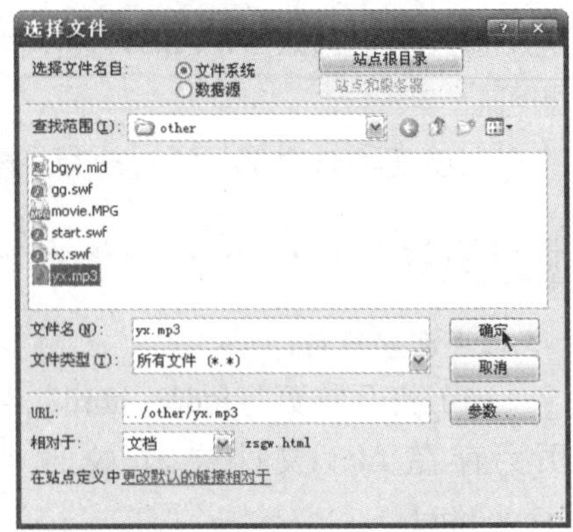

图 8.30 插入 Plugin 插件选项

小贴士

由于文件 yx. mp3 不是站点中的文件,系统将提示是否将该文件保存到站点目录中。根据提示,我们把文件 yx. mp3 保存到站点目录中的 other 文件夹内。

(3) 选取插入的插件对象,在“属性”面板中将宽设置为 150 像素,高设置为 72 像素,并居中对齐,如图 8.31 所示。

(4) 保存网页,预览效果,如图 8.32 所示。

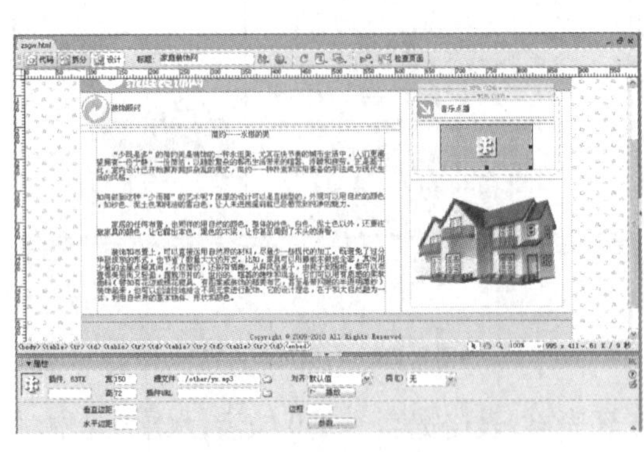
图 8.31 设置插件对象

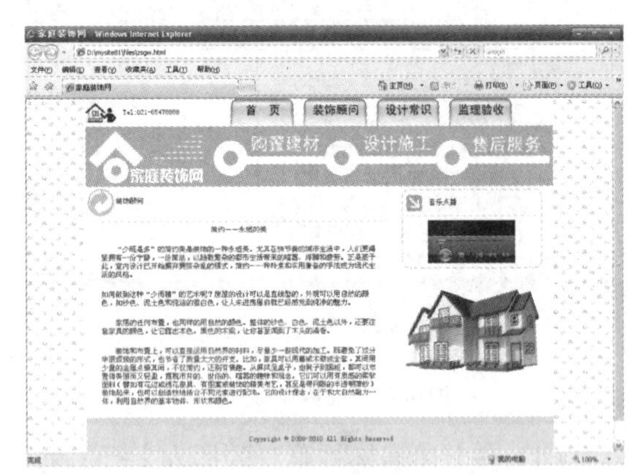

图 8.32 网页效果

3. 使用 Java Applet

(1) 打开网页 zsgw. html,将内容区域中的内容删除,将网页另存在站点中的 files 文件夹内,文件名为 sjcs. html,如图 8.33 所示。

(2) 在各单元格内插入相应的文字及图片,其中素材图像为 hand. jpg,效果如图 8.34 所示。

(3) 将素材文件 Lake. class 和素材图像 pc1. jpg 复制到站点目录的 files 文件夹内。

(4) 将光标定位在右侧上部的空白单元格中,执行“插入记录/媒体/Applet”命令,打开“选择文件”对话框,在该对话框中选站点目录中 files 文件夹下的 Lake. class,单击“确定”按钮,如图 8.35 所示。

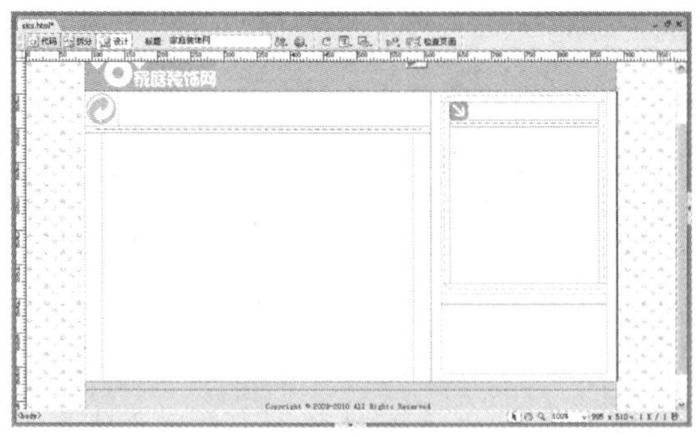

图 8.33　删除网页内容

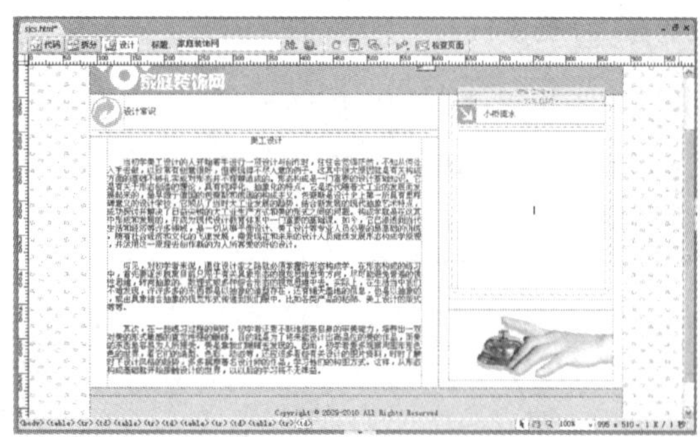

图 8.34　插入文字及图片

图 8.35 插入文件

图 8.36 设置属性

（5）选取插入的 Java Applet 程序，在“属性”面板中设置该程序的显示大小，即宽为 200，高为 230，如图 8.36 所示。

（6）单击“属性”面板的“参数”按钮，在弹出的“参数”对话框中的参数项内输入“image”，在“值”项内输入图像的路径即“pc1. jpg”，如图 8.37 所示。

（7）保存网页，预览效果，效果如图 8.38 所示。

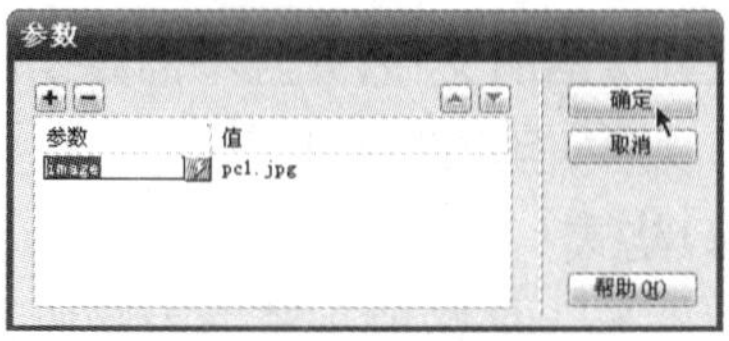

图 8.37 设置参数

图 8.38　网页效果

小贴士

如果插入的多媒体元素无法在浏览器中预览，我们就需要先安装相应的插件。如上述的 Java Applet 小程序如无法正常显示，就需要安装 java 虚拟机，相关程序在素材文件夹中。

活动小结

在本活动中，我们主要练习了在网页中插入其他多媒体元素的方法。要注意的是插入不同的 Java Applet 程序时，其插入的方法也各不相同。有些 Java Applet 程序在插入后，不需要进行参数的设置就可播放了。

活动三　在网页中添加视频与音效

学习目标：掌握在网页中添加视频及音效的基本方法。

知识要点：视频、音效。

准备知识

1. 插入视频

在网页中插入视频可以使用多种方法，具体方法如下。

方法一：使用 Flash MX 动画导入视频。Flash MX 已经支持导入视频，因此用户可以在 swf 影片中直接导入视频应用，但视频文件不能太大。否则 Flash MX 会无法处理。

方法二：通过 ActiveX 控件或 Plugin 插件。用户可以在 Dreamweaver 中插入 ActiveX 控件或 Plugin 插件，然后指定视频源文件。

方法三：通过 img 标签的 dynsrc 属性。

2. 添加音效

目前的浏览器可以支持多个不同类型的声音文件格式，在网页中也可以按若干种不同的方法添加声音。在将音效添加到网页之前，需要考虑以下因素：文件大小、声音质量以及在不同浏览器中的差异等情况。

以下是常用声音文件格式及其优缺点的说明：

(1) MIDI 或 MID(全称为 Musical Instrument Digital Interface)格式

MIDI 文件可以被所有的浏览器所支持，并且不需要插件。文件非常小，但音质较差。

(2) WAV(全称为 Waveform Extension)格式

WAV 格式的文件具有很好的声音质量，可以被绝大多数浏览器所支持，并且不需要插件。用户可以从 CD、磁带、话筒以及其他设备上录制自己的 WAV 文件，但文件量过大。

(3) AIF 或 AIFF(全称为 Audio Interchange File Format)格式

AIF 格式和 WAV 格式一样，具有很好的声音质量，可以在绝大多数的浏览器中播放，并且不需要插件。但文件量过大。

(4) MP3(全称为 Motion Picture Experts Group Audio 或 MPEG - Audio Layer - 3)格式

MP3 格式是一种压缩格式,文件量较小,声音的质量非常好。要播放 MP3 音乐,访问者必须先下载插件或辅助应用程序。例如:QuickTime、Windows Media Player 或 RealPlayer。

(5) RA、RAM、RPM 或 Real Audio 格式

这类格式的压缩比率要高于 MP3,因此文件量要小于 MP3。但这类格式的声音效果要比 MP3 格式差。要播放这类文件,必须先下载和安装 RealPlayer 辅助应用程序或插件。

活动引导

1. 插入视频

(1) 打开网页 sjcs. html,将内容区域中的内容删除,将网页另存在站点中的 files 文件夹内,文件名为 jlys. html,如图 8. 39 所示。

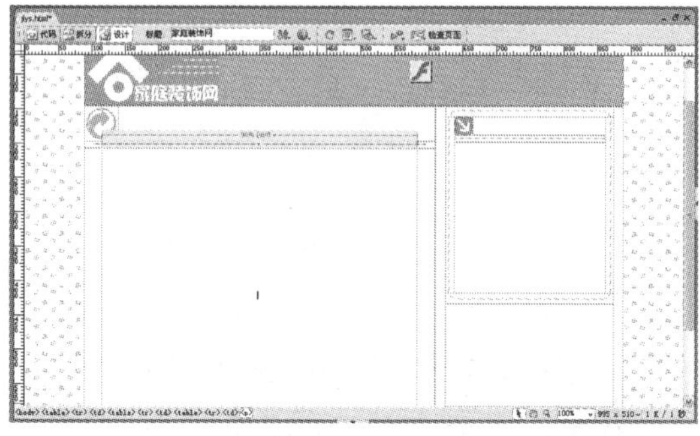

图 8. 39　删除网页内容

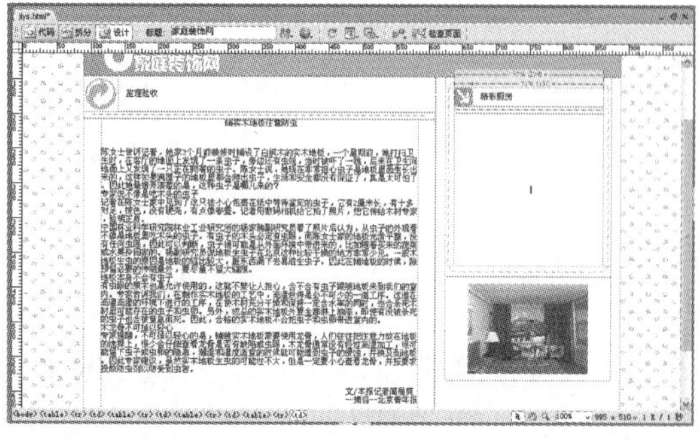

图 8. 40　插入文字及图片

(2) 在各单元格内插入相应的文字及图片,其中素材图像为 jz. jpg,效果如图 8. 40 所示。

(3) 将素材文件 movie. mpg 复制到站点目录的 other 文件夹内。

(4) 将光标定位在空白单元格下,执行"插入记录/图像"命令,在弹出的"选择图像源文件"对话框中选取素材图像 movie. jpg,单击"确定"按钮,如图 8. 41 所示。

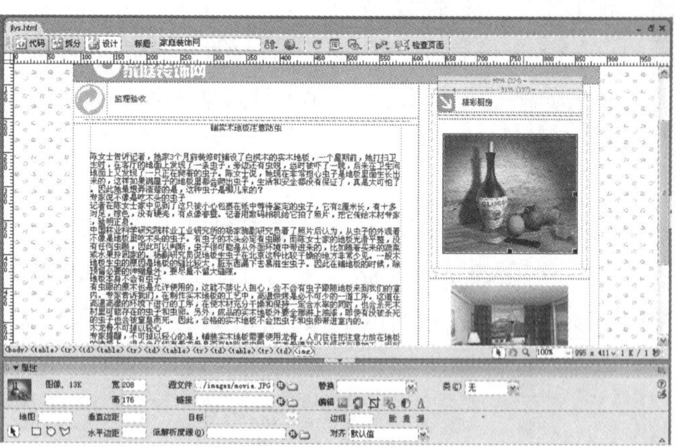

图 8. 41　插入图像

(5) 在代码窗口中将代码"<img src = "../IMAGES/movie. jpg" width = "208" height = "176">"修改为"<img src = "../images/movie. JPG" dynsrc = "../other/movie. MPG" loop = " -1" width = "208" height = "176">"即将 other 文件夹中的视频文件链接到网页中,并设置为循环播放,如图 8. 42 所示。

(6) 保存网页,预览效果,如图 8. 43 所示。

```
        <tr>
          <td height="220" colspan="2" align="center"><img src="../images/movie.JPG"
dynsrc="../other/movie.MPG" loop="-1" width="208" height="176" /></td>
        </tr>
```

图 8.42　修改代码

图 8.43　网页效果

小贴士

在上面的步骤中我们采用了前面介绍的第三种方法插入视频。如果我们通过 ActiveX 控件或 Plugin 插件来插入视频,方法更简便。双击插入的 ActiveX 控件的图标后,选取相应的视频文件即可。通过 Plugin 插件插入视频的方法与通过它插入音频文件的方法相同。

使用上述方法可以将视频文件作为内嵌视频在网页中直接播放。能够作为内嵌视频的格式还有 QuickTime、RealVideo、ActiveMovie 等。

2. 插入音效

(1) 将素材文件 bgyy. mid 复制到站点目录的 other 文件夹内。在代码窗口中的 body 标签后加入代码 <bgsound src = "../other/bgyy. mid" loop = " -1">。即将 other 文件夹下的 MID 音效文件加入到网页中,如图 8.44 所示。

```
<body><bgsound src="../other/bgyy.mid" loop="-1">
<table width="800" border="0" align="center" cellpadding="0"
  <tr>
```

图 8.44　插入背景音乐代码

(2) 保存网页,预览效果。

小贴士

在这里介绍的只是一种插入背景音乐的方法,我们还可以利用行为在网页中加入音乐,具体的方法我们将在以后的章节中介绍。

3. 链接各网页

（1）双击当前网页中的 Flash 按钮，打开“插入 Flash 按钮”对话框，单击“链接”项右侧的浏览按钮，选取相应的网页，如图 8.45 所示。

（2）保存网页，预览效果。

> **小贴士**
>
> 由于 Flash 按钮是独立的 Flash 文件，因此我们只要修改其中一个网页中的 Flash 按钮即可，不用重复设置其余网页中的 Flash 按钮。

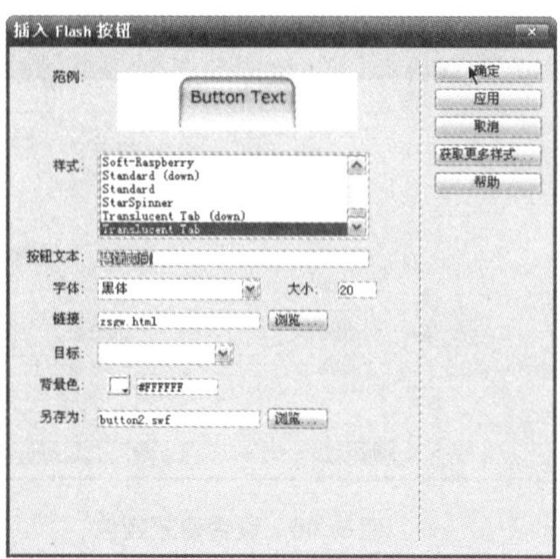

图 8.45 链接网页

> **活动小结**
>
> 在本活动中我们主要练习了在网页中插入视频和音频的方法。由于视频和音频的文件较大，我们在插入视频和音频时要注意文件的大小。如果文件过大，将会严重影响网页的下载速度哦！

本章实验　制作“时尚服饰网”网站

实验要求

（1）建立站点目录 mysitelx，并将站点指定至站点目录。

（2）制作站点的开始页面，在网页中加入片头动画和 Flash 文字。

（3）制作首页，插入相应的文字和图片，并插入 Java Applet。

（4）制作分页“潮流服饰”，在该页中插入图像查看器。

（5）制作分页“流行发饰”，在该页中加入音乐。

（6）制作分页“时尚珠宝”，在该页中插入视频。

注意：本实验提供的样例仅供参考，发挥你的才智，也许你能设计出别具一格的网页哦！

操作提示

（1）在 D 盘的根目录下新建一个 mysitelx 文件夹，作为站点文件存放的目录。并且在 mysitelx 文件夹下建立下级文件夹 images、files 和 other，作为网页图片、站点分页以及其他文件存放的目录。

（2）打开 Dreamweaver，在起始页中建立站点，站点名为“时尚服饰网”，并指定站点文件的目录。

（3）新建网页，执行“修改/页面属性”命令，将背景颜色设置为黑色，网页标题设置为“时尚服饰网”，如图 8.46、8.47 所示。

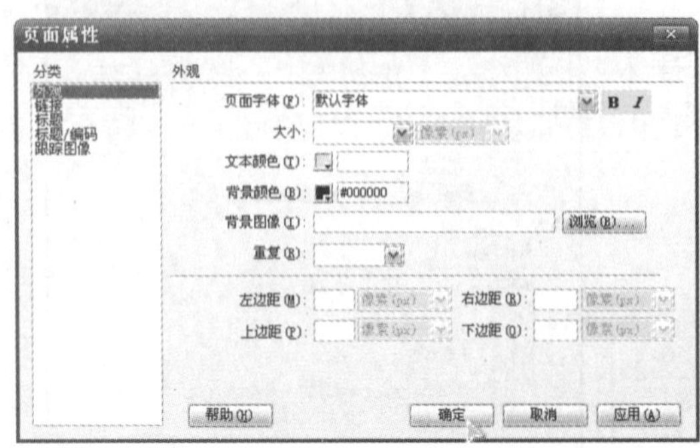

图 8.46　设置背景颜色

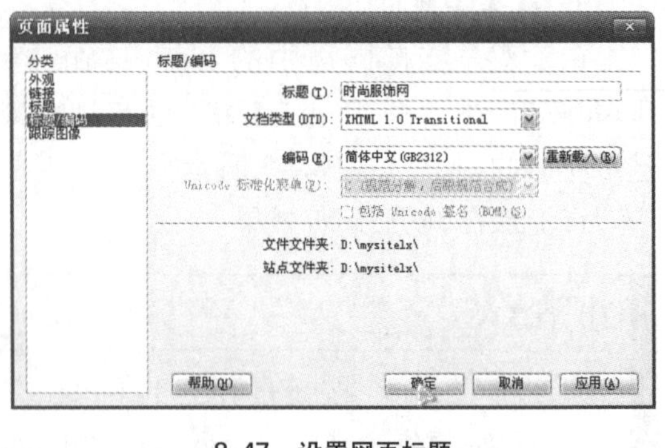

8.47　设置网页标题

（4）在当前网页中插入 3 行 1 列的表格，表格宽度为 700 像素，将表格居中对齐。设置表格第一、三行单元格高度为 100 像素。将网页保存在站点根目录下，文件名为 index. html，如图 8.48 示。

（5）新建网页，将该网页保存在 files 文件夹内，文件名为“_index. html”。

（6）在网页 index. html 的中间单元格内插入 Flash 素材 piantou. swf，在其底部单元格内插入 Flash 文本，“插入 Flash 文本”对话框中的参数设置如图 8.49 所示。

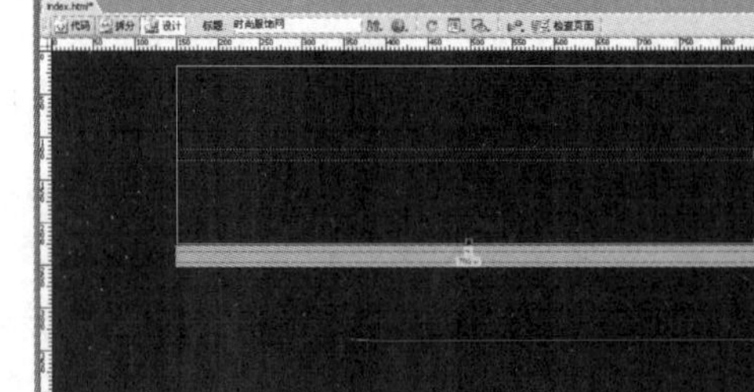

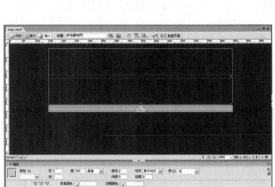

图 8.48　插入表格

（7）保存当前网页，预览网页，效果如图 8.50 所示。

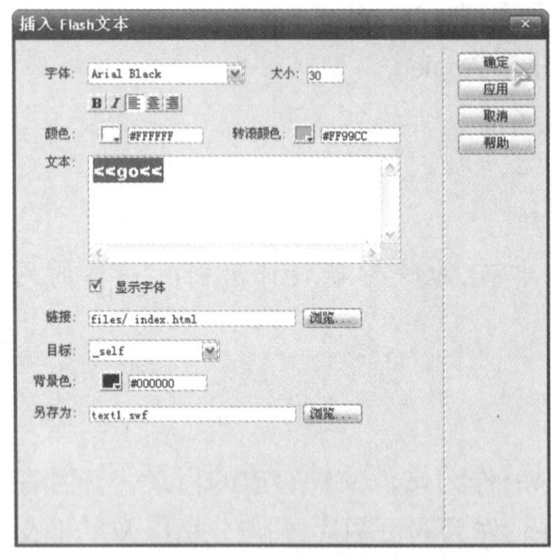

图 8.49　设置 Flash 文本

图 8.50　网页效果

（8）打开网页_index. html，执行“修改/页面属性”命令，设置字体大小为 9 点，文字颜色为黑色#333333，上、下、左、右边距为 0，网页背景为 bg. gif，网页标题为“时尚服饰网”，如图 8.51 所示。

(9) 在当前页中插入 1 行 2 列表格，表格宽度为 800 像素，表格居中对齐。在单元格中插入素材图像 logo. jpg 及 banner11. jpg，如图 8. 52 所示。

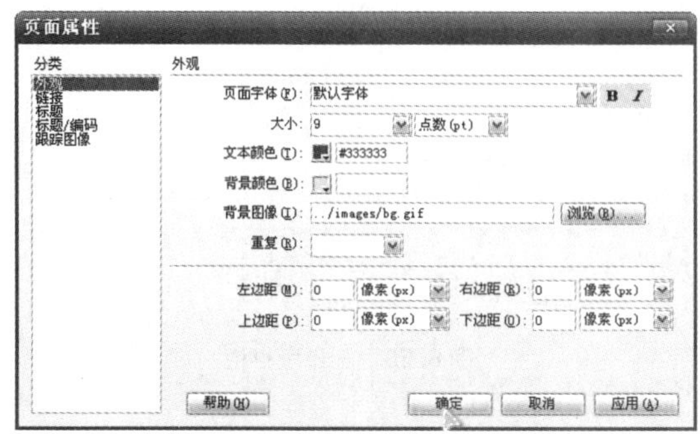

图 8. 51 设置网页属性

图 8. 52 制作网页标题栏

(10) 按照相同步骤完成导航栏的制作，在第一列单元格中插入 4 行 1 列的嵌套表格，表格宽度为 500 像素，在单元格中插入 Flash 按钮，其中按钮样式为 Glass-Silver，字体为黑体，如图 8. 53、8. 54 所示。

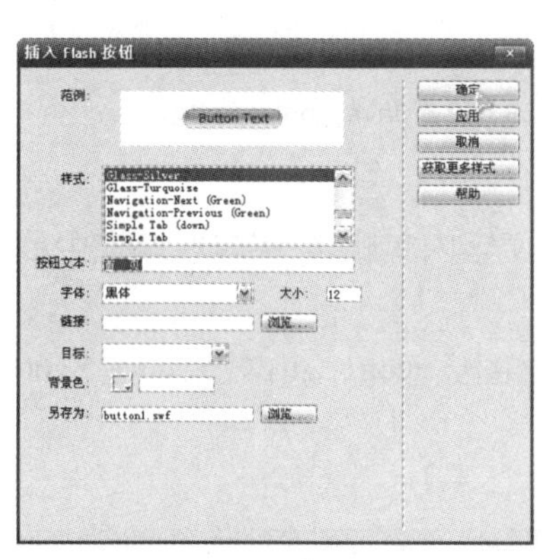

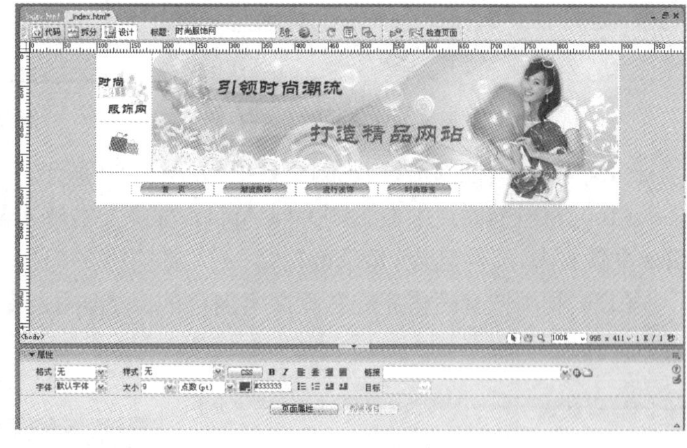

图 8. 53 插入 Flash 按钮

图 8. 54 网页效果

(11) 插入 1 行 2 列的表格，表格宽度为 800 像素，居中对齐。左侧单元格设置宽度为 250 像素。利用嵌套表格完成内容部分的制作，素材图片分别为 title. jpg、banner2. gif、kuangtop2. gif 和 kuangbottom2. gif，titleline. gif 作为单元格的背景图片插入，如图 8. 55 所示。

(12) 按照相同步骤完成版权栏的制作，设置第一行单元格高度为 2 像素，背景颜色为白色#E6E6E6，第二行单元格的高度为 80 像素，并输入相应文字，如图 8. 56 所示。

(13) 将素材文件 Lake. class 和 apc. gif 复制到站点目录的 files 文件夹内，执行“插入/媒体/Applet”命令，将 files 文件夹下的 Lake. class 插入到左下侧的空白单元格内，将插入的 Java Applet 程序大小设置为 150 × 270，如图 8. 57 所示。

(14) 单击“属性”面板的“参数”按钮，在弹出的“参数”对话框中的参数项内输入“image”，在“值”项内输入图像的路径，即“apc. gif”，如图 8. 58 所示。

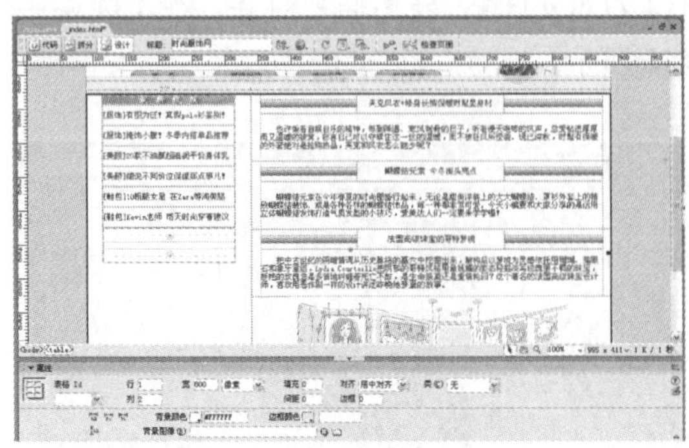

图 8.55　插入文字及图片

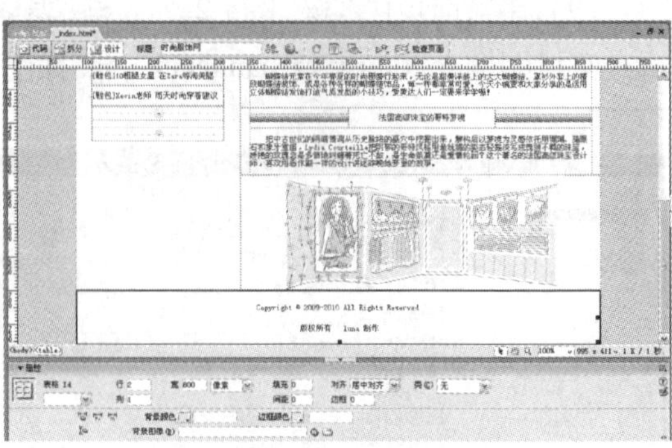

图 8.56　制作版权栏

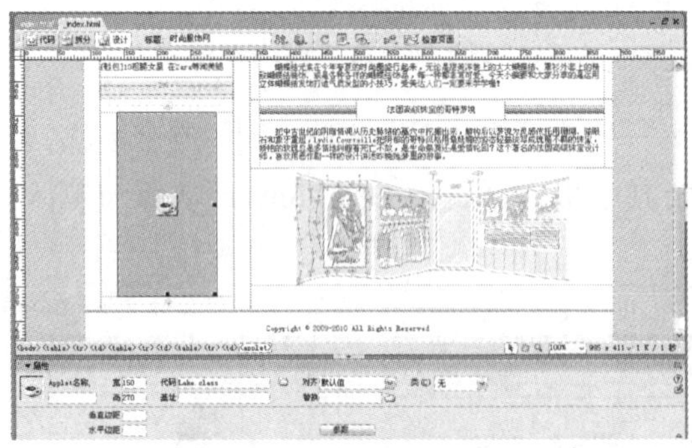

图 8.57　插入 Java Applet

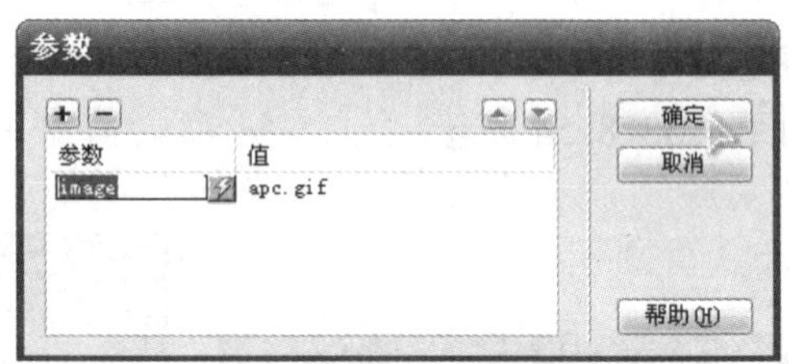

图 8.58　设置 Java Applet 的参数

(15) 保存当前网页,预览网页效果,如图 8.59 所示。

(16) 将当前网页中左下侧 Java Applet 程序及右侧主要文字内容删除,另存在站点中的 files 文件夹内,文件名为 clfs. html。

(17) 利用嵌套表格完成右侧文字内容的介绍,插入素材图像 icon1. gif,效果如图 8.60 所示。

图 8.59　网页效果

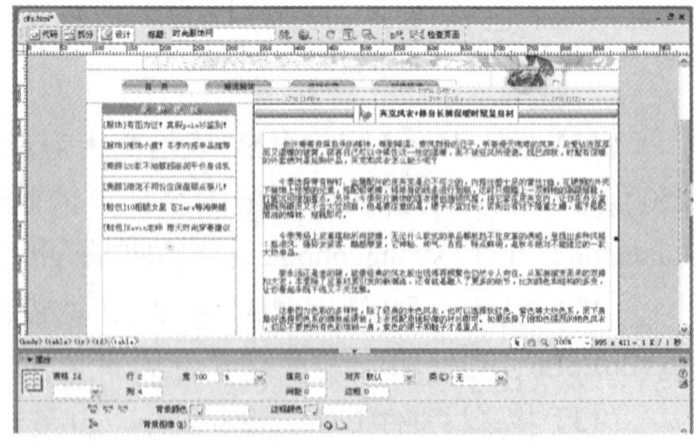

图 8.60　制作主要文字内容

(18) 将素材文件夹 pic4 复制到站点根目录中。将光标定位在该网页左下侧的空白单元格内,执行"插入/媒体/图像查看器"命令,在弹出的"保存 Flash 元素"对话框中,将"图像查看器"保存在该站点的 other 文件夹下,取名为"xc",单击"保存"按钮,如图 8.61 所示。

图 8.61　插入图像查看器

(19) 选取插入的图像查看器,在"属性"面板中将该图像查看器的大小设置为 200×200 像素,单击"属性"面板的"参数"按钮［参数...］,在弹出的"参数"对话框中将参数"Flashvars"的值改为如下内容。

flashlet = {imageLinkTarget: '_blank', captionFont: 'Verdana', titleFont: 'Verdana', showControls: false, frameShow: false, slideDelay: 2, captionSize: 10, captionColor: #333333, titleSize: 10, transitionsType: 'Random', titleColor: # 333333, slideAutoPlay: true, imageURLs: ['../pic4/fj1.jpg', '../pic4/fj2.jpg', '../pic4/fj3.jpg', '../pic4/fj4.jpg'], slideLoop: true, frameThickness: 2, imageLinks: ['http://macromedia.com/', 'http://macromedia.com/', 'http:// macromedia.com/'], frameColor: #333333, bgColor: #FFFFFF, imageCaptions: []}

(20) 保存当前网页,预览网页,效果如图 8.62 所示。

(21) 将当前网页右侧主要文字内容删除,另存在站点中的 files 文件夹内,文件名为 lxfs.html。

(22) 将页面左下侧的图像查看器替换为素材图像 fg.jpg,在页面右侧插入相应文字内容,效果如图 8.63 所示。

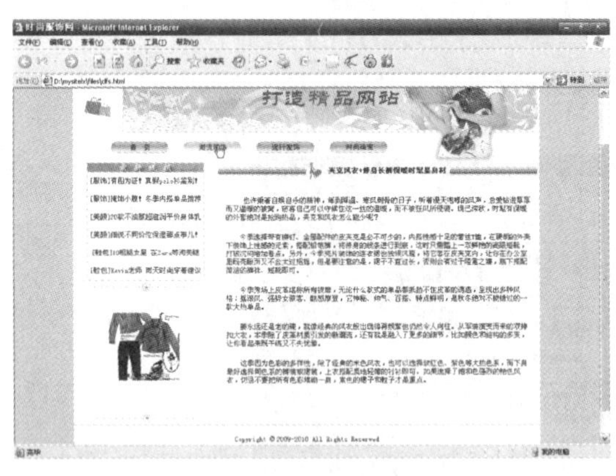

图 8.62　网页效果

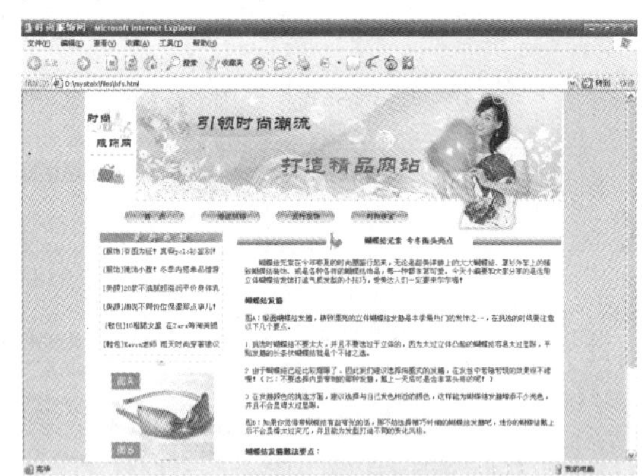

图 8.63　插入文字及图片

(23) 将素材文件 HATEU.mp3 复制到站点目录的 other 文件夹内。在代码窗口中的 body 标签后加入代码 <bgsound src = "../other/HATEU.mp3" loop = " -1">,即将 other 文件夹下的 mp3 音效文件加入到网页中。

(24) 将当前网页右侧主要文字内容删除,另存在站点中的 files 文件夹内,文件名为 sszb.html。

(25) 将素材文件 zhubao. flv 复制到站点目录的 other 文件夹内。删除页面的图像 fg. jpg，执行“插入记录/媒体/Flash 视频”，在对话框中设置视频的路径、宽度设置为 200，高度设置为 160，勾选“自动播放”及“自动重新播放”，效果如图 8. 64 所示。

(26) 在页面左下侧插入素材图像 katong. jpg，右侧插入相应文字内容，如图 8. 65 所示。

(27) 保存当前网页，预览网页，效果如图 8. 66 所示。

(28) 双击网页中的 Flash 按钮，完成各网页间的链接。

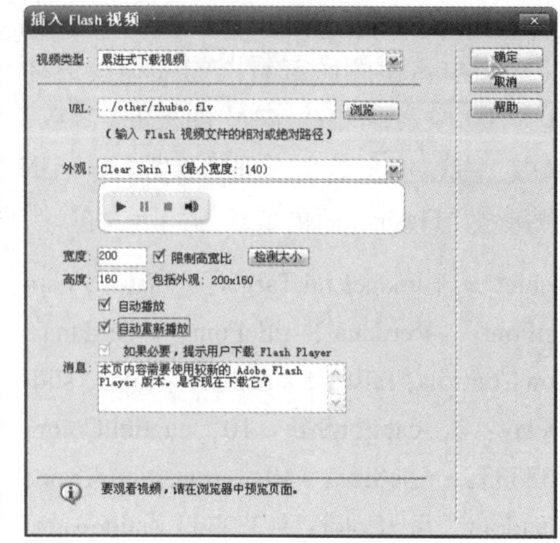

图 8. 64　插入 Flash 视频

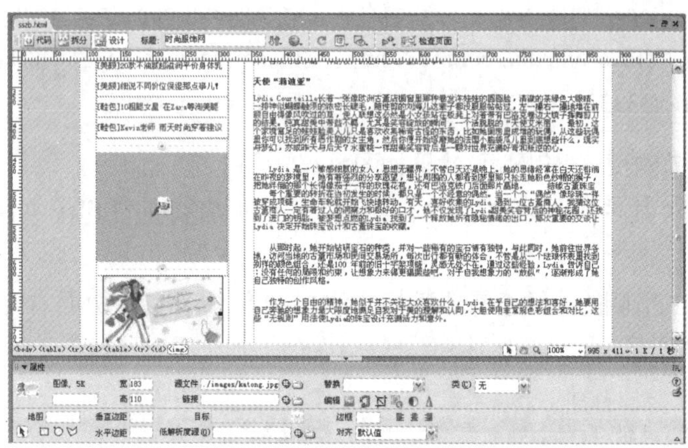

图 8. 65　插入图像及文字

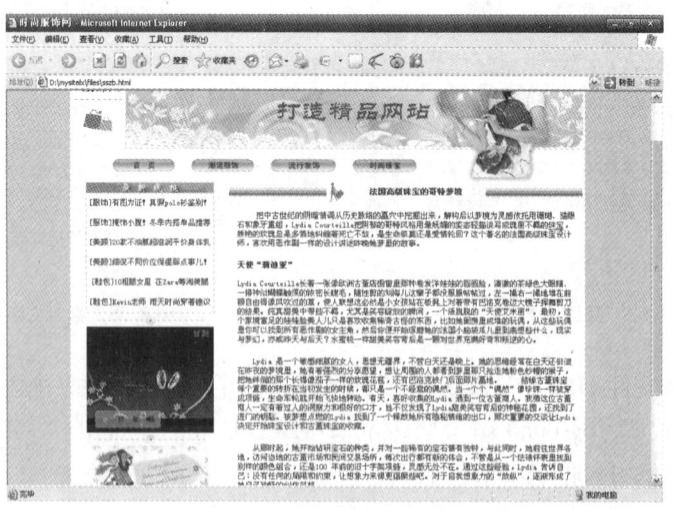

图 8. 66　页面效果

第九章　建立表单

本章概要

随着网站功能的完善，用户对网页的要求不仅是获取信息，还希望有互相的交流。表单作为网页交互的一种元素，应用在网站的各个区域，其表现的形式有问卷调查、线上交易以及拍卖等活动。

本章主要通过三个活动的展开，让我们了解表单的创建方法，其中包括表单布局的建立、表单元素的添加、表单元素的属性以及表单元素样式的设定。同时还介绍了验证表单输入结果、通过电子邮件接收表单结果及跳转菜单的创建方法。此外介绍了新版本中增加的四种 spry 构件的添加及属性设置方法。

活动一　初识表单

学习目标：理解表单交互的基本原理，掌握建立表单布局及插入不同表单对象的基本方法，并能设置其相关的属性。

知识要点：表单布局、表单对象。

准备知识

1. 表单简介

随着网站功能的完善，用户对网页的要求不仅是获取信息，还希望有互相的交流。表单作为浏览者交互的一种元素，被应用在网站的各个区域。其表现的形式有问卷调查、线上交易以及拍卖等活动。

创建表单的基本步骤如下：

① 确定需要收集的信息，根据信息特点设计表单。

② 在表单中插入不同的表单元素。

③ 设置表单域的属性。

④ 设置通过表单所收集的信息的处理方式。

⑤ 设置确认网页，确认已经接收到用户填写的信息，并请用户核对是否正确。

表单只是收集浏览者输入的信息，其数据的接收、传递、处理以及反馈工作是由通用网关接口（Common Gateway Interface）的 CGI 程序来完成的。如果要在网页中添加表单，就必须编写相应的 CGI 程序。

2. 建立表单布局

Dreamweaver 表单对象包括文本域、按钮、图像域、复选框、单选钮、列表/菜单、文件域以及隐藏域等。在添加表单之后，文档中将以红色虚线表示表单区域。表单对象只能插入在红色虚线内。为了更合理地安排表单元素，可以使用表格来布局表单元素。插入表格之后，所有的表单元素都可以放置在表格中。

表单的属性可以通过"属性"面板进行设置。表单属性如下所示。

表单名称:为表单设置一个名称。表单命名之后就可以用脚本语言对它进行控制。

动作:识别处理表单信息的服务器端应用程序。

方法:定义表单数据处理的方式。其中,"Get"为追加表单值到 URL 并发送服务器 GET 请求。"Pos"为在消息正文中发送表单值并发送服务器 POST 请求。"默认"为使用浏览器默认的方法(一般为 GET)。

MIME 类型:指定对提交给服务器进行处理的数据使用 MIME 编码类型。

3. 插入表单元素

在插入表单之后,用户需要在表单(红色虚线内)添加表单元素,如:文本域、单选钮、复选框以及弹出菜单等。利用"插入"栏的"表单"项可以方便地插入表单中的各个元素。

(1) 文本域

文本域是常见的表单元素之一,在文本域内可输入任何文本、字母或数字类型。输入的文本可以显示为单行、多行、项目符号或星号(多用于密码保护)。

(2) 单选按钮 ○

单选按钮是只可以取其一的按钮。在一组按钮内只能选取一个按钮。

(3) 复选框 □

复选框就是在一组选项中允许选取多个选项。

(4) 列表/菜单

弹出(下拉)菜单和列表都列出了一组用户可以从中选择的值。弹出菜单和列表对象是有一些区别的。弹出菜单只允许单项选择,而列表框则可选取多项。

(5) 按钮 提交

按钮可以执行提交或重置表单的标准任务,也可以执行自定义功能。在插入时可以设置自定义按钮标签或使用预先定义的标签。

(6) 跳转菜单 item1 前往

跳转菜单弹出的菜单选项具有跳转到其他网页的功能。使用跳转菜单可直接跳转至网页及图像等文件。

(7) 图像域

在表单中插入一个图像。使用图像域可生成图形化按钮,例如"提交"或"重置"按钮。

(8) 文件域 浏览...

文件域可以使用户浏览到其计算机上的某个文件并将该文件作为表单数据上传。文件域的外观与其他文本域类似,但文件域还包含一个"浏览"按钮。用户可以手动输入要上传的文件的路径,也可以使用"浏览"按钮定位并选择该文件。

上述所有表单元素都可以通过执行"插入记录/表单"命令,或单击"插入"工具栏"表单"分类上相应对象,在网页中插入表单元素。

4. 设置表单元素的属性

设置表单元素的属性,可以先选取表单元素,然后通过“属性”面板设置。

(1) 文本域

设置“属性”面板中“字符宽度”的值,可以限定文本域显示的宽度。

设置“最大字符数”的值,可以限制用户输入的字数。

文本域的“类型”可以划分为以下三种:

① 单行:只允许输入单行文本。

② 密码:用于输入密码,在该框中输入的字符都显示为星号。

③ 多行:可以输入多行文本,并且滚动显示。

在所有类型的文本域中都可以输入“初始值”,即浏览者尚未输入文本、字母或数字之前所显示的提示值。

(2) 单选按钮

设置单选按钮的属性,可以在选取单选按钮之后,在“属性”面板中的“单选按钮”下的文本域中输入组名。

要设置单选按钮的初始状态,可选取“已勾选”或“未勾选”。

(3) 复选框

设置复选框的属性,可以在选中复选框之后,在“复选框名称”下面的文本域中输入复选框的名称。注意:复选框的名称不能相同,这一点和单选按钮刚好相反。

要设置复选框的初始状态,可选取“已勾选”或“未勾选”。

(4) 列表/菜单

设置列表/菜单的属性,可以在选中列表/菜单之后,在“列表/菜单”下面的文本域中输入列表/菜单的名称。高度(仅“列表”类型)可设置菜单中显示的项数。选定范围(仅“列表”类型)指定用户是否可以从列表中选择多个项。

要设置列表/菜单项的内容,可以通过单击“列表值”按钮添加列表/菜单的项目。

(5) 按钮

要设置按钮的属性,可以在选中按钮之后,在“按钮”下面的文本域中输入按钮的名称。通过“属性”面板可以设置不同的按钮动作和按钮的标签。

(6) 跳转菜单

属性设置与列表/菜单相同。

(7) 图像域

设置图像域属性,可以在选中图像域之后,在“图像区域”下面输入图像域的名称。“源文件”为该按钮使用的图像。“替换”用于输入描述性文本,一旦图像在浏览器中加载失败,将显示这些文本。“对齐”设置对象的对齐属性。“编辑图像”按钮将会启动默认的图像编辑器,并打开该图像文件以待编辑。

(8) 文件域

设置文件域属性,可以在选中文件域之后,在“文件域名称”下面输入文件域的名称。在“字符宽度”中设置域中最多可显示的字符数。在“最多字符数”中设置域中最多可容纳的字符数。

活动引导

1. 建立站点及网页

（1）在D盘建立站点目录mysite91及其子目录images和files，并使用高级标签定义站点，站点名为“大风音乐书店”，如图9.1所示。

（2）在起始页中的“创建新项目”中单击“HTML”，创建新网页。

（3）执行“文件/保存”命令，将网页保存在files文件夹内，文件名为“login1.html”。

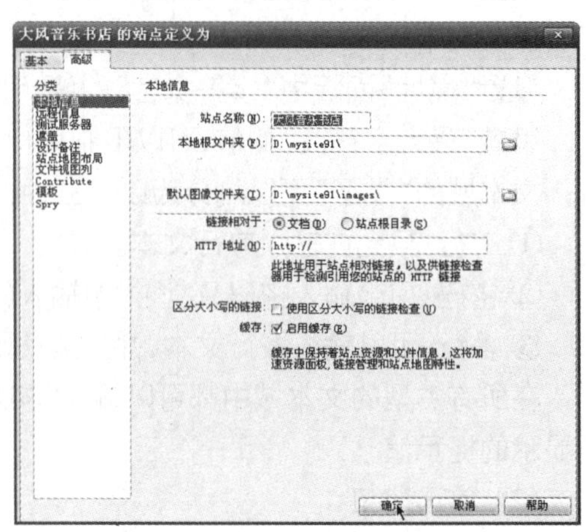

图9.1　定义站点

2. 完成注册页面的布局

（1）执行“修改/页面属性”命令，在“页面属性”对话框中的“外观”分类中设置当前网页的字体大小为9点，颜色为黑色#000000，左、右、上、下边距为0像素。在“标题/编码”分类中设置网页标题为“会员注册”，如图9.2、9.3所示。

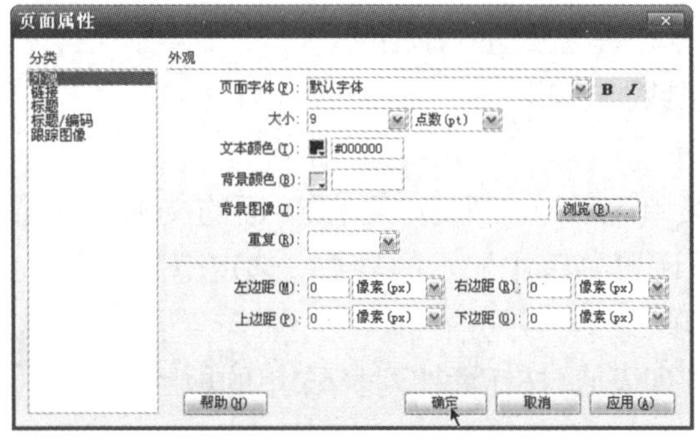

图9.2　设置“分类”选项

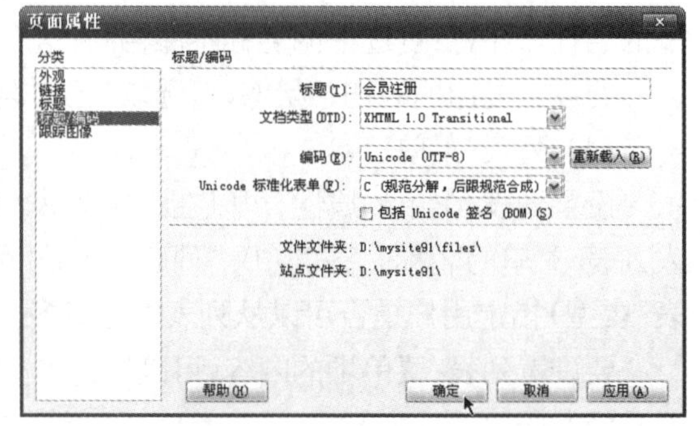

图9.3　设置“标题/编码”选项

（2）插入2行1列的表格，表格宽度为950像素，居中对齐。在第一行单元格中插入素材图片bg_tag_top.gif。设置第二行单元格的背景颜色为深灰色#666666，单元格高度为34，如图9.4所示。

（3）在第二行单元格中插入1行3列的嵌套表格，表格宽度为948像素，高度为32像素（在代码窗口中设置），居中对齐。单元格的宽度从左到右分别为312像素、322像素和316像

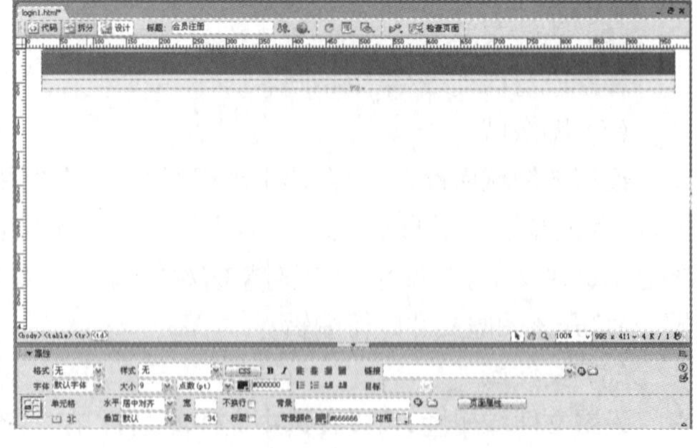

图9.4　插入表格并设置单元格属性

素，且插入单元格背景图像，素材图像分别为 tag_1_2. gif、tag_2. gif 和 tag_3gif。在单元格中输入相应文字，效果如图 9. 5、9. 6 所示。

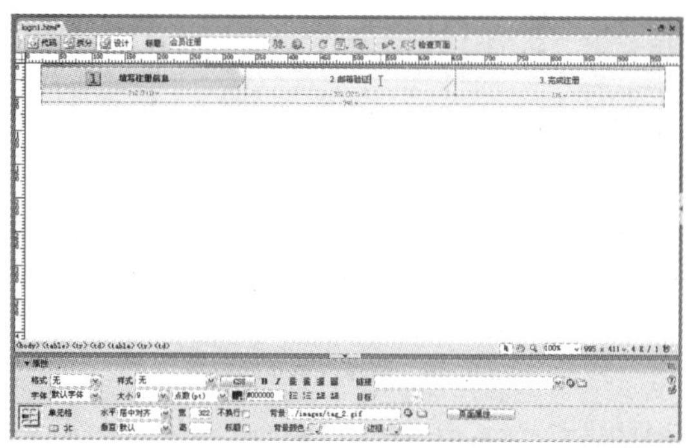

图 9. 5 完成嵌套表格的制作

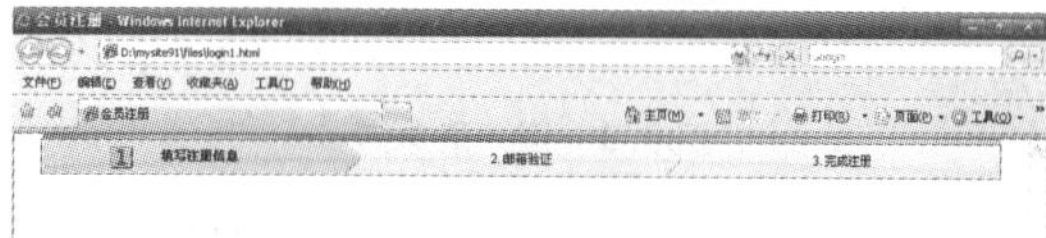

图 9. 6 标题制作

（4）插入 3 行 1 列的表格，表格宽度为 950 像素，居中对齐。设置第一行单元格的高度为 80 像素，第二行单元格的高度为 50 像素。将第一行单元格拆分为三列，分别在前两列单元格中插入素材图像 bg_pic_11. gif 及文字“欢迎注册大风网！您所提供的资料不会做其他用途，敬请安心填写。带 * 的为必填项。”在第二行单元格中插入水平线，水平线的宽为 100%，高为 1 像素，颜色为灰色#999999，如图 9. 7 所示。

（5）插入 2 行 1 列的表格，表格宽度为 950 像素，居中对齐。设置第一行单元格的高度为 1 像素，背景颜色为浅灰色#999999，第二行单元格的高度为 60 像素。在第二行单元格内输入版权信息，如图 9. 8 所示。

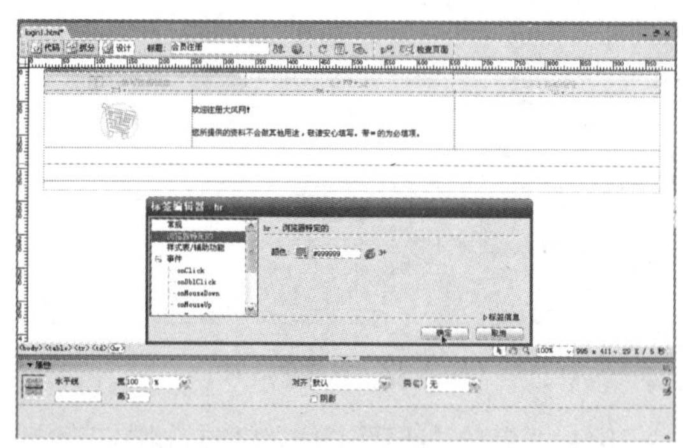

图 9. 7 制作主要内容区域

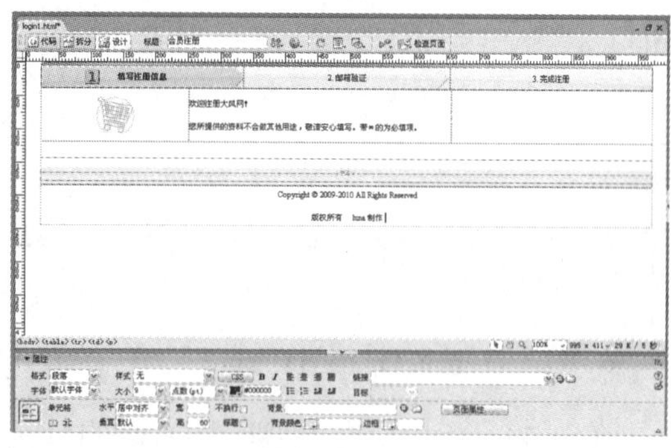

图 9. 8 制作版权信息

3. 插入表单元素，并设置其属性

（1）将光标定位在内容区域的表格第三行单元格内，执行“插入/表单/表单”命令，在单元格内插入表单域，如图 9. 9 所示。

（2）在表单域中插入 11 行 2 列的嵌套表格，表格宽度设置为 600 像素，高度设置为 300 像素，在表格的第一列单元格中分别输入文字“设置昵称：”、“设定密码：”、“Email 地址：”、“性别：”、“职业：”、“电话：”、“兴趣爱好：”和“备注信息：”，将最后两行单元格合并，如图 9. 10 所示。

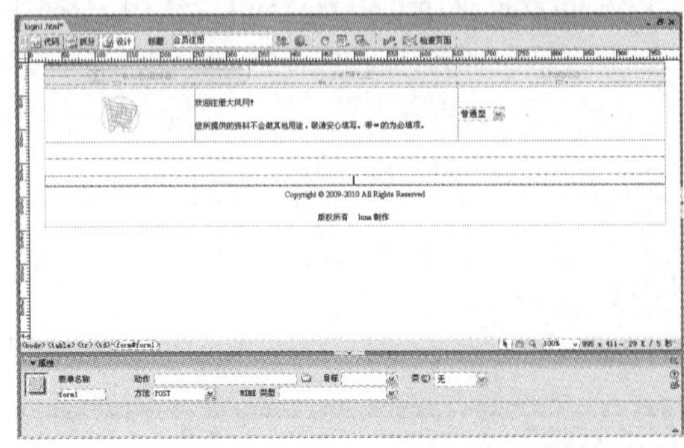

图 9.9　插入表单域

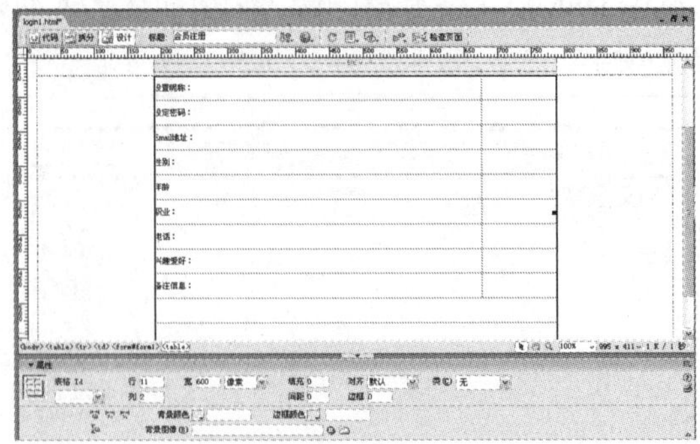

图 9.10　制作表单布局表格

（3）将光标分别定位在“设置昵称：”、“设定密码：”、“Email 地址：”和“电话：”项右侧的单元格内，单击“表单”选项卡中的“文本字段”，插入多个文本域。在“设置昵称：”、“设定密码：”、“Email 地址：”文本域后输入字符“ * ”。

（4）分别选取“设置昵称：”、“设定密码：”、“Email 地址：”所对应的文本域，设置文本域的名称为“name”、“password”和“email”，字符宽度都设置为“20”，“password”文本域类型设置为“密码”。选取“电话：”所对应的文本域，设置第一个文本域的名称为“tel1”，字符宽度与最多字符数设置为 3，设置第二个文本域的名称为“tel2”，字符宽度与最多字符数设置为 8，如图 9. 11 所示。

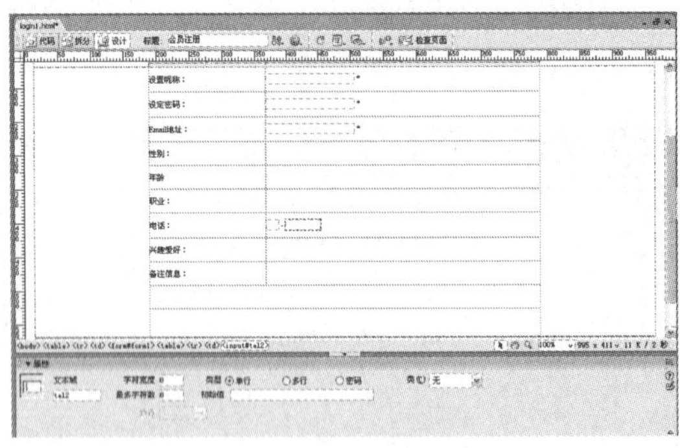

图 9. 11　设置文本域

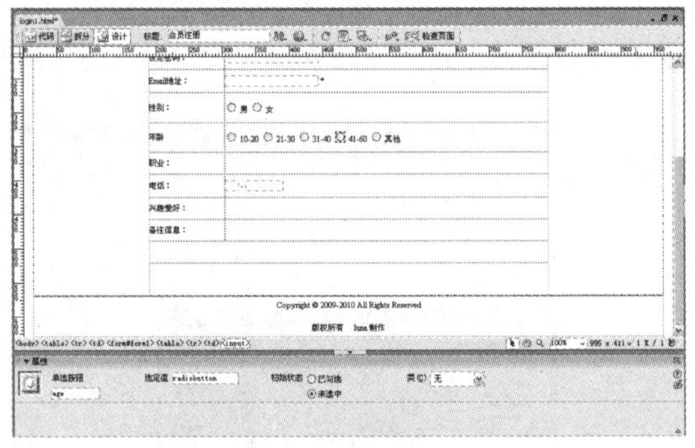

图 9. 12　设置单选项

（5）将光标定位在“性别”项右侧的单元格内，单击“表单”选项卡中的“单选按钮”，插入一个单选按钮，紧接着输入文字“男”，使用该方法插入“女”选项。选取该组单选项，在“属性”面板的“单选按钮”的名称域里输入“xb”，在初始状态项中选取“未勾选”。按相同的步骤完成年龄项部分的单选项，将该组的名称定义为“age”，如图 9. 12 所示。

（6）将光标定位在“职业”项右侧的单元格内，单击“表单”选项卡中的“列表/菜单”，插入一个列表/菜单。

（7）选取该列表/菜单，在“属性”面板中设置类型为“列表”，单击“列表值”按钮，在弹出的列表值对话框的项目标签项中输入中文字符“请选择您的职业”，单击“ + ”添加新项目，在出现新项目的文本域中输入中文字符“学生”。使用该方法再次添加新项目“教师”、“职员”、“医生”、“其他”，如图 9. 13、9. 14 所示。

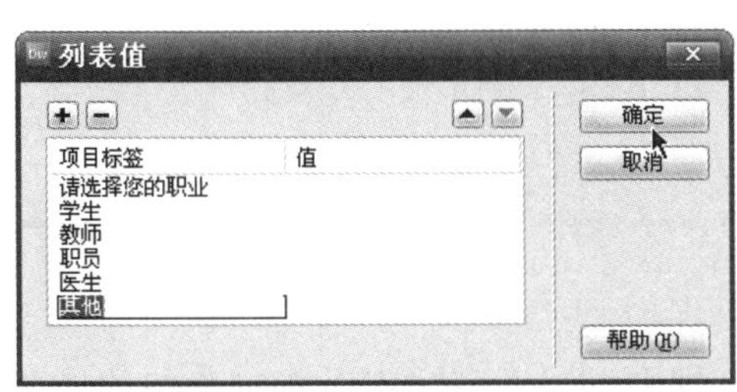

图 9.13　设置列表值

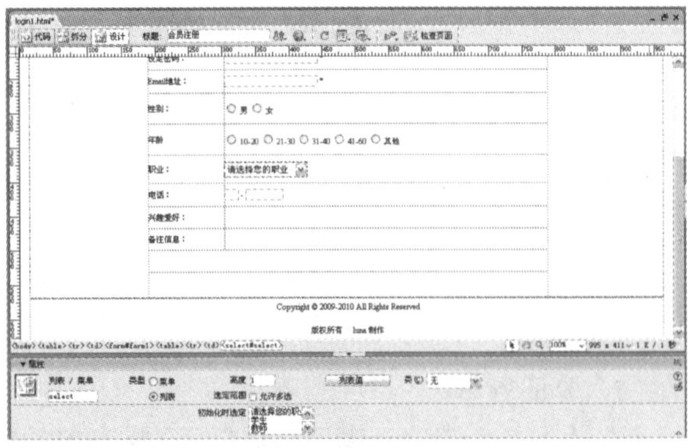

图 9.14　设置列表

(8) 将光标定位在“爱好”项右侧的单元格内，单击“表单”选项卡中的“复选框”，插入一个复选框，紧接着输入文字“上网”，使用该方法插入“美食”、“音乐”、“书法”、“绘画”、“游戏”、“旅行”、“阅读”、“电影”选项，如图 9.15 所示。

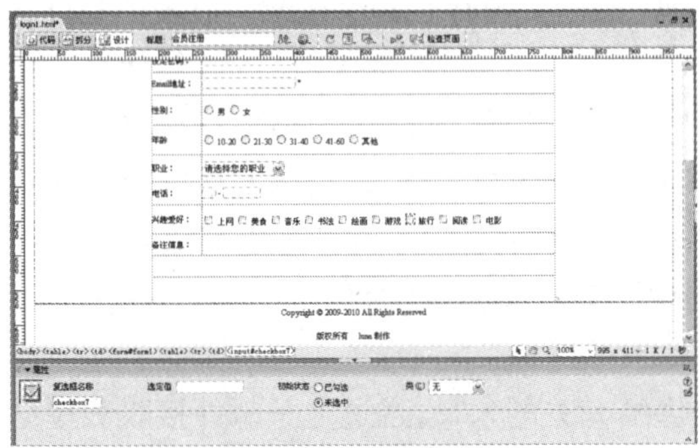

图 9.15　插入复选框

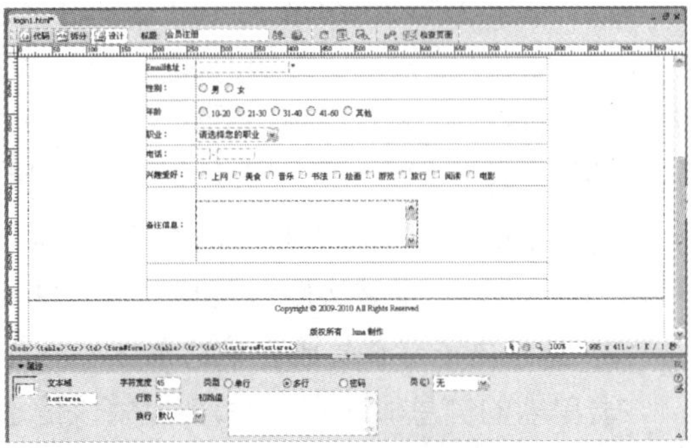

图 9.16　插入文本区域

(8) 将光标定位在“备注信息：”项右侧的单元格内，单击“表单”选项卡中的“文本区域”，插入一个文本区域，如图 9.16 所示。

(9) 将光标定位在表格最后一行单元格内，单击“表单”选项卡中的“按钮”，连续插入两个按钮。选取第一个“提交”按钮，在“属性”面板的“动作”项中选取“重设表单”，并设置其对齐方式，如图 9.17 所示。

(10) 保存当前网页。

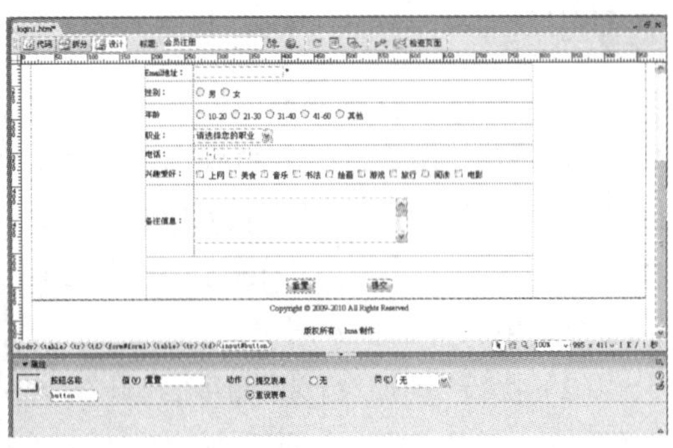

图 9.17　插入按钮

活动小结

本活动主要让我们练习了网页表单的制作，其中包括表单元素的插入与表单元素的属性设置。但我们现在所制作的表单没有和后台数据库相连，所以只是一个页面效果，不能起到它真正的作用。

活动二　验证表单的输入结果并设置接收结果的方式

学习目标：熟练掌握验证表单的输入结果、通过电子邮件接收表单结果。

知识要点：验证表单、接收表单结果。

准备知识

1. 验证表单

在插入各个表单元素后，还需要设置表单的输入规则(验证表单)以及指定表单的处理程序。在以往版本的 Dreamweaver 中，我们如果要实现表单验证有两种途径，一种是使用 Dreamweaver 内置的“检查表单”动作可以帮助用户对输入的结果进行验证。另一个是借助其他表单验证插件来实现。其中检查表单行为所提供的功能太过于简陋，而使用其他插件功能也不能尽如人意。

在 Adobe Dreamweaver CS3 中提供了一个 ajax 的框架 Spry。Spry 框架内置表单验证的功能，为设计新手带来了方便。在新版本提供了 Spry 验证文本域、Spry 验证选择、Spry 验证复选框、Spry 验证文本区域等四个构件。每个构件都有各自独立的验证属性，该构件用于在站点访问者输入文本或选择选项时显示其状态(有效或无效)。例如，可以向访问者输入电子邮件地址的表单中添加验证文本域构件。如果访问者没有在电子邮件地址中输入“@”符号和句点，验证文本域构件会返回一条消息，声明用户输入的信息无效。

2. 通过电子邮件接收表单结果

表单内的信息输入完毕后，需要将该信息提供给有关的人员，通过电子邮件接收表单结果是一个比较容易操作的方法。

活动引导

1. 通过行为验证表单

(1) 打开上述活动中的网页 login1.html。将光标定位在表单内的任意位置，单击文档窗口左下角的 <form> 标签，选取整个表单，如图 9.18 所示。

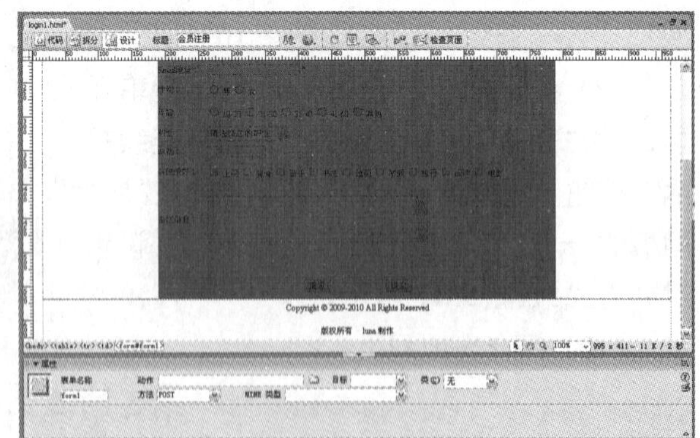

图 9.18　选取表单

(2) 执行“窗口/行为”命令，打开“行为”面板。单击“行为”面板中的“+”按钮，从“动作”列表中选择“检查表单”，如图 9.19 所示。

(3) 在“检查表单”对话框中，分别选取“name”、“password”和“email”项，勾选“必需的”，表示浏览者在用户名、密码及 Email 地址处必须输入字符。在选取“email”项时，同时勾选“电子邮件”单选项，表示浏览者必须输入电子邮件格式，如图 9.20 所示。

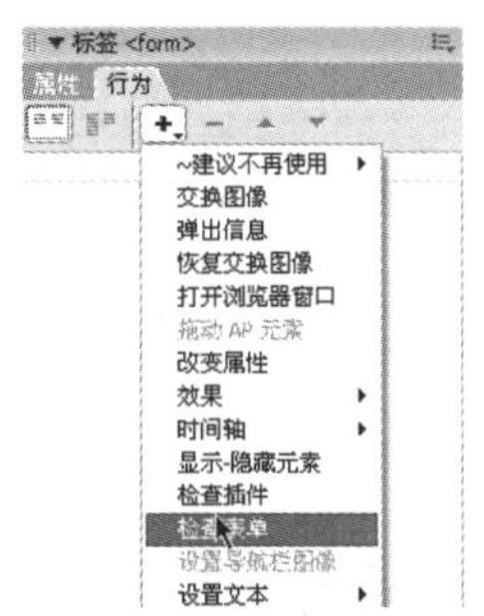

图 9.19 行为列表中选择“检查表单”

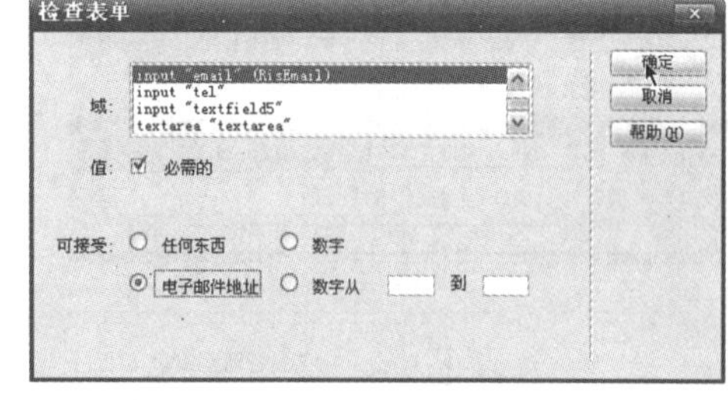

图 9.20 设置检查参数 1

（4）分别选取“tel1”和“tel2”项，勾选“数字”单选项，表示浏览者在该项中必须输入数字，如图 9.21 所示。

（5）完成上述设置后，单击“确定”关闭对话框。

（6）保存网页，预览效果，如图 9.22 所示。

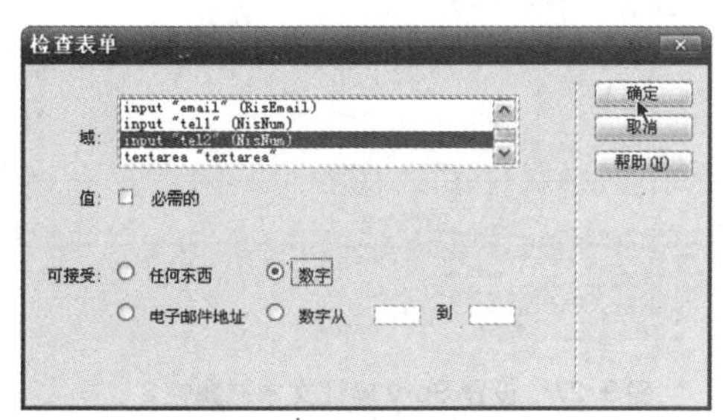

图 9.21 设置检查参数 2

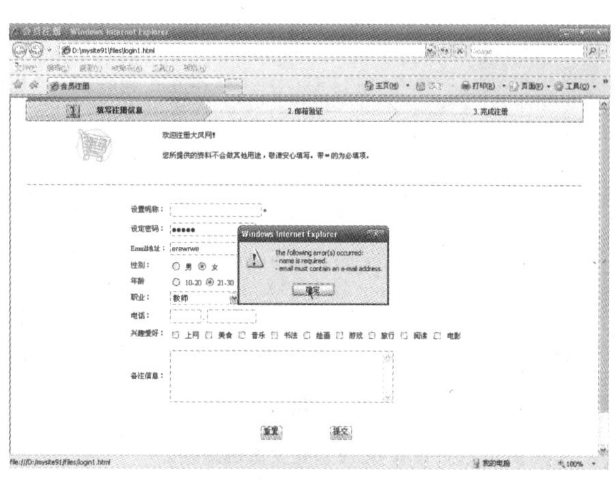

图 9.22 网页效果

2. 通过 Spry 框架内置表单验证功能验证表单

（1）执行“文件/另存为”命令，将网页 login1.html 另存在 files 文件夹内，文件名为 login2.html。

（2）将光标定位在表单内的任意位置，单击文档窗口左下角的 <form> 标签，选取整个表单。在“行为”面板中，选取“检查表单”项，单击“ - ”按钮，删除“检查表单”行为，如图 9.23 所示。

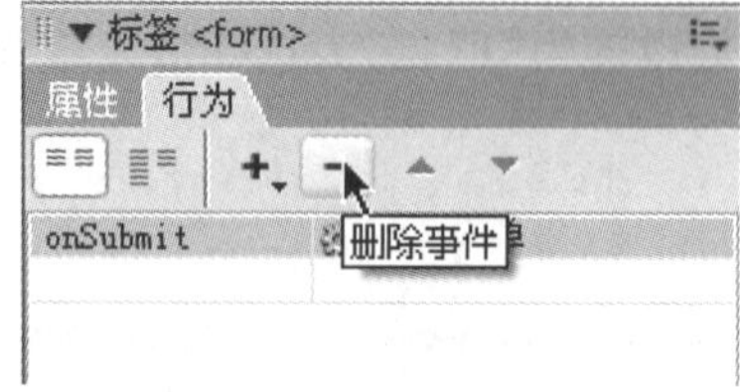

图 9.23 删除行为

小贴士

建议在删除行为后，再次查看代码视图，如仍有行为相关的残留代码（javascript），需删除后方可使用 Spry 框架内置表单验证功能。避免代码间互相冲突。

（3）选取 name 文本域，单击“Spry”选项卡中的“Spry 验证文本域”按钮，插入 Spry 验证文本域，如图 9.24 所示。

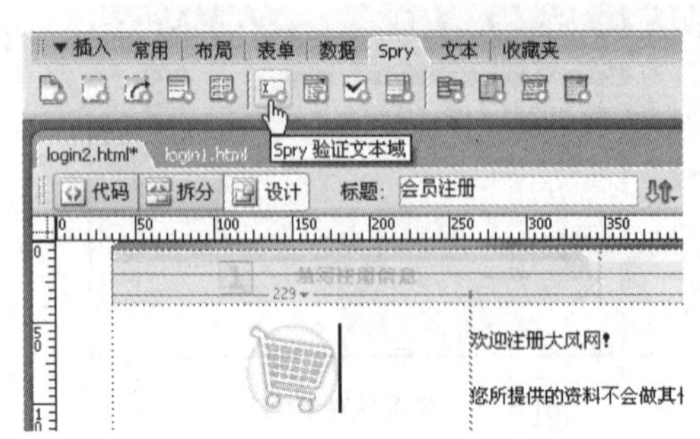
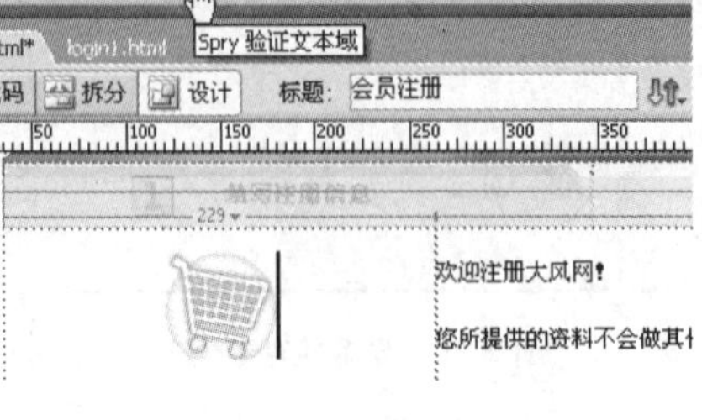

图 9.24 插入 Spry 验证文本域

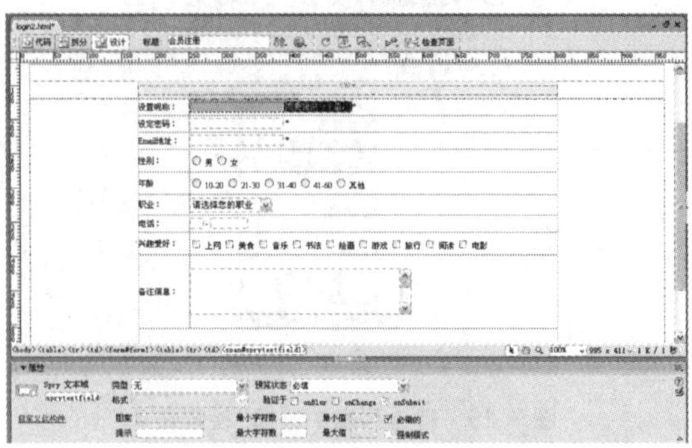

图 9.25 设置 Spry 验证文本域属性 1

（4）选取该 Spry 文本域，在“属性”面板中将预览状态设置为“必填”，如图 9.25 所示。

（5）按相同的步骤完成“密码”、“Email 地址”、“电话”项的 Spry 文本域设置。“Email 地址”项同时设置类型为“电子邮件地址”。“电话”项中的“tle1”设置类型为“整数”，最大字符数为“3”，“tle2”设置类型为“整数”，最大字符数为“8”，如图 9.26、9.27 所示。

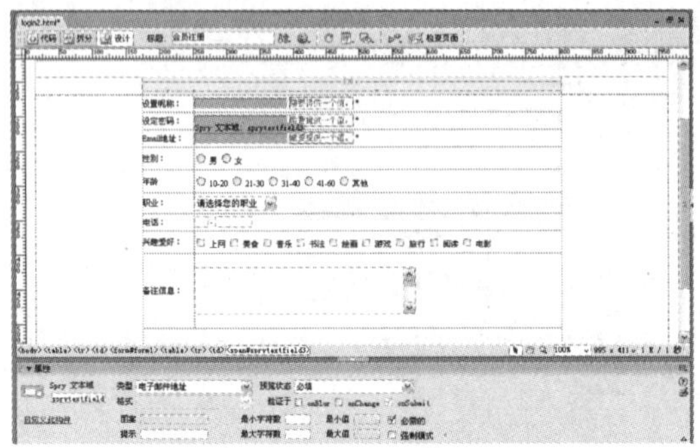

图 9.26 设置 Spry 验证文本域属性 2

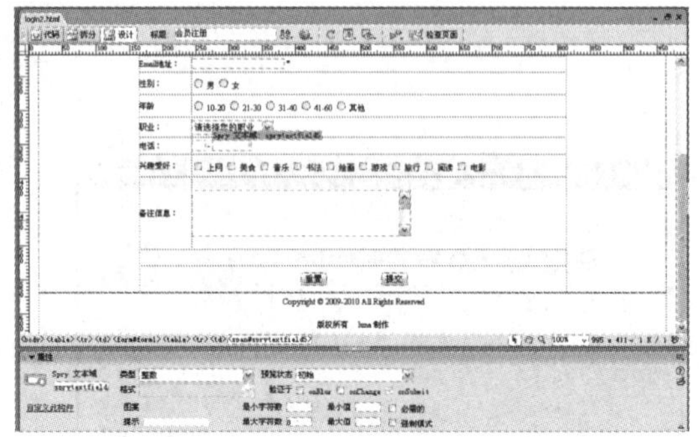

图 9.27 设置 Spry 验证文本域属性 3

（6）选取“兴趣爱好”项中的复选框，单击“Spry”选项卡中的“Spry 验证复选框”按钮，插入 Spry 验证复选框。选取该 Spry 复选框，在“属性”面板中将“强制范围”中的最小选择数设置为“1”，最大选择数设置为“8”，如图 9.28、9.29 所示。

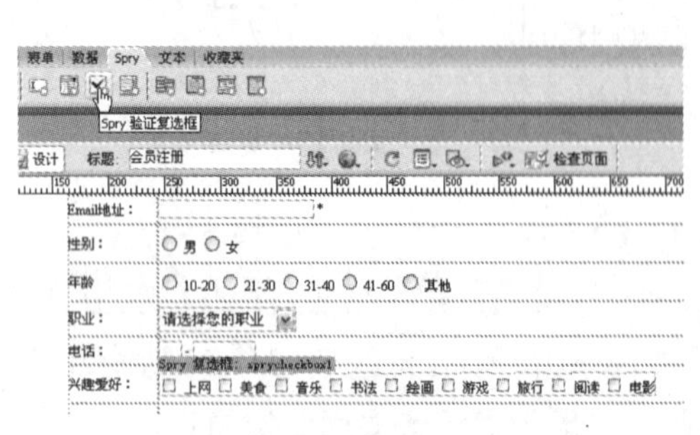

图 9.28 插入 Spry 验证复选框

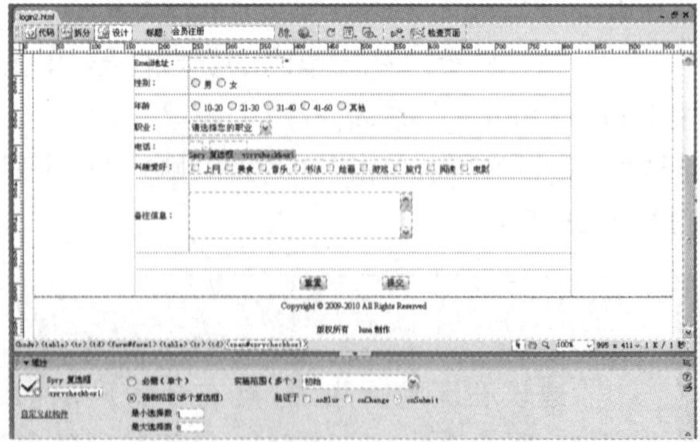

图 9.29 设置 Spry 验证复选框属性

（7）选取“职业”项中的列表/菜单，单击“Spry”选项卡中的“Spry 验证选择”按钮，插入 Spry 验证选择。选取该 Spry 选择，在“属性”面板中勾选不允许项的“空值”，如图 9.30、9.31

所示。

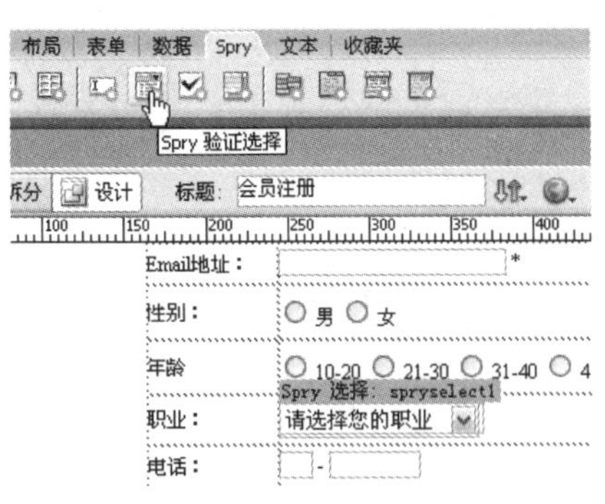

图 9.30　插入 Spry 验证选择

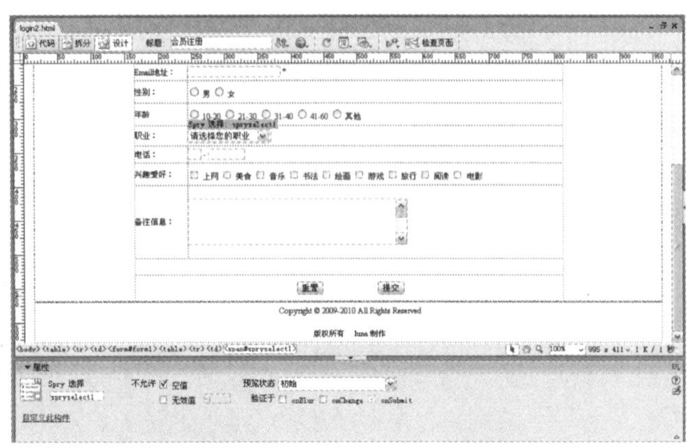

图 9.31　设置 Spry 验证选择属性

（8）选取“备注信息”项中的文本域，单击“Spry”选项卡中的“Spry 验证文本区域”按钮，插入 Spry 验证文本区域。选取该 Spry 文本区域，在“属性”面板中勾选计数器项的“字符计数”，如图 9.32、9.33 所示。

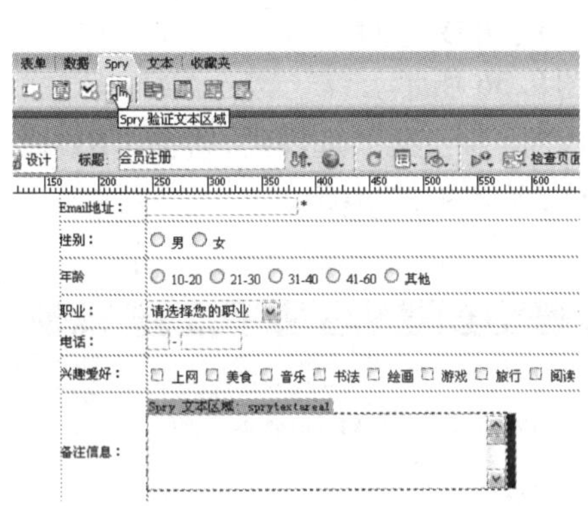

图 9.32　插入 Spry 验证文本域

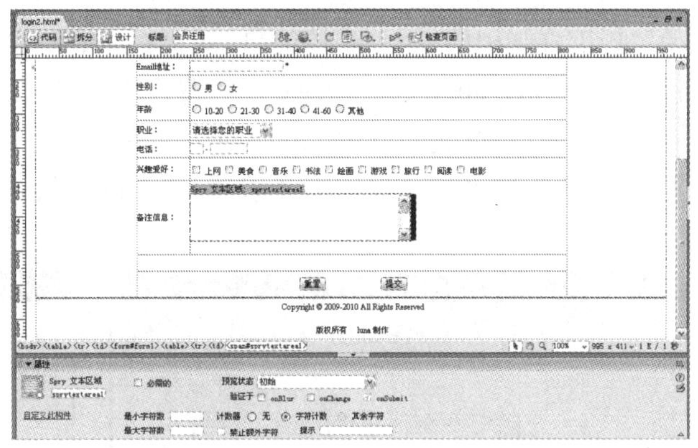

图 9.33　设置 Spry 验证文本域属性

（9）保存网页，预览效果，如图 9.34 所示。

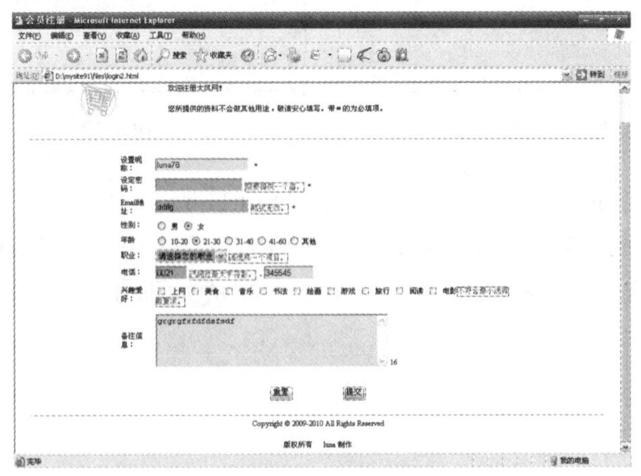

图 9.34　网页效果

3. **通过电子邮件接收表单结果**

（1）将光标停放在表单内，单击文档窗口左下角的 <form> 标签，选中整个表单。

（2）在“属性”面板的“动作”文本域中输入表单动作“mailto：lu2004@ citiz. net”，在“方法”下拉列表中选择“POST”选项。

（3）在“MIME 类型”中输入“text/plain”。该语句指定表单信息按纯文本方式传送，如图 9. 35 所示。

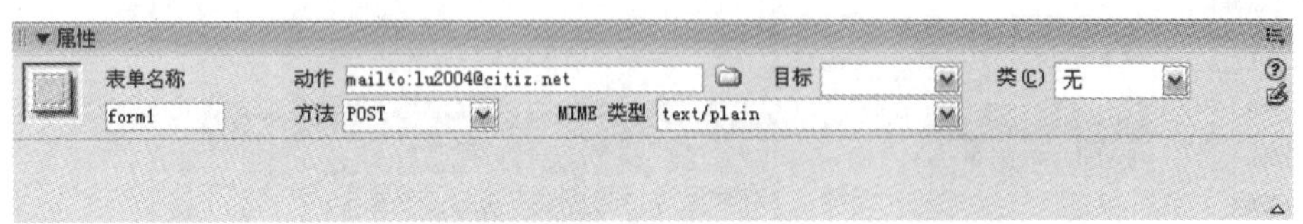

图 9. 35　设置接收表单结果

（4）保存当前网页。

4. **使用跳转菜单完成网页间的跳转。**

（1）将光标定位在上述表格的第一行第三列单元格中，单击“表单”选项卡中的“跳转菜单”按钮，在弹出的“插入跳转菜单”对话框中，设置文本为“Spry 验证”，选择时，转到 URL 设置为“login2. html”，打开 URL 于设置为“主窗口”，如图 9. 36 所示。

（2）单击对话框上部的“添加项 +”按钮，设置文本为“行为验证”，选择时，转到 URL 设置为“login1. html”，打开 URL 于设置为“主窗口”，并确认，如图 9. 37 所示。

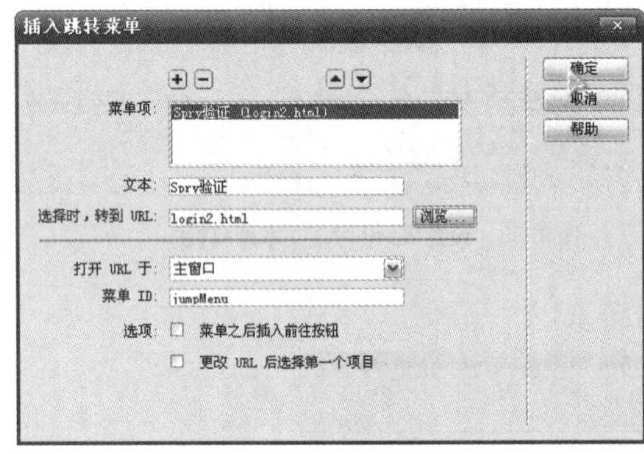

图 9. 36　设置跳转菜单 1

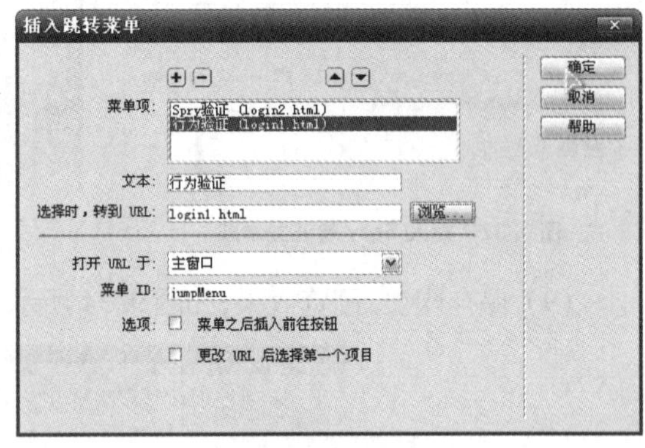

图 9. 37　设置跳转菜单 2

（3）打开 login1. html，按相同的步骤完成 login1. html 中的网页跳转，对话框中“菜单项”的设置与 login2. html 中的设置相反，即将“行为验证”与“Spry 验证”顺序颠倒，如图 9. 38 所示。执行“文件/保存全部”命令，完成注册页面的制作，预览效果如图 9. 39 所示。

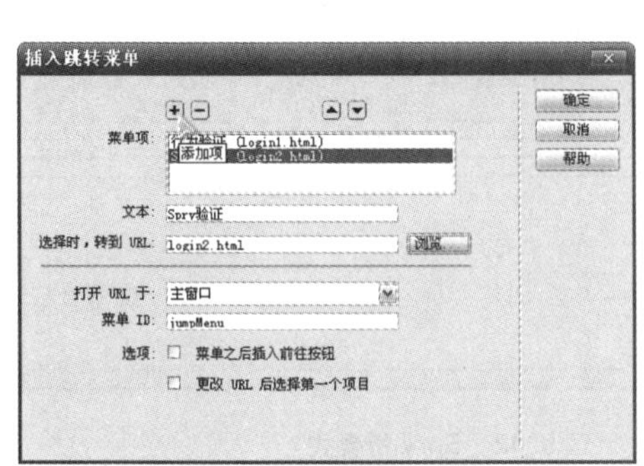

图 9.38 设置跳转菜单 3

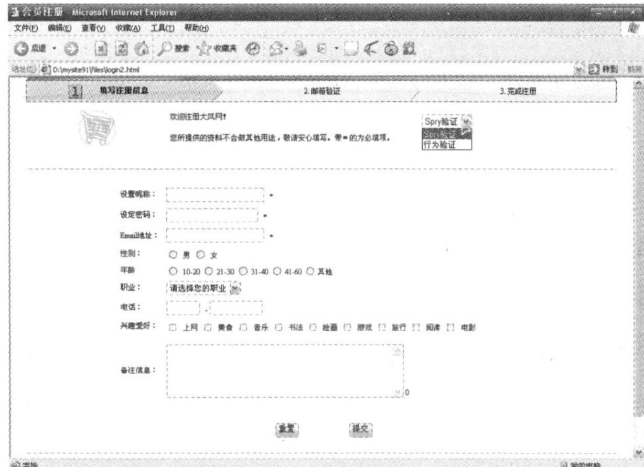

图 9.39 网页效果

活动小结

在本活动中，我们对表单使用了两种验证方法，并将用户输入的结果以纯文本的方式发送至指定的 E-mail 中。

活动三 Spry 构件的应用

学习目标：掌握 Spry 构件的插入及属性设置的方法。

知识要点：Spry 构件。

准备知识

在 Dreamweaver CS3 中增加 Spry 给用户带来了 Ajax 视觉效果。单击 Spry 选项卡中的相关按钮就可以轻松地向页面元素添加视觉过渡。

1. Spry 菜单栏

菜单栏构件是一组可导航的菜单按钮，当站点访问者将鼠标悬停在其中的某个按钮上时，将显示相应的子菜单。使用菜单栏可在紧凑的空间中显示大量可导航信息，并使站点访问者无需深入浏览站点即可了解站点上提供的内容，使用该按钮可以创建横向或纵向的网页下拉或弹出菜单，如图 9.40 所示。

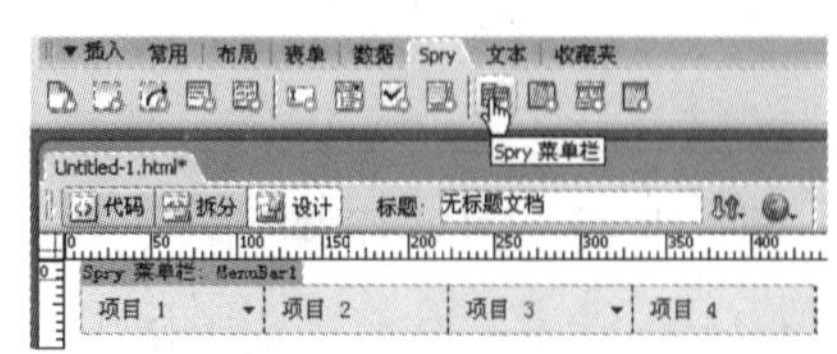

图 9.40 Spry 菜单栏

图 9.41 Spry 选项卡式面板

2. Spry 选项卡式面板

选项卡式面板构件是一组面板，用来将内容存储到紧凑空间中。站点访问者可通过单击他们要访问的面板上的选项卡来隐藏或显示存储在选项卡式面板中的内容。当访问者单击不同的选项卡时，构件的面板会相应地打开，如图 9.41 所示。

3. Spry 折叠式

折叠构件是一组可折叠的面板，可以将大量内容存储在一个紧凑的空间中。站点访问者可通过单击该面板上的选项卡来隐藏或显示存储在折叠构件中的内容。当访问者单击不同的选项卡时，折叠构件的面板会相应地展开或收缩，如图 9.42 所示。

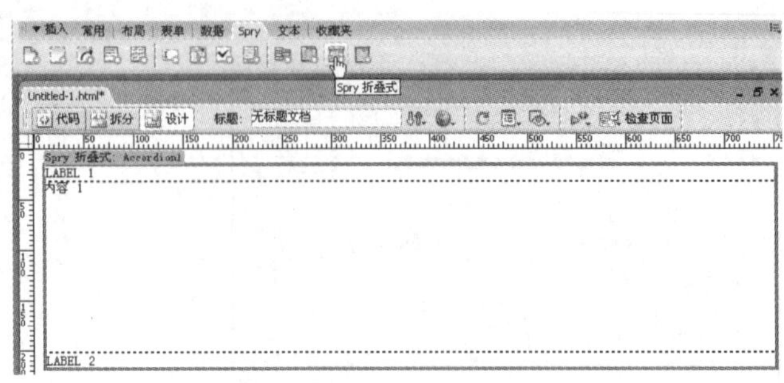

图 9.42　Spry 折叠式

4. Spry 可折叠面板

可折叠面板构件是一个面板，可将内容存储到紧凑的空间中。用户单击构件的选项卡即可隐藏或显示存储在可折叠面板中的内容，如图 9.43 所示。

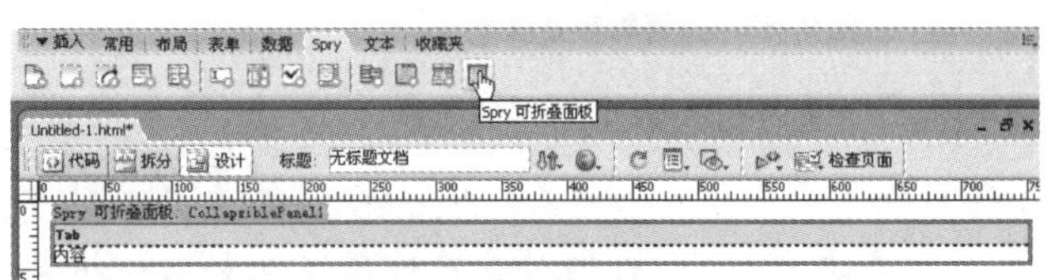

图 9.43　Spry 可折叠面板

活动引导

1. 完成首页布局页面的制作

（1）打开上述活动建立的站点，新建网页 index. html，并将网页保存在站点根目录下。

（2）执行"修改/页面属性"命令，在"页面属性"对话框中的"外观"分类中设置当前网页的字体大小为 9 点，颜色为黑色#000000，左、右、上、下边距为 0 像素。在"标题/编码"分类中设置网页标题为"大风音乐书店"，如图 9.44、9.45 所示。

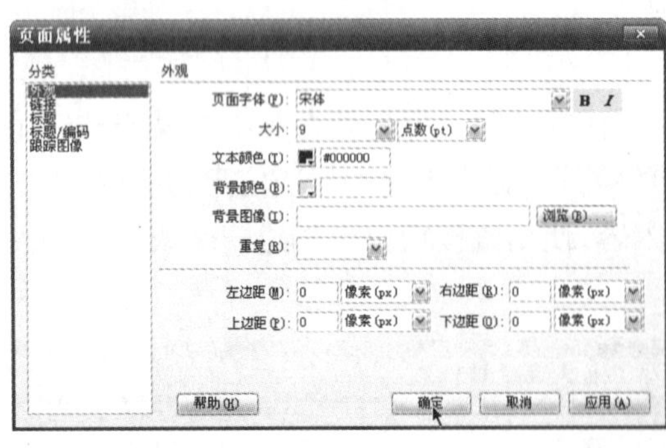

图 9.44　Spry 可折叠面板

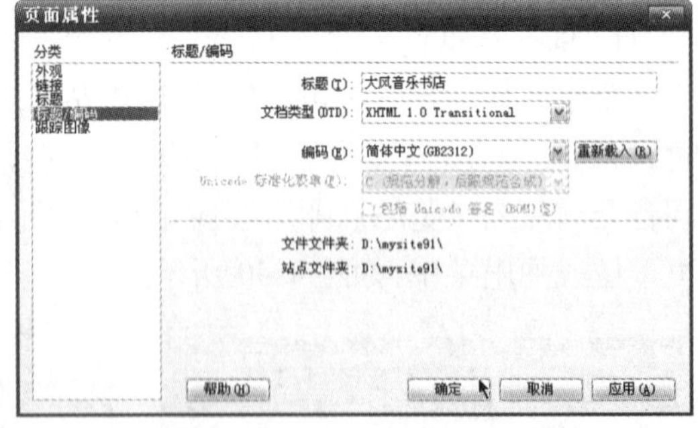

图 9.45　Spry 可折叠面板

（3）插入 1 行 2 列表格，表格宽度为 990 像素，表格居中对齐，在第一列单元格中插入素材图像 logo. gif。将第二列单元格拆分成两行，如图 9.46 所示。

（4）在第一行插入 1 行 3 列的嵌套表格，表格宽度为 100%，高度为 41 像素，在三列单元格内分别插入素材图像 sousuo1. gif 和 sousuo3. gif，sousuo2. gif 以背景图像插入，并在单元格

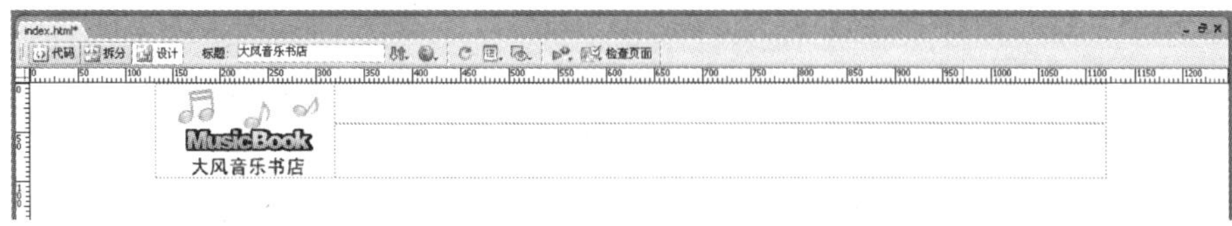

图 9.46　制作标题栏

内插入相应的文字及表单元素文本域、列表/菜单和按钮，如图 9.47、9.48 所示。

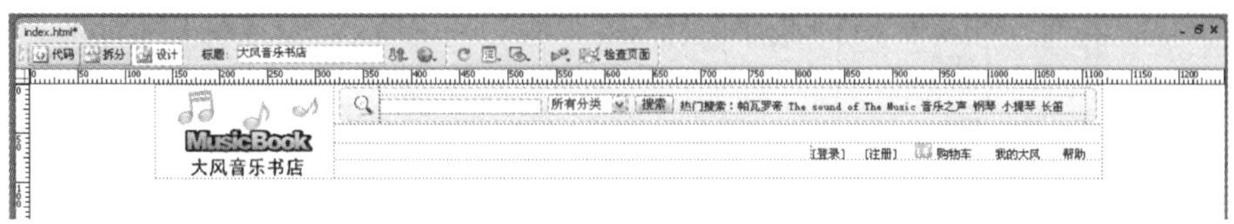

图 9.47　制作搜索区域

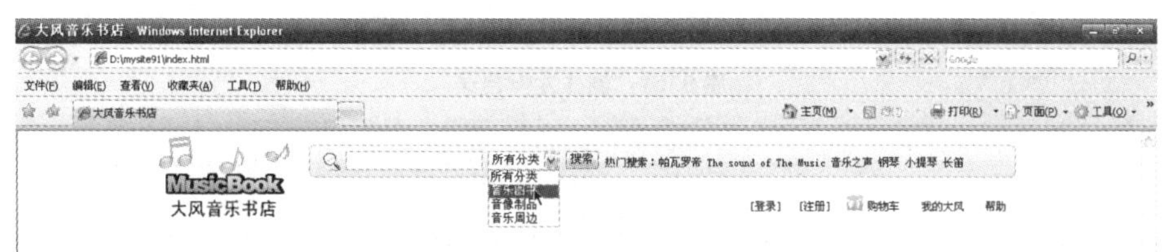

图 9.48　网页效果

(5) 插入 2 行 1 列表格，表格宽度为 990 像素，居中对齐，在第一行单元格中插入素材图像 guanggao. gif，如图 9.49 所示。

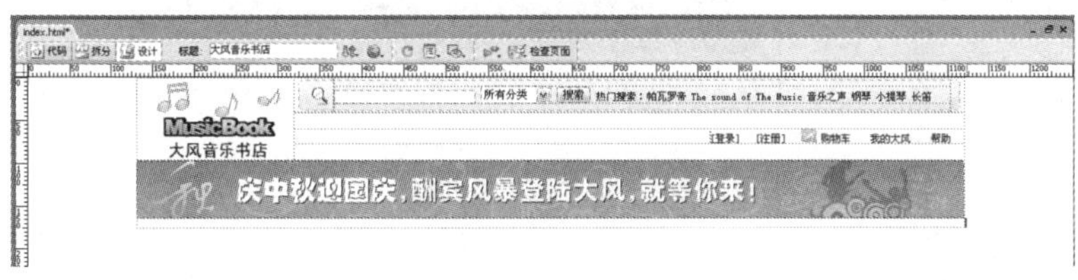

图 9.49　广告栏

(6) 插入 1 行 3 列表格，表格宽度为 990 像素，表格居中对齐，设置第一列单元格的宽度为 200 像素，第三列单元格的宽度为 250 像素，如图 9.50 所示。

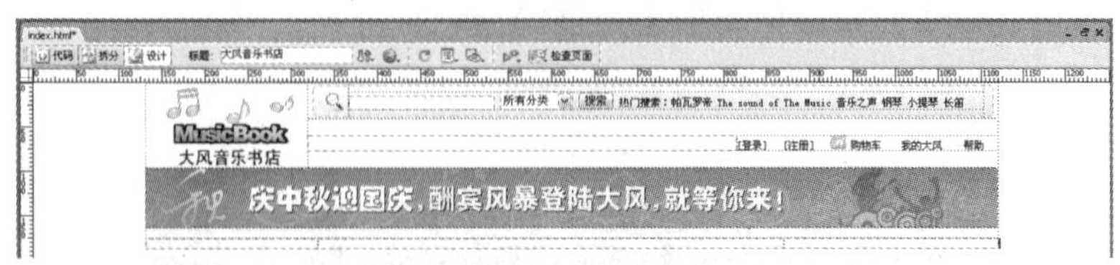

图 9.50　插入内容区域表格

(7) 在第一列单元格内插入 3 行 1 列表格，表格宽度为 200 像素，将第一行单元格拆分成四列，制作栏目标题，将第三行单元格高度设置 1 像素，颜色为浅灰色#5C97BA，在第二行单元格内插入嵌套表格，完成栏目文字介绍，如图 9.51 所示。

(8) 利用嵌套表格，同理完成中间及右侧区域的表格布局，如图 9.52 所示。

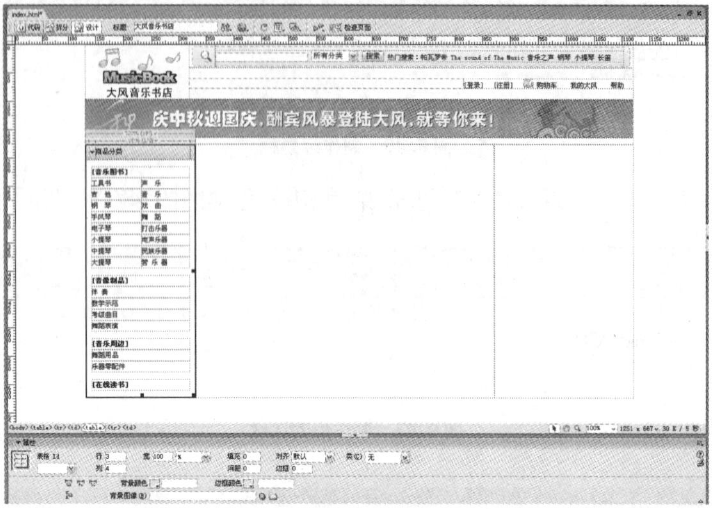

图 9.51　制作左侧目录

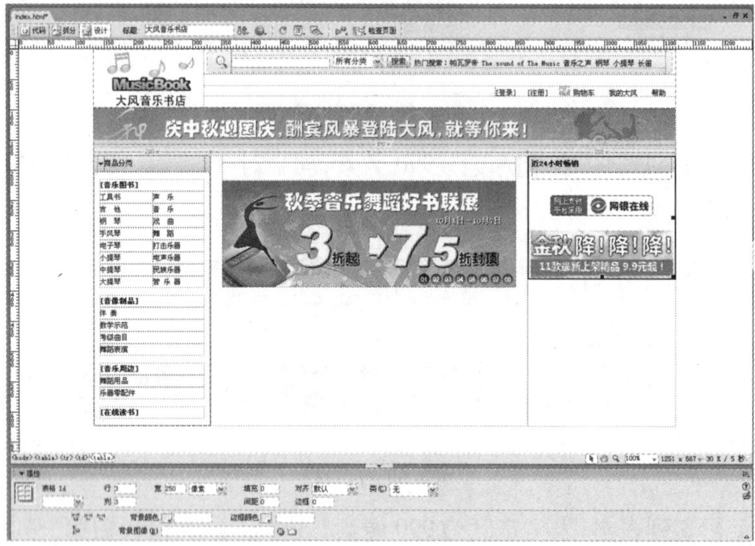

图 9.52　完成主内容区域制作

(9) 利用嵌套表格完成版权栏的制作，如图 9.53 所示。

图 9.53　版权栏的制作

2. 插入 Spry 菜单栏

(1) 将光标定位在顶部表格的第二行单元格处，单击 Spry 选项卡中的 Spry 菜单栏，在弹出的“Spry 菜单栏”对话框中选择“水平”，如图 9.54 所示。

(2) 选取插入的菜单栏，在“属性”面板中修改菜单项目内容，设置一级菜单分别为首页、音乐图书、音像制品、音乐周边、在线读书。单击“ + ”增加项目内容，单击“ - ”减少项目内容。设置“音乐图书”二级目录为工具书、乐器、戏曲、音乐；设置“音像制品”二级目录为伴奏、教学示范、考级曲目、舞蹈表演；设置“音乐周边”二级目录为舞蹈用品、乐器零配件，如图 9.55 所示。

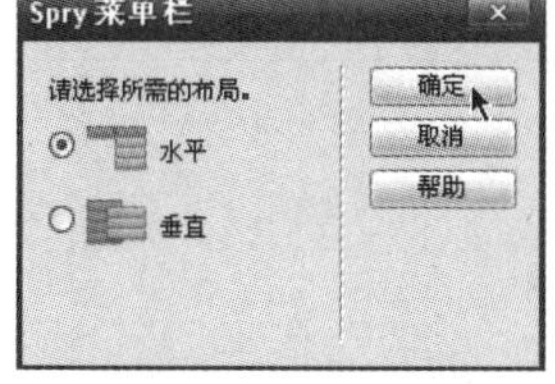

图 9.54 插入 Spry 菜单栏

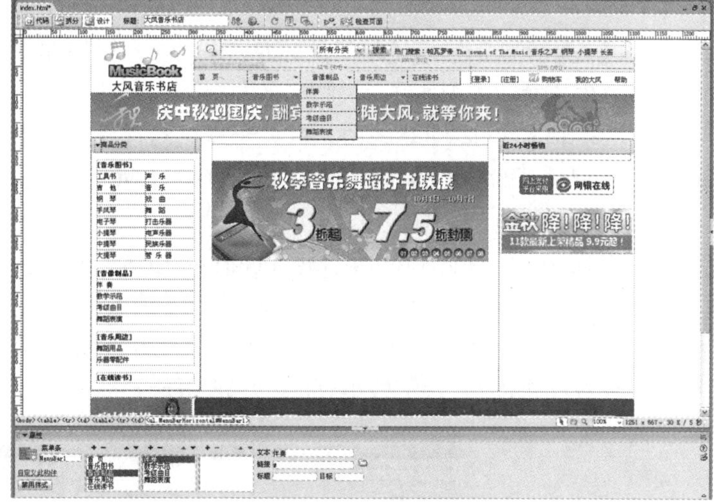

图 9.55 设置 Spry 菜单栏属性

小贴士

在上述“属性”面板中可以设置相对应菜单的链接属性。

(3) 完成上述设置后，保存网页，系统将自动产生 SpryAssets 文件夹及相应的 SpryMenubar 等多个 css、js 文件，如图 9.56 所示。

图 9.56 SpryMenuba 文件

(4) 打开 SpryMenuBarHorizontal. css，将代码“ul. MenuBarHorizontal a:hover, ul. MenuBarHorizontal a:focus”和“ul. MenuBarHorizontal a. MenuBarItemHover, ul. MenuBarHorizontal a. MenuBarItemSubmenuHover, ul. MenuBarHorizontal a. MenuBarSubmenuVisible”中的“background - color: #33C;”改为“background - color: #CCCCCC;”，如图 9.57 所示。

网页制作

```
/* Menu items that have mouse over or focus have a blue background and white text */
ul.MenuBarHorizontal a:hover, ul.MenuBarHorizontal a:focus
{
    background-color: #CCCCCC;
    color: #FFF;
}
/* Menu items that are open with submenus are set to MenuBarItemHover with a blue background and white text */
ul.MenuBarHorizontal a.MenuBarItemHover, ul.MenuBarHorizontal a.MenuBarItemSubmenuHover, ul.MenuBarHorizontal a.MenuBarSubmenuVisible
{
    background-color: #CCCCCC;
    color: #FFF;
}
```

图 9.57　修改代码

小贴士

上述操作我们修改了菜单的背景颜色，其中包括原始颜色及鼠标移入后的颜色。下面为相关参数的说明：

MenuBarHorizontal a:focus：具有焦点的背景的颜色。

ul. MenuBarHorizontal a. MenuBarItemHover：当鼠标指针移过菜单栏项上方时，菜单栏项的颜色。

ul. MenuBarHorizontal a. MenuBarItemSubmenuHover：当鼠标指针移过子菜单项上方时，子菜单项的颜色。

（5）保存当前网页，预览效果，如图 9.58 所示。

图 9.58　网页效果

3. 插入 Spry 选项卡式面板

（1）将光标定位在内容区域中间嵌套表格的第一行单元格内，单击 Spry 选项卡中的“Spry 选项卡式面板”，插入 Spry 选项卡式面板，如图 9.59 所示。

（2）直接在选项卡中输入相应的文字“精选好书”、“媒体推荐”、“重磅好书”、“图书折扣店”，单击“属性”面板中的“ + ”可添加选项。选取标题文字，在“CSS 样式”面板中设置文字大小为 9 点，如图 9.60 所示。

（3）单击选项卡右侧的眼睛提示图标，分别展开每个选项卡中的内容，插入 1 行 2 列的嵌套表格，在该表格内插入相应素材图像及文字，如图 9.61、9.62、9.63、9.64 所示。

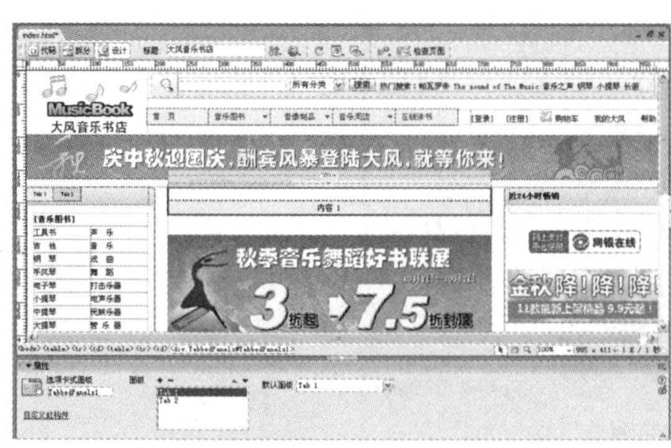

图 9.59　插入 Spry 选项卡式面板

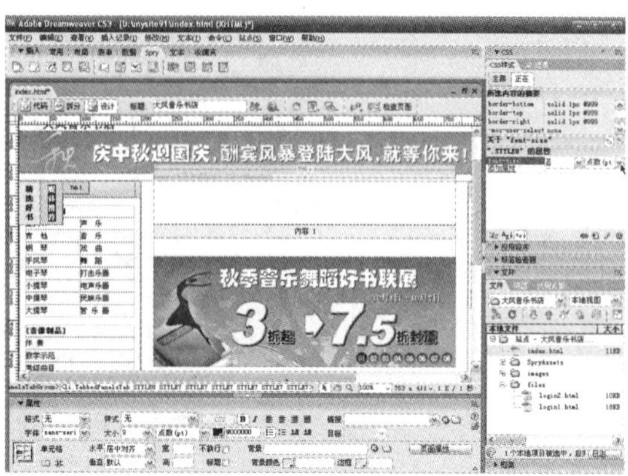

图 9.60　设置 Spry 选项卡标题

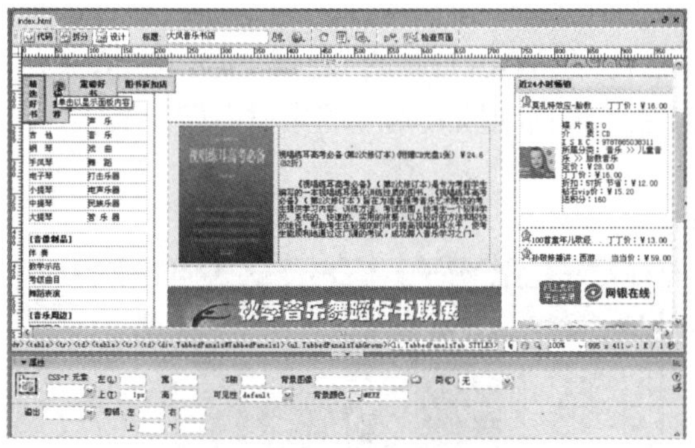

图 9.61　设置 Spry 选项卡内容 1

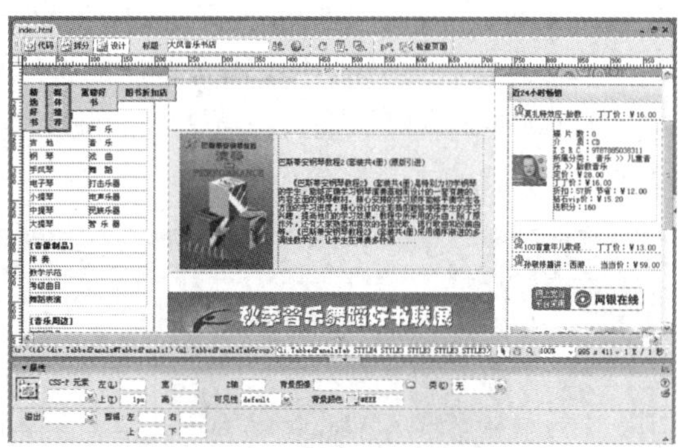

图 9.62　设置 Spry 选项卡内容 2

图 9.63　设置 Spry 选项卡内容 3

图 9.64　设置 Spry 选项卡内容 4

（4）完成上述设置后，保存网页，系统将自动产生相应的 SpryTabbedPanels. css 和 SpryTabbedPanels. js 文件。

（5）保存当前网页，预览效果，如图 9.65 所示。

图 9.65　网页效果

4. **插入 Spry 折叠式**

（1）将光标定位在内容区域右侧嵌套表格的第二行单元格内，单击 Spry 选项卡中的“Spry 折叠式”，插入 Spry 折叠式，如图 9.66 所示。

（2）直接在 LABLE1 中输入相应的文字及素材图像，单击右侧的“眼睛”提示图标，展开内容区域，在内容区域插入 1 行 2 列的嵌套表格，在该表格内插入相应的素材图像及文字，如图 9.67 所示。

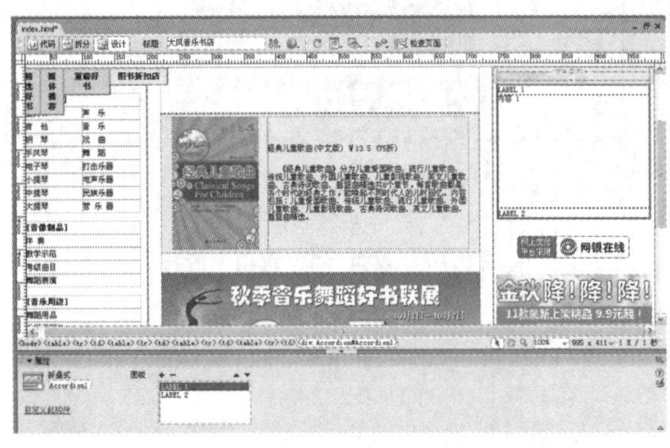

图 9.66　插入 Spry 折叠式

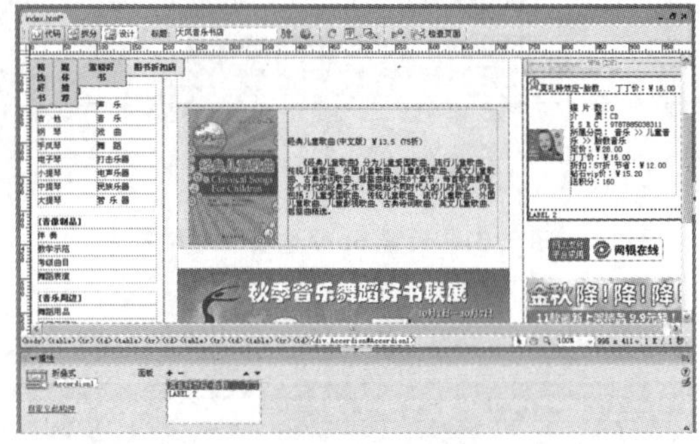

图 9.67　设置 Spry 折叠式内容 1

（3）按相同的步骤完成 Spry 折叠式其他两项展开内容，如图 9.68、9.69 所示。

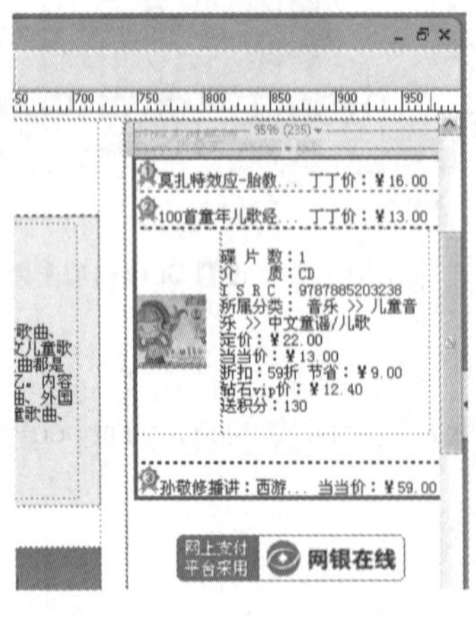

图 9.68　设置 Spry 折叠式内容 2

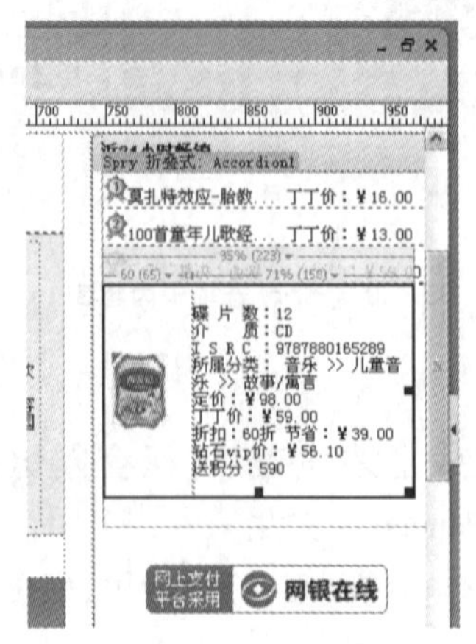

图 9.69　设置 Spry 折叠式内容 3

（4）完成上述设置后，保存网页，系统将自动产生相应的 SpryTabbedPanels. css 和 SpryTabbedPanels. js 文件。

（5）打开 SpryTabbedPanels. css，将代码“. AccordionFocused. AccordionPanelTab”和“. Accordion Focused. AccordionPanelOpen. AccordionPanelTab”中的“background - color：#3399FF；”和“background - color：#33CCFF；”分别改为“background - color：#F4EAD2；”和“background - color：#FFFFFF；”，如图 9. 70 所示。

```
.AccordionFocused .AccordionPanelTab {
    background-color: #F4EAD2;
}

/* This is an example of how to change the appearance of the panel tab that is
 * currently open when the Accordion has focus.
 */
.AccordionFocused .AccordionPanelOpen .AccordionPanelTab {
    background-color: #FFFFFF;
}
```

图 9. 70 修改代码

> **小贴士**
>
> 上述操作我们修改了 Spry 折叠式标题的背景颜色，其中包括原始颜色及鼠标单击后的颜色。

（6）同理将“. Accordion ｛border - left：solid 1px gray；border - right：solid 1px black；border - bottom：solid 1px gray；｝”修改为“. Accordion ｛border - left：solid 0px gray；border - right：solid 0px black；border - bottom：solid 0px gray；｝”。将“. AccordionPanelTab ｛background - color：#FFFFFF；border - top：solid 1px black；border - bottom：solid 1px gray；｝”修改为“. AccordionPanelTab ｛background - color：#FFFFFF；border - top：solid 0px black；border - bottom：solid 0px gray；｝”。

（7）保存当前网页，预览效果，如图 9. 71 所示。

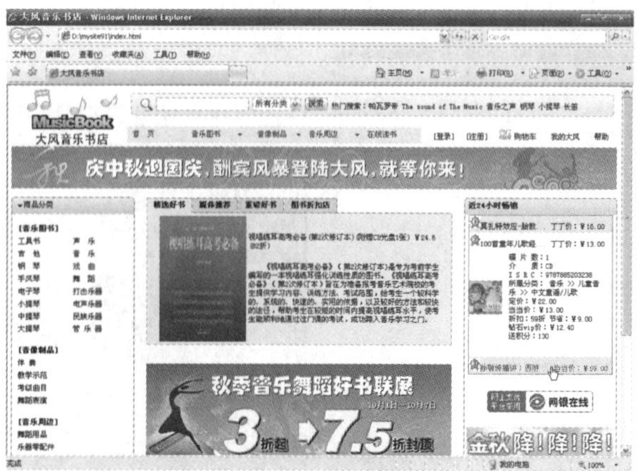

图 9. 71 网页效果

网页制作

5. 插入 Spry 可折叠面板

（1）打开 login1. html，将光标定位在表单所在表格的第十行，单击 Spry 选项卡中的“Spry 可折叠面板”，插入 Spry 可折叠面板，如图 9. 72 所示。

（2）在“属性”面板中设置“默认状态”为“已关闭”，直接在“Tab”中插入 1 行 2 列的嵌套表格，在该表格内插入相应的文字“注册协议”及“≪点击展开”，在内容区域插入协议条款，如图 9. 73 所示。

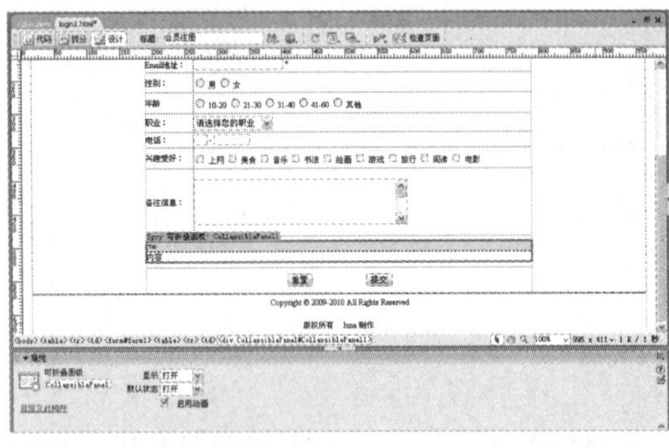

图 9. 72　插入 Spry 可折叠面板

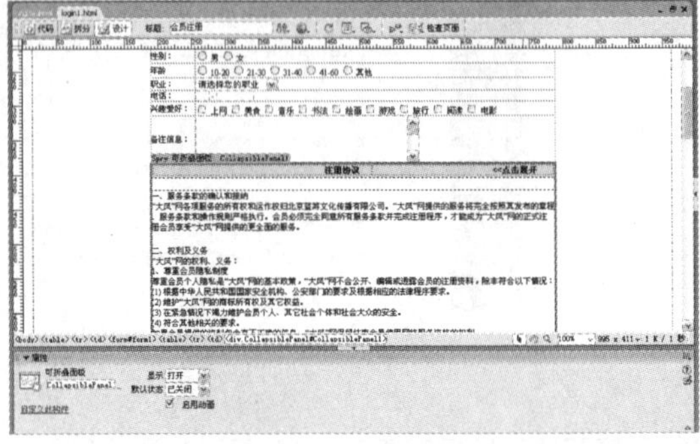

图 9. 73　插入 Spry 可折叠面板中的内容

（3）完成上述设置后，保存网页，系统将自动产生相应的 SpryCollapsiblePanel. css 和 SpryCollapsiblePanel. js 文件。

（4）打开 SpryCollapsiblePanel. css，将代码“. CollapsiblePanelFocused. CollapsiblePanelTab”中的“background - color：# 3399FF；”，改为“background - color：#CCCCCC；”，如图 9. 74 所示。

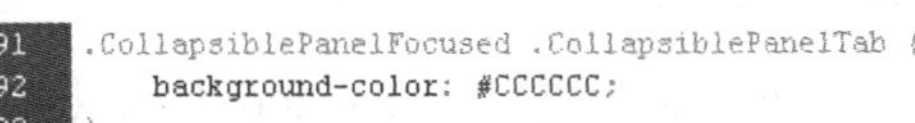

```
.CollapsiblePanelFocused .CollapsiblePanelTab {
    background-color: #CCCCCC;
}
```

图 9. 74　修改代码

（5）保存当前网页，预览效果，如图 9. 75 所示。

（6）选取插入的 Spry 可折叠面板，将其复制到 login2. html 页面的相同位置，并保存网页。

（7）打开 index. html，选取导航栏右侧的“[注册]”，将其链接至网页 login1. html，目标为“_blank”，如图 9. 76 所示。

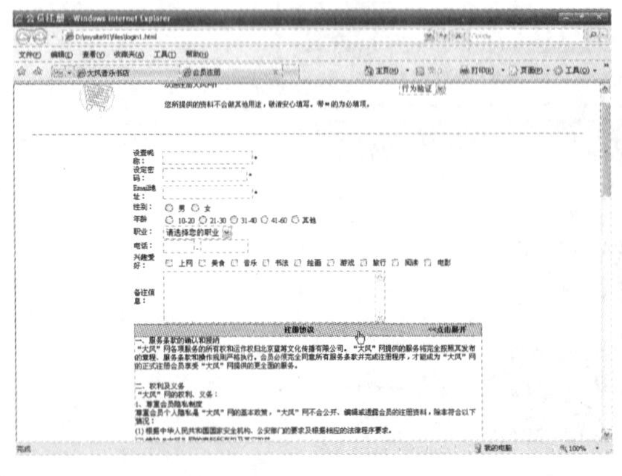

图 9. 75　网页效果

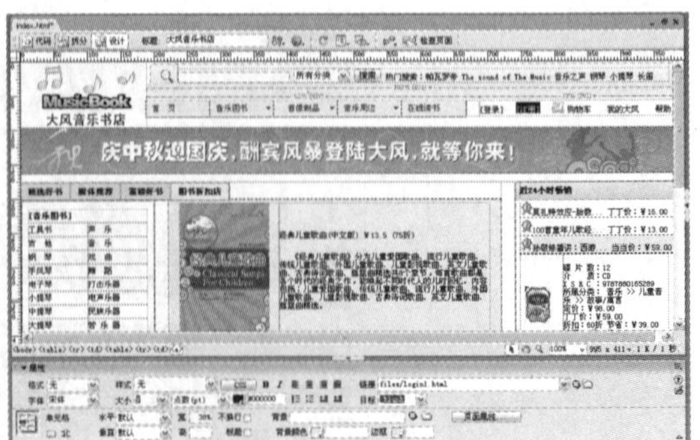

图 9. 76　制作链接

> **活动小结**
>
> 在本活动中我们主要学习了四种Spry构件插入及相关属性的设置，这些元素的加入进一步丰富了我们的页面内容。

本章实验　制作“彩虹部落购物商城”网站

实验要求

（1）建立站点目录mysitelx，并将站点指定至站点目录。

（2）完成首页的布局设计。

（3）在首页中分别制作Spry菜单栏、Spry选项卡式面板和Spry折叠式。

（4）完成表单的制作并使用Spry验证输入结果。

（5）插入Spry可折叠面板，完成帮助内容的制作。

注意：本实验提供的样例仅供参考，发挥你的才智，也许你能设计出别具一格的网页哦！

操作提示

（1）在D盘的根目录下新建一个mysitelx文件夹，作为站点文件存放的目录。并且在mysitelx文件夹下建立一个下级文件夹images，作为网页图片存放的目录。

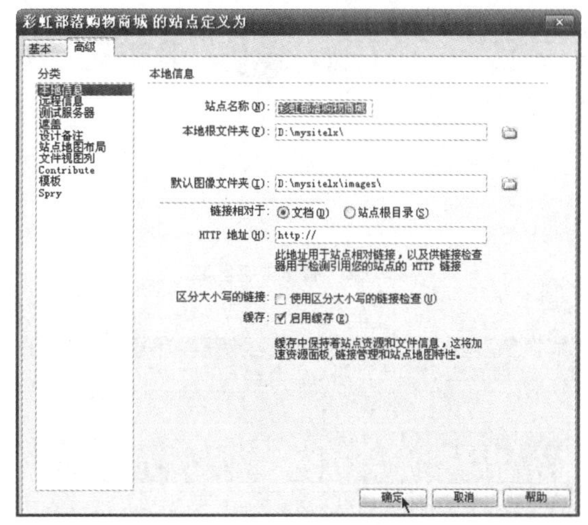

图9.77　定义站点

（2）打开Dreamweaver，在起始页中建立站点mysitelx，并指定站点文件的目录，站点名为“彩虹部落购物商城”，如图9.77所示。

（3）新建网页，执行“修改/页面属性”命令，在“页面属性”对话框中的“外观”分类中设置当前网页的字体大小为9点，颜色为黑色#000000，左、右、上、下边距为0像素。在“标题/编码”分类中设置网页标题为“会员注册”，如图9.78、9.79所示。

（4）插入1行2列表格，表格宽度为990像素，居中对齐。利用嵌套表格完成标题栏的制作，如图9.80所示。

（5）同理完成广告栏的制作，如图9.81所示。

（6）插入1行3列表格，表格宽度为990像素，居中对齐。设置左、右单元格宽度为245像素，中间单元格为500像素。利用嵌套表格，参考活动中的方法，完成内容区域的制作。同理完成版权栏的制作，如图9.82、9.83所示。

（7）在logo右侧插入Spry菜单栏，且输入相应的菜单项，如图9.84、9.85、9.86、9.87所示。

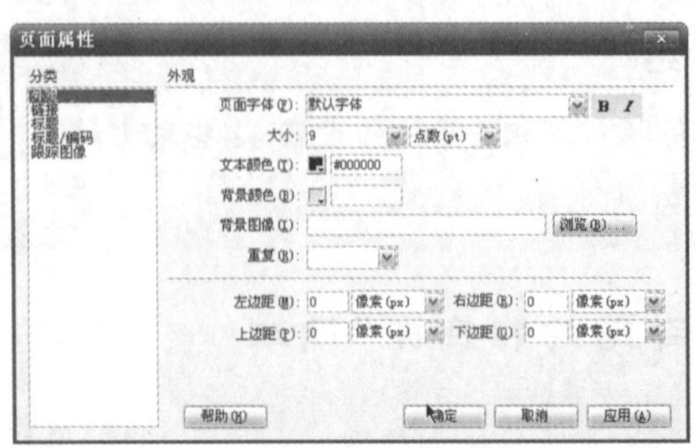

图 9.78　设置"外观"分类

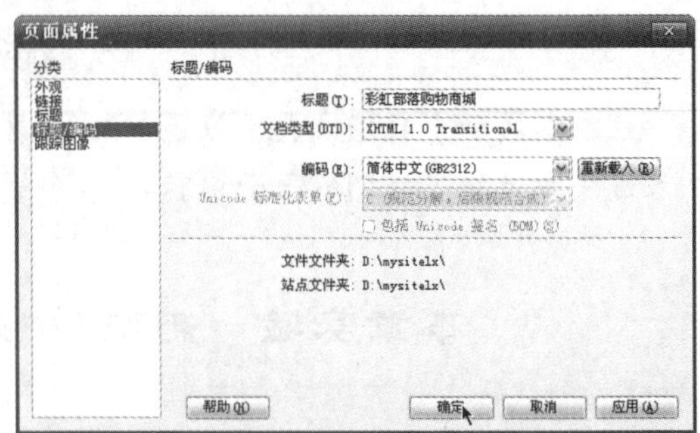

图 9.79　设置"标题/编码"分类

图 9.80　制作标题栏

图 9.81　制作广告栏

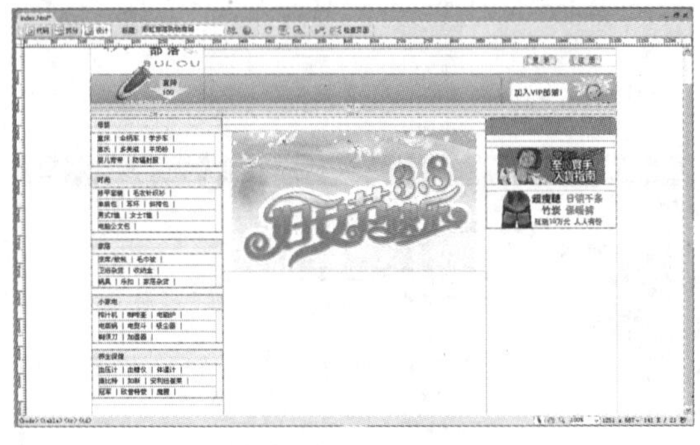

图 9.82　制作内容区域

图 9.83　制作版权栏

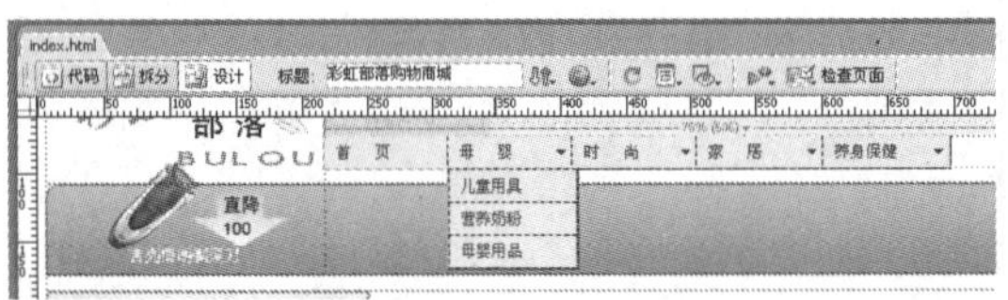

图 9.84　菜单项 1

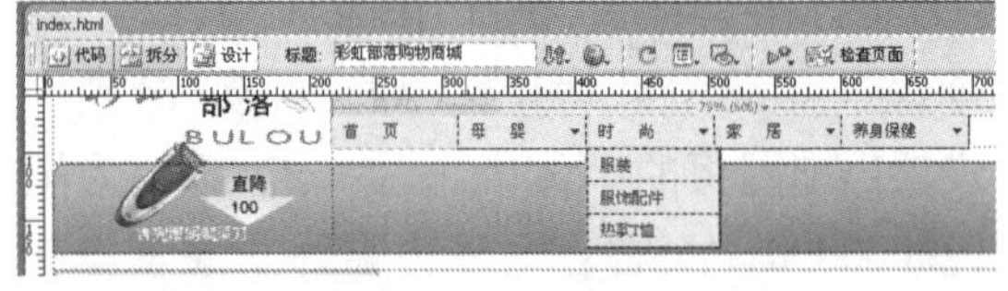

图 9.85　菜单项 2

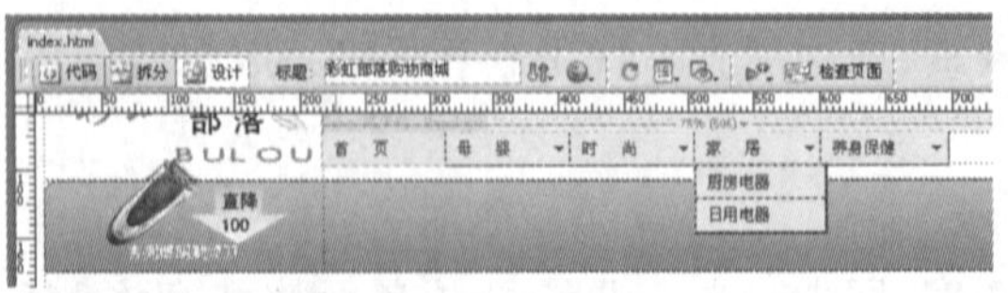

图 9.86　菜单项 3

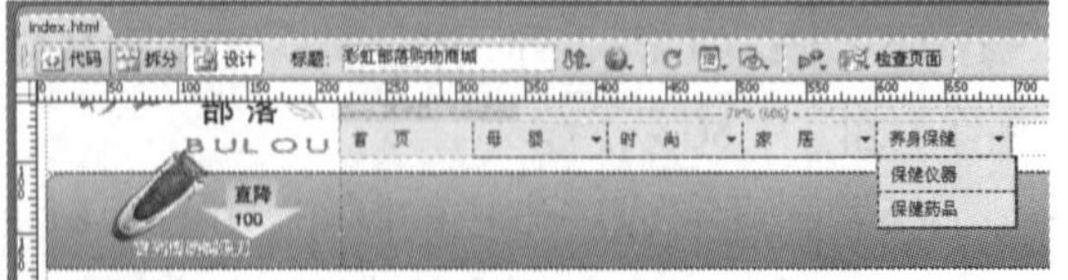

图 9.87　菜单项 4

（8）在中间内容处的嵌套表格第一行单元格内，插入 Spry 选项卡式面板，输入选项卡标题"本周热荐"、"新鲜货"、"牛人抢购"，并在内容处插入图像，如图 9.88、9.89、9.90 所示。

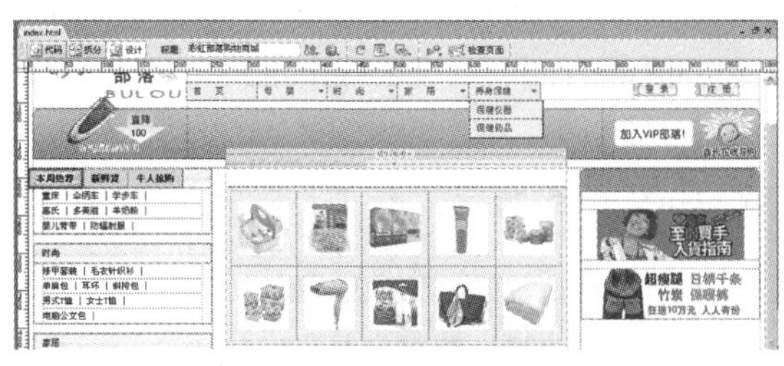

图 9.88　选项卡内容 1

图 9.89　选项卡内容 2

图 9.90　选项卡内容 3

(9) 在右侧嵌套表格的第一行单元格内，插入 Spry 折叠式，在标题及内容处插入图像，如图 9.91、9.92、9.93、9.94 所示。

图 9.91　折叠式内容 1

图 9.92　折叠式内容 2

图 9.93　折叠式内容 3

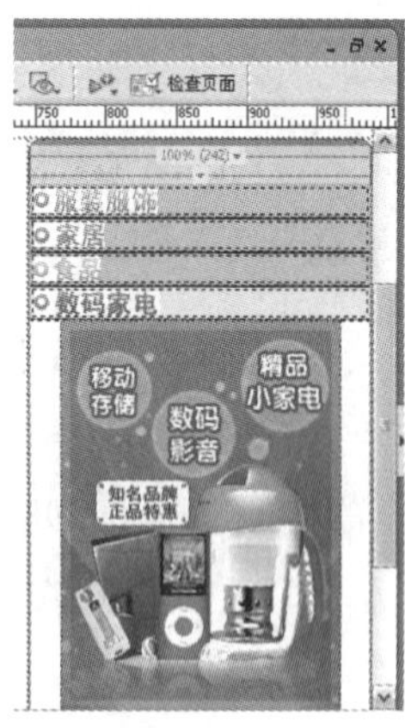

图 9.94　折叠式内容 4

(10) 打开 SpryAccordion. css，将代码“. AccordionPanelContent {overflow: auto; margin: 0px; padding: 0px; height: 200px;}”修改为“. AccordionPanelContent {overflow: auto; margin: 0px; padding: 0px; height: 265px;}”，设置内容区域的高度；将代码“. Accordion {border – left: solid 1px gray; border – right: solid 1px black; border – bottom: solid 1px gray;}”修改为“. Accordion {border – left: solid 0px gray; border – right: solid 0px black; border – bottom: solid 0px gray;}”，设置边框粗细为 0；将代码“. AccordionFocused . Accordion PanelTab {background – color: #3399FF;}”修改为“. AccordionFocused. AccordionPanelTab {background – color: #FFFFFF;}”，设置聚焦标题背景颜色为白色；将代码“. AccordionFo-

cused. AccordionPanelOpen. AccordionPanelTab {background - color: #33CCFF;}"修改为". AccordionFocused. AccordionPanelOpen. AccordionPanelTab {background - color: #FFFFFF;}",设置标题背景颜色为白色。

(11) 在搜索栏中插入表单元素文本域及文字,如图 9.95 所示。

图 9.95 插入文本域

(12) 保存网页 index. html,预览效果,如图 9.96 所示。

(13) 将当前网页另存在 files 文件夹中,网页名为 login. html,删除主要内容所在的表格,并插入 2 行 1 列表格,如图 9.97 所示。

图 9.96 网页效果

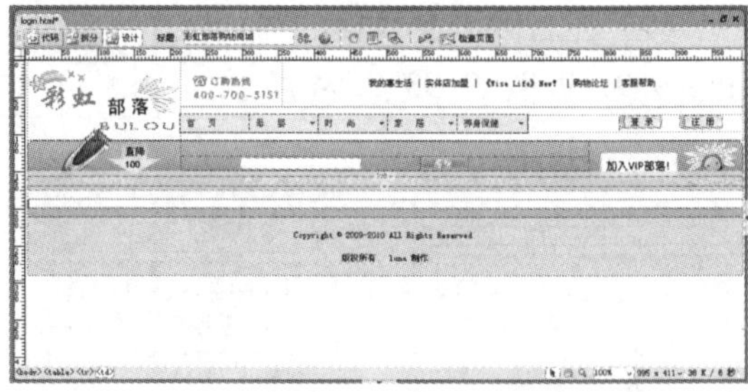

图 9.97 编辑表格

(14) 在上述表格第二行中插入 2 行 1 列嵌套表格,制作表单。表单元素属性与活动中设置相似,如图 9.98 所示。

(15) 按相同的步骤完成表单的 Spry 验证,如图 9.99 所示。

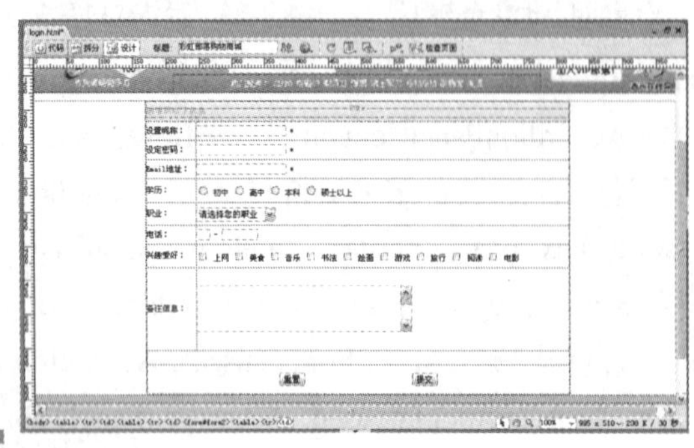

图 9.98 制作表单

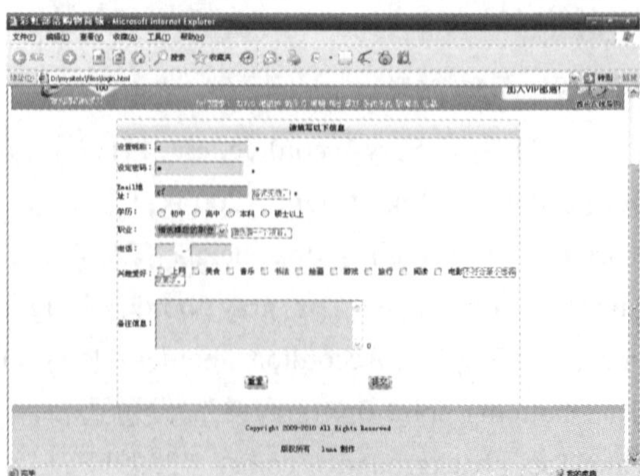

图 9.99 验证效果

（16）在表单底部插入 Spry 可折叠面板，输入相应文字，并打开 SpryCollapsiblePanel. css，设置“. CollapsiblePanelFocused. CollapsiblePanelTab”的 background - color 为#999999，如图 9. 100、9. 101 所示。

```
.CollapsiblePanelFocused .CollapsiblePanelTab {
    background-color: #999999;
}
```

图 9. 100　设置 Spry 可折叠面板属性

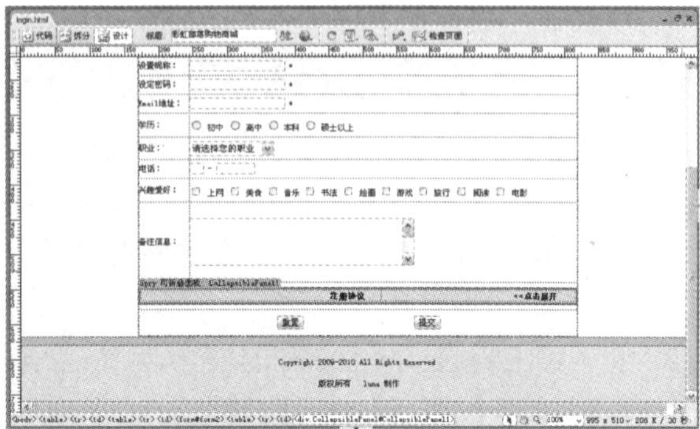

图 9. 101　Spry 可折叠面板

（17）打开 index. html，选取注册按钮，设置链接至 login. html，目标为_blank，效果如图 9. 102 所示。

（18）保存网页，预览效果，如图 9. 103 所示。

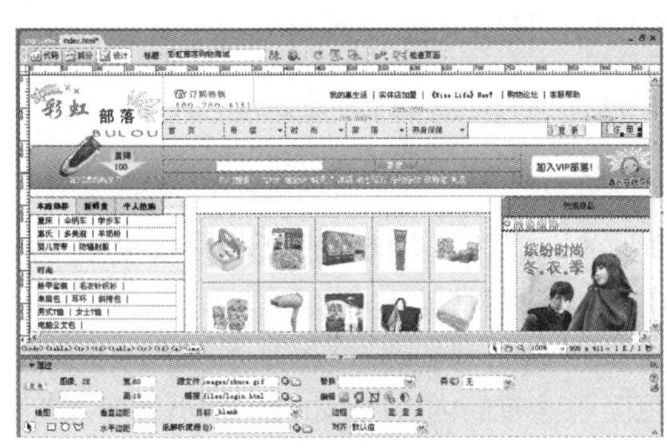

图 9. 102　制作链接

图 9. 103　网页效果

第十章 使用模板和库

本章概要

为了使网站的风格统一,网站中的网页往往具有相同的标题栏、导航栏以及版权栏。为了提高网站的制作及维护效率,库和模板功能得到了广泛的应用。制作人员在更新库和模板时,能使所有应用该库和模板的页面同时自动更新,在商业站点中应用极其广泛。

本章主要通过两个活动的展开,介绍了模板的创建、指定可编辑范围、利用模板创建新页面、模板的更新方法。同时也介绍了库项目的建立、引用以及更新的方法。通过本章的活动掌握模板及库项目在网站中的应用。

活动一 网页模板的应用

学习目标: 掌握在网页中创建模板的方法,学会指定可编辑范围,并利用模板创建新页面,更新模板的方法。

知识要点: 创建模板、指定可编辑范围、利用模板创建新页面、更新模板。

准备知识

1. 模板概述

一个成功的网站在网页设计上必须体现其风格,以使访问者能够在茫茫网海中对其留下或深或浅的印象,要做到这一点,不是只靠一两个设计非常优秀的页面就可以体现的,而是所有的页面都必须体现同一风格。在前面的章节活动中,我们通过"另存为"命令,将保存的网页做局部的修改。但当我们需要更改网站页面中共有的内容时,如:链接、页面布局等,就需要我们一页页地修改,这样做费时费力。

如果将多个页面中用到的相同部分(例如:每页的导航区等)做成一个网页,并保存为模板,Dreamweaver 会自动建立 Templates 子目录,模板文件名以". dwt"为扩展名。利用该模板就可以建立网站中的相应页面。当要修改这些页面中的共有部分时,我们只需要修改模板中的内容,应用该模板的页面将会自动更新,大大提高网站的维护效率。

2. 创建模板

模板的创建有三种方式。

(1) 直接创建模板

执行"窗口/资源"命令,打开"资源"面板,切换到模板子面板,如图 10. 1 所示。单击面板底部"新建模板"按钮,新建一个网页模板,如图 10. 2 所示。修改新建立的模板名称,即可完成模板的创建,如图 10. 3 所示。

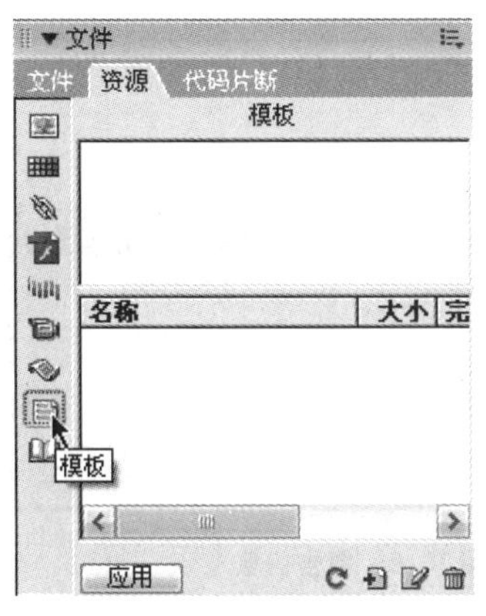

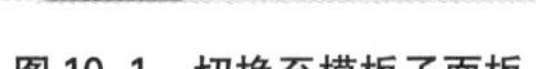
图 10.1　切换至模板子面板

图 10.2　新建一个网页模板

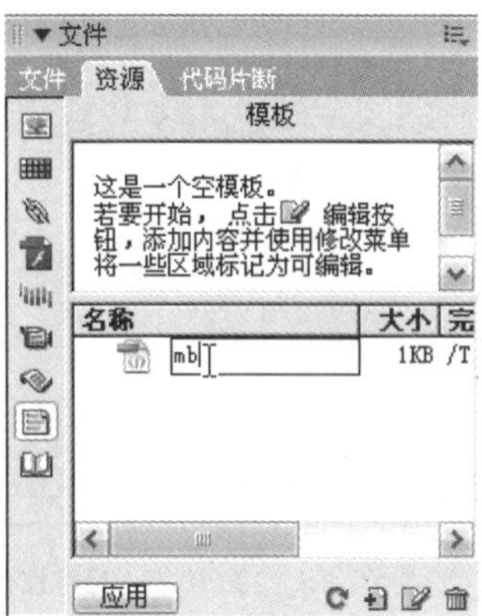

图 10.3　修改模板名称

(2) 从文件菜单新建模板

执行“文件/新建”命令，打开“新建文档”对话框，选择“空模板”，在模板类型中选择“HTML 模板”，并选择页面布局，直接单击“创建”按钮即可，如图 10.4 所示。

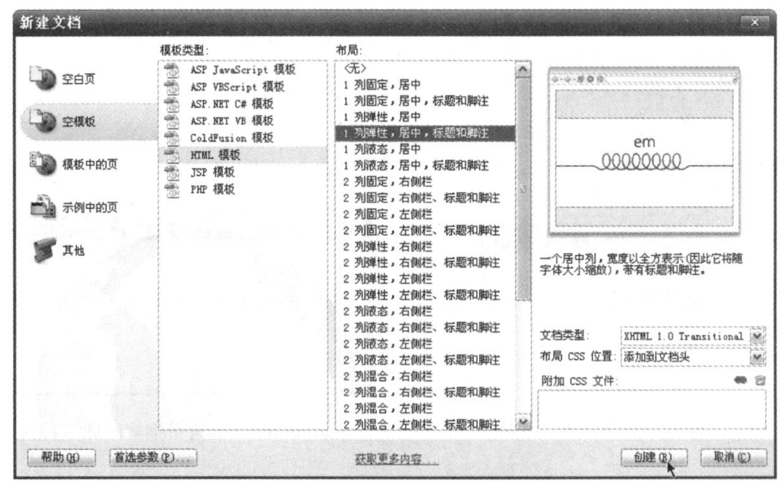

图 10.4　从文件菜单新建模板

(3) 将普通网页另存为模板

将已完成的网页框架(即包含站点中多张网页共有的部分)页面打开，单击“插入”栏中的“创建模板”按钮或执行“文件/另存为模板”命令，在弹出的“另存模板”对话框中，在“站点”下拉列表框里选择当前站点，在“另存为”文本框中输入模板的名称，单击“保存”按钮，就把当前网页转换为了模板，如图 10.5 所示。

其中，“站点”下拉列表框用来设置模板保存的站点。“现存的模板”选框显示了当前站点的所有模板。“另存为”文本框用来设置模板的命名。单击“另存模板”对话框中的“保存”按钮，就把当前网页转换为了模板，同时将模板另存到选择的站点。系统将自动在根目录下创建 Template 文件夹，并将创建的模板文件保存在该文件夹中。在保存模板时，如果模板中没有定义任何可编辑区域，系统将显示警告信息。我们可以先单击“确定”，以后再定义可编辑区域,如图 10.6 所示。

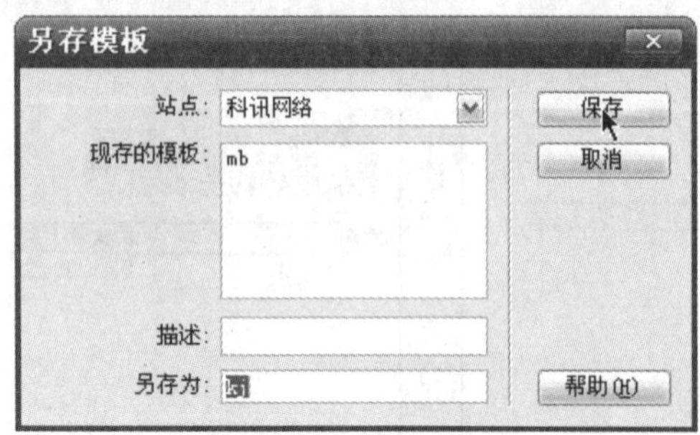

图 10.5　另存模板

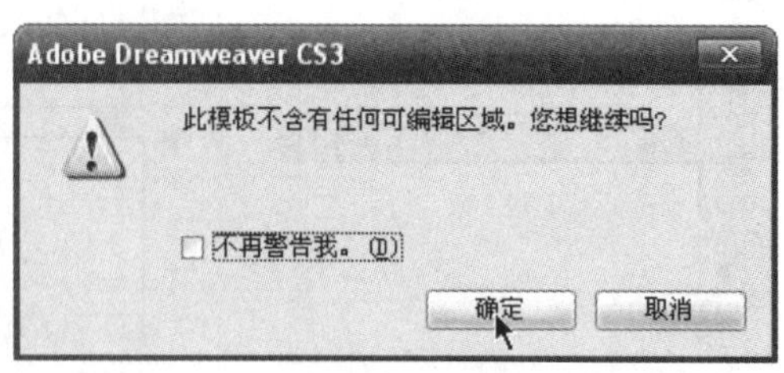

图 10.6　警告信息

3. **设置可编辑区域**

直接将网页保存为模板的话,模板生成的页面是无法进行内容修改的。因为没有指定可以修改的区域。只有设置了可编辑区域,以后编辑网页的时候才能够对网页进行修改。

选取要修改的区域,单击“插入”栏“模板”中的“可编辑区域”按钮,如图 10.7 所示。在弹出的“新建可编辑区域”对话框中输入可编辑区域的名称即可,如图 10.8、10.9 所示。

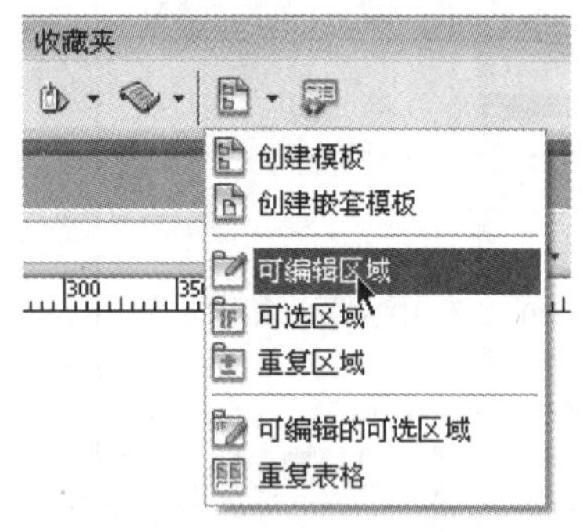

图 10.7　单击“可编辑区域”按钮

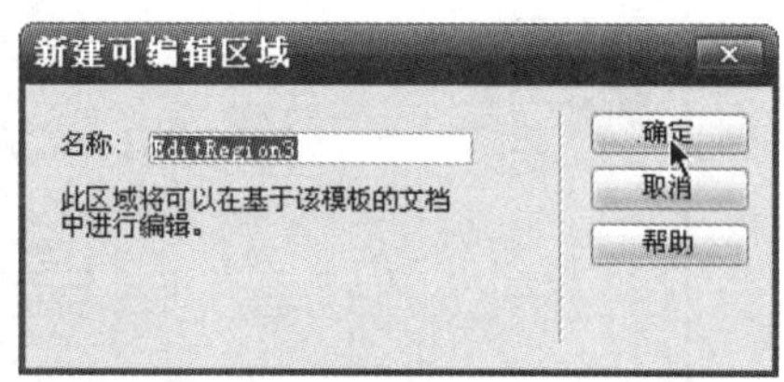

图 10.8　“新建可编辑区域”对话框

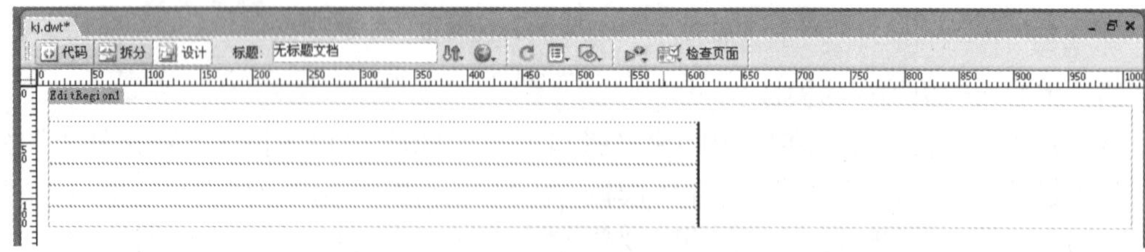

图 10.9　可编辑区域效果

4. **利用模板创建新页面**

使用模板创建新页面可以通过以下三种方法实现:

(1) 在“新建文档”中创建

执行“文件/新建”命令,在“新建文档”对话框中选取“模板中的页”,在站点模板的列表项中选择相应的框架,并单击“创建”按钮即可,如图 10.10 所示。

图 10.10 “新建文档”对话框

(2) 利用菜单命令在空白页面中建立

新建空白页面,执行“修改/模板/应用模板到页”命令,在弹出的“选择模板”对话框中,选取应用的模板,单击“选定”按钮确认,如图 10.11 所示。

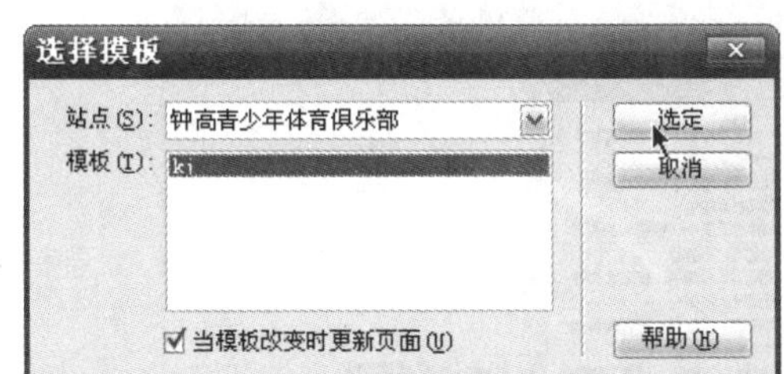

图 10.11 “选择模板”对话框

图 10.12 “资源”面板

(3) 利用资源面板在空白页面中建立

新建空白页面,执行“窗口/资源”命令,打开“资源”面板。单击“资源”面板左侧的“模板”按钮,在列表中选取要应用的模板,单击“应用”按钮即可,如图 10.12 所示。

5. 更新模板

更新模板后,保存当前模板。如果模板已应用到具体的页面,系统会自动弹出“更新模板文件”对话框。当选择“更新”按钮后,系统将自动更新由该模板生成的页面。如选择“不更新”按钮,用户可在以后手动更新,如图 10.13 所示。

执行“修改/模板/更新当前页”命令,即可更新当前页面,也可执行“修改/模板/更新页面”命令,在“更新页面”对话框中,单击“开始”按钮,对整个站点中的页面进行更新,如图

10.14 所示。

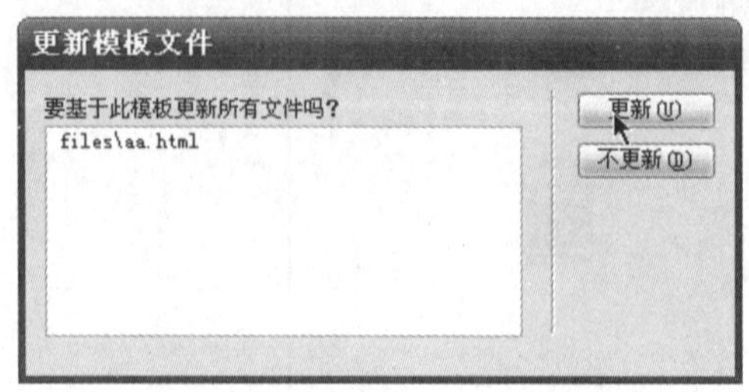

图 10.13 “更新模板文件”对话框

图 10.14 “更新页面”对话框

活动引导

1. 建立网页模板

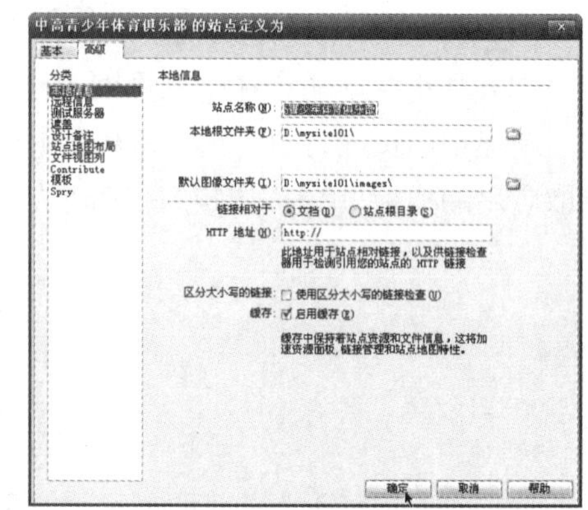

图 10.15 建立站点

(1) 在 D 盘建立站点目录 mysite101 以及子文件夹 files、images,并使用高级标签定义站点,站点名为“钟高青少年体育俱乐部”,如图 10.15 所示。

(2) 单击起始页中右侧“更多”选项,打开“新建文档”对话框,选取“空模板”,“模板类型”选择“HTML 模板”,“布局”选择“无”,创建新网页模板,如图 10.16 所示。

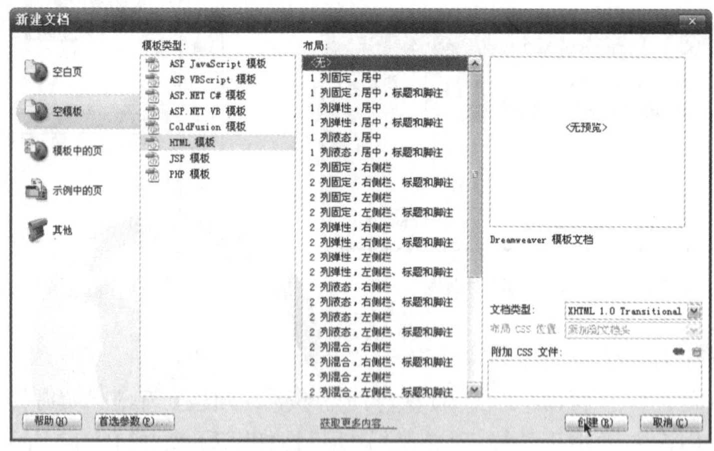

图 10.16 新建文档

(3) 执行“文件/保存”命令,系统将弹出不含有可编辑区域警告对话框,如图 10.17 所示。确认后,将弹出“另存模板”对话框,在“另存为”选项中输入“kj”,并确认,如图 10.18 所示。

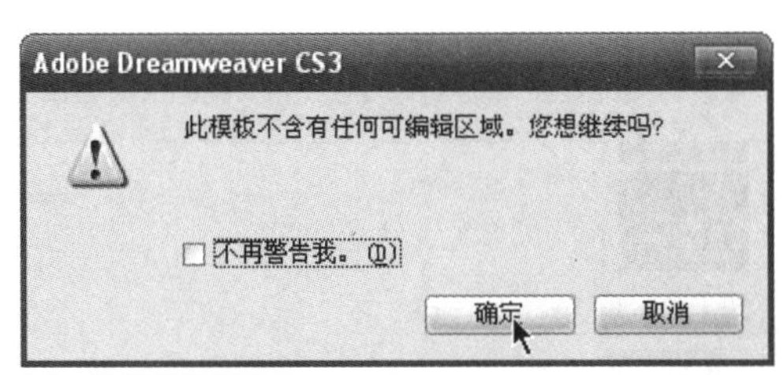
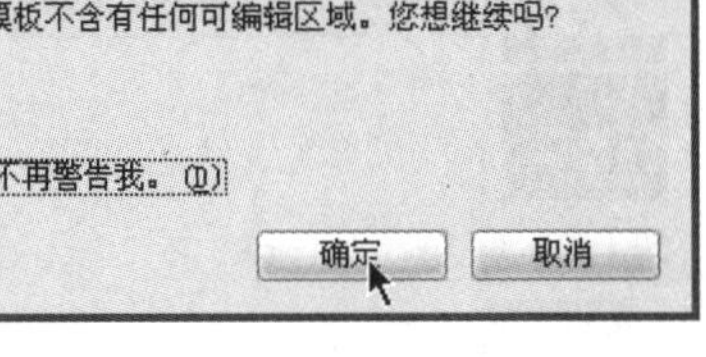

图 10.17　警告框

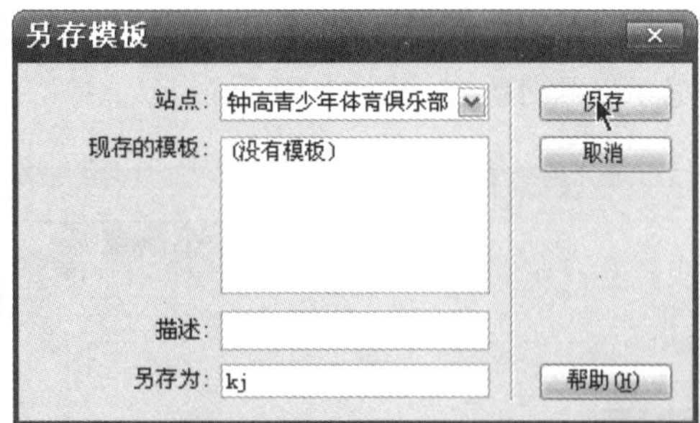

图 10.18　"另存模板"对话框

(4) 执行"修改/页面属性"命令,在"页面属性"对话框"外观"分类中设置字体大小为 9 点,文本颜色为黑色#333333,左、右、下边距为 0,如图 10.19 所示。在"标题/编码"分类中设置"标题"为"钟高青少年体育俱乐部",如图 10.20 所示。

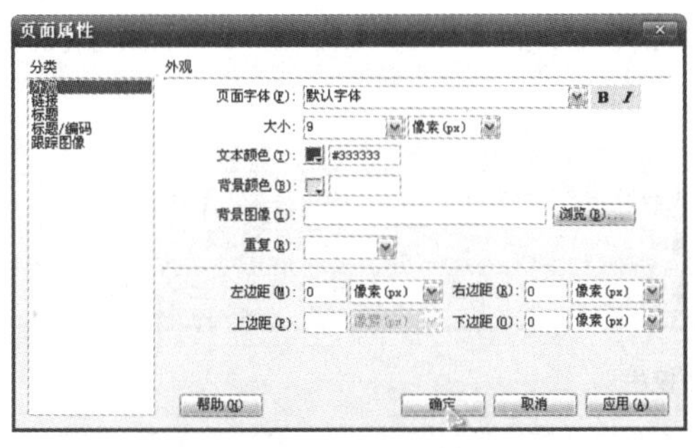

图 10.19　"外观"分类

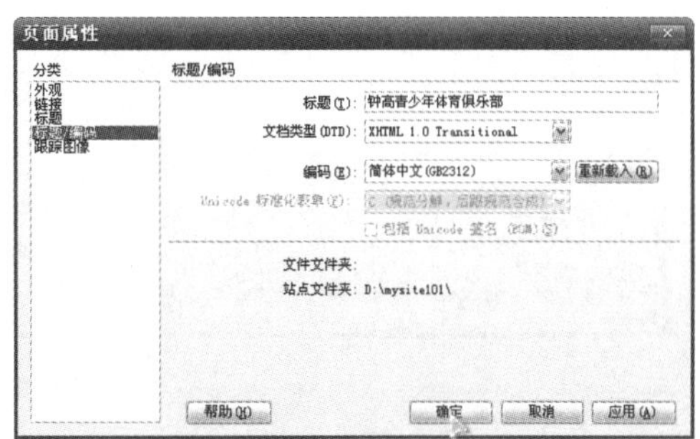

图 10.20　"标题/编码"分类

(5) 插入 1 行 2 列表格,表格宽度为 980 像素,且居中对齐。在第一列单元格内插入 2 行 1 列的嵌套表格,作为 logo 部分。将第二列单元格拆分成 2 行,在第一行单元内插入 1 行 3 列的嵌套表格,作为导航栏部分。同时插入相应文字与素材图像,效果如图 10.21 所示。

图 10.21　标题栏及导航栏的制作

(6) 插入 1 行 2 列表格,表格宽度为 980 像素,高度为 910 像素,且居中对齐。在第一列单元格内插入 8 行 1 列的嵌套表格,表格宽度为 220 像素。分别在第二、四行中插入 5 行 1

列及3行1列的嵌套表格,表格宽度为198像素。在单元格内插入相应的文字、图像及水平线,效果如图10.22、10.23所示。

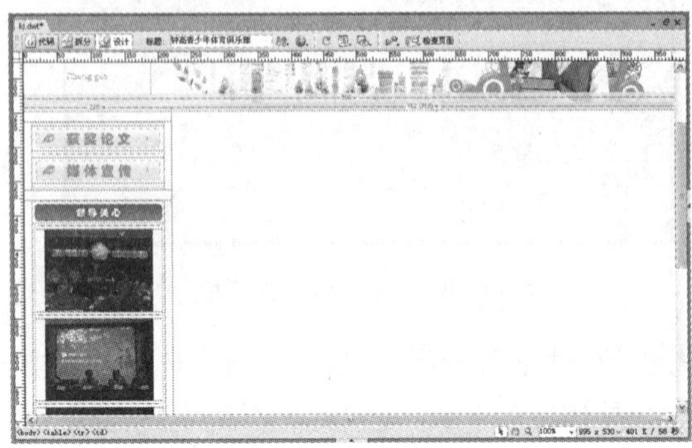

图10.22　左侧主要栏目1

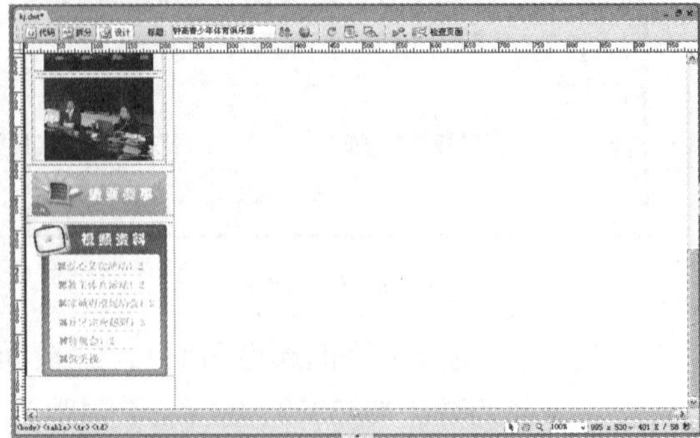

图10.23　左侧主要栏目2

(7) 按相同的步骤插入2行1列的表格,完成版权栏的制作,效果如图10.24所示。

图10.24　版权栏

小贴士

由于本章主要是介绍模板及库项目的知识,因此对于网站中页面的布局将做简单介绍。我们也可直接将站点中已完成的页面直接转换为模板。可参考准备知识中将普通网页另存为模板的方法。

(8) 将光标定位在主要内容区域的右侧空白单元格内,执行"插入记录/模板对象/可编辑区域"命令,在弹出的"新建可编辑区域"对话框中输入可编辑区域名称"nr",并确认,如图10.25所示。

(9) 执行"文件/保存"命令,保存模板。

2. 利用模板创建新网页,完成站点中所有页面的制作

(1) 执行"文件/新建"命令,打开"新建文档"对话框,选择"模板中的页",选择站点中的"kj"模板。

(2) 将光标定位在可编辑内容区内,插入1行2列的嵌套表格,表格宽度为90%,将第一列拆

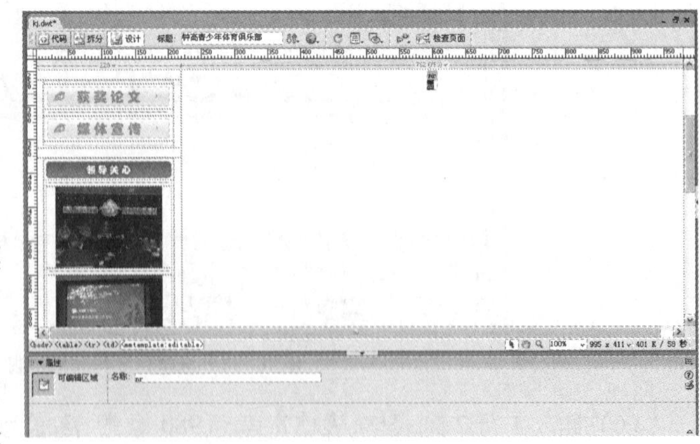

图10.25　可编辑区域效果

分为 2 行,插入相应的文字与图像,完成简介部分的制作,效果如图 10. 26 所示。

图 10. 26　网页效果

(3) 在可编辑区域继续插入嵌套表格,分别完成“组织机构”和“俱乐部热点”栏目的制作,如图 10. 27、10. 28 所示。

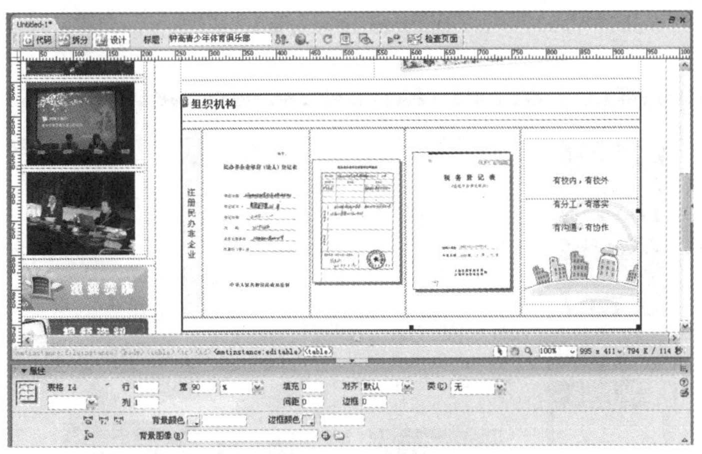

图 10. 27　组织机构

图 10. 28　俱乐部热点

网页制作

(4) 执行“文件/保存”命令，在“另存为”对话框中输入文件名“index. html”，将网页保存在站点根目录下，并预览效果，如图 10. 29、10. 30 所示。

图 10. 29　网页效果 1

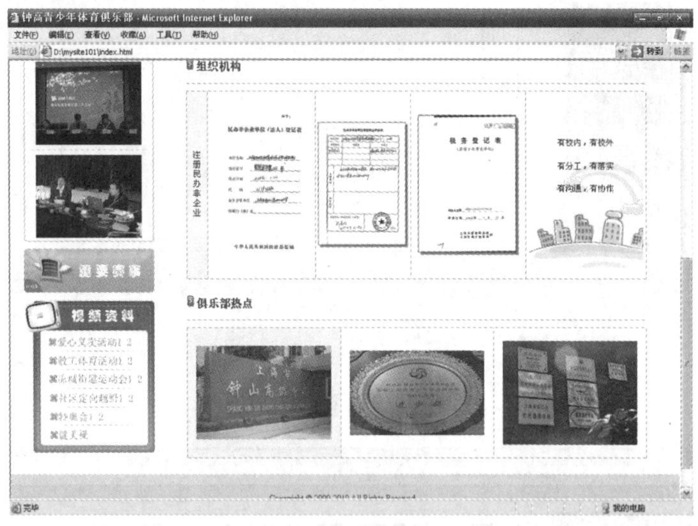

图 10. 30　网页效果 2

(5) 新建空白页面，执行“修改/模板/应用模板到页”命令，在弹出的“选择模板”对话框中选择模板“kj”。

(6) 将光标定位在可编辑内容区内，插入 4 行 1 列的嵌套表格，表格宽度为 736 像素，完成 2006 年工作计划及总结，如图 10. 31 所示。

(7) 按相同的步骤完成 2007 年及 2008 年部分的制作，效果如图 10. 32 所示。

图 10.31　制作 2006 年部分

图 10.32　网页效果

（8）将网页保存在 files 文件夹内，文件名为“jhyzj. html”，预览效果，如图 10.33 所示。

图 10.33　网页效果

(9) 按相同的步骤完成“规章与制度”和“活动”页面的制作，分别将页面保存在 files 文件夹中，文件名为“gzyzd. html”和“hd. html”，效果如图 10. 34、10. 35、10. 36、10. 37 所示。

图 10. 34 “规章与制度”页面 1

图 10. 35 “规章与制度”页面 2

图 10. 36 “活动”页面 1

图 10. 37 “活动”页面 2

3. 修改模板并更新相关页面

(1) 打开 kj. dwt 网页模板，分别选取导航栏中的文字，将其链接至对应的页面，如图 10. 38 所示。

图 10. 38 设置文字链接

```
<style type="text/css">
<!--
body,td,th {
    font-size: 9pt;
    color: #333333;
}
body {
    margin-left: 0px;
    margin-right: 0px;
    margin-bottom: 0px;
}

.STYLE1 {   font-size: 10pt;
    color: #B1B130;
}
.sy {color:#000000}
.lj {color:#FFFFFF}

-->
</style></head>
```

图 10. 39 输入样式

（2）切换至代码视图，在 <style> 标签中输入：

```
.sy {color:#000000}
.lj {color:#FFFFFF}
```

如图 10.39 所示。

（3）在导航栏文字处引用上述样式，在链接标签 <a> 中加入 class =“样式名称”，具体代码如下：

```
<td width = "125"  height = "45"  background = "../images/menu1.jpg">  <a href = "../index.html"  class = "sy"> 首 页 </a>  </td>
<td width = "435"  height = "45"  background = "../images/menu2.jpg">  <span class = "lj"> <a href = "../files/jhyzj.html"  class = "lj"> 计划与总结 </a>  |  <a href = "../files/gzyzd.html"  class = "lj"> 规章与制度 </a>  |  <a href = "../files/hd.html"  class = "lj"> 活动 </a>  |  </span> </span> </td>
```

如图 10.40 所示：

```
        <td width="125" height="45" background="../images/menu1.jpg">   <a href="../index.html"
class="sy">首 页</a> </td>
        <td width="435" height="45" background="../images/menu2.jpg">   <span class="lj"><a href=
"../files/jhyzj.html" class="lj">计划与总结</a>  ¦  <a href="../files/gzyzd.html" class="lj">规章与
制度</a>  ¦  <a href="../files/hd.html" class="lj">活动</a>  ¦  </span></span></td>
```

图 10.40　引用样式

（4）执行“修改/页面属性”命令，在“链接”分类中设置“下划线样式”为“仅在变换图像时显示下划线”。

（5）执行“文件/保存”命令，在弹出的“更新模板文件”对话框中单击“更新”按钮，完成模板引用页面的更新，并关闭“更新页面”提示框，效果如图 10.41 所示。

图 10.41　更新后的页面

活动小结

在本活动中，我们建立了网页模板，并利用该模板完成了站点的首页及分页的制作。

活动二　库项目的应用

学习目标： 掌握创建库项目的方法，掌握库项目在网页中的引用，以及修改库项目和更新页面的方法。

知识要点： 创建库项目、库项目在网页中的引用、库项目的修改以及更新页面。

准备知识

1. 创建库项目

库与模板有着异曲同工之妙，它们在本质上差异不大。模板针对的是页面大框架的、整体上的控制，其文件目录在Templates。而库则更多地针对小元件的标准化，其文件目录在Library下面。例如：站点中的每张页面都要写上"××××版权所有"，我们可以把这些重复的内容做成库部件，在以后的页面制作中可以重复使用。

执行"窗口/资源"命令，打开"资源"面板，单击左侧"库"按钮，进入"库"面板。选取需要设置为库的对象，如：文字、图像等。单击"资源"面板底部的"新建库项目"按钮，或将对象直接拖入"库"面板即可，如图10.42所示。

图10.42　新建库项目

2. 库项目在网页中的引用

库项目一旦建立，我们就可以在站点的多张页面中进行引用。将光标定位在需要引用库项目的位置，单击"库"面板中的"插入"按钮即可。

3. 修改库项目及更新页面

双击"资源"面板中的库项目对象，就可直接打开后缀名为".lbi"的库文件。在修改完库项目对象后，执行"文件/保存"命令。如果库项目已应用到具体的页面，系统会自动弹出"更新库项目"对话框。当选择"更新"按钮后，系统将自动更新引用该库项目的页面。如选择"不更新"按钮，用户可在以后手动更新。手动更新页面方法与模板的手动更新一样。

活动引导

1. 修改模板，增加可编辑区域

(1) 打开上述活动中建立的模板kj.dwt，删除版权栏中的文字，选取底部文字所在单元格，如图10.43所示。

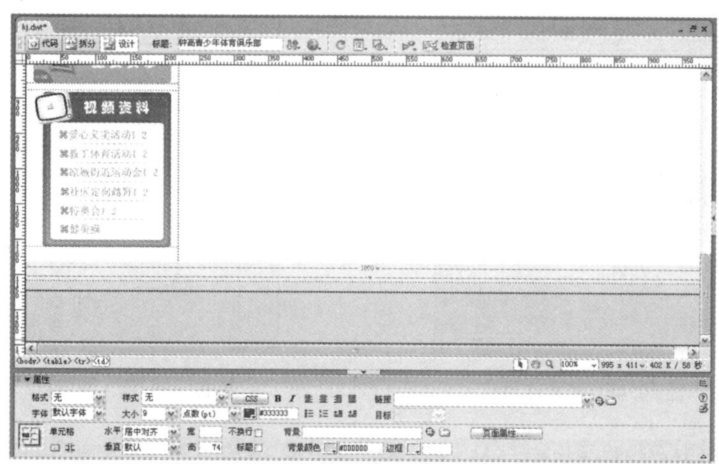

图 10.43 选取底部单元格

（2）执行“插入记录/模板对象/可编辑区域”命令，在弹出的“新建可编辑区域”对话框中输入可编辑区域名称“bq”。

（3）执行“文件/保存”命令，保存已修改的模板，在弹出的“更新模板文件”对话框中单击“更新”按钮，完成页面的更新，并关闭“更新页面”提示框。

2. 创建库项目，并引用至各个页面

（1）打开网页 index. html，在底部可编辑区域中输入文字“Copyright © 2009 - 2010 All Rights Reserved 版权所有 luna 制作”，如图 10.44 所示。

图 10.44 输入版权信息

（2）选取输入的文字，执行“窗口/资源”命令，打开“资源”面板，单击左侧“库”按钮，进入“库”面板。

（3）单击“资源”面板底部的“新建库项目”按钮，建立库项目，并修改库项目的名称为 bqwz，如图 10.45 所示。

（4）打开分页 jhyzj. html，将光标定位在底部可编辑区域，单击“资源”面板底部的“插入”按钮，插入库项目，如图 10.46、10.47 所示。

图 10.45　新建库项目

图 10.46　插入库项目

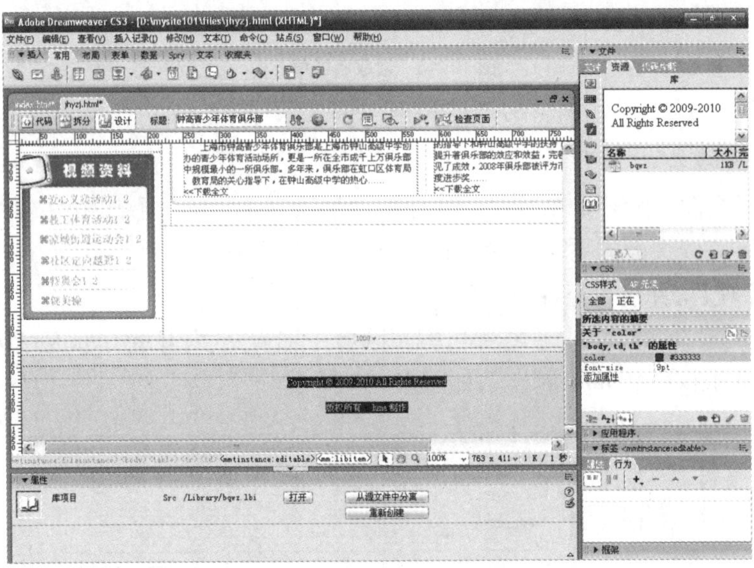
图 10.47　插入库项目后效果

(5) 保存当前页面，并按相同的步骤完成其他分页的版权信息。

3. 修改库项目，并完成网页的更新

(1) 双击“资源”面板中建立的 bqwz 库项目，打开库项目，如图 10.48 所示。

(2) 修改版权信息中的文字，效果如图 10.49 所示。

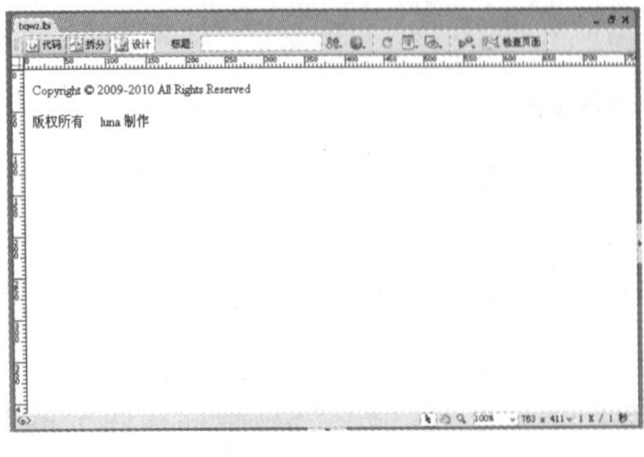
图 10.48　打开库项目

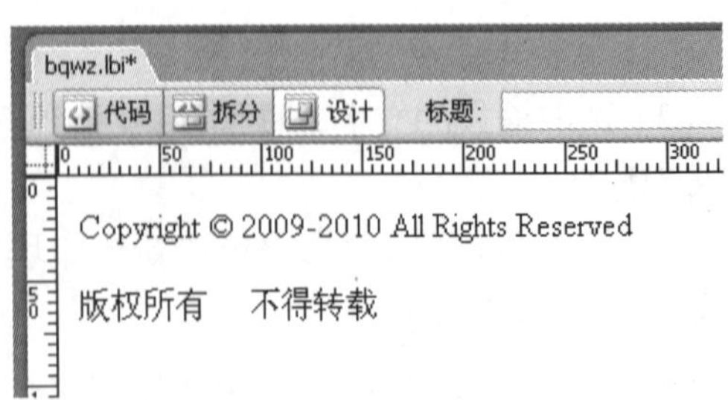

图 10.49　修改文字

(3) 执行“文件/保存”命令，在弹出的“更新库项目”对话框中单击“更新”按钮，并关闭“更新页面”提示框。

活动小结

在本活动中，我们学习了在网页中建立库项目，并将库项目引用至各个页面。同时，利用库项目，完成页面的修改。

本章实验　制作“驴友俱乐部”网站

实验要求

(1) 建立站点目录 mysitelx，并将站点指定至站点目录。

(2) 建立网站模板。

(3) 将模板应用到页面。

(4) 利用模板完成分页间的链接。

(5) 建立链接至首页的库项目文字。

(6) 将库项目插入到各个分页，完成本站点的制作。

注意：本实验提供的样例仅供参考，发挥你的才智，也许你能设计出别具一格的网页哦！

操作提示

(1) 在 D 盘的根目录下新建一个 mysitelx 文件夹，作为站点文件存放的目录。并且在 mysitelx 文件夹下建立下级文件夹 images 和 files，作为网页图片、站点分页存放的目录。

(2) 打开 Dreamweaver，在起始页中建立站点，站点名为“驴友俱乐部”，并指定站点文件的目录。

(3) 执行“文件/新建”命令，在“新建文档”对话框中，建立“HTML 模板”。

(4) 执行“修改/页面属性”命令，在“外观”分类中设置文字大小为 9 点，颜色为深灰色 #333333，上、下、左、右边距为 0，在“标题/编码”分类中设置标题“驴友俱乐部”。

(5) 在当前网页中插入 2 行 1 列的表格，表格宽度为 900 像素，将表格居中对齐。利用嵌套表格完成标题栏的制作，如图 10. 50 所示。

(6) 按相同的步骤完成导航栏及版权栏的制作，如图 10. 51、10. 52 所示。

(7) 将光标定位在主要内容区的单元格内，执行“插入记录/模板对象/可编辑区域”命令，并设置可编辑区域名称为“nr”。

(8) 执行“文件/另存为模板”命令，将网页模板保存为 kj. dwt。

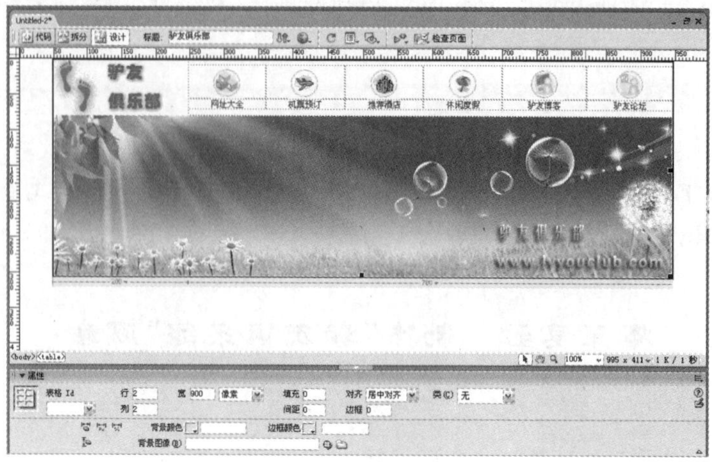

图 10.50　标题栏的制作

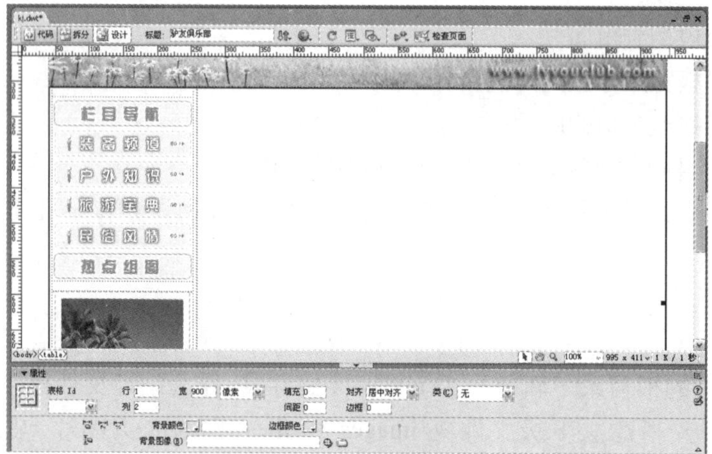

图 10.51　导航栏的制作

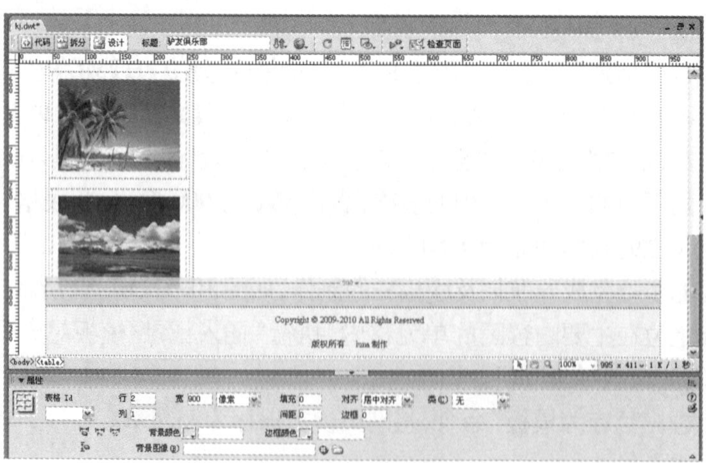

图 10.52　版权栏的制作

(9) 新建空白页面,并执行“修改/模板/应用模板到页”命令,如图 10.53 所示。

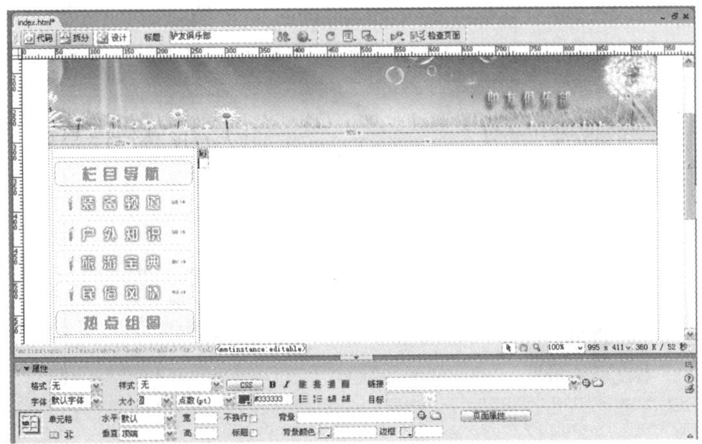

图 10.53 应用模板到页

(10) 在可编辑区域内插入多个嵌套表格,完成内容区域的制作,并将网页保存于站点根目录中,文件名为 index.html,如图 10.54、10.55 所示。

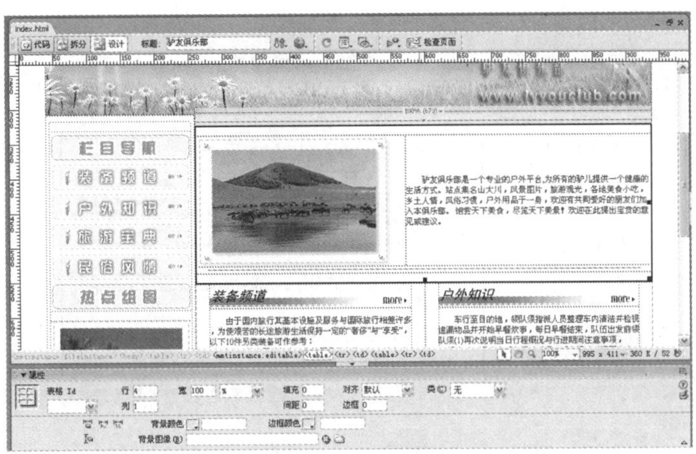

图 10.54 网页效果 1

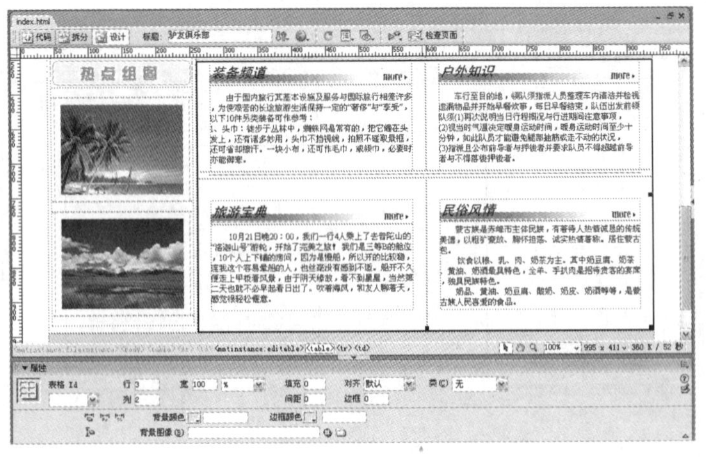

图 10.55 网页效果 2

（11）新建网页，在网页中应用上述模板，在可编辑区域中，插入4行1列的表格，表格宽度为90%，居中对齐。在单元格内插入相应的文字及水平线，如图10.56所示。

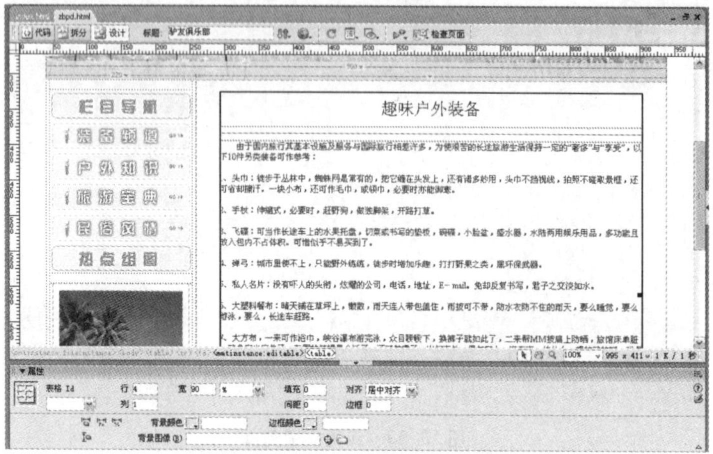

图10.56 “装备频道”分页

（12）按相同的步骤完成分页“户外知识”、“旅游宝典”和“民俗风情”，如图10.57、10.58、10.59所示。

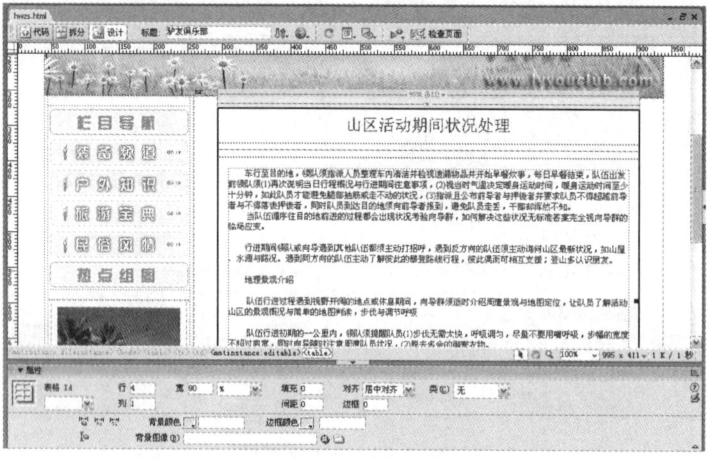

图10.57 “户外知识”分页

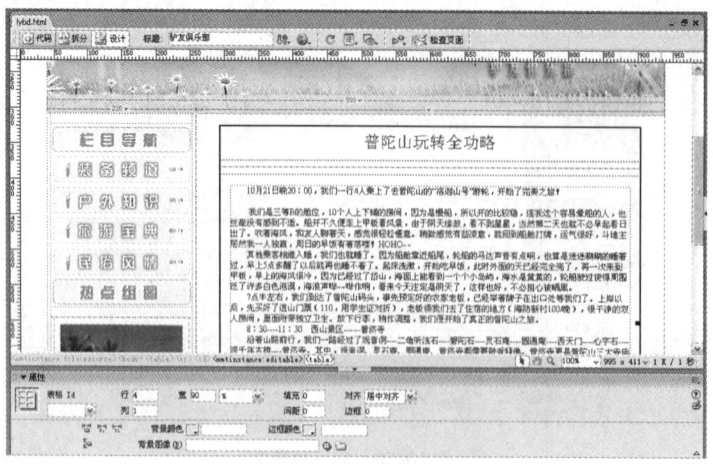

图10.58 “旅游宝典”分页

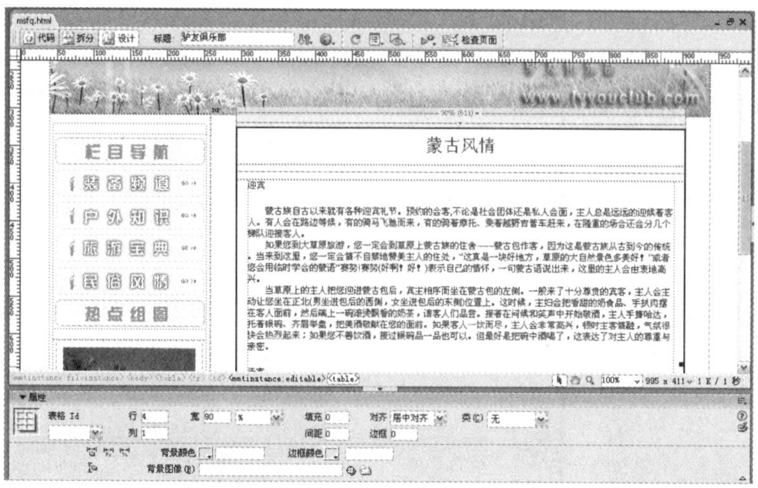

图 10.59 “民俗风情”分页

（13）打开模板 kj. dwt，设置导航栏处的图片链接，如图 10.60 所示。

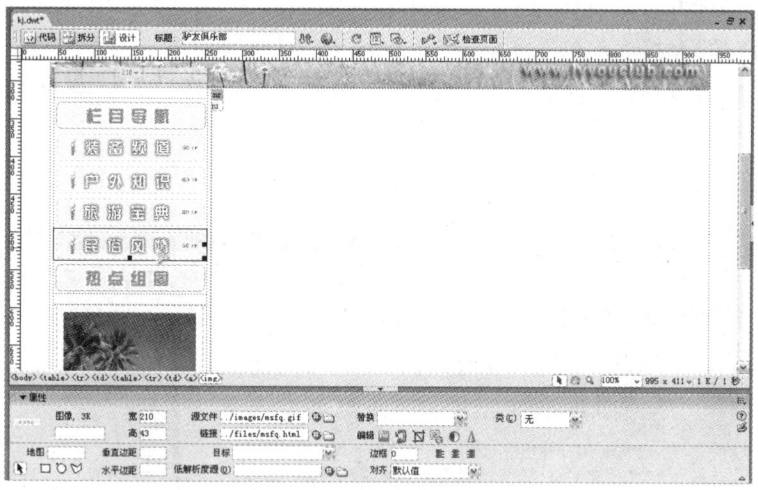

图 10.60 设置图片链接

（14）保存修改后的模板，并完成网页的更新。

（15）单击“资源”面板底部的“新建库项目”按钮，建立库项目，并修改库项目的名称为 sylj，如图 10.61 所示。

（16）双击“资源”面板中的库项目“sylj”，打开库项目，在库项目中输入文字“返回首页”，并设置文字链接至首页，如图 10.62 所示。

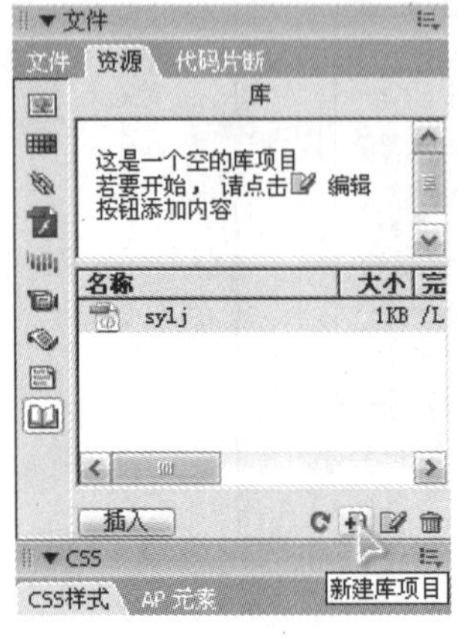

图 10.61 新建库项目

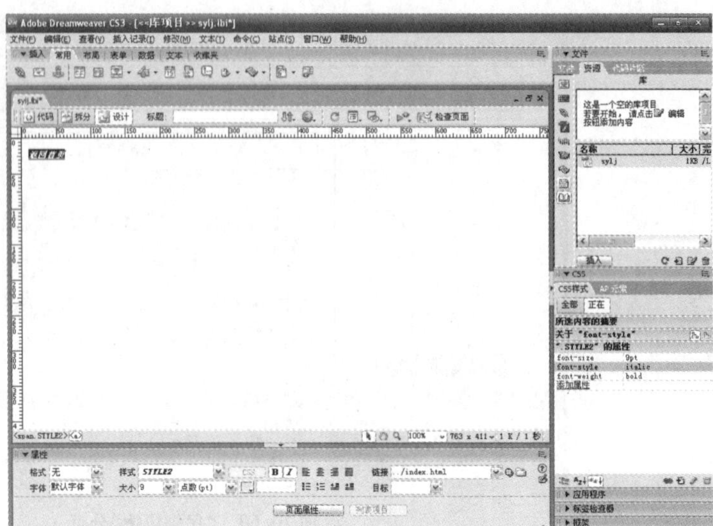

图 10.62 设置文字链接

（17）执行“文件/保存”命令，保存当前库项目。

（18）打开 zbpd. html，将光标定位在内容区域所在表格的底部单元格处，选取库项目“sylj”，单击“资源”面板底部的“插入”按钮，如图 10.63 所示。

（19）按相同的步骤完成其他分页的文字链接，并保存网页，效果如图 10.64、10.65 所示。

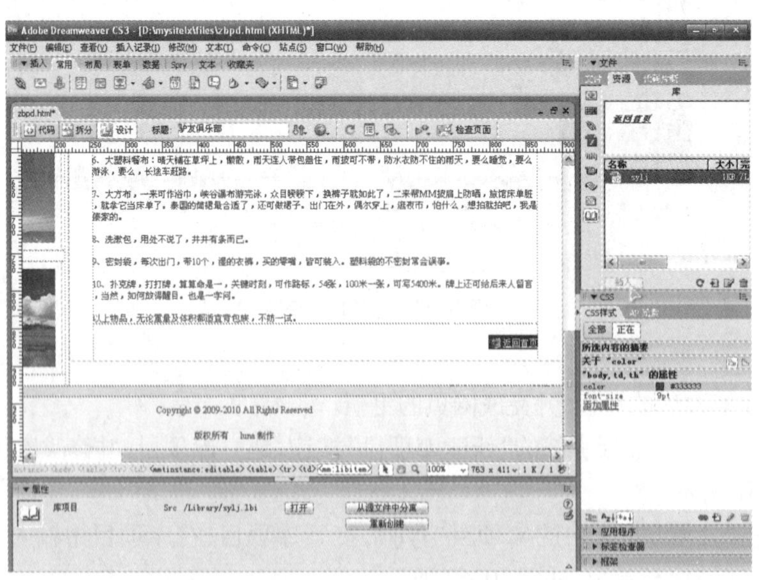

图 10.63 插入文字链接

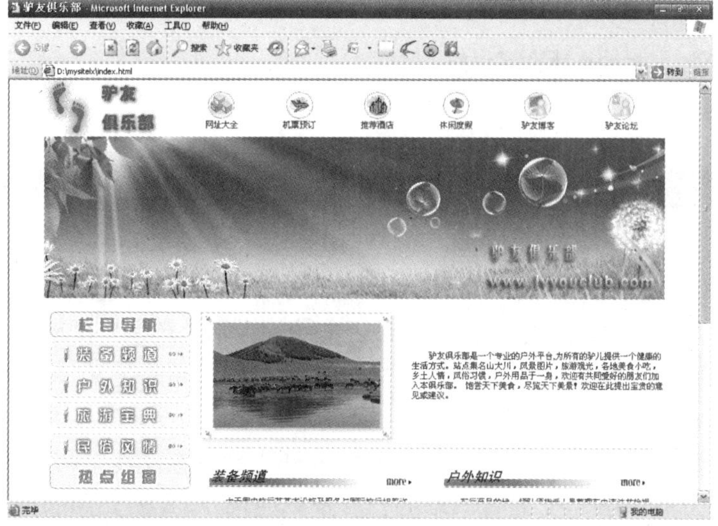

图 10.64　首页效果

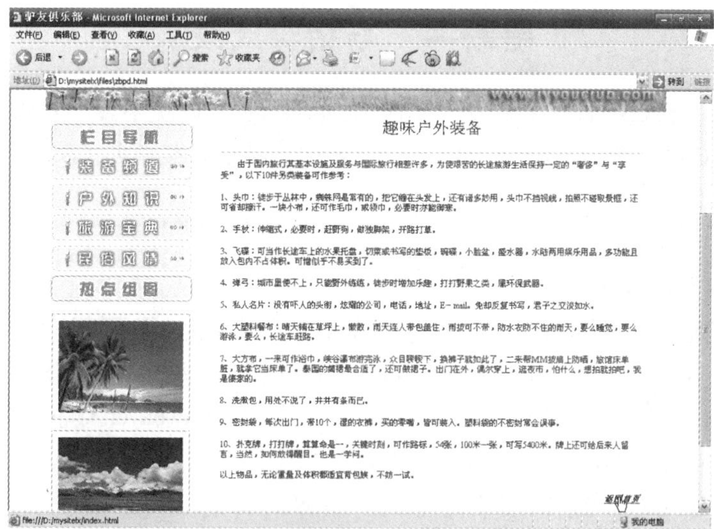

图 10.65　分页效果

第十一章　CSS样式表

本章概要

将样式表与网页相关联,关联的网页将自动套用样式表中的格式,使所有网页中都可以应用相同的样式,这样既保证了站点风格的一致性,又提高了工作效率。本章节主要介绍了在网页中添加样式表的方法、样式表文件的导出及链接外部样式表的方法。同时还详细阐述了CSS样式的含义及CSS样式定义中各选项的含义。此外,简单介绍使用CSS布局页面的方法。

本章节主要通过三个活动,分别介绍了CSS样式的概念及其作用;在网页中添加三种样式的方法;CSS样式定义的各选项的含义及其使用;样式表文件的导出及链接外部样式表的方法;使用DIV标签和CSS来布局网页。

活动一　初识样式表

学习目标: 了解CSS样式的概念及其作用,熟练掌握在网页中添加CSS样式的方法。

知识要点: CSS样式、自定义CSS样式、重新定义特定标签样式、CSS选择器。

准备知识

1. 了解CSS样式定义

文本外观是由格式来控制的,但是,每次改变文本外观时,都需要逐项选择字体、字号、颜色等。如果要对站点中的各个网页进行格式的设置,那将是非常大的重复工作。

Dreamweaver中的样式表解决了这个问题。在Dreamweaver中的样式表使用的是Cascading Style Sheets(级联样式表,简称CSS),它除了可以定义文本的格式外还可以定义特定标签(例如:H1、H2、P或LI等)的格式。在Netscape Navigator 4.0及其后续版本或Microsoft Internet Explorer 3.0及其后续版本均支持自定义样式。CSS样式具有非常高的工作效率,它可以生成独立的样式表文件,扩展名为 *.css。样式表文件可以包含文档中的所有样式。将样式表文件与站点中的网页联系起来,关联的网页将自动套用样式表中的格式。样式表可以一次控制多张网页的格式,而且对整个站点中的所有网页有效。站点中的网页使用相同的格式,这样既保证了站点风格的一致性,又提高了工作效率。

2. CSS样式分类

CSS样式包括三种:可应用于任何标签、重新定义的特定标签样式和选择器样式,如图11.1所示。

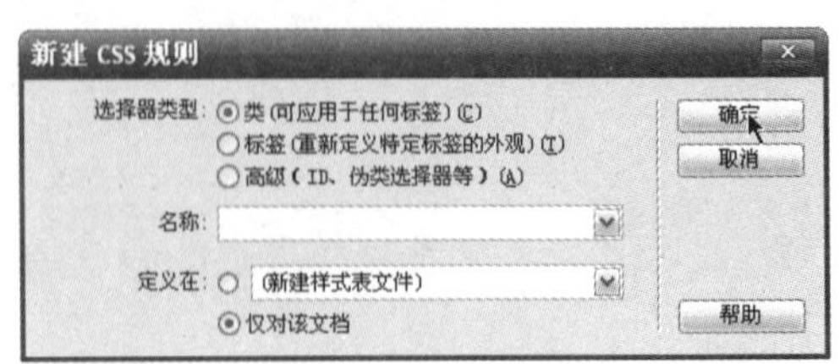

图11.1　CSS样式

这三种样式的定义方法基本一致,但是在应用上有所区别,具体区别如下:

可应用于任何标签需要选定应用对象,然后进行应用。使用自定义 CSS 样式可以控制各种网页元素的外观,其中包括文本的字体变化、字间距和行间距变化以及边框效果等多重属性。

重新定义的特定标签不需要应用,所有网页中的该类标签都将自动生效。重定义 HTML 标签可以改变标签的默认样式,用户可以通过修改特定标签的样式来改变网页特定标签的属性。

选择器样式也不需要应用,直接生效。CSS 选择器可以控制超级链接的样式。在修改 CSS 选择器样式时,“a:link”控制网页中链接文本的普通状态外观;“a:visited”控制已经访问的超级链接文本的外观;“a:hover”控制的是鼠标悬停状态下超级链接文本的外观。

活动引导

1. 建立站点及网页

(1) 在 D 盘建立站点目录 mysite111 及其子目录 images、files 和 other,并使用高级标签定义站点,站点名“科讯网络”,如图 11.2 所示。

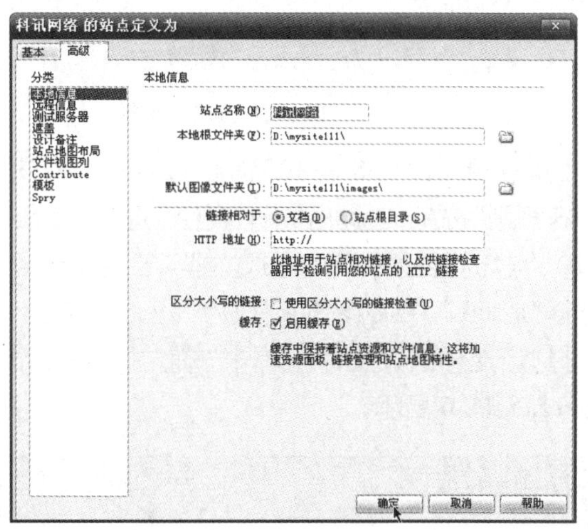

图 11.2　定义站点

(2) 在起始页中的“新建”中单击“HTML”,创建新网页。

(3) 执行“文件/保存”命令,将网页保存在站点根目录下,文件名为 index. html。

2. 制作标题栏,建立选择器样式

(1) 插入 2 行 1 列的表格,表格宽度为 900 像素,居中对齐。将第一行单元格拆分成 2 列,插入相应的图片,如图 11.3 所示。

图 11.3　绘制布局表格及单元格

(2) 在第一行的第二列单元格内插入 1 行 8 列的嵌套表格,表格设置为右对齐,表格宽度为 621 像素,高度为 44 像素。在单元格内插入相应的文字,其中导航菜单所在的单元格宽

度为 100 像素,分隔线为 3 像素,如图 11.4 所示。

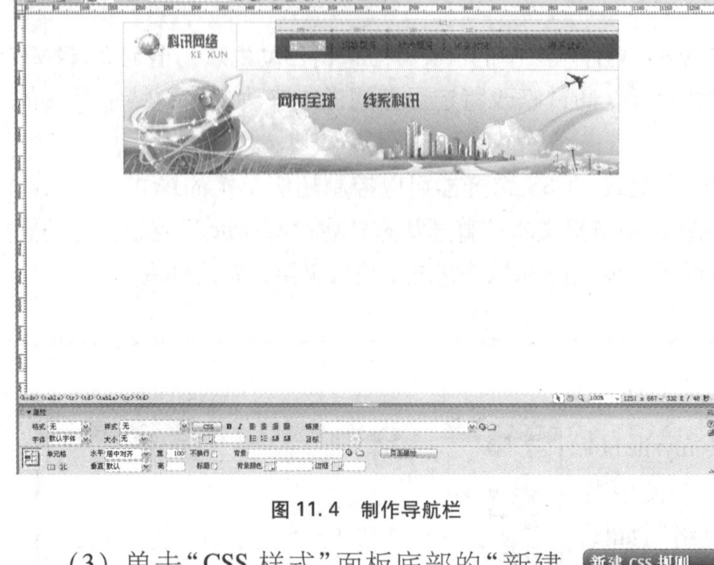

图 11.4　制作导航栏

图 11.5　新建 CSS 规则

（3）单击“CSS 样式”面板底部的“新建 CSS 规则”按钮,在弹出的对话框中选择“高级（ID、伪类选择器等）”,从“选择器”下拉菜单中选择“a:link”,并将“a:link”改为“a”,“定义在”选择“新建样式表文件”,单击“确定”按钮,如图 11.5、11.6 所示。

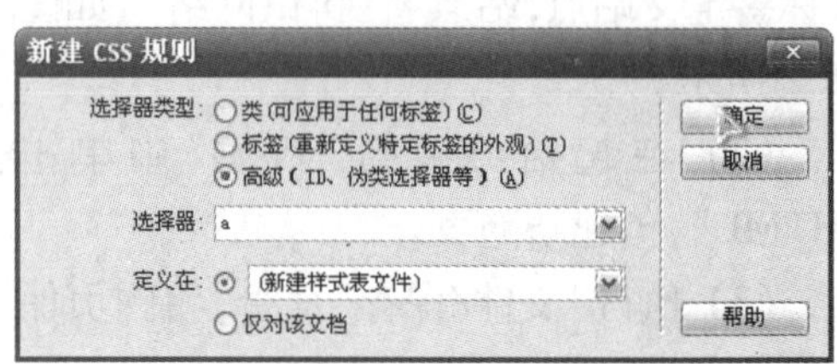

图 11.6　高级 CSS 标签

小贴士

如果不更改名字,则该效果只能保持一次,当浏览过该链接页后,该效果就始终保持在已经访问的超级链接效果了。

为了保证站点中网页风格的一致性,首页和分页往往采用相同的样式。我们在这里将样式保存为样式表文件,可以便于以后分页的制作。

如果选择“仅对该文档”,则该样式只对当前页有效。

（4）在弹出的“保存样式表文件为”对话框中,将样式表文件以“ys”文件名保存在 other 文件夹中。

（5）在弹出的“CSS 规则定义”对话框中,选择左侧的“类型”分类,在右侧的选项中设置相关属性,其中设置大小为“9 点”,颜色为白色#FFFFFF,修饰为“无”,并单击“确定”按钮。

（6）单击“CSS 样式”面板底部的“新建 CSS 规则”按钮,在弹出的对话框中选择“高级（ID、伪类选择器等）”,然后从“选择器”下拉菜单中选择“a:hover”,“定义在”选择“ys. css”,单击“确定”按钮。

（7）在弹出的“CSS 规则定义”对话框中,选择左侧的“类型”分类,在右侧的选项中设置相关属性,其中设置大小为“9 点”,颜色为白色#FFFFFF,修饰为“下划线”,单击“确定”按钮,如图 11.20 所示。

(8) 在规则定义对话框中,选择左侧的“扩展”分类,在右侧的“光标”下拉菜单内输入“hand”,单击“确定”按钮。该选项将使鼠标悬停在超级链接文本上时,显示手形。

(9) 选取导航栏中的文字,在“属性”面板中的链接项中输入“#”,设置“联系我们”的链接项为“mailto:web@ kexun. com. cn”,如图 11. 7、11. 8 所示。

图 11.7　设置文字链接

图 11.8　链接效果

小贴士

导航栏中的文字将在以后的活动中链接至分页,这里先设置为空链接,观看链接文字效果。

3. 利用重新定义特定标签的外观,设置网页文字格式

(1) 单击“CSS 样式”面板底部的“新建 CSS 规则”按钮,在弹出的对话框中选择“标签(重新定义特定标签的外观)”,从“标签”下拉菜单中选择“body”,“定义在”项选择“ys.

css”,单击“确定”按钮。

(2) 在弹出的“body 的 CSS 规则定义”对话框中,选择左侧的“类型”分类,在右侧的选项中设置文字大小为“9 点”,颜色为深灰色#666666,单击“确定”按钮。

4. 完成主要内容区域的制作,建立可应用于任何标签样式

(1) 插入 1 行 1 列的表格,表格宽度为 900 像素,居中对齐,作为标题栏与内容区的间隔,如图 11.9 所示。

(2) 插入 1 行 2 列表格,表格宽度为 900 像素,居中对齐,作为主要内容区域。设置左侧单元格的宽度为 220 像素,并在单元格内插入 9 行 1 列的嵌套表格,表格宽度为 100%,插入相应素材图片,完成左侧栏目的制作,如图 11.10 所示。

图 11.9　插入表格

图 11.10　左侧栏目制作

(3) 在右侧单元格内插入 2 行 1 列的嵌套表格,表格宽度为 669 像素,设置第一行单元格高度为 30 像素,并插入背景图片 zuoptitle. gif,在此单元格中输入标题文字“最新消息”,如图 11.11 所示。

图 11.11　制作栏目标题

(4) 在上述表格的第二行单元格中插入 1 行 2 列嵌套表格,完成栏目文字及图片的制作,如图 11.12、11.13 所示。

图 11.12　栏目文字及图片的制作 1

图 11.13　页面效果 1

> **小贴士**
>
> 栏目的外框我们将利用 CSS 样式来设置，因此对此处的栏目表格边框先不做处理。

(5) 按相同的步骤完成“资讯”和“技术”栏目的制作，栏目所在的嵌套表格宽度为 328 像素，如图 11.14、11.15 所示。

(6) 在右侧单元格内插入 1 行 3 列的嵌套表格，表格宽度为 669 像素，并插入素材图像，如图 11.16 所示。

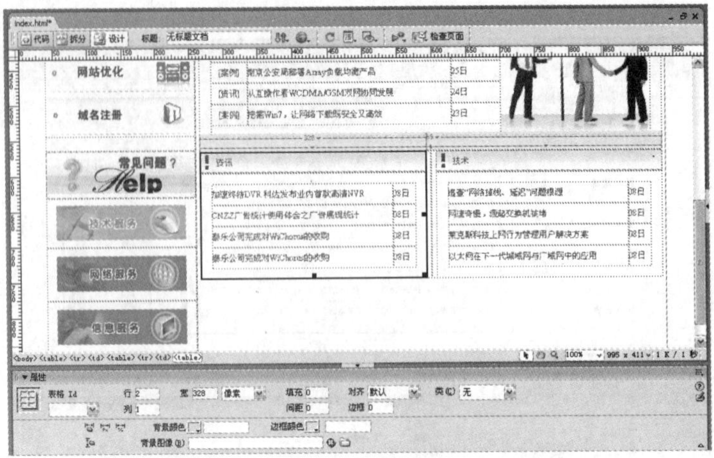

图 11.14　栏目文字及图片的制作 2

图 11.15　页面效果 2

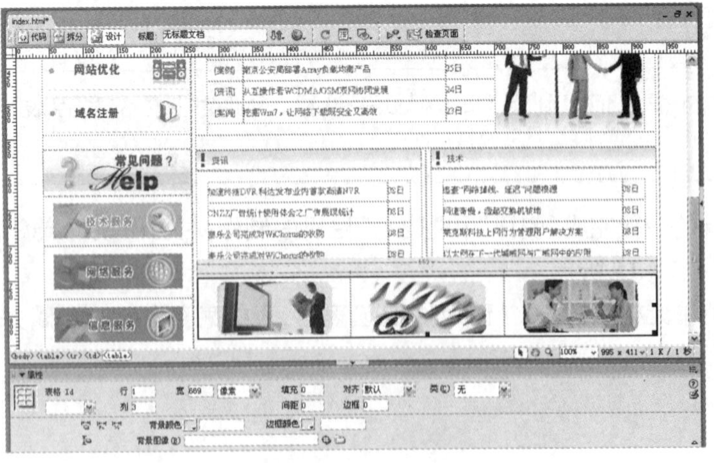

图 11.16　页面效果 3

(7) 单击“CSS 样式”面板底部的“新建 CSS 规则”按钮，在弹出的对话框中选择“类(可应用于任何标签)”，在“名称”域中输入新样式的名称“bk”，“定义在”项选择“ys. css”，单击“确定”按钮。

(8) 在弹出的“bk 的 CSS 规则定义”对话框中，选择左侧的“边框”分类，在右侧的选项中设置相关属性：在“样式”项设置“上”为“无”，“右、下、左”为“实线”；在“宽度”项勾选“全部相同”，设置“上、右、下、左”为“1 像素”；在“颜色”项勾选“全部相同”，设置“上、右、下、左”为浅灰色#CDCDCD。

(9) 将光标定位在“最新消息”栏目具体内容处的单元格内，单击底部“td”标签，在下拉菜单中选择“设置类/bk”，如图 11.17 所示。

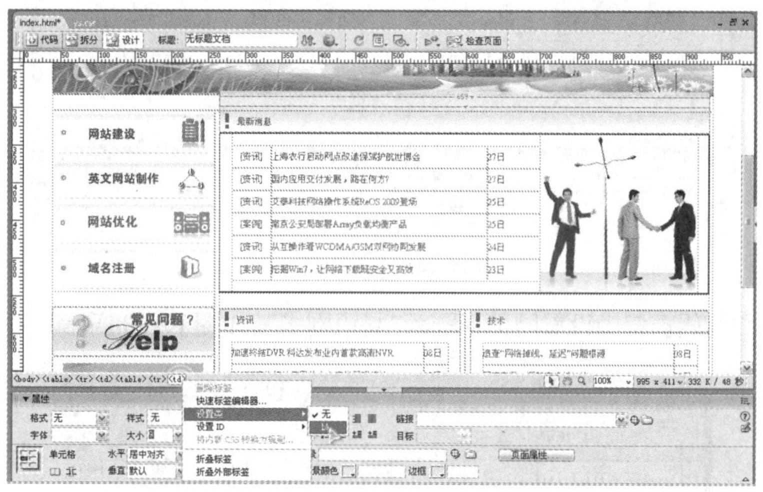

图 11.17　应用“边框”样式

(10) 按相同的步骤完成“资讯”、“技术”栏目的边框设置，如图 11.18 所示。

图 11.18　网页效果

网页制作

5. 完成网页的制作

（1）插入2行1列的表格，表格宽度为900像素，居中对齐。设置第一行单元格背景颜色为白色#FFFFFF，设置第二行单元格高度为80像素，背景颜色为浅灰色#E4E4E4，并输入版权信息文字，如图11.19所示。

图11.19　版权栏的制作

（2）在网页编辑窗口中设置网页标题为“科讯网络”，如图11.20所示。

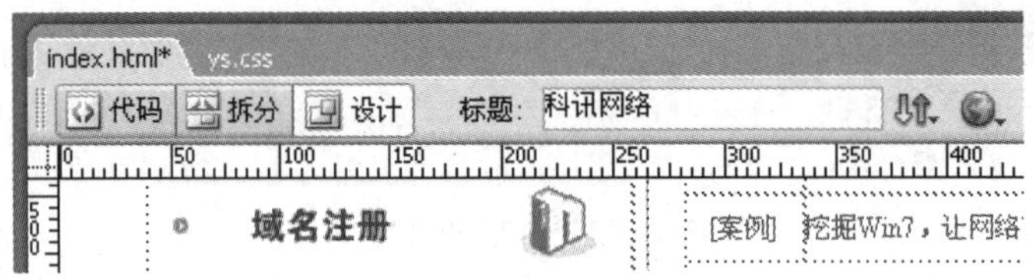

图11.20　输入网页标题

（3）选取导航栏所在的单元格，在“属性”面板中设置文字颜色为白色#FFFFFF，如图11.21所示。

图11.21　设置分隔线颜色

(4) 保存当前网页,预览网页,效果如图 11.22 所示。

图 11.22 网页效果

活动小结

在本活动中我们通过设置三种 CSS 样式:可应用于任何标签、重新定义的特定标签样式和选择器样式,对网页中的文字、链接文字及边框设置相应的属性,掌握这三种样式设置的基本方法。

活动二 CSS 样式的应用

学习目标: 掌握 CSS 样式定义的选项含义及其应用方法。

知识要点: "类型"分类、"背景"分类、"区块"分类、"方框"分类、"边框"分类、"列表"分类、"定位"分类、"扩展"分类及样式表文件的导入。

准备知识

1. "类型"分类

定义基本文字的样式,其中包括定义文字的字体、大小、样式、行高等,如图 11.23 所示。

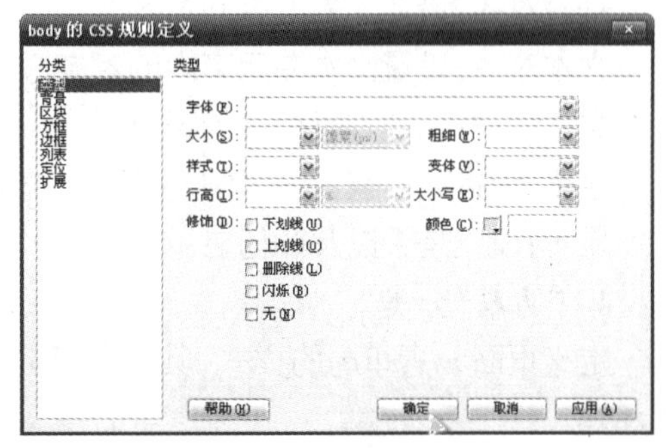

图 11.23 "类型"选项

字体:设置文本的字体样式。如果在本选项中选定了多种字体,则浏览器将使用用户计算机上已安装的第一种字体进行显示。

大小:定义文本的字号。一般常见网页正文的字号为 9 磅。

样式:指定字体样式为正常、斜体或偏

斜体。

行高:设置文本所在行的行高。

修饰:设置文本的修饰样式,包括下划线、上划线、删除线等。

粗细:对字体应用指定的或相对的粗细度。“正常”等于400,“粗体”等于700。

变量:允许设置字体变量。

大小写:“首字母大写”表示将选定文本中单词的第一个字母设置为大写,“大写”为全部大写,“小写”则为全部小写。

颜色:定义文本颜色。

2. “背景”分类

定义背景的样式,其中包括定义背景的颜色、图像、图像重复、背景图像的初始效果设置等,如图11.24所示。

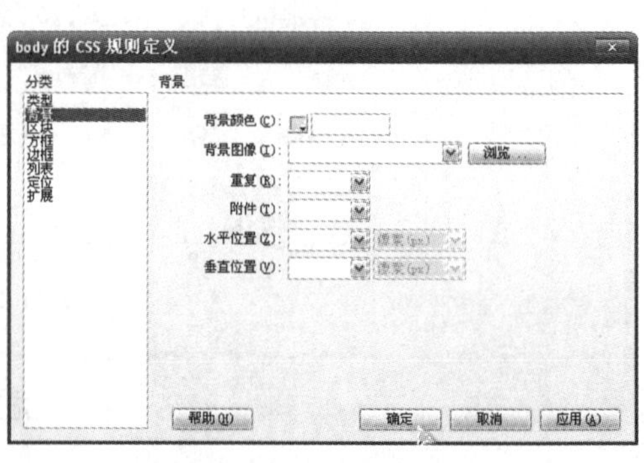

图11.24 “背景”选项

背景颜色:设置网页的背景颜色。

背景图像:设置网页的背景图像。

重复:当背景图像不足以填满页面时,设置是否重复和如何重复背景图像,选项如下:

- 不重复:在网页起始位置显示一次图像,不平铺。
- 重复:当背景图像小于页面时,纵向和横向平铺背景图像。
- 横向重复:当背景图像小于页面时,纵向平铺背景图像。
- 纵向重复:当背景图像小于页面时,横向平铺背景图像。

附件:设置背景图像在初始位置固定,还是与内容一起滚动。

水平位置和垂直位置:指定背景图像相对于网页的初始位置。

3. “区块”分类

定义空格和对齐方式的样式,其中包括定义文字间距、对齐方式及缩进距离等,如图11.25所示。

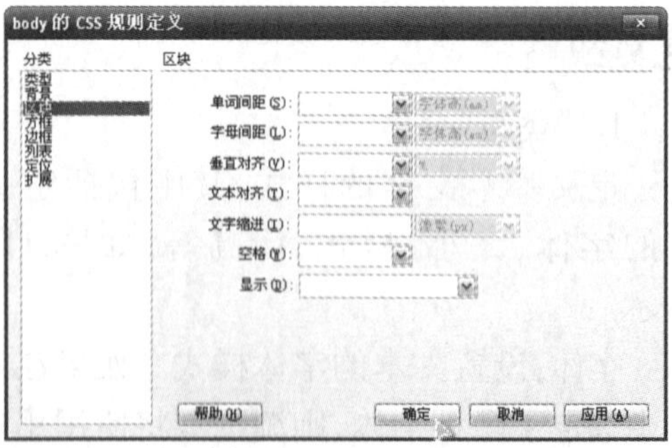

单词间距:设置单词之间的间距。

字母间距:设置字符之间的间距。

垂直对齐:设置元素的纵向对齐方式。

文本对齐:设置文本在元素内的对齐方式。

文本缩进:指定首行缩进的距离。

空格:设置元素空白内容的处理方式。

显示:设置是否以及如何显示元素。

图11.25 “区块”选项

4. “方框”分类

定义页面元素布局的样式,其中包括定义网页元素的宽、高、填充、边界等,如图11.26所示。

宽和高:设置元素的宽与高。

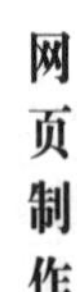

浮动:移动元素(但是页面并不移动)并将其放置在页面边缘的左侧或右侧。

清除:设置元素的哪一边不允许有层。

填充:设置元素内容和边框之间的空间大小。

边界:设置元素边框和其他元素之间的空间大小。

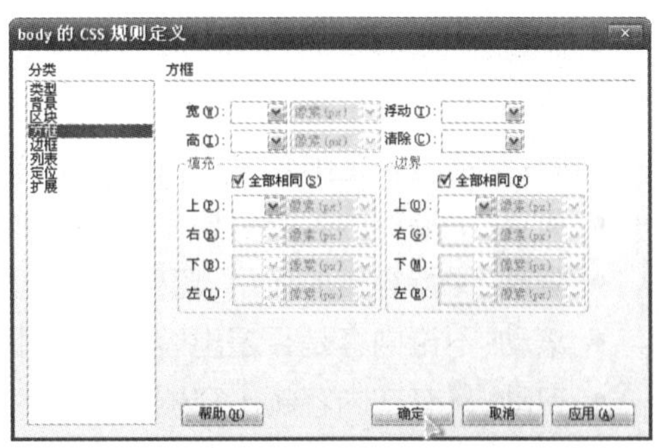

图 11.26 “方框”选项

5. “边框”分类

定义围绕元素边框的样式,其中包括定义网页元素的边框样式、宽度和颜色,如图 11.27 所示。

样式:设置边框的样式,即虚线、实线、双线等。

宽度:设置元素边框的粗细。

颜色:设置边框的颜色。

每一项中都有“上”、“右”、“下”、“左”四个选项,分别代表边框的四周。通过该项设置可使边框四周采用不同的样式。

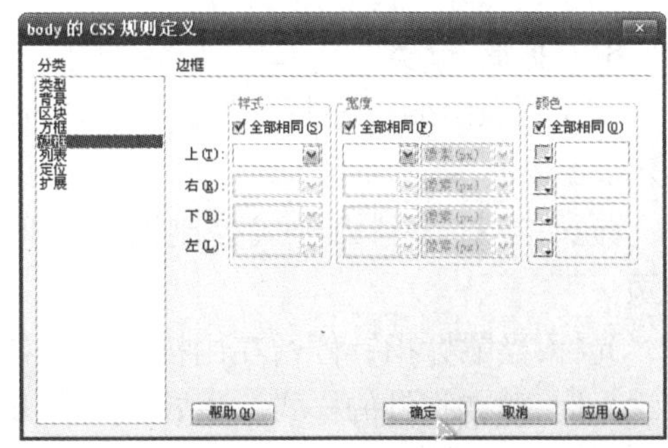

图 11.27 “边框”选项

6. “列表”分类

定义列表的样式,其中包括定义列表的类型、项目符号图像和位置,如图 11.28 所示。

类型:决定项目符号或编号的外观。

项目符号图像:设置项目符号的自定义图像。

位置:设置列表项换行时的样式。

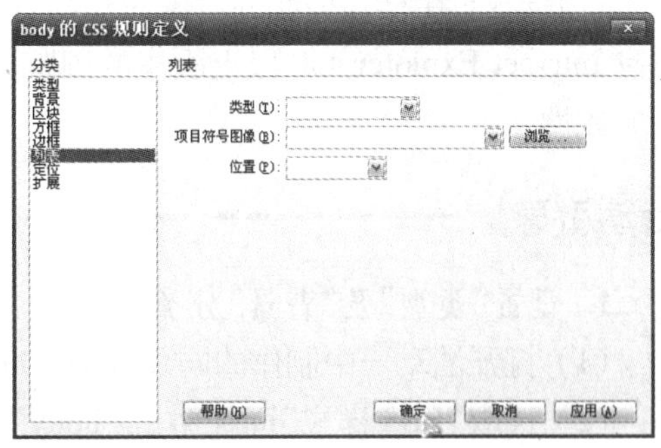

图 11.28 “列表”选项

7. “定位”分类

将所选标签或文本变为新层,并且使用在“层”参数中设置的默认标签。该项定义了层的定位样式,其中包括定位类型、层显示的方式、“Z 轴”等样式设置,如图 11.29 所示。

类型:设置浏览器定位元素的方式。

- 绝对:设置相对于页面左上角的坐标位置。
- 相对:设置相对于文档的文本中坐标的对应位置。
- 静态:将内容放置在文本自身的位置。

显示:决定层的初始显示状态。

- 继承:继承内容的上一级的可见性属性。
- 可见:显示内容而不考虑其上级值。

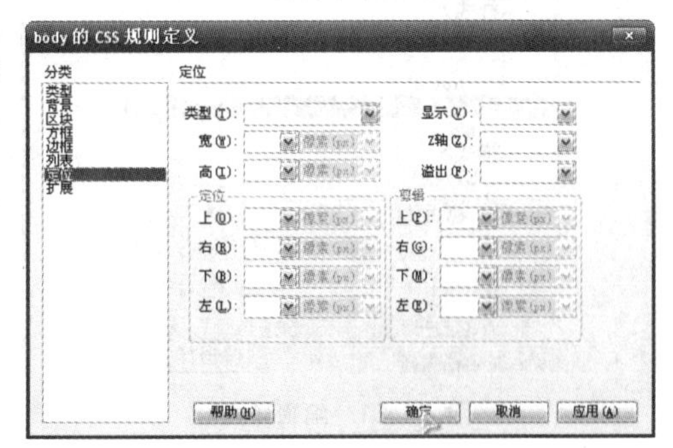

图 11.29 “定位”选项

网页制作

● 隐藏:隐藏内容而不考虑其上级值。

Z 轴:设置内容的叠放顺序,编号高的显示在编号低的之上。

溢出:设置内容超出其大小时的处理方式。

● 可见:扩展的内容都可显示,容器向右下方扩展。

● 隐藏:保持容器的大小,超出部分被剪切,没有滚动条。

● 滚动:不论内容是否超出容器的大小均为该容器添加滚动条。

● 自动:只有在内容超出容器的边界时才出现滚动条。

定位:设置内容的位置和大小。

剪辑:设置内容的可见部分。

8. "扩展"分类

定义网页中的一些特殊样式,其中包括分页、光标样式和特殊滤镜样式,如图 11.30 所示。

分页:当打印到由样式控制的对象时强行换页。

光标:当鼠标指针停留在由样式所控制的对象之上时,改变指针的样式。该效果只有 Internet Explorer 4.0 以上版本的浏览器才能看见。

过滤器:对由样式控制的对象应用特殊效果。只有 Internet Explorer 4.0 以上版本的浏览器才支持本属性。

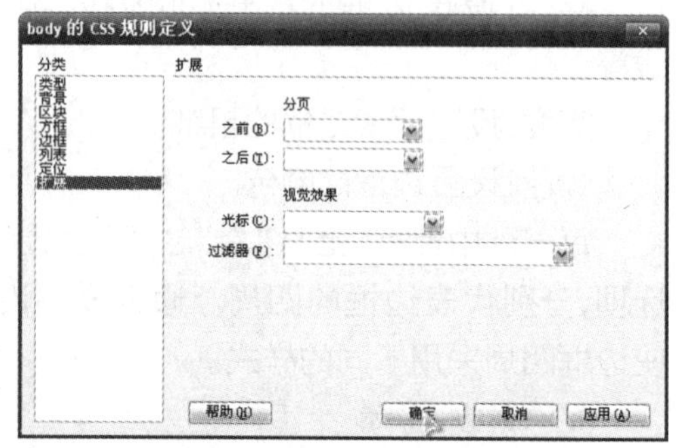

图 11.30 "扩展"选项

活动引导

1. 设置"类型"及"背景"分类选项

(1) 打开活动一中制作的网页 index.html,并打开"CSS 样式"面板。

(2) 选取"CSS 样式"面板中的"body"样式,单击底部"编辑样式"按钮,打开"body 的 CSS 规则定义"对话框,如图 11.31、11.32 所示。

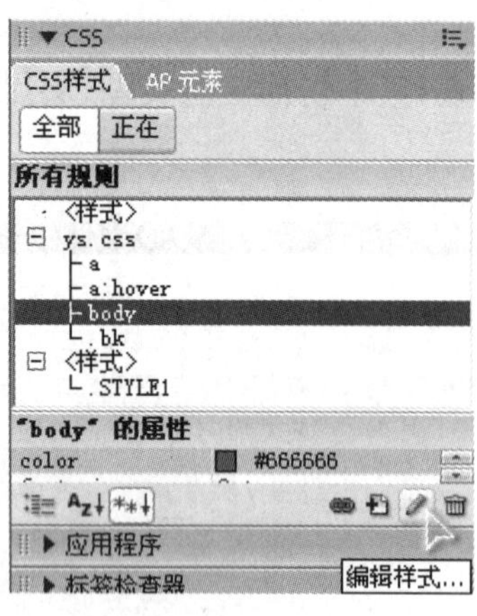

图 11.31 编辑样式

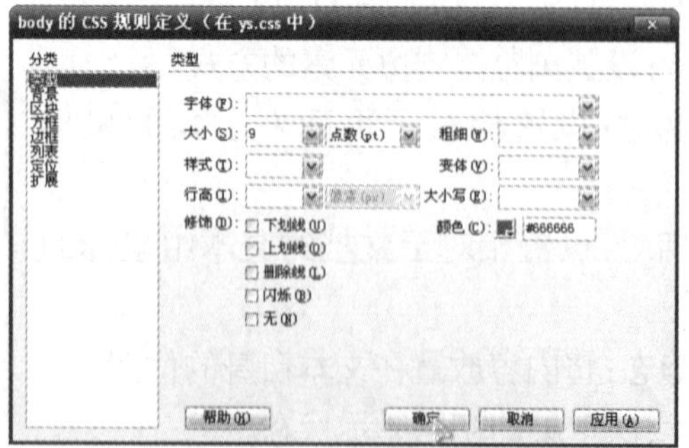

图 11.32 body 的 CSS 规则定义

(3) 在"类型"分类中设置"行高"为"140%",如图 11.33 所示。

(4) 选择"背景"分类,设置"背景图像"为素材图像 bg. gif,如图 11. 34 所示。

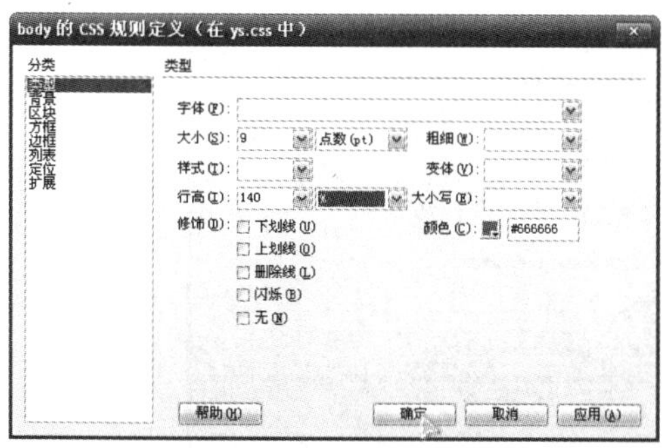

图 11.33 "类型"分类

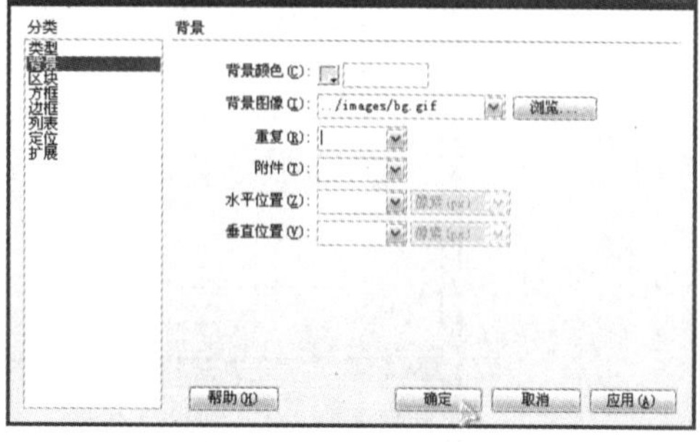

图 11.34 "背景"分类

2. 设置"区块"、"列表"、"方框"分类选项

(1) 将网页 index. html 右侧主要内容删除,另存在 files 文件夹中,文件名为 wlfw. html。

(2) 在右侧主要内容区域插入 3 行 1 列的嵌套表格,表格宽度为 100%,设置第一行单元格的高度为 15 像素,在第二行单元格中插入素材图像 wlfwtitle. jpg,在第三行单元格中插入相应文字,如图 11. 35 所示。

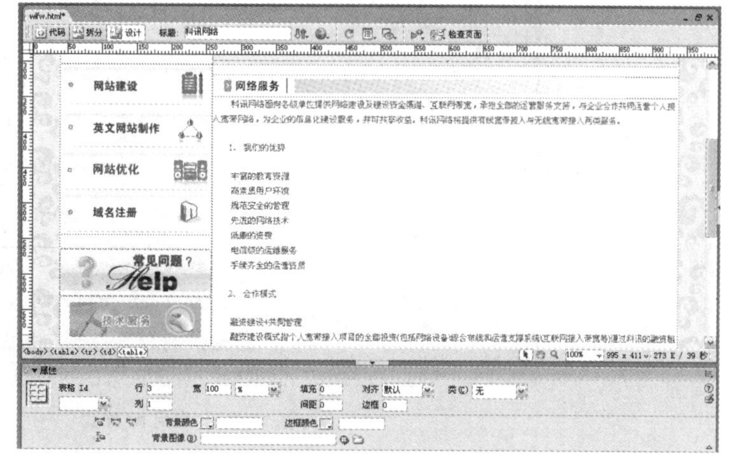

图 11.35 分页内容制作

(3) 单击"CSS 样式"面板底部的"新建 CSS 规则"按钮,在弹出的对话框中选择"类(可应用于任何标签)"。在"名称"域中输入新样式的名称"nr"。"定义在"项选择"ys. css",单击"确定"按钮。

(4) 在弹出的"nr 的 CSS 规则定义"对话框中,选择左侧的"区块"分类,设置"字母间距"为 2 点。

(5) 选择左侧"列表"分类,单击"项目符号图像"项右侧的"浏览"按钮,设置"项目符号图像"为素材图像 xm. gif。

(6) 选择左侧"方框"分类,设置"填充"项的"左"、"右"值为 15 像素,并单击"确定"按钮,完成 nr 的样式设置。

(7) 将光标分别定位在文字内容"融资建设 + 共同管理"、"投资建设 + 共同管理"、"合作建设 + 共同管理"、"代维管理"处,单击"属性"面板中的"项目列表"按钮,为文字添加项目符号,如图 11. 36 所示。

(8) 将光标定位在文字内容所在的单元格内,右击底部标签 td,在弹出的下拉菜单中应用样式 nr,如图 11. 37 所示。

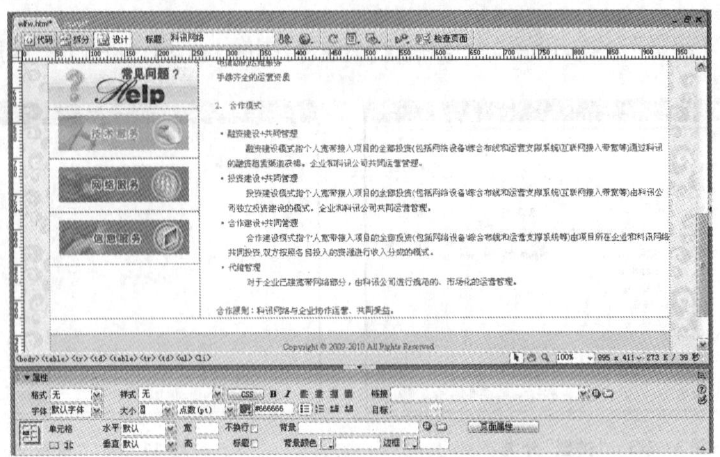

图 11.36　添加项目符号

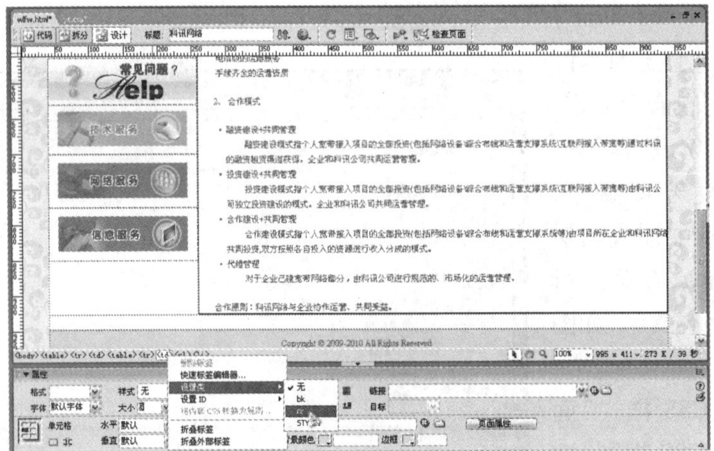

图 11.37　应用 nr 样式

(9) 保存网页,预览效果,如图 11.38 所示。

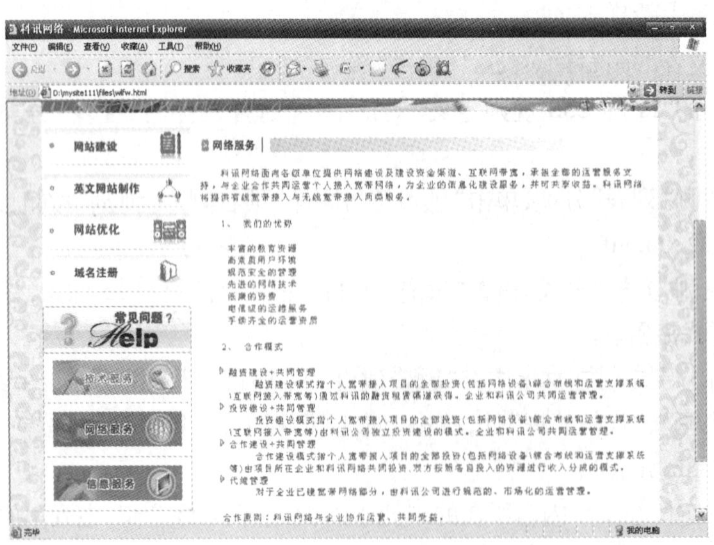

图 11.38　网页效果

网页制作

3. 设置“扩展”分类选项

（1）将网页 wlfw. html 右侧单元格内的图像及文字删除，保留嵌套表格，另存在 files 文件夹中，文件名为 jsfw. html。

（2）在网页 jsfw. html 右侧嵌套表格的第二行单元格中插入素材图像 jsfwtitle. jpg，在第三行单元格中插入相应文字，如图 11. 39 所示。

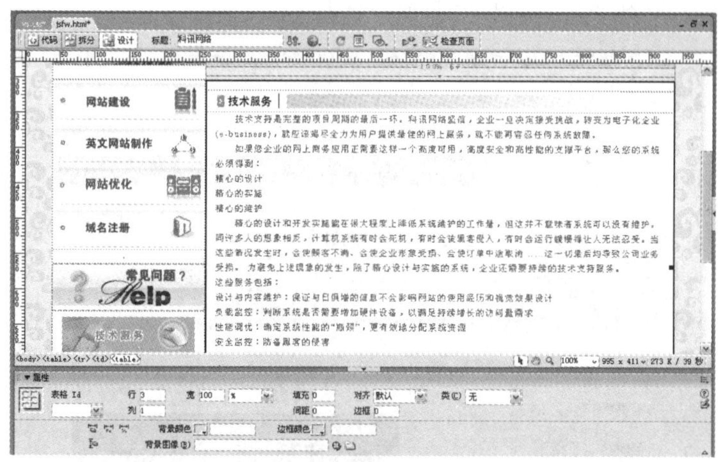

图 11. 39　分页内容制作

（3）将光标定位在文字处，插入素材图像 gg2. jpg，如图 11. 40 所示。

图 11. 40　插入图像

（4）单击“CSS 样式”面板底部的“新建 CSS 规则”按钮，在弹出的对话框中选择“类（可应用于任何标签）”，在“名称”域中输入新样式的名称“tp”，“定义在”项选择“ys. css”，单击“确定”按钮。

（5）在弹出的“line 的 CSS 规则定义”对话框中，选择左侧的“扩展”分类，在“过滤器”选项中选取“Gray”项，并确认。

小贴士

过滤器中的部分参数需要我们自己输入相应的值,具体设置时,只要将参数中的问号修改为具体值即可。

(6) 保存网页,预览效果,如图 11.41 所示。

图 11.41 网页效果

小贴士

利用"扩展"选项中的过滤器可以设置出一些特别的效果,甚至可以取代一些利用图像处理软件制作的文字特效,但该文字必须是以层的形式出现。使用这种方法可以减少网页的容量,提高网页的下载速度。

4. 设置"边框"分类选项

(1) 单击"CSS 样式"面板底部的"新建 CSS 规则"按钮,在弹出的对话框中选择"类(可应用于任何标签)",在"名称"域中输入新样式的名称"line","定义在"项选择"ys. css",单击"确定"按钮。

(2) 在弹出的"line 的 CSS 规则定义"对话框中,选择左侧的"边框"分类,设置"样式"项的"下"为"虚线",勾选"宽度"项为"全部相同"且为"1 像素",勾选"颜色"项为"全部相同"且为浅灰色#D2D2D2,并确认。

(3) 打开 index. html,将光标定位在"最新消息"栏目"上海农行启动网点改造保驾护航世博会"文字所在单元格内,右击底部标签"td",应用 line 类,如图 11.42 所示。

(4) 按相同的步骤完成其他文字底部虚线的制作,保存网页,预览效果,如图 11.43 所示。

图 11.42　设置框线样式

图 11.42　网页效果

活动小结

在本活动中，我们对网页应用了不同的 CSS 样式。在应用 CSS 样式后，我们必须保存网页，在预览状态下，才可看到其效果。

活动三　使用 CSS 布局页面及样式表的载入

学习目标：了解 CSS 布局页面的方法，掌握链接外部样式表的方法。

知识要点：样式表文件。

准备知识

1. 链接外部样式表

样式可以只对当前文档有效，也可以对多个文档有效。如要对多个文档有效，必须要将该样式导出为样式表文件。Dreamweaver 通过样式表链接使整个站点具有相同的样式设置。

外部样式表往往要被链接引用到多张网页中,编辑外部样式表将影响到所有链接引用它的文档。要链接外部样式表文件,要先将 CSS 样式表文件复制到自己的站点内,然后通过“CSS 样式”面板将样式表文件引入文档中。

2. 使用 CSS 布局页面

DIV + CSS 是网站标准(或称“WEB 标准”)中常用的术语之一,通常为了说明与 HTML 网页设计语言中的表格(table)定位方式的区别,因为 XHTML 网站设计标准中,不再使用表格定位技术,而是采用 DIV + CSS 的方式实现各种定位。用 DIV 盒模型结构将各部分内容划分到不同的区块,然后用 CSS 来定义盒模型的位置、大小、边框、内外边距、排列方式等。

简单地说,DIV 用于搭建网站结构(框架)、CSS 用于创建网站表现(样式/美化),实质即使用 XHTML 对网站进行标准化重构。这样可以使表现和内容相分离,将设计部分剥离出来放在一个独立样式文件中,HTML 文件中只存放文本信息。用只包含结构化内容的 HTML 代替嵌套的标签,搜索引擎将更有效地搜索到网页内容,提高页面浏览速度。对于同一个页面视觉效果,采用 CSS + DIV 重构的页面容量要比 TABLE 编码的页面文件容量小得多,前者一般只有后者的 1/2 大小,并且易于维护和改版,只要简单的修改几个 CSS 文件就可以重新设计整个网站的页面。

图 11.44 网页布局

我们以前面两个活动中的页面为例,如图 11.44 所示。我们可以将页面分为三部分:

① 顶部部分,其中又包括了 logo、menu 和一幅 Banner 图片;

② 内容部分,又可分为侧边栏、主体内容;

③ 底部,包括一些版权信息。

DIV 结构如下:

```
|body {}  /*这是一个 HTML 元素*/
└#Container {}  /*页面层容器*/
    ├#header {}  /*页面头部*/
    |   ├#logo {}  /*侧边栏*/
    |   └#Menu {}  /*主体内容*/
    ├#banner{}  /*页面头部(Banner 图片*/)
    ├#main {}  /*页面主体*/
    |   ├#left {}  /*侧边栏*/
```

```
|    └#right {}   /* 主体内容 */
└#Footer {}   /* 页面底部 */
```

页面布局与规划已经完成，接下来我们要做的就是开始书写 HTML 代码和 CSS。

活动引导

1. 编写 CSS 样式

(1) 执行"文件/新建文档"命令，选择"空白页"，页面类型选择"CSS"，并单击"创建"按钮。

(2) 在打开的 CSS 样式表文件编辑窗口输入如下代码，并将文件保存在 other 文件中，文件名为 bj. css，如图 11. 45 所示。

```
/* CSS Document */

body{
    font-family: 宋体;
    font-size: 9pt;
    color: #666666;
    line-height: 140%;
    background-image: url(../images/bg.gif);
}
/* 网页文字及背景样式 */
a   {
    font-size: 9pt;
    color: #FFFFFF;
    text-decoration: none;
}

a:hover {
    font-size: 9pt;
    color: #FFFFFF;
    text-decoration: underline;
    cursor: hand;
}
/* 链接文字样式 */

.header {
    height: 84px;
    width: 900px;
```

网页制作

```
    margin - top: 0px;
    margin - right: auto;
    margin - bottom: 0px;
    margin - left: auto;
    background - color: #FFFFFF;
}
/* 标题栏样式 */
.logo {
    background - image: url(../images/logo.jpg);
    background - repeat: no - repeat;
    background - position: left top;
    height: 84px;
    float: left;
    width: 220px;
    padding - left: 0px;

}
/* logo 样式 */
.menu {
    background - image: url(../images/menu.jpg);
    background - repeat: no - repeat;
    background - position: right;
    width: 680px;
    height:74px;
    float: right;
    padding - right: 0px;
    padding - top: 10px;

}
/* 导航栏样式 */
.header.menu ul {
    margin: 0px;
    list - style - type: none;
    padding - top: 0px;
    padding - right: 0px;
    padding - bottom: 0px;
    padding - left: 80px;
}
```

```
.header.menu li {
    float: left;
    padding-top: 23px;
    padding-right: 10px;
    padding-bottom: 12px;
    font-size: 9pt;
    font-weight: normal;
    padding-left: 12px;
}
/* 导航栏文字样式 */
.banner {
    background-image: url(../images/banner.jpg);
    background-repeat: no-repeat;
    background-position: left top;
    height: 184px;
    width: 900px;
    margin-left: auto;
    margin-right: auto;
}
/* banner 样式 */
.blank{
    background-color: #FFFFFF;
    height: 20px;
    width: 900px;
    margin-left: auto;
    margin-right: auto;

}
/* 间隔样式 */
.main {
    background-color: #FFFFFF;
    background-position: left top;
    width: 900px;
    margin-top: 0px;
    margin-right: auto;
    margin-bottom: 0px;
    margin-left: auto;
    height: 540px;
```

```
}
/* 主要内容区样式 */
.left {
    float: left;
    width: 218px;
    padding-left: 0px;
}
/* 右侧内容区样式 */
.hot1 {
    padding: 0px;
    margin-top: 0px;
}
.hot2 {
    margin-top:0px;
    width: 190px;
    height: 50px;
    padding-left: 14px;
    padding-right: 14px;
    padding-top: 12px;
    padding-bottom: 12px;
    border-color: #CDCDCD;
    border-width: 1px;
    border-top-style: none;
    border-top-style: none;
    border-right-style: solid;
    border-bottom-style: solid;
    border-left-style: solid;

}
/* 左侧内容区样式 */
.right {
    float: right;
    width: 680px;
    padding-right: 0px;
    padding-top: 15px;
}
.contact {
```

```
        letter - spacing: 2pt;
        padding - left: 15px;
        padding - right: 15px;
    }
    /* 右侧内容区样式 */
    . footer {
        height: 80px;
        width: 900px;
        margin - bottom: 0px;
        margin - left: auto;
        text - align: center;
        background - color: #E1E1E1;
        margin - right: auto;
        padding - top: 15px;
    }
    /* 版权信息样式 */
```

图 11.45　输入 CSS 样式代码

2. 载入样式表

（1）新建网页，将网页保存在 files 文件夹中，文件名为 qd. html。

（2）执行“窗口/CSS 样式”命令，打开“CSS 样式”面板，单击“CSS 样式”面板底部的“附加样式表”按钮，如图 11.46 所示。

（3）在弹出的“链接外部样式表”对话框中，单击“浏览”按钮，选取上述步骤中保存的样式表文件 bj. css，单击“确定”按钮，如图 11.47 所示。

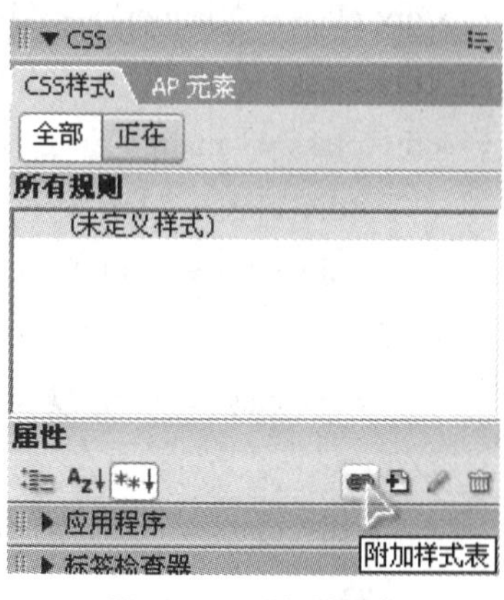

图 11.46　附加样式表

(4) 导入的外部样式将出现在 CSS 样式面板中,如图 11.48 所示。

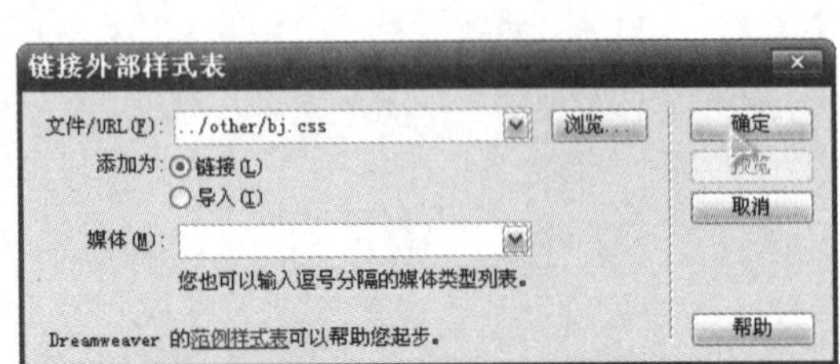

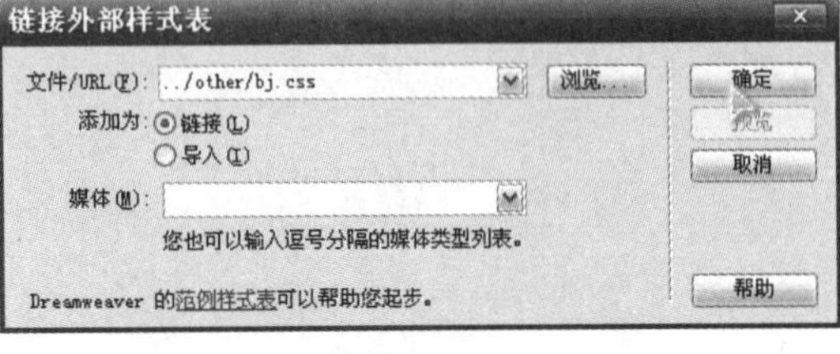

图 11.47 选取链接的样式表文件

图 11.48 CSS 样式表

3. 完成 HTML 代码

(1) 将网页编辑窗口切换至代码视图,在 body 标签中输入如下代码,如图 11.49 所示。

```
<div class = " header">
  <div class = " logo"> </div>
  <div class = " menu">
    <ul>
      <li> <a href = " #"> 首　　页 </a> </li> <li> | </li>
      <li> <a href = " #"> 网络服务 </a> </li> <li> | </li>
      <li> <a href = " #"> 技术服务 </a> </li> <li> | </li>
      <li> <a href = " #"> 渠道对策 </a> </li>
      <li>                         <a href = " mailto:web@ kexun. com. cn"> 联系我们
</a>  </li>
    </ul>
  </div>
</div>
<div class = " banner"> </div>
<div class = " blank"> </div>
<div class = " main">
    <div class = " left">
    <div class = " hot1"> <img src = " ../images/ico1. gif"  width = " 220"  height = " 60">
</div>
    <div class = " hot1"> <img src = " ../images/ico2. gif"  width = " 220"  height = " 60">
</div>
    <div class = " hot1"> <img src = " ../images/ico3. gif"  width = " 220"  height = " 60">
</div>
```

```
    <div class="hot1"><img src="../images/ico4.gif" width="220" height="60"></div>
    <div class="hot1"><img src="../images/help.gif" width="220" height="66"></div>
    <div class="hot2"><img src="../images/jsfw.jpg" width="190" height="50"/></div>
    <div class="hot2"><img src="../images/wlfw.jpg" width="190" height="50"/></div>
    <div class="hot2"><img src="../images/xxfw.jpg" width="190" height="50"></div>
  </div>
    <div class="right">
    <div class="hot1"><img src="../images/qddctitle.jpg" width="600" height="30"/></div>
    <div class="contact">
    <p> </p>
    </div>
</div>
</div>
<div class="blank"></div>
<div class="footer">
  <p>Copyright &copy; 2009-2010 All Rights Reserved </p>
  <p>版权所有   不得转载   </p>
</div>
</body>
```

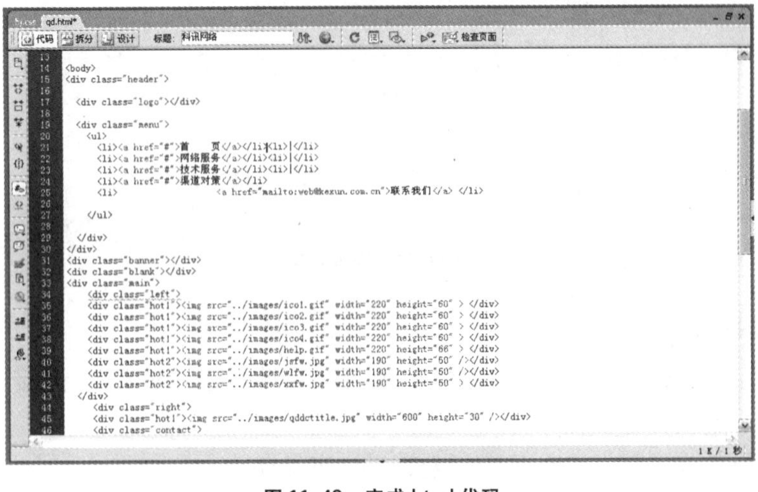

图 11.49　完成 html 代码

网页制作

(2) 切换至设计视图,在右侧内容区域直接插入内容文字,完成后效果如图 11.50 所示。

图 11.50 页面效果

(3) 在标题处输入"科讯网络",并利用"属性"面板设置导航栏中的分隔线为白色。保存网页,预览效果,如图 11.51 所示。

图 11.51 网页效果

4. 链接至各网页

(1) 选取上述页面导航栏中的文字,利用"属性"完成页面的链接,如图 11.52 所示。

(2) 按相同的步骤完成其他页面的链接,并注意保存。

图 11.52 设置链接

活动小结

在本活动中我们主要了解了采用 CSS 布局页面的方法，同时掌握了样式表文件的载入。使用这种方法可以方便地让多个网页应用同一种样式。

本章实验 制作"爱美特电子科技"网站

实验要求

(1) 建立站点目录 mysitelx，并将站点指定至站点目录。

(2) 完成首页制作，为首页设置文字、背景图像、边框样式。

(3) 完成分页制作，为分页设置项目列表、边框样式。

(4) 完成各网页间的链接，并设置链接文字的样式。

注意：本实验提供的样例仅供参考，发挥你的才智，也许你能设计出别具一格的网页哦！

操作提示

(1) 在 D 盘的根目录下新建一个 mysitelx 文件夹，作为站点文件存放的目录。并且在 mysitelx 文件夹下建立下级文件夹 images、files 和 other，作为网页图片、网页文件和 CSS 样式表文件存放的目录。

(2) 打开 Dreamweaver，在起始页中建立站点 mysitelx，并指定站点文件的目录，站点名为"爱美特电子科技"。

(3) 新建页面，并保存为 index. html。插入 4 行 1 列的表格，表格宽度为 900 像素，居中对齐。将第一行单元格拆分为两列，在单元格中插入素材图像 logo. jpg 及嵌套表格。在第二、四行插入水平线，并设置其相应属性。在第三行插入素材图像 banner，如图 11.53、11.54 所示。

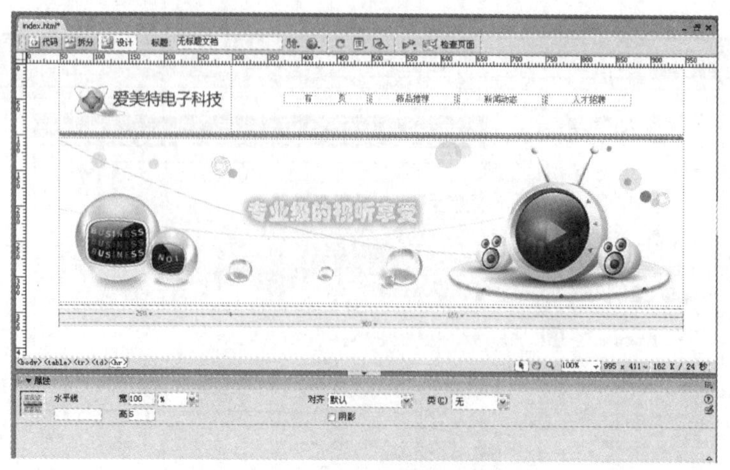

图 11.53　制作标题栏及导航栏

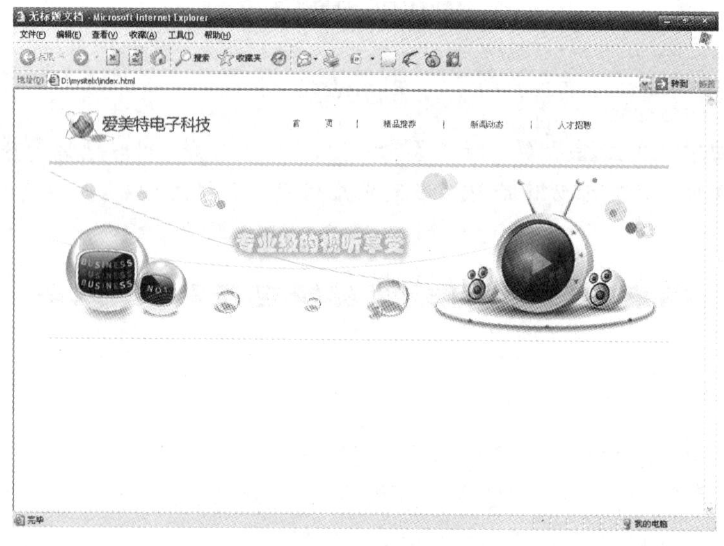

图 11.54　页面效果

（4）插入 2 行 1 列的表格，表格宽度为 900 像素，居中对齐。将第一行单元格拆分为三列，设置第一列单元格宽度为 200 像素，第三列单元格宽度为 185 像素。在第二行单元格中插入水平线，效果如图 11.55 所示。

（5）在上述拆分的三列单元格中分别插入嵌套表格，并插入相应的文字及素材图像，完成后，如图 11.56 所示。

（6）插入 2 行 1 列的表格，表格宽度为 900 像素，居中对齐。完成底部版权栏的制作，如图 11.57 所示。

（7）打开 CSS 样式面板，单击“新建 CSS 规则”按钮，在弹出的“新建 CSS 规则”对话框中选取标签“body”，“定义在”选取“新建样式表文件”，并确认，如图 11.58 所示。

（8）在“保存样式表文件为”对话框中，将该样式表文件保存在站点 other 文件夹中，文件名为“style. css”，如图 11.59 所示。

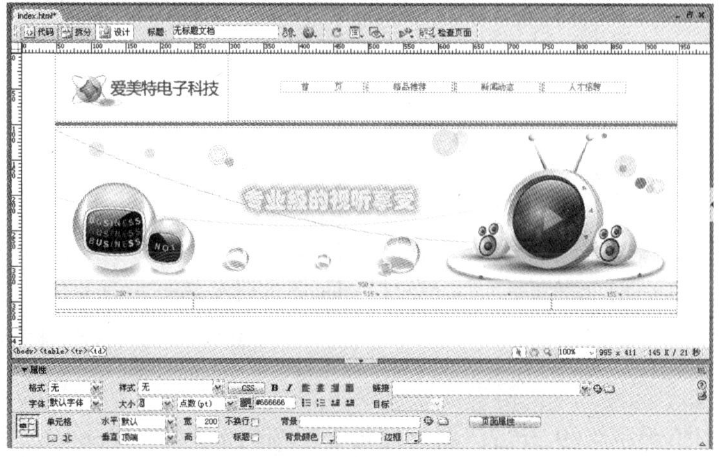

图 11.55　设置内容区域的表格

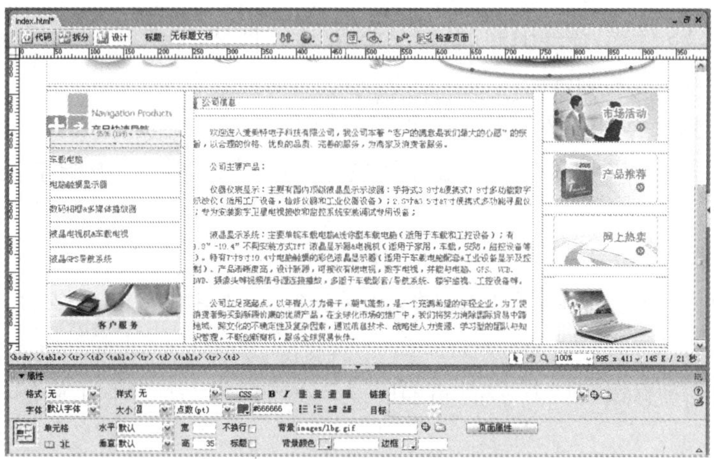

图 11.56　内容区域制作

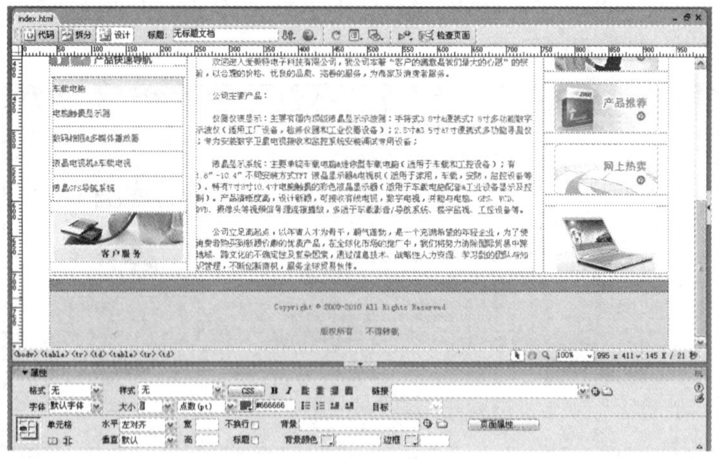

图 11.57　版权栏制作

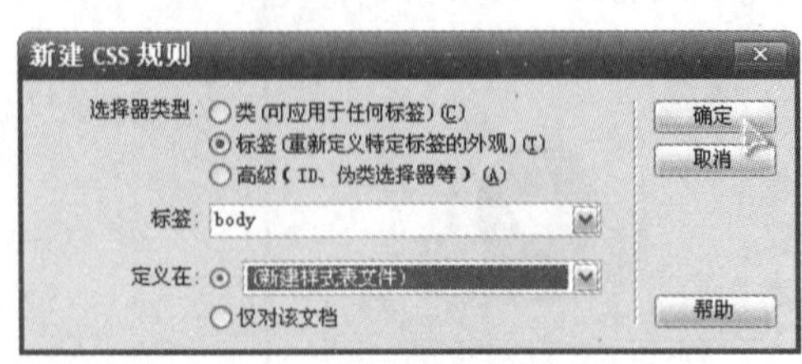

图 11.58　新建 CSS 规则

图 11.59　保存 CSS 样式表文件

(9) 在弹出的定义样式对话框中设置参数如下:

"类型"分类项:大小为"9 点";行高为"140%";颜色为深灰色#666666;

"背景"分类项:背景图像为"bg.jpg";

"方框"分类项:边界为"0 像素"。

(10) 新建 CSS 样式,在弹出的"新建 CSS 规则"对话框中选取"类",名称为"bk1","定义在"选取"style.css",并确认。

(11) 在弹出的定义样式对话框中设置参数如下:

"边框"分类项:样式中"上"为"无",其余为"实线";宽度为"1 像素";颜色为浅灰色#C6C6C6;

"方框"分类项:填充中"右"和"左"为"10 像素"。

(12) 将光标定位在左侧文字"车载电脑"单元格内,右击底部 td 标签,应用 bk1 样式,如图 11.60 所示。

(13) 按相同的步骤完成其余商品项以及"公司信息"所在单元格的样式应用,如图 11.61 所示。

(14) 修改网页标题为"爱美特电子科技",并保存当前网页。

(15) 将页 index.html 另存至 files 文件夹中,文件名为 jptj.html,删除右侧嵌套表格,并合并第二、三列表格,如图 11.62 示。

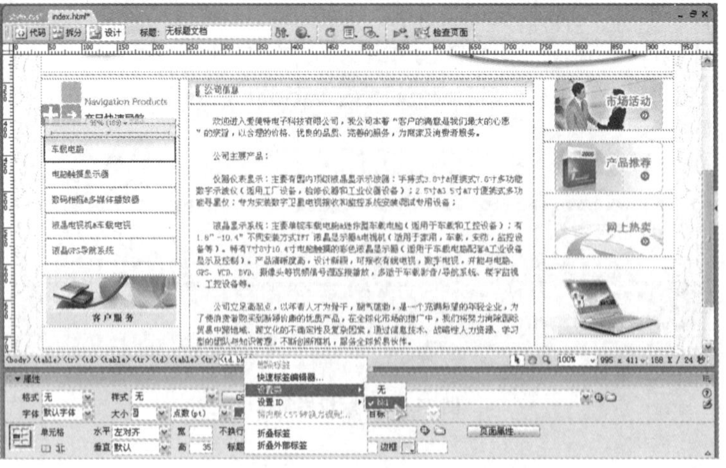

图 11.60　应用样式

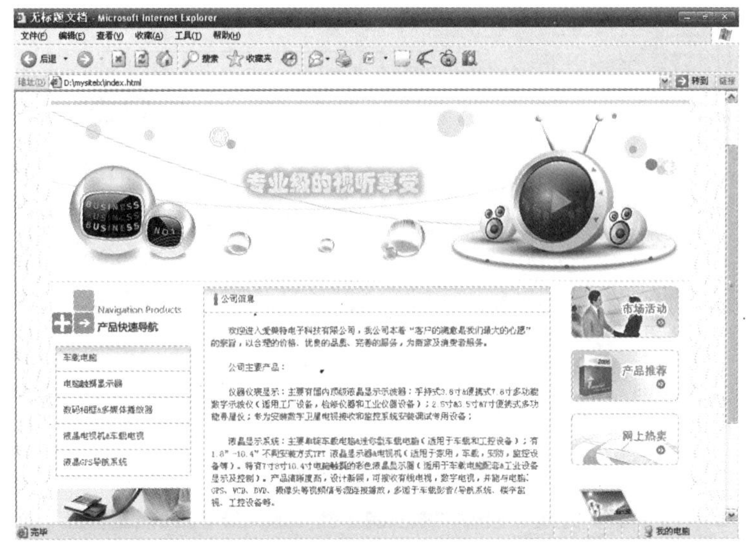

图 11.61　网页效果

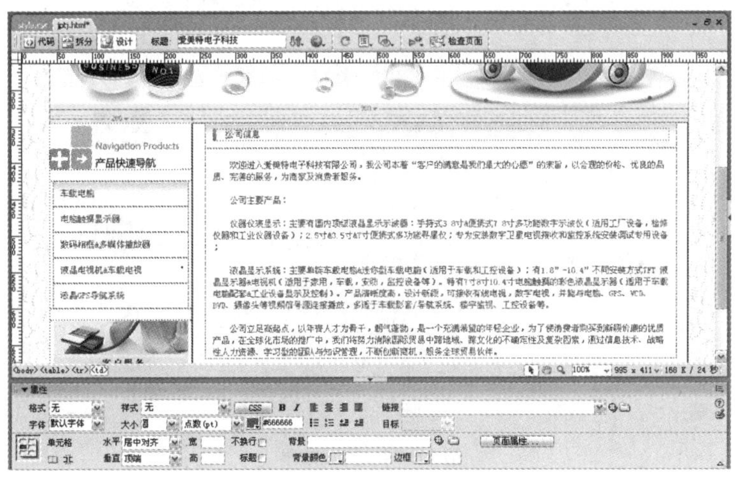

图 11.62　合并单元格

(16) 将文字“公司信息”修改为“精品推荐”,删除主要文字,在文字内容所在的单元格内插入 3 行 2 列的嵌套表格,第二列单元格设置宽度为 100 像素。并在嵌套表格中插入相应文字及素材图像,如图 11.63。

(17) 新建 CSS 样式,在弹出的“新建 CSS 规则”对话框中选取“类”,名称为“bk2”,“定义在”选取“style. css”,并确认。

(18) 在弹出的定义样式对话框中设置“边框”分类:样式项中“下”为“虚线”;宽度为“1 像素”;颜色为浅灰色#C6C6C6。

(19) 将光标分别定位在产品介绍的单元格内,应用 bk2 样式,效果如图 11.64 所示。

(20) 按相同的步骤完成分页“新闻动态”的制作,如图 11.65 所示。

(21) 选取“CSS 样式”面板中的 body 标签,单击“编辑样式”按钮,打开“body 的 CSS 规则定义”对话框,设置“列表”分类,将“项目符号图像”设置为“newsbg. gif”。

(22) 保存网页,预览效果,如图 11.66 所示。

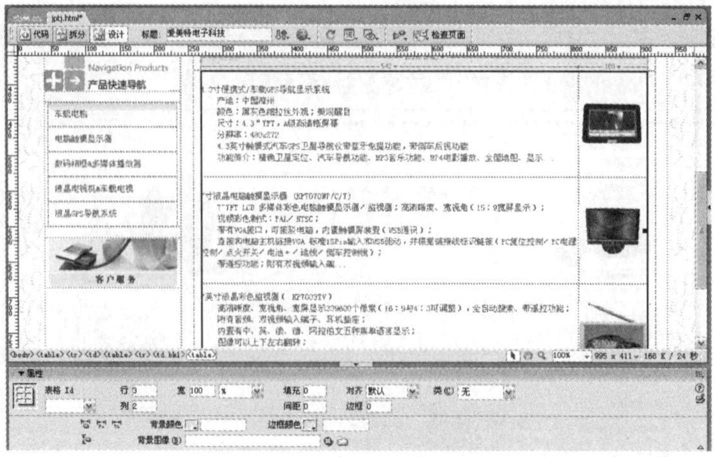

图 11.63　完成分页制作

图 11.64　网页效果

图 11.65　网页效果

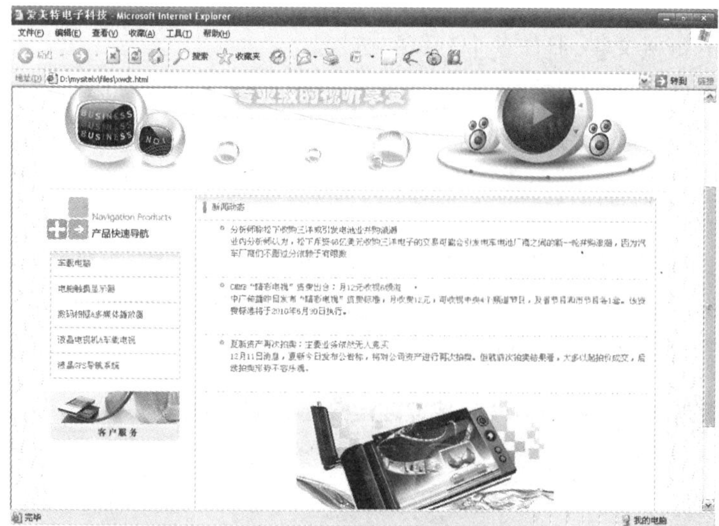

图 11.66　网页效果

（23）按相同的步骤完成分页"人才招聘"的制作，或者可通过 CSS + DIV 来布局该页面，如图 11.67、11.68 所示。

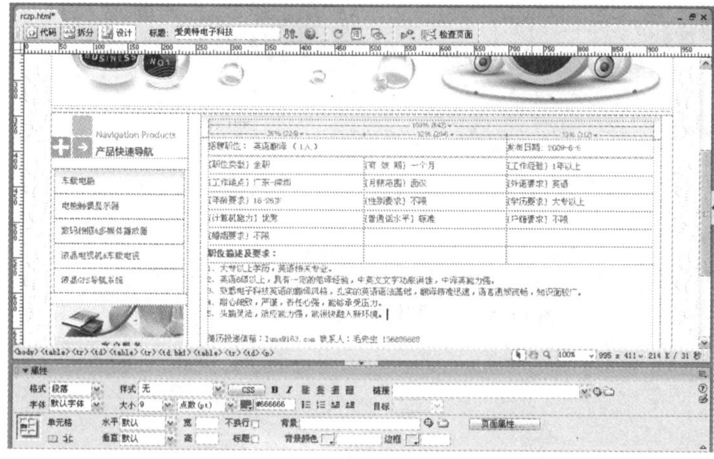

图 11.67　制作分页

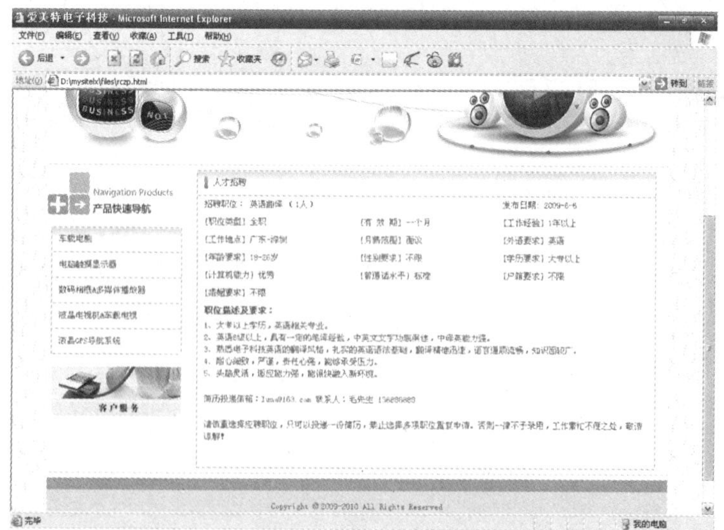

图 11.68　网页效果

(24) 选取导航栏上的链接文字,制作各个分页的链接。

(25) 打开该网站中的任意一张网页,在该网页中添加链接文字的 CSS 样式,选择“高级(ID、伪类选择器等)”,在“选择器”中输入“a”,“定义在”项处选择“style. css”,并确认。

(26) 在定义对话框中设置“类型”分类中的文字大小为“9 点”,颜色为深灰色#666666,修饰为“无”。

(27) 重复上述步骤,完成“a:hover”的设置。其中在“a:hover”的定义对话框中设置类型分类中的文字大小为“9 点”,颜色为黑色#000000,修饰为“下划线”。

(28) 保存网页,预览效果,如图 11. 69 所示。

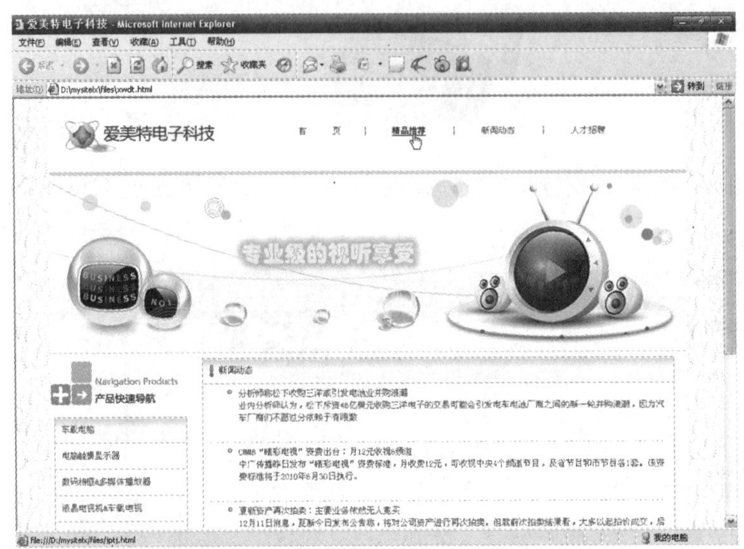

图 11. 69 网页效果

精通篇

第十二章　AP Div 的应用

本章概要

Dreamweaver 将带有绝对位置的所有 DIV 标签视为 AP 元素(分配有绝对位置的元素)。AP 元素(绝对定位元素)是分配有绝对位置的 HTML 页面元素,具体地说,就是 DIV 标签或其他任何标签。AP 元素可以包含文本、图像或其他任何可放置到 HTML 文档正文中的内容。通过 Dreamweaver,我们可以使用 AP 元素来设计页面的布局。

本章节主要通过三个活动,分别介绍了 AP Div 的创建及基本操作,表格和 AP 元素的相互转换,以及 AP 元素的综合应用。

活动一　AP Div 的创建及基本操作

学习目标: 了解 AP Div 的概念,掌握插入 AP Div 的基本方法,掌握设置 AP Div 参数和属性的基本方法。

知识要点: AP Div、AP Div 参数、AP Div 属性。

准备知识

1. AP Div 概述

AP 元素(绝对定位元素)是分配有绝对位置的 HTML 页面元素,具体地说,就是 div 标签或其他任何标签。AP 元素可以包含文本、图像或其他任何可放置到 HTML 文档正文中的内容。

通过 Dreamweaver,可以使用 AP 元素来设计页面的布局。可将 AP 元素放置到其他 AP 元素的前后,隐藏某些 AP 元素而显示其他 AP 元素,以及在屏幕上移动 AP 元素。也可以在一个 AP 元素中放置背景图像,然后在该 AP 元素的前面放置另一个包含带有透明背景的文本的 AP 元素。

AP 元素通常是绝对定位的 div 标签。但是可以将任何 HTML 元素(例如:一个图像)作为 AP 元素进行分类,方法是为其分配一个绝对位置。所有 AP 元素(不仅仅是绝对定位的 div 标签)都将在“AP 元素”面板中显示。

2. 插入 AP Div 和插入嵌套 AP Div

在Dreamweaver 中,利用“插入”栏“布局”分类上的“绘制 AP Div”按钮,可以方便地插入 AP Div。也可以通过执行“插入记录/布局对象/AP Div”命令创建。一旦 AP Div 被创建,则可以使用“AP 元素”面板选取它,将其嵌入到其他 AP Div 中或改变其叠放顺序。

所谓“嵌套 AP Div”是指在其他 AP Div 中创建 AP Div。即嵌套的 AP Div 是其代码包含在另一个 AP Div 的标签内的 AP Div。使用“AP Div 元素”面板创建或采用插入、拖放、绘制方法都可以创建嵌套 AP Div。

3. 设置 AP 元素参数和属性

在选取文档中的 AP 元素后，利用“属性”面板可指定 CSS-P 元素的名称和位置以及设置其他 AP 元素的选项，如图 12.1 所示。

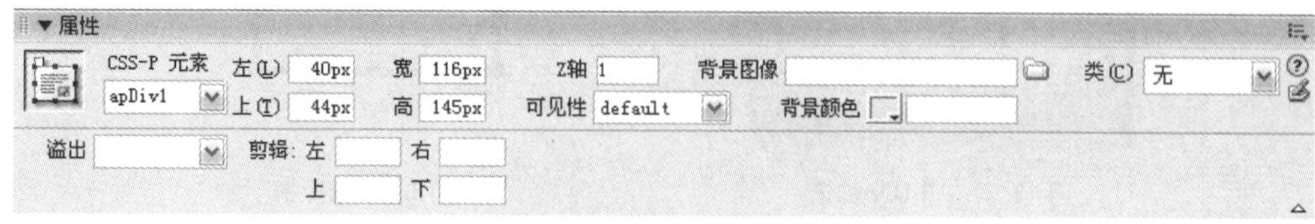

图 12.1 “属性”面板

具体参数如下：

CSS-P 元素：设置 AP 元素的名称用于“AP 元素”面板或脚本中标识 AP 元素。每个 AP 元素都必须有各自的唯一 ID。

左和上：设置 AP 元素相对于页面或其父级 AP 元素的左上角的位置。

宽和高：设置 AP 元素的宽度和高度。

Z 轴：确定 AP 元素的叠放顺序。编号越高，AP 元素的位置越在上。

可见性：确定 AP 元素的初始显示状态。

- Default(默认)：不指定可见性属性。
- Inherit(继承)：将使用 AP 元素父级的可见性属性。
- Visible(可见)：显示 AP 元素的内容。
- Hidden(隐藏)：隐藏 AP 元素的内容。

背景图像：设置 AP 元素的背景图像。

背景颜色：设置 AP 元素的背景颜色。

溢出：当 AP 元素超出 AP 元素的指定大小时的处理方式。

- Visible(可见)：扩展 AP 元素的大小使其所有内容均可见。
- Hidden(隐藏)：保持 AP 元素的大小，剪切其超出部分。
- Scroll(滚动)：不论内容是否超出 AP 元素的大小，均为 AP 元素添加滚动条。
- Auto(自动)：当内容超出 AP 元素的边界时出现滚动条。

剪辑：定义 AP 元素的可见部分。

4. 选取 AP 元素

选取一个或多个 AP 元素，可设置 AP 元素的位置，使多个 AP 元素具有相同的宽度、高度以及重定位等。在实际的操作中对 AP 元素的选取有多种方法。

(1) 选取单个 AP 元素

方法一：单击文档窗口中的 AP 元素标记，如：“div#apDiv1”，如图 12.2 所示。

方法二：单击 AP 元素左上角的“回”形选择柄。如果选择柄不可见，可在 AP 元素内的任何地方单击使之可见，如图 12.3 所示。

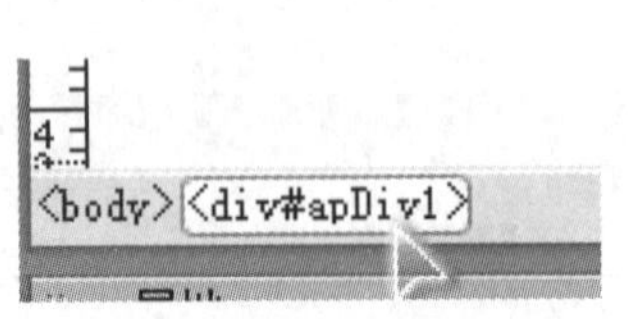

图 12.2　AP Div 标记

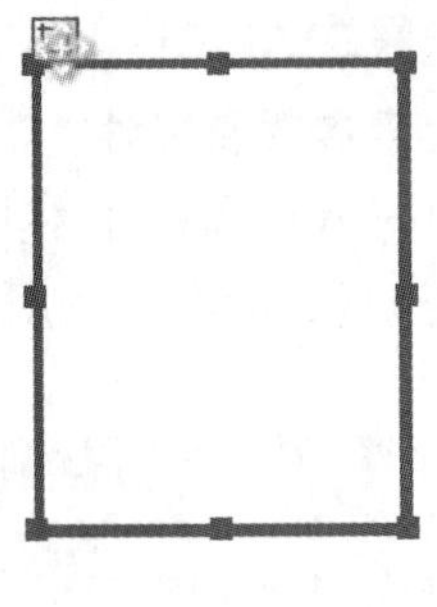
图 12.3　选择柄

方法三：单击 AP 元素的边框。

方法四：在没有 AP 元素选中的情况下，按 Shift 键在 AP 元素内单击。

方法五：单击“AP 元素”面板中相应的 AP 元素名称。

(2) 选取多个 AP 元素

方法一：按住 Shift 键在 AP 元素内或 AP 元素的边框上单击，选取多个 AP 元素。

方法二：按住 Shift 键单击“AP 元素”面板中多个 AP 元素的名称。选中多个 AP 元素时，最后被选中的 AP 元素的边框和选择柄将以蓝色突出显示。

如果选中了多个 AP 元素，则可以按 Ctrl-Shift 组合键并在 AP 元素中单击。此操作将取消所有其他 AP 元素的选择状态。

5. 调整 AP 元素的大小

在 Dreamweaver 中既可以重新调整单个 AP 元素的大小，也可以同时调整多个 AP 元素的大小。如果“AP 元素”面板中“防止重叠”选项已打开，则不能重调 AP 元素的大小使它和其他 AP Div 重叠。要调整 AP Div 的大小，可以进行如下操作：

选取 AP 元素并拖动任意调整柄，通过拖动调整 AP 元素的大小。如果要调 1 像素的大小，可以选取 AP 元素后，按 Ctrl 和箭头键。如果要通过对齐网格线重调大小，按住 Shift + Ctrl 和箭头键。调整 AP 元素的大小只能改变 AP 元素的宽度和高度，它不会定义 AP 元素可见内容的多少。

6. 移动 AP 元素

由于 AP 元素是可以移动的，如果“AP 元素”面板中“防止重叠”选项已打开，则不能将 AP 元素移动到其他 AP 元素上去覆盖别的 AP 元素。要移动一个或多个 AP 元素，可以进行如下操作：

选取 AP 元素后，拖动最后选定的 AP 元素(即以蓝色突出显示的 AP 元素)的“回形”选择柄。如果要每次移动一个像素，可以在选取 AP 元素之后使用箭头键。使用 Shift 加箭头键可通过对齐网格线移动 AP 元素。

7. 对齐 AP 元素

使用 AP 元素的对齐方式命令可对齐一个或多个 AP 元素。在对齐多个 AP 元素时将使用最后被选定的 AP 元素指定的边框。

在文档窗口中可以使用网格作为定位或重新调整 AP 元素大小的依据。如果设置了“对齐网格”选项,则 AP 元素将在定位或调整 AP 元素大小时将自动向最接近的网格位置对齐,而无需考虑网格是否可见。

8. 防止 AP 元素重叠

勾选“AP 元素”面板中的“防止重叠”选项,可以使网页中的各个 AP 元素不会重叠。反之,如果取消“AP 元素”面板中的“防止重叠”选项,网页中的各个 AP 元素就可以重叠放置了,如图 12.4 所示。

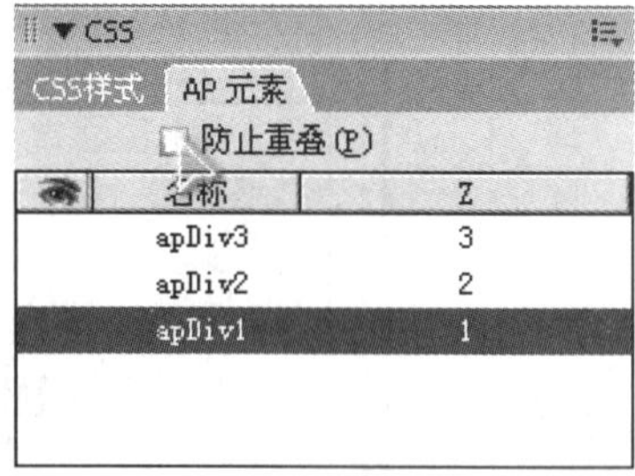

图 12.4 “防止重叠”选项

活动引导

1. 建立站点及网页

(1) 在 D 盘建立站点目录 mysite121 及其子目录 images 和 files,并使用高级标签定义站点,站点名为“动漫网”,如图 12.5 所示。

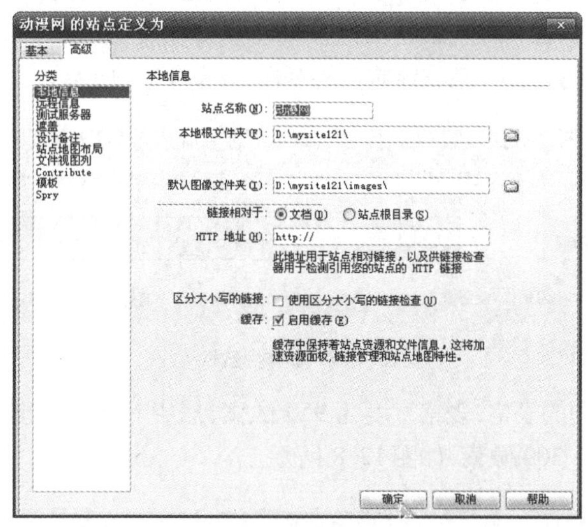

图 12.5 定义站点

(2) 在起始页的“新建”项中单击“HTML”,创建新网页,并将网页保存在站点根目录下,文件名为“index. html”。

(3) 在文档编辑窗口设置网页标题为“动漫网”。

2. 制作首页

(1) 执行“修改/页面属性”命令,在“外观”分类中设置文字大小为“9 点”,文本颜色为黑色#333333,背景图像为“bg. gif”,上、下、左、右边距设置为“0 像素”。在链接分类中设置链接颜色、已访问链接颜色和变换图像链接为白色#FFFFFF,下划线样式为“仅在变换图像时显示下划线”。

(2) 插入 3 行 2 列的表格,表格宽度为 950 像素,居中对齐。将第一行单元格拆分成两列,在第一行第一列单元格中插入 logo. jpg,在第二行单元格中插入 banner. jpg,如图 12.6 所示。

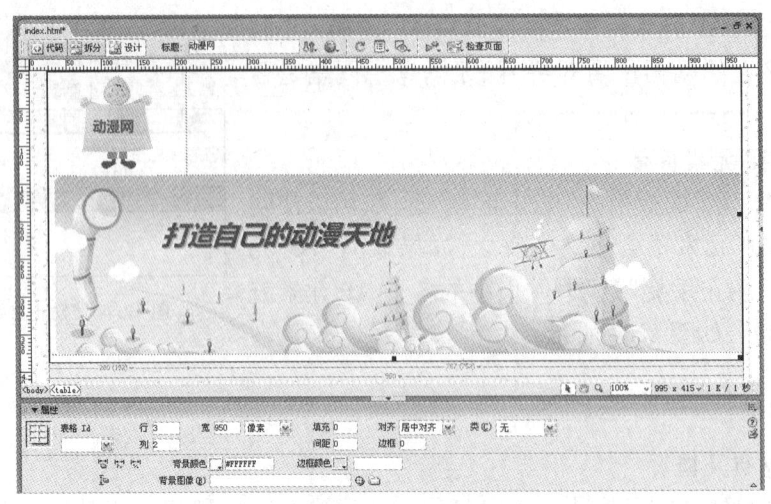

图 12.6　插入图片

（3）在第一行第二列单元格中插入 1 行 2 列的嵌套表格，表格宽度为 700 像素，设置为右对齐。在第一列单元格中插入素材图像 menuleft. gif，设置第二列单元格的背景颜色为黄色#E5A908。利用嵌套表格，完成导航栏的制作，如图 12.7 所示。

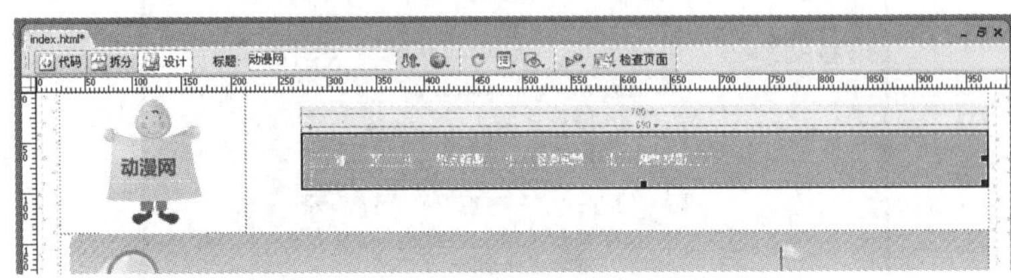

图 12.7　制作导航栏

（4）插入 1 行 3 列的表格，表格宽度为 950 像素，居中对齐。分别设置第一、二、三列的单元格宽度为 250、400、300 像素，如图 12.8 所示。

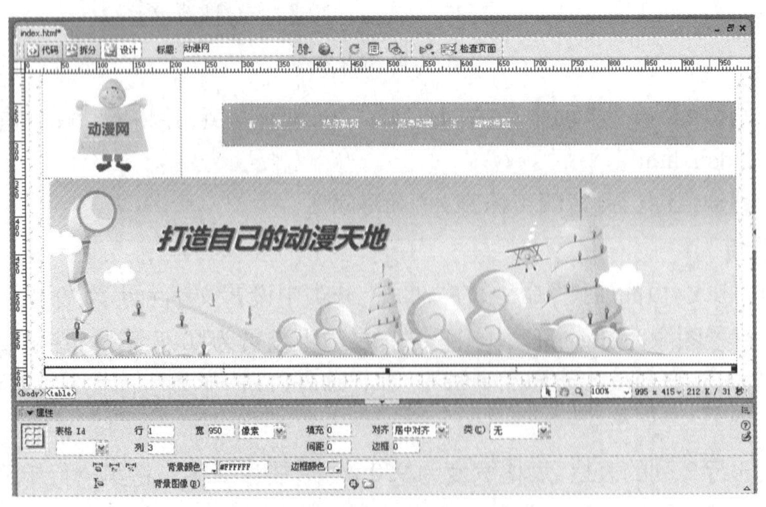

图 12.8　插入表格

(5) 在第一列单元格内插入 2 行 1 列的嵌套表格，表格宽度为 100%。在第一行单元格中插入素材图像 icon1.jpg，在第二行单元格中利用间距属性，制作边框为 1 像素的表格，并输入文字，如图 12.9 所示。

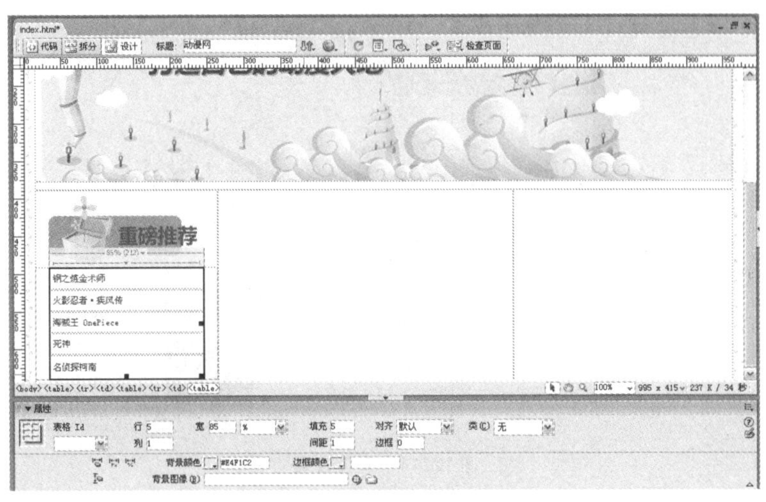

图 12.9 制作"重磅推荐"栏目

(6) 按相同的步骤完成"热点新闻"和"经典回顾"栏目的制作，如图 12.10、12.11 所示。

(7) 插入 2 行 1 列的表格，表格宽度为 950 像素，居中对齐。设置第一行单元格背景颜色为草绿色#B2E30D，第二行单元格背景颜色为黄色#E5A908，高度为 80 像素，并输入版权信息，如图 12.12 所示。

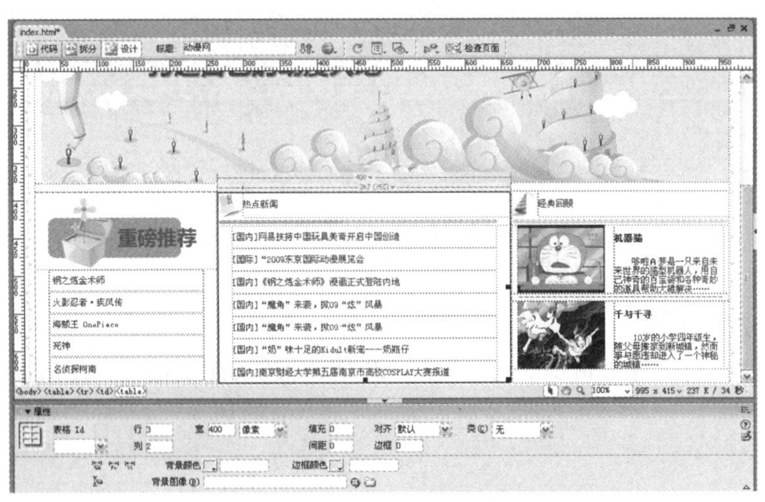

图 12.10 制作"热点新闻"和"经典回顾"栏目

图 12.11　网页效果

图 12.12　版权信息

3. 创建 AP Div

(1) 单击"插入"栏"布局"项上的"绘制 AP Div"按钮,在文档编辑窗口拖拉出 AP Div,如图 12.13 所示。

图 12.13　插入 AP Div

> **小贴士**
>
> AP Div 的插入除了上述方法外，还可通过“插入记录/布局对象/AP Div”命令实现。但要注意的是，通过这两种方法插入的 AP Div 是有区别的。
>
> 区别一：使用菜单插入的 AP Div 有默认的大小，而“绘制 AP Div”按钮则需自己拉出 AP Div 的大小。
>
> 区别二：使用菜单插入的 AP Div 是没有定位坐标的，它的位置是相对的。使用“绘制 AP Div”按钮拖拉出来的 AP Div 位置是绝对的，这样的网页是不能够自动地适应用户设置的分辨率。换句话说，就是当分辨率改变时，AP Div 所对应的位置会发生改变。

(2) 保持 apDiv1 选中状态，通过“属性”面板设置“CSS-P 元素”为“gg”，设置“宽”为“115px”，“高”为“200px”，在该 AP Div 中插入图像 gg. jpg，如图 12.14 所示。

图 12.14　编辑 AP Div

小贴士

上述步骤中插入的 AP 元素，我们将在以后活动中做进一步的处理。此处，我们熟悉一下创建及编辑的方法，为下一步骤打下基础。

4. 创建嵌套 AP Div

小贴士

当浏览器大小改变时，AP 元素的位置不改变，导致 AP 元素和其他的元素之间的配合出现了错位现象。因此，需要我们合理地使用相对定位和绝对定位。

绝对定位（position：absolute）：即 AP 元素默认的定位方式，绝对于浏览器左上角的边缘开始计算定位数值。

相对定位（position：relative）：AP 元素的位置相对于某个元素设置，该元素位置改变，则层的位置相应改变。

我们利用嵌套 AP 元素的特点，来解决这个问题。

（1）将光标定位在“重磅推荐”栏目中文字“钢之炼金术师”后，执行“插入记录/布局对象/AP Div”命令，插入一个 AP 元素。

（2）修改“属性”面板中的值，设置 CSS-P 元素为“zbtj”，设置宽为“20px”，高为“20px”，如图 12.15 所示。

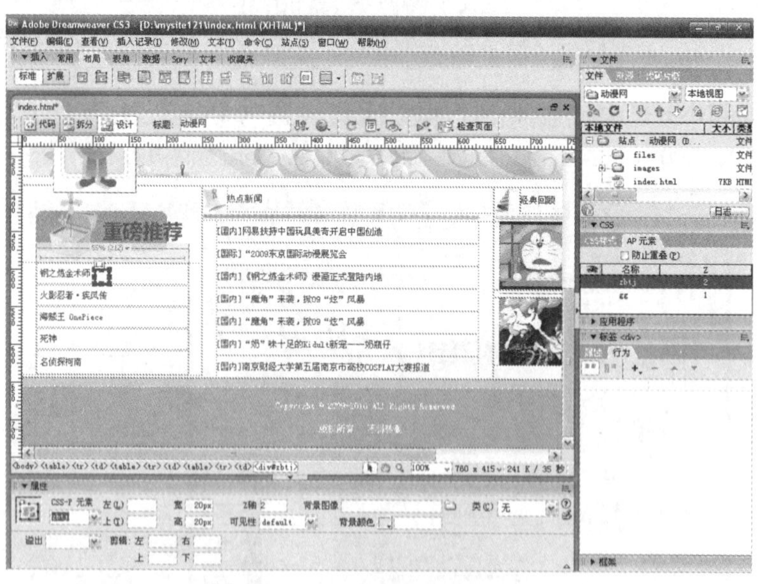

图 12.15　编辑父 AP 元素

（3）将光标定位在该 AP Div 中，再次执行“插入/布局对象/AP Div”命令，插入其子 AP Div，并通过“属性”面板设置 CSS-P 元素为“zbtj1”，设置宽为“117px”，高为“87px”，左为“10px”，上为“0px”，并在该 AP 元素中插入图像 zbtj1. jpg，如图 12.16 所示。

图 12.16　编辑子 AP 元素

小贴士

鼠标在某单元格内定位后，通过菜单插入 AP Div，这个 AP Div 就相对于这个单元格定位了。插入这样的 AP Div 之后，千万不要移动它，否则，这个 AP Div 的“左”与“上”属性出现之后就成了绝对定位了，变成绝对定位后你可以把它的“左”与“上”属性去掉，就又恢复成相对定位了。

插入的子 AP Div 与父 AP Div 重叠，我们可以随意移动它，不管怎么动，它都是相对于父 AP Div 定位。

采用上述方法可以解决在不同分辨率下，层的位置发生偏差。上面操作利用了父 AP Div 相对于某点定位，而子 AP Div 相对于父 AP Div 定位的特点，解决了这个问题。

(4) 选取文字“钢之炼金术师”，单击“行为”面板的添加按钮，选取行为“显示—隐藏元素”，如图 12.17 所示。

(5) 打开对话框“显示—隐藏元素”，选取对话框中的“div" zbtj1" ”，单击“显示”按钮并确认，如图 12.18 所示。

(6) 修改“行为”面板中的触发事件，将触发事件改为“onMouseOver”，如图 12.19 所示。

图 12.17　添加行为

图 12.18　设置显示 AP Div

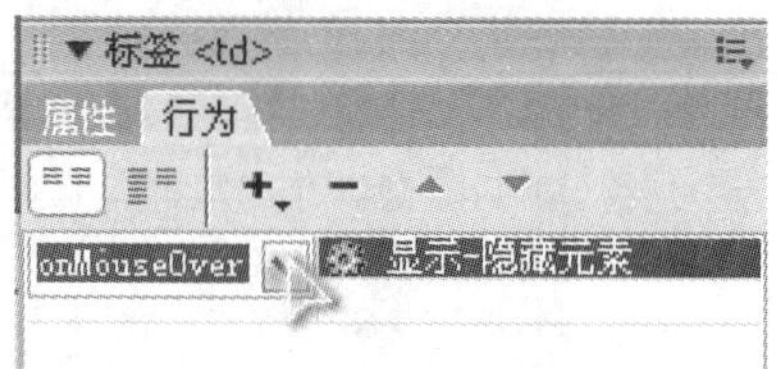

图 12.19　修改触发事件

小贴士

AP Div 在结合行为后，往往能做出具有一定交互效果的网页。OnMouseOver 表示触发事件为鼠标移入对象，onMouseOut 表示触发事件为鼠标移出对象。有关行为的具体内容将在后一章节中详细介绍。

（7）重复上述步骤，再次添加“显示—隐藏元素”行为，选取对话框中的 div" zbtj1"，单击“隐藏”按钮，确认后，将触发事件改为“onMouseOut”，如图 12.20、12.21 所示。

图 12.20　设置隐藏 AP 元素

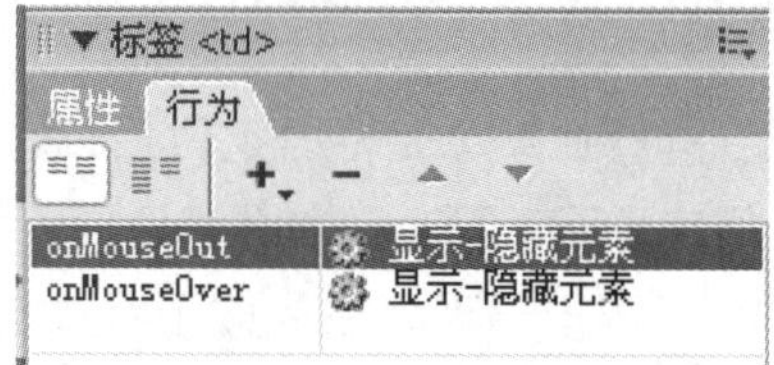

图 12.21　修改触发事件

（8）执行“窗口/AP 元素”命令，打开“AP 元素”面板，单击“显示”图标，将该 AP 元素的默认状态设置为隐藏，如图 12.22 所示。

（9）按相同的步骤完成其余 AP 元素的制作，即将光标定位在“zbtj”内，重复插入并编辑子 AP 元素，最后添加行为，如图 12.23 所示。

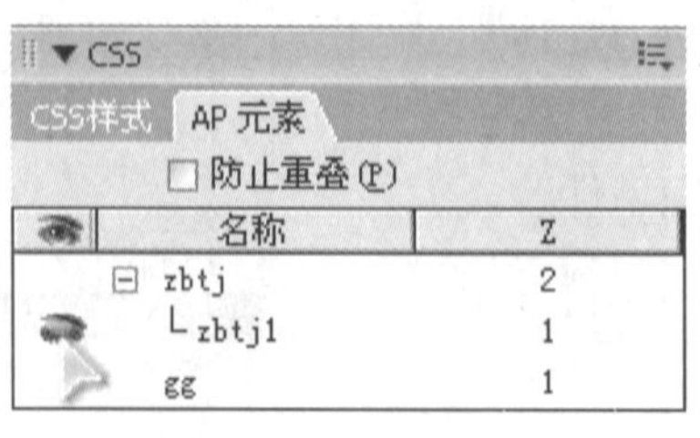

图 12.22　隐藏 AP 元素

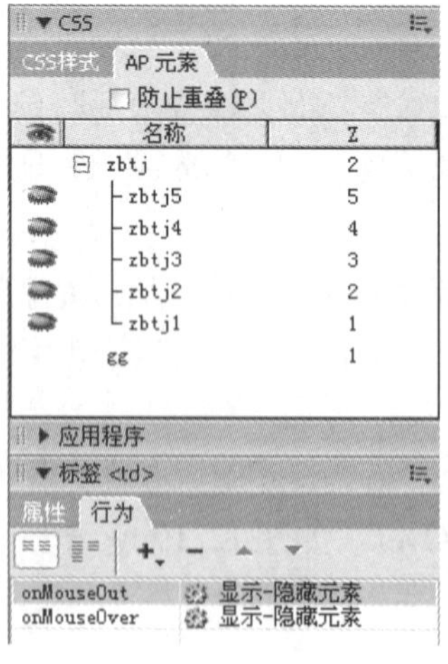

图 12.23　“AP 元素”面板

(10) 保存网页,预览效果,如图 12.24 所示。

图 12.24 网页效果

活动小结

在本活动中我们通过在网页中创建 AP 元素及嵌套 AP 元素,并结合行为中的"显示—隐藏元素"动作,来实现弹出效果。在上述活动中我们分别使用了两种方法来创建层,即鼠标直接绘制或使用菜单命令实现。在创建时应注意这两种层的区别。

活动二 表格和 AP 元素的相互转换

学习目标: 掌握表格和 AP 元素的相互转换的方法。

知识要点: 表格、AP 元素。

准备知识

在布局页面时,由于 AP 元素比表格更容易处理和操纵,因此也可以使用 AP Div 来进行页面布局。目前 AP 元素能被大多数的浏览器所支持。如果需要支持 4.0 版之前的浏览器,需要将 AP 元素转换为表格。文件中的表格被转换为 AP 元素后,表格内的内容将放入 AP 元素中。每个表格单元格都将转换为独立的 AP 元素,而空单元格不被转换。强烈建议不要将 AP 元素转换为表格,因为这样做会产生带有大量空白单元格的表格,同时会急剧增加代码量。

由于表格单元格不能重叠,因此 Dreamweaver 无法从重叠的 AP 元素创建表格。如果要将 AP 元素转换为表格,那么这些 AP 元素不能出现重叠现象。在绘制 AP 元素时可以通过"防止重叠"选项来限制 AP 元素的移动和定位。

活动引导

1. 将 AP 元素转换为表格

（1）新建网页，将网页另存在 files 文件夹内，文件名为 qwpt.html。

（2）在页面中绘制 3 个 AP 元素，为了避免绘制的 AP 元素重叠，将“AP 元素”面板中的“防止重叠”选项勾选，如图 12.25 所示。其中三个 AP 元素的属性如下：

apDiv1	左:0 px	apDiv2	左:200 px	apDiv3	左:0 px
	上:0 px		上:0 px		上:140 px
	宽:200 px		宽:750 px		宽:950 px
	高:140 px		高:140 px		高:237 px

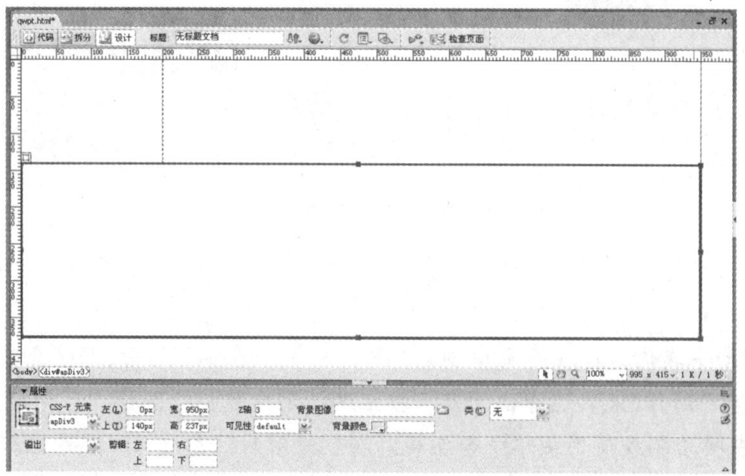

图 12.25 插入 AP 元素并设置属性

（3）在 apDiv1、apDiv3 中分别插入 logo.jpg 和 banner.jpg，如图 12.26 所示。

图 12.26 插入素材图像

(4) 执行“修改/转换/将 AP Div 转换为表格”命令,在弹出的“将 AP Div 转换为表格”对话框中,勾选“表格布局”中的“最精确”及“布局工具”中的“防止重叠”。

(5) 完成后如图 12.27 所示。

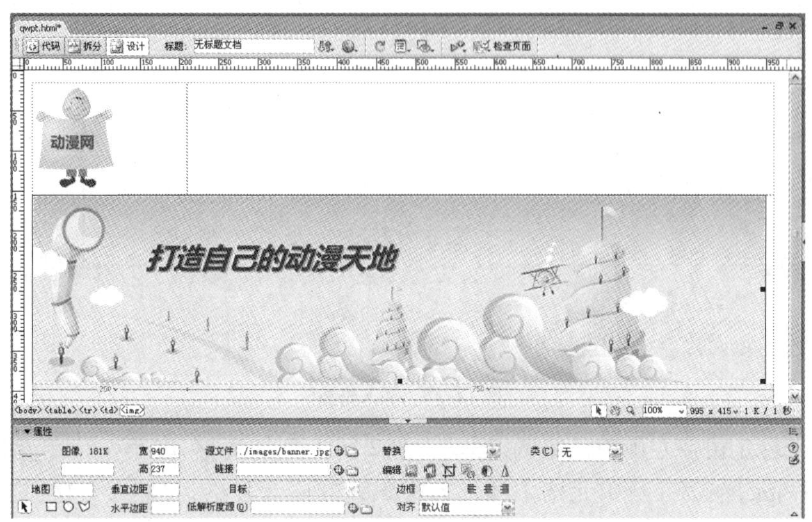

图 12.27 转换后效果

(6) 重复活动二中的步骤,完成网页的导航栏、内容栏以及版权栏的制作,如图 12.28 所示。

图 12.28 完成分页布局

2. 将表格转换为 AP Div

(1) 新建网页,将网页保存在 files 文件夹内,文件名为 qwptiframe. html。

(2) 插入 1 行 2 列的表格,表格宽度为 950 像素。在第二列单元格中插入素材图像 kuang. gif,如图 12.29 示。

网页制作

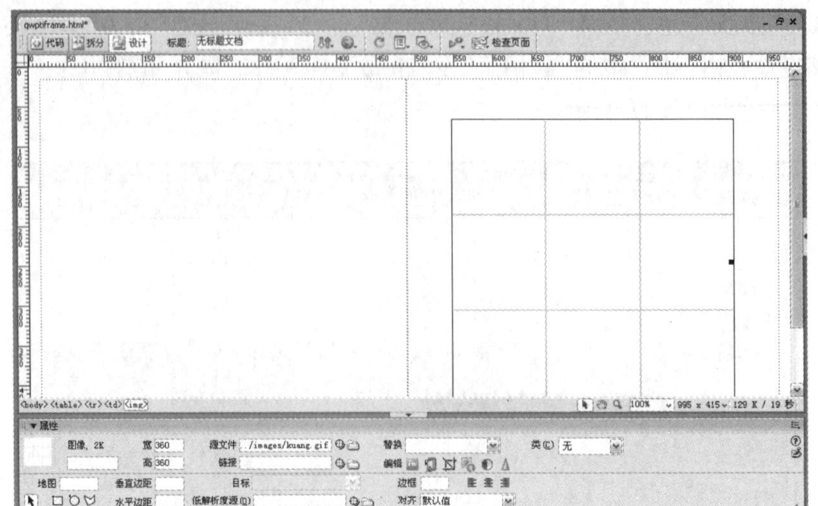

图 12.29 插入表格

（3）将光标定位在左侧单元格内，插入一个 2 行 1 列的表格，在第一行单元格中插入素材图像 icon2. jpg，在第二行单元格中插入 3 行 3 列的嵌套表格，并插入素材拼图 tp1. jpg ~ tp9. jpg，如图 12. 30 所示。

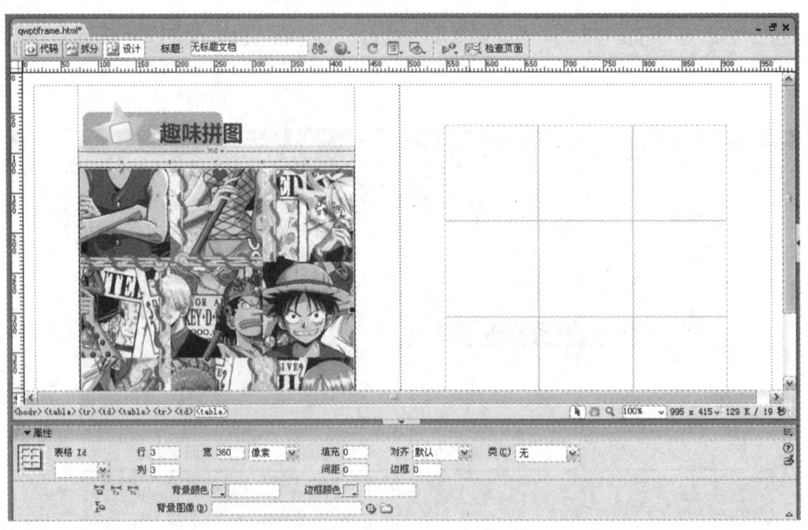

图 12.30 制作拼图素材

（4）执行“修改/转换/将表格转换为 AP Div”命令，在弹出的“将表格转换为 AP Div”对话框中保留默认值的设置，并确认，如图 12. 31 所示。

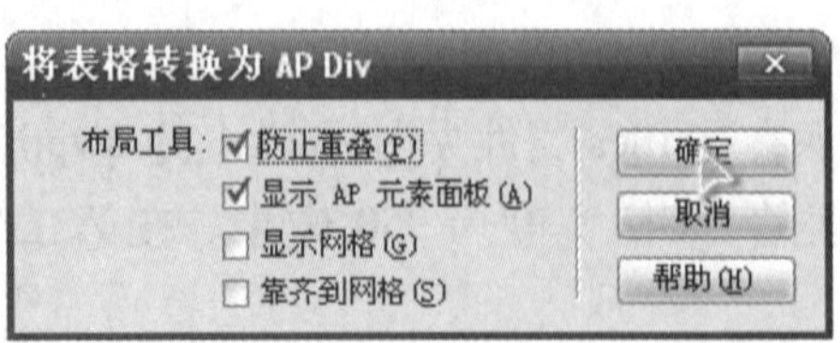

图 12.31 将表格转换为 AP Div

（5）将上述图片所在的 AP 元素分别选取，并在“属性”面板中设置 CSS-P 编号，编号顺序从上到下，从左到右依次排列，名称为 pt1 ~ pt10，如图 12. 32 所示。

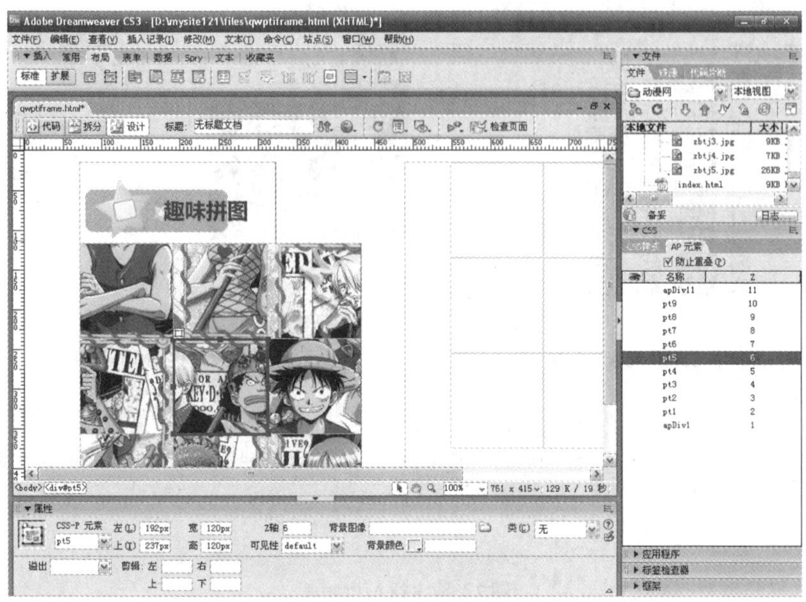

图 12. 32　设置 CSS-P 编号

（6）单击编辑窗口底部的 body 标签，单击“行为”面板的添加按钮，选取行为“拖动 AP 元素”，在“AP 元素”中选择“div " pt1 " ”，确认后，将触发事件修改为“onMouseOver”，如图 12. 33、12. 34 所示。

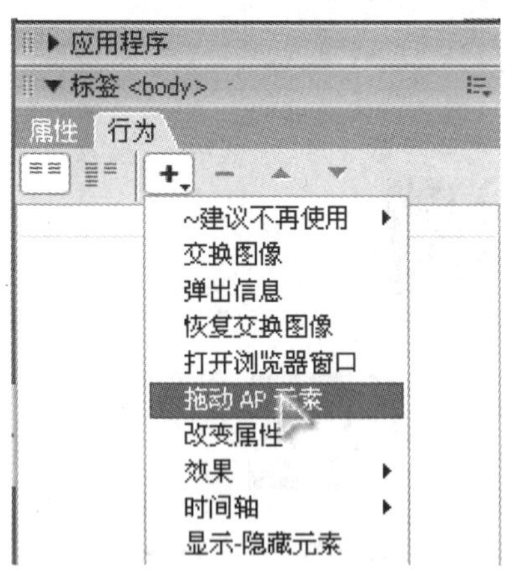

图 12. 33　添加“拖动 AP 元素”行为

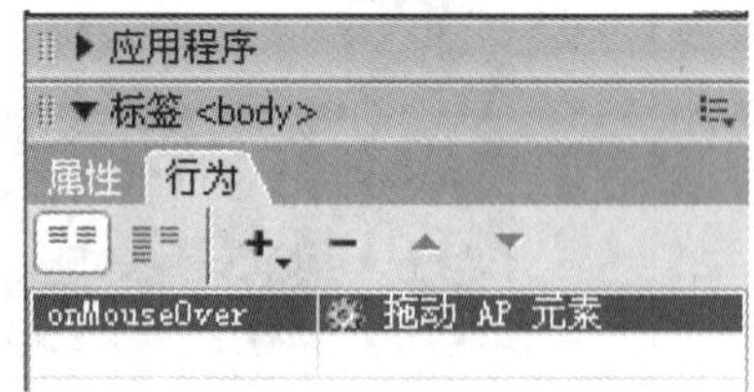

图 12. 34　修改触发事件

（7）重复上述步骤，完成 pt2 ~ pt9 的设置，如图 12. 35 所示。

（8）保存当前网页，预览效果，如图 12. 36 所示。

（9）打开网页 qwpt. html，将光标定位在内容区域所在的空白单元格内，切换至“代码”视图，添加代码 <iframe src = " qwptiframe. html" scrolling = " no" frameborder = " 0" width = " 950" height = " 500"> </iframe> ，如图 12. 37 所示。

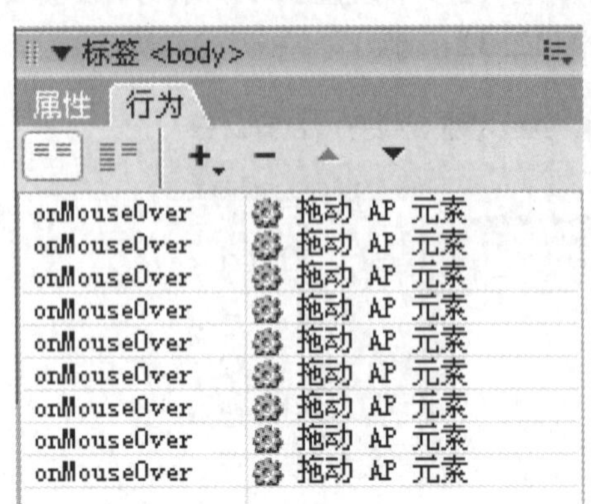

图 12.35 添加“拖动 AP 元素”行为

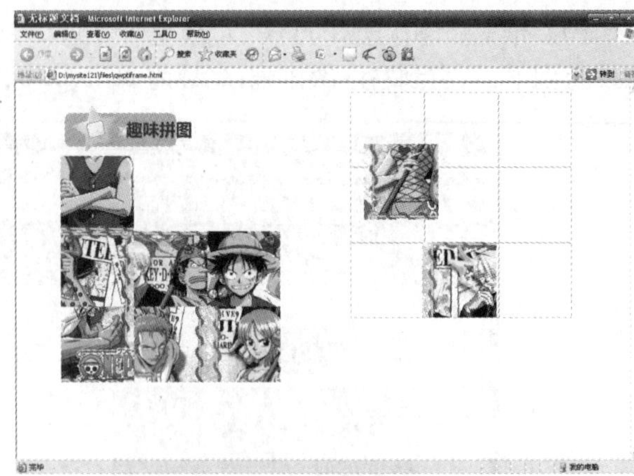

图 12.36 网页效果

```
<table width="950" border="0" align="center" cellpadding="0" cellspacing="0" bgcolor="#FFFFFF">
  <tr>
    <td ><iframe src="qwptiframe.html" scrolling="no" frameborder="0" width="950" height="500"></
iframe>
    </td>
  </tr>
</table>
```

图 12.37 插入 iframe

(10) 保存网页,预览效果,如图 12.38 所示。

图 12.38 网页效果

活动小结

在本活动中我们主要练习了表格与层之间的相互转换。在执行转换命令时,要注意转换前后的区别。

活动三　AP 元素的综合应用

学习目标：掌握 AP Div 与行为及时间轴结合的综合应用。

知识要点：AP Div 与行为结合制作下拉菜单，AP Div 与时间轴结合。

准备知识

1. AP Div 与行为的结合

在活动一中我们利用行为中的显示—隐藏 AP 元素制作图片提示效果，在活动二中我们利用行为中的拖动 AP 元素，制作拼图游戏。除了上述两种效果外，我们还可以利用行为中的显示—隐藏 AP 元素制作下拉菜单。采用这种方式制作的下拉菜单，比 Dreamweaver 中自带的下拉菜单选项具有更大的自由度，为设计者提供了更大的设计空间。

2. AP Div 与时间轴的结合

要使网页中的元素在预览时能沿着某一条路径运动，我们必须将该元素放置在 AP Div 中。换句话说，时间轴只可以移动 AP 元素。利用此项功能，可以做出我们常见的广告飘动效果。

活动引导

1. 制作飘动广告

(1) 打开上述活动中制作的网页 index. html，选中 AP 元素 gg。

(2) 执行"修改/时间轴/记录 AP 元素的路径"命令，使用鼠标拖动 AP 元素 gg，系统将自动记录拖动的轨迹，如图 12. 39 所示。

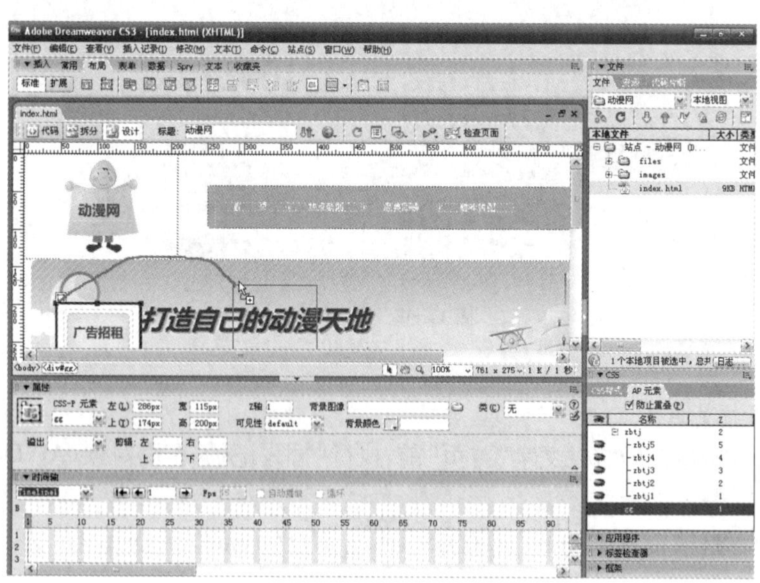

图 12. 39　绘制 AP 元素的路径

（3）绘制完成后，确认系统的提示框，完成路径的记录，如图 12.40 所示。

（4）勾选“时间轴”上的“自动播放”和“循环”项，并确认相应的提示框，完成动画的设置，如图 12.41 所示。

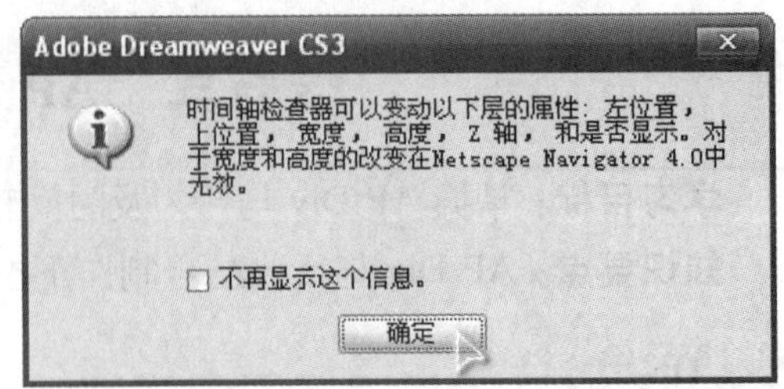

图 12.40　时间轴提示框

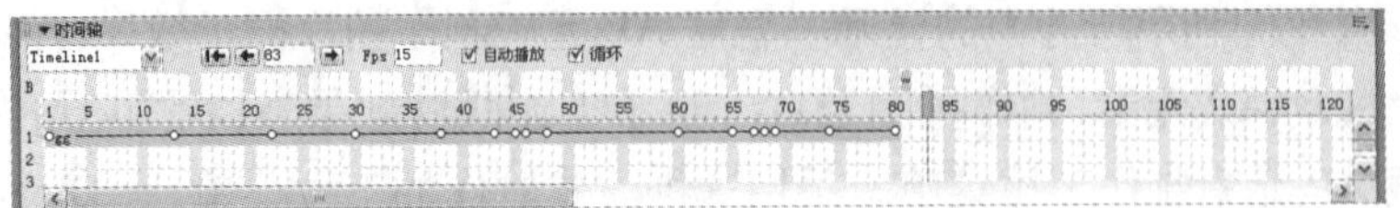

图 12.41　勾选“自动播放”和“循环”

（5）保存网页，预览效果，如图 12.42 所示。

图 12.42　网页效果

2. 制作下拉菜单

（1）将光标定位在导航栏文字“首页”前，执行“插入记录/布局对象/AP Div”命令，插入一个 AP 元素。

（2）修改“属性”面板中的值，设置 CSS-P 元素为“menu”，设置宽为“20 px”，高为“20 px”，如图 12.43 所示。

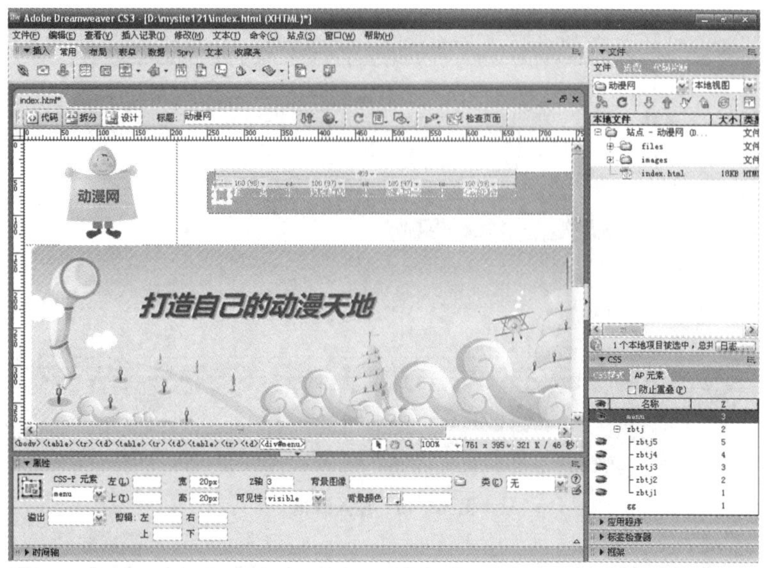

图 12.43　插入父 AP 元素

(3) 将光标定位在该 AP Div 中,再次执行“插入/布局对象/AP Div”命令,插入其子 AP 元素,并通过“属性”面板设置 CSS-P 元素为“rdxw”,设置宽为“200 px”,高为“70 px”,左为“30 px”,上为“5 px”,并在该 AP 元素中插入背景图像 menu2. gif,如图 12.44 所示。

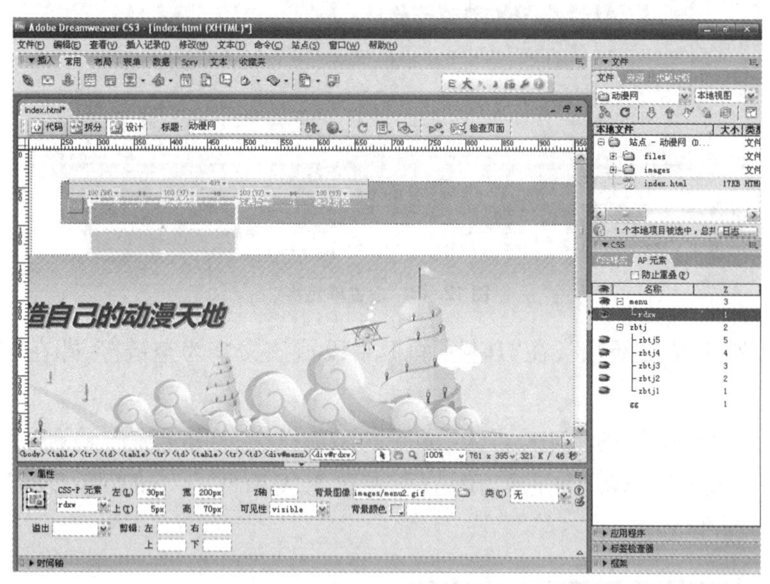

图 12.44　插入子 AP 元素

(4) 将光标定位在“rdxw”AP 元素中,插入 1 行 3 列的表格,表格宽度为 200 像素,高度为 70 像素,填充为 8 像素。在单元格中输入文字“国际新闻”、“国内新闻”以及分隔线。设置单元格文字水平居中对齐,垂直底部对齐,如图 12.45、12.46 所示。

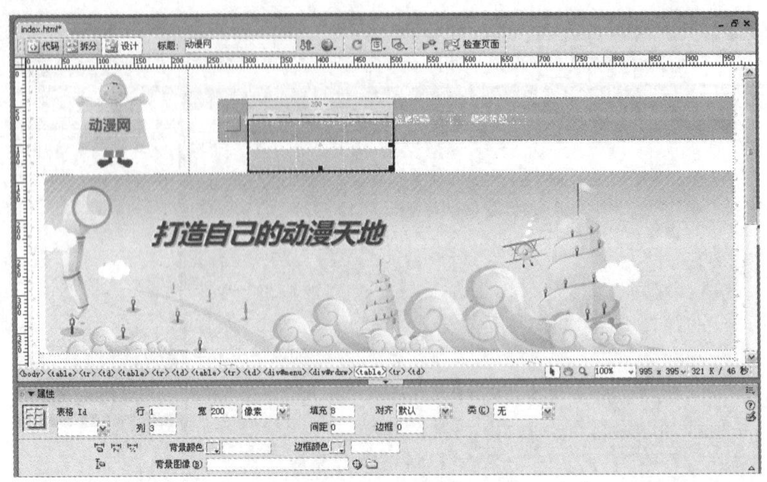

图 12.45　插入表格

图 12.46　设置单元格

(5) 选取文字“热点新闻”,在“属性”面板中设置该文字为空链接,即在“链接”项中输入“#”。

(6) 保持文字选中状态,单击“行为”面板的添加按钮,选取行为“显示—隐藏元素”,在弹出的对话框中设置“rdxw”为显示,确认后,修改触发事件为“onMouseOver”如图 12.47、12.48 所示。

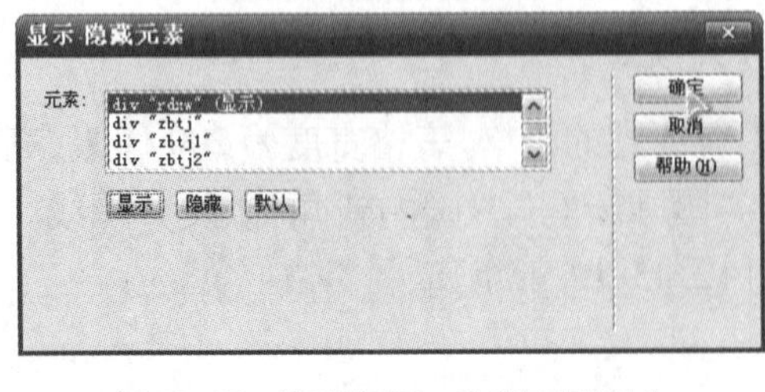

图 12.47　设置“显示—隐藏元素”行为

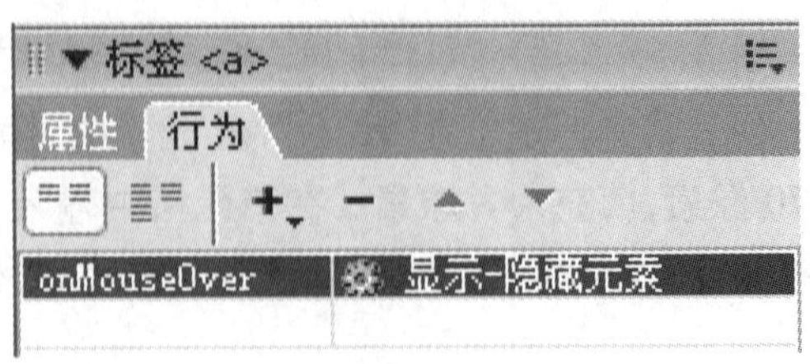

图 12.48　修改触发事件

(7) 重复上述步骤,选取行为“显示—隐藏元素”,在弹出的对话框中设置“rdxw”为隐藏,触发事件为“onMouseOut”。

小贴士

上述行为的设置,目的是当用户将鼠标移至文字“热点新闻”时,弹出下拉菜单。

(8) 选取 AP 元素“rdxw”,重复步骤(6)和(7),设置其“显示—隐藏元素”行为,即鼠标移入该 AP 元素时,该 AP 元素显示。移出时,隐藏该 AP 元素。

小贴士

上述行为的设置,目的是防止当用户将鼠标移出文字“热点新闻”时,下拉菜单将自动隐藏。这样用户将无法点取下拉菜单中的内容。

(9) 在“AP 元素”面板中,单击显示图标,将该 AP 元素的默认状态设置为隐藏,如图 12.49 所示。

(10) 按相同的步骤完成下拉菜单“经典回顾”,在插入 AP 元素前,确保“AP 元素”面板中的“防止重叠”选项未勾选,如图 12.50 所示。

小贴士

上述菜单的制作与前一个相同,唯一不同的是“属性”面板“左”项中的数值不同。“经典回顾”下的菜单“左”项值为“130 px”,具体数值可以根据实际情况而定。

(11) 保存网页,预览效果,如图 12.51 所示。

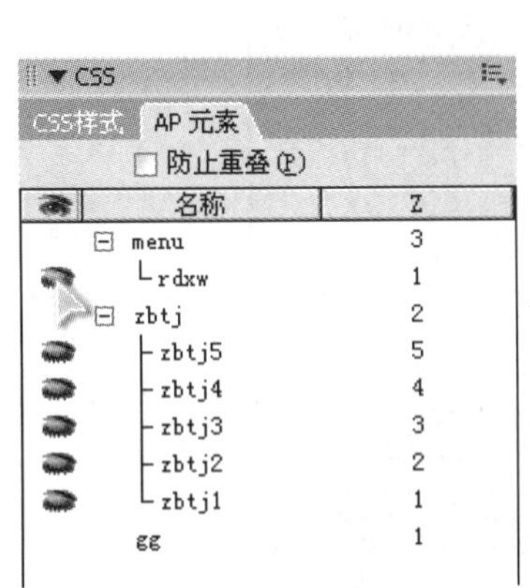

图 12.49 隐藏 AP 元素

图 12.50 制作“经典回顾”下拉菜

网页制作

图 12.51　网页效果

3. 制作分页,完成网页间的链接

(1) 将网页另存在 files 文件夹中,文件名为"gjxw. html"。

(2) 删除"gg"AP 元素以及中间内容区域中的嵌套表格,并将内容区域的单元格合并,如图 12.52 所示。

(3) 在"属性"面板中设置当前表格的"填充"项为 10,并在单元格中插入相应文字,如图 12.53 所示。

(4) 按相同的步骤完成分页"国内新闻"、"机器猫"和"千与千寻",如图 12.54、12.55、12.56 所示。

(5) 选取菜单中的文字,完成站点所有网页间的链接。其中"趣味拼图"分页需制作上述步骤中的下拉菜单效果。将菜单中的分隔线设置为白色。

图 12.52　删除内容区域

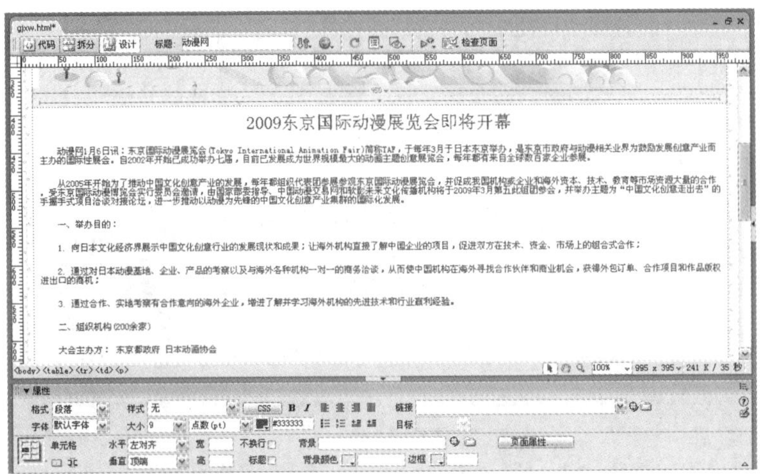

图 12.53　制作分页“国际新闻”

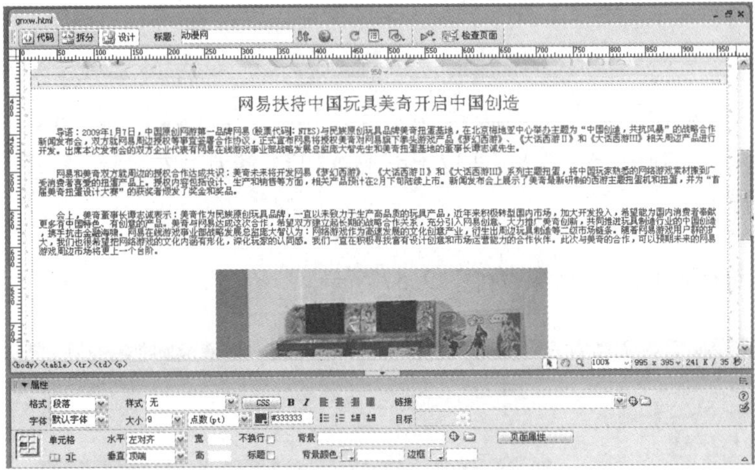

图 12.54　制作分页“国内新闻”

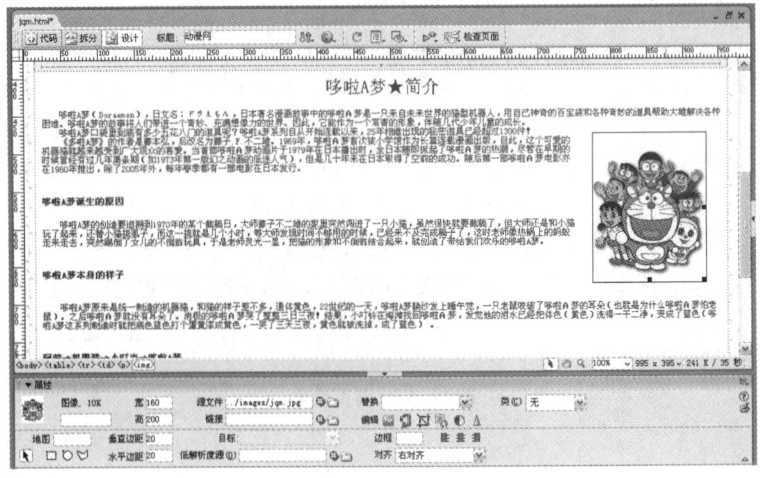

图 12.55　制作分页“机器猫”

图 12.56　制作分页“千与千寻”

> **小贴士**
>
> 下拉菜单可利用“AP 元素”面板中的显示功能，将其显示。完成链接后记得要恢复隐藏设置。

（6）保存所有网页，预览效果，如图 12.57 所示。

图 12.57　网页效果

活动小结

在本活动中，我们为站点中的网页制作了飘动广告和下拉菜单。下拉菜单的制作原理和前一个活动相同，即应用了“显示—隐藏元素”行为。特别要注意的是菜单的对齐。除了上述通过“属性”面板中的参数设置外，更直观的方法是直接用鼠标选取相关AP元素进行拖曳移动。

本章实验　制作“电影频道”网站

实验要求

(1) 建立站点目录 mysitelx，并将站点指定至站点目录。

(2) 完成首页页面布局设计。

(3) 制作飘动广告及文字提示效果。

(4) 制作下拉菜单。

(5) 制作分页，并完成分页的链接。

注意：本实验提供的样例仅供参考，发挥你的才智，也许你能设计出别具一格的网页哦！

操作提示

(1) 在D盘的根目录下新建一个 mysitelx 文件夹，作为站点文件存放的目录。并且在 mysitelx 文件夹下建立下级文件夹 images 和 files，作为网页图片和分页存放的目录。

(2) 打开 Dreamweaver，在起始页中建立站点 mysitelx，并指定站点文件的目录，站点名为“电影频道”。

(3) 新建网页，将网页保存在站点根目录中，文件名为 index. html。

(4) 执行“修改/页面属性”命令，设置网页的“外观”分类及“链接”分类，如图 12. 58、12. 59 所示。

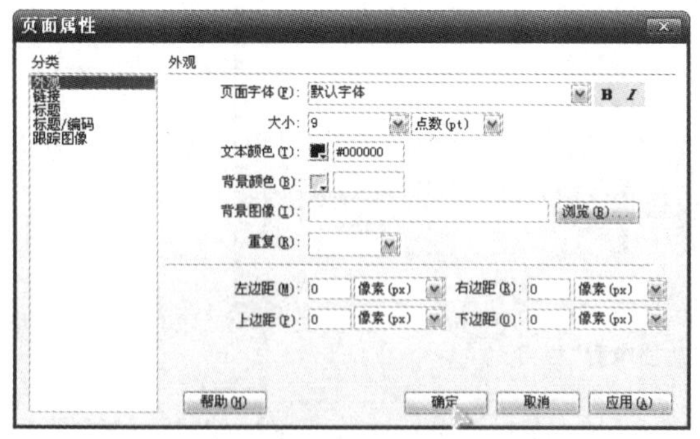

图 12. 58　设置“外观”分类

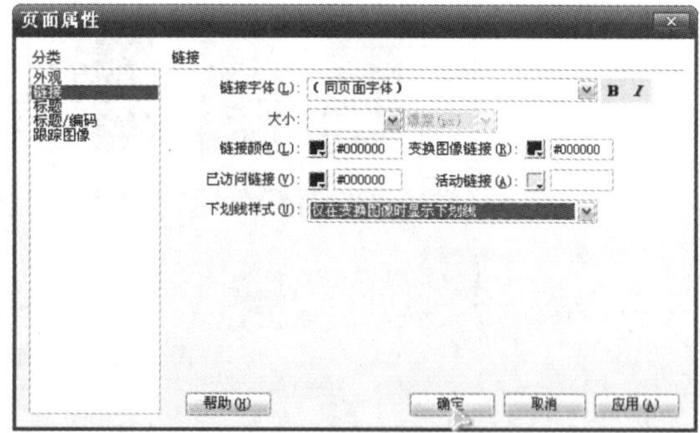

图 12. 59　设置“链接”分类

（5）插入2行1列的表格，表格宽度为900像素，表格居中对齐。将第二行单元格拆分为两列。在单元格中分别插入素材图像banner. jpg和menuleft. jpg。在第二行第二列单元格中插入1行5列的嵌套表格，并输入文字“首页”、“影视资讯”、“经典影片”及分隔线，完成导航栏的制作，如图12. 60所示。

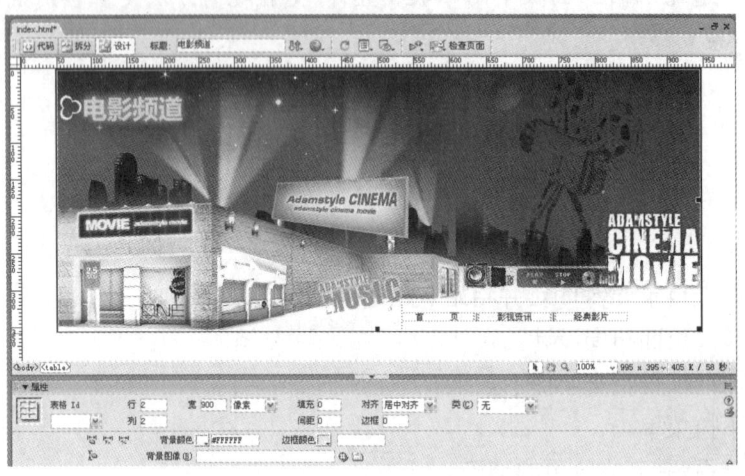

图12. 60 制作标题栏及导航栏

（6）插入1行2列的表格，表格宽度为900像素，表格居中对齐，设置第一列单元格的宽度为425像素。

（7）在第一列单元格中插入2行1列的嵌套表格，表格宽度为400像素，设置为左对齐。利用表格间距制作边框为1像素的表格。利用嵌套表格完成“热播电影”栏目的制作，如图12. 61所示。

图12. 61 制作“热播电影”栏目

（8）在第二列单元格中插入2行1列的嵌套表格，表格宽度为100%，利用嵌套表格及水平线，完成“影视资讯”栏目，如图12. 62所示。

（9）按相同的步骤完成“经典影片”栏目的制作，如图12. 63所示。

图 12.62 制作“影视资讯”栏目

图 12.63 制作“经典影片”栏目

(10) 插入 2 行 1 列的表格,表格宽度为 900 像素,表格居中对齐。分别设置单元格背景颜色为黑色#333333 和浅灰色#CCCCCC,并插入版权信息,如图 12.64 所示。

图 12.64 制作版权栏

(11) 使用前面活动中的方法制作嵌套 AP Div,并结合行为“显示—隐藏元素”,使用户将鼠标移至“热播电影”栏目图片时,弹出相应的文字说明,如图 12. 65、12. 66 所示。

(12) 插入 AP Div,在 AP 元素中插入素材图像 gg. gif,结合时间轴完成飘动广告的制作,如图 12. 67 所示。

(13) 利用嵌套 AP 元素,制作下拉菜单,如图 12. 68、12. 69 所示。

(14) 将中间内容删除,插入相应的文字及图片,制作分页 gwzx. html,如图 12. 70 所示。

(15) 按相同的步骤制作其余分页“国内资讯”、“阿甘正传”、“指环王”,效果如图 12. 71、12. 72、12. 73 所示。

图 12. 65　制作文字提示

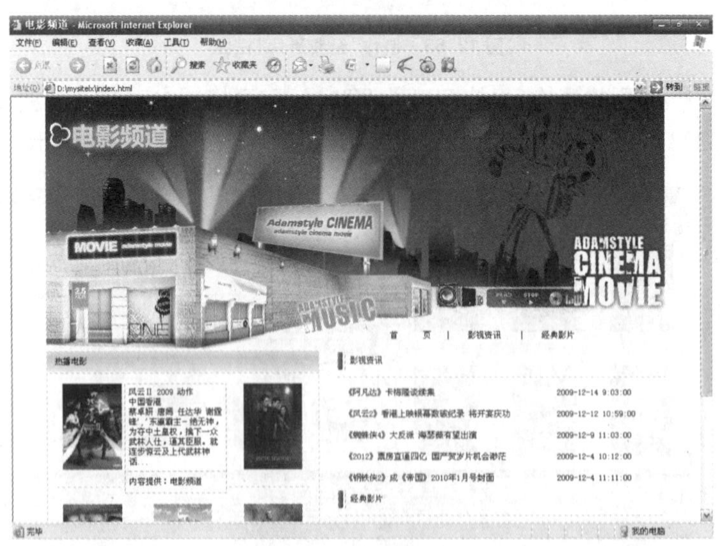

图 12. 66　网页效果

网页制作

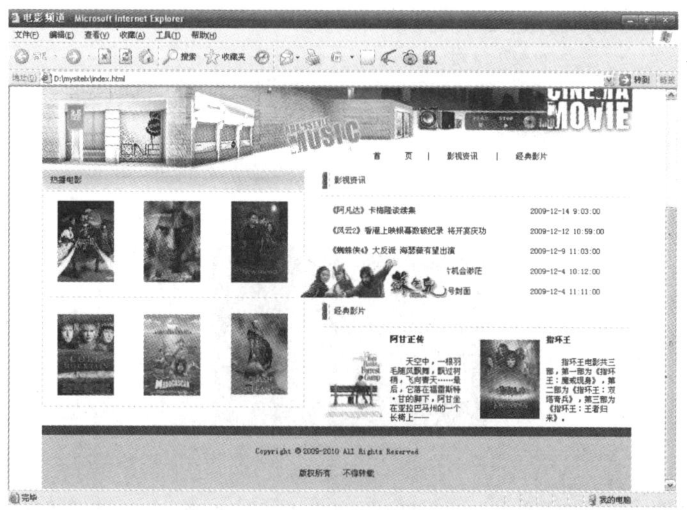

图 12.67　网页效果

图 12.68　制作下拉菜单

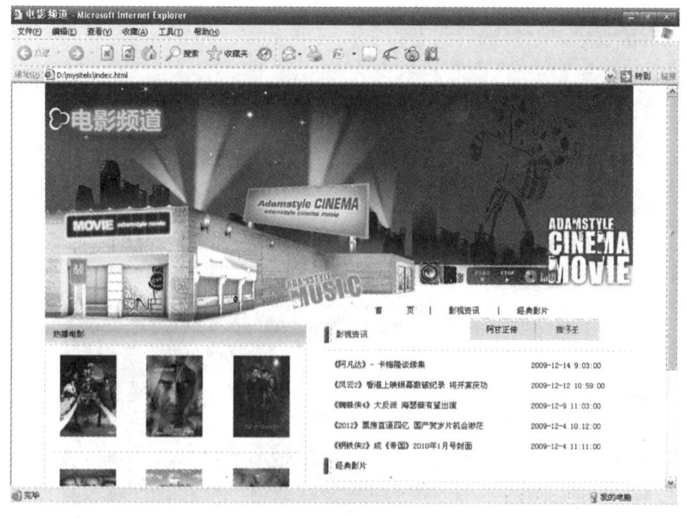

图 12.69　网页效果

网页制作

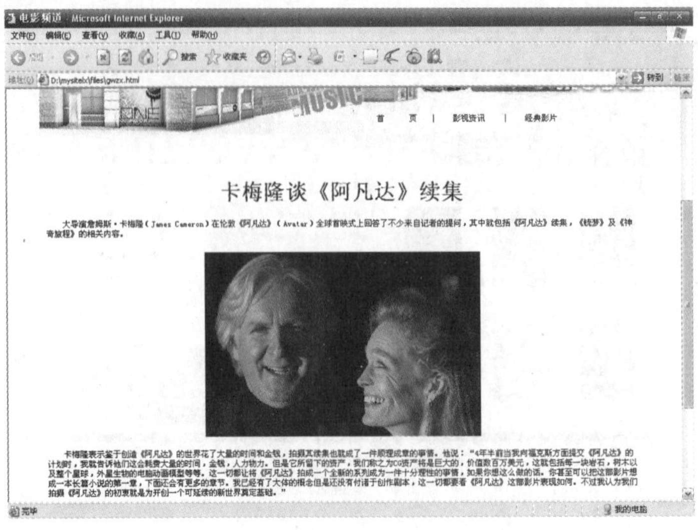

图 12.70　分页效果

图 12.71　分页"国内资讯"效果

图 12.72　分页"阿甘正传"效果

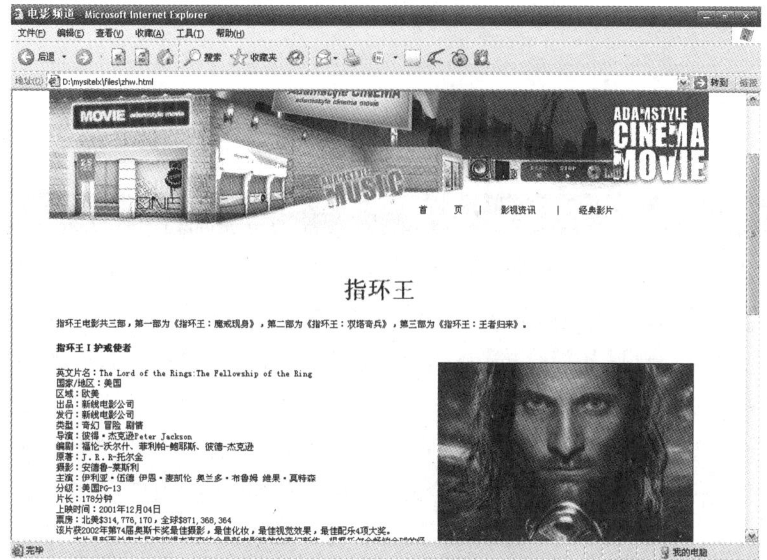

图 12.73 分页“指环王”效果

(16) 完成网站中所有页面的链接,并保存网页,效果如图 12.74 所示。

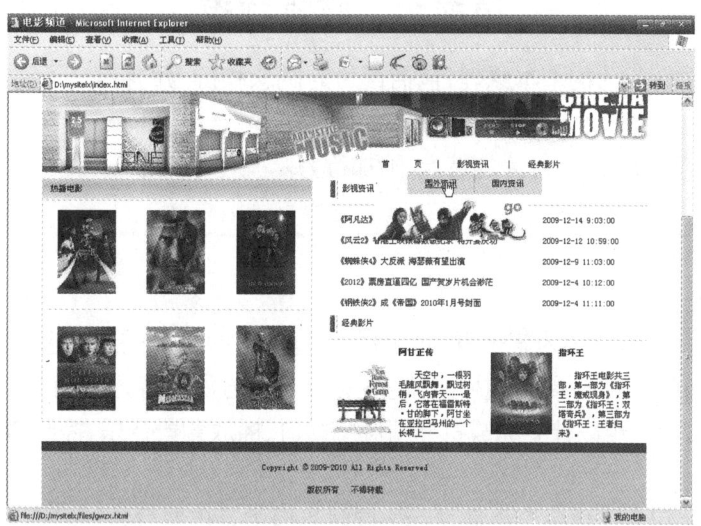

图 12.74 网页效果

第十三章　行为

本章概要

网页中的很多动态效果可以通过行为来实现。Dreamweaver 附带了很多内置的行为,即使是那些不懂 Java 的入门者也能轻松地制作动态网页。行为是在某一对象上因为某一事件而触发某一动作的综合描述。它是被用来动态响应用户操作、改变当前页面效果或是执行特定任务的一种方法。

本章主要通过三个活动的展开,说明了行为的概念,阐述了给对象附加行为的基本方法及如何修改行为的触发事件,详细介绍了 Dreamweaver 内置的多个常用动作的具体应用方法。其中"行为"面板中"建议不再使用"行为,即从 Dreamweaver 9 开始已被弃用的行为将不做介绍。此外,前面章节已经介绍过的"检查表单"、"显示—隐藏元素"和"拖动 AP 元素"也将不重复介绍。

活动一　初识行为

学习目标:了解行为的基本原理,包括行为的概念和行为的特点,了解不同网页元素附加的动作种类。

知识要点:行为的概念、行为的特点、附加行为。

准备知识

1. 行为概述

行为是在某一对象上因为某一事件而触发某一动作的综合描述。它是被用来动态响应用户操作、改变当前页面效果或是执行特定任务的一种方法。行为是由事件、对象和动作构成的。使用行为,我们可以让它完成打开新浏览窗口、播放背景音乐、控制 Shockwave 文件的播放等任务。

Dreamweaver 包含了百余个事件、行动,同时也提供了扩展行为的功能,可以通过下载第三方的行为,从而扩展其行为的种类。如果擅长 JavaScript 语言,也可以自己书写行为。但要注意附加行为时的对象必须是那些可以接受事件和动作的对象。此外,行为的使用很大程度上取决于浏览器的版本。版本越高,其能接受的事件数组也越多。例如,Internet Explorer 6.0 可以接受的事件数组就比 Netscape Navigator 5.0 或其他任何 5.0 浏览器都要多。因此,在添加行为时要考虑到大部分使用者的浏览器版本。

2. 可附加行为的常见网页元素

选取网页元素可通过单击该元素或通过相应标签进行选取。这些不同的网页元素可以产生不同的事件,目前,普遍使用的 IE 浏览器版本基本上都在 4.0 以上。因此,在添加行为时常选用"4.0 和更高版本浏览器"。在选择默认的"4.0 和更高版本浏览器"时,可附加行为的常见对象包括：

（1） <A>：超级链接

可以产生的事件包括：onClick、onDblClick、onKeyDown、onKeyPress、onKeyUp、onMouseDown、onMouseOut、onMouseOver 和 onMouseUp。

（2） <AREA>：图像的热点区域

可以产生的事件包括：onClick、onDblClick、onMouseOut 和 onMouseOver。

（3） <BODY>：HTML 文件的正文部分

可以产生的事件包括：onBlur、onError、onFocus、onLoad、onResize 和 onUnload。

（4） <FORM>：表单对象

可以产生的事件包括：onReset、onSubmit。

（5） <FRAMESET>：框架集

可以产生的事件包括：onBlur、onFocus、onLoad、onResize 和 onUnload。

（6） <IMG>：图像

可以产生的事件包括：onAbort、onError 和 onLoad。

（7） <INPUT>：按钮、复选框、文件域、密码域、单选按钮、提交按钮或重置按钮等

可以产生的事件包括：onBlur、onChange、onClick、onFocus、onMouseDown 和 onMouseUp。

（8） <SELECT>：下拉菜单

可以产生的事件包括：onBlur、onChange 和 onFocus。

（9） <TEXTAREA>：文本区域

可以产生的事件包括：onBlur、onChange、onFocus、onKeyDown、onKeyPress、onKeyUp 和 onSelect。

3. 行为的触发事件

不同的浏览器所能接受的事件是不同的。版本越高，所能接受的事件也就越多。当用户浏览页面时，如果产生了交互，浏览器将生成事件。这些事件可以用来调用 JavaScript 函数，触发某项动作。在 Dreamweaver 所提供的动作中有许多是需要事件来触发的。但在某些情况下，事件也可以在没有用户交互的情况下生成。不同的对象对应于不同的事件。要了解每个浏览器中事件应用于对象的详细信息，可参阅 Dreamweaver 安装目录下的 Configuration/Behaviors/Events 文件夹。

以下为 Dreamweaver 事件的相关说明：

onAbort：当用户中断浏览器的内容下载时产生的事件。

onAfterUpdate：当页面更新完毕时产生的事件。

onBeforeUpdate：当页面上的数据元素变化或失去焦点时产生的事件。

onBlur：当指定元素失去焦点时产生的事件。

onBounce：当选取框元素的内容已经到达选取框的边界时产生的事件。

onChange：当改变页面元素时产生的事件。

onClick：当用户单击指定元素时产生的事件。

onDblClick：当用户双击指定元素时产生的事件。

onError：当页面或图像载入，发生错误时产生的事件。

onFinish：当选取框元素的内容完成循环时产生的事件。

onFocus：当指定元素获得焦点时产生的事件。

onHelp：当用户单击浏览器的“帮助”按钮或从浏览器菜单中选择“帮助”时产生的事件。

onKeyDown：当用户按下任意键时产生的事件。

onKeyPress：当用户按下并释放任意键时产生的事件。

onKeyUp：当用户按下任意键并释放产生的事件。

onLoad：当图像或页面下载完毕时产生的事件。

onMouseDown：当用户按下鼠标时产生的事件。

onMouseMove：当用户在指定元素内移动鼠标时产生的事件。

onMouseOut：当鼠标指针移出指定元素时产生的事件。

onMouseOver：当鼠标从指定元素之外移动到指定元素之上时产生的事件。

onMouseUp：当按下的鼠标被释放时产生的事件。

onMove：当移动窗口或框架时产生的事件。

onReadyStateChange：当指定元素的状态改变时产生的事件。

onReset：当表单被重置时产生的事件。

onResize：当浏览器窗口或框架大小被调整时产生的事件。

onScroll：当用户拖动滚动条上下移动浏览器窗口时产生的事件。

onSelect：当用户选取表单元素时产生的事件。

onStart：当选取框元素的内容开始循环时产生的事件。

onSubmit：当表单被提交时产生的事件。

onUnload：当页面卸载时产生的事件。

4. 应用行为

要使用 Dreamweaver 自带行为创建特殊网页效果，其附加行为的方法非常相似。首先，选取文档中的某个对象。然后，单击“行为”面板中的“添加行为”按钮，选取相应的行为后，在弹出的对话框中设置参数。最后，在“行为”面板中修改动作的默认事件即可。

事件的出现取决于所选择的对象和在“显示事件”弹出菜单中指定的浏览器。如果所需要的事件没有出现，我们则要确认是否选中了正确的对象，或试着改变“显示事件”弹出菜单中的目标浏览器。

在默认情况下，Dreamweaver 的“行为”面板将显示 4.0 和更高版本浏览器（包括 Internet Explorer 4.0 和 Netscape Navigator 4.0）所支持的事件。要改变“显示事件”弹出菜单中的目标浏览器，可单击面板中的“行为”，激活“事件”弹出菜单，然后选择“显示事件”子菜单，最后选择目标浏览器。不同的浏览器所能支持的事件数量是不同的。

活动引导

1. 新建站点及相关网页

（1）在 D 盘建立站点目录 mysite131 以及子文件夹 files、images 和 other，并使用高级标签定义站点，站点名为“中华美食”，如图 13.1 所示。

（2）在起始页中的“新建”项中单击“HTML”，创建新网页。

(3) 执行“文件/保存”命令，将网页保存在站点根目录下，保存文件名为“index. html”，如图 13. 2 所示。

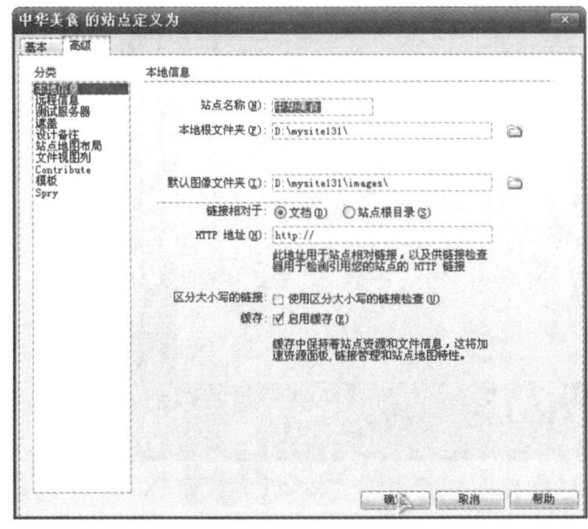

图 13. 1 建立站点

图 13. 2 创建首页

2. 制作首页

(1) 执行“修改/页面属性”命令，在“外观”及“标题/编码”分类选项处分别设置文字大小为“9 点”，背景图像为“bg. gif”，上、下、左、右边距设置为“0 像素”，网页标题为“中华美食”，如图 13. 3、13. 4 所示。

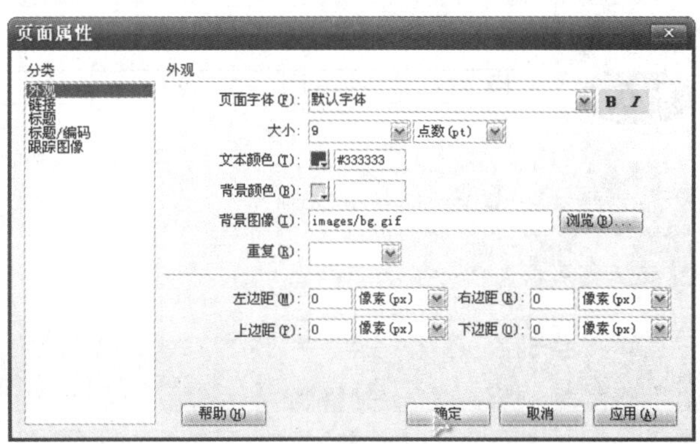

图 13. 3 设置“外观”分类

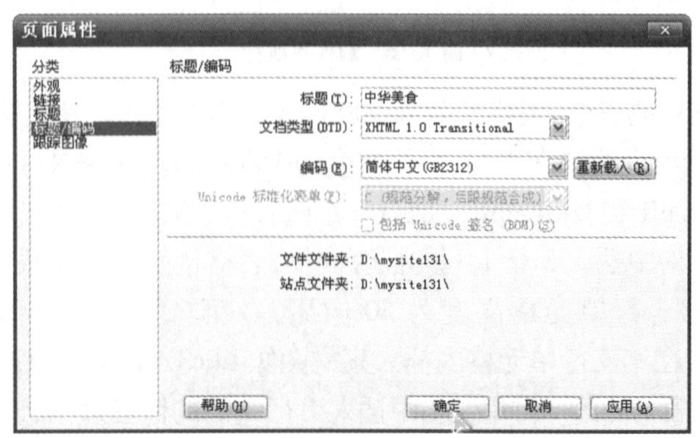

图 13. 4 设置“标题/编码”分类

（2）插入 2 行 1 列的表格，表格宽度为 900 像素，居中对齐。将第一行单元格拆分为两列，在单元格中插入素材图像 logo. jpg 和 banner. jpg，如图 13. 5 所示。

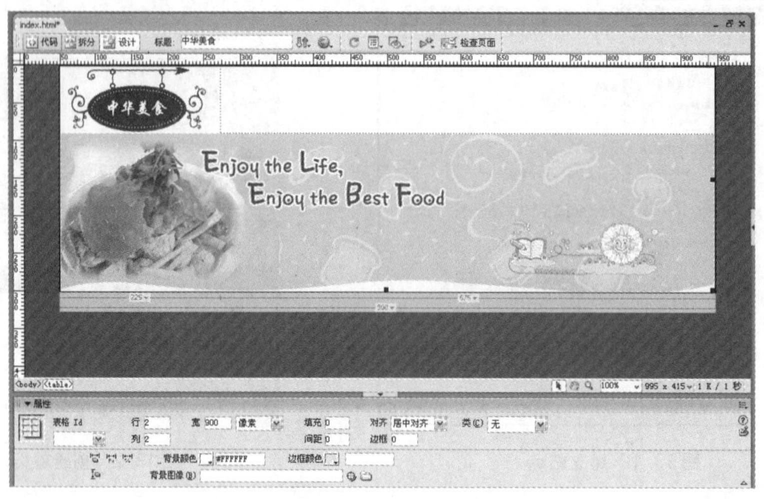

图 13. 5　制作标题栏

（3）在上述表格的第一行第二列插入 5 行 1 列的嵌套表格，设置为右对齐，在单元格中插入素材图像 sy1. gif、spdq1. gif、jkys1. gif、cfbd1. gif 和 rmss. gif，如图 13. 6 所示。

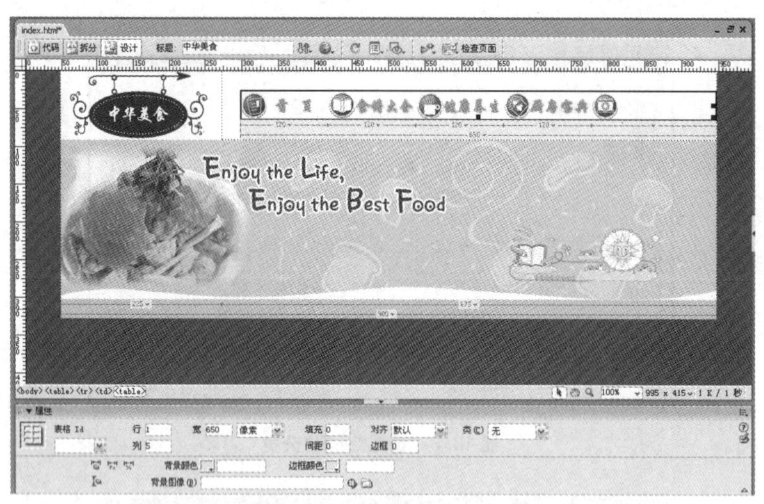

图 13. 6　制作导航栏

（4）插入 1 行 2 列的表格，表格宽度为 900 像素，居中对齐。设置第一列单元格宽度为 210 像素，并插入 5 行 1 列的嵌套表格，表格宽度为 100%，垂直顶端对齐，并在单元格中插入文字及素材图像 jdcy. gif 和 lzjd1. jpg，如图 13. 7 所示。

（5）在右侧单元格中插入 3 行 1 列的嵌套表格，表格宽度为 650 像素，水平居中对齐，垂直顶端对齐。设置第一行单元格高度为 50 像素，在第一、二行单元格内设置背景图像 title4. gif 和 title2. gif，在第三行单元格内插入素材图像 title3. gif，如图 13. 8 所示。

（6）在上述嵌套表格的第一行单元格中插入 1 行 3 列的嵌套表格，设置第一、二列单元格的宽度为 210 像素，并输入标题文字，“+健康养生+”和“+厨房宝典+”，如图 13. 9 所示。

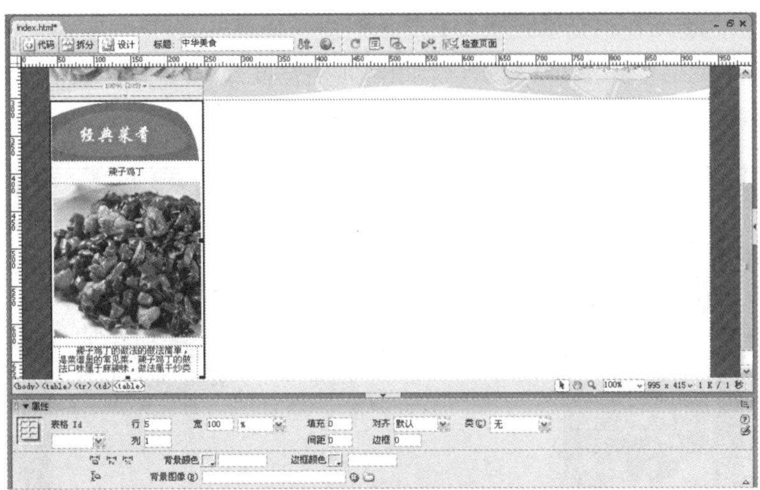

图 13.7　制作经典菜肴栏

图 13.8　制作栏目边框

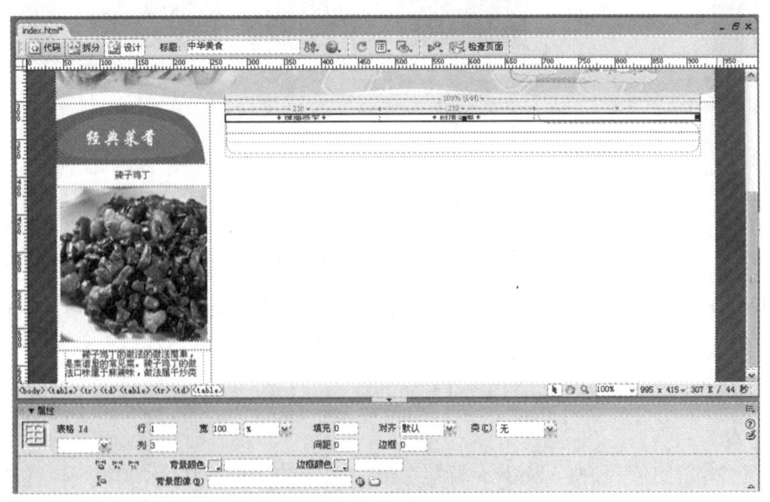

图 13.9　制作栏目标题

(7) 在栏目内容所在单元格中插入1行5列的嵌套表格,表格宽度为630像素,居中对齐。设置一、三单元格宽度为200像素,二、四单元格宽度为10像素。在表格中分别插入文字、素材图像 ms1.jpg 以及虚线分割线,如图13.10所示。

图 13.10　制作栏目内容

(8) 按相同的步骤完成“美味欣赏”栏目的制作,其中栏目标题图像以图像方式插入,如图13.11所示。

图 13.11　制作“美味欣赏”栏目

(9) 插入2行1列的表格,表格宽度为900像素,居中对齐。设置第一行单元格背景颜色为黄色#FFD136,第二行单元格高度为80像素,背景颜色为浅橘色#FFF3CA,并输入版权信息,如图13.12所示。

(10) 保存网页,预览效果,如图13.13所示。

3. 应用行为

(1) 选取文档窗口底部的 <body> 标签,单击“行为”面板的添加按钮,在弹出菜单中选择“弹出信息”动作,如图13.14所示。

图 13.12　制作版权栏

图 13.13　网页效果

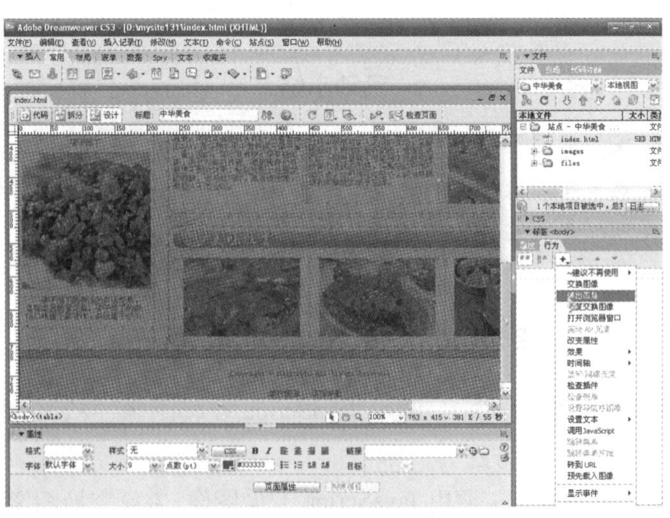

图 13.14　添加“弹出信息”行为

网页制作

（2）在“消息”域中输入消息“欢迎进入中华美食网！”，并确认，如图 13.15 所示。

（3）在“行为”面板中设置默认事件为“onLoad”，如图 13.16 所示。

图 13.15　输入消息

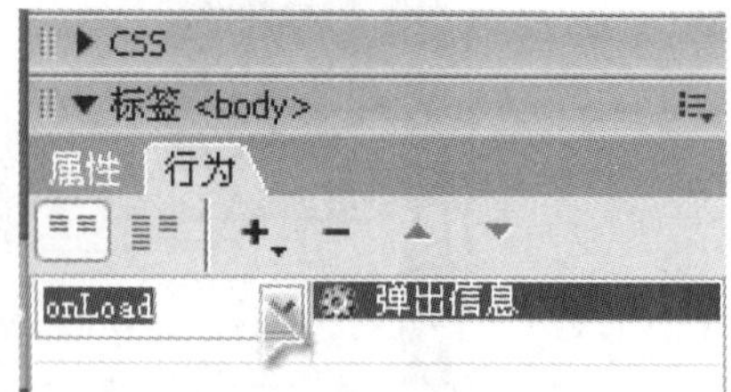

图 13.16　“onLoad”事件

（4）保存网页，预览效果，如图 13.17 所示。

图 13.17　网页效果

活动小结

在本活动中，我们应用了内置行为中的“弹出信息”动作，在我们打开首页时弹出消息框。当然，这种效果使用 JavaScript 也可以实现。但利用这个行为，即使我们不懂代码的编写，也同样可以完成这样的消息框。

活动二　行为综合应用一

学习目标：掌握打开浏览器窗口、调用 JavaScript、交换图像、恢复交换图像、改变属性、效果、时间轴、设置文本行为的方法。

知识要点：打开浏览器窗口、调用 JavaScript、交换图像、恢复交换图像、改变属性、效果、时间轴、设置文本。

准备知识

1. 打开浏览器窗口

使用“打开浏览器窗口”动作可在网页载入后打开一个新窗口。用户可以指定新窗口的属性。例如：窗口大小、属性（是否可调整大小、是否有菜单栏等）以及名称。如果你指定新窗口无属性，则新窗口将按启动它的窗口的大小及属性打开。为新窗口指定任何属性都将自动关闭其他所有未加指定的属性。例如：如果你指定新窗口无属性，则它可能以 640 × 480 像素大小打开，并且附加有一个导航工具栏、位置工具栏、状态栏及菜单栏；但是如果你仅仅指定新窗口以 640 × 480 像素大小打开，而没有指定其余的属性，则它以 640 × 480 像素大小打开，但没有附加导航工具栏、位置工具栏、状态栏、菜单栏、调整柄及滚动条。

因而，此行为非常适合打开一个定制的窗口，运用非常广泛。目前许多站点都使用了这种方法来弹出重要通知、广告信息等页面。

2. 调用 JavaScript

使用“调用 JavaScript”动作可以指定在某个事件被触发时，应该执行的自定义函数或 JavaScript 代码行。从“行为”面板的动作弹出菜单中选取“调用 JavaScript”动作，在弹出的对话框中输入将要执行的 JavaScript 或函数名。例如：alert（“hello！”）等。

3. 交换图像和恢复交换图像

“交换图像”动作可以通过改变 IMG（图像）标签的 SRC 属性将该图像变换为另外一幅图像。使用该动作可以创建按钮变换和其他图像效果，包括一次变换多幅图像。由于在此动作中被影响到的只有 SRC 属性，因此变换图像应该和原图像有相同的尺寸（即高度和宽度都相同）以防止产生图像变形。

“恢复交换图像”动作可以将变换图像还原为其初始图像。当用户将“交换图像”动作附加到对象上时，本动作将自动添加而无需人工选择。

4. 改变属性

使用“改变属性”动作可以改变某个对象属性的值。例如：层的背景颜色或图像路径等。属性的多少将由浏览器决定。在 Internet Explorer 4.0 中，使用 JavaScript 可以改变的属性比在 Internet Explorer 3.0 或 Netscape Navigator 3.0 以及 4.0 中的要多。

我们要注意的是只有在对 HTML 和 JavaScript 非常熟悉的情况下才能使用此动作。

5. 效果

“效果”可以增强视觉功能，可以将“效果”应用于使用 JavaScript 的 HTML 页面上几乎所有的元素。“效果”通常用于在一段时间内高亮显示信息，创建动画过渡或者以可视方式修改页面元素。

值得注意的是，当要向某个元素应用“效果”时，该元素当前必须处于选定状态，或者它必须具有一个 ID。例如：如果要向当前未选定的 div 标签应用高亮显示效果，该 div 必须具有一个有效的 ID 值。如果该元素尚且没有有效的 ID 值，则需要向 HTML 代码中添加一个 ID 值。

6. 时间轴

用于控制时间轴的播放。可通过该行为来控制时间轴动画的播放、停止以及跳转到指定帧。例如:可制作用户将鼠标移入动画元素,动画停止播放等效果。

7. 设置文本

“设置文本”动作包含四个子菜单,分别为“设置层文本”、“设置框架文本”、“设置状态条文本”和“设置文本域文字”。

使用“设置文本”命令可以分别为框架、层、网页状态栏和文本域设置文本。这些文本都可以包含有效的 HTML 代码,甚至可以嵌入任何有效的 JavaScript 函数调用、属性、全局变量或其他文本表达式。

8. 弹出信息

“弹出信息”动作可在弹出的 JavaScript 消息框中显示指定的消息。由于 JavaScript 消息框只有一个按钮,即“确定”按钮,因此使用此动作只能向用户提供信息。

活动引导

1. 添加“打开浏览器窗口”行为

(1) 新建网页,并将网页保存在站点根目录中,文件名为“zygg. html”。

(2) 执行“修改/页面属性”命令,设置与首页相同的“外观”分类属性,网页标题设置为“重要公告”。

(3) 插入 2 行 1 列的表格,表格宽度为 210 像素。设置第一行单元格的高度为 30 像素,单元格背景为 titlebg. jpg。利用间距设置表格边框为 1 像素,插入文字,完成公告制作,如图 13. 18 所示。

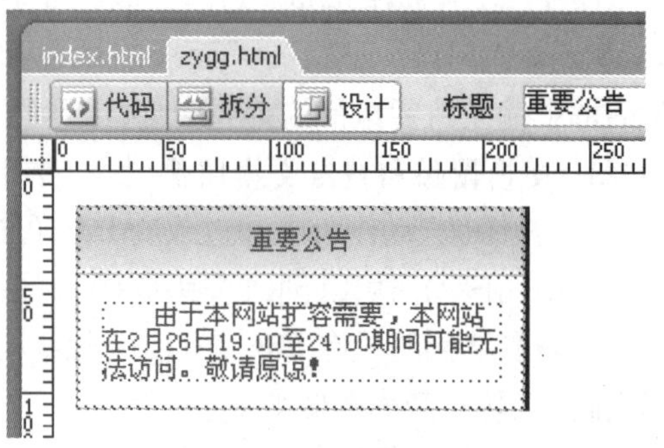

图 13. 18 “重要公告”页面制作

(4) 保存当前网页。

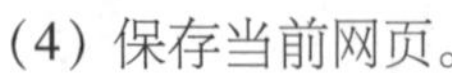

小贴士

在上面的步骤中我们制作了在首页打开时,需要加载的公告网页。在下面的操作中,我们利用行为中的“打开浏览器窗口”动作,来实现这一效果吧!

(5) 打开网页文件 index. html,选取文档状态栏编辑窗口左下角的 body 标签,单击“行为”面板的添加按钮,在弹出菜单中选取“打开浏览器窗口”,如图 13. 19 所示。

(6) 在弹出的“打开浏览器窗口”对话框中,单击“浏览”按钮,选取本站点根目录下网页文件“zygg. html”,作为打开的网页。将窗口宽度设置为 230,窗口高度设置为 150,如图 13. 20 所示。

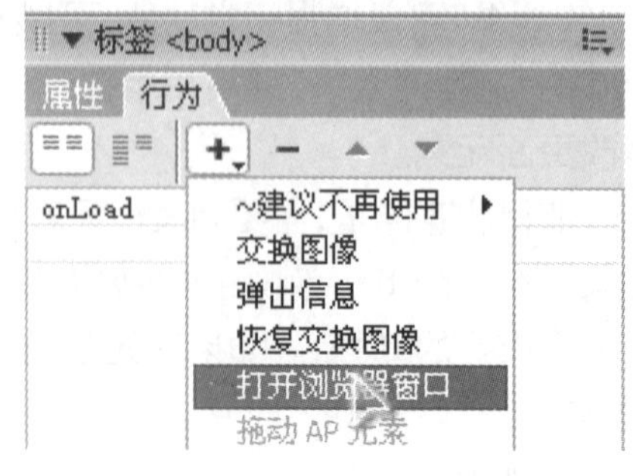

图 13. 19 添加“打开浏览器窗口”行为

(7) 关闭对话框后,确认该行为的默认事件为“onLoad”,如图 13.21 所示。

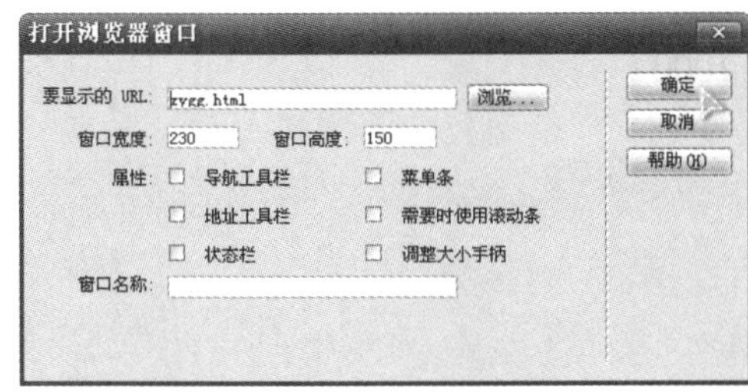

图 13.20 设置参数

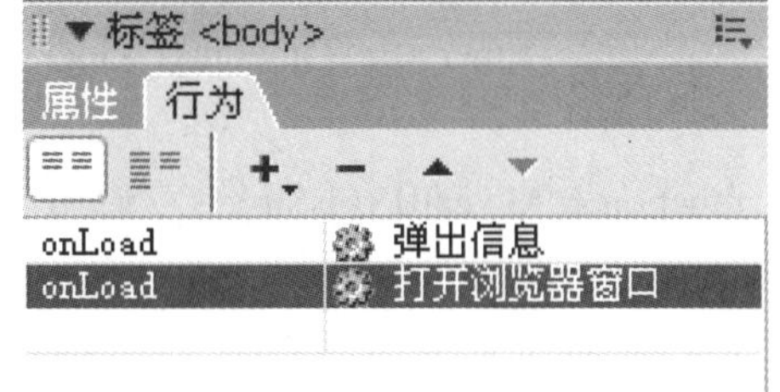

图 13.21 确认行为的默认事件

(8) 保存网页,预览效果,如图 13.22 所示。

图 13.22 网页效果

2. 添加“调用 JavaScript”行为

(1) 打开网页 index.html,切换至代码视图,将如下代码加入到 <head> 标签区域中,如图 13.23 所示。

```
    <script      language = javaScript>
<! - -
//
    function clockon( ) {
    thistime = new Date( )
    var hours = thistime. getHours( )
    var minutes = thistime. getMinutes( )
    var seconds = thistime. getSeconds( )
    if  (eval(hours)  <10) {hours = "0"  + hours}
    if  (eval(minutes)  <10) {minutes = "0"  + minutes}
    if  (seconds  <10) {seconds = "0"  + seconds}
```

网页制作

```
    thistime = hours + " :" + minutes + " :" + seconds
    mainbody. innerHTML = thistime
    var    timer = setTimeout( " clockon( ) " ,1000)
    }
function MM_callJS(jsStr) {//v2. 0
    return eval(jsStr)
}
// - ->
 </script>
```

```
</style>
<script type="text/javascript">
<!--
function MM_popupMsg(msg) { //v1.0
  alert(msg);
}
function MM_openBrWindow(theURL,winName,features) { //v2.0
  window.open(theURL,winName,features);
}
 function   clockon()   {
  thistime=   new   Date()
  var   hours=thistime.getHours()
  var   minutes=thistime.getMinutes()
  var   seconds=thistime.getSeconds()
  if   (eval(hours)   <10)    {hours="0"+hours}
  if   (eval(minutes)   <   10)    {minutes="0"+minutes}
  if   (seconds   <   10)    {seconds="0"+seconds}
  thistime   =   hours+":"+minutes+":"+seconds
  mainbody.innerHTML=thistime
  var   timer=setTimeout("clockon()",1000)
  }
function MM_callJS(jsStr) { //v2.0
  return eval(jsStr)
}
//-->
</script>
</head>
```

图 13.23　加入 JavaScript 代码

（2）选中文档状态栏左下角的 body 标签，单击“行为”面板的添加按钮，在弹出菜单中选取“调用 JavaScript”。在对话框中输入“clockon( )”并确认。关闭对话框后，确认该行为的默认事件为“onLoad”，如图 13.24、13.25 所示。

图 13.24　调用 JavaScript

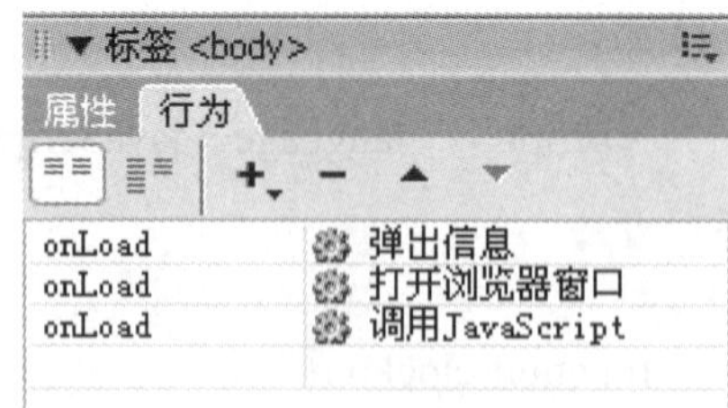

图 13.25　确认行为的默认事件

> **小贴士**
>
> 在步骤(1)中，我们在主页的代码窗口中插入了 JavaScript，该命令自定义了一个函数 clockon( )，该函数的作用是显示时间。我们利用行为中的“调用 JavaScript”动作，使首页在打开时就调用这个函数。

(3) 将光标定位在右侧栏目标题所在嵌套表格的第三列单元格中,单击“插入”栏“布局”选项卡中的“插入 Div 标签”按钮,如图 13.26 所示。

图 13.26　插入 Div 标签

(4) 在“插入 Div 标签”对话框的 ID 项中输入“mainbody”,并确认。如图 13.27 所示。

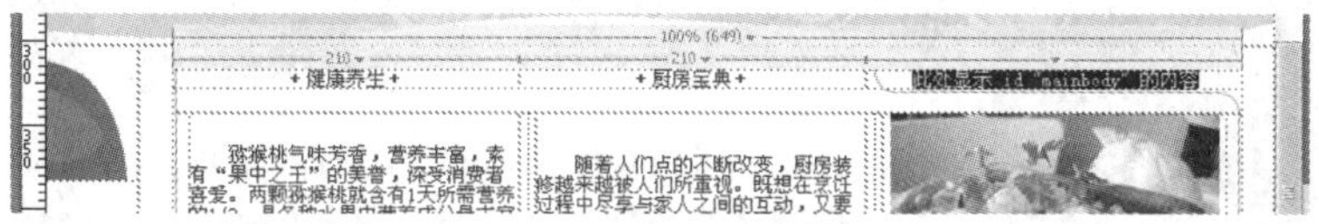

图 13.27　插入后效果

(5) 保存网页,预览效果,如图 13.28 所示。

图 13.28　网页效果

网页制作

3. 添加“交换图像”和“恢复交换图像”行为

（1）选取左侧图片 lzjd1.jpg，在“属性”面板中设置图像名称为“tu1”，如图 13.29 所示。

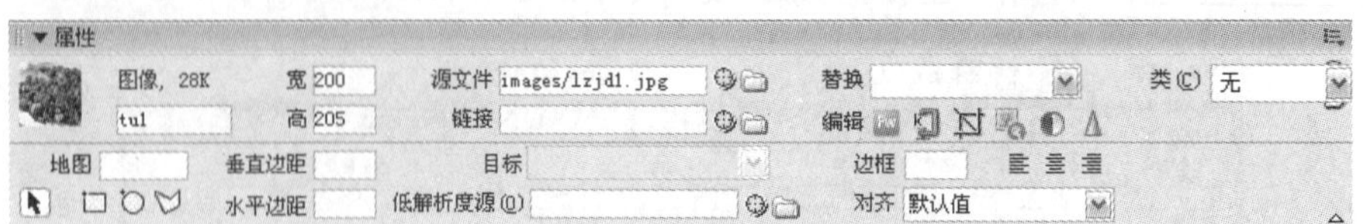

图 13.29 设置图像名称

（2）保持图像的选中状态，单击“行为”面板的添加按钮，在弹出的下拉菜单中选取“交换图像”。在“交换图像”对话框中，单击“浏览”按钮，选取素材图像 lzjd2.jpg，保持复选框“鼠标滑开时恢复图像”为选中状态，取消复选框“预先载入图像”。

（3）保存网页，预览效果，如图 13.30 所示。

图 13.30 网页效果

4. 添加“改变属性”行为

（1）选取文字“辣子鸡丁的做法简单，是菜谱里的常见菜。辣子鸡丁的做法口味属于麻辣味，做法属干炒类。”在“属性”面板中设置为“左对齐”。

> **小贴士**
>
> 我们将文字设置为左对齐，文字在对齐时会产生一个“div”标记。利用这个“div”标记，我们可以对它命名。命名后，就可以对其施加动作了。

（2）选取文字所在的 Div，在“属性”面板中设置 ID 为“wz”，如图 13.31 所示。

（3）保持上述选中状态，单击“行为”面板的添加按钮，在弹出的下拉菜单中选取“改变属性”动作。在“改变属性”对话框中，选取对象类型为“Div”，命名对象为“div" wz" ”，属性

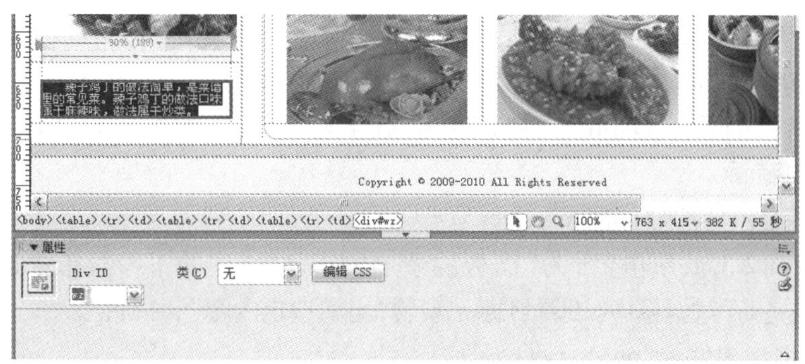

图 13.31 设置 ID

选择"backgroundColor",在新的值内输入"#FFD136",如图 13.32 所示。

(4) 修改触发事件为"onMouseOver",如图 13.33 所示。

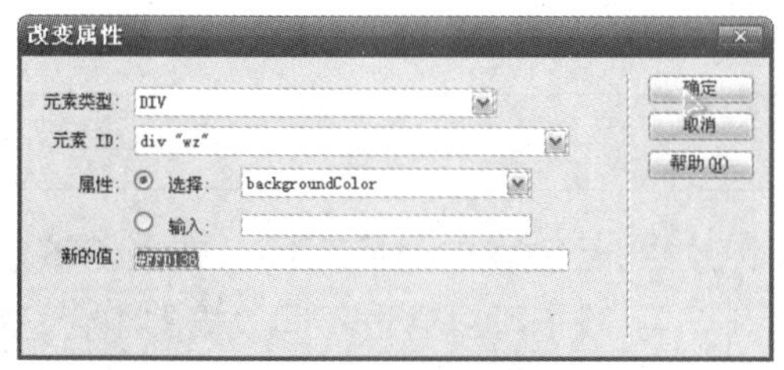

图 13.32 设置修改的参数

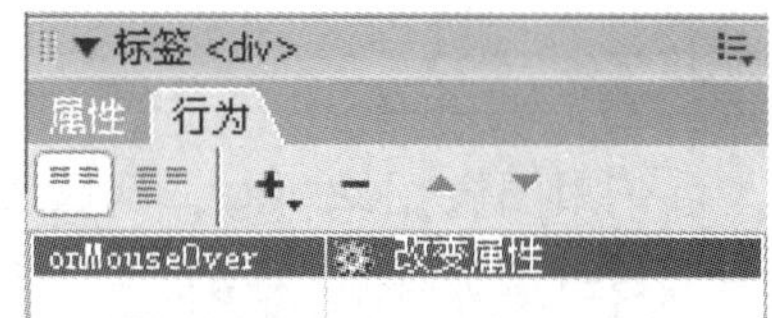

图 13.33 修改触发事件

(5) 重复步骤(3),在"新的值"内输入"#ffffff",其余的值同上,修改触发事件为"onMouseOut"。

(6) 保存当前网页,预览效果,如图 13.34 所示。

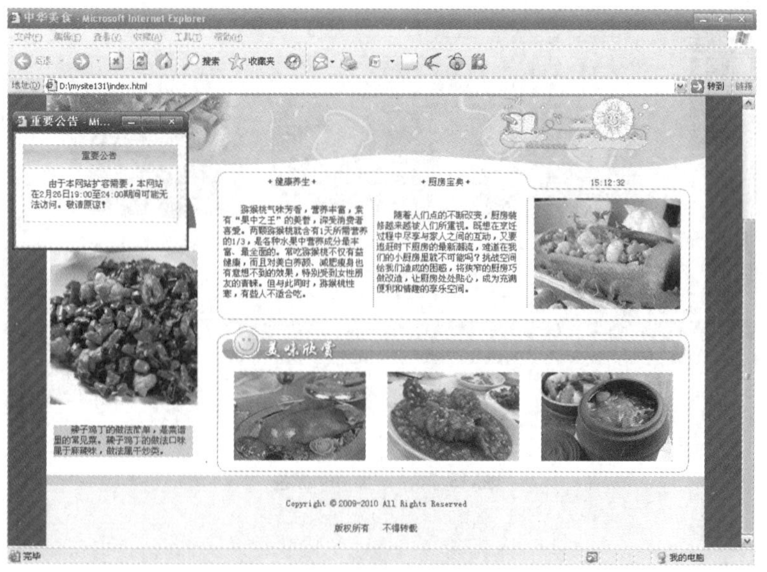

图 13.34 网页效果

网页制作

5. 添加“效果”行为

（1）选取页面右侧“美味欣赏”栏目中的图像 pic1. jpg，单击“行为”面板的添加按钮，在弹出的下拉菜单中选取“效果/增大/收缩”动作。在“增大/收缩”对话框中，设置目标元素为“当前选定内容”，效果持续时间为“300”毫秒，效果为“收缩”，收缩到为“50%”、居中，勾选“切换效果”，并确认。

（2）修改触发事件为“onMouseOver”。

（3）选取 pic2. jpg，单击“行为”面板的添加按钮，在弹出的下拉菜单中选取“效果/晃动”动作。在“晃动”对话框中，设置目标元素为“当前选定内容”，并确认。

（4）修改触发事件为“onMouseOver”。

（5）保持选取 pic2. jpg，单击“行为”面板的添加按钮，在弹出的下拉菜单中选取“效果/显示/渐隐”动作。在“显示/渐隐”对话框中，设置目标元素为“当前选定内容”，效果持续时间为“1000”毫秒，效果为“渐隐”，渐隐到为“50%”、居中，勾选“切换效果”，并确认。

（6）修改触发事件为“onMouseOver”。

> **小贴士**
>
> 我们对图像 pic2. jpg 同时设置了两种效果，且触发的时间相同。在预览该效果时，可以发现这两种效果被结合了在一起。可见，我们可以通过不同效果的组合，变化出更多的特效。

（7）选取 pic3. jpg，单击“属性”面板中的“居中对齐”按钮，系统将自动添加“div”标签。单击底部的 div 标签，在“属性”面板中设置“Div ID”为“mw”，如图 13. 35、13. 36 所示。

图 13. 35　添加 div 标签

网页制作

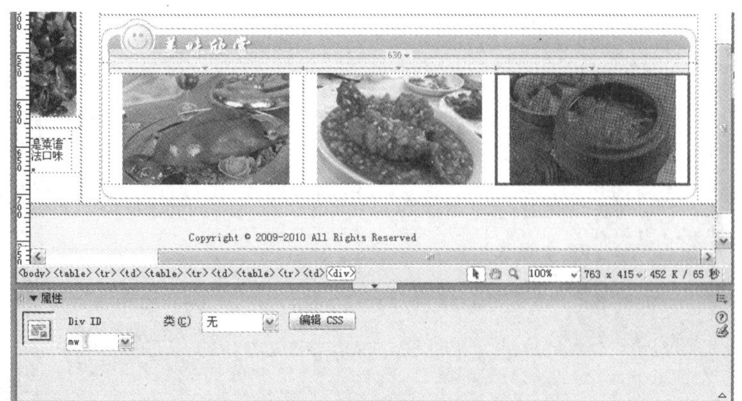

图 13.36　设置 Div ID

（8）单击“行为”面板的添加按钮，在弹出的下拉菜单中选取“效果/遮帘”动作。在“遮帘”对话框中，设置目标元素为“div " mw" ”，效果持续时间为“1000”毫秒，效果为“向上遮帘”，向上遮帘到为“50％”，勾选“切换效果”，并确认。

（9）修改触发事件为“onMouseOver”。

（10）保存网页，预览效果，如图 13.37 所示。

图 13.37　网页效果

6. 添加“时间轴”行为

（1）单击“插入”栏“布局”选项中的“绘制 AP Div”按钮，绘制 AP Div。选取 AP Div，在“属性”面板中设置 CSS-P 元素为“movegg”，宽为“150px”，高为“210px”。在 AP Div 中插入素材图像 gg. gif，如图 13.38 所示。

（2）执行“修改/时间轴/记录 AP 元素的路径”命令，拖动上述 AP 元素，勾选“自动播放”和“循环”，完成路径记录，如图 13.39 所示。

（3）保持 AP 元素选中状态，单击“行为”面板的添加按钮，在弹出的下拉菜单中选取“效

图 13.38　插入 AP Div

图 13.39　记录 AP 元素的路径

果/时间轴/停止时间轴”动作。在“停止时间轴”对话框中,设置停止时间轴为“Timeline1”,并确认。

(4) 修改触发事件为“onMouseOver”,如图 13.40 所示。

(5) 单击“行为”面板的添加按钮,在弹出的下拉菜单中选取“效果/时间轴/播放时间轴”动作。在“播放时间轴”对话框中,设置播放时间轴为“Timeline1”,并确认。

(6) 修改触发事件为“onMouseOut”,如图 13.41 所示。

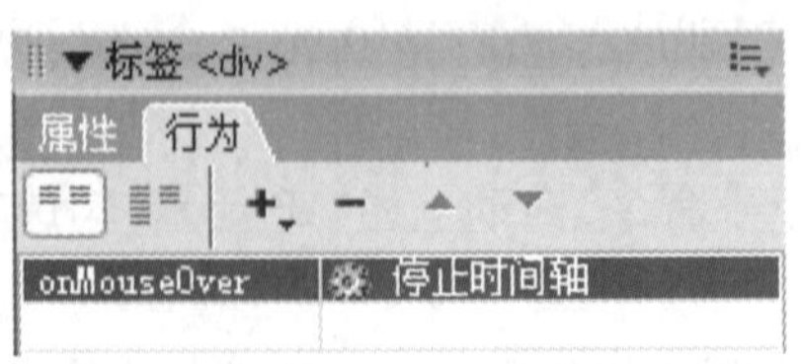

图 13.40　修改触发事件

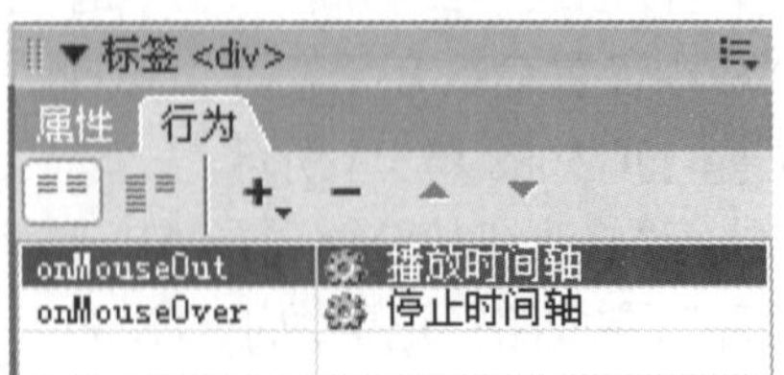

图 13.41　修改触发事件

(7) 单击“行为”面板的添加按钮,在弹出的下拉菜单中选取“效果/时间轴/转到时间轴帧”动作。在“转到时间轴帧”对话框中,设置时间轴为“Timeline1”,前往帧为“1”,并确认。

(8) 修改触发事件为“onClick”,转到时间轴帧。

(9) 保存网页,预览效果,如图 13. 42 所示。

图 13. 42　网页效果

7. 添加“设置文本”行为

(1) 选取文档底部标签 <body>,单击“行为”面板的添加按钮,在弹出的下拉菜单中选取“效果/设置文本/设置状态栏文本”动作。在弹出的“设置状态栏文本”对话框中输入文字“感谢您的光临!”。

(2) 修改触发事件为“onLoad”,设置状态栏文本。

(3) 保存网页,预览效果,如图 13. 43 所示。

图 13. 43　网页效果

活动小结

在本活动中,我们主要练习了在网页中添加"打开浏览器窗口"、"调用 JavaScript"、"交换图像"、"恢复交换图像"、"改变属性"、"效果"、"时间轴"、"设置文本"行为的方法。"打开浏览器窗口"往往可以用在网站的消息提示方面。"调用 JavaScript"除了上述例子外,不同的 JavaScript 命令会产生不同的效果。

活动三　行为综合应用二

学习目标: 掌握检查插件、预先载入图像、设置导航条图像、跳转菜单、跳转菜单开始和转到 URL 行为的方法。

知识要点: 检查插件、预先载入图像、设置导航条图像、跳转菜单、跳转菜单开始和转到 URL。

准备知识

1. 检查插件

使用"检查插件"动作可以检查访问者是否安装了指定的插件,并决定是否将他们链接到其他页面。例如:如果用户已经安装了 Shockwave,则可以转到某个需要播放 Shockwave 的页面,如果尚未安装,则将转到其他页面。

2. 预先载入图像

用户在浏览网页时,如果因为网页中的图片文件过大而使下载时间较长,往往会没有耐心看完整个页面。但要图片下载速度快,图片的尺寸就要变小,分辨率就要相应降低。如何能够鱼和熊掌兼得呢? 这可以通过调用预先载入图像动作来实现,它可以把尺寸较大的图片预先载入到浏览器的高速缓冲存储器文件中,防止下载图片延时。该动作也可应用在使用行为或 JavaScript 变换的图像上,这样可以防止在图像变换时导致的延迟。

3. 设置导航条图像

该动作可以为导航条中的按钮指定不同状态的图像,通常需要和 Fireworks 协同使用,即在 Fireworks 中完成按钮在不同状态下的效果。使用"设置导航条图像"行为所制作的按钮可以有"状态图像"、"鼠标经过图像"、"按下图像"和"按下时鼠标经过图像"这四种状态。而我们利用菜单命令中的"鼠标经过图像"命令只能指定按钮的前两种状态。

4. 跳转菜单和跳转菜单开始

在执行"插入记录/表单/跳转菜单"命令时,Dreamweaver 将自动创建菜单项,并且附加"跳转菜单"行为。因此,在通常情况下不需要人为设置"跳转菜单"动作。通过双击"行为"面板中的"跳转菜单"动作,可以修改菜单项目,也可以选择不同的跳转触发事件。

"跳转菜单开始"动作是和"跳转菜单"动作紧密联系的动作。在使用该动作之前,文档中必须存在"跳转菜单"。

5. 转到 URL

"转到 URL"动作可以在当前窗口或指定框架中打开一个新页面。此动作对于通过一次单击改变两个或两个以上框架的内容特别有效。

我们在下面的活动中，为首页加入更多的行为，让网页更具动态效果！

活动引导

1．添加“设置导航栏图像”行为

（1）选取导航栏处的图像 sy1. gif，单击“行为”面板的添加按钮，在弹出的下拉菜单中选取“设置导航栏图像”动作。

（2）在弹出的对话框中设置状态图像为“sy1. gif”，鼠标经过图像为“sy2. gif”，按下图像为“sy3. gif”，如图 13. 44 所示。

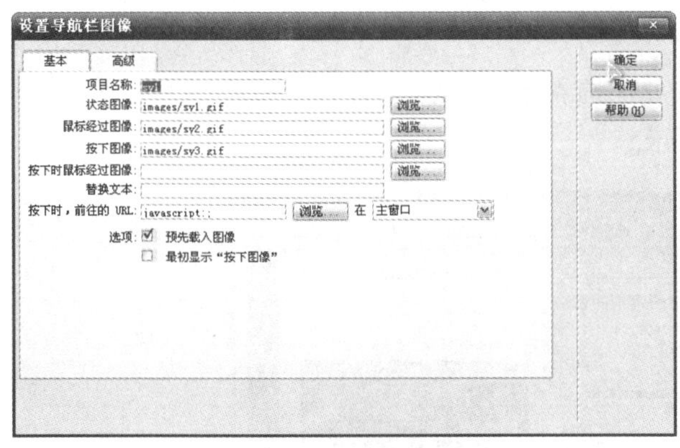

图 13. 44　设置导航条

小贴士

在上一步骤中，我们使用“设置导航栏图像”行为创建导航条。在前面章节中也介绍过利用“插入记录/图像对象/导航条”命令来创建导航条。我们可以通过菜单命令建立导航条，利用“行为”面板修改导航条的参数设置。

（3）按相同的步骤完成“食谱大全”、“健康养生”和“厨房宝典”的导航条效果。保存网页，预览效果，如图 13. 45 所示。

图 13. 45　网页效果

（4）新建网页，将网页保存在 files 文件夹中，文件名为 xpdq. html。

（5）采用前面活动的制作方法完成网页标题栏、导航栏和版权栏的制作，其中主要内容区域插入 1 行 1 列的表格，表格 900 像素，居中对齐，效果如图 13. 46 所示。

图 13.46　制作分页 1

(6) 在“属性”面板中设置内容区域表格的填充值为“20”，并在该表格中插入文字、水平线及素材图像，并保存网页，如图 13.47 所示。

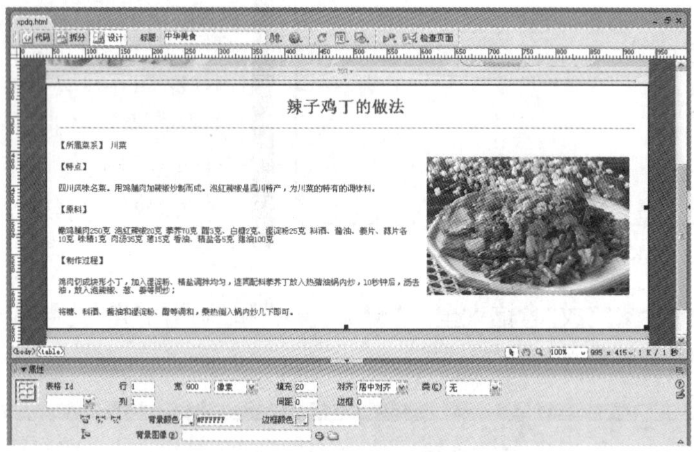

图 13.47　插入文字及图像

(7) 按相同的步骤完成分页“健康养生”和“厨房宝典”分页，如图 13.48、13.49 所示。

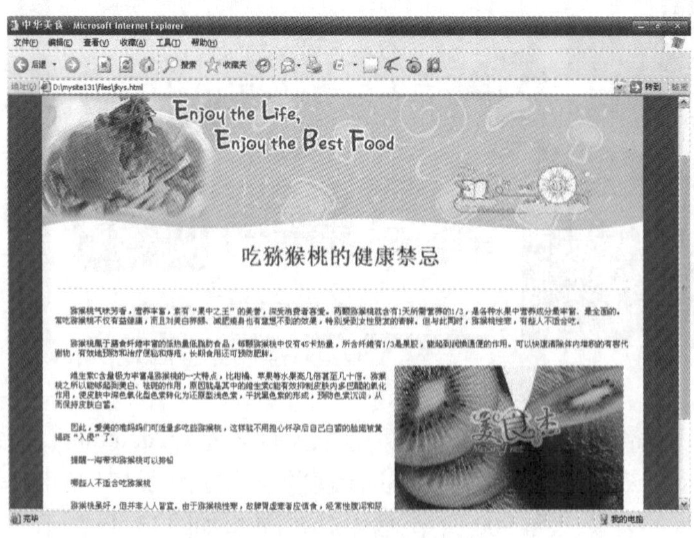

图 13.48　“健康养生”分页

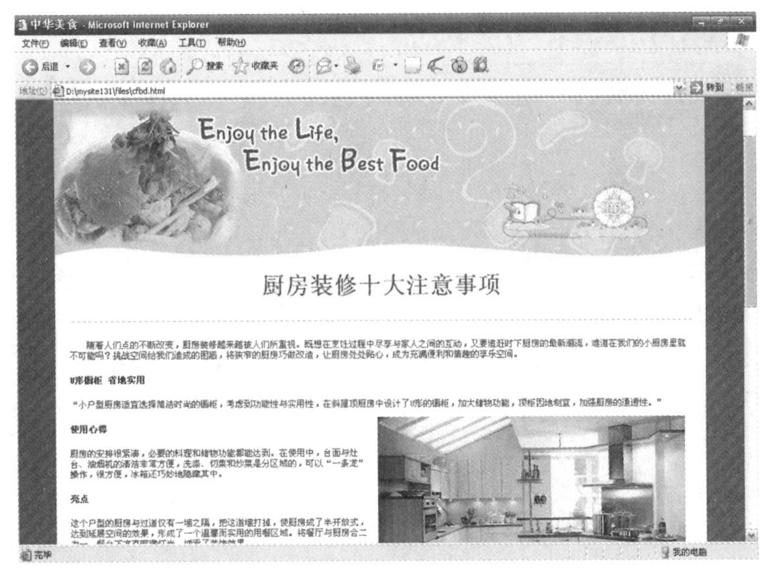

图 13.49 “厨房宝典”分页

(8) 选取导航条上的首页图像,双击“行为”面板中的“设置导航栏图像”,任何一个触发事件都可以,打开“设置导航栏图像”对话框,设置“按下时,前往的 URL”为“index. html”,如图 13.50 所示。

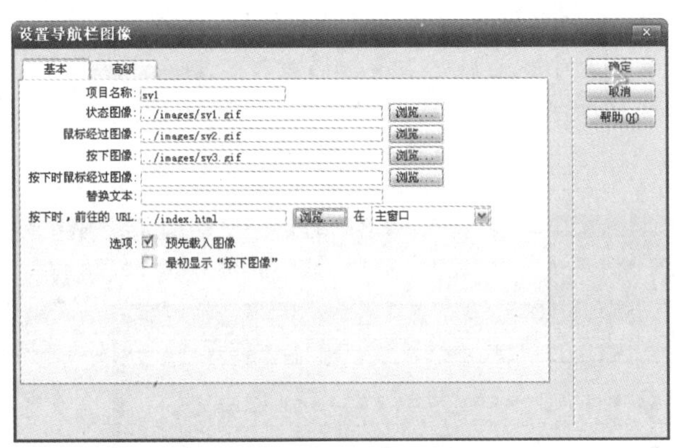

图 13.50 设置导航栏的链接

(9) 按相同的步骤完成所有页面导航的链接,并保存页面。

2. 添加“跳转菜单”和“跳转菜单开始”行为

(1) 打开 index. html,删除导航栏处图像 rmss. gif,执行“插入记录/表单/表单”命令,插入表单域,并在表单域内重新插入图像 rmss. gif,如图 13.51 所示。

(2) 将光标定位在图像 rmss. gif 后,执行“插入记录/表单/跳转菜单”命令,在“跳转菜单”对话框中添加“菜单项”,分别为“热门菜肴”、“江湖烤鱼”、“干锅牛蛙”、“口水鸡”,完成后确认,如图 13.52、13.53 所示。

(3) 选取跳转菜单,双击“行为”面板的动作“跳转菜单”,在弹出的“跳转菜单”对话框中设置各菜单项的跳转地址,如图 13.54 所示。

图 13.51　插入表单域

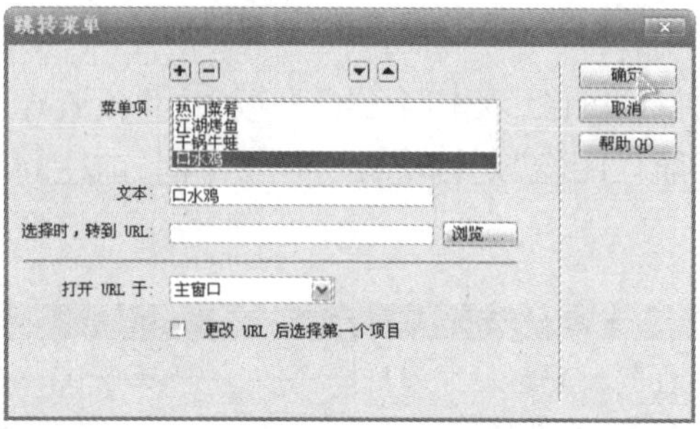

跳转菜单

菜单项: 热门菜肴
江湖烤鱼
干锅牛蛙
口水鸡

文本: 口水鸡

选择时，转到 URL: 浏览...

打开 URL 于: 主窗口

更改 URL 后选择第一个项目

确定
取消
帮助(H)

图 13.52　插入菜单项

图 13.53　跳转菜单效果

网页制作

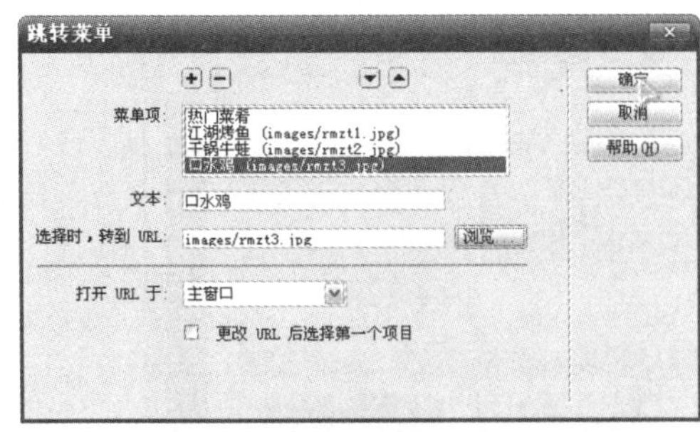

图 13.54 设置“跳转菜单”

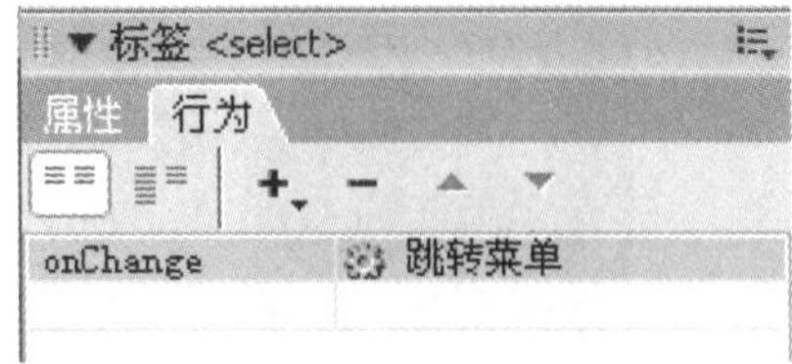

图 13.55 确认触发事件

（4）确认触发事件为“onChange”，如图 13.55 所示。

（5）保存网页，预览效果，如图 13.56 所示。

图 13.56 网页效果

3. 添加“检查插件”行为

（1）将网页 index. html 右侧内容区域的图像 ms1. jpg 删除，在该处执行“插入记录/媒体/Flash”命令，插入 csxs. swf，如图 13.57 所示。

（2）将网页另存在站点根目录下，文件名为 _ index. html。

（3）新建网页，执行“修改/页面属性”命令，在“外观”分类中设置与首页相同的背景图像“bg. gif”，在“链接”分类中设置链接文字各项状态颜色为黑色#000000，下划线样式为“仅在变换图像时显示下划线”。

（4）设置网页标题为“中华美食网”，并保存网页，网页名称为“zhms. html”。

（5）插入 2 行 1 列的表格，表格宽度为 780 像素，居中对齐。在第一行单元格中插入素材图像 pt. jpg，在第二行单元格中输入文字“进入首页”，并将文字设置为空链接，如图 13.58 所示。

图 13.57　插入 Flash

图 13.58　制作开始页面

（6）选取文字“进入首页”，单击“行为”面板的添加按钮，在弹出的下拉菜单中选取“检查插件”动作。在弹出的“检查插件”对话框中选取“Flash”，将“如果有，转到 URL”设置为“_index. html”，将“否则，转到 URL”设置为“index. html”，如图 13.59 所示。

（7）修改触发事件为 onClick，如图 13.60 所示。

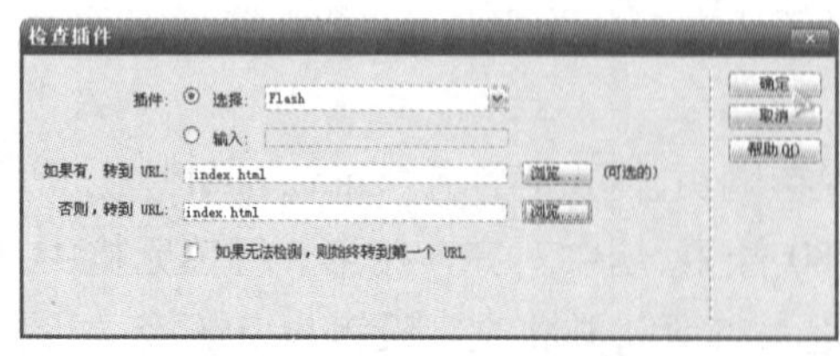

图 13.59　设置“检查插件”行为

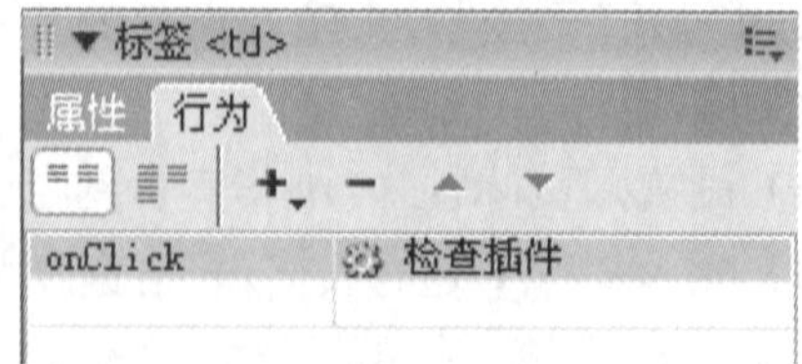

图 13.60　修改触发事件

（8）保存网页，预览效果，如图 13.61 所示。

图 13.61　网页效果

4. 添加“预先载入图像”行为

(1) 打开网页 zhms. html,选取 <body> 标签,双击“行为”面板中的“预先载入图像”,在弹出的“预先载入图像”对话框中,将“图像源文件”设置为“images/pt. jpg”,如图 13. 62 所示。

(2) 确认触发事件为“onLoad”,并保存网页,如图 13. 63 所示。

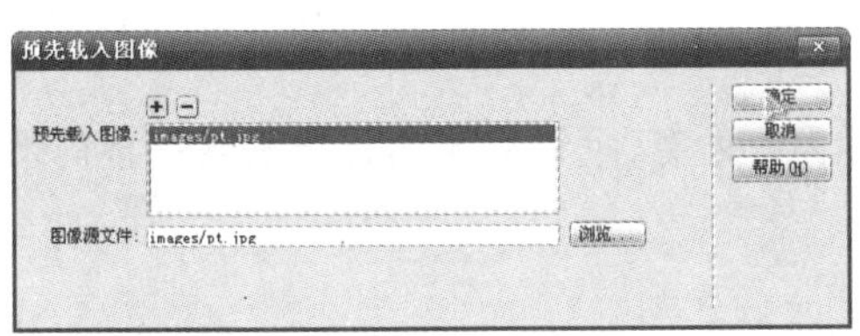

图 13.62　设置“预先载入图像”

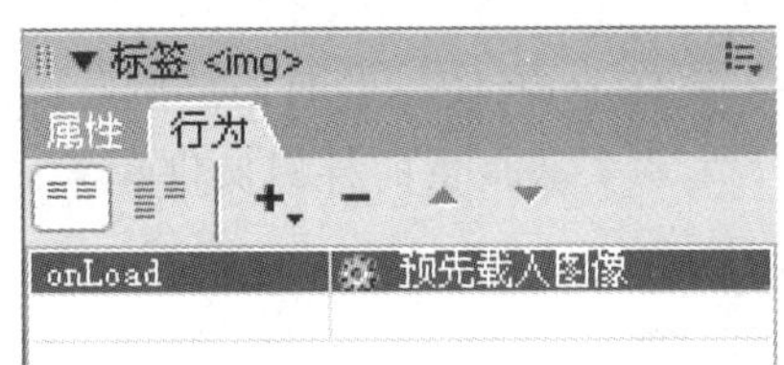

图 13.63　确认触发事件

5. 添加“转到 URL”行为

(1) 打开 index. html,选取左侧 Div wz,单击“行为”面板的添加按钮,在弹出的下拉菜单中选取“转到 URL”动作。

(2) 在“转到 URL”对话框中设置 URL 为“files/xpdq. html”,如图 13. 64 所示。

(3) 确认触发事件为“onClick”,并保存网页,如图 13. 65 所示。

图 13.64　设置跳转网页

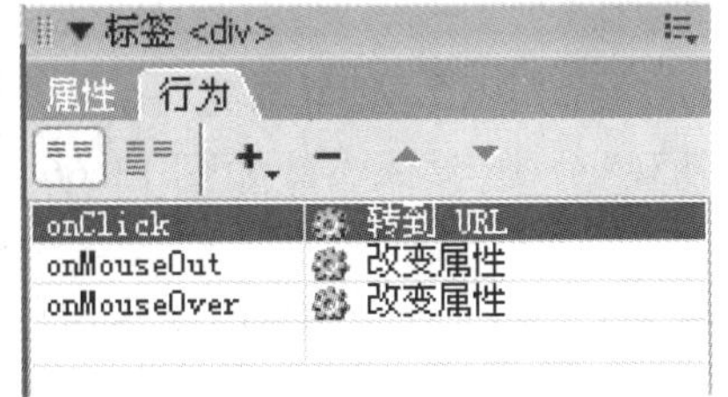

图 13.65　确认触发事件

小贴士

在上一步骤中，我们使用"转到 URL"行为也可通过"属性"面板设置链接来实现。但利用"转到 URL"行为可以用于通过一次单击改变两个或两个以上框架的内容，这对于通过"属性"面板是无法实现的。

（4）按相同的步骤完成_index. html 中的"转到 URL"行为，并保存网页。

活动小结

在本活动中我们在网页中插入了"检查插件"、"预先载入图像"、"设置导航条图像"、"跳转菜单"、"转到 URL"五种行为。行为的加入，可以使我们的页面内容更丰富，功能性更强。

本章实验　制作"茶文化"网站

实验要求

（1）建立站点目录 mysitelx，并将站点指定至站点目录。

（2）制作站点首页。

（3）在首页中加入多个行为。

（4）制作分页，使用导航条链接各页面。

注意：本实验提供的样例仅供参考，发挥你的才智，也许你能设计出别具一格的网页哦！

操作提示

（1）在 D 盘的根目录下新建一个 mysitelx 文件夹，作为站点文件存放的目录。并且在 mysitelx 文件夹下建立下级文件夹 images、files 和 other，作为网页图片、站点分页以及其他文件存放的目录。

（2）打开 Dreamweaver，在起始页中建立站点，站点名为"茶文化"，并指定站点文件的目录。

（3）新建网页，保存在站点根目录下，文件名为 index. html。设置网页标题为"茶文化"。

（4）执行"修改/页面属性"命令，设置"外观"分类，具体参数如图 13. 66 所示。

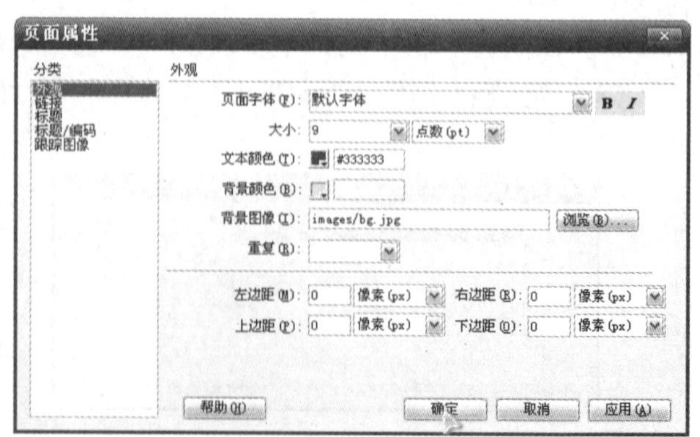

图 13. 66　设置"外观"分类

（5）分别插入 1 行 1 列及 1 行 5 列的表格，表格宽度为 850 像素，居中对齐。在单元格中分别插入素材图像，如

图 13. 67 所示。

图 13. 67 制作标题栏及导航栏

（6）插入 1 行 2 列的表格，表格宽度为 850 像素，居中对齐。设置第一列单元格的宽度为 280 像素，利用嵌套表格完成内容区域的布局，并在单元格内插入文字、素材图像、水平线及 Flash，如图 13. 68 所示。

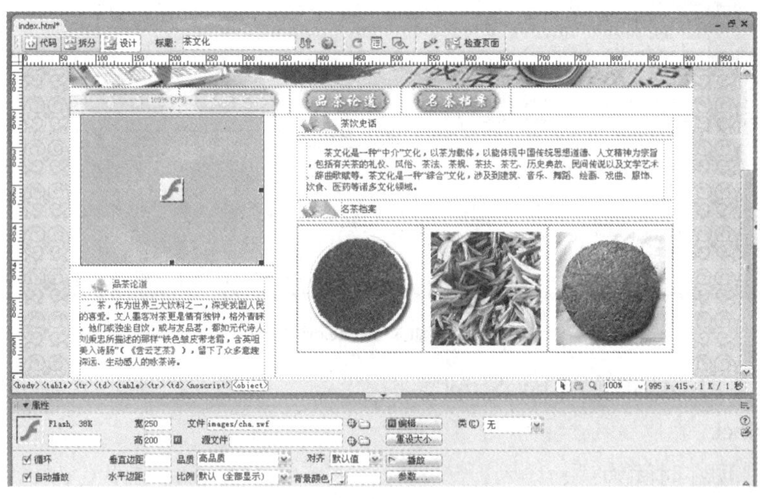

图 13. 68 制作内容区域

（7）插入 2 行 1 列的表格，表格宽度为 850 像素，居中对齐。设置单元格背景颜色分别为橙色#FCAF01 和黄色#FDF272，并在第二行单元格中输入版权信息，如图 13. 69 所示。

（8）选取文档窗口底部的 <body> 标签，添加“弹出信息”动作，在“消息”域中输入消息“欢迎进入茶文化!”，并确认默认事件为“onLoad”。

（9）切换至代码视图，将如下代码加入到 <body> 区域中，如图 13. 70 所示。

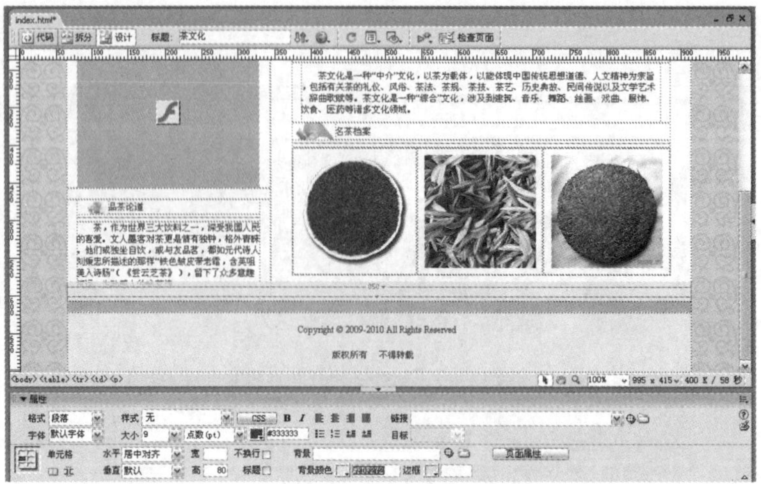

图 13.69　制作版权栏

```
function MM_popupMsg(msg) { //v1.0
  alert(msg);
}
//-->
</script>
</head>

<body onload="MM_popupMsg('欢迎进入茶文化! ')">
<SCRIPT LANGUAGE="JavaScript">
function clock() {
var title="现在时间为：";
var date=new Date();
var year=date.getYear();
var month=date.getMonth();
var day=date.getDate();
var hour=date.getHours();
var minute=date.getMinutes();
var second=date.getSeconds();
var months=new Array("JAN", "FEB", "MAR", "APR", "MAY", "JUN", "JUL", "AUG", "SEP", "OCT", "NOV",
"DEC")
var monthname=months[month];
if (hour > 13) {
hour=hour- 13;
}
if (minute < 10) {
minute="0"+minute;
```

图 13.70　加入 JavaScript 代码

```
<SCRIPT LANGUAGE = "JavaScript">
function clock() {
var title = "现在时间为:";
var date = new Date();
var year = date. getYear();
var month = date. getMonth();
var day = date. getDate();
var hour = date. getHours();
var minute = date. getMinutes();
var second = date. getSeconds();
var months = new Array("JAN", "FEB", "MAR", "APR", "MAY", "JUN", "JUL",
```

```
"AUG", "SEP", "OCT", "NOV", "DEC")
var monthname = months[month];
if (hour> 13) {
hour = hour - 13;
}
if (minute <10) {
minute = "0" + minute;
}
if (second <10) {
second = "0" + second;
}
document.title = title + " " + monthname + " " + day + ", " + year + " - " + hour + ":" +
minute + ":" + second;
status = title + " " + monthname + " " + day + ", " + year + " - " + hour + ":" + minute
+ ":" + second;
setTimeout("clock()", 1000)

}
</script>
```

(10) 选中 body 标签,添加行为"调用 JavaScript",弹出的对话框中输入"clock ( )",确认触发事件为"onLoad",如图 13.71 所示。

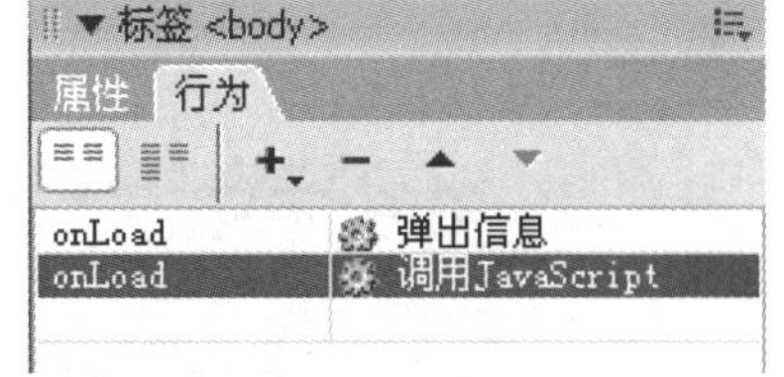

图 13.71 调用 JavaScript

(11) 保存网页,预览效果,如图 13.72 所示。

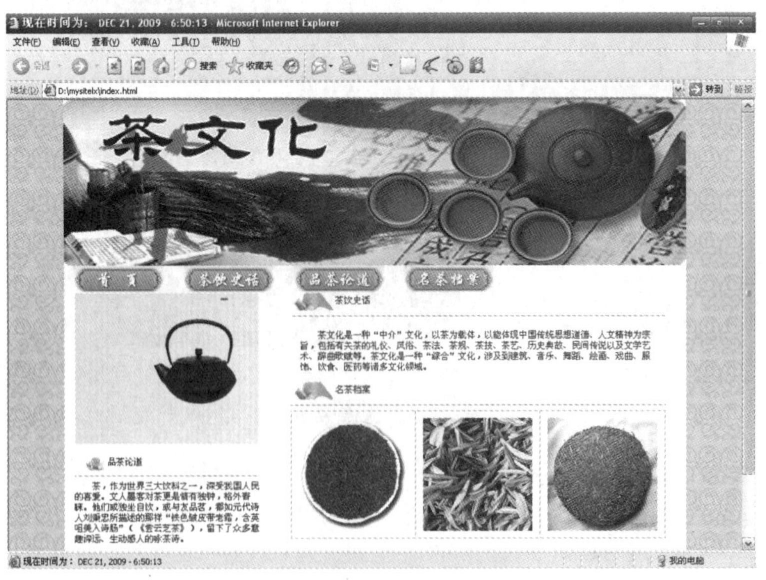

图 13.72 网页效果

网页制作

(12) 在网页中插入大小为 400×135 像素的 AP Div,层编号为"moveDiv",设置 AP Div 的背景图像为 gg. gif。在该 AP 元素中插入 1 行 1 列的表格,表格宽度为 70%,并输入文字,如图 13. 73 所示。

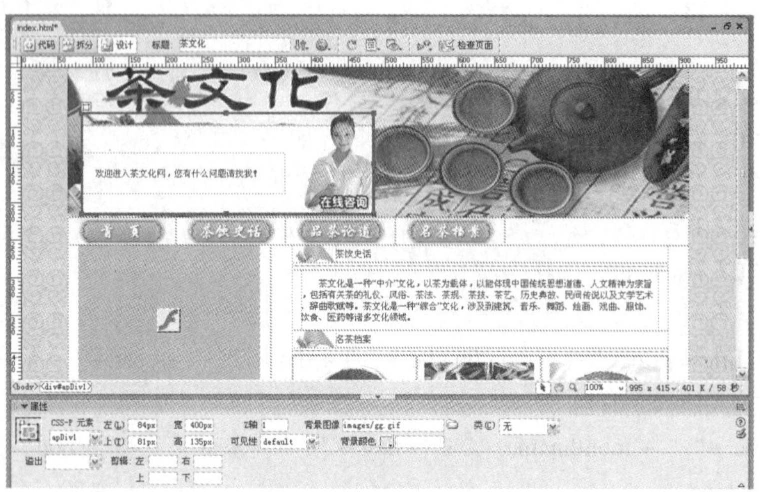

图 13. 73 插入 AP Div

(13) 利用时间轴制作 AP 元素飘移动画效果,对该 AP 元素添加"时间轴"行为。使鼠标移入 AP 元素,动画停止;鼠标移出,动画继续播放。单击 AP 元素,动画重新播放,如图 13. 74 所示。

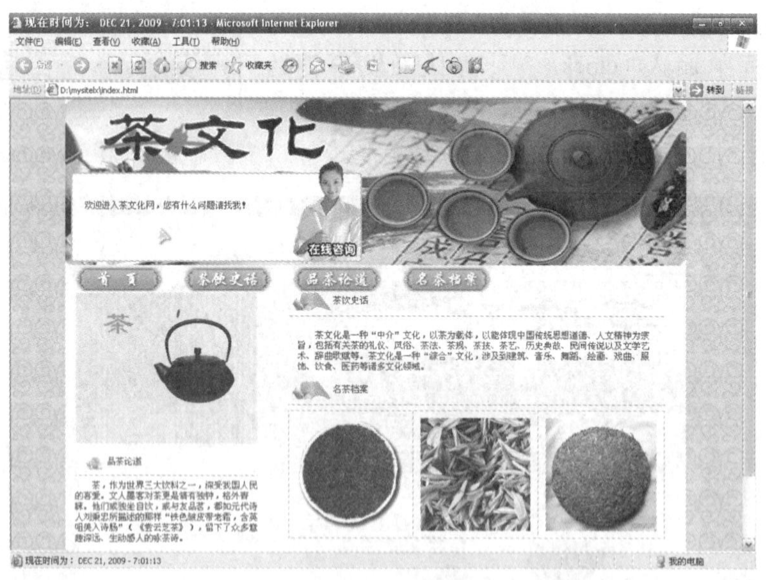

图 13. 74 网页效果

(14) 为"名茶档案"中的三张图像添加"效果"行为,"效果"类型可自定。

(15) 删除 index. html 中的 Flash,在删除后的空白单元格中插入素材图像 pic. jpg,并保存为_index. html,如图 13. 75 所示。

(16) 新建网页,设置与首页相同的页面属性。插入 2 行 1 列表格,表格宽度为 900 像

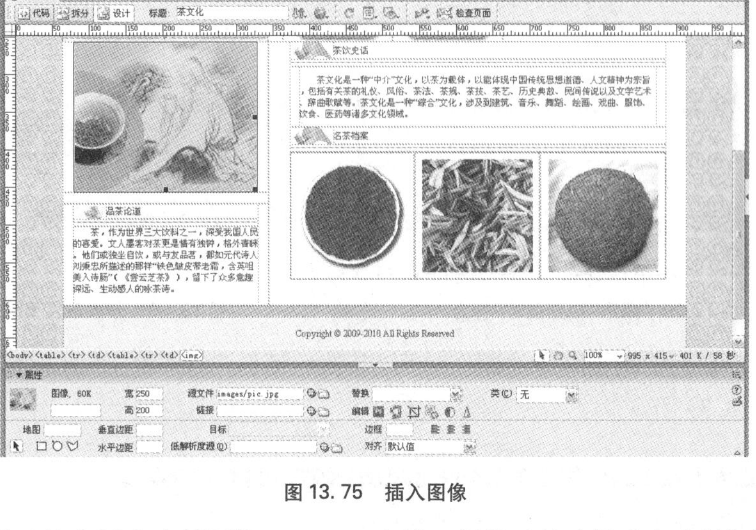

图 13.75　插入图像

素,在第一行单元格中插入素材图像 start. jpg,在第二行单元格中输入文字“进入首页”,文件名为 start. html,如图 13.76 所示。

图 13.76　网页效果

（17）为当前网页的 body 标签添加“预先载入图像”行为,触发事件为“onLoad”,如图 13.77、13.78 所示。

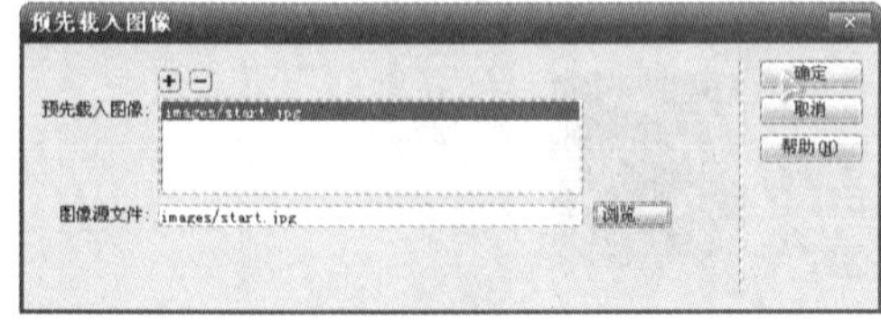

图 13.77　添加“预先载入图像”行为

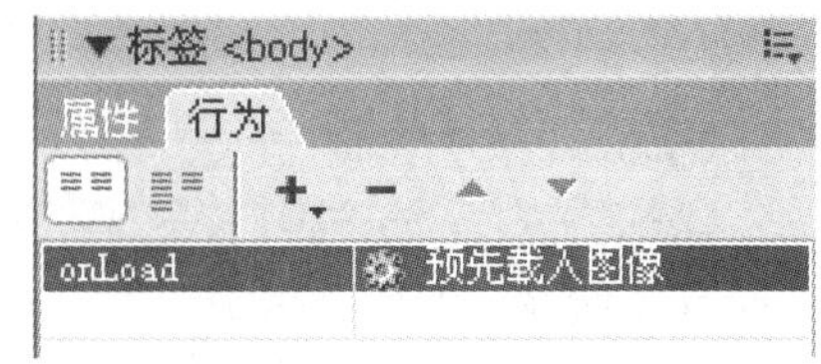

图 13.78　修改触发事件

（18）为文字“进入首页”添加“检查插件”行为，触发事件为“onClick”，如图 13.79、13.80 所示。

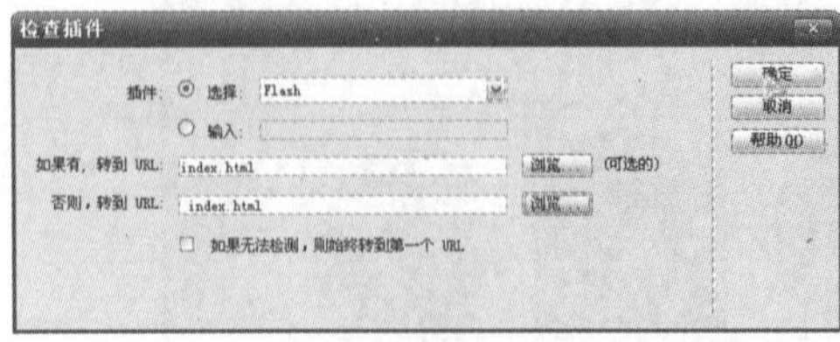

图 13.79　添加“检查插件”行为

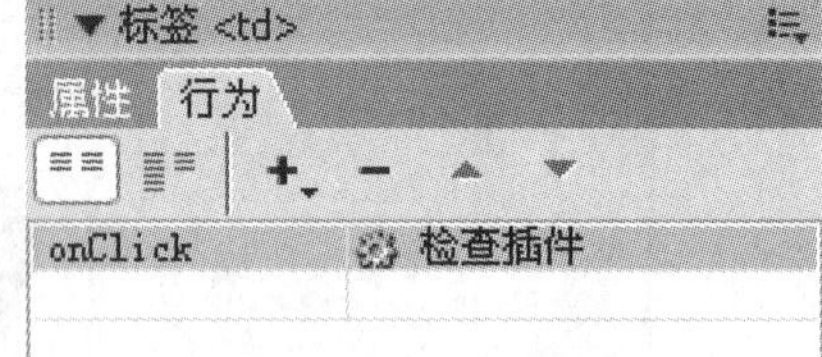

图 13.80　修改触发事件

（19）新建网页，使用相同方法制作分页“茶饮始话”、“品茶论道”和“名茶档案”，如图 13.81、13.82、13.83 所示。

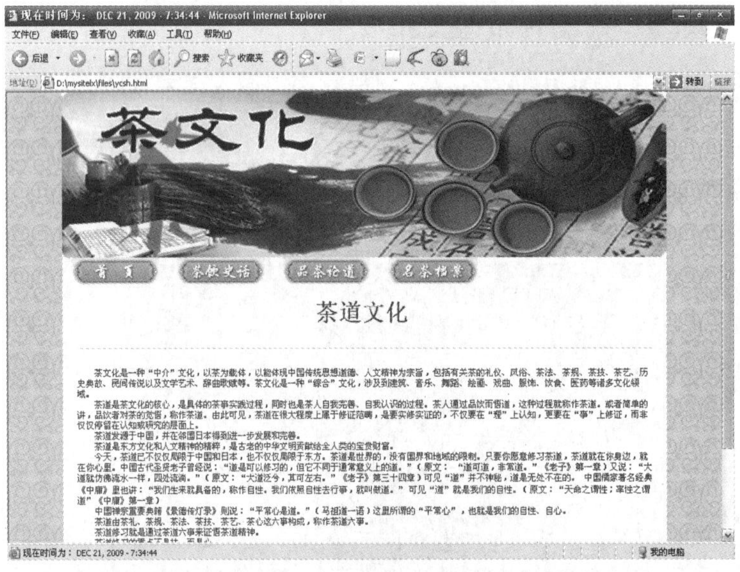

图 13.81　分页效果 1

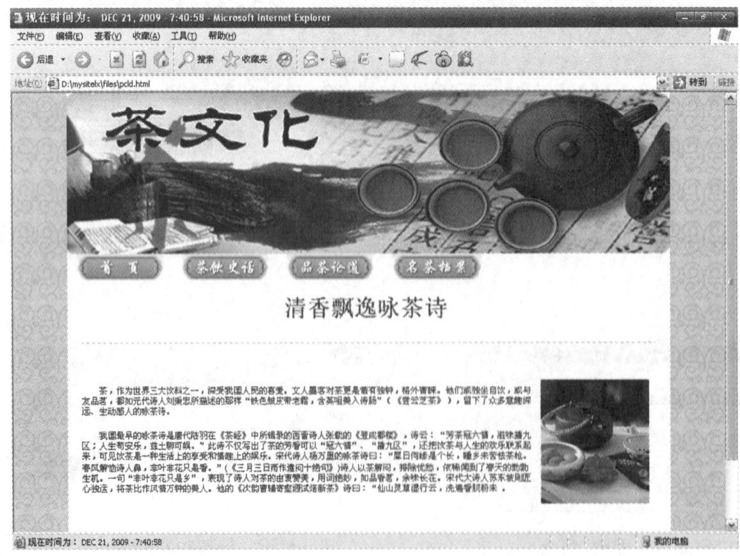

图 13.82　分页效果 2

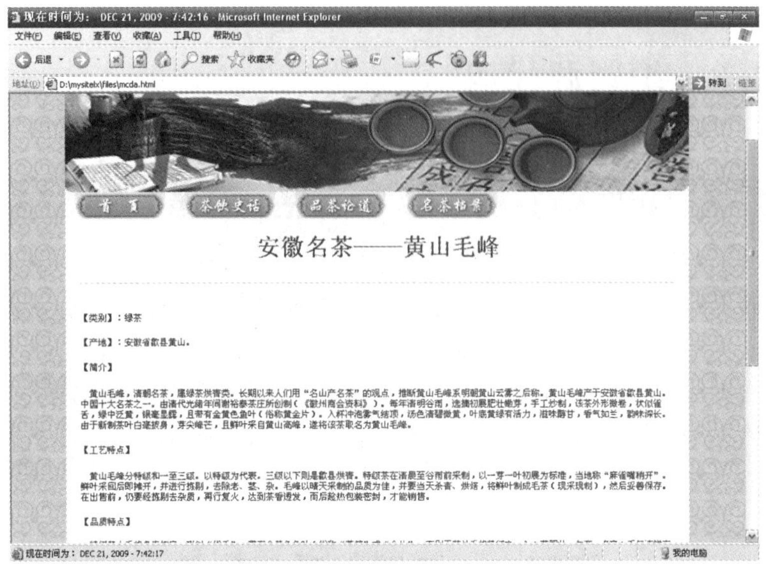

图 13.83　分页效果 3

（20）选取导航栏处的按钮，通过设置“行为”面板的“设置导航栏图像”行为，完成网页间的链接，并保存网页。

第十四章　编辑源代码

本章概要

Dreamweaver 提供的编辑环境是"所见即所得"的可视化编辑环境,用户在制作网页时不需要编写代码。但是,如果用户需要创建一些特殊的网页效果,插入脚本以及遇到了一些在可视化环境中无法解决的问题,则需要手动编写 HTML 代码。

本章节主要通过三个活动,分别了介绍了快速编辑源代码的方法,阐述了导入 Word 和 Excel 文档、整理 HTML 源代码以及设置源代码参数的方法。

活动一　快速编辑源代码

学习目标:掌握设置快速编辑源代码的方法,其中包括插入 HTML、编辑标签和环绕标签。

知识要点:插入 HTML、编辑标签、环绕标签。

准备知识

1. 快速标签编辑器概述

使用 Dreamweaver 的"快速标签编辑器"可以在文档的设计视图中快速编辑 HTML 源代码,而不必切换到源代码视图。打开快速标签编辑器最便捷的方式是按 Ctrl + T 键。

"快速标签编辑器"有三种模式:

① 插入 HTML:插入新的 HTML 代码。

② 编辑标签:编辑已有标签。

③ 环绕标签:用一个新标签包围当前选定元素。

用户在设计视图中选定不同的元素将会打开不同的模式。但这三种模式的基本操作都是一样的:打开编辑器、输入或编辑标签和属性、关闭编辑器。在编辑标签之后,如果要立即看到编辑效果而不退出快速标签编辑器,可以按 Tab 或 Shift + Tab 键。

2. 插入 HTML

在快速标签编辑器中插入的 HTML 代码的基本方法如下:

按 Ctrl + T 键打开快速标签编辑器,输入 HTML 标签或使用上下箭头键选取标签后按 Enter 键,最后按 Esc 键,关闭快速标签编辑器。

3. 编辑标签

在快速标签编辑器中编辑标签的基本方法如下:

按 Ctrl + T 键打开快速标签编辑器,出现"编辑标签"。也可以从文档窗口底部的标签选择器中选择要编辑的标签。然后单击鼠标右键,从快捷菜单中选择"编辑标签",设置相应参数即可。

4. **环绕标签**

在快速标签编辑器中插入环绕标签的基本方法如下：

在文档设计视图内选取环绕的对象，按 Ctrl + T 键打开快速标签编辑器。出现“环绕标签”后，输入或选取标签及其相应参数。如 <marquee direction = " left" behavior = " alternate" onmouseover = " this. stop( )" onmouseout = " this. start( ) "> ，即设置该对象先向左移动，然后左、右交替移动；当光标移至文字，文字停止运动；当光标移出文字，文字继续运动。

如果选定的文本或对象已经包含一个 HTML 标签，则快速标签编辑器将按“编辑标签”模式打开。

活动引导

1. **建立站点及网页**

(1) 在 D 盘建立站点目录 mysite141 及其子目录 images 和 files，并使用高级标签定义站点，站点名为“汽车销售网”，如图 14. 1 所示。

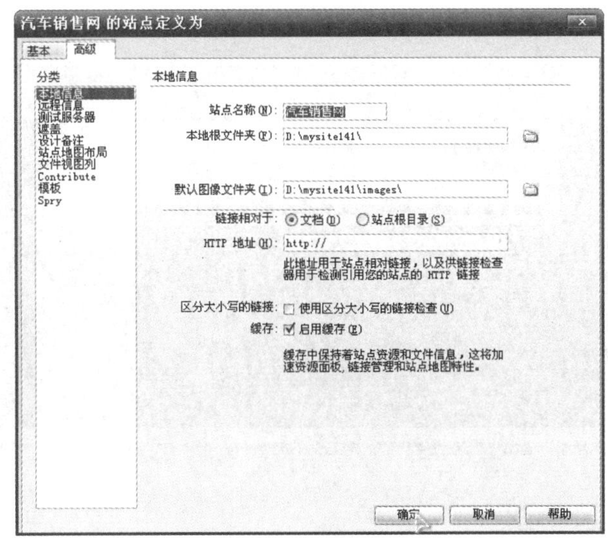

图 14. 1　定义站点

(2) 在起始页中的“新建”项中单击“HTML”，创建新网页，并将页面保存在站点根目录中，文件名为 index. html。

(3) 执行“修改/页面属性”命令，在“外观”项中设置文字大小为“9 点”，文本颜色为深灰色#666666，背景图像为“all_bg. jpg”，上、下、左、右边距都为“0 像素”，如图 14. 2 所示。

(4) 在“链接”分类中设置链接文字大小为“9 点”，链接颜色、变换图像链接、已访问链接和活动链接为白色#FFFFFF，下划线样式为“仅在变换图像时显示下划线”，如图 14. 3 所示。

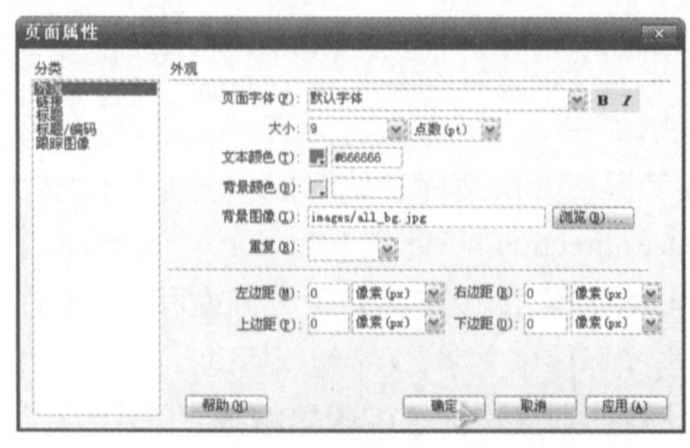

图 14.2 设置“外观”分类

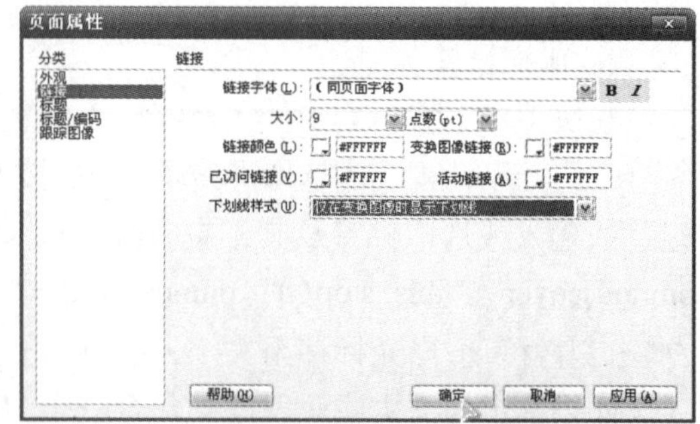

图 14.3 设置“链接”分类

(5) 在编辑窗口设置网页标题为“汽车销售网”。

2. **制作标题栏**

(1) 插入 4 行 1 列的表格,表格宽度为 700 像素,居中对齐。

(2) 将第一行单元格拆分成两列,在第一列单元格中插入 logo. gif,在第二列单元格内插入 2 行 1 列的嵌套表格,表格宽度设置为 80%,表格设置为水平右对齐,如图 14.4 所示。

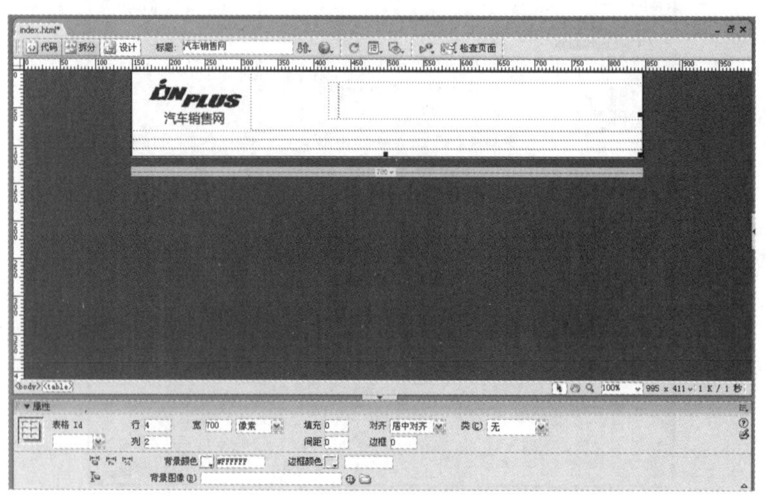

图 14.4 制作标题栏及导航栏

(3) 在上述嵌套表格的第一列单元格中插入素材图像 menuleft. gif,设置第二列单元格的背景色为深灰色#8C8C8C,并在该单元格内插入 1 行 7 列的嵌套表格作为导航栏。嵌套表格宽度为 100%,设置菜单文字所在单元格宽度为 100 像素,分割线所在单元格宽度为 4 像素。在单元格中输入文字及分隔线,并设置居中对齐,如图 14.5 所示。

(4) 将光标定位在第二行单元格内,按 Ctrl + T 键打开快速标签编辑器,在“插入 HTML”中输入“ <hr width = "100%" size = "1" color = "#CACACA"/> ”,按 Enter 键确认,如图 14.6 所示。

(5) 将光标定位在第四行单元格内,按相同的步骤完成分隔线制作。

(6) 在第三行单元格内插入素材图像 banner. jpg,如图 14.7 所示。

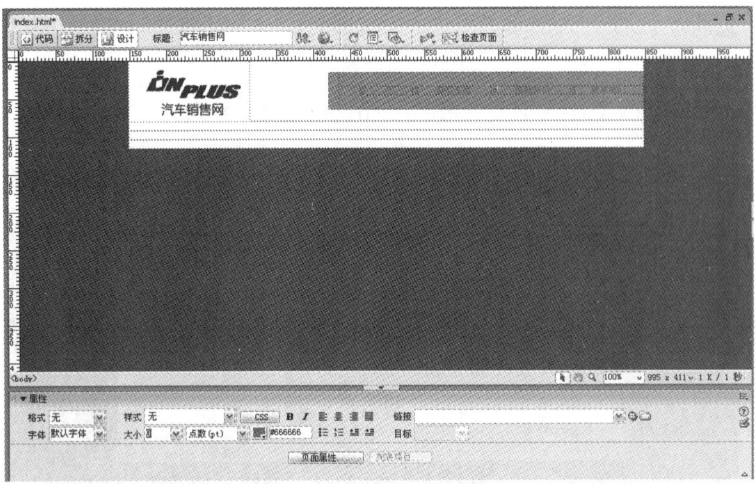

图 14.5　完成导航栏制作

图 14.6　完成导航栏制作

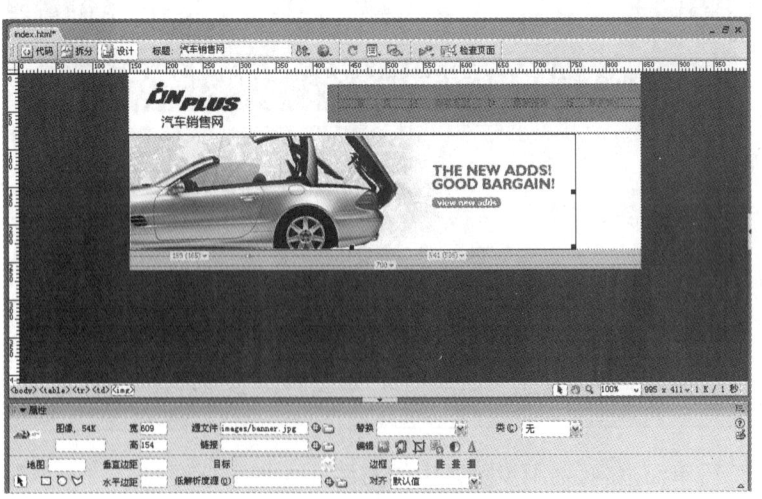

图 14.7　完成 banner 制作

3. **制作广告栏**

（1）插入 3 行 1 列的表格，表格宽度为 700 像素，居中对齐。

（2）在第一行单元格中插入素材图像 bz. jpg，如图 14. 8 所示。

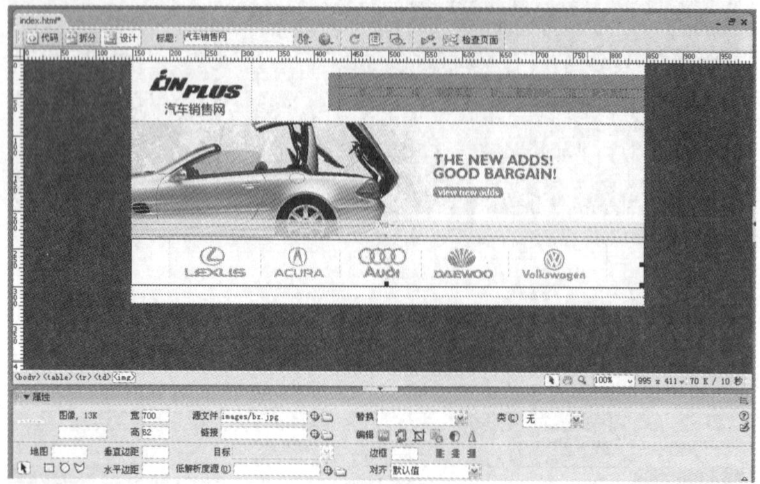

图 14. 8　插入素材图像

（3）选取素材图像 bz. jpg，按 Ctrl + T 键打开快速标签编辑器，在“环绕标签”中输入“ <marquee direction = " left"> ”，按 Enter 键确认。即设置该图像先向左移动，然后左、右交替移动。如图 14. 9 所示。

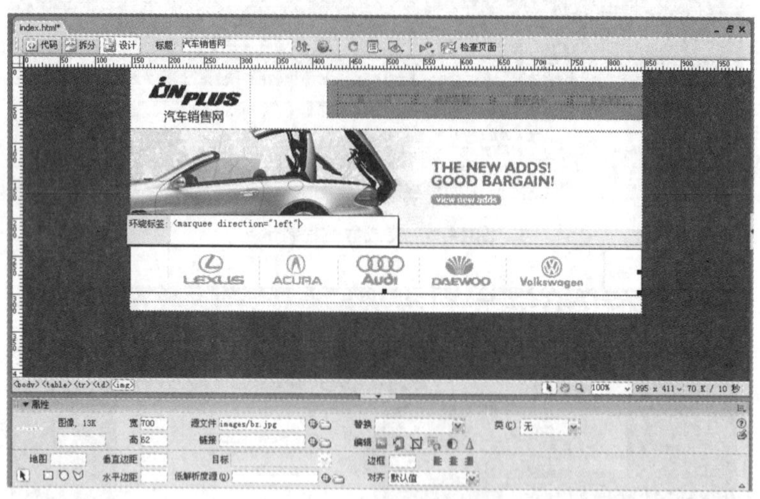

图 14. 9　设置环绕标签

小贴士

环绕标签不仅可以应用于上述的图像中，也可以用于文字、表格等多种网页元素。

（4）在第二行单元格内，采用步骤 2 中的方法插入水平分隔线。

（5）保存网页，预览效果，如图 14. 10 所示。

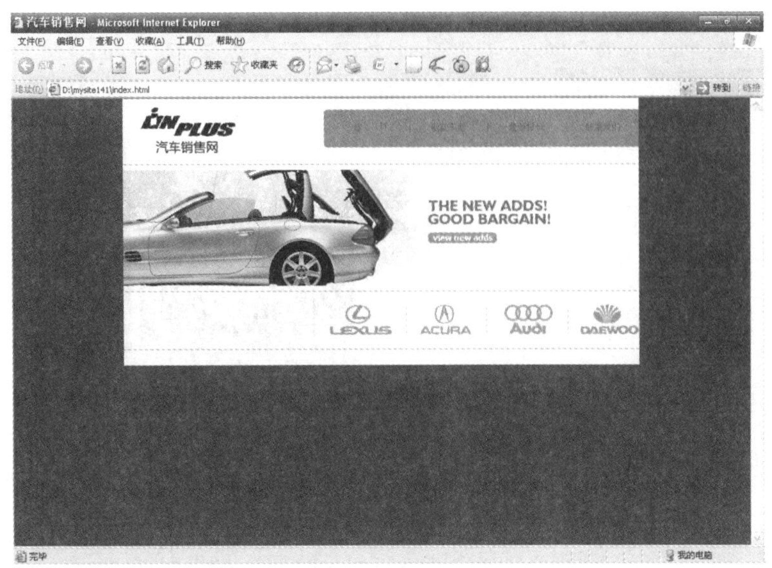

图 14.10　网页效果

4. 制作内容区域

（1）插入 1 行 2 列的表格，表格宽度为 700 像素，居中对齐。

（2）设置第一列单元格宽度为 400 像素，在第二列单元格内插入素材图像 car1.jpg，如图 14.11 所示。

图 14.11　制作内容区域

（3）在左侧单元格内插入 2 行 1 列的嵌套表格，表格宽度为 380 像素，居中对齐。

（4）设置嵌套表格的第一行单元格的高度为 20 像素，并设置单元格背景为 title.jpg，并在该单元内输入标题文字"最新消息"，文字设置为左对齐，如图 14.12 所示。

（5）在第二行单元格中插入 6 行 2 列的嵌套表格，表格宽度为 95%，如图 14.13 所示。

（6）选取该表格，按 Ctrl + T 键打开快速标签编辑器，在"编辑标签"弹出的"<table width = "95%" border = "0" cellspacing = "0" cellpadding = "0">"中添加代码"height = "180""，按 Enter 键确认，如图 14.14 所示。

图 14. 12　制作栏目标题

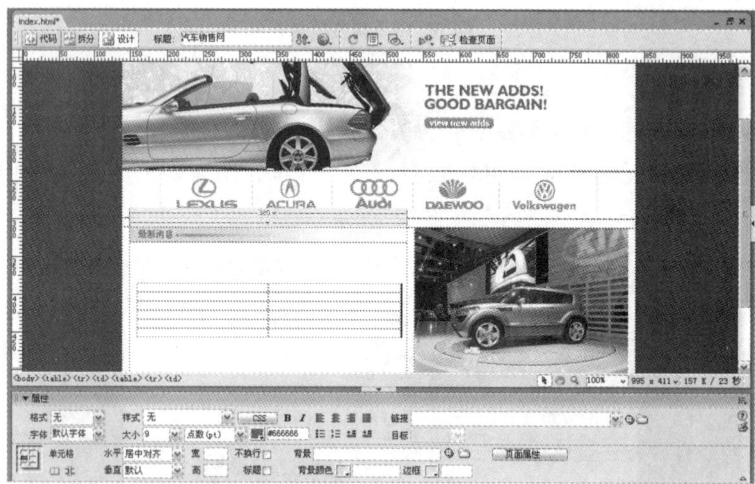

图 14. 13　插入嵌套表格

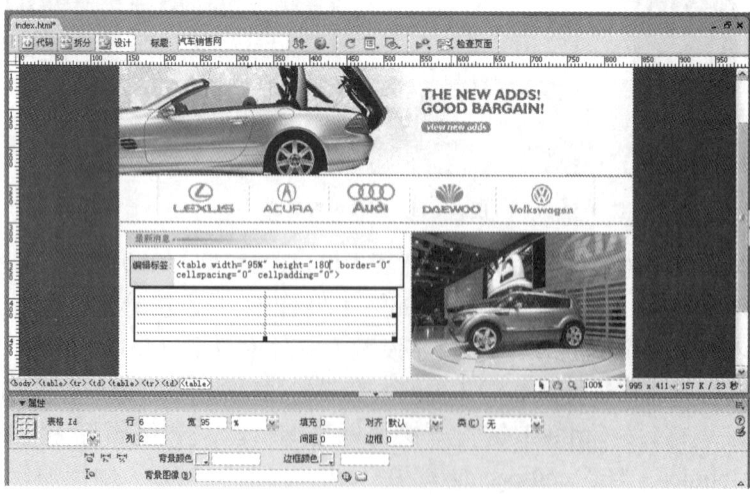

图 14. 14　编辑标签

(7) 在上述表格中添加文字,并设置文字为左对齐,如图 14.15 所示。

图 14.15 编辑标签

5. **制作版权栏**

(1) 插入 2 行 1 列的表格,表格宽度为 700 像素,居中对齐。

(2) 设置第一行单元格颜色为浅灰色#D1D1D1,第二行单元格颜色为深灰色#8A8A8A,且第二行单元格高度为 80 像素。

(3) 在第二行单元格中输入版权信息,且文字设置为白色,如图 14.16 所示。

图 14.16 版权栏的制作

(4) 保存网页,预览效果,如图 14.17 所示。

图 14.17　网页效果

活动小结

在本活动中，我们采用对当前网页设置快速编辑源代码的方法，在网页中快速插入HTML，编辑标签以及设置环绕标签，来丰富我们的网页。

活动二　导入 Word 和 Excel 文档

学习目标： 掌握在网页中导入 Word 和 Excel 文档的方法。

知识要点： 导入 Word、Excel 文档。

准备知识

在制作网页时往往需要将一些文档中的内容导入到网页中去，在 Dreamweaver 中为导入 Word 和 Excel 文档设置了专门的选项。在前面章节中我们已经接触到这一内容，在本活动中，我们将进一步巩固这一知识。

1. 导入 Word 文档

执行"文件/导入/Word 文档"命令，在弹出的"打开"对话框中选取.doc 的文档即可。

2. 导入 Excel 文档

执行"文件/导入/Excel 文档"命令，在弹出的"打开"对话框中选取.doc 的文档即可。

活动引导

1. 制作分页"新款车型"

(1) 打开上述活动中的 index.html，将网页另存在 files 文件夹内，文件名为"zxcx.html"。

(2) 将内容区域中的嵌套表格及图像删除，合并单元格，如图 14.18 所示。

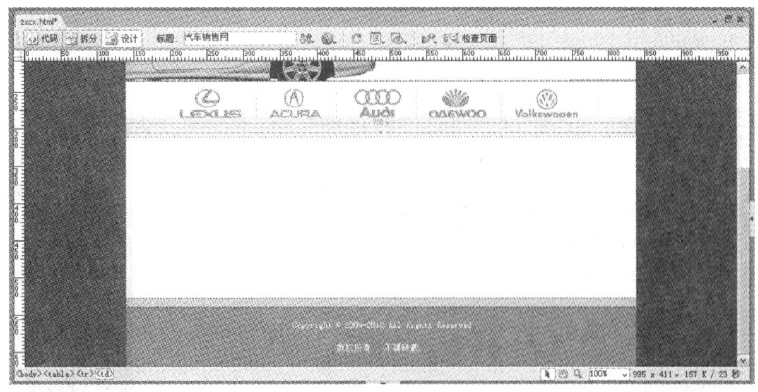

图 14.18　删除内容区域

(3) 将光标定位在内容区域所在单元格内,执行"文件/导入/Word 文档"命令,在弹出的"导入 Word 文档"对话框中选取素材"新款车型. doc"。

(4) 调整导入文字的对齐方式及格式,如图 14.19 所示。

图 14.19　调整文字对齐方式及格式

(5) 选取内容所在表格,在"属性"面板中设置表格间距为"20",如图 14.20 所示。

图 14.20　设置表格间距

（6）保存网页，预览效果，如图 14.21 所示。

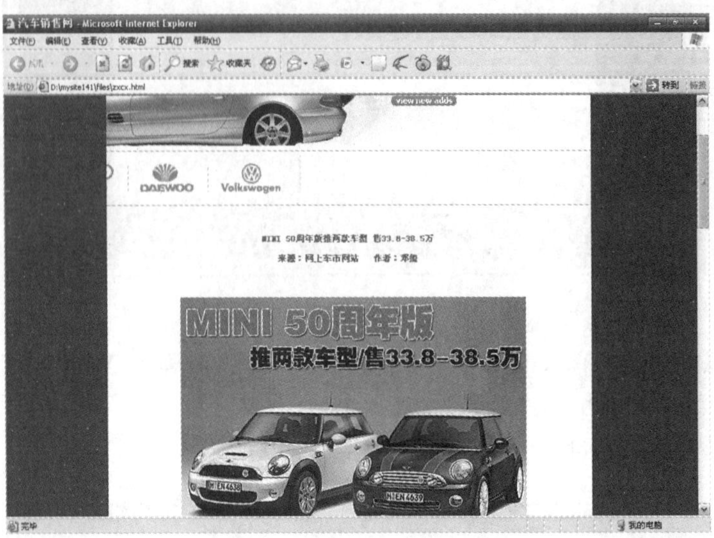

图 14.21　网页效果

2. **制作分页“最新报价”**

（1）将网页 zxcx. html 另存在 files 文件夹内，文件名为“zxbj. html”。

（2）将网页主要内容区域中的文字及图片删除。

（3）将光标定位在内容区域所在的单元格内，执行“文件/导入/Excel 文档”命令，将素材“车型报价. xls”导入到当前网页中，如图 14.22 所示。

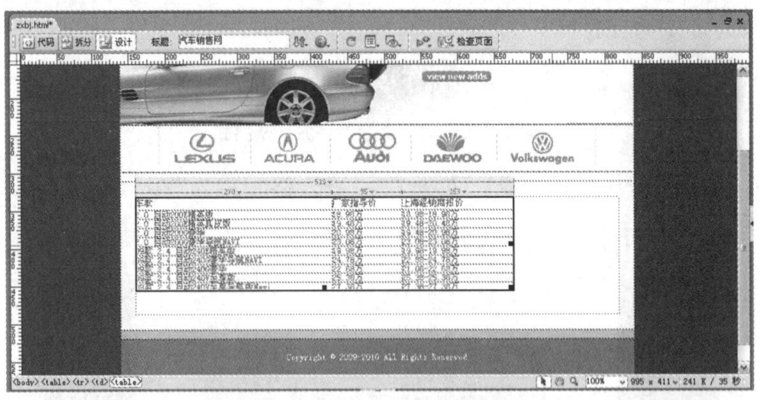

图 14.22　导入后效果

（4）选取插入的表格，在“属性”面板中设置“间距”为 1，表格背景色为浅灰色 #D1D1D1。选取表格中的所有单元格，设置单元格背景色为白色，完成边框粗细为 1 像素的制作，如图 14.23 所示。

（5）选取上述表格，按 Ctrl + T 键打开快速标签编辑器，在“编辑标签”弹出的“ <table width = "518" border = "0" cellpadding = "0" cellspacing = "1" bgcolor = "#D1D1D1"> ”中添加代码“height = "300" ”，按 Enter 键确认，如图 14.24 所示。

图 14.23　制作表格边框

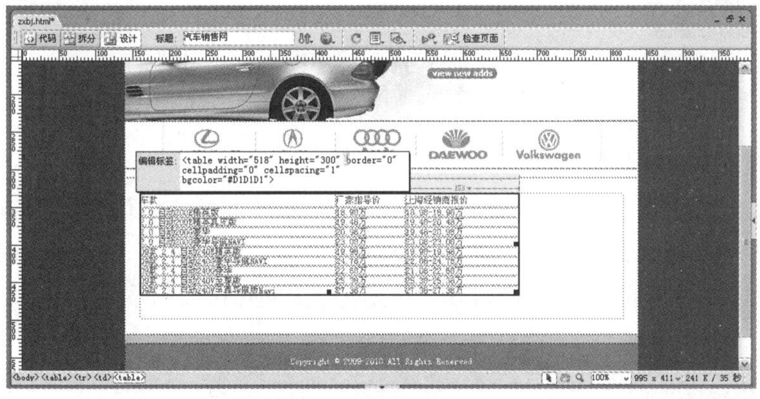

图 14.24　设置表格高度

(6)分别设置单元格内文字的对齐方式以及表格的对齐方式,并添加标题"上海　凯美瑞报价",调整后效果如图 14.25 所示。

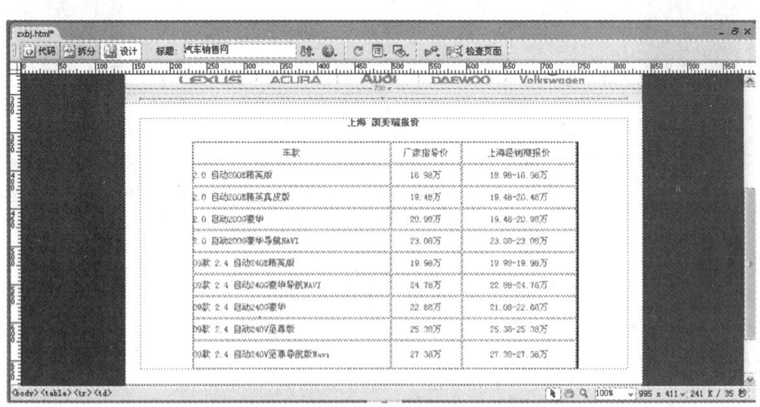

图 14.25　调整后效果

(7) 保存网页,预览效果,如图 14.26 所示。

图 14.26　网页效果

3. 完成网页间的链接

（1）选取上述网页顶部导航栏处的文字，利用"属性"面板完成页面间的链接。文字"联系我们"设置邮件链接，即"mailto：car@163. com"。

（2）选取导航栏中的分隔线，设置其颜色为白色，如图 14.27 所示。

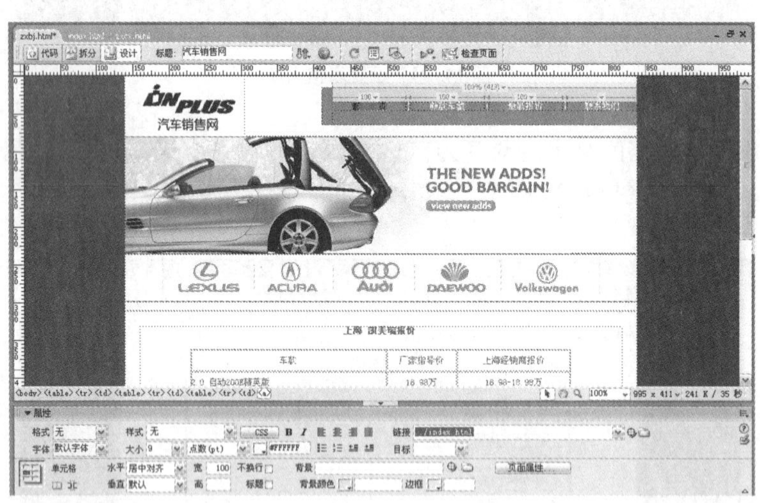

图 14.27　导航栏效果

（3）按相同的步骤完成其余页面的导航栏制作。

（4）保存网页，预览效果，如图 14.28 所示。

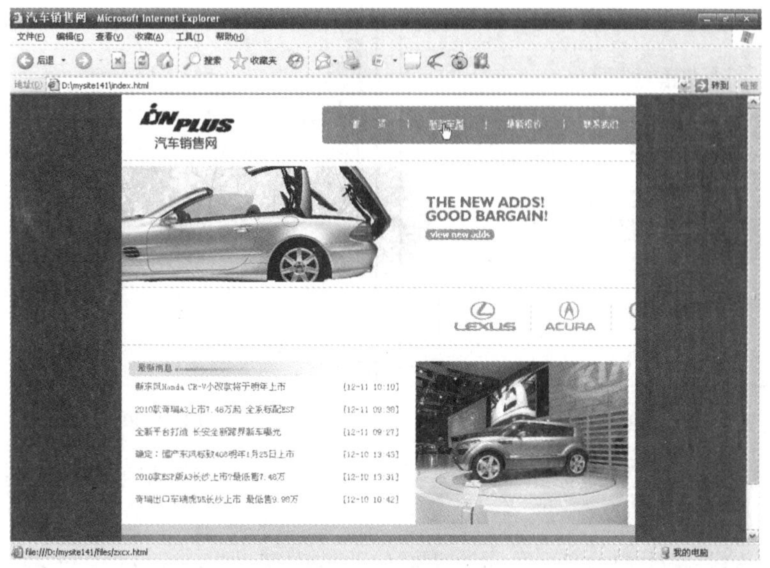

图 14.28 网页效果

活动小结

在本活动中我们主要通过导入 Word 和 Excel 文档，制作站点中的分页。由于这一特性，我们可以方便地完成 Word 和 Excel 文档与网页间的相互转换。

活动三 设置源代码参数选项以及整理源代码

学习目标： 掌握 Dreamweaver 的源代码参数选项的设置方法；了解标签嵌套、冗余代码的概念；掌握整理 HTML 源代码方法。

知识要点： 首选参数、标签嵌套、冗余代码、整理 HTML 源代码。

准备知识

1. 设置源代码参数

(1) 概述

Dreamweaver 提供的编辑环境是“所见即所得”的可视化编辑环境，用户在制作网页时不需要编写代码。但是，如果用户需要创建一些特殊的网页效果，插入脚本以及遇到了一些在可视化环境中无法解决的问题，则需要手动编写 HTML 代码。在编写代码之前设置源代码的相关参数，可以为具体编写工作提供便利。

执行“编辑/首选参数”命令，在弹出的“首选参数”对话框中即可设置源代码的相关参数，如图 14.29 所示。

在设置源代码的相关参数后，可以单击文档窗口上方的“显示代码视图”按钮，在代码窗口观看效果。

(2) 代码改写

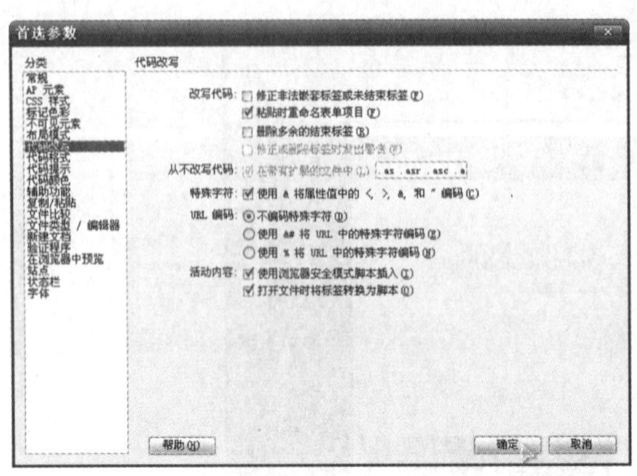

图 14.29　代码改写

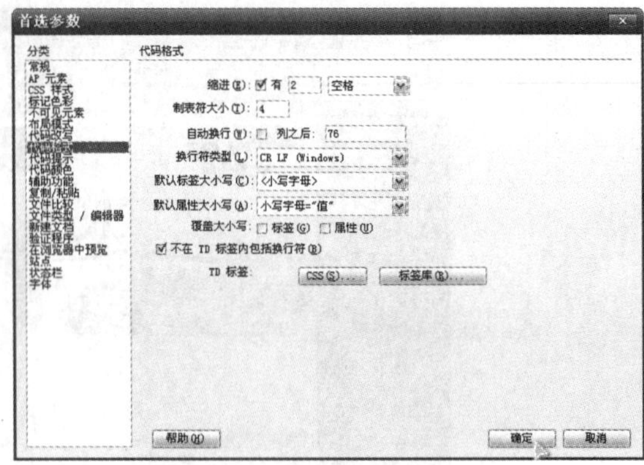

图 14.30　代码格式

在弹出的“首选参数”对话框的分类选项中选取“代码改写”，即可设置相关的属性，如图 14.29 所示。

代码改写：控制修改的内容。如果有需要修改的内容，则 Dreamweaver 将在打开 HTML 文档时修改其 HTML 源代码。

（3）代码格式选项设置

在弹出的“首选参数”对话框的分类选项中选取“代码格式”，即可设置相关的属性，如图 14.30 所示。

代码格式：控制常见 HTML 格式选项。在该选项的面板中可以设置代码缩进、换行、大小写等显示的格式。

（4）代码提示选项设置

在弹出的“首选参数”对话框的分类选项中选取“代码提示”，即可设置相关的属性，如图 14.31 所示。

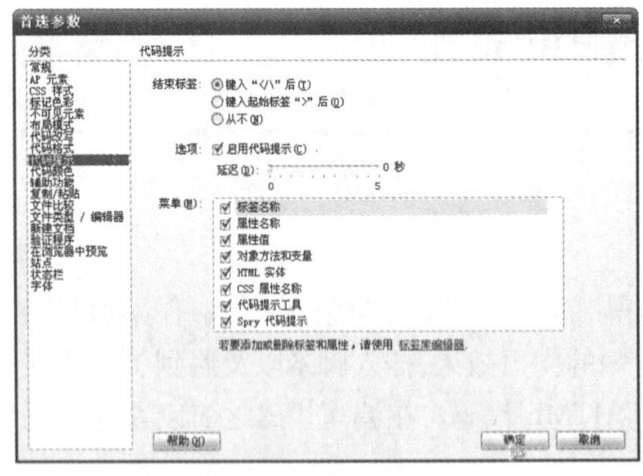

图 14.31　代码提示

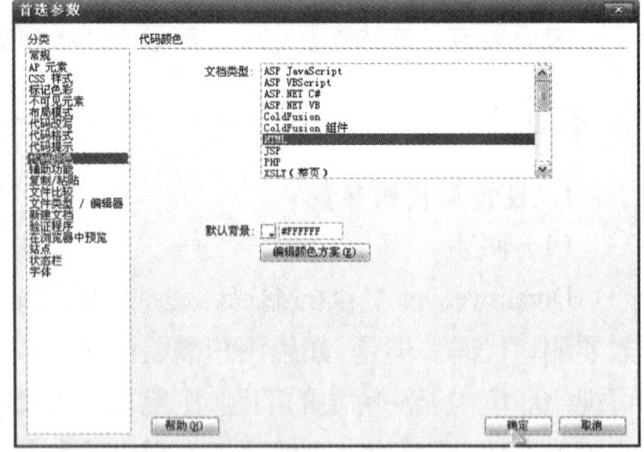

图 14.32　代码颜色

代码提示：设置代码提示的显示与否及是否自动添加结束标签。

建议将该面板中的选项都勾选，便于编写代码。

（5）代码颜色显示选项设置

在弹出的“首选参数”对话框的分类选项中选取“代码颜色”，即可设置相关的属性，如图

14.32 所示。

代码颜色:控制在源代码视图中显示的 HTML 标签以及包含在标签中的文本的颜色。

2. 整理源代码

网页中的垃圾代码不同程度地存在着。使用 Dreamweaver 中的清理命令可以清除垃圾代码,加速网页的下载和显示。

(1) 标签嵌套

HTML 标签之间可以相互嵌套,形成更为复杂的语法。标签嵌套的例子随处可见,例如:

<h1> <strong> 我的网站 </strong> </h1>

"我的网站"既使用了"标题 1"的格式又使用了"加粗"效果。该嵌套标签也可写成:

<strong> <h1> 我的网站 </h1> </strong>

但是,尽量不要使嵌套顺序发生混乱,避免下列形式的出现,防止出现不可预料的结果:

<h1> <strong> 我的网站 </h1> </strong>

上述语句在大多数浏览器中是可以正确理解它的含义,但是浏览器不能识别所有的嵌套错误。因此,为了保证文档有更好的兼容性,尽量不要发生标签嵌套顺序的错误。

(2) 冗余代码

在网页编辑过程中往往会产生多余的代码,这些多余的代码被称为冗余代码。例如:

<font color = " #330033" face = " Times New Roman"> <font color = " #FF0000"> 冗余代码 </font> </font> 。

在上例中, <font color = " #330033"> 就是典型的冗余代码。它虽然设置了文本的颜色,但是起作用的是离文本更近的 <font color = " #FF0000"> 语句。因此,文本将被设置为红色。上述代码应该改为:

<font color = " #FF0000" face = " Times New Roman, Times, serif"> 冗余代码 </font>

使用 Dreamweaver 编辑网页可以最大限度避免冗余代码的产生。

(3) 清理 HTML

使用"清理 HTML"命令可以删除空标签、合并嵌入的 FONT 标签等,改善杂乱而无法阅读的 HTML 代码。

执行"命令/清理 HTML"命令,对话框中的具体参数如下:

空标签区块:删除任何中间没有内容的标签。

多余的嵌入标签:删除所有多余的标签。

不属于 Dreamweaver 的 HTML 注解:删除所有并非由 Dreamweaver 插入的批注。

完成后显示记录:在 HTML 代码整理完成之后显示包含文档修改细节的警告框。

尽可能合并嵌套的 <font> 标签:组合两个或更多的控制相同文本区域的 FONT 标签。

Dreamweaver 的特殊标记:删除所有由 Dreamweaver 插入的批注。

指定的标签:删除在相邻文本域中指定的标签。

(4) 改正无效标记

如果在“HTML”面板中看到以淡黄色突出显示的 HTML 代码,则表示 Dreamweaver 已经发现无法显示的无效 HTML,如图 14. 33 所示。

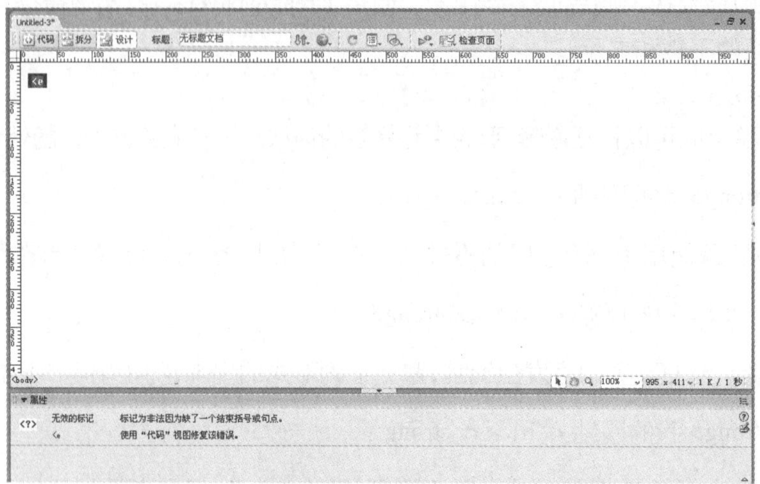

图 14. 33　无效标记

这是由于在代码视图中键入标签,在未完成时就切换到文档窗口中,就会产生无效 HTML 标签。

要改正这些问题,可单击黄色的“无效的标记”,根据“属性”面板中的提示进行修改。

1. 设置源代码参数

(1) 打开活动二中的网页 index. html。

(2) 单击文档窗口上的“代码”按钮,将视图切换至代码视图,如图 14. 34 所示。

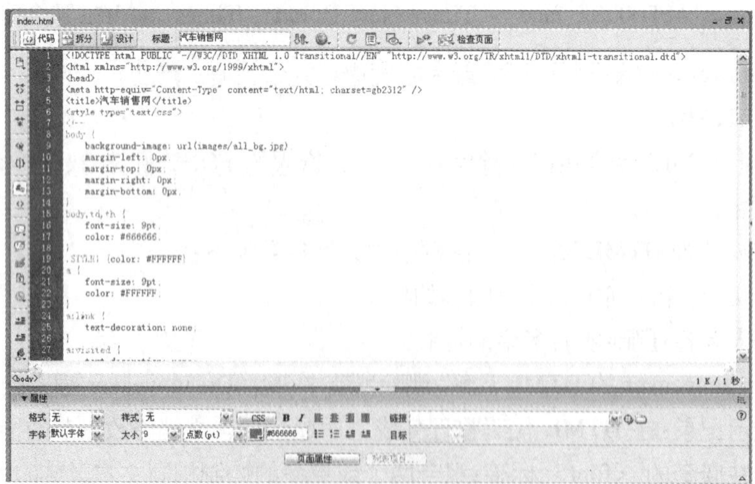

图 14. 34　代码视图

(3) 执行“编辑/首选参数”命令,在弹出的“首选参数”对话框的分类选项中选取“代码格式”,并设置相应参数,将默认标签、属性大小写设置为小写,如图 14. 35 所示。

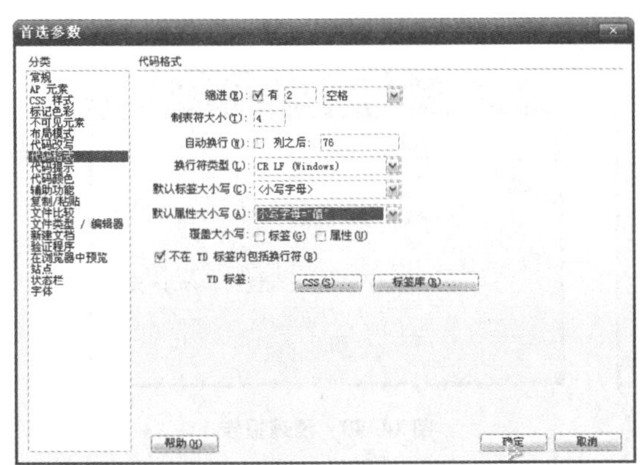

图 14. 35 设置代码格式

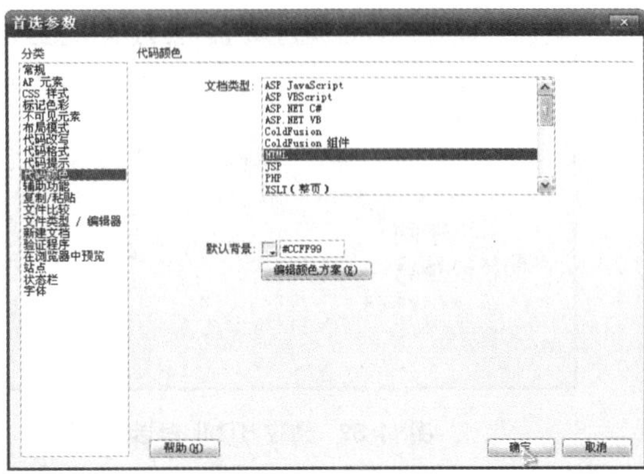

图 14. 36 设置代码颜色

(4) 在弹出的“首选参数”对话框的分类选项中选取“代码颜色”,并设置相应参数,将默认背景设置为青色#CCFF99,如图 14. 36 所示。

(5) 单击“编辑颜色方案”按钮 编辑颜色方案(E) ,在弹出的“编辑 HTML 的颜色方案”对话框中设置相应参数。选取样式中的“HTML Image 标签”,将文本颜色设置为“红色#FF0000”,背景颜色设置为黄色#FFFF00,并加粗显示,如图 14. 37 所示。

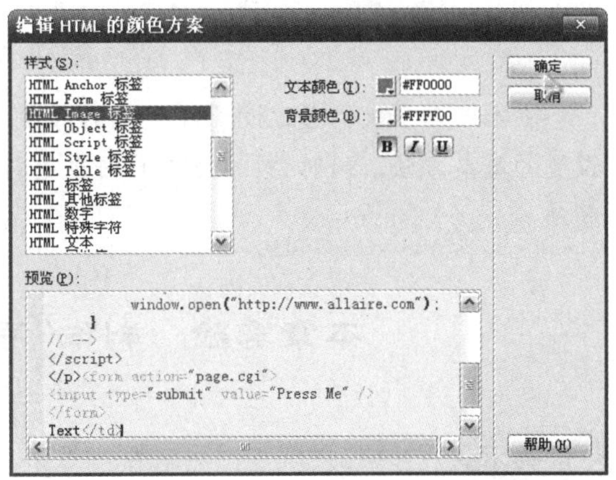

图 14. 37 设 Image 标签的颜色

(6) 单击两次“确定”按钮,完成设置,预览效果,如图 14. 38 所示。

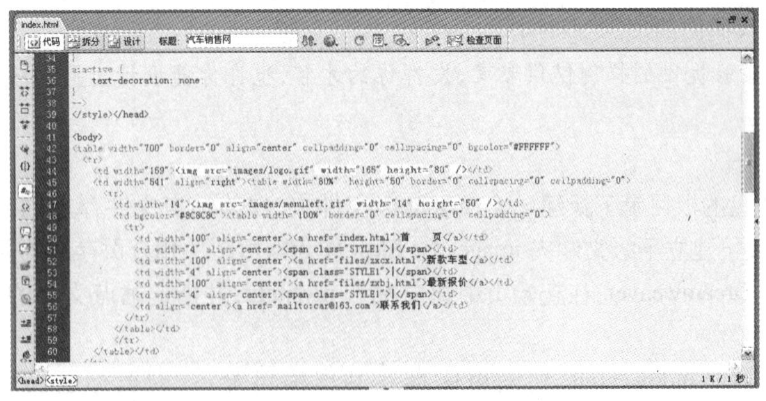

图 14. 38 设置后代码效果

2. 清理 HTML

(1) 保持 index. html 为打开状态。

（2）执行“命令/清理 HTML”，在出现的对话框中，勾选如下选项，如图 14.39 所示。

（3）单击“确定”，处理完毕后，将弹出清理报告，如图 14.40 所示。

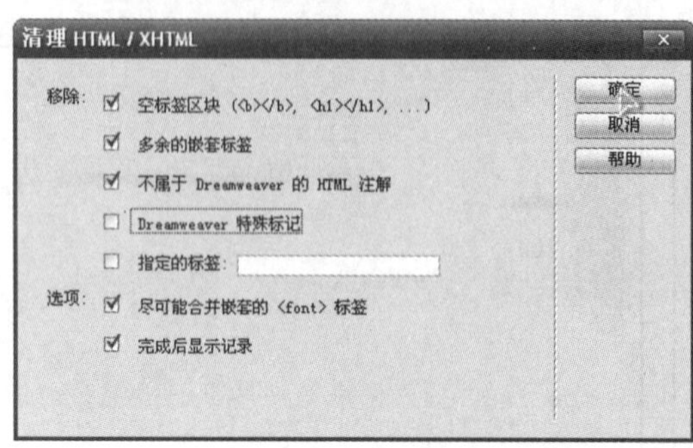

图 14.39　清理 HTML 对话框

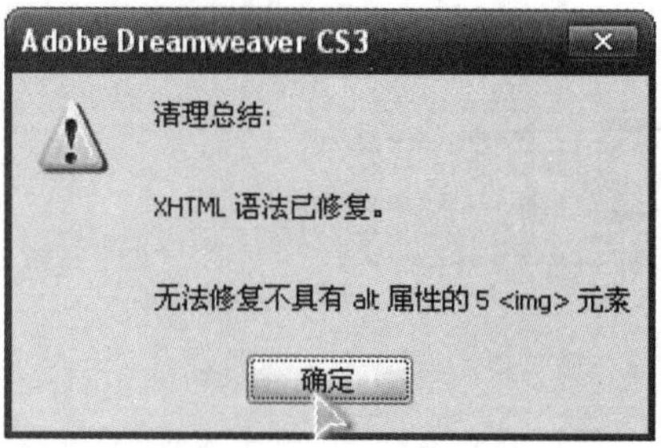

图 14.40　清理报告

（4）重复上述步骤，分别完成其他分页的 HTML 的清理。

活动小结

在本活动中我们通过设置源代码的相关参数，掌握源代码格式、颜色、提示等效果设置的基本方法。同时，对站点中的网页进行清理 HTML，这样能使我们的网页代码更简洁。

本章实验　制作“手机销售网”网站

实验要求

（1）建立站点目录 mysitelx，并将站点指定至站点目录。

（2）利用快速编辑源代码的方法，完成首页制作。

（3）利用导入 Word 及 Excel 文档方法，完成分页制作。

（4）进行代码的清理。

注意：本实验提供的样例仅供参考，发挥你的才智，也许你能设计出别具一格的网页哦！

操作提示

（1）在 D 盘的根目录下新建一个 mysitelx 文件夹，作为站点文件存放的目录。并且在 mysitelx 文件夹下建立下级文件夹 images 和 files，作为网页图片和分页存放的目录。

（2）打开 Dreamweaver，在起始页中建立站点 mysitelx，并指定站点文件的目录，站点名为“手机销售网”。

（3）新建网页 index. html，将网页保存在站点根目录下，网页标题设置为“手机销售网”。

（4）执行“修改/页面属性”命令，在“外观”分类中设置文字大小为“9 点”，文本颜色为黑色#333333，背景图像为“bg. gif”，上、下、左、右边距为“0 像素”。在“链接”分类中设置链接颜色、已访问链接和变换图像链接为白色#FFFFFF，下划线样式为“仅在图像变换时显示下划线”。

（5）插入2行1列表格，表格宽度为800像素。将第一行单元格拆分为2列。在各个单元格中分别插入素材图像 logo. gif、banner. jpg，并设置第一行第二列单元格颜色为黑色#333333，如图14.41所示。

图 14.41　制作标题栏

（6）在第一行第二列单元格中插入1行7列的嵌套表格，并输入文字“首页”、“新机介绍”、“价格行情”、“联系我们”及分隔线，文字可先设置为空链接，方便观看效果，如图14.42所示。

图 14.42　制作导航栏

（7）插入3行1列表格，表格宽度为800像素。设置第一、三行单元格高度为20像素。

（8）将光标定位在第一行单元格中，按 Ctrl + T 键打开快速标签编辑器，在“插入HTML”中输入“ <hr width = "100%" size = "1" color = "#CCCCCC" /> ”，按 Enter 键确认，如图14.43所示。

网页制作

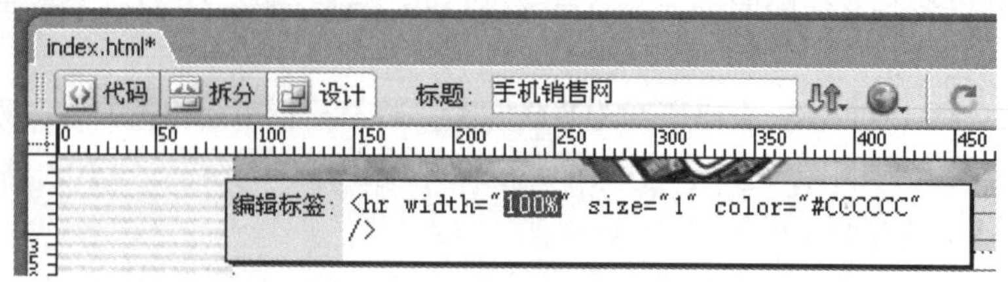

图 14.43　插入水平线

（9）按相同的步骤完成第三行单元格的水平线，如图 14.44 所示。

图 14.44　页面效果

（10）将光标定位在第二行单元格内，插入 1 行 2 列的嵌套表格，表格宽度为 800 像素。设置第一列单元格宽度为 200 像素，如图 14.45 所示。

图 14.45　插入内容区域的嵌套表格

(11) 在第一列单元格中插入 2 行 1 列的嵌套表格，表格宽度设置为 200 像素。在第一行单元格中插入素材图像 zygg. jpg，设置第二行单元格背景色为浅灰色#CCCCCC，单元格高度为 230 像素，如图 14. 46 所示。

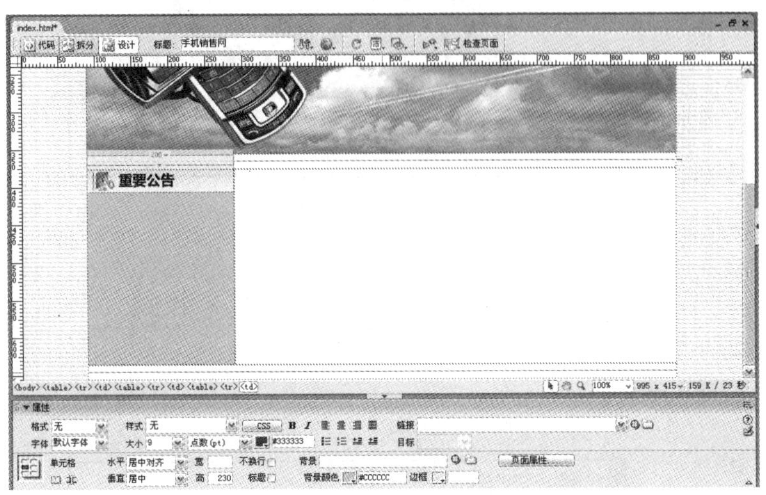

图 14. 46　制作公告栏

(12) 在上述嵌套表格的第二行单元格中插入 1 行 1 列的嵌套表格，表格水平、垂直居中，表格宽度为 198 像素，背景颜色为白色#FFFFFF，间距为 10，并在单元格中插入文字，如图 14. 47 所示。

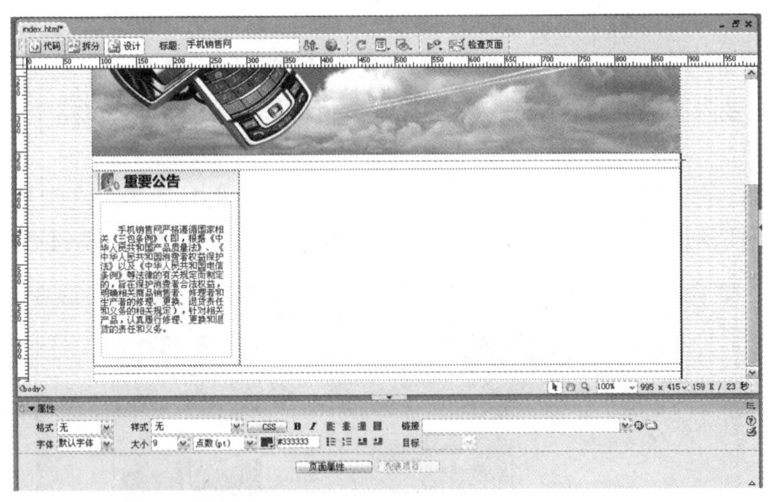

图 14. 47　制作公告栏内容区域

(13) 选取上述表格，按 Ctrl + T 键打开快速标签编辑器，在“编辑标签”中加入“height = "228" ”，按 Enter 键确认，如图 14. 48 所示。

(14) 选取表格中的文字，按 Ctrl + T 键打开快速标签编辑器，在“环绕标签”中输入“ <marquee direction = " up"> ”，按 Enter 键确认，如图 14. 49 所示。

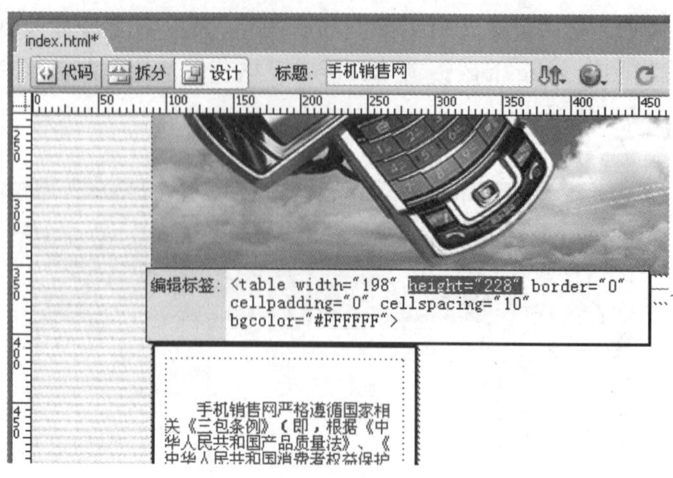

图 14.48　设置表格高度

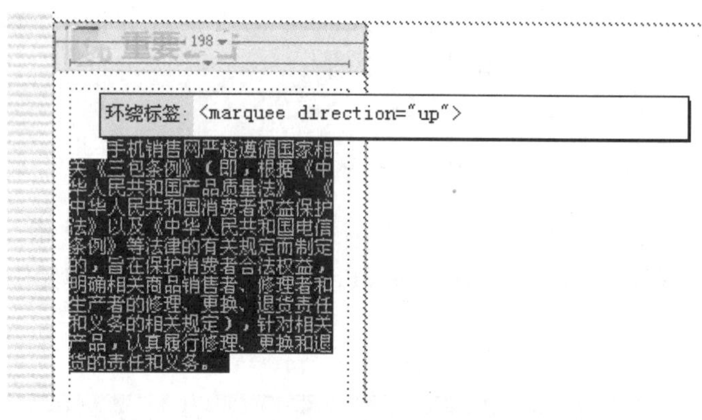

图 14.49　设置环绕标签

（15）在主要内容区域的右侧单元格内插入 2 行 1 列的嵌套表格，表格宽度为 580 像素，表格水平右对齐。

（16）按相同的步骤完成"最新行情"标题及边框的制作，并插入素材图像及文字。其中文字处的表格高度可利用快速标签编辑器来设置，表格高度为 210 像素，如图 14.50、14.51 所示。

图 14.50　制作"最新行情"

图 14.51　网页效果

(17) 插入 2 行 1 列的表格,表格宽度为 800 像素,表格居中对齐。设置第一行单元格背景颜色为浅灰色#E6E6E6,第二行单元格背景颜色为蓝色#1F6CB7,且高度为 80 像素,并输入版权信息文字,如图 14.52 所示。

图 14.52　版权信息

(18) 保存网页,预览效果,如图 14.53 所示。

(19) 将上述制作的网页另存在 files 文件夹中,文件名为 xjjs. html。

(20) 将当前网页内容区域的嵌套表格删除,并插入 1 行 1 列的嵌套表格,表格宽度为 90%,水平居中对齐,垂直顶端对齐。

(21) 执行"文件/导入/Word 文档"命令,将"诺基亚 N97. doc"导入。

(22) 设置当前网页的文字大小及对齐方式,效果如图 14.54 所示。

(23) 将网页另存在 files 文件夹中,文件名为 jghq. html。

(24) 将当前网页内容区域的嵌套表格删除。执行"文件/导入/Excel 文档"命令,将"手机报价. xls"导入。

图 14.53 网页效果

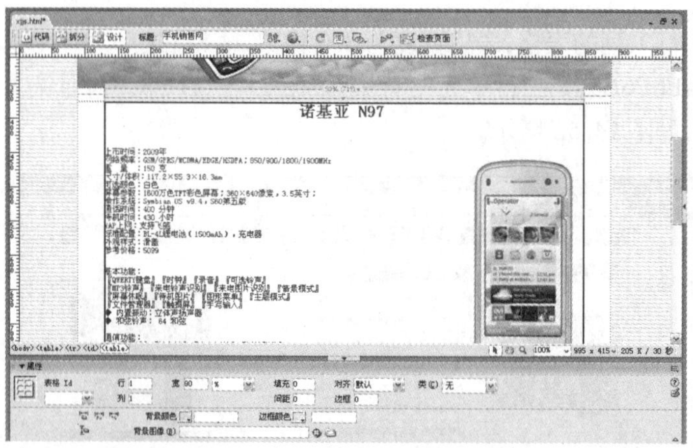

图 14.54 导入 word 文档

(25) 利用快速标签编辑器设置表格高度为 420 像素，利用表格间距，制作 1 像素宽度的表格边框，并调整文字的对齐方式以及单元格背景色，如图 14.55 所示。

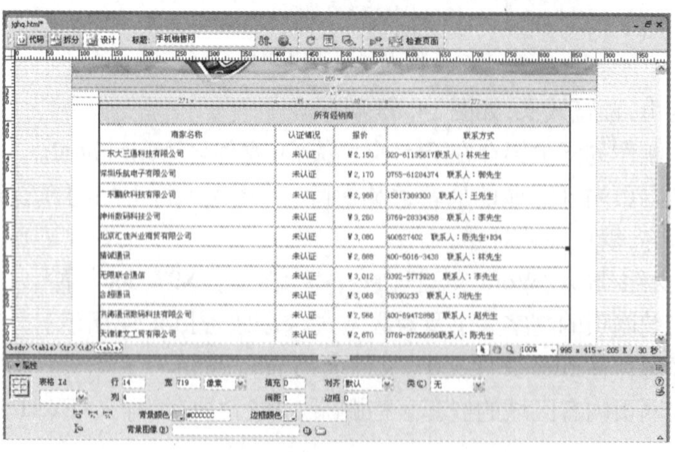

图 14.55 导入 excel 文档

（26）保存网页，完成网页间的链接，文字“联系我们”设置邮件链接，即“mailto：tel@163. com”。

（27）执行“命令/清理 HTML”命令，对各网页的代码进行清理，具体设置与活动中相同，如图 14. 56 所示。

（28）执行“编辑/首选参数”命令，设置源代码参数，具体设置与活动中相同。

（29）保存各网页，预览效果，如图 14. 57 所示。

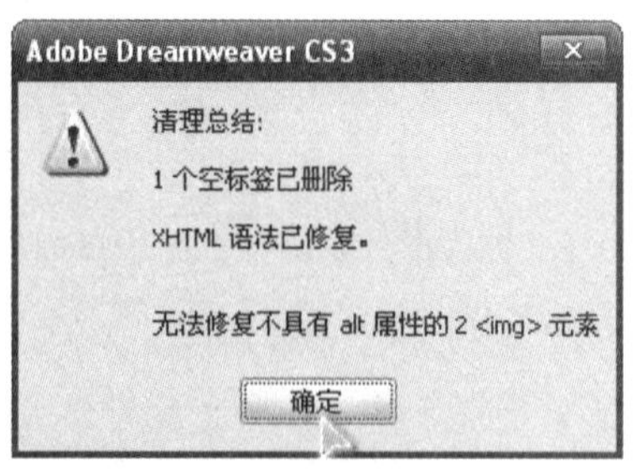

图 14. 56　清理 HTML

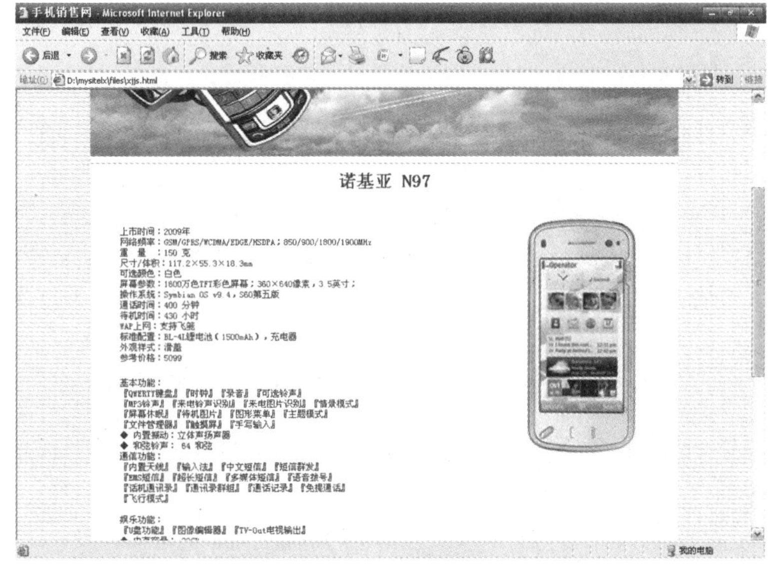

图 14. 57　网页效果

综合篇

第十五章　Fireworks 在网页中的应用

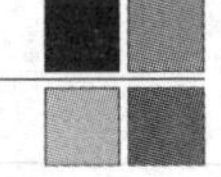

本章概要

Fireworks 是专门针对网络图形图像的处理软件，也是首套面向网络图形和动画片设计的软件。它在网络应用上有着绝对的优势，能方便、快捷地制作动画和按钮、创建热点、生成切片，还有完善图像优化的功能，甚至可以编辑整幅 Web 页面，为 Web 页面制作提供了全套处理方案。

本章主要通过四个活动的开展，让学生掌握 Fireworks CS3 基本功能的使用，能对网络图形图像进行基本的绘制、编辑，以及 GIF 动画的制作与页面的切片和编辑。

活动一　设计网页版面

让我们运用 Fireworks CS3 中的工具来制作“Better City，Better Life”的模板吧！

1. 新建文件

(1) 打开 Fireworks CS3，选择“Create New Fireworks Document”新建 Fireworks 文件，如图 15.1 所示。

(2) 在弹出的对话框中，设置新建文件的大小，如图 15.2 所示。

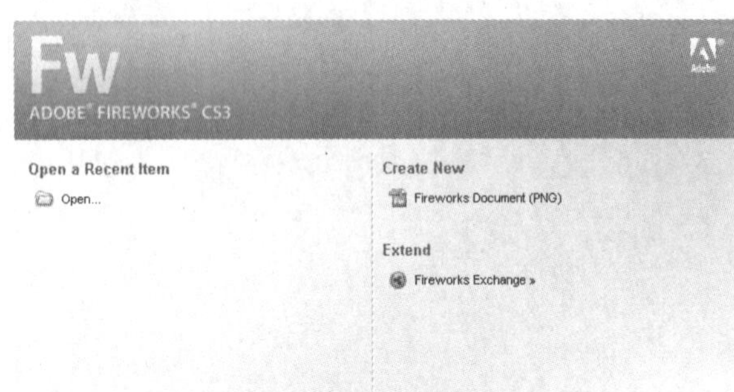

图 15.1　新建文件界面

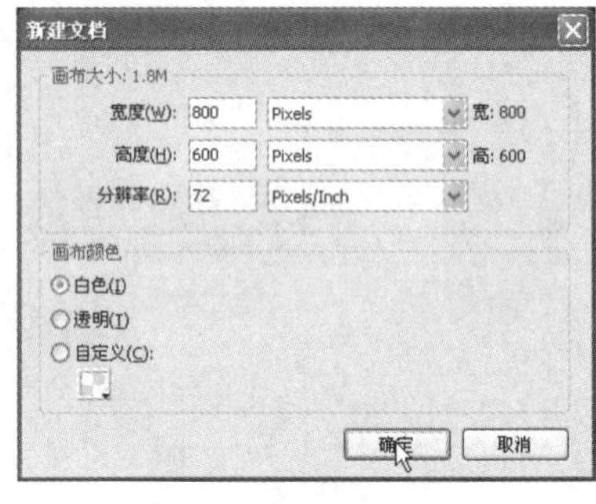

图 15.2　新建文件对话框

2. 导入图片

(1) 执行“文件/导入”命令(快捷键 Ctrl + R)，在弹出的对话选择“sc\标题. jpg”文件，点击“打开”按钮，如图 15.3 所示。

(2) 在画面中，拖动鼠标，将图片导入到文件中，效果如图 15.4 所示。

3. 绘制渐变色矩形

(1) 选择“矩形”工具，将其参数设置如图 15.5 所示。其中填充类型为线性渐变，颜色代码分别为白色#FFFFFF 和浅灰色#CCCCCC。

图 15.3　导入对话框

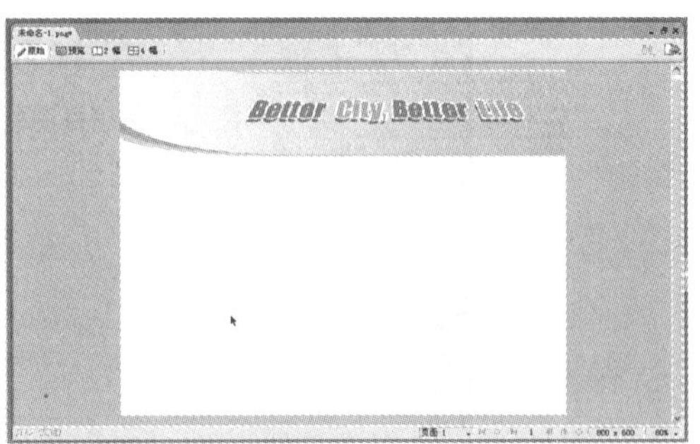

图 15.4　页面效果图

图 15.5　矩形工具属性栏设置

（2）拖动鼠标在模板中绘制矩形并调整渐变颜色的方向，如图 15.6 所示。

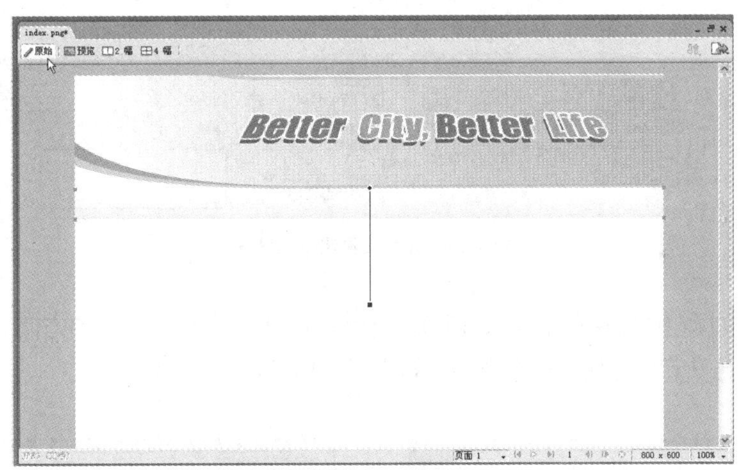

图 15.6　绘制渐变色矩形

4. 绘制矩形

选择“矩形”工具，将其参数设置如图 15.7 所示。其中填充颜色代码为白色#FFFFFF，描边颜色代码为浅灰色#CCCCCC，效果如图 15.8 所示。

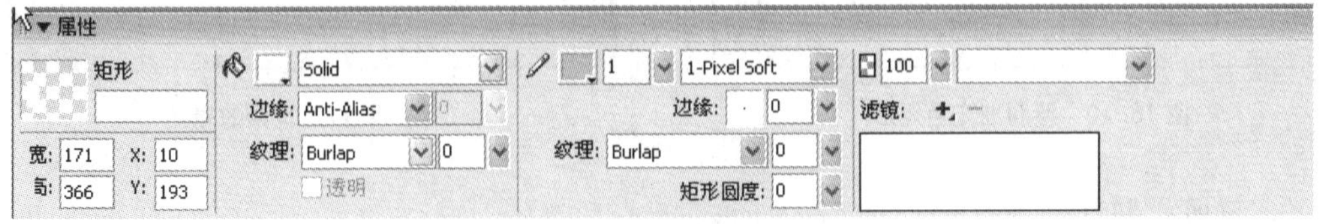

图 15.7　矩形工具属性栏设置

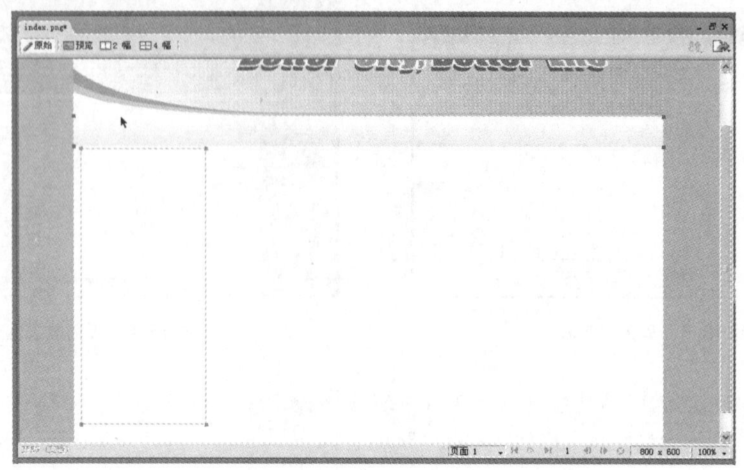

图 15.8　绘制矩形

5. 制作副标题

（1）选择“矩形”工具，将其参数设置如图 15.9 所示。其中填充类型为线性渐变，颜色代码分别为白色#FFFFFF 和灰色#EEEEEE，描边颜色代码为浅灰色#CCCCCC。

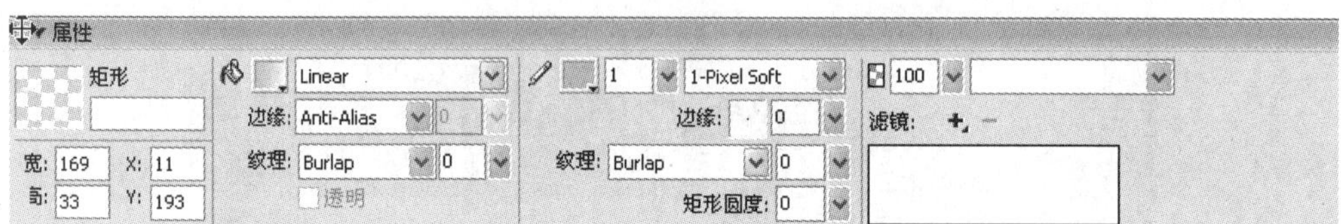

图 15.9　矩形工具属性栏设置

（2）拖动鼠标在模板中绘制如图 15.10 所示矩形并调整渐变颜色的方向。

（3）复制上一步所绘制的矩形，将其放置如图 15.11 所示位置。

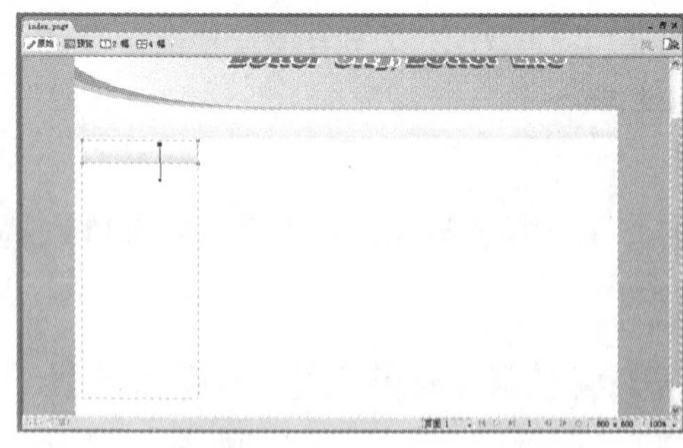

图 15.10　绘制渐变色矩形

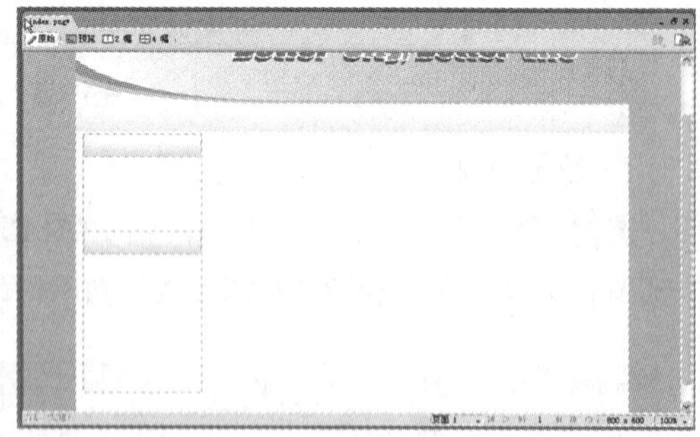

图 15.11　页面效果图

6. 新闻栏制作

（1）选择“矩形”工具制作矩形，将其参数设置如图 15.12 所示。颜色代码为白色#FFFFFF，描边颜色代码为浅灰色#CCCCCC。

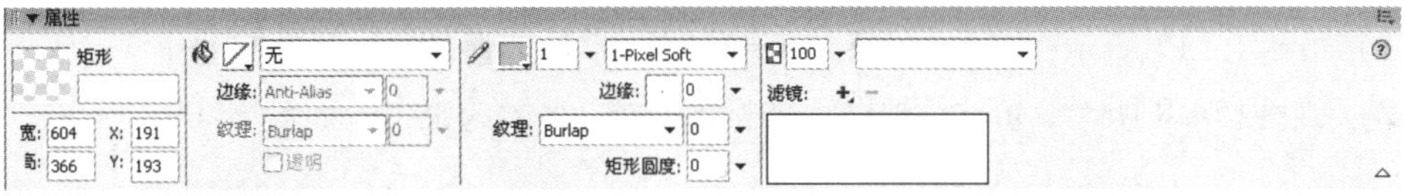

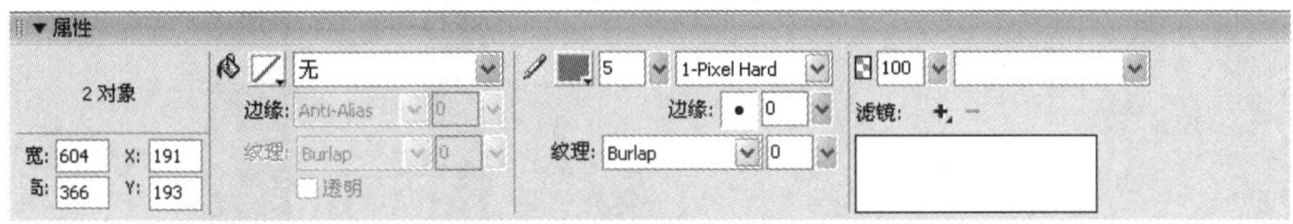

图 15.12 矩形工具属性栏设置

(2) 选择“直线”工具添加分隔线,将其参数设置如图 15.13 所示。其中填充颜色代码为草绿色#669900。效果如图 15.14 所示。

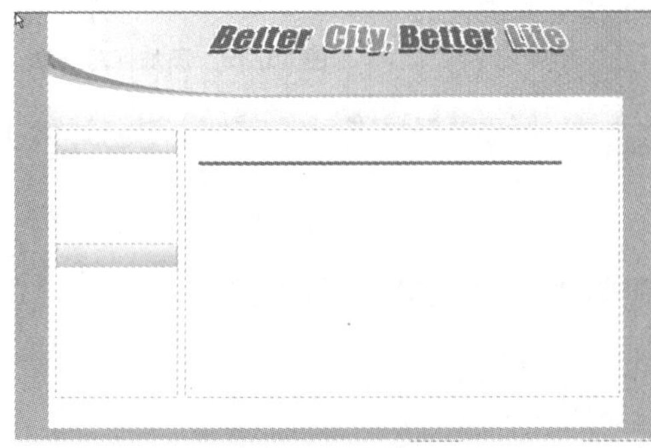

图 15.13 直线工具属性栏设置

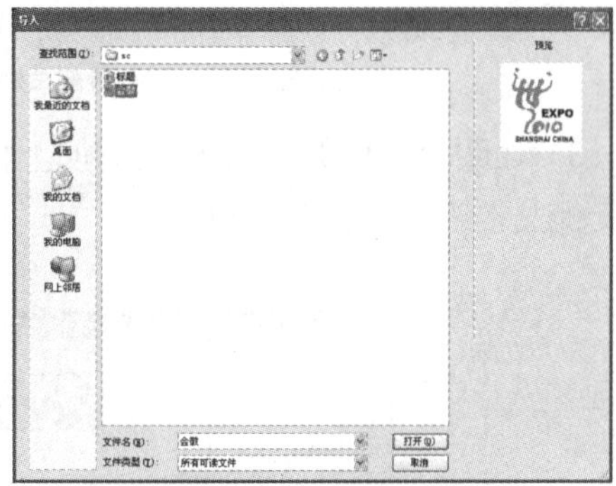

图 15.14 页面效果图

图 15.15 导入对话框

(3) 执行“文件/导入”命令,选择“sc\会徽. png”文件,点击“打开”按钮,如图 15.15 所示。效果如图 15.16 所示。

图 15.16 页面效果图

7. 添加标题文字

(1) 如图 15. 17 所示,为导航栏添加标题菜单,字体为黑体,大小为 15。

(2) 如图 15. 18 所示,为副标题栏添加标题文本,字体为隶书,大小为 20。

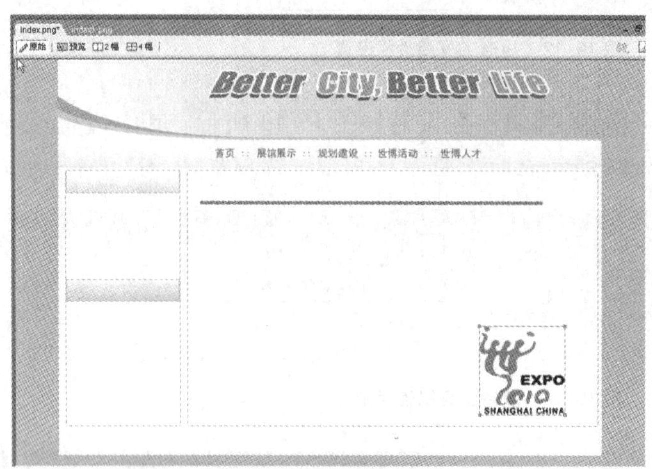

图 15. 17　添加导航栏标题

图 15. 18　添加标题文本

(3) 如图 15. 19 所示,为模板添加上标题及文本,标题“新闻热点”字体为隶书,大小为 25,其他文本为黑体,大小为 15。

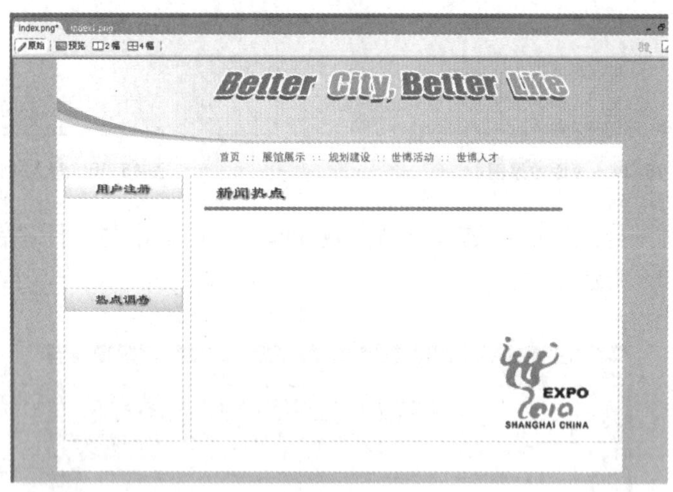

图 15. 19　添加文本

(4) 将模板进行保存,保存名为“index. png”。

8. 分页制作

(1) 将模板另存为名为 index1,保存格式为 png,然后将模板中的一些图层进行删除,效果如图 15. 20 所示。

(2) 用鼠标拖动调整,效果如图 15. 21 所示。

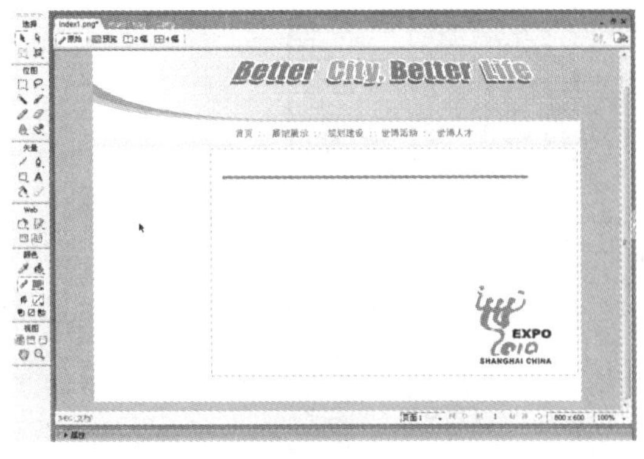

图 15.20　页面效果图

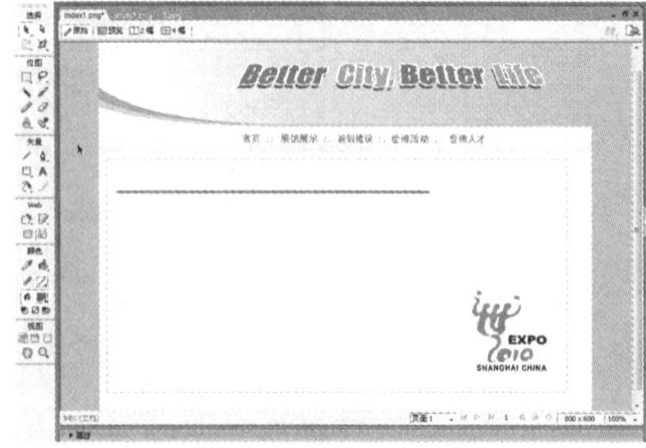

图 15.21　页面效果图

(3) 利用文字工具,为页面建立标题,如图 15.22 所示,字体为黑体,大小为 20,颜色为浅灰色#003300。

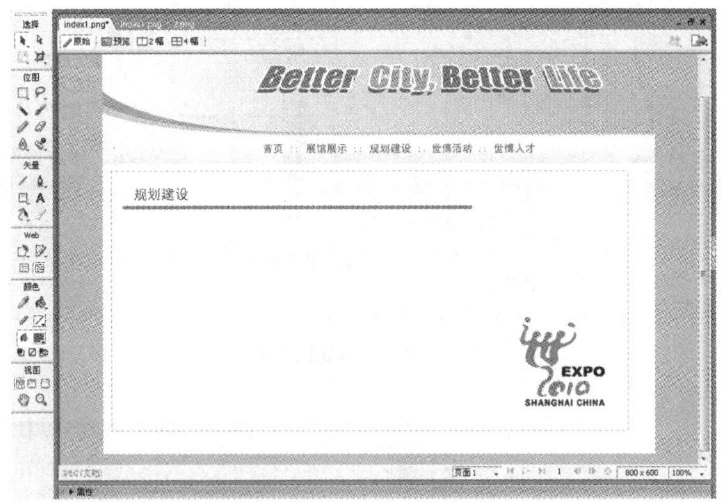

图 15.22　建立标题

(4) 选择"矩形"工具绘制矩形,将其参数设置如图 15.23 所示,其中效果填充类型为线性渐变,颜色代码分别为白色#FFFFFF,灰色#EEEEEE,描边颜色代码为浅灰色#CCCCCC,效果如图 15.24 所示。

9. **美化网页文本**

(1) 选中主网页标题"用户注册"、"热点调查"、"新闻热点",添加滤镜"凸起浮雕"效果,如图 15.25 所示。滤镜参数见图 15.26,效果如图 15.27 所示。

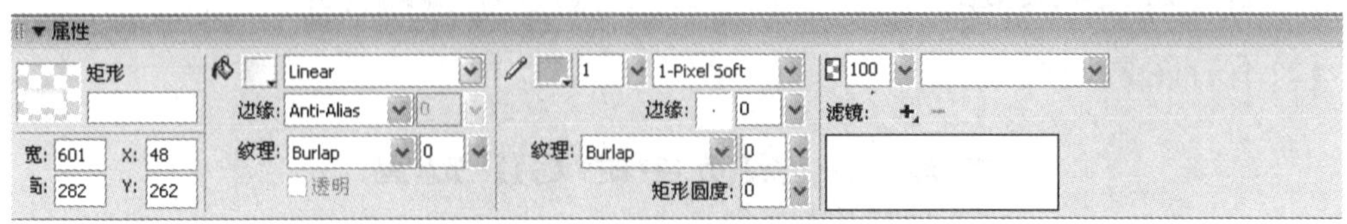

图 15.23　矩形工具属性栏设置

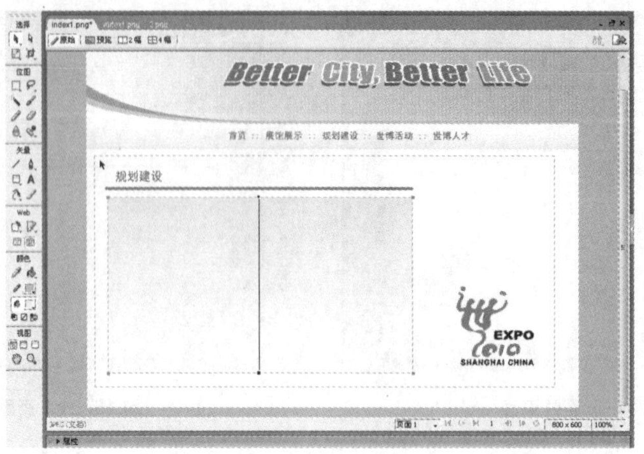

图 15.24　页面效果图

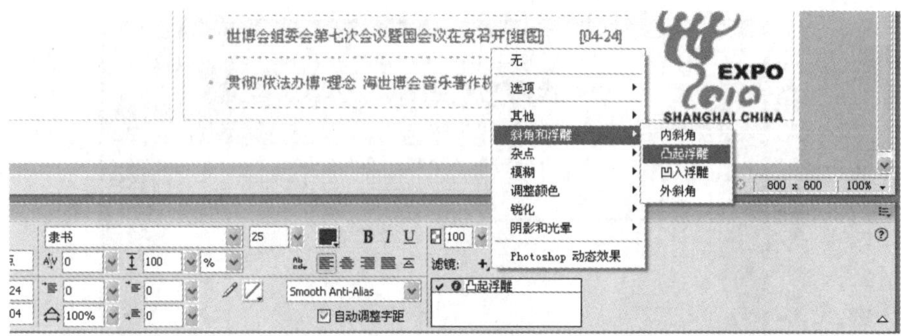

图 15.25　添加滤镜效果

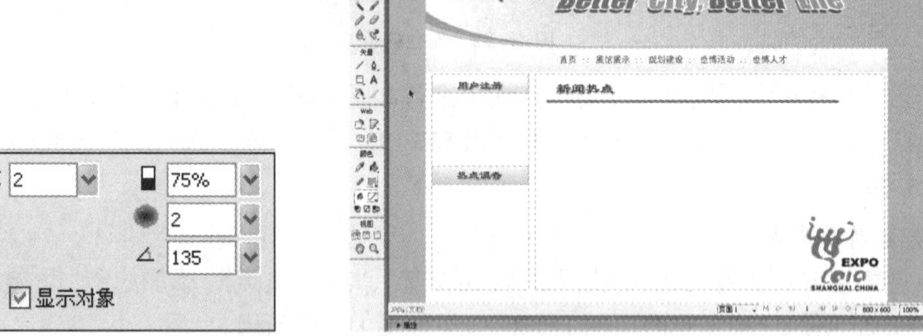

图 15.26　滤镜参数设置　　　　图 15.27　滤镜效果图

（2）保存图像文件。

活动二　网页中的 GIF 动画

动态的效果对一个网站来说是吸引人眼球的一个关键，下面我们通过 Fireworks“帧”面板来为网页制作一个 GIF 动画效果。

1. 动态效果制作

(1) 新建文件,大小为 500×280 像素,其他设置为默认。

(2) 选择文字工具,输入"主题:英国馆-让自然走进城市;德国馆-和谐城市;法国馆-感性城市;新加坡馆-城市交响曲",文字大小为 15,颜色为黄色#FF9900,如图 15.28 所示。

(3) 选中文字执行"修改/元件/转换为元件"命令,在弹出窗口中选择"动画",如图 15.29 所示。

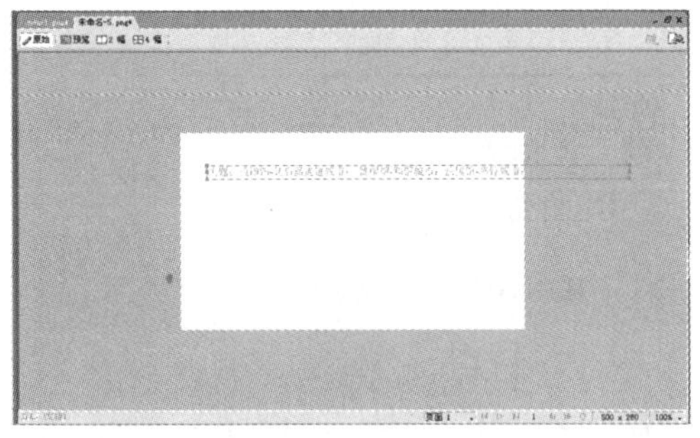

图 15.28 输入文字

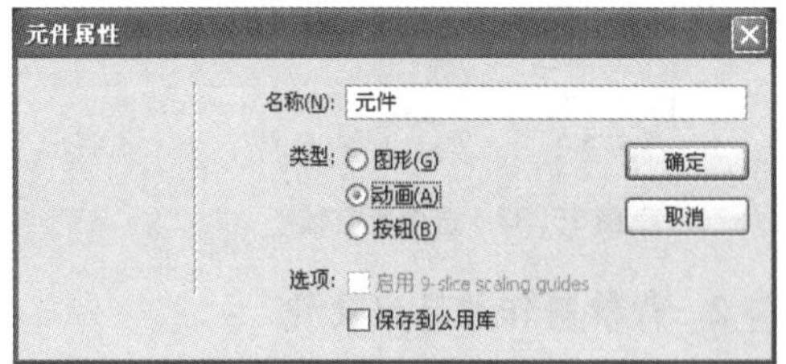

图 15.29 转换为动画元件

(4) 在弹出的动画设置窗口中设置属性如图 15.30 所示。

(5) 在如图 15.31 所示窗口,选择"确定"。

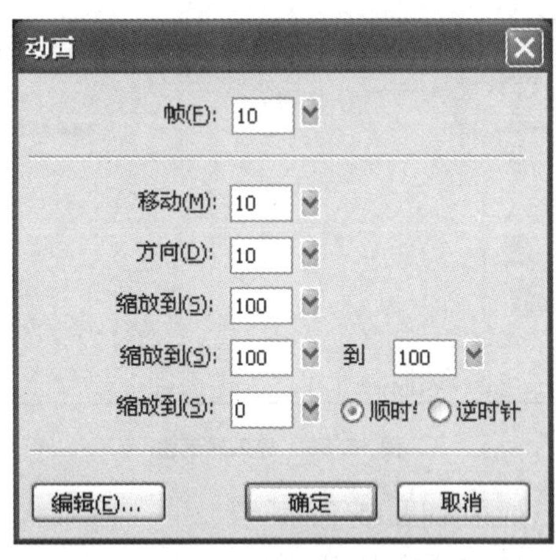

图 15.30 元件属性设置

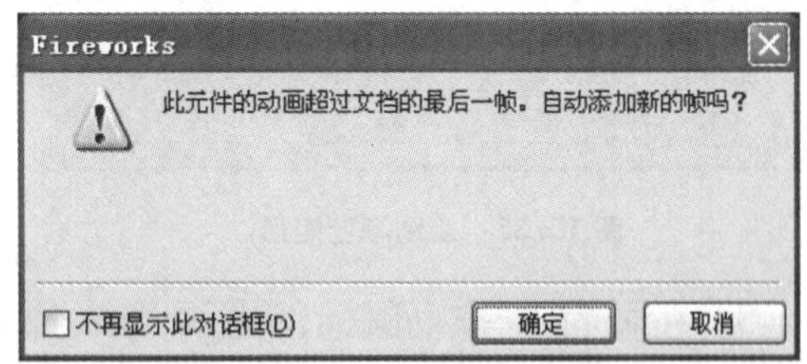

图 15.31 确认弹出对话框

(6) 调整元件移动的路径,绿色为起点,红色为终点,使文字初始位置在舞台右侧,如图 15.32 所示。

(7) 在"帧"面板中按住键盘上的 Shift 键,选中所有帧,如图 15.33 所示。在数字"7"的位置上双击鼠标左键,在弹出的对话框中键入"80",如图 15.34 所示。

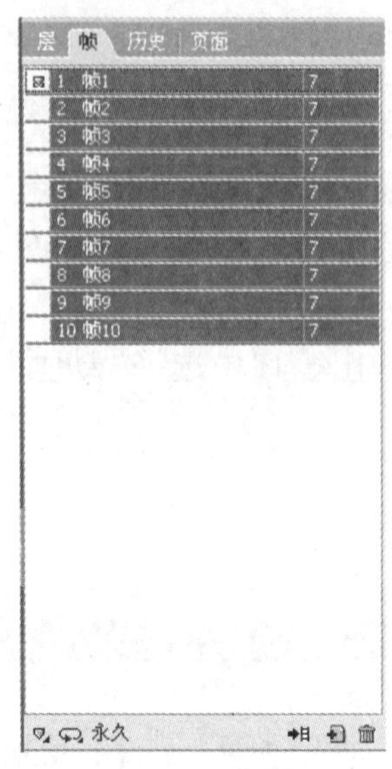

图 15.33　选中所有帧

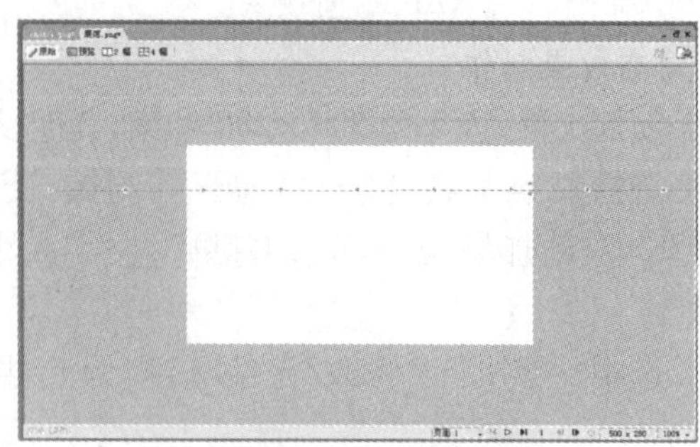

图 15.32　动画路径设置

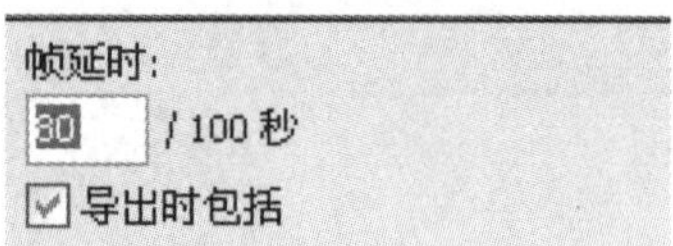

图 15.34　修改帧延时

2. **背景制作并导出文件**

（1）在“层”面板中新建层 2，锁定层 1，在层 2 中选择“矩形”工具，设置填充类型为线性渐变，颜色代码分别为白色#FFFFFF 和灰色#EEEEEE，描边颜色代码为浅灰色#CCCCCC，如图 15.35 所示。

（2）执行“文件/导入”命令，在弹出的对话框中选择“sc\展馆. JPG”文件，点击“打开”按钮，如图 15.36 所示。

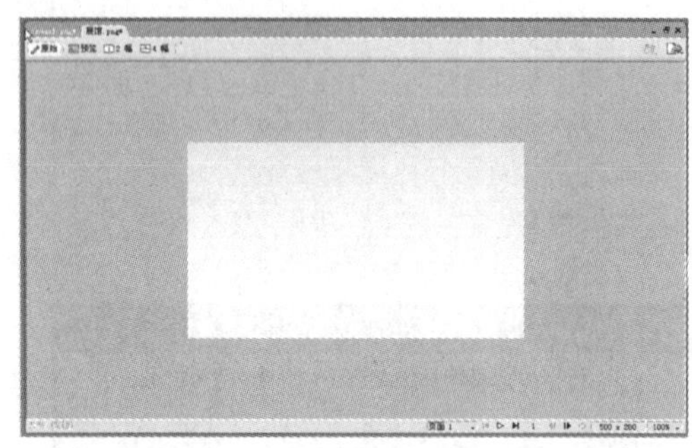

图 15.35　绘制渐变矩形

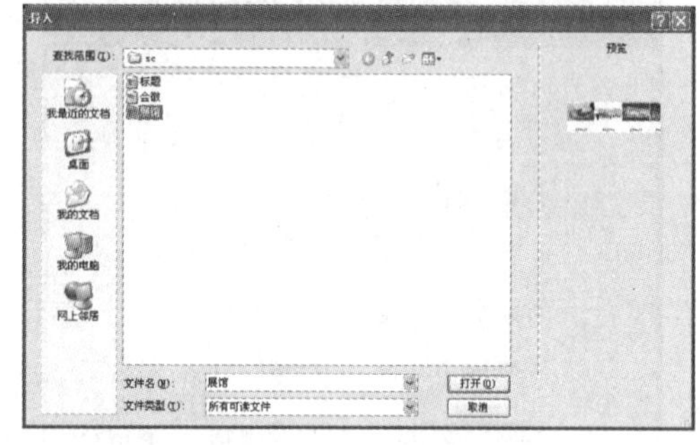

图 15.36　导入对话框

（3）在画面中，拖动鼠标，将图片导入到文件中，效果如图 15.37 所示。

（4）将层 1 的位置放在最上面，双击层 2，在弹出的对话框中，设置如图 15.38 所示，在随后弹出的提示框中确认。

（5）将我们所制作的 GIF 动画进行导出，执行“文件/导出预览”命令，在格式中选择“GIF 动画”，如图 15.39 所示，单击“导出”按钮，存入相应的文件夹，我们的 GIF 动画就制作完毕了。

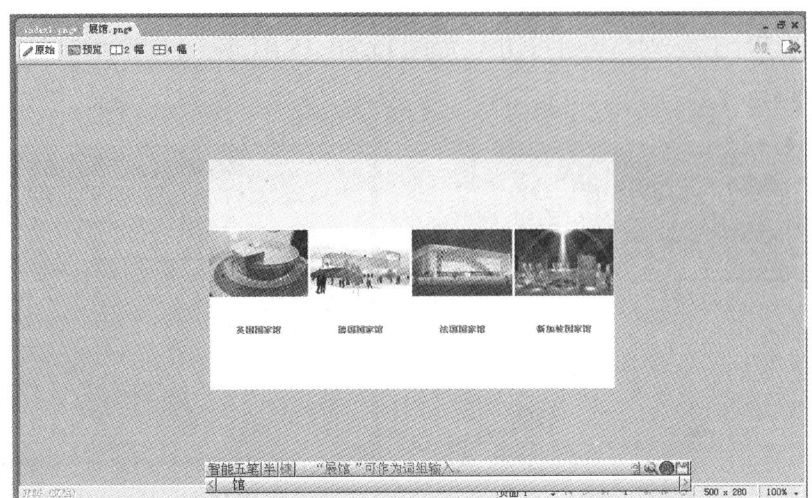

图 15.37　导入图片

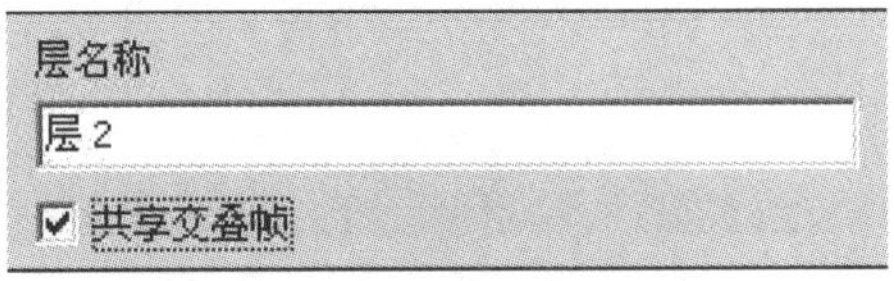

层名称

层 2

共享交叠帧

图 15.38　设置共享层

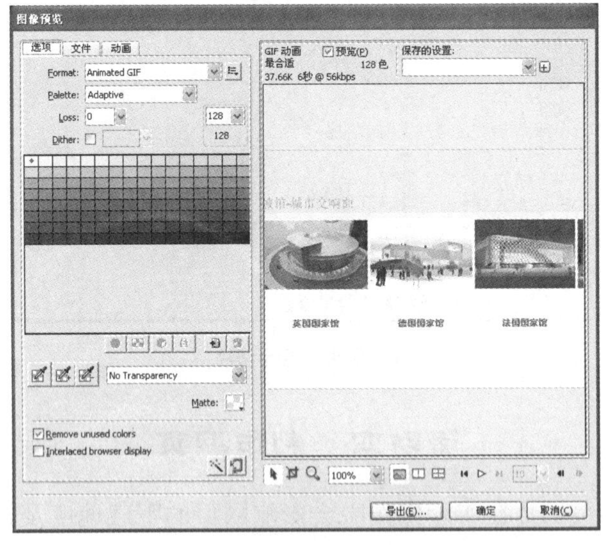

图 15.39　作品导出

活动三　切片导出网页

把我们所制作的模板进行切片，转化为网页形式，并在 Dreamweaver 中进行编辑及链接。

1. 切片导出模板

(1) 选择切片工具,对模板进行切片,如图 15.40、15.41 所示,将要进行链接或者编辑的区域单独切开。

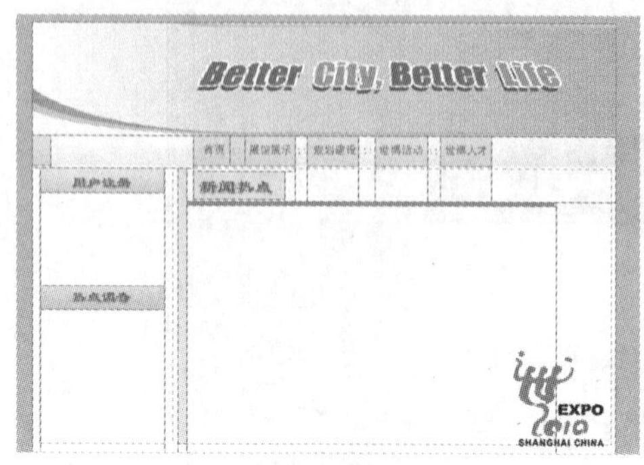

图 15.40　首页切片效果

图 15.41　分页切片效果

(2) 执行"文件/导出"命令,在导出前先新建一个名为"WEB"的文件夹,并在 WEB 文件夹中建立"images"文件夹,将网页的部分切片导出到"images"文件夹中,如图 15.42 所示,主页命名为"index"。

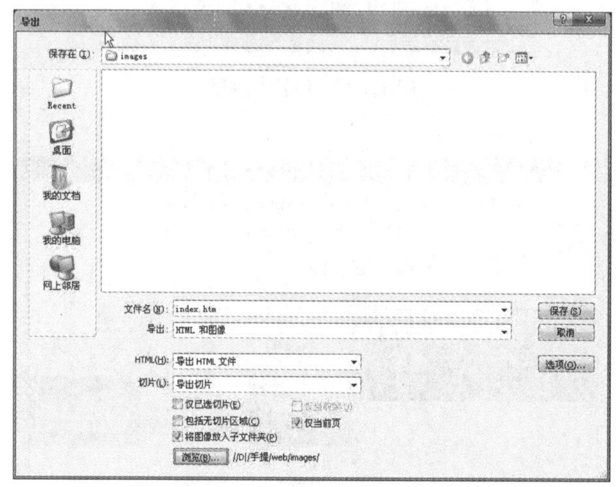

图 15.42　导出切片

活动四　制作网页

由于考虑整张网页切片在实际操作中会影响网页的下载速度及合成效果,所以先在 Fireworks 中设计出效果图,然后在 Dreamweaver 中具体实现。

1. 建立站点并新建网页

(1) 在 D 盘建立站点目录 mysite15 及其子目录 images,并使用高级标签定义站点,站点名为"Better City, Better Life"。

(2) 在起始页中的"创建新项目"中单击"HTML",创建新网页。

(3) 执行"文件/保存"命令,将网页保存在站点根目录下,保存文件名为"index.html"。

2. 设计制作网页标题栏

(1) 执行"插入记录/表格"命令,插入3行1列的表格,表格大小为800像素,填充、间距及边框设置为0。

(2) 执行"插入记录/图像"命令,在第一行插入素材图像logo. jpg,效果如图15. 43所示。

(3) 设置第二行单元格宽度为40像素,将其背景设置为图片bg1. jpg,如图15. 44所示。

图15. 43　插入图像

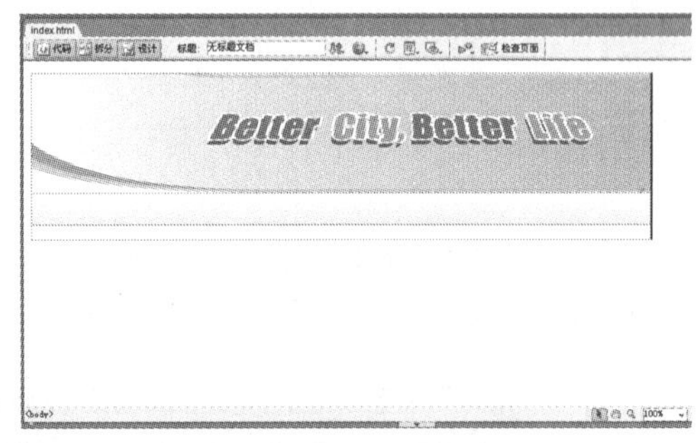

图15. 44　设置单元格背景

(4) 将第二行拆分成两列,第一列宽度设置为270像素,在第二列中插入1行5列的表格,宽度为500像素,填充、间距及边框设置为0,在5列中分别插入图像"p0. jpg"、"p1. jpg"、"p2. jpg"、"p3. jpg"、"p4. jpg"以及分隔图像"dd. jpg",作为导航栏,如图15. 45所示。

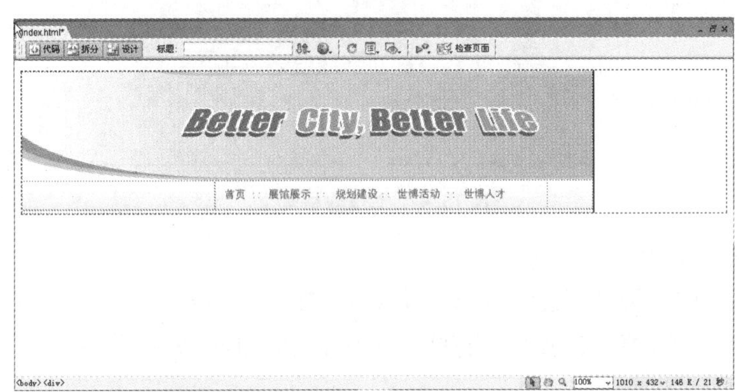

图15. 45　制作导航栏

(5) 将第三行单元格的高度设置为5,(这里必须将代码窗口中的该单元格的空位符删除,即"<td height = "5" colspan = "2">   </td>"语句中的" "),背景颜色为白色#FFFFFF。

3. 制作页面左侧主要内容

(1) 执行"插入记录/表格"命令,插入1行4列的表格,表格大小为800像素,填充、间距及边框设置为0,背景颜色设置为浅灰色#CCCCCC。其中第一列和第三列的宽度设置为10像素,背景颜色为白色#FFFFFF,第二列宽度设置为171像素,效果如图15. 46所示。

(2) 将第二列单元格属性设置为水平居中对齐,高度为380像素。在其中插入4行1列的表格,表格大小为169像素,填充、间距及边框设置为0,表格背景颜色设置为白色

图 15.46　插入表格

#FFFFFF。在第一行和第三行中分别插入图像“yhzc. jpg”、“rddc. jpg”。将第二列宽度设置为 130 像素，第四列高度设置为 171 像素，效果如图 15.47 所示。

图 15.47　设置表格属性

4. 制作页面右侧内容

（1）设置右侧内容区域属性为垂直顶端对齐，插入大小为 1 行 1 列的表格，宽度为 607 像素，高度为 378 像素，填充、间距及边框设置为 0，效果如图 15.48 所示。

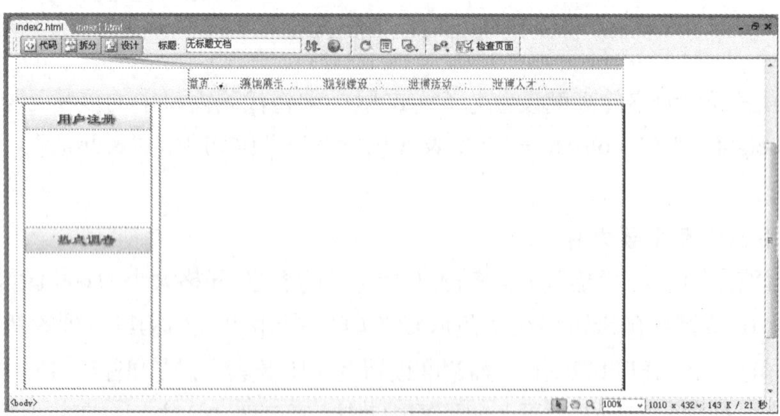

图 15.48　设置表格属性

（2）在当前表格中插入3行1列表格，宽度为607像素，填充、间距及边框设置为0，分别在第一行、第二行中插入图像“xwrd. jpg”和“line. jpg”，调整位置和大小，将第三行高度设置为316像素并拆分成2列，左边输入相关文字信息，虚线可以用CSS样式定义。右边插入图像“huibiao. jpg”，调整图像位置如图15.49所示。

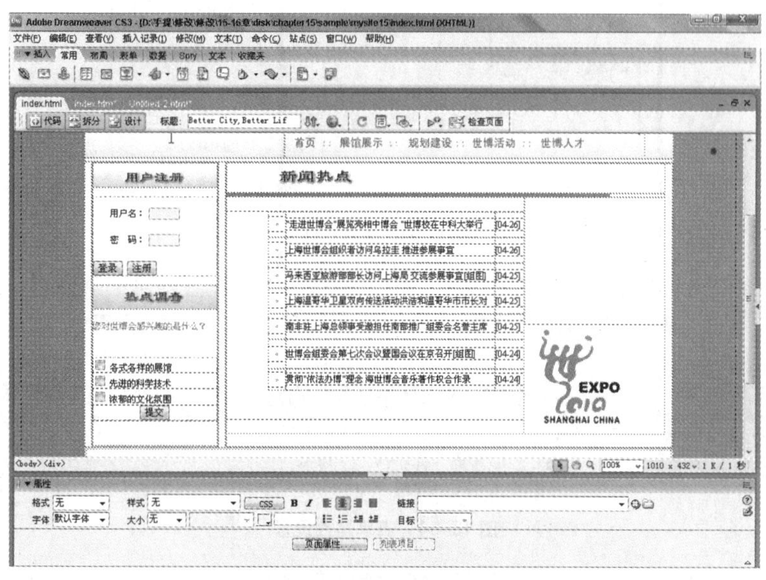

图15.49 制作右侧表格内容

5. 插入表单

（1）在表单栏中点击“文本字段”，如图15.50所示，属性设置如图15.51所示。

图15.50 插入文本字段

图15.51 表单属性设置

（2）将光标移至表单的前面，键入“用户名”，字体属性如图15.52所示，在全角状态下，按空格键调整位置，如图15.53所示。

图15.52 添加文本

网页制作

图 15.53　页面效果图

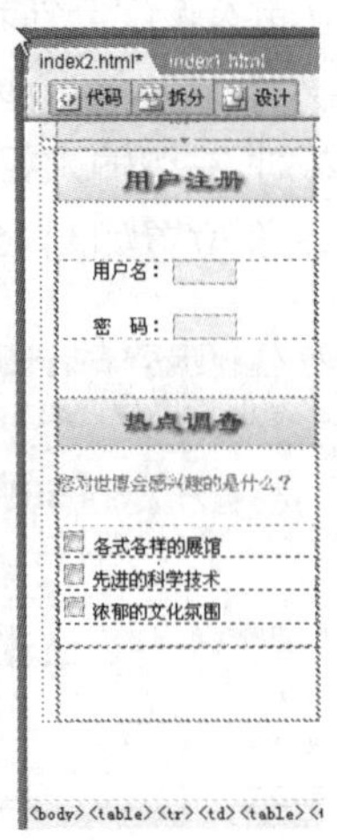

图 15.55　页面效果图

图 15.54　表单属性设置

（3）用相同的方法制作密码表单及复选表单(在表单中插入一个 3 行 2 列的表格)，密码文本域的类型为“密码”，设置如图 15.54，最终的制作效果如图 15.55 所示。

（4）制作按钮，在表单栏中点击“按钮”，如图 15.56 所示，单击所插入按钮，在其属性栏中将值改为“登录”，如图 15.57。利用同样方法，分别制作“注册”和“提交”两个按钮，效果如图 15.58 所示。

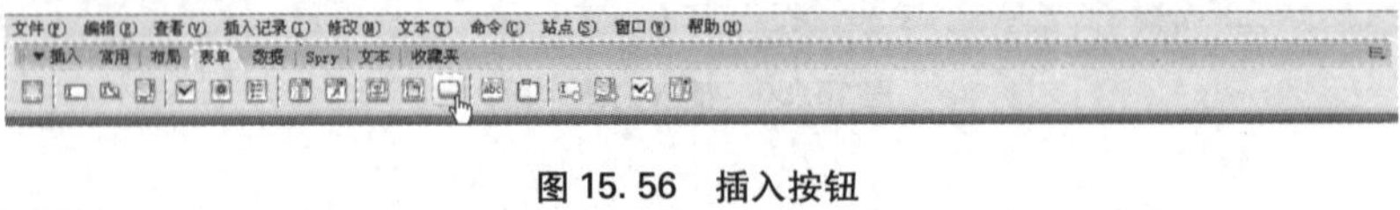

图 15.56　插入按钮

图 15.57　按钮属性设置

5. 制作分页

（1）将主页另存为“ghjs. htm”作为分页，将主页内容删除，重新插入 1 行 1 列的表格。表格大小为 800 像素，填充、间距及边框设置为 0，背景设置为浅灰色#CCCCCC。在其中插入 1 行 1 列的表格，表格大小为 798 像素，填充、间距及边框设置为 0，背景设置为白色#FFFFFF，高度设置为 378 像素，如图 15.59 所示。

（2）插入 3 行 1 列的表格，表格大小为 798 像素，填充、间距及边框设置为 0，如图 15.60 所示。

图 15.58　页面效果图

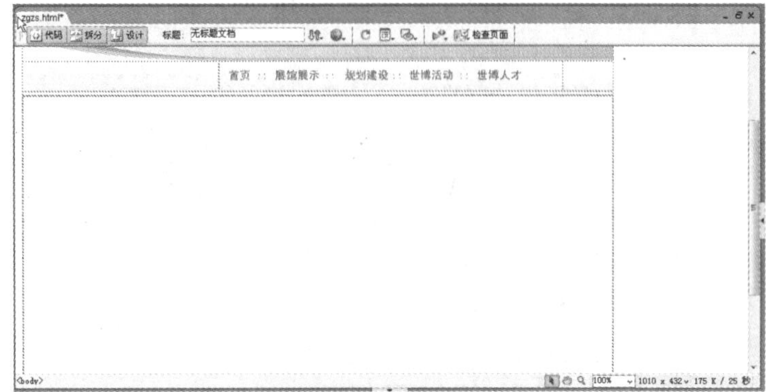

图 15.59　页面效果图

（3）在第一行中插入图像“ghjs.jpg”，高度设置为 30 像素。在第二行中插入图像“line.jpg”，适当调整高度和宽度。将第三行拆分成两列，左边一列宽度为 30 像素，左边二列宽度为 500 像素，如图 15.60 所示。

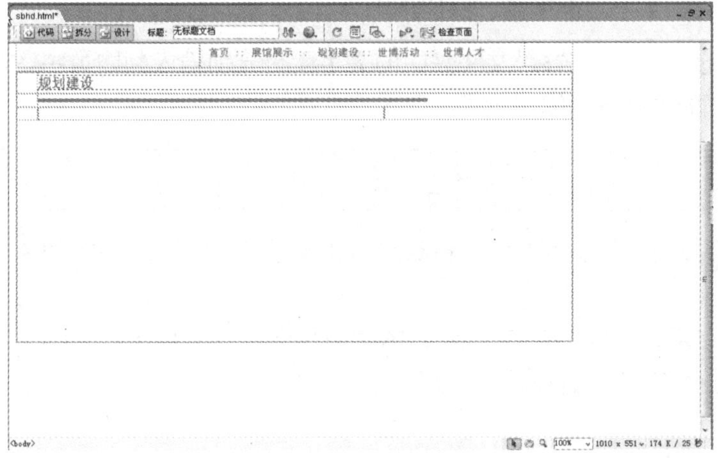

图 15.60　页面效果图

（4）将左边一列的背景图像设置为“line.jpg”，单元格为水平居中对齐。在其中插入一个 1 行 1 列的表格，宽度为 498 像素，高度为 280 像素，填充、间距及边框设置为 0，表格水平左对齐，垂直顶端对齐，如图 15.61 所示。

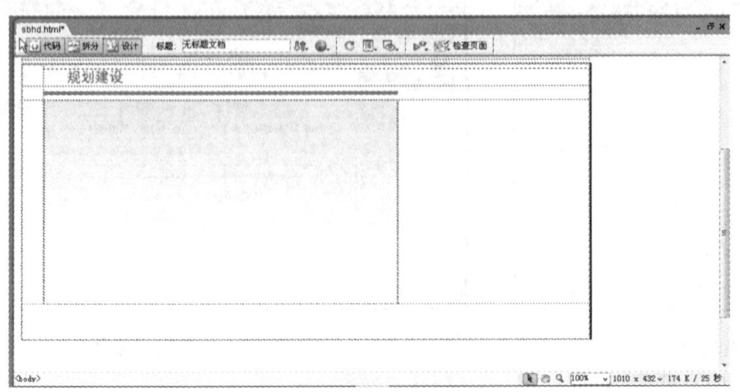

图 15.61　页面效果图

（5）将“sc”文件夹中的文字素材输入到网页中，设置文字大小为 12。在右边插入图像“huibiao. jpg”文件，调整文件位置如图 15. 62 所示。

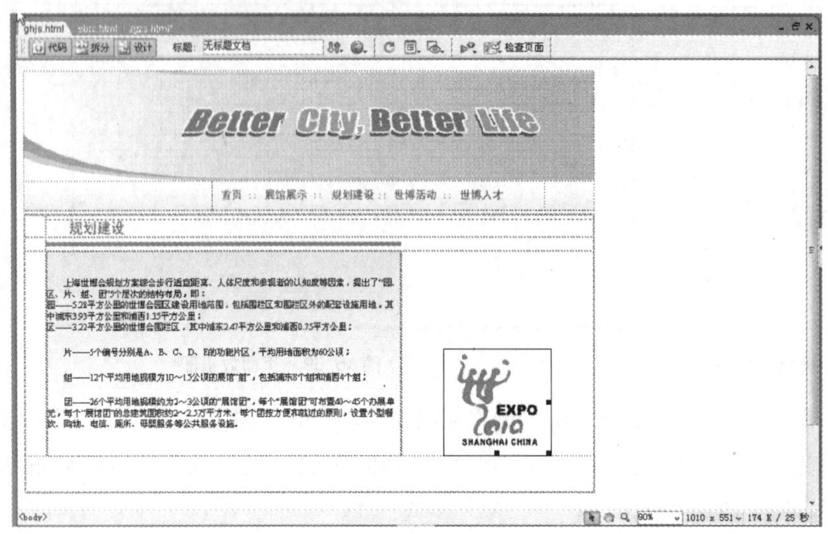

图 15. 62　页面效果图

（6）依此类推制作其他分页，并将“sc”文件夹中的文字素材分别输入到网页中，并将菜单栏进行相互的链接，我们的网站就大体完成了。

小贴士

注意：在制作“展馆展示”分页时，可删除绘制的渐变色单元格，直接插入 gif 动画。

用 Dreamweaver CS3 给图片增加链接后，图片四周会出现蓝色边框，在图片的属性 img 里面添加 border =" 0" ，就可以去掉了。

6. 页面属性修改

（1）最后修改每个页面的页面属性，背景图案选择 sc 文件夹中的“bg. png”，如图 15. 63 所示，并将标题改为“Better City，Better Life”，如图 15. 64 所示。

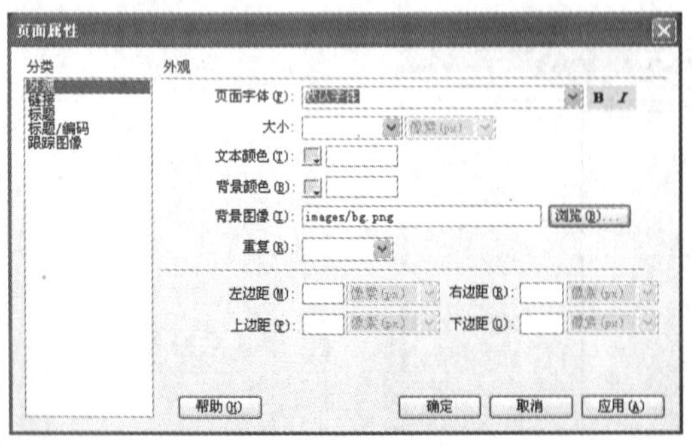

图 15. 63　设置背景图片

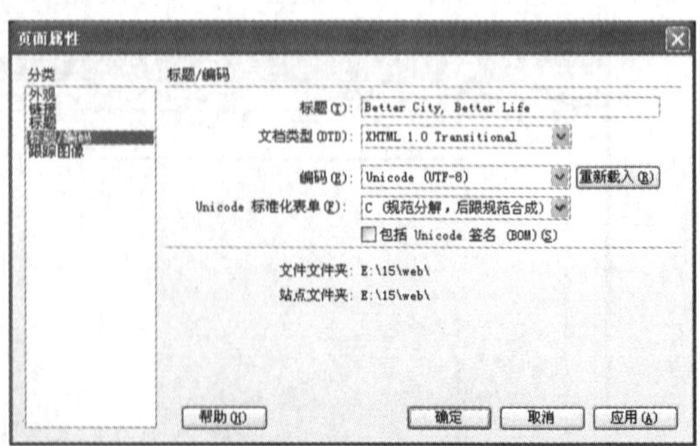

图 15. 64　设置网页标题

（2）按相同的步骤完成其余各页面的制作，效果如图 15.65、15.66、15.67、15.68、15.69 所示。

图 15.65　首页效果

图 15.66　分页一效果

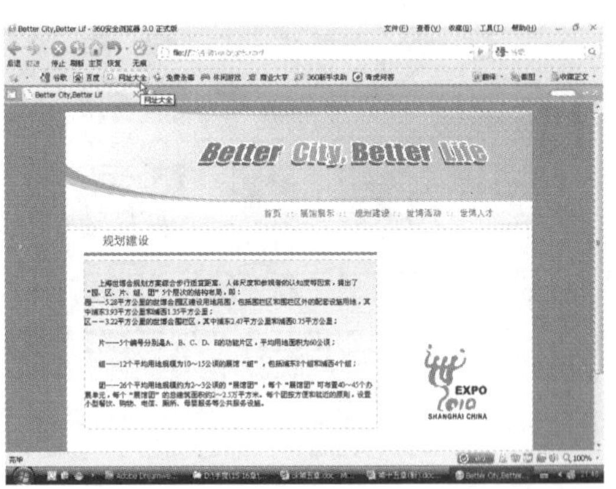

图 15.67　分页二效果

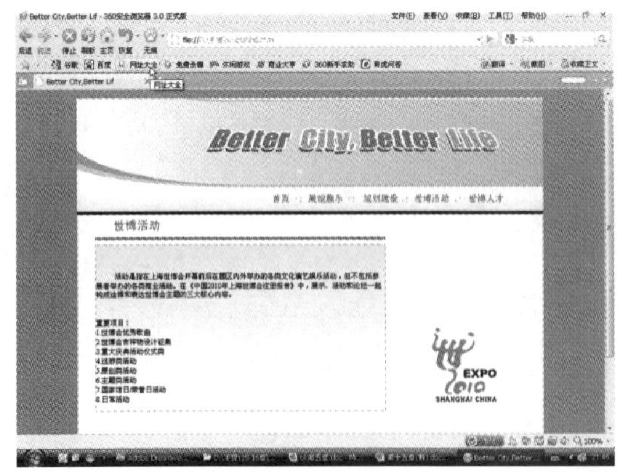

图 15.68　分页三效果

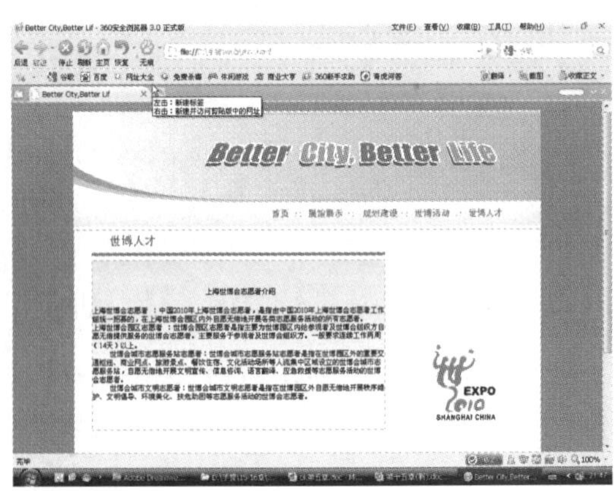

图 15.69　分页四效果

网页制作

本章实验　设计制作“上海美食”网站

实验要求

(1) 在 Fireworks 中制作出网页模板,进行切片并导出为网页。

(2) 制作网页中 GIF 的小动画。

(3) 在 Dreamweaver 中进行编辑,将文字信息、动画等元素插入到网页中。

(4) 将各个页面进行链接,完善整个网站。

注意:本实验提供的样例仅供参考,发挥你的才智,也许你能设计出别具一格的网页哦!

参考网页

最终设计页面参考如图 15.70、图 15.71 所示,页面参考素材可见下载素材包中的文件夹,此模板仅供参考,可根据自己的设计制作更为出色的网页。

图 15.70　主页

图 15.71　分页

第十六章　Flash 在网页中的应用

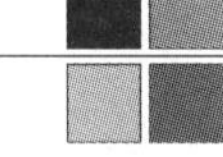

本章概要

利用 Flash 为网页增添更多动态效果。本章节以上一章中的活动为例，在网站中添加不同形式的 Flash 特效。即为首页制作“探照灯”效果的标题动画。利用 Flash 代码制作具有交互性的图片浏览器。利用 Flash 按钮元件制作网站的导航栏。

活动一　制作首页标题动画

利用 Flash 为网页增添更多动态效果，为首页制作“探照灯”效果的标题动画。

1. 新建文件，导入素材

（1）新建一个大小为 800×150 像素，背景为白色，帧频为 12 帧/秒的新文件。

（2）执行“文件/导入/导入到库”，将 sc 文件夹中的“标题. jpg”、“bg. jpg”文件导入，如图 16.1 所示。

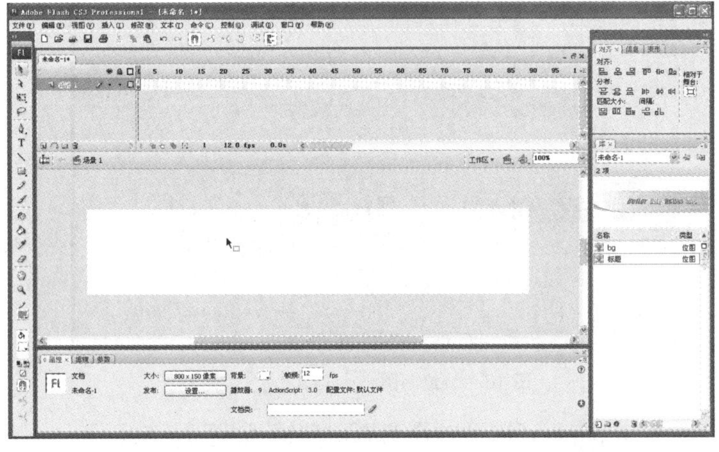

图 16.1　导入图片

2. 制作探照灯的影片剪辑

（1）将“bg”文件拖入舞台，并在第 60 帧处执行“插入帧”命令，如图 16.2 所示。

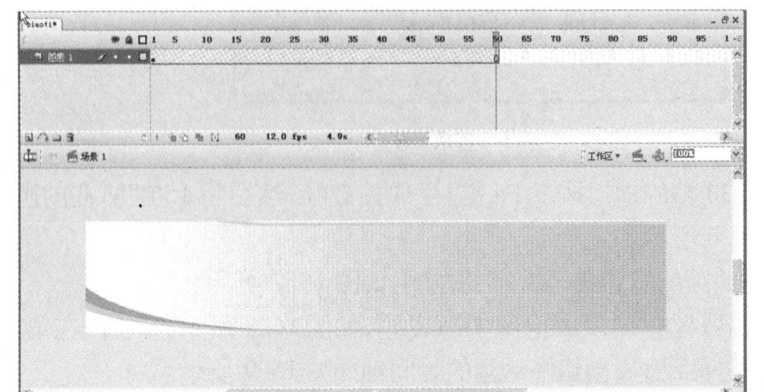

图 16.2　插入帧

（2）新建图层 2，将“标题”文件拖入舞台，如图 16.3 所示。

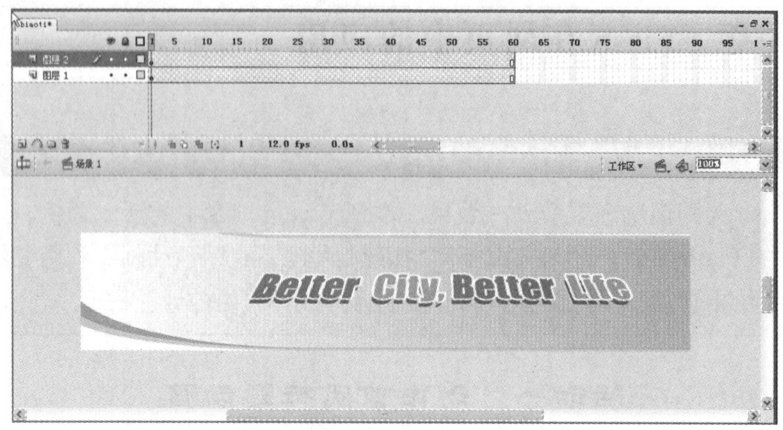

图 16.3　导入图片

（3）新建图层 3，选择第一帧，在画面上绘制一个圆形，颜色可以任意，大小以盖住文字为准，如图 16.4 所示。

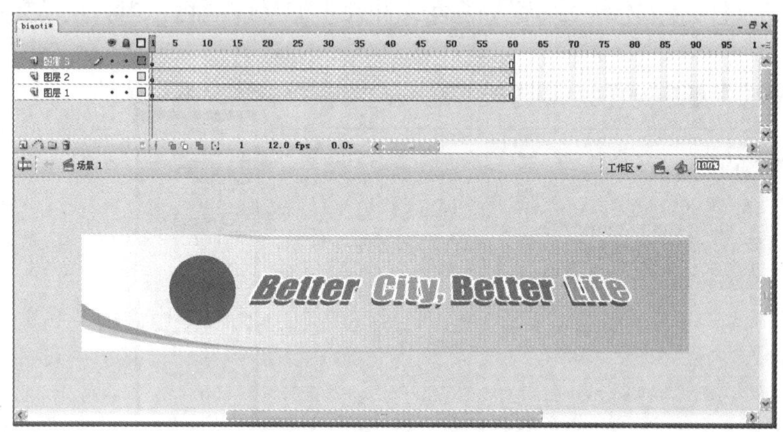

图 16.4　绘制圆

（4）选择第一帧，按下 F8 键，将所画椭圆转换为影片剪辑，如图 16.5 所示。

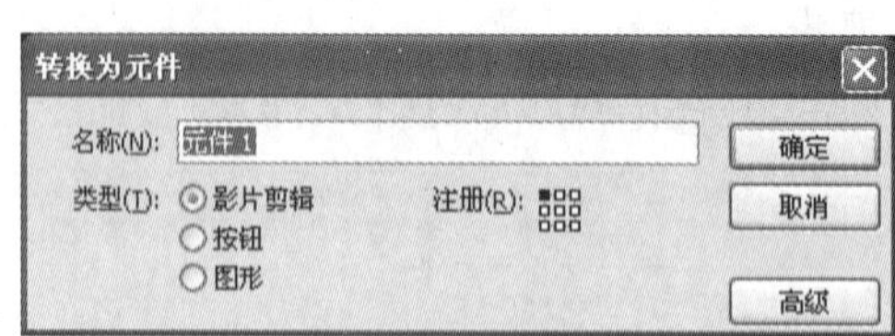

图 16.5　转换元件

（5）分别在 15 帧和 30 帧的地方按下 F6 键，生成关键帧，然后将 15 帧所在的圆的位置移至文字的右侧，如图 16.6 所示。

（6）将第 30 帧所在的圆的位置移至文字的左侧，如图 16.7 所示。

（7）在第 1 帧上单击鼠标右键，选择创建补间动画，如图 16.8 所示。同样，在第 15 帧上单击鼠标右键，选择创建补间动画，创建好动画的时间轴如图 16.9 所示。

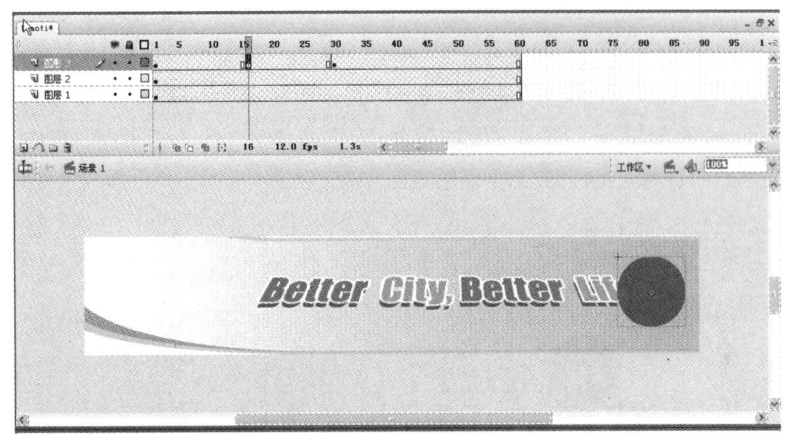

图 16.6　插入关键帧

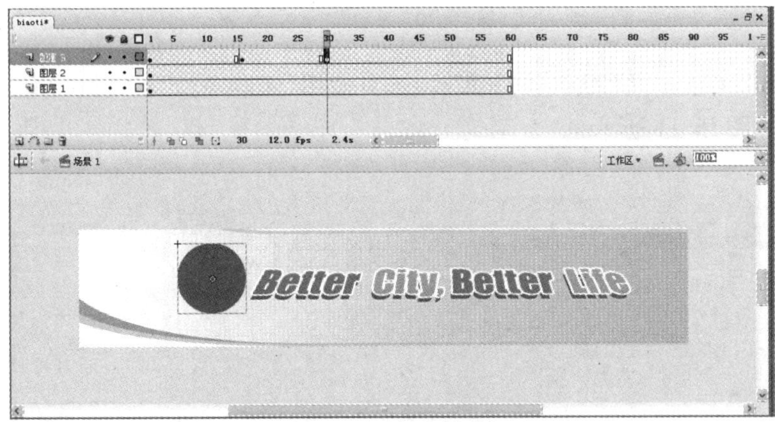

图 16.7　移动元件位置

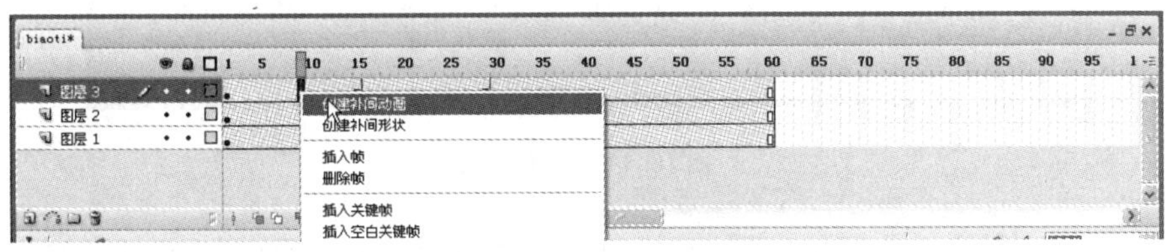

图 16.8　创建补间动画

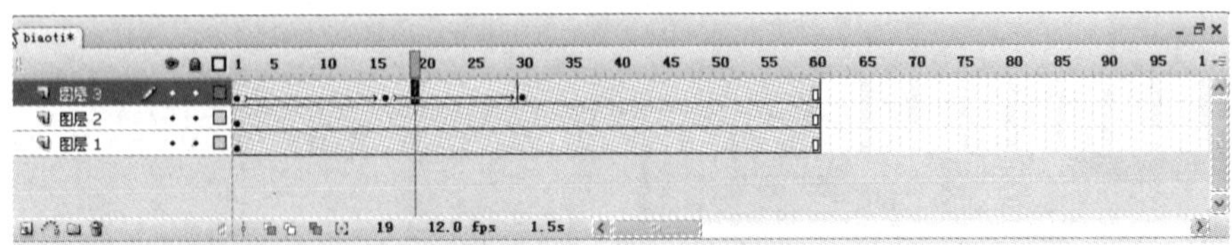

图 16.9　创建补间动画

网页制作

（8）在第 30 帧处选中圆，使用“任意变形”工具，将中心点移动到圆的一边，如图 16.10 所示。

图 16.10　移动圆中心

（9）在第 45 帧处执行“插入关键帧”命令，并使用“任意变形”工具将圆拖曳直至覆盖整个标题文字，如图 16.11 所示。

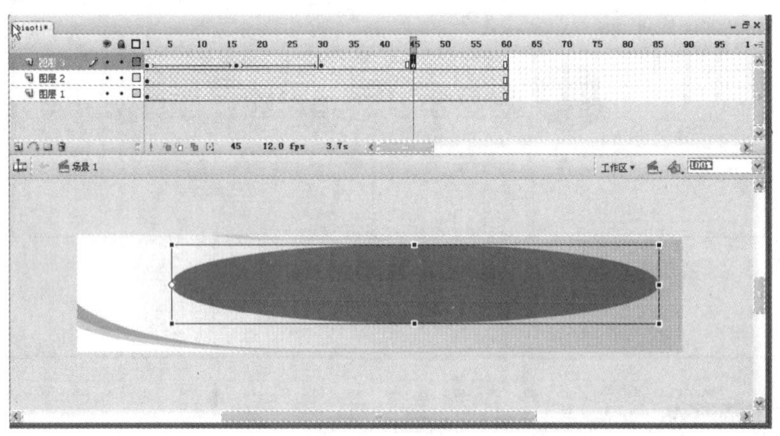

图 16.11　将圆变形

（10）在第 30 帧上单击鼠标右键，选择创建补间动画，创建好动画的时间轴如图 16.12 所示。右击圆所在的层，选择遮罩层，制作探照灯效果，如图 16.13 所示，制作好的时间轴如图 16.14 所示。

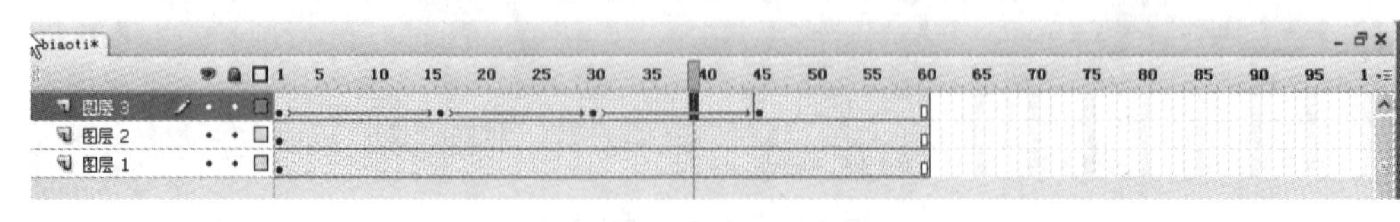

图 16.12　创建补间动画

网页制作

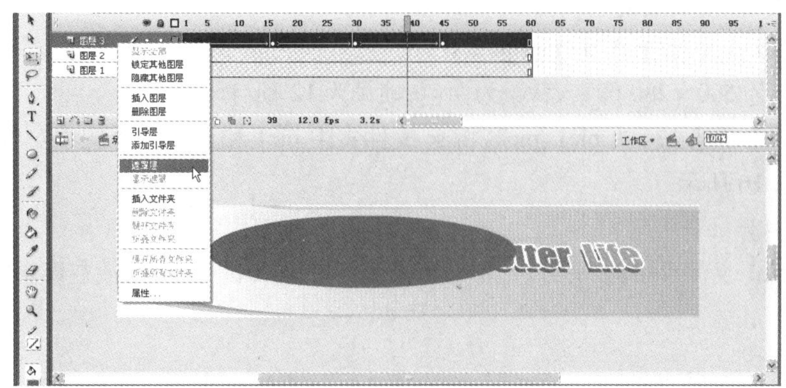

图 16.13　设置遮罩层

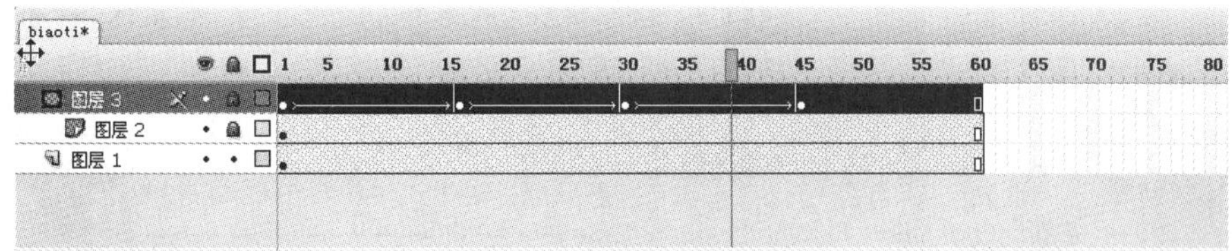

图 16.14　时间轴

3. 导出动画

整个动画效果制作完毕，导出动画，执行“文件/导出/导出影片”命令，如图 16.15 所示。将动画命名为“biaoti. swf”。

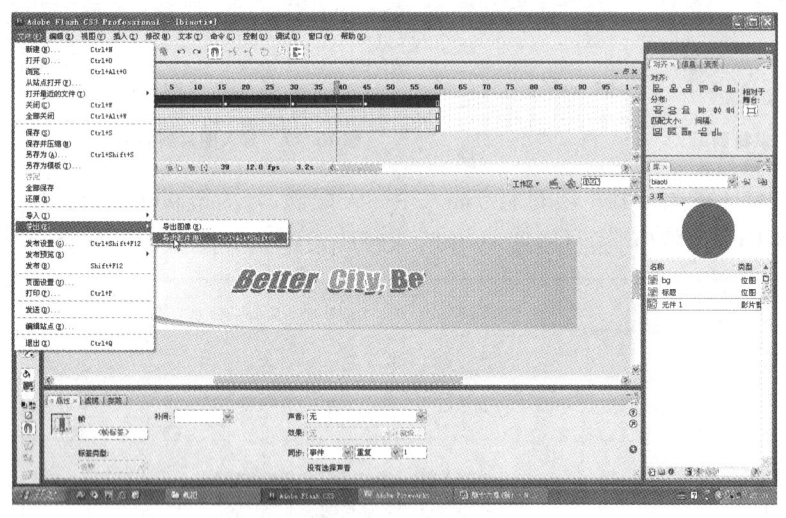

图 16.15　导出动画

活动二　制作网页中的动画

本活动主要是制作分页的图片浏览器。

1. **新建文件,导入素材**

(1) 新建 Flash 文件(ActionScript 2.0)。

(2) 大小为 500×280 像素,背景为白色,帧频为 12 帧/秒的。

(3) 在库中新建文件夹 pic1、pic2,将 sc 文件夹中 pic1 和 pic2 文件夹中对应的图片导入到库,如图 16.16 所示。

2. **导入图片**

(1) 将 pic1 文件夹中的“爱尔兰馆”图片拖动到图层 1 的第 1 帧,放在舞台的右侧,如图 16.17 所示。

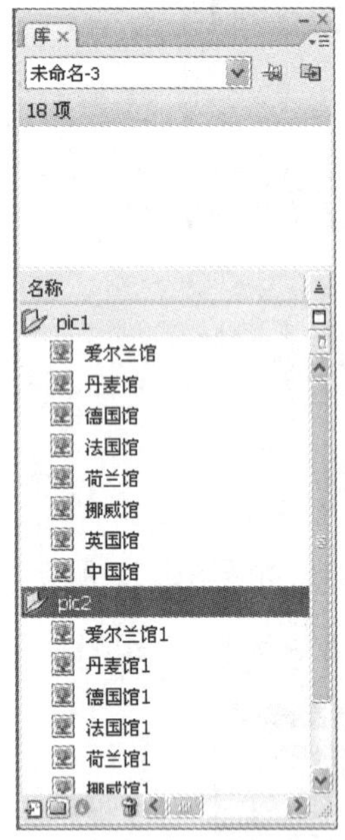

图 16.16 导入素材到库

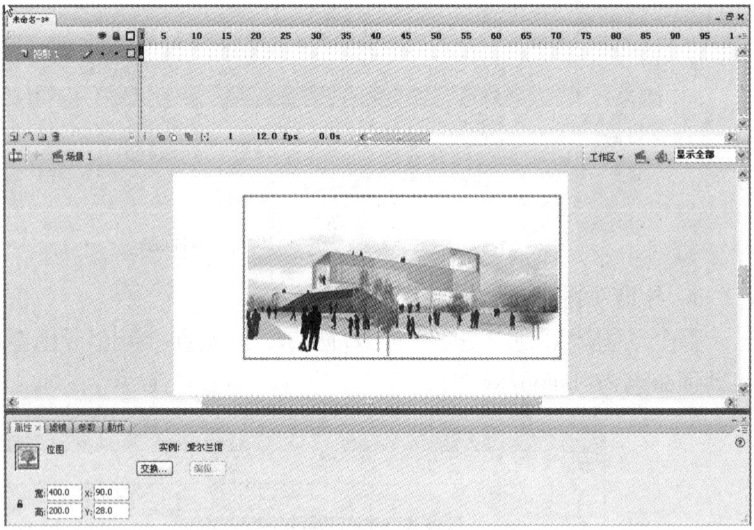

图 16.17 导入图片到舞台

(2) 在图层 1 的第 2 到 8 帧的地方插入空白关键帧,分别将 pic1 文件夹中其他 7 张图片导入到舞台的相同位置(可通过设置 xy 坐标来精确设定),如图 16.18 所示。

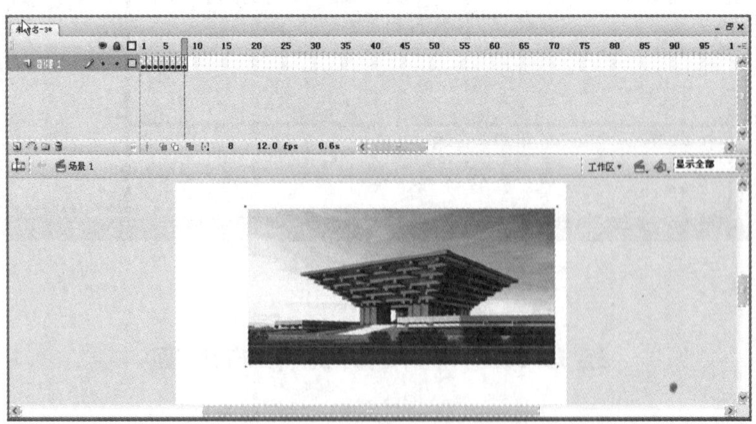

图 16.18 设置图片位置

网页制作

3. 制作影片剪辑

（1）执行“插入/创建新元件”命令，在跳出的对话框中，选择影片剪辑，修改名字为“gundongtiao”。

（2）将 pic2 文件夹中的“爱尔兰馆 1”图片拖动到舞台，将其上边界与中心点对齐，如图 16.19 所示。

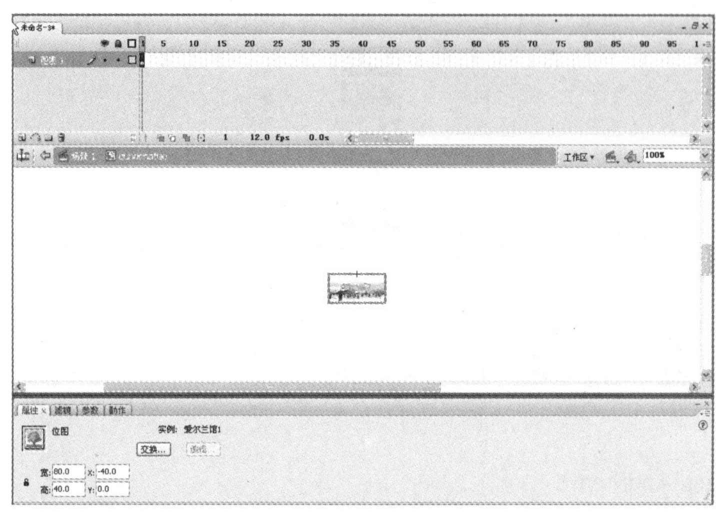

图 16.19　导入图片

（3）选中“爱尔兰馆 1”图片，执行“修改/转换为元件”命令，在跳出的对话框中，名称为“元件 1”，类型选择“按钮”。

（4）返回影片剪辑，选中元件 1，单击鼠标右键选择“直接复制元件”命令，复制出元件 2。

（5）打开元件 2，选中图片，单击“交换”按钮，将图片转换成“丹麦馆 1”图片，如图 16.20 所示。

（6）按相同的方法，复制出元件 3 到元件 8，将 pic2 中的图片逐一替换到相应元件中，为了方便操作，可在库中新建文件夹“元件”，将所有元件拖动到该文件夹中，如图 16.21 所示。

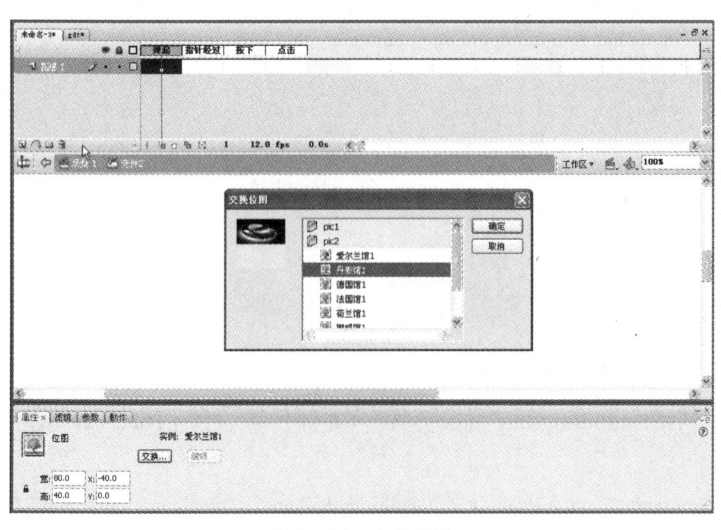

图 16.20　交换图片

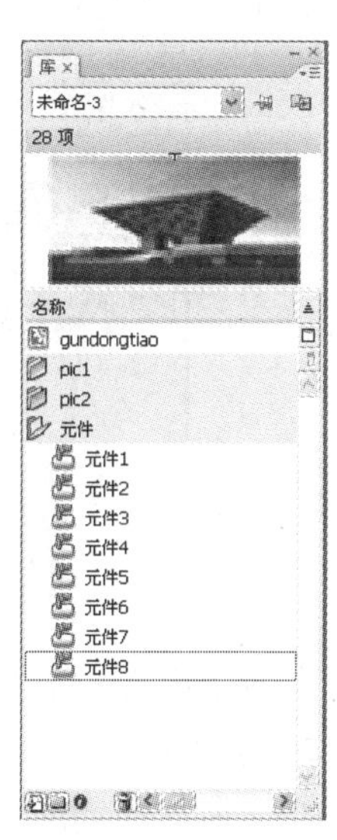

图 16.21　复制出的元件

（7）在影片剪辑中，将所有元件拖动到舞台中，并调整坐标将其排列整齐，如图 16.22 所示。

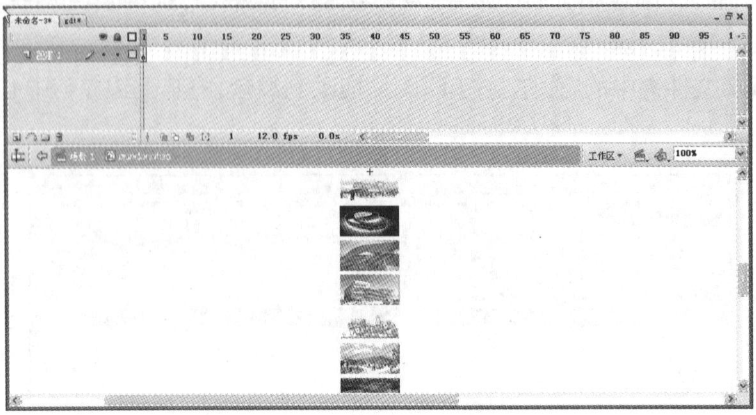

图 16.22　插入元件到舞台

4. 添加动作语句

（1）选中影片剪辑中的元件 1，给它添加动作语句：

```
on (press) {
    _root.gotoAndStop(1)
}
```

使其指向图层 1 中的第 1 帧。

（2）同样，将元件 2 的动作设置为：

```
on (press) {
    _root.gotoAndStop(2)
}
```

其他元件依次类推。

（3）选中图层 1 的第 1 帧，添加动作语句如图 16.23 所示，使动画一开始处于静止状态。

图 16.23　设置停止语句

（4）新建图层 2，将影片剪辑“gundongtiao”拖动到舞台左侧位置，如图 16.24 所示。

5. 制作按钮

（1）制作控制滚动条移动的按钮，执行“插入/创建新元件”命令，命名为“向上按钮”，类

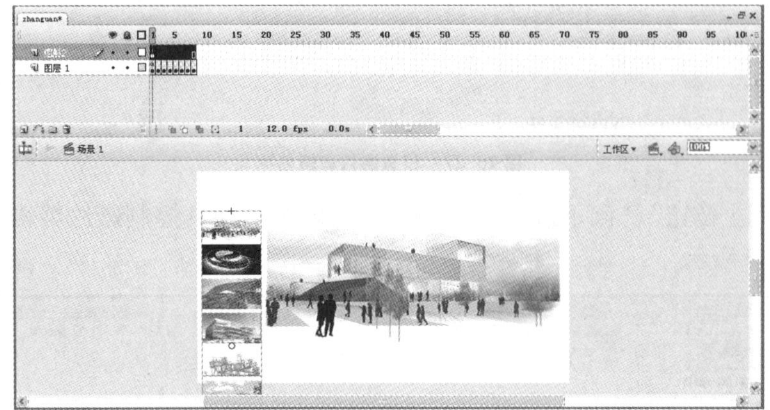

图 16.24　插入影片剪辑

型选择“按钮”。

（2）绘制按钮，选择椭圆工具绘制简单按钮效果，外圈圆、内圈圆和当中三角形颜色代码分别为浅灰色#CCCCCC、灰色#999999、黑色#3333333，整体效果如图 16.25 所示。

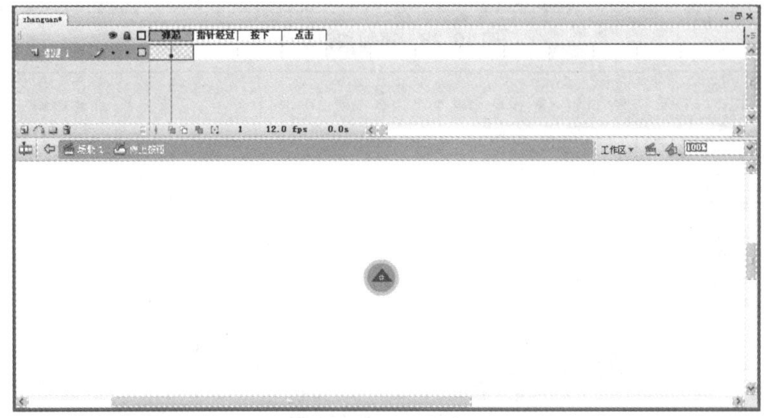

图 16.25　绘制向上按钮

（3）按相同的步骤，新建按钮元件“向下按钮”。

（4）新建图层 3，将“向上按钮”、“向下按钮”2 个元件拖入到舞台中，如图 16.26 所示。

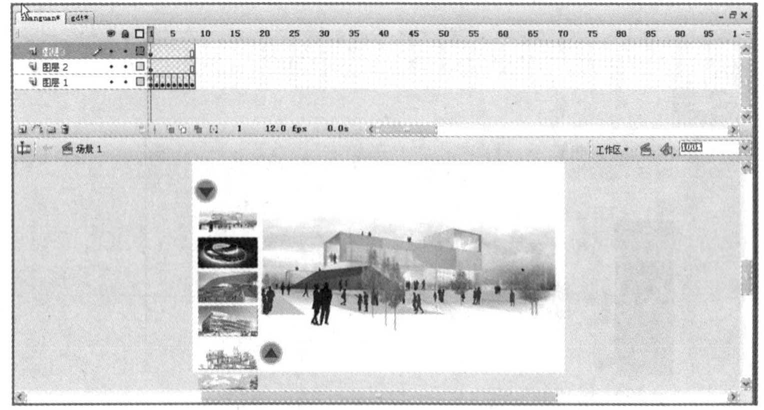

图 16.26　插入按钮到舞台

（5）将影片剪辑在属性中设置名字为“gdt”，如图 16.27 所示。

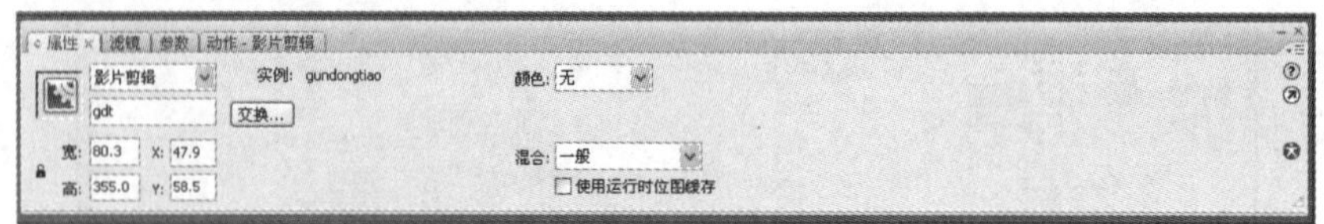

图 16.27　设置影片剪辑名称

(6) 给"向上按钮"、"向下按钮"元件添加动作语句,使其控制影片剪辑的运动,如图 16.28、图 16.29 所示。

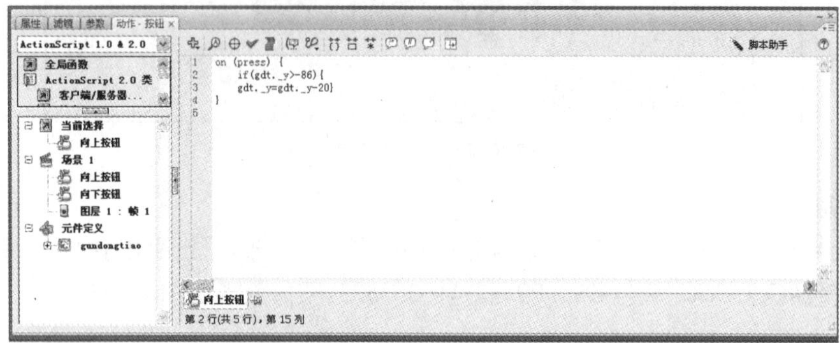

图 16.28　添加按钮动作

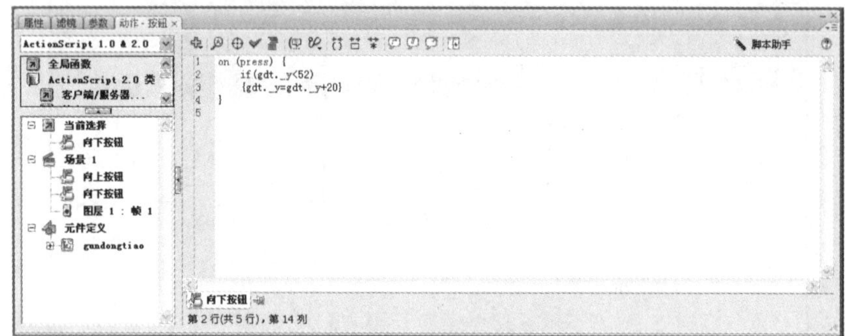

图 16.29　添加按钮动作

6. 绘制遮罩层

(1) 新建图层 4,用矩形工具绘制一个矩形,将影片剪辑中需要显示的部分遮罩起来,如图 16.30 所示。

图 16.30　绘制遮罩层

（2）将影片剪辑所在的图层拖动到遮罩层的下面，设置遮罩效果，如图 16.31 所示。

图 16.31　设置遮罩层

7. 完成最后制作

（1）在图层 1 的每一帧，用文字工具插入展馆的介绍文字，如图 16.32 所示。

图 16.32　编辑文本

（2）整个动画效果制作完毕，导出动画，执行"文件/导出/导出影片"命令，如图 16.33 所示，将动画命名为"gundongtiao. swf"。

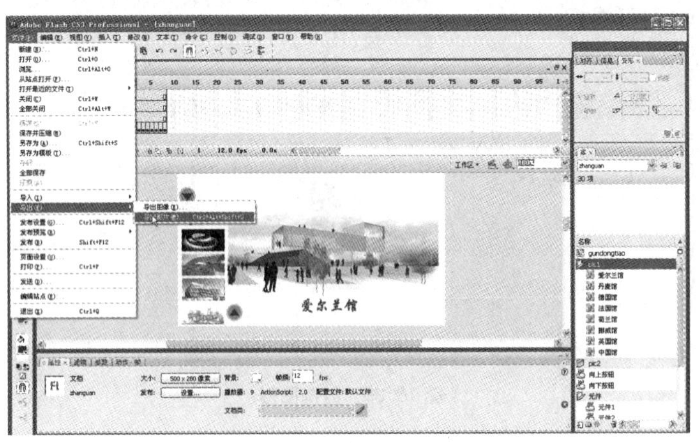

图 16.33　导出动画

活动三　制作 Flash 导航栏

本活动主要介绍 Flash 导航栏的制作和按钮的制作，以及如何在 Flash 中进行与网页的链接问题。

1. 新建文件，导入素材

（1）新建文件，大小为 800×40 像素，其余参数为默认。

（2）执行“文件/导入/导入到库”命令，将 sc 文件夹中的“bt. jpg”文件导入库。

（3）将该图片拖到舞台中，使其与所建文件重合，如图 16. 34 所示。

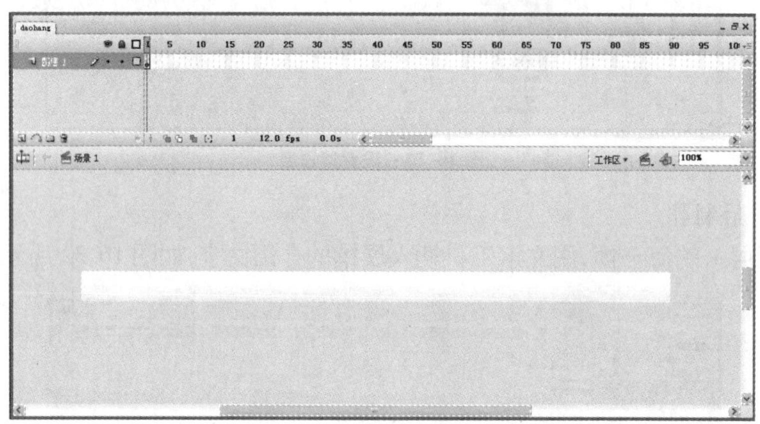

图 16. 34　导入图片到舞台

2. 制作影片剪辑

（1）执行“插入/创建新元件”命令，在跳出的对话框中选择影片剪辑，命名为“元件 1”。

（2）执行“插入/创建新元件”命令，在跳出的对话框中选择图形，命名为“元件 2”。

（3）在元件 2 中选择“矩形工具”绘制一个无边框的矩形，并选择“选择工具”将矩形调整成扇形。如图 16. 35、16. 36 所示。

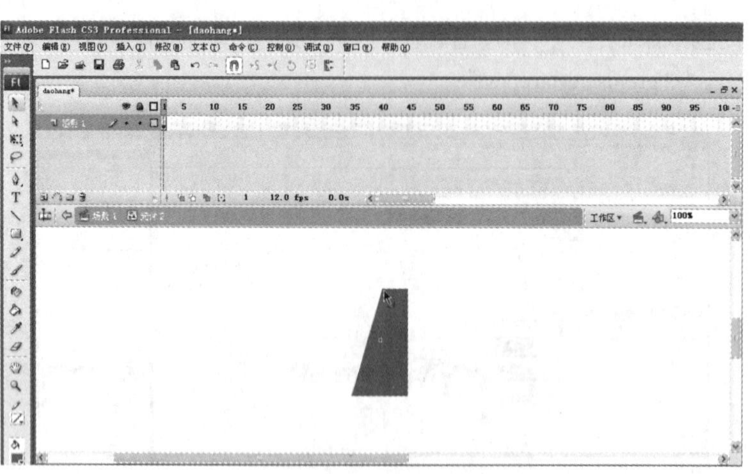

图 16. 35　绘制图形

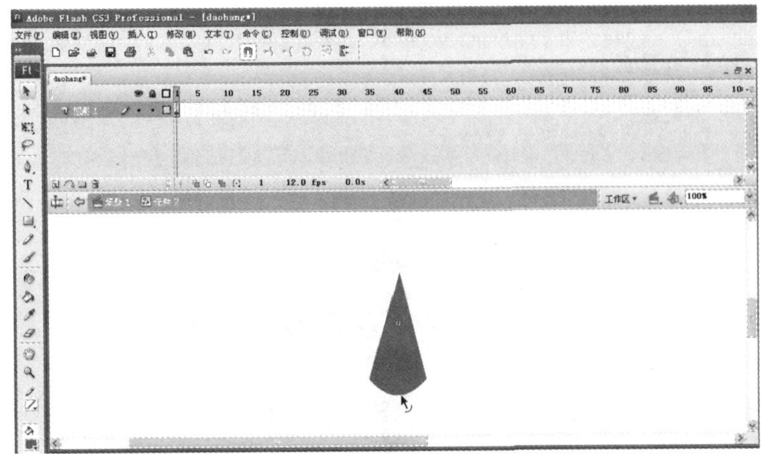

图 16.36　调整图形

（4）选中该图形，选择“任意变形工具”将其中心调整到下方，如图 16.37 所示。

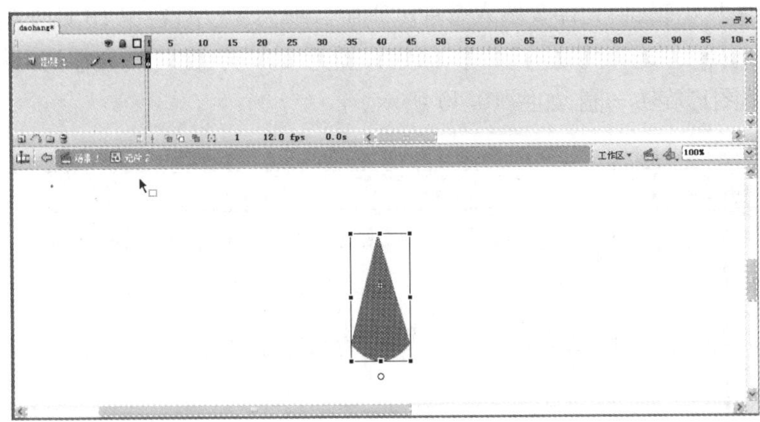

图 16.37　移动中心点

（5）在“变形”属性面板中调整旋转角度为 90 度，点击“复制并应用变形工具”，如图 16.38 所示，直接复制出效果，如图 16.39 所示。

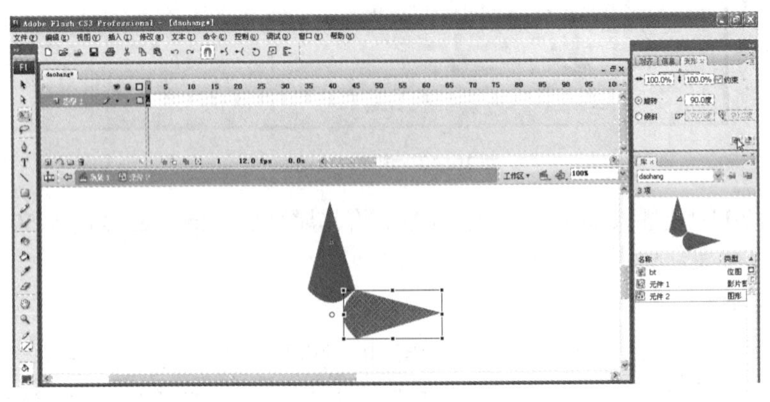

图 16.38　复制图形

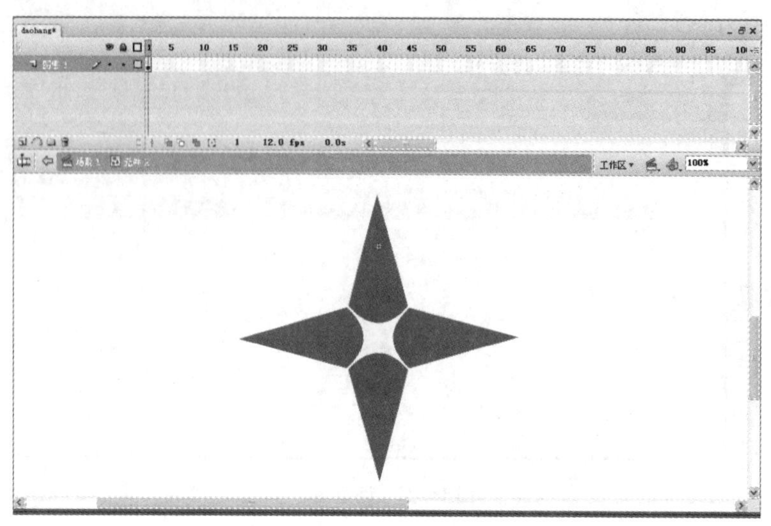

图 16.39　最终效果图

（6）返回影片剪辑，将元件 2 拖入影片剪辑中，调整其大小，在第 10 帧处插入关键帧，并在第 1 帧右击选择“创建补间动画”命令，属性设置为“顺时针旋转”，并在第 10 帧处选择“任意变形工具”将图形旋转一圈，如图 16.40 所示。

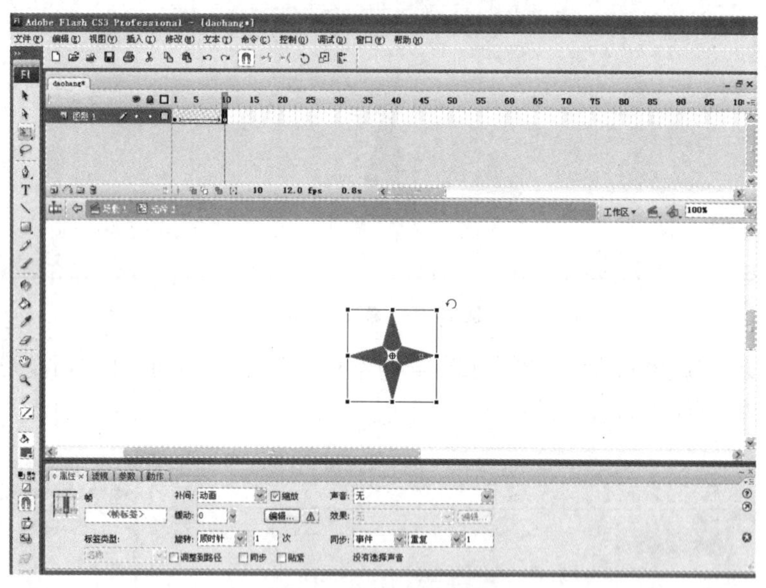

图 16.40　创建补间动画

（7）在第 20 帧处插入关键帧，选中元件 2 将其属性中 Alpha 值设置为 50%，并在第 10 帧处右击鼠标，创建补间动画，如图 16.41 所示。

3. 制作按钮

（1）执行“插入/创建新元件”命令，在跳出的对话框中选择“按钮”，命名为“首页”。

（2）选中弹起所在的帧，选择“文字工具”在舞台中输入“首页”，设置属性为黑体，大小为 15，颜色代码为深灰色#666666，如图 16.42 所示。

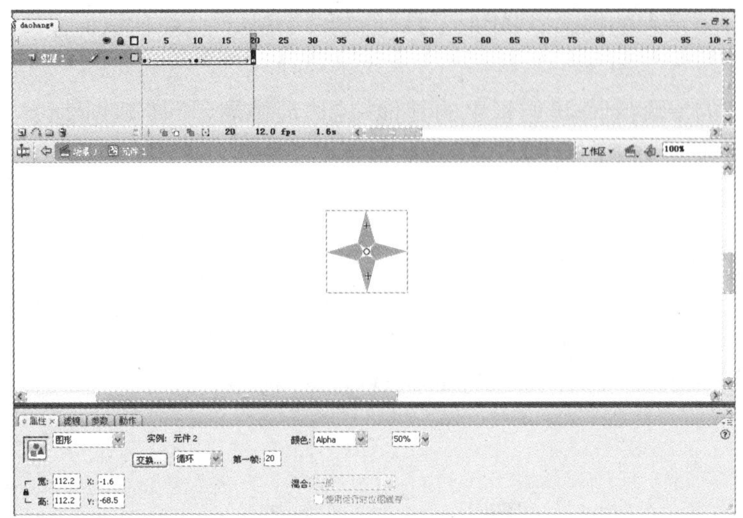

图 16.41　设置渐变效果

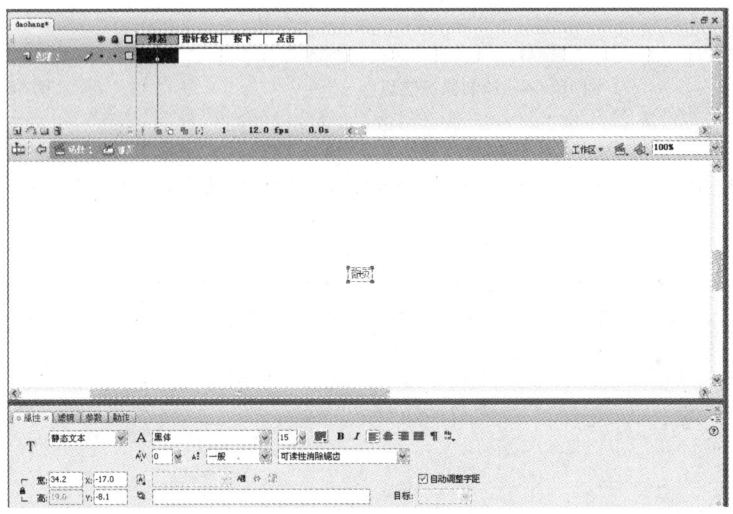

图 16.42　输入文本

（3）在“指针经过”、“按下”、“点击”所在的帧分别插入关键帧，在“指针经过”和“按下”所在帧的位置上将文字的颜色代码改为粉红色##FFCC00，如图 16.43 所示。

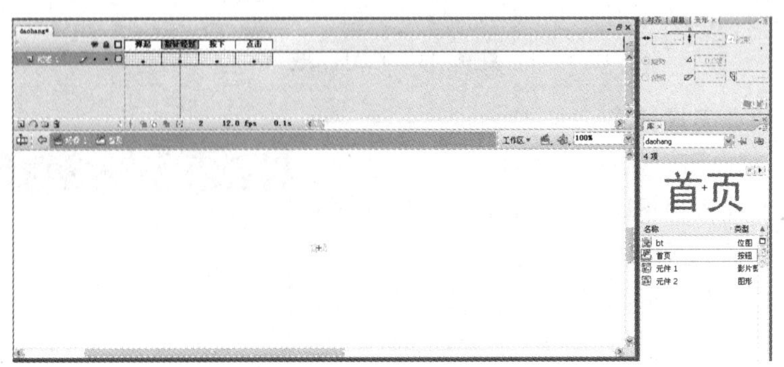

图 16.43　设置按钮效果

(4) 在“点击”所在的帧选择“矩形工具”绘制一个鼠标热区，使鼠标在该区域内有效，如图 16. 44 所示。

(5) 按相同的步骤，制作导航栏中的其他按钮“展馆展示”、“规划建设”、“世博活动”、“世博人才”，如图 16. 45 所示。

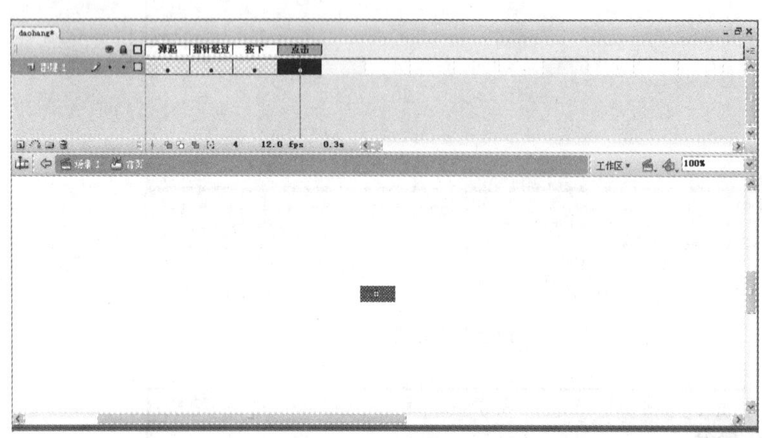

图 16. 44　绘制鼠标热区

图 16. 45　制作按钮

4. **制作导航栏**

将制作好的影片剪辑和按钮逐一拖至舞台，选择“任意变形工具”并调整坐标位置，如图 16. 46 所示。

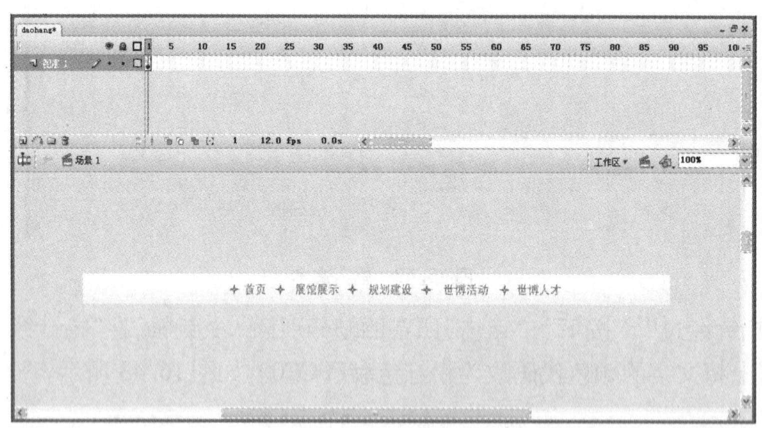

图 16. 46　菜单效果图

5. **制作链接并完成制作**

(1) 选中“首页”按钮，执行“窗口/行为”命令，在其行为上执行“转到 URL”命令，在出现的对话框中输入“index. htm”，如图 16. 47 所示。

(2) 将其余按钮也用同样的方式与网页链接起来。

(3) 执行“文件/导出/导出影片”命令，命名为“daohang. swf”。

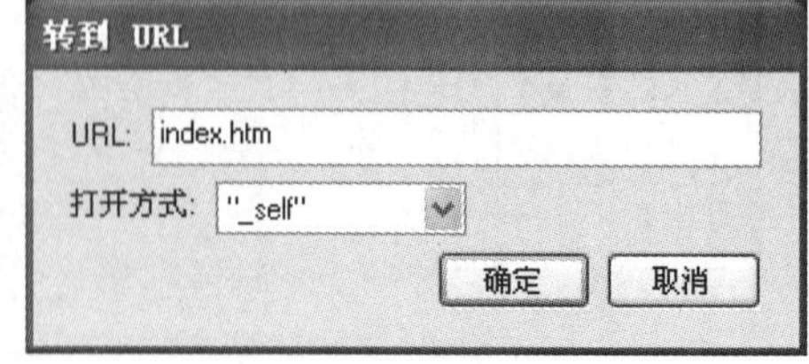

图 16. 47　设置链接动作

活动四　在网页中加入 Flash

将前面所制作的 Flash 添加到网页中去,使网页产生动态的效果。

1. 插入 Flash

(1) 在 Dreamweaver 中,打开 index. htm,选中标题图片,按下 Delete 键,将原有的标题图片删除,如图 16. 48 所示。

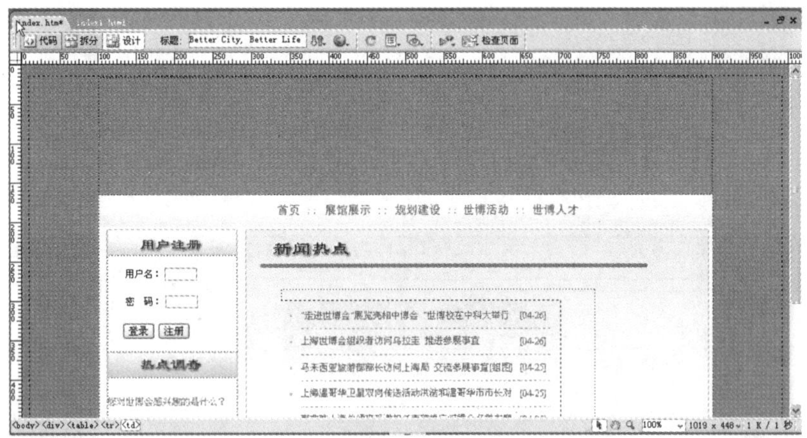

图 16. 48　删除图片

(2) 执行“插入/媒体/Flash”命令,选择我们活动一中制作好的“biaoti. swf”,将 Flash 插入到网页中,如图 16. 49 所示。

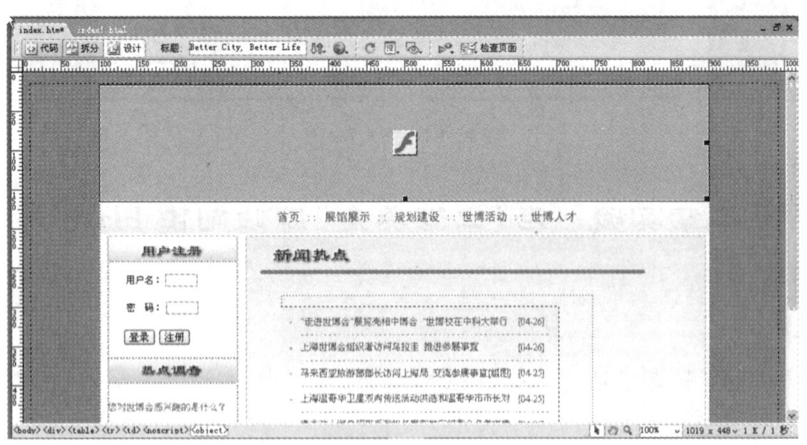

图 16. 49　插入 Flash

(3) 按相同的步骤,将除片头以外的所有 Flash 都插入到网页中去,如图 16. 50、图 16. 51 所示。

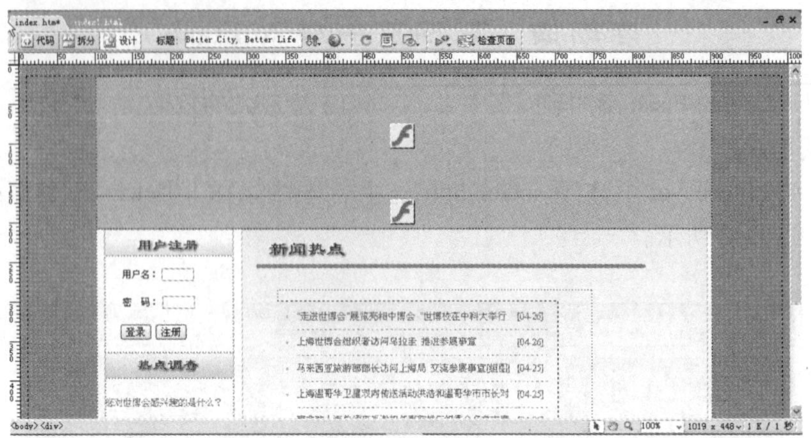

图 16.50　插入 Flash

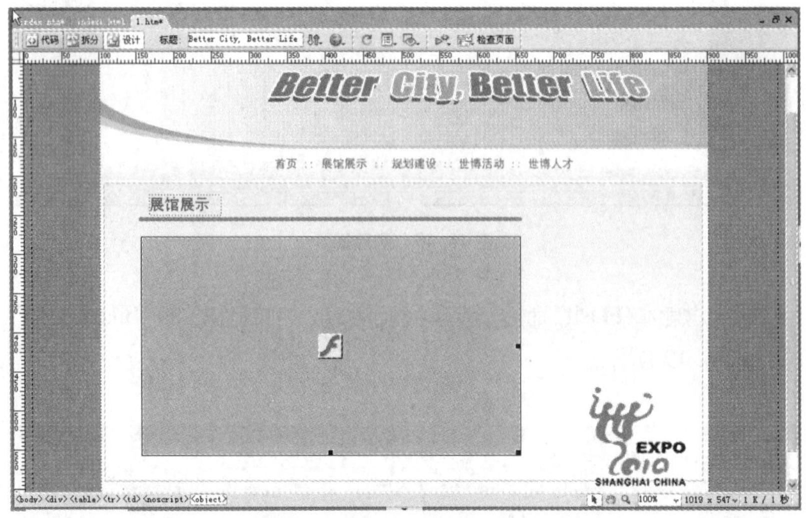

图 16.51　插入 Flash

本章实验　为“上海美食”网站制作 Flash

实验要求

(1) 为首页制作标题动画。

(2) 制作网页中的小动画。

(3) 制作 Flash 导航菜单,并与网页相链接。

(4) 制作片头动画。

(5) 在 Dreamweaver 中进行编辑,将动画元素插入到网页中。